FORTSCHRITTE DER CHEMIE ORGANISCHER NATURSTOFFE

PROGRESS IN THE CHEMISTRY OF ORGANIC NATURAL PRODUCTS

PROGRÈS DANS LA CHIMIE DES SUBSTANCES ORGANIQUES NATURELLES

HERAUSGEGEBEN VON EDITED BY RÉDIGÉ PAR

L. ZECHMEISTER
CALIFORNIA INSTITUTE OF TECHNOLOGY, PASADENA

ZEHNTER BAND TENTH VOLUME DIXIÈME VOLUME

VERFASSER AUTHORS AUTEURS

K. ALDER · J. ASSELINEAU · A. CHATTERJEE · L. FEINSTEIN
M. JACOBSON · E. LEDERER · H. MARK · G. ROSENKRANZ
M. SCHUMACHER · F. SONDHEIMER

MIT 19 ABBILDUNGEN WITH 19 ILLUSTRATIONS AVEC 19 ILLUSTRATIONS

WIEN · SPRINGER-VERLAG · 1953

ISBN 978-3-7091-8005-1 ISBN 978-3-7091-8003-7 (eBook)
DOI 10.1007/978-3-7091-8003-7

SOFTCOVER REPRINT OF THE HARDCOVER 1ST EDITION 1953

Inhaltsverzeichnis.
Contents. — Table des matières.

* This Chapter was written in collaboration with A. ZAFFARONI.

Anwendungen der Dien-Synthese für die Erforschung von Naturstoffen.

Von **Kurt Alder** und **Marianne Schumacher**, Köln am Rhein.

Inhaltsübersicht.

A. Allgemeiner Teil.

Einleitung.

Etwa 12 Jahre nach der Auffindung des Prinzips der Dien-Synthese gab O. DIELS 1939 in dieser Sammlung einen ersten Bericht über die „*Bedeutung der Dien-Synthese für Bildung, Aufbau und Erforschung von Naturstoffen*" (*131*). Seitdem hat die Entwicklung der Dien-Synthese vom systematischen Standpunkt aus große Fortschritte gemacht und auch die Zahl ihrer Anwendungen ist weitgehend angewachsen (*2, 3, 4, 5, 130, 158, 210, 247*). Es soll daher im folgenden nach weiteren 12 Jahren der Versuch unternommen werden, die Ergebnisse festzuhalten, die mit Hilfe der Dien-Synthese auf dem Gebiet der Naturstoffe inzwischen erzielt werden konnten.

Wir schicken diesem Bemühen eine kurze Übersicht über die systematischen Grundlagen, soweit sie für die Darlegung unseres Gegenstandes von Interesse sind, voraus. Sie lassen sich am einfachsten an dem Grundschema der Dien-Synthese entwickeln.

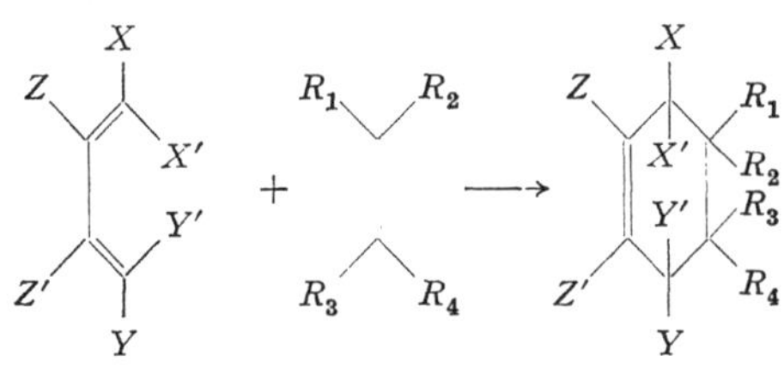

(I.) (II.) (III.)

Es ist bekannt, daß der *Geltungsbereich* dieses Schemas ein sehr weitgesteckter ist und daß die Substituenten X, X', Y, Y', Z, Z' des Diens (I) und ebenso diejenigen R_1, R_2, R_3 und R_4 des Philodiens (II) nach Art und Größe in einem weiten Spielraum variieren können, ohne daß das Grundschema seine Gültigkeit verliert dadurch, daß bei gewissen Kombinationen und Anordnungen die Reaktion überhaupt ausbleibt —, oder dadurch, daß gesetzmäßig ein anderer Vorgang an Stelle der Dien-Synthese tritt.

Der zweite Fall ist sehr selten. In der Reihe der Philodiene liegt er bei den *Ketenen* (IV) ($R_3 + R_4 = {>}O$) vor (*39, 100a, 295, 296*), die mit Dienen unter Bildung von viergliedrigen Ringen (V) reagieren, wie z. B. in dem nachfolgenden Falle:

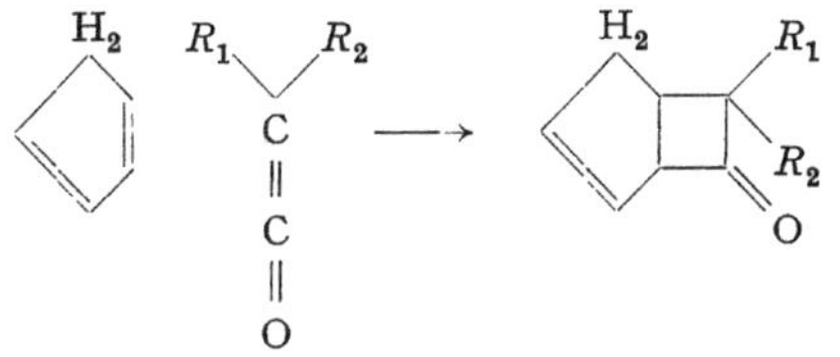

(IV.) (V.)

Bei den Dienen findet er sich in gewissen heterocyclischen Systemen, wie z. B. beim Pyrrol (X' Y' = NH <) (VI), wo die 6-Ringbildung durch einen Substitutionsvorgang (VII) abgelöst wird (*139, 142, 143, 144*):

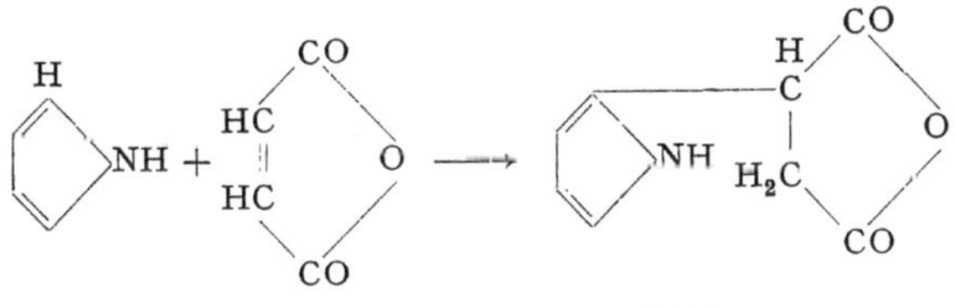

(VI.) (VII.)

Von diesen seltenen Grenzfällen abgesehen, gilt das allgemeine Schema in weitestem Umfang für die allerverschiedensten Modifikationen der variablen Substituenten im Dien wie im Philodien. Und nicht das allein! Es ist in ganz wesentlichen Punkten sogar noch einer Erweiterung fähig dadurch, daß der Vorgang auch an solchen Systemen abläuft, bei denen nicht nur der Kohlenstoff, sondern auch andere Atome, wie Sauerstoff, Stickstoff, ja sogar in einem noch zu erläuternden Sinn auch der Wasserstoff als Zentren der Addition zu fungieren vermögen.

Die Dien-Synthese ist ein reiner *Additionsvorgang*, bei dem kein Bestandteil der einen Komponente in den Bereich der anderen verlagert wird. Seine Bilanz, vom Standpunkt der Valenz aus gesehen, zeigt einen Übergang von drei Doppelbindungen in zwei einfache und die Verlagerung der dritten, mit anderen Worten den Funktionswechsel von insgesamt *sechs π-Elektronen* (*5*). Da der Prozeß sich, wie gesagt, nicht auf Kohlenstoffatome als Träger dieser Systeme beschränkt, so dürfen wir annehmen, daß er einen ausgesprochen elektronen-spezifischen Charakter hat, und daß er in seinem Wesen den wohl bedeutsamsten und wichtigsten Sonderfall der Einwirkung von ungesättigten Systemen aufeinander repräsentiert.

Seine bevorzugte Stellung unter den Phänomenen dieser Art soll das nachfolgende Beispiel dartun: Beim Erhitzen von Butadien (VIII) treten, wenn man für die Verhinderung seines Überganges in hochpolymere Gebilde mit linearer Struktur Sorge trägt, Dimerisationen (*38, 105, 191*) ein. Unter ihnen steht die Dien-Synthese (IX), bei der ein Molekül des Butadiens die Rolle des Diens, ein anderes diejenige des Philodiens übernimmt, ganz im Vordergrunde („partielle 1,4-Addition"):

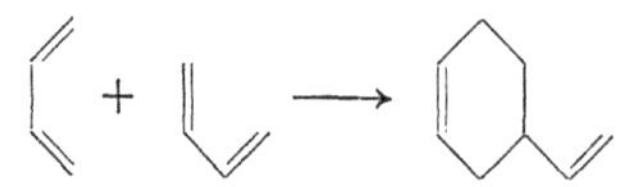

(VIII.) (IX.)

Dahinter treten zwei andere Mechanismen der Dimerisation weit zurück: die totale 1,4-Addition unter Bildung eines Cyclo-octadiens (X) (*105, 120, 165, 347*)

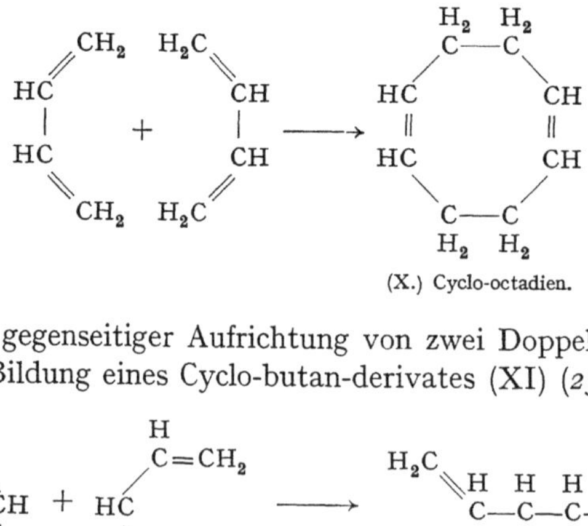

(X.) Cyclo-octadien.

und die unter gegenseitiger Aufrichtung von zwei Doppelbindungen vor sich gehende Bildung eines Cyclo-butan-derivates (XI) (*253*):

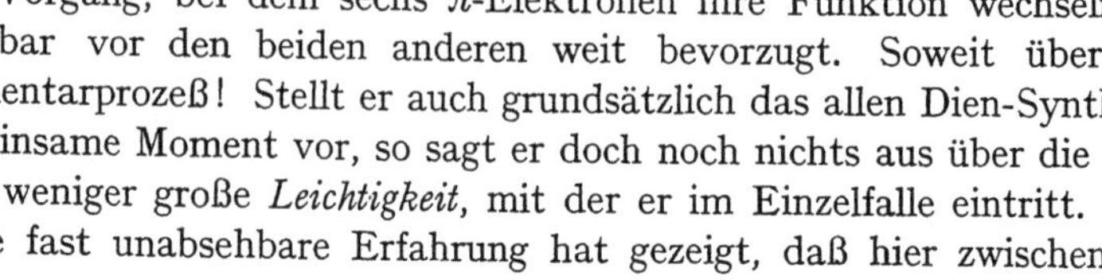

(XI.)

Der Vorgang, bei dem sechs π-Elektronen ihre Funktion wechseln, ist offenbar vor den beiden anderen weit bevorzugt. Soweit über den Elementarprozeß! Stellt er auch grundsätzlich das allen Dien-Synthesen gemeinsame Moment vor, so sagt er doch noch nichts aus über die mehr oder weniger große *Leichtigkeit*, mit der er im Einzelfalle eintritt. Eine heute fast unabsehbare Erfahrung hat gezeigt, daß hier zwischen den

Extremen der unter mildesten Bedingungen bei Raumtemperatur freiwillig ablaufenden Additionen und der Notwendigkeit, die Vorgänge durch Anwendung von energischen Bedingungen zu erzwingen, alle nur denkbaren Übergänge auftreten. Die Additionsgeschwindigkeit ist eine Funktion der Substituenten in Dien und Philodien; sie hängt von ihrer Zahl und ihrer Art entscheidend ab. Die erschöpfende Kenntnis dieser Beziehung bildet nicht allein die Grundlage für eine theoretische Behandlung der Reaktion, sondern auch die Voraussetzung für ihre praktische Anwendung als analytische und präparative Methode.

Wir werden auf diese Verhältnisse im einzelnen noch näher eingehen. Darüber hinaus soll auch der Einfluß der Substituenten auf die Stabilität der gebildeten Addukte erörtert werden. Diese Addukte lassen sich in einem zur Dien-Synthese inversen „Retro-Dien-Zerfall" (*35, 36, 69, 133*) thermisch wieder in die Komponenten zerlegen, aus denen sie entstanden sind. Auch dieser Vorgang ist stark von der Art der Substituenten abhängig.

Sind die Abhängigkeit der Dien-Synthese und des „Retro-Dien-Zerfalles" von Zahl und Art der Substituenten aus dem Grundschema der Vorgänge nicht ohne weiteres zu entnehmen, sondern erst als Ergebnis experimenteller Erfahrung anzusehen, so ist eine dritte allgemeine Fragestellung über den Verlauf der Dien-Synthese im Zusammenhang mit den Substituenten schon formal in dem Grundschema enthalten (*5*). Sie ist stereochemischer Natur und lautet: Existiert eine Relation zwischen der Lage von Substituenten in den Komponenten und ihrer räumlichen Verteilung am Sechsring des Adduktes?

Da die Erkenntnisse, die wir heute über die Eigenarten der Dien-Synthese erlangt haben, durchweg auch auf dem Gebiete der Naturstoffe angewendet worden sind, sollen die aufgeworfenen Fragen im folgenden behandelt werden. Auch hier wollen wir uns überall die Beschränkung auferlegen, die durch den Zweck dieser Abhandlung geboten ist.

I. Die philodiene Komponente.

Als idealstes Philodien, das mit Dienen verschiedenster Art weitaus am leichtesten reagiert und mit ihnen die best definierten Addukte gibt, fungiert das *Maleinsäure-anhydrid*. Die Auffindung seiner optimalen philodienen Funktionen bedeutete seinerzeit (*132*) den entscheidenden Schritt bei der Auffindung der Dien-Synthese, und die Erfahrung von fast einem Vierteljahrhundert hat jenen frühen Eindruck nicht abgeschwächt, sondern eher verstärkt und immer mehr bestätigt. Das Maleinsäure-anhydrid (XII) ist das am häufigsten verwendete Philodien und es nimmt auch bei der Anwendung der Dien-Synthese auf Probleme in der Chemie von Naturstoffen eine zentrale Stellung ein:

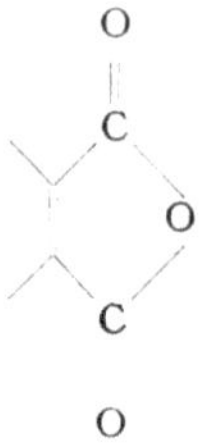

(XII.) Maleinsäure-anhydrid.

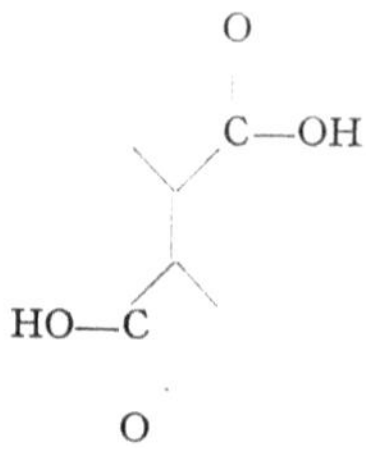

(XIII.) Fumarsäure.

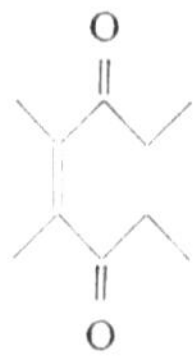

(XIV.) *p*-Chinon.

(XV.) Acrylsäure.

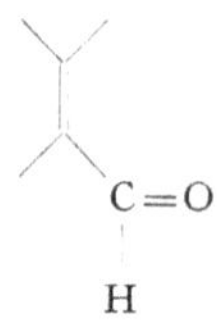

(XVI.) Acrolein.

Es ist hier nicht der Ort, die Einflüsse im einzelnen zu analysieren, die dem Maleinsäure-anhydrid diese Spitzenstellung sichern. Jedenfalls spielt die Konjugation der addierenden >C=C<- mit der >C=O-Gruppe eine wichtige Rolle, denn beim Übergang zur Fumarsäure (XIII) und von dort zum *p*-Chinon (XIV), zur Acrylsäure (XV) und schließlich zum Acrolein (XVI) klingt das Additionsvermögen für Diene zwar etwas ab, aber alle genannten Typen bleiben durchweg noch sehr gute Philodiene (*38, 39, 156, 192, 202*). Stärker wird der philodiene Charakter des Maleinsäure-anhydrides abgeschwächt, wenn man seine H-Atome durch Alkyl-, insbesondere durch Methyl-reste substituiert und zum Citracon- (XVII), bzw. zum Dimethylmaleinsäure-anhydrid (XVIII) übergeht:

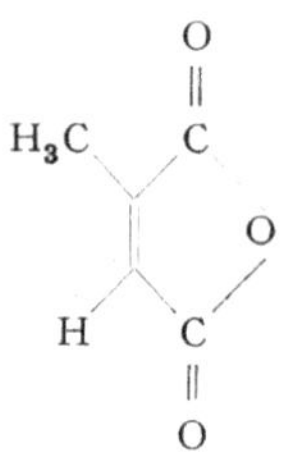

(XVII.) Citraconsäure-anhydrid.

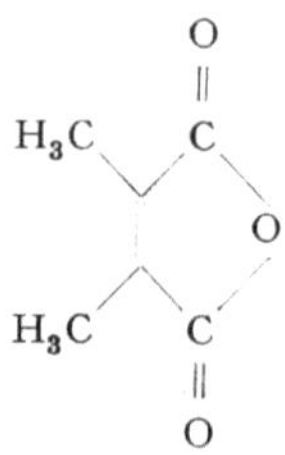

(XVIII.) Dimethylmaleinsäure-anhydrid.

Das starke Abklingen des Additionsvermögens in dieser Folge hat man sich für bestimmte analytische Aufgaben (vgl. den Absatz über „Fraktionierte Dien-Synthese", betr. Bestrahlungsprodukte des Ergosterins, S. 72) zunutze gemacht. Von den schwach entwickelten philodienen Fähigkeiten des Dimethylmaleinsäure-anhydrides wird beim Cantharidin-problem noch die Rede sein (S. 87).

Bilden die α,β-ungesättigten Carbonylverbindungen eine besonders ausgezeichnete und häufig angewendete Gruppe von Philodienen, so sind sie doch durchaus nicht die einzigen dieser Art. Diene und Nitrile von α,β-ungesättigten Säuren teilen mit ihnen die Konjugation ungesättigter Gruppen, von denen eine, die >C=C<-Gruppe, am Additionsakt teilnimmt, während die andere ihn lediglich fördert:

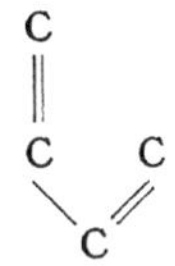

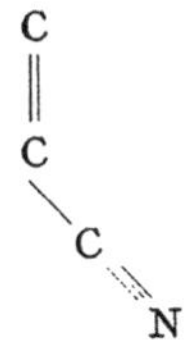

Aber auch die Konjugation einer >C=C<-Gruppe mit einem anderen ungesättigten Bestandteil ist keine notwendige Voraussetzung für ihre philodiene Funktion; denn auch Allyl- (XIX) und Vinyl-verbindungen (XX) (R = —OCOCH$_3$, —Br, —Cl), ja das Äthylen selbst und seine nächsten Homologen (R = CH$_3$) geben, an Diene addiert, sechsgliedrige Ringverbindungen (*39, 40, 202*) nach dem Schema der Dien-Synthese:

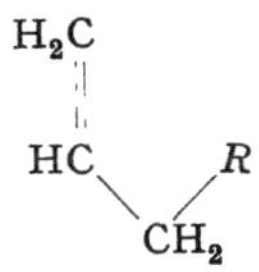

(XIX.)

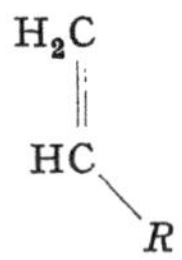

(XX.)

Wenn sich die zuletzt aufgezählten Olefintypen auch prinzipiell bei Dien-Synthesen gleich verhalten wie die mit idealen Voraussetzungen ausgestatteten α,β-ungesättigten Carbonyl-verbindungen, so erfordern sie hierbei doch viel energischere Bedingungen. Bei jenen spielten die ungesättigten Substituenten >C=O, >C=C< und —C≡N in Konjugation zur addierenden Doppelbindung offenbar die Rolle von Aktivatoren, die den Additionsprozeß, ohne in erkennbarer Weise an ihm beteiligt zu sein, wirksam befördern.

Daß an Stelle des >C=C< auch die Gruppe —C≡C— des Acetylens treten kann, ist in zahlreichen Fällen erwiesen. Darüber hinaus aber läßt sich der Kohlenstoff als Additionszentrum im Philodien ganz oder zum Teile durch Sauerstoff- und Stickstoff-atome ersetzen. So sind Dien-Synthesen bekanntgeworden (*3, 145a, 275, 276, 277, 279*), die sich an Gruppen, wie

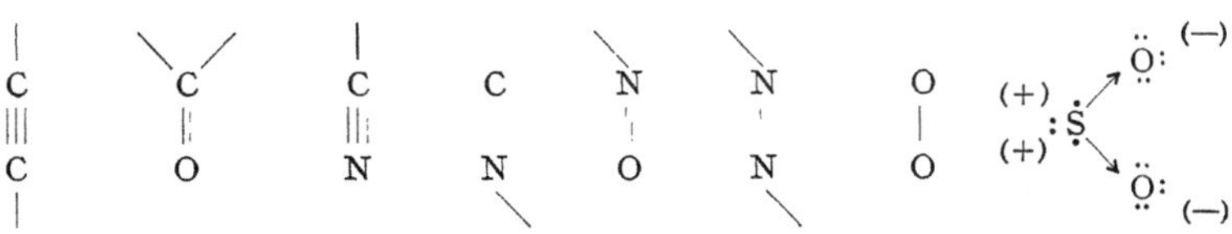

abspielen. Manche dieser Erfahrungen haben sich auch auf Probleme in der Chemie von Naturstoffen anwenden lassen, wie im Verlauf dieser Abhandlung noch gezeigt werden wird.

II. Die Dien-Komponente.

1. Diene.

Nach dem Gesagten hängt der mehr oder weniger ausgeprägte philodiene Charakter eines Olefines stark von der Umgebung, d. h. von den Substituenten *R* der addierenden Zentren ab. Das ist bei der Dien-komponente weit weniger der Fall. Während das einfachste Philodien, das Äthylen, $CH_2{=}CH_2$, um Dien-Synthesen einzugehen, hohe Temperaturen und Drucke benötigt oder konstitutiver Einflüsse, wie der Nachbarschaft von O=C<-Gruppen bedarf, um seine philodiene Funktion auszuüben, kann das einfachste Dien, das Butadien (VIII, S. 4), solcher Bedingungen entraten, um als Dien im Sinne der Dien-Synthese fungieren zu können (*132*).

Eine das Additionsvermögen von Dienen herabsetzende Wirkung zeigen die Substituenten vor allem dann, wenn sie in *cis*-Stellung (*X'* oder *Y'*) am Dien haften (*7*). Ihre inhibierende Wirkung kann dann so weit gehen, daß sie die Fähigkeit des Diens zu Dien-Synthesen ganz aufheben. Da die Ursache dieser Erscheinung stereochemischer Natur ist, wird sie erst später erläutert werden (S. 14).

Totale Alkylierung eines Additionszentrums im Dien-System kann dazu führen, daß das System *vor* der Dien-Synthese eine Umlagerung im Sinne einer „Drei-Kohlenstoff-Tautomerie“ erleidet und dadurch günstigere Voraussetzungen für eine Dien-Synthese schafft. Der Übergang von 1,1-Dimethyl- (XXI) in 1,3-Dimethyl-butadien (XXII) ist der am längsten und am besten bekannte Fall dieser Art (*17*, *136*, *244*, *245*):

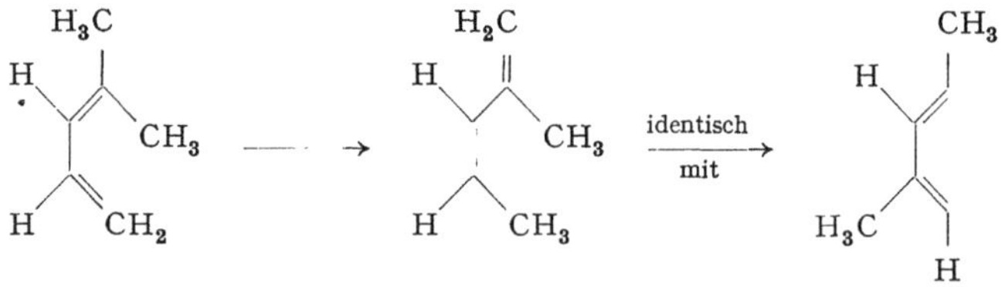

(XXI.) 1,1-Dimethyl-butadien. (XXII.) 1,3-Dimethyl-butadien.

Diese Verhältnisse haben bei den in Teil B, Kap. VII beschriebenen Versuchen zur Synthese von iron- und safranal-ähnlichen Verbindungen eine Rolle gespielt (S. 27).

Bei der weitgehenden Unabhängigkeit der Dien-komponente von der Natur der Substituenten *X*, *X'*, *Y*, *Y'* und *Z*, *Z'* ist es an dieser Stelle nicht notwendig, auf die unübersehbare Zahl von Varianten einzugehen, die das allgemeine Schema symbolisiert. Die bunte Mannigfaltigkeit in der Morphologie der variablen Substituenten läßt eine Fülle von möglichen Kombinationen zu, die im Laufe der Entwicklung immer mehr im Begriff sind, realisiert zu werden. Unter ihnen heben wir nur die wenigen heraus, die für das Kommende von Interesse sind.

So kann eine der beiden Doppelbindungen einem aromatischen System angehören ($X + Z =$ 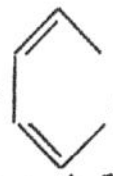, Styrol-Typ), ohne daß das Dien-System sein Vermögen zur 1,4-Addition einbüßt (*5, 12, 45, 18, 24, 68*):

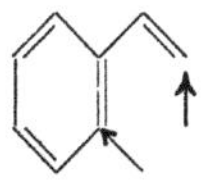

Styrol-Typ.

Oder die beiden *cis*-ständigen Substituenten X' und Y' verschmelzen zu einer Gruppe, und wir erhalten Diene, deren Doppelbindungen in einem Ringe liegen:

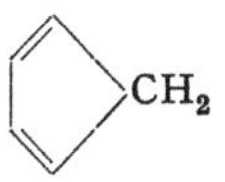

(XXIII.)

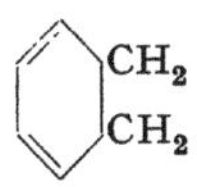

(XXIV.)

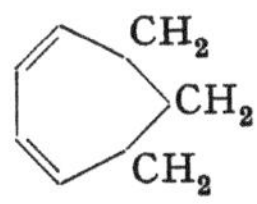

(XXV.)

für X' und $Y' = CH_2$ den Typus des Cyclo*penta*diens (XXIII), für X' und $Y' = —CH_2—CH_2—$ den Fall des Cyclo*hexa*diens (XXIV) und für X' und $Y' = —CH_2—CH_2—CH_2—$ das System des Cyclo*hepta*diens (XXV).

Die beiden ersten Typen haben gerade durch die Beziehungen zu den Naturstoffen eine besonders eingehende Bearbeitung erfahren und gehören heute zu den am besten bekannten Fällen ihrer Art. Die Dien-Synthesen des Cyclopentadiens führen zum Ringsystem des Camphers und seiner Abkömmlinge (S. 58) und das System des Cyclohexadiens (XXIV) ist unter den Naturstoffen weit verbreitet. Diene dieser Gattung finden wir unter den cyclischen Terpen-kohlenwasserstoffen (α-Terpinen und α-Phellandren), bei den Diterpenen (Lävopimarsäure), bei den Steroiden (Ergosterin), beim Thebain usw. Ihre Behandlung im einzelnen bildet den Hauptgegenstand des speziellen Teiles.

2. Die Tri- und Poly-ene.

Einen weiteren ausgezeichneten Fall, den unser allgemeines Schema implicite enthält, ist das System der Triene mit der charakteristischen Gruppierung C=C—C=C—C=C. Hier hat eine große und systematisch gesammelte Erfahrung gezeigt, daß diese Systeme (und darüber hinaus auch die Tetra-, Penta- und Poly-ene) grundsätzlich als *Di*-ene fungieren und philodiene Partner nach dem Schema der Dien-Synthese unter Sechsringbildung addieren.

Ist das Trien (XXVI) unsymmetrisch substituiert, so sind für eine solche Addition grundsätzlich zwei Möglichkeiten (a und b) gegeben, zwischen denen im Einzelfall entschieden werden muß (*48, 75, 25, 15, 16, 110, 134, 216*):

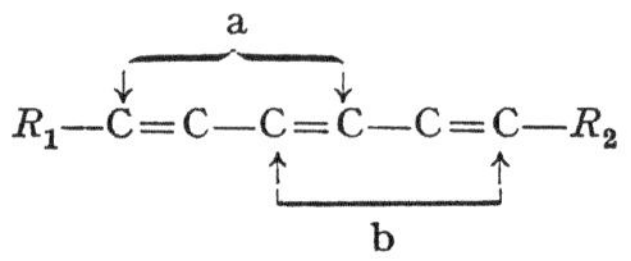

(XXVI.)

Dieses Strukturschema für die Reaktionsweise der Triene bleibt indessen unvollkommen, solange man es nicht sterisch interpretiert. Faßt man die Triene als Substitutionsprodukte der Diene auf, so müssen wir zwei Fälle voneinander unterscheiden, je nachdem ein Substituent, X = —HC=CH—R, in *trans*-Stellung oder ob die gleiche Gruppe für X' in *cis*-Stellung am Dien-System haftet.

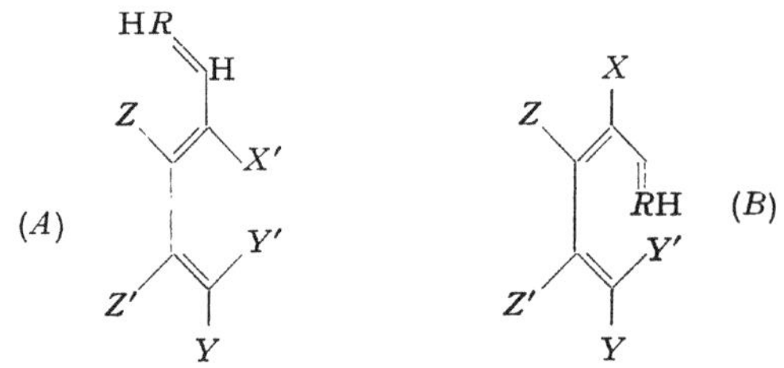

Wir schneiden diese Fragen hier an, da die Reaktionsweisen der Trien-Systeme von Interesse sind für die Behandlung von Fragen in der Chemie der Naturstoffe: In der Reihe der Fettsäuren haben die α- und β-Eläostearin- und die α- und β-Lican-säure Trien-struktur, und das gleiche gilt für das Allo-ocimen, für die Vitamine der D-Reihe und für das Tachysterin (S. 49, 79). Welches Dien-system in (*A*) mit einem Philodien reagiert, wird im Einzelfalle von der Natur und Zahl der Substituenten abhängen.

Bei der Verteilung der Doppelbindungen, wie sie in (*B*) vorliegt, sind bislang noch keine Dien-Synthesen mit einem philodienen Partner nachgewiesen worden. Dagegen liegen vereinzelte Beobachtungen vor, die darauf hinweisen, daß Systeme dieser Art zu einer *intramolekular verlaufenden Dien-Synthese* befähigt sind, einem Vorgang, der nach dem folgenden Schema vor sich geht:

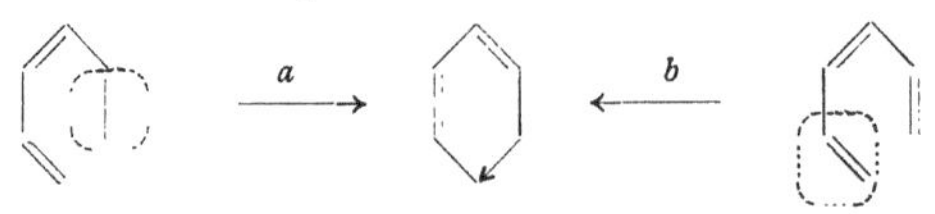

(XXVII a.) (XXVIII.) (XXVII b.)

und zu einem hexacyclischen Dien (XXVIII) führt. Dabei ist — je nachdem man nach *a* oder *b* der eingezirkelten Doppelbindung die Rolle des Philodiens und dem Rest diejenige des Diens zuerkennt — das strukturell *gleiche* cyclische Addukt (XXVIII) zu erwarten (*10, 100, 121*). Auch hier, wie bei einer normalen Dien-Synthese, beruht der Vorgang auf einer Wechselwirkung von drei Doppelbindungen und einem Funktionswechsel von sechs π-Elektronen. Da hier indessen bereits eine einfache Bindung des Ringes gegeben ist, so ist die Bilanz beider Reaktionen eine etwas andere:

Normale Dien-Synthese:

3 Doppelbindungen (6 π-Elektronen) → 2 einfache σ-Bindungen,
+ 1 Doppelbindung.

Intramolekulare Dien-Synthese:

3 Doppelbindungen (6 π-Elektronen) → 1 einfache σ-Bindung,
+ 2 Doppelbindungen.

Ein Sonderfall dieser *intramolekular* verlaufenden Dien-Synthesen sind die *intracyclischen*, wie sie im einfachsten Fall an dem reversiblen Übergang von Cyclo-octatrien (XXIX) in das Bicyclo-[0,2,4]-octadien (XXX) realisiert sind:

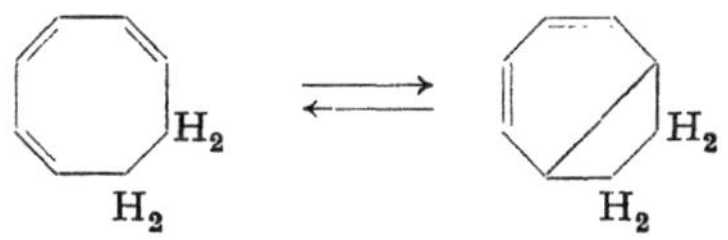

(XXIX.) Cyclo-octatrien. (XXX.) Bicyclo-[0,2,4]-octadien,

Wenn diese Vorgänge zur Zeit auch im einzelnen noch wenig untersucht sind, so versprechen sie doch sehr aufschlußreiche Einsichten in das Wesen von Vorgängen nach Art der Dien-Synthese (*53, 108, 111, 121*). Von einer intramolekular verlaufenden Dien-Synthese besonderer Eigenart wird noch die Rede sein.

3. Die En-Synthese (indirekte substituierende Addition).

Eine wesentliche Erweiterung erfuhr der Kreis der hier beschriebenen Phänomene, als der Nachweis gelang, daß auch der Wasserstoff als Additionszentrum zu fungieren vermag in einem Vorgang, dessen Eigenart am besten aus einer Gegenüberstellung der Anlagerung von Maleinsäureanhydrid an Butadien und an Propylen (XXXI) sichtbar wird:

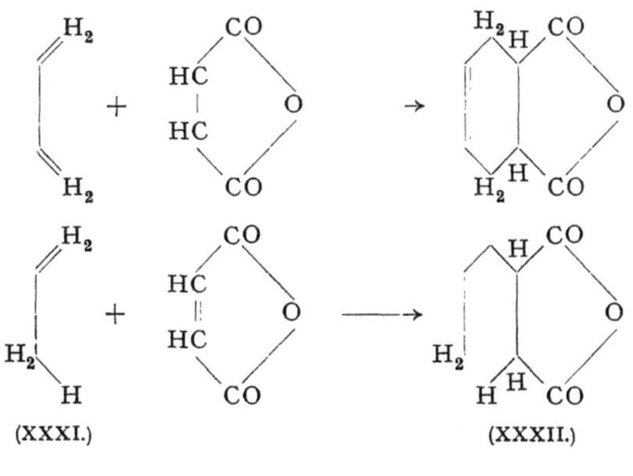

(XXXI.) (XXXII.)

An Stelle des *Diens* mit der charakteristischen Anordnung C=C—C=C tritt im zweiten Falle das *En* Propylen (XXXI) mit der Gruppierung C=C—C—H. In beiden Fällen nimmt nach der Addition die verbleibende Doppelbindung die analoge Lage im Addukt ein. Die Einwertigkeit des Wasserstoffs bringt den einzigen Unterschied in beiden Phänomenen mit sich, indem an Stelle des Ringschlusses beim *Dien*, eine Dislokation des Wasserstoffes aus dem Bereich des *Ens* in denjenigen des *Philodiens* stattfindet: das Philodien wird zum H-Akzeptor. Stellt der erste Fall, die *Dien-Synthese*, eine reine Addition vor, so ist der zweite, den wir nach dem Gesagten als *En-Synthese* bezeichnen können, ein *Substitutions*vorgang (XXXII). Wie bei den Additionen des molekularen Sauerstoffs die beiden großen und scheinbar getrennten Gebiete der Dien-Synthese und der Autoxydation ineinander übergehen, so berühren sich auch hier zwei weitere Reaktionsformen der organischen Chemie miteinander, die Addition und die Substitution (*34, 56, 57, 31, 9*). Eine in ihrem Verlauf typische En-Synthese werden wir in der Reihe der Ölsäure beschreiben (S. 43). En-Synthesen mit molekularem Sauerstoff als Akzeptor sind auf S. 94 behandelt.

Es ist zu erwarten, daß bei gewissen konstitutiven Voraussetzungen der Reaktionspartner beide Reaktionsformen, Dien- und En-Synthese, *neben*- oder besser *nach*einander auftreten. Diese Voraussetzungen sind z. B. beim Divinyl-methan, $H_2C{=}CH{-}CH_2{-}CH{=}CH_2$ (*31*) und seinen Abkömmlingen gegeben. (Vgl. die Additionen der Linol- und Linolensäure auf S. 45).

III. Der Retro-Dien-Zerfall.

Wie die mehr oder weniger ausgeprägte Neigung eines Philodiens oder eines Diens nach dem Gesagten von der Zahl und der Natur ihrer Substituenten entscheidend abhängt, so gilt dies auch von der Stabilität der entstehenden Addukte. Daß bei höheren Temperaturen eine Zerfallstendenz auftritt und daß diese Neigung auf eine Rückbildung der Komponenten abzielt, ist nur der Ausdruck einer allgemeinen Erfahrung,

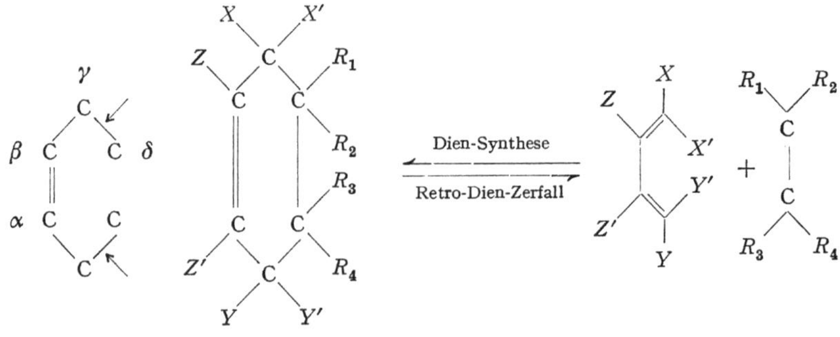

die in der „Doppelbindungs"- oder „Allylspaltungs"-regel (*284*) zusammengefaßt ist. Danach erweist sich bei thermischen Beanspruchungen die zu einer α,β-ständigen Doppelbindung in γ,δ-Stellung befindliche Einfachbindung als geschwächt und wird bei hinreichend starken Schwingungen gelöst.

Die über das Verhalten der Dien-Addukte bei höheren Temperaturen gesammelten Erfahrungen liegen ganz im Sinne dieser „Doppelbindungsregel". Wenn z. B. die Dien-addukte (XXXIII) der Fulvene ($X'\,Y' = {>}C{=}C{<}^{R}_{R}$; $R = CH_3$ und C_6H_5) durch ihre extreme Instabilität auffallen, so findet diese Feststellung ihre Erklärung darin, daß hier die γ,δ-ständige Bindung durch *zwei* α,β-ständige Doppelbindungen geschwächt ist (*3, 13, 35, 36, 42, 69, 133*).

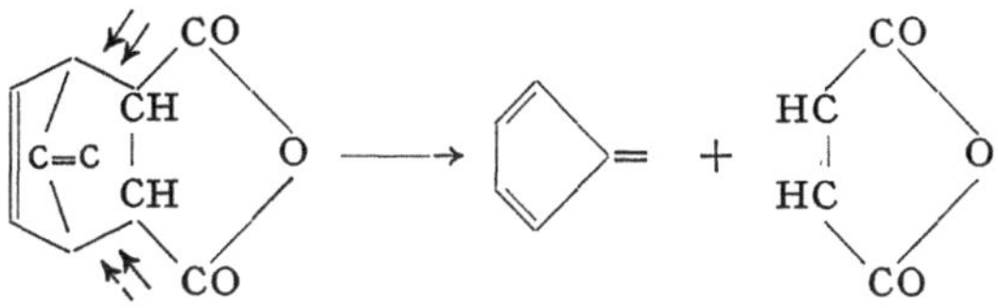

(XXXIII.)

Und wenn die Erfahrung eine ausgesprochene Analogie im Verhalten von *Furanen* ($X' + Y' = O$) und *Fulvenen* (*133, 134, 140, 141*) zeigt, so erkennt man den Grund hierfür unschwer darin, daß die π-Elektronen in der semicyclischen Doppelbindung des Fulvens den gleichen Einfluß ausüben wie die beiden nicht anteiligen Elektronenpaare im Sauerstoffatom des Furans. Diese Analogie zeigt sich übrigens nicht allein in der relativen Instabilität der Addukte, sondern fast noch eindrucksvoller in dem stereochemischen Verlauf der beiden Additionen (*13, 46, 337*).

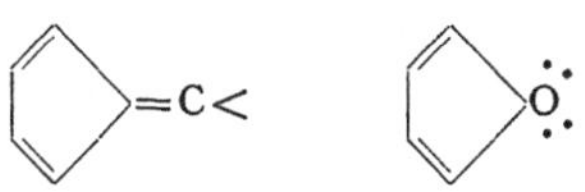

Fulven. Furan.

Die thermische Labilität der Furan-addukte spielt eine ausschlaggebende Rolle bei den weiter unten auf S. 87 beschriebenen Versuchen zur Synthese von Cantharidin.

Der Retro-Dien-Zerfall allgemein hat präparative Bedeutung in der Chemie der Naturstoffe dort erlangt, wo sich Stoffe mit Dien-charakter von anderen als Addukte abtrennen ließen und nachher durch thermische Spaltung wieder regeneriert werden konnten (vgl.: Sterine und Cantharidin-Cafestol, S. 72, 87). Auch der Wunsch, das konjugierte System eines Stoffes bei chemischen Umformungen eines Naturproduktes vorübergehend auszuschalten und zu schützen, konnte wiederholt durch die gleiche Maßnahme verwirklicht werden.

Ein Retro-Dien-Zerfall hat als analytische Methode inzwischen eine weitverbreitete Anwendung gefunden: die Dien-Synthesen des Cyclohexadiens-1,3 und seiner Derivate mit den Estern der Acetylen-dicarbonsäure (XXXIV) (*36, 37*):

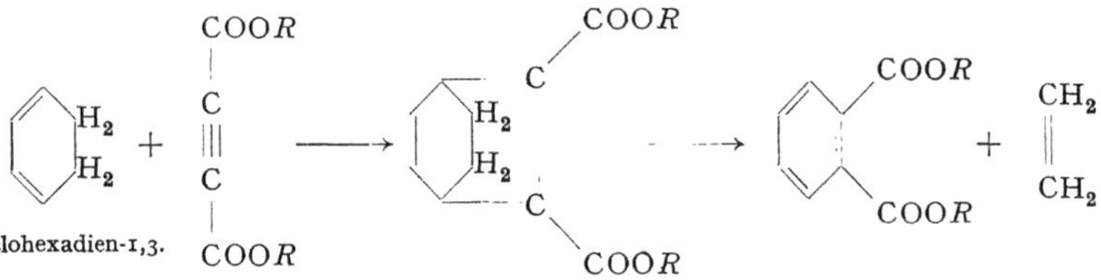

Cyclohexadien-1,3. (XXXIV.) (XXXV.) (XXXVI.) Phthalsäure-ester.

Das Addukt (XXXV) dissoziiert mit bemerkenswerter Leichtigkeit im Sinne der „Doppelbindungsregel" in die Ester der Phthalsäure (XXXVI) und in Äthylen. Bei der Besprechung der monocyclischen Terpene werden einige Anwendungen des Verfahrens erläutert werden (S. 51).

IV. Die Dien-Synthese als stereochemisches Phänomen.

Die Rolle der Substituenten von Dien- und Philodien-komponente erstreckt sich nicht auf die Geschwindigkeit der Addition und auf die Stabilität der Addukte allein. Vielmehr sind es auch die Substituenten, die den stereochemischen Verlauf der Vorgänge entscheidend mitbestimmen.

1. Dien-Synthese und freie Drehbarkeit.

Schon die Lage des gleichen Substituenten in *cis*- oder in *trans*-Stellung des Diens ist von bestimmendem Einfluß sowohl auf die Geschwindigkeit als auch auf die Konfiguration des entstehenden Adduktes. Es ließ

(XXXVII.) *trans*-Typus. (XXXVIII.) *cis*-Typus.

sich zeigen, daß beim *trans*-Typus (XXXVII), unabhängig von der Größe und der Natur des Substituenten *X*, die Dien-Synthese mit dem gleichen Philodien im wesentlichen gleich glatt verlaufen. Diese Verhältnisse wurden für $X = -CH_3$, $-C_2H_5$, $i\text{-}C_3H_7$, $n\text{-}C_4H_9$, $n\text{-}C_7H_{15}$ und $-C_6H_5$ geprüft. Anders liegen sie jedoch, wenn der Substituent *X'* im Dien die *cis-Stellung* einnimmt. Hier zeigt sich, daß nicht allein für

$X = X'$ das Additionsvermögen beim *cis*-Typus im Vergleich mit der isomeren *trans*-Form erheblich zurückgeht und die gleiche Addition schärfere Bedingungen erfordert, sondern daß — darüber hinaus — im Fall des Diens mit *cis*-ständigem Substituenten X' die Addition von der Größe und der Form von X' abhängt, dergestalt, daß das Additionsvermögen in der Reihenfolge $X' = CH_3 \rightarrow C_2H_5 \rightarrow i\text{-}C_3H_7$ abfällt und für $X' =$ tert. $—C_4H_9$ und C_6H_5 ganz aufhört (*5, 7, 26, 27, 49, 50, 51, 63, 66, 73, 123, 178, 234*). Wenn man dafür Sorge trägt, daß sich die Konfiguration des *cis*-Diens nicht durch Umlagerung vor der Addition verändert, entstehen in beiden Fällen für $X = —CH_3$ und für $X' = —CH_3$ Addukte, die sich in ihrer Konfiguration unterscheiden. Im Falle des *trans*-Diens (XXXVII) bildet sich, etwa bei der Anlagerung von Maleinsäureanhydrid, ein „all-*cis*"-Addukt (XXXIX), bei dem die Carboxylgruppen des Philodiens und der Substituent X des Diens auf der gleichen Seite der durch den gebildeten Sechsring bestimmten und durch den Strich symbolisierten Ebene haften, während das *cis*-Dien (XXXVIII) zu einem Addukt (XL) führt, in dem die Substituenten von Dien und Philodien auf beide Seiten dieser Ebene verteilt sind:

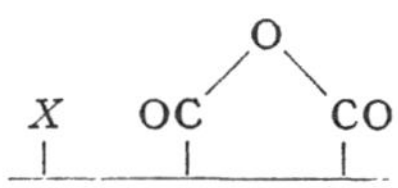

(XXXIX.)

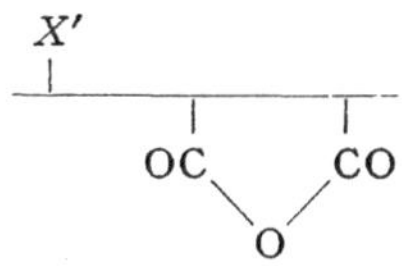

(XL.)

Es wird im folgenden Abschnitt gezeigt werden, daß diese Beobachtungen den Ausdruck einiger allgemeiner Gesetzmäßigkeiten vorstellen, die den Ablauf von Dien-Synthesen sterisch bestimmen. Hier sei lediglich auf den Unterschied in der Geschwindigkeit hingewiesen, mit der strukturell gleich, aber sterisch verschieden substituierte Diene das gleiche Philodien addieren. Der Grund für diese Erfahrungen ist leicht einzusehen. Die Dien-komponente kann dank der „freien Drehbarkeit" um die $C_2—C_3$-

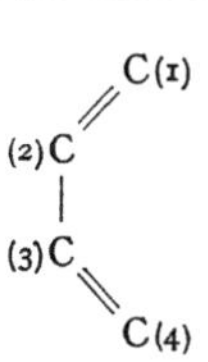

(LXI.) „Gekrümmte" Konstellation.

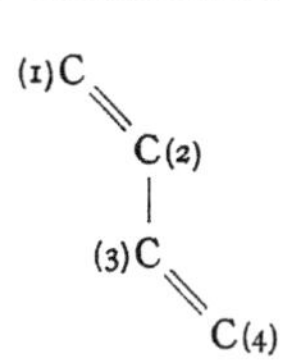

(XLII.) „Gestreckte" Konstellation.

Achse neben den beiden ebenen Konstellationen der „gekrümmten" (XLI) mit maximal genäherten Enden und der „gestreckten" (XLII) alle möglichen nichtplanaren Übergangslagen einnehmen. Für den Eintritt der Dien-Synthese ist offenbar Voraussetzung, daß das Dien die Konstellation (XLI) einnimmt oder sich zum mindesten dieser Anordnung hinreichend nähert, ein Vorgang, der durch einen *cis*-ständigen Substituenten X' je nach dessen Form und Größe mehr oder weniger erschwert und im Extremfalle ganz verhindert werden kann.

Für die Richtigkeit dieser Annahme liegen noch eine ganze Reihe von weiteren Argumenten vor. Unter ihnen vor allem die Konfiguration der in diesen Fällen entstehenden Addukte. Davon wird weiter unten noch die Rede sein.

Es ist möglich, durch konstitutive Faktoren, insbesondere durch Ringschlüsse, sowohl die „gekrümmte" als auch die „gestreckte" Konstellation eines Diens festzulegen:

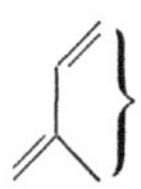

Gerade die Untersuchung von Naturstoffen (vor allem des Ergosterinisomeren B_3) hat gezeigt, daß in Fällen dieser Art niemals eine Addition beobachtet worden ist, während anderseits in der folgenden Reihe „cyclischer" Diene

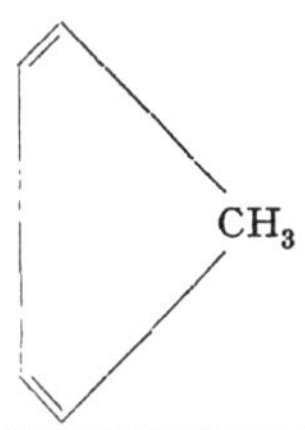

(XXIII.)

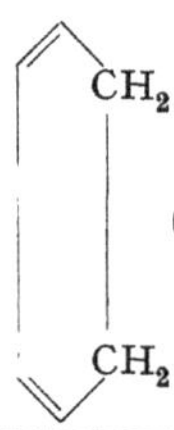

(XXIV.)

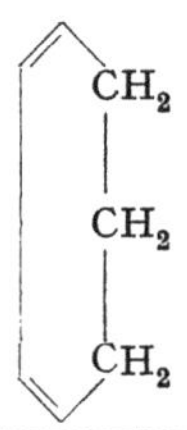

(XXV.)

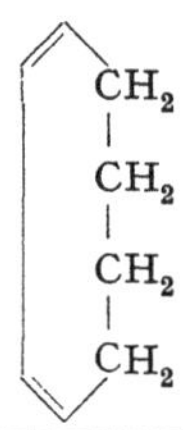

(XLIII.)

abnehmendes Additionsvermögen →

sich die idealsten Dien-komponenten dort finden, wo die Beweglichkeit des Systems aufgehoben und seine Approximation an die gekrümmte, ebene Konstellation am besten gewährleistet ist; d. h. beim Cyclo-pentadien (XXIII) und — schon etwas abgeschwächt — beim Cyclo-hexadien (XXIV). Mit wachsender Beweglichkeit des Ringsystems fällt beim Cyclo-heptadien (*215*) dessen Additionsvermögen weiter ab, um schließlich — nach den bisher vorliegenden Beobachtungen — beim Cyclo-octadien (*347*) ganz zu erlöschen.

Die Erkenntnis, daß die frei drehbaren acyclischen Diene sich reaktiv bei Dien-Synthesen wie cyclische Diene verhalten (d. h. aus einer „quasicyclischen" Konstellation heraus reagieren), bedeutet eine große Vereinheitlichung und Vereinfachung in der Behandlung des Gesamtproblems des sterischen Verlaufes von Dien-Synthesen, da wir es im folgenden nur noch mit *einer* Kategorie von Dienen zu tun haben.

2. Die sterischen Auswahlgesetze.

Das allgemeine Grundschema der Dien-Synthese:

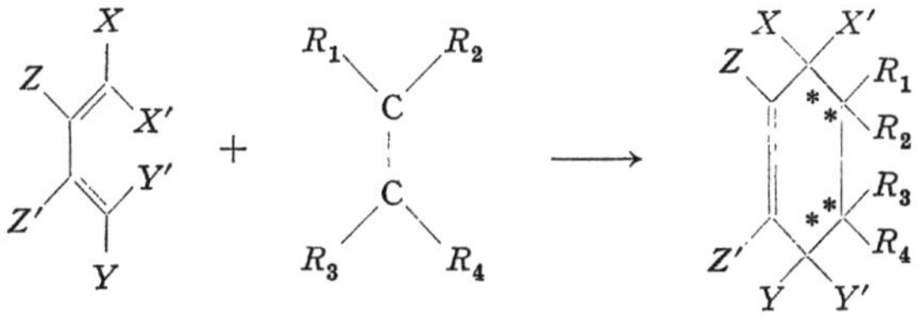

läßt erkennen, daß die vier Additionszentren zu Zentren der Isomerie im Addukt werden können, und daß daher das Addukt in nicht weniger als $2^4 = 16$ sterischen Formen möglich ist, die in acht Paare von Antipoden, in acht Racemate, zerfallen (5). Diese Zahl geht zurück, wenn durch die Identität von Substituenten das Addukt eine höhere Symmetrie erlangt und meso-Formen auftreten, sie steigt an, wenn die Substituenten ihrerseits noch Träger von Isomeriezentren sind. Sehen wir von diesen Fällen ab, so sind die folgenden acht Möglichkeiten (XLIV *a—h*) einer Verteilung der Substituenten um die Ebene des Cyclohexen-ringes im Addukt gegeben:

$$\frac{X}{X'}\left\{\frac{R_1\,R_3}{R_2\,R_4}\right\}\frac{Y}{Y'} \quad (a) \qquad \frac{X}{X'}\left\{\frac{R_3\,R_2}{R_1\,R_4}\right\}\frac{Y}{Y'} \quad (b) \qquad \frac{X}{X'}\left\{\frac{R_1\,R_4}{R_2\,R_3}\right\}\frac{Y}{Y'} \quad (c) \qquad \frac{X}{X'}\left\{\frac{R_2\,R_4}{R_1\,R_3}\right\}\frac{Y}{Y'} \quad (d)$$

$$\frac{X'}{X}\left\{\frac{R_1\,R_3}{R_2\,R_4}\right\}\frac{Y}{Y'} \quad (e) \qquad \frac{X'}{X}\left\{\frac{R_3\,R_2}{R_1\,R_4}\right\}\frac{Y}{Y'} \quad (f) \qquad \frac{X'}{X}\left\{\frac{R_1\,R_4}{R_2\,R_3}\right\}\frac{Y}{Y'} \quad (g) \qquad \frac{X'}{X}\left\{\frac{R_2\,R_4}{R_1\,R_3}\right\}\frac{Y}{Y'} \quad (h)$$

(XLIV.)

Es gehört zu den allgemeinen Erfahrungen über die Eigenart der Dien-Synthese, daß von diesen formal möglichen Formen nie alle entstehen, sondern viel weniger — in den meisten Fällen nur eine. Die Additionen müssen daher einer *stereochemischen Auslese* unterliegen. Sie ist um so schärfer ausgeprägt, bei je tieferer Temperatur die Anlagerungen vorgenommen werden und je stärker die ins Spiel kommenden Orientierungskräfte sind. Welches sind die Gesetze dieser sterischen Auslese?

Für den oben formulierten allgemeinen Fall sind drei notwendig und hinreichend, um aus der Zahl der Möglichkeiten einen Verlauf festzulegen. Zwei von ihnen liegen offenbar in dem Mechanismus des Elementarvorganges selbst begründet; denn sie sind nach allen bislang vorliegenden Erfahrungen unabhängig von der Natur der Substituenten. Beide sind Erhaltungssätze, die aussagen, daß bei der Dien-Synthese die Konfiguration sowohl des Diens als auch diejenige des Philodiens unverändert in das Addukt eingehen; mit anderen Worten, die relative Lage der Substituenten im Dien und im Philodien bleibt im Addukt die gleiche in bezug auf den Ring, wie vor der Addition in bezug auf die Doppelbindungen. Aus einem Philodien mit der Konfiguration (XLV *a*) werden stets Addukte (XLIV *a* oder *d*) hervorgehen und nicht die Anordnungen (XLIV *b* oder *c*). Für das Philodien (XLV *b*) trifft das Umgekehrte zu. Entsprechendes gilt für die funktionellen Beziehungen zwischen den Konfigurationen des Diens (XLVI *a*—*d*) und denen des Adduktes, wo *cis,cis*- oder *trans,trans*-ständige Substituenten des Diens auf die gleiche, *cis,trans*- oder *trans,cis*-ständige dagegen jeweils auf verschiedene Seiten des Ringes im Addukt verteilt sein müssen.

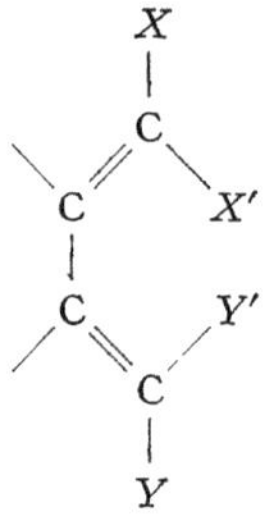

(XLVI *a*.)

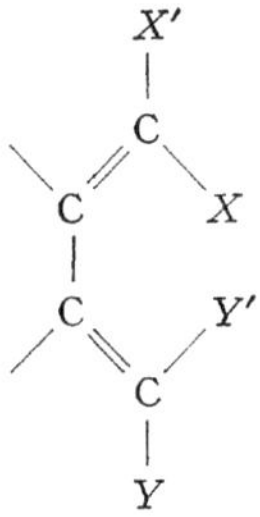

(XLVI *b*.)

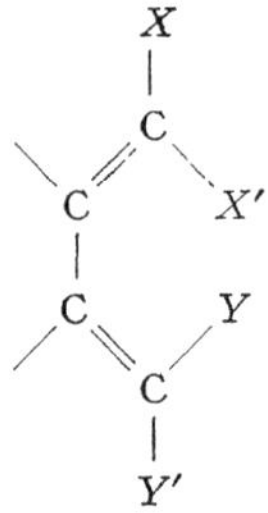

(XLVI *c*.)

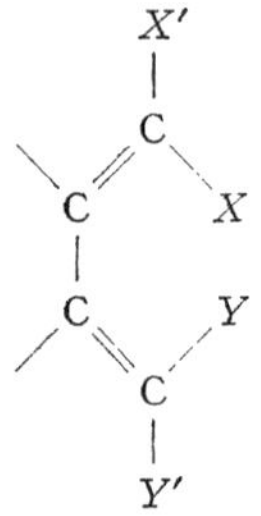

(XLVI *d*.)

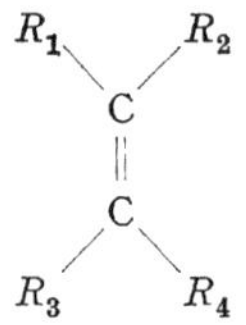

(XLV *a*.)

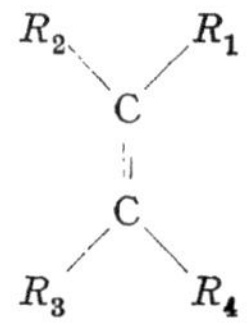

(XLV *b*.)

Für die Kombination eines Diens (XLVI *a*) mit einem Philodien (XLV *a*) folgt hieraus, daß nur die beiden Addukte (XLIV *a*) und (XLIV *d*) zu erwarten sind, da alle übrigen mit einem dieser beiden Erhaltungssätze im Widerspruch stehen. Auch für alle anderen Kombinationen von Dien und Philodien bleiben stets zwei Formen zur Wahl, die mit den Erhaltungssätzen im Einklang sind.

Da die Erfahrung lehrt, daß in vielen Fällen nur ein einziges Addukt entsteht, muß daher — neben den beiden Erhaltungssätzen — noch ein drittes Ausleseprinzip wirksam sein, das auch die letzte noch verbleibende Alternative zu entscheiden gestattet. Die wichtigsten Vorgänge dieser Art sind die Dien-Synthesen des Maleinsäure-anhydrides, auf die wir unsere Darstellung beschränken können, da sie als Idealmodelle alles für die Orientierung der beiden Partner Ausschlaggebende zu demonstrieren gestatten.

Wie für jede Dien-Synthese, so sind auch für die Addition von Butadien an Maleinsäure-anhydrid formal zwei Reaktionswege möglich, je nachdem die beiden Partner aus *einer Orientierung mit maximaler Häufung ihrer Doppelbindungen* (XLVII) heraus zur Addition gelangen, oder ob sie es aus einer Anordnung ihrer geringsten Dichte (XLVIII) heraus tun:

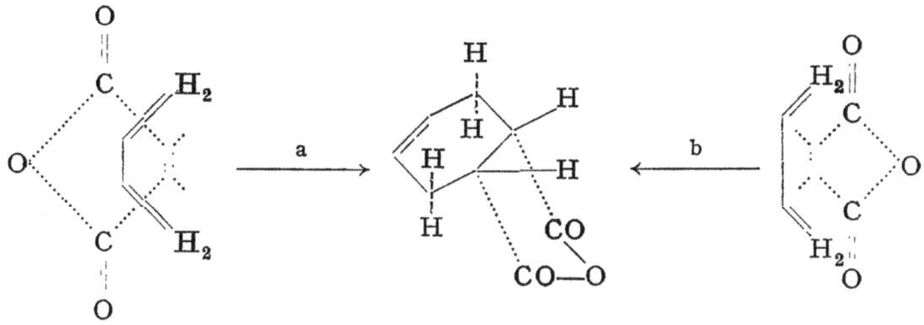

(XLVII.) (XLIX.) (XLVIII.)

Freilich ist in diesen einfachsten Fällen eine Entscheidung zwischen den beiden Wegen (*a* oder *b*) nicht möglich, da sie beide zu dem gleichen Addukt (XLIX) führen (*66*). Erst die Verwendung von unsymmetrisch substituierten Dien-Komponenten, im einfachsten Falle diejenige von einfach in α-Stellung substituierten, gibt diese Möglichkeit, da hier die Addition der Partner aus einer Orientierung mit maximaler Häufung ihrer Doppelbindungssysteme (L*a*) zu einem Addukt mit der Konfiguration (LI), diejenige aus einer Anordnung geringster Dichte ihrer Doppel-

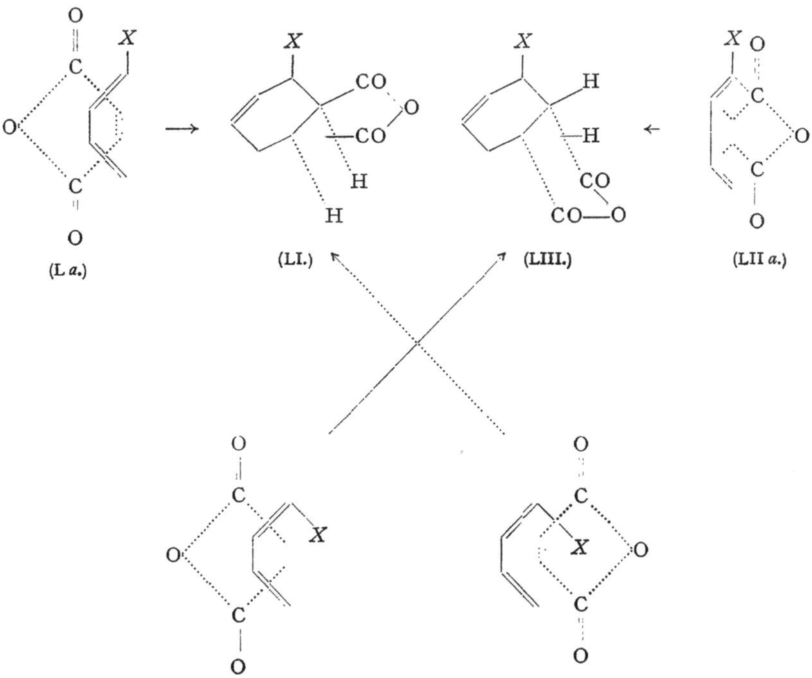

(L *a*.) (LI.) (LIII.) (LII *a*.)

(L *b*.) (LII *b*.)

bindungen (LII*a*) dagegen zu einem anderen führen sollte, das von dem ersten verschieden ist und die Konfiguration (LIII) besitzen müßte (5, 66).

Die Forderung nach einer maximalen Dichte der Doppelbindungssysteme beider Partner ist schon für das unsubstituierte Butadien eine eindeutige, und der Substituent X — gleichgültig, ob er seinerseits noch Träger von Doppelbindungen ist oder nicht — spielt weniger die Rolle eines die Orientierung bestimmenden Faktors als diejenige einer Wegmarkierung. Das wird vor allem dann deutlich, wenn man von der *trans*-Form des Diens $H_2C{=}CH{-}CH{=}CHX$ zu ihrer *cis*-Form übergeht (49, 50, 51, 73, 123). Auch dort erfolgt die Dien-Synthese mit Maleinsäureanhydrid aus einem Orientierungskomplex mit maximaler Häufung der Doppelbindungs-systeme beider Partner und ergibt das Addukt das aus dem *trans*-Dien *nicht* entsteht.

Es bedarf kaum eines Hinweises darauf, daß die sterischen Formen des Adduktes (LI) und (LIII) der erstgenannten aus dem *trans*-, der zweiten aus dem *cis*-Dien, mit den Erhaltungsgesetzen im Einklang sind, und daß die jeweiligen Entscheidungen zugunsten von (LI) im ersten und von (LIII) im zweiten Falle ein darüber hinausgehendes Argument notwendig machen, das durch die Aussage des allgemeinen Orientierungssatzes gegeben ist.

Dieser Satz ist an einem großen Beobachtungsmaterial (5, 63, 66) geprüft, bestätigt und in charakteristischen Grenzfällen (13, 42, 46, 69, 336, 337) in seinem Geltungsbereich festgelegt worden. Wir ergänzen das oben Gesagte hier nur durch den Hinweis auf die Additionen der Fumarsäure, bei denen — etwa für ihre Dien-Synthesen mit dem *trans*-Dien — das Postulat der maximalen Dichte von Doppelbindungen seine Eindeutigkeit verliert und wo in der Tat die beim Maleinsäure-anhydrid konstatierte sterische Selektivität nicht mehr gewahrt bleibt. *Vielmehr entstehen hier beide möglichen Addukte (LIV) und (LV) nebeneinander.*

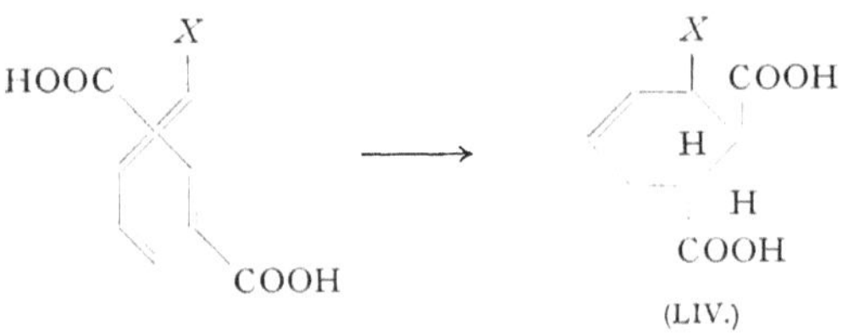

(LIV.)

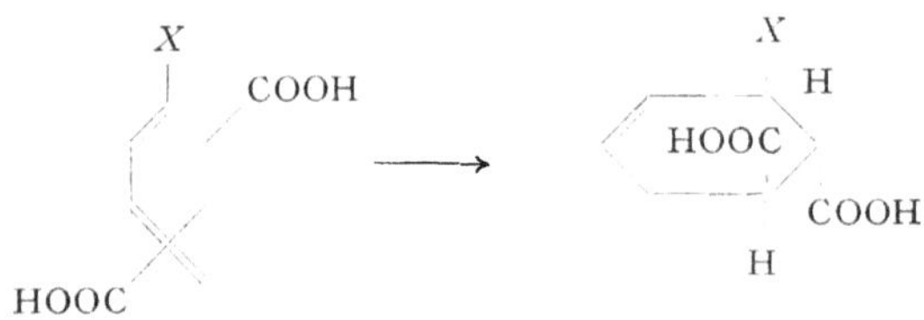

(LV.)

V. Dien-Synthesen mit unsymmetrischen Addenden.

Eine bei der Anwendung von Dien-Synthesen häufig auftauchende Frage kann gleichfalls aus dem Grundschema abgeleitet werden, da bei der Unsymmetrie der beiden Partner prinzipiell zwei Wege (*a* und *b*) der Addition möglich sind:

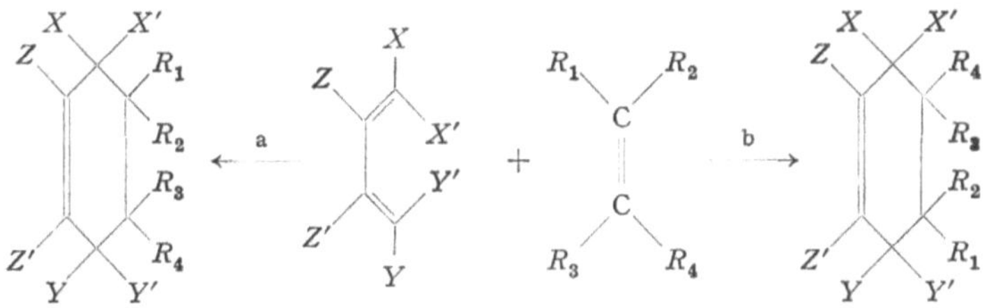

Die Frage, ob der eine dieser Wege vor dem anderen bevorzugt ist, ja, ob in Sonderfällen diese Bevorzugung so weit geht, daß man neben der *sterischen* auch von einer *strukturellen* Auslese sprechen kann, ist bei dem heutigen Stand unseres Wissens um den Mechanismus der Dien-Synthese nur durch das Experiment zu entscheiden.

Eine Untersuchung nimmt zweckmäßig von den beiden Grundtypen dieser Art ihren Ausgang:

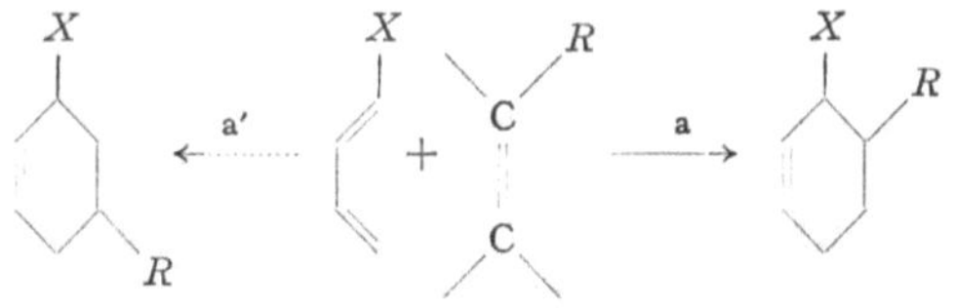

(LVII.) (LVI.)

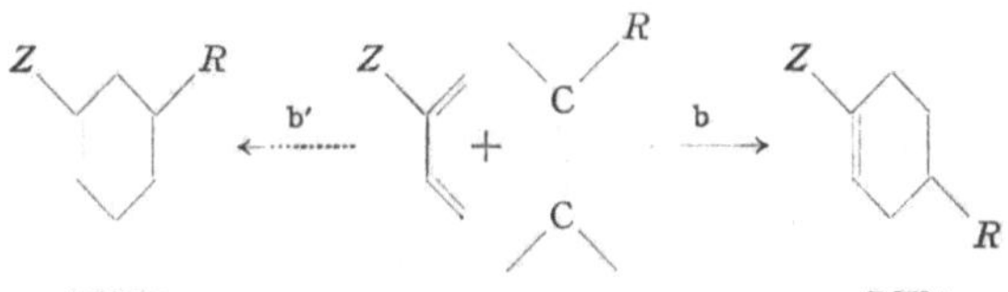

(LVIII.) (LIX.)

Der erste Fall stellt die Addition eines einfach in α-Stellung substituierten Diens mit einem unsymmetrischen Philodien, der zweite die analoge Kombination des gleichen Philodiens mit einem einfach in β-Stellung substituierten Dien vor. Beide Typen von Additionen sind eingehend untersucht (*4, 47, 54, 70, 72, 74, 166, 231, 233, 294, 256*), mit dem Ergebnis, daß Dien-Synthesen der ersten Art nach allen bisher vorliegenden Erfahrungen ($X = -CH_3$, $-C_6H_5$, $-OCH_3$, $-N(CH_3)_2$, $-COOH$, $-COCl$ und $R = -CHO$, $-COOH$, $-COCl$, $-C{\equiv}N$) *selektiv* verlaufen und ausschließlich nach Schema a in die *ortho*-Reihe (LVI) führen; *meta*-Verbindungen (LVII), die nach a′ zu erwarten wären, sind hier im allgemeinen nicht nachgewiesen worden.

Ein bezeichnender lehrreicher Sonderfall ist die Dien-Synthese der Butadien-1-carbonsäure (LX) mit Acrylsäure. Die Vereinigung der Komponenten ergibt nach a die Δ^3-Tetrahydro-*o*-phthalsäure (LXI):

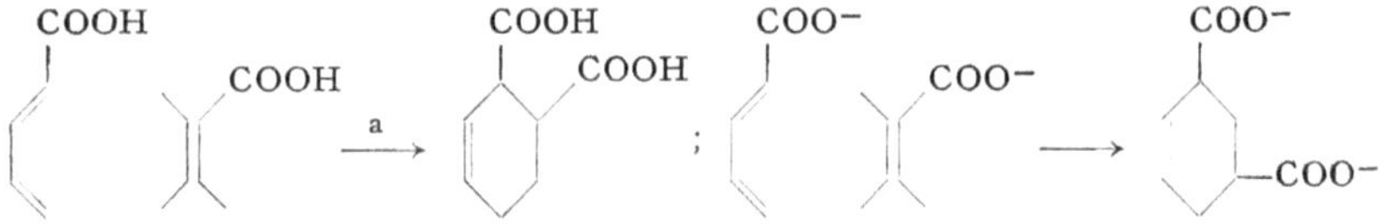

(LX.) Butadien-1-carbonsäure und Acrylsäure. (LXI.) Δ^3-Tetrahydro-*o*-phthalsäure. (LXII.)

An diesem Verlauf ändert sich nichts, wenn man an Stelle der freien Säuren ihre Chloride verwendet. Beide Vorgänge sind über einen größeren Temperaturbereich studiert worden, wobei zwar ein Unterschied im sterischen Verlauf konstatiert wurde (*54*), nicht hingegen ein Einfluß auf den strukturellen. Dagegen tritt die *meta*-Verbindung (LXII) in merklichen Mengen dann auf, wenn man an Stelle der freien Säuren oder ihrer Chloride ihre Salze in wäßriger Lösung der Dien-Synthese unterwirft (*22*).

Was den zweiten Grundtypus von Dien-Synthesen mit unsymmetrischen Addenden anbetrifft, so liegen für eine Reihe von Substituenten (Z = $-CH_3$; $-C_6H_5$; $-OCH_3$ und R = $-CHO$; $-COOH$; $-C{\equiv}N$) Ergebnisse vor. Hier ist der Unterschied in den Geschwindigkeiten der Addition b und b′ nicht so stark ausgeprägt wie im Falle der α-substituierten Diene. Zwar ist auch hier *ein* Additionstypus bevorzugt, und unter den Reaktionsprodukten dominiert die *para*-Verbindung (LIX) über das *meta*-Isomere (LVIII), das aber gewöhnlich noch in einer Menge vorhanden ist, die seine Isolierung gestattet (*20, 22, 232*). Diese Erkenntnisse werden bei der Synthese von Derivaten des *p*- und des *m*-Menthans am Sonderfall illustriert werden (S. 55).

Das Problem der „unsymmetrischen Addenden" ist — über die beiden Grundtypen hinaus — auch an *di*-substituierten Dienen untersucht worden, die in fünf verschiedene Klassen zerfallen:

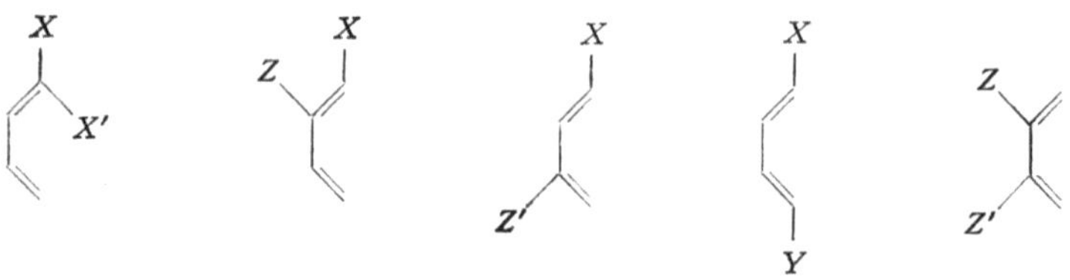

a b c d e

Für ihre Kombination mit einem unsymmetrischen philodienen Partner ist in den Fällen a und c der Additionsverlauf mit großer Wahrscheinlichkeit vorauszusagen, da sich hier die an den Grundtypen gefundenen Effekte summieren. In der Tat sind hier auch die zu erwartenden Strukturen bei den Additionen nachgewiesen worden (*14*).

Für die disubstituierten Diene b, d und e ist grundsätzlich zu erwarten, daß die von den beiden Substituenten X, Z (b), X, Y (d) und Z, Z' (e) ausgehenden Einflüsse miteinander konkurrieren und daß — wenn nicht einer den anderen erheblich übertrifft — beide strukturell möglichen Addukte nebeneinander auftreten, in einem Mengenverhältnis, das von der Natur und der Lage der Substituenten im Einzelfalle bestimmt wird.

$$X = -CH_3,\ -C_6H_5; \qquad Y = -COOH,\ -CH_3.$$

In den Fällen d und e ist die Lage der beiden Substituenten am Dien-System gleichwertig und ihre orientierenden Einflüsse werden nur von ihrer Natur abhängen (*32, 55*). Dagegen ist bei b schon ihre Lage am Dien-System verschiedenartig. Hier zeigt die bisher vorliegende Erfahrung (*19, 21, 22*), daß der Einfluß des β-ständigen Substituenten hinter demjenigen in α-Stellung zurücktritt. Das System verhält sich mithin wie der Grundtyp a, d. h. im Addukt nehmen die Substituenten die vizinale Lage ein:

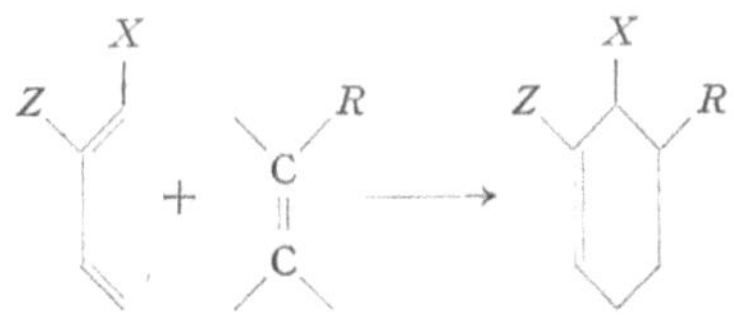

Das Studium von Dien-Synthesen mit unsymmetrischen Addenden befindet sich in vollem Fluß. Es verspricht gleich wertvolle Aufschlüsse für die Kenntnis der Dien-Synthese im besonderen wie für die Reaktionsweisen von konjugierten Systemen im allgemeinen.

VI. Dien-Synthese und Katalyse. Addition unter Bestrahlung. Anomalien in der Betätigung philodiener Funktionen. Glutardialdehyd als Ausgangsmaterial zur Synthese von achtgliedrigen Ringen.

Die Dien-Synthese stellt in ihrem Elementar-mechanismus eine Wechselwirkung von Mehrfachbindungen vor, die im Endeffekt eine charakteristische Umgruppierung zur Folge hat. Sechs π-Elektronen reichen aus, um diesen Mechanismus zu ermöglichen. Indessen besteht kein Zweifel daran, daß auch die π-Elektronensysteme der Substituenten den Gang der Handlung entscheidend bestimmen. Wenngleich ihre Teilnahme an den Vorgängen aus der Struktur der Reaktionsprodukte nicht unmittelbar zu entnehmen ist, so folgt die Richtigkeit der Aussage aus der Abhängigkeit der Reaktionsgeschwindigkeit von der Lage und der Natur dieser Substituenten ebenso wie aus der Gültigkeit der sterischen und strukturellen Orientierungsprinzipien. Beide Einflüsse hängen unverkennbar mit der Anwesenheit von π-Elektronen (und einsamen Elektronenpaaren) in den Substituenten zusammen (*5*).

Da die Vorgänge ihrer Natur nach ein Wechselspiel der π-Elektronen beider Partner vorstellen, deren Entkoppelung und Umgruppierung im Reaktionsknäuel vor sich geht, so ist es verständlich, daß sie von außen her stofflich gar nicht oder nur sehr schwer zu beeinflussen sind. Es ist daher bislang nicht geglückt, sie in einer für präparative Zwecke ausreichenden Weise katalytisch zu beeinflussen.

Dagegen steht es mit diesen Ansichten über die Natur der Vorgänge im besten Einklang, daß einige von ihnen durch *Bestrahlung* sehr gefördert werden. Von der Aktivierung des molekularen Sauerstoffes mit Hilfe von Licht in Anwesenheit von Sensibilisatoren wird später die Rede sein (S. 94). Unter diesen Bedingungen erfährt das Elektronensystem des Sauerstoffes eine so weitgehende Auflockerung, daß das O_2-Molekül den Charakter eines Philodiens annimmt.

In der Reihe der Diene sind hier vor allem die Systeme der 1,2-Diketone (LXIII) hervorzuheben, die — wie vor allem SCHÖNBERG (*285*, *286*) gefunden hat — unter dem Einfluß des Lichtes die Fähigkeit zu Dien-Synthesen erlangen und geeignete Philodiene nach Art der Dien-Synthese addieren; so führt z. B. die Addition von Stilben (LXIV) an Phenanthrenchinon (LXIII) zu dem Addukt (LXV).

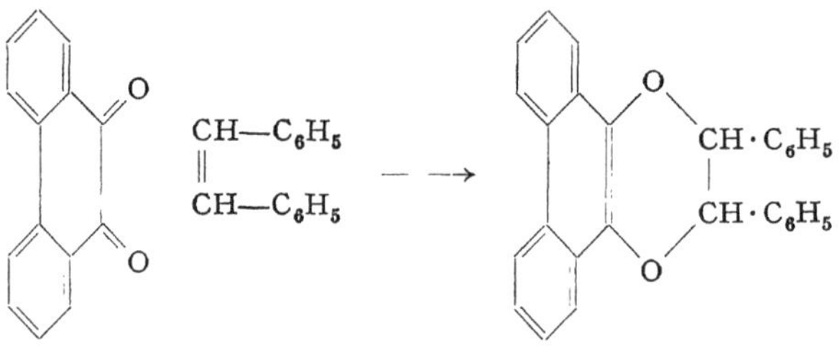

(LXIII.) Phenanthren-chinon. (LXIV.) Stilben. (LXV.)

Bei diesen Studien ist eine bemerkenswerte Eigentümlichkeit offenbar geworden, die nicht auf die durch Licht beeinflußten Vorgänge beschränkt bleibt, sondern die sich auch bei rein thermischen Prozessen dieser Art befindet. Schon bei älteren Versuchen, das System —N=C—C=N— wie es im Dehydro-indigo (LXVI) vorliegt, zu Dien-Synthesen zu verwenden, zeigte es sich, daß die klassischen Philodiene von der Art des Maleinsäure-anhydrides keine Neigung zur Addition zeigen (*252*), während Philodiene mit schwächer ausgeprägtem Additionsvermögen wie Styrol, $H_2C{=}CH{-}C_6H_5$, hier glatt und mit hohen Ausbeuten addieren (LXVII):

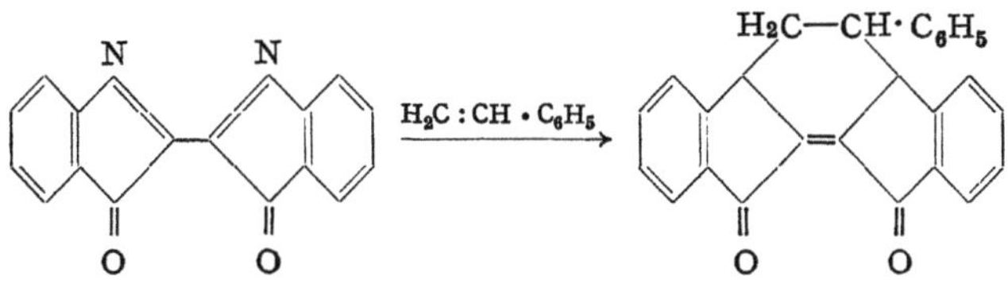

(LXVI.) Dehydro-indigo. (LXVII.)

Ähnliche und noch weiter differenzierte Beobachtungen haben in jüngster Zeit HORNER und Mitarbeiter (*195*) mitgeteilt, die das Tetrachlor-*o*-chinon (LXVIII), das über zwei konjugierte Systeme $>C{=}C{-}C{=}C<$ und $O{=}C{-}C{=}O$ verfügt, auf sein Verhalten bei der Dien-Synthese untersucht haben.

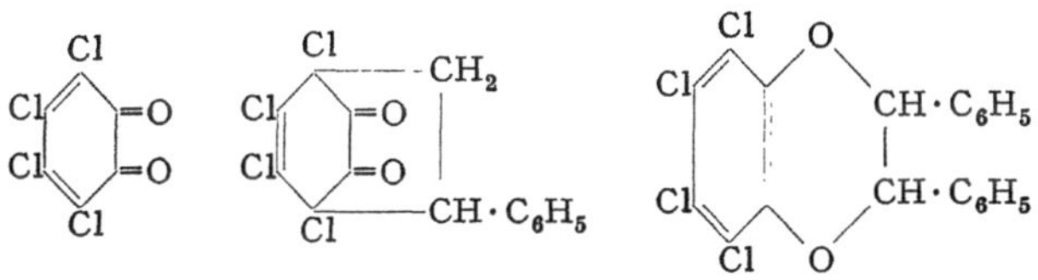

(LXVIII.) Tetrachlor-*o*-chinon. (LXIX a.) (LXIX b.)

HORNER findet drei Kategorien von Philodienen:

1. solche, die gar nicht addieren. Zu ihnen gehören die α,β-ungesättigten Carbonyl-verbindungen, wie Maleinsäure-anhydrid, *p*-Chinon und Acrylsäure-ester;

2. solche, die sich an das System $>C{=}C{-}C{=}C<$ anlagern, (LXIX a), bei denen — wie beim Styrol und beim Inden — die philodienen Funktionen schwächer ausgebildet sind, und schließlich

3. Olefine mit minimal entwickeltem philodienem Charakter; zu ihnen zählen das symmetrische und das asymmetrische Diphenyl-äthylen; sie addieren sich an das $O{=}C{-}C{=}O$-System: (LXVIII) → (LXIX b). Diese rätselhaften Anomalien scheinen vornehmlich dort aufzutreten, wo in der Dien-komponente der Stickstoff oder der Sauerstoff als Additionszentren fungieren. Dafür liegen weitere Beispiele vor in dem Verhalten von α,β-ungesättigten Aldehyden und Ketonen. Verbindungen dieses Typus können nach dem folgenden allgemeinen Schema dimerisieren (a), wobei sie zugleich die Rolle von Dien und Philodien übernehmen (*33*, *33a*, *41*):

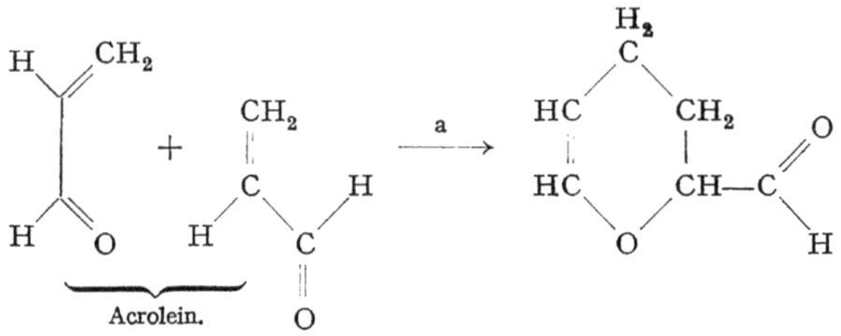

Es ist bisher nicht gelungen, das Acrolein als Philodien durch die aktiven Typen der α,β-ungesättigten Verbindungen zu ersetzen; dagegen lassen sich die normalerweise als Philodien wenig brauchbaren Vinyläther hier mit überraschendem Erfolg verwenden, so z. B. bei der Dien-Synthese des Acroleins (als Dien) und des Vinyl-äthyl-äthers (als Philodien) (*23, 224, 293*):

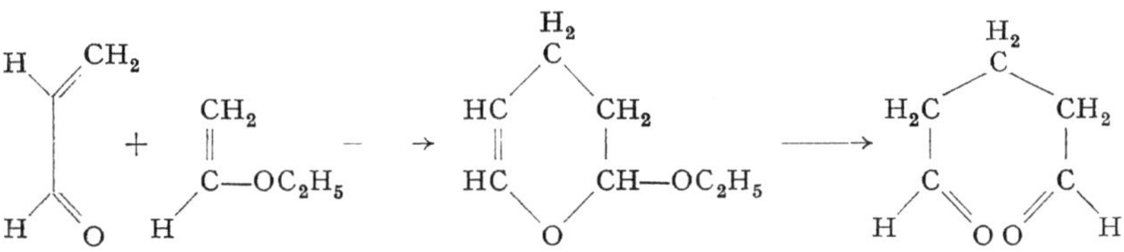

Acrolein. Vinyläthyläther. (LXX.) (LXXI.) Glutardialdehyd.

Das Addukt (LXX) liefert bei der Hydrolyse glatt den Glutardialdehyd (LXXI), der auf dem vorliegenden Wege jetzt zu einer bequem zugänglichen Verbindung geworden ist. Von ihm aus führen wohlbekannte Wege (Kondensation mit Methylamin und Aceton-dicarbonsäure) zum Pseudo-pelletierin (LXXII) und von da aus zu den ungesättigten Typen der Cyclooctan-reihe (*122*):

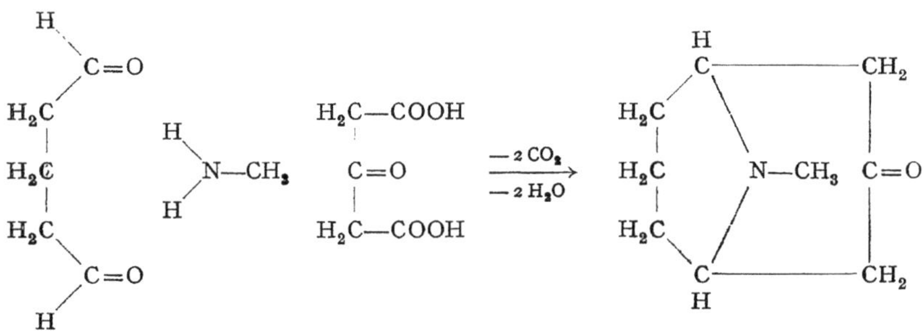

(LXXI.) Glutardialdehyd. Aceton-dicarbonsäure. (LXXII.) Pseudo-pelletierin.

B. Anwendungen.

VII. Synthetische Versuche zur Darstellung von Aldehyden des Cyclocitral- und Safranal-typus.

Verhalten hochmethylierter Butadiene bei Dien-Synthesen.

Unter den durch Dien-Synthesen zugänglichen Stoffklassen sind die einfachsten Typen, wie sie etwa durch Addition von Butadien und dessen nächsten Alkyl-homologen an Acrolein, Vinyl-methyl-keton und Vinylester erhalten werden, flüchtig und durch starke und charakteristische Geruchswirkungen ausgezeichnet. Es hat daher nicht an Versuchen gefehlt, sie und ihre Abwandlungsprodukte für die Darstellung von Riechstoffen zu verwenden*. Diese gipfelten in den Bemühungen um eine einfache Totalsynthese des natürlichen Irons aus den Wurzelknollen von *Iris florentina, I. pallida* und *I. germanica.* Für dieses „Irisketon" hatten TIEMANN und KRÜGER (*300, 301*) die Formel (LXXIII) aufgestellt, die zu den ersten Versuchen einer Reproduktion des Naturstoffes auf dem Wege der Dien-Synthese anregte. Danach sollte die Addition von 1,1-Dimethyl-butadien (LXXIV) an Croton-aldehyd zu zwei Addukten (LXXVI) und (LXXV) führen, von denen das zweite, die sterische Gleichheit mit dem Naturprodukt stillschweigend vorausgesetzt, durch Kondensation mit Aceton natürliches Iron hätte ergeben müssen.

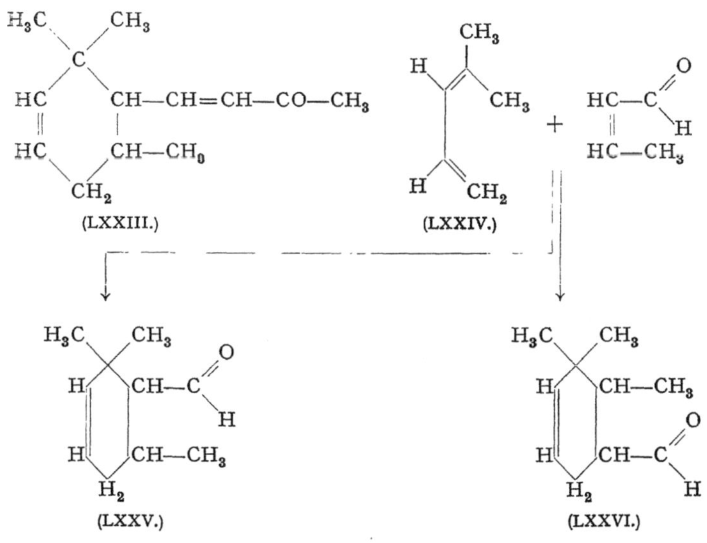

(LXXIII.) (LXXIV.) (LXXV.) (LXXVI.)

* Eine ausführliche Besprechung der Veilchenriechstoffe hat SCHINZ (*282*) in diesen Fortschritten veröffentlicht.

Statt dessen wurden stets Produkte gewonnen, die zwar eine der TIEMANNschen Formulierung (LXXIII) entsprechende Zusammensetzung aufwiesen, die aber mit dem Naturprodukt *nicht identisch* waren und als „Pseudo-Iron" (*136, 240, 241*) davon unterschieden wurden. Das war die Situation auf diesem Gebiete, wie sie DIELS in seinem vor zwölf Jahren erschienenen Aufsatz darstellt (*131*). Seither haben sich die Voraussetzungen und die Chancen für eine Synthese des natürlichen Irons grundlegend geändert. Wir wissen heute, dank den umfassenden Untersuchungen von RUZICKA sowie NAVES und ihren Mitarbeitern, daß die TIEMANNsche Formulierung (LXXIII) für das Iron weder in der Zusammensetzung noch in der Struktur zutreffend ist und daß die seinerzeit versuchte Synthese schon deshalb zum Scheitern verurteilt war, weil ihr ein unzutreffender Bauplan zugrunde lag. Diese Erkenntnis ist aber erst die Frucht neuerer Arbeiten (*242, 243, 246, 264, 265, 283*). Damals mußte als Grund für die Nichtidentität des „Pseudo-irons" notwendigerweise Anomalien gesucht werden, die im Gang der Synthese auftreten, und in der Tat ließ sich zeigen, daß die verwendeten Präparate von 1,1-Dimethyl-butadien (LXXIV), die durch Wasserabspaltung aus dem Glykol (LXXVII) gewonnen waren, fast ausschließlich das isomere 1,3-Dimethyl-butadien (LXXVIII) enthielten:

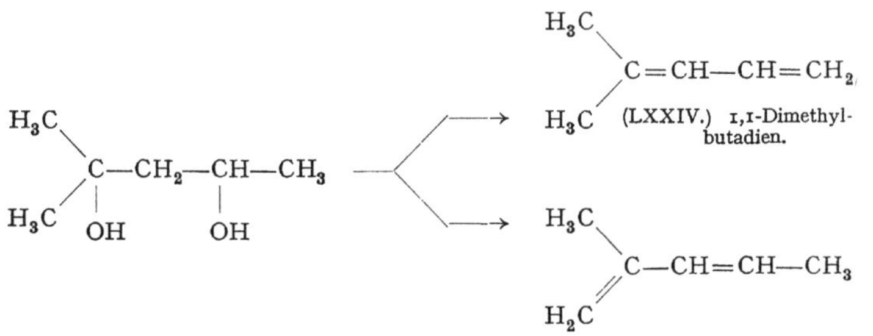

(LXXIV.) 1,1-Dimethyl-butadien.

(LXXVII.) (LXXVIII.) 1,3-Dimethyl-butadien.

Damit war der Grund für den anomalen, unerwarteten Verlauf der Ironsynthese gefunden, und das Problem schien — bei dem damaligen Stand unserer Kenntnis von der Struktur des Naturstoffes — auf die Reindarstellung des 1,1-Dimethyl-butadiens zurückgeführt. Inzwischen hat uns eine große Erfahrung darüber belehrt, daß die Schwierigkeiten tiefer liegen und daß die Darstellung auch eines Ketons der TIEMANNschen Struktur (LXXIII) wenig Aussicht hat, ohne Komplikationen durch Dien-Synthesen verwirklicht zu werden.

Ein Vergleich der beiden Dimethyl-butadiene (LXXIV) und (LXXVIII) läßt erkennen, daß eines der beiden Enden, die bei der Dien-Synthese als Additionszentren fungieren, im ersten Falle total, im zweiten nur einfach substituiert ist. Ein weiterer Unterschied zwischen beiden Typen besteht darin, daß der erste notwendig einen *cis*-ständigen Substituenten besitzt, was beim zweiten nicht der Fall zu sein braucht:

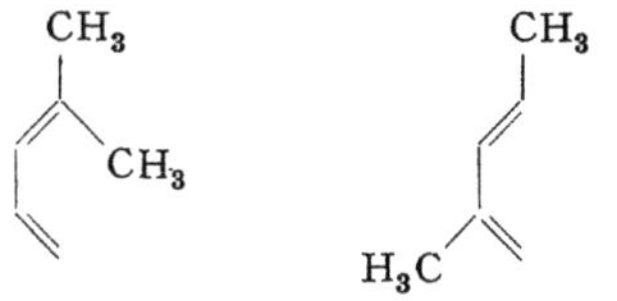

Beide Umstände tragen dazu bei, daß das 1,3-Dimethyl-butadien dem Isomeren mit zwei Methylgruppen in 1,1-Stellung im Additionsvermögen überlegen ist, und daß das zuletzt genannte für eine Dien-Synthese im allgemeinen Bedingungen verlangt, unter denen es sich bereits in das zweite umlagert. Da nun, ganz abgesehen von diesen Faktoren, auch bei der Darstellung von alkylsubstituierten Dienen nicht selten der Typus bevorzugt ist, bei dem eine Häufung von Substituenten am System von konjugierten Doppelbindungen vermieden wird, so macht sich ganz allgemein bei der Verwendung von alkyl-substituierten Dienen die Tendenz zur höchsten Verteilung der Methylgruppen geltend, die auf ihren Abbau und auf ihre Überführung in Äthyl- oder Isopropyl-gruppen hinausläuft. So reagiert z. B. das 1,1,4,4-Tetramethyl-butadien (LXXIX) bei der Dien-Synthese nicht als solches, sondern erst nach seinem Übergang in das 1-Isopropyl-3-methyl-butadien (LXXX) (*17*):

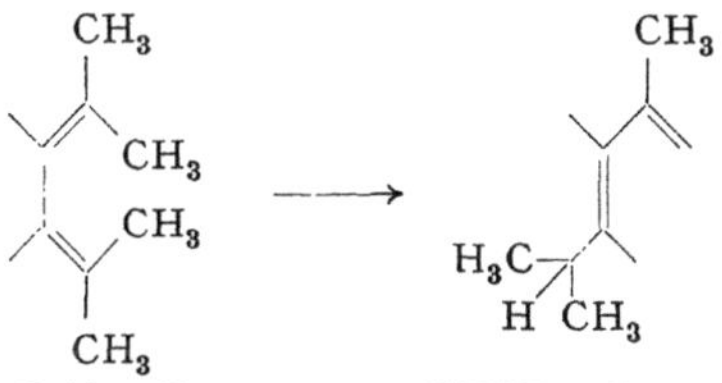

(LXXIX.) 1,1,4,4-Tetramethyl-butadien. (LXXX.) 1-Isopropyl-3-methyl-butadien.

Bei der Darstellung des 1,2,3,4-Tetramethyl-butadiens (LXXXI) entsteht zur Hauptsache das 1,2-Dimethyl-3-äthyl-butadien (LXXXII) (*17*):

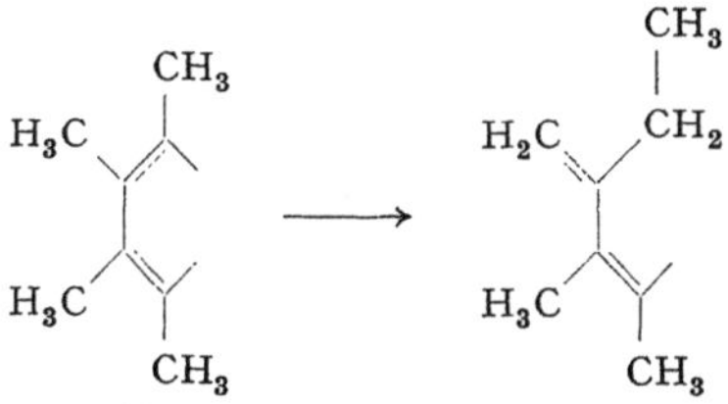

(LXXXI.) 1,2,3,4-Tetramethyl-butadien. (LXXXII.) 1,2-Dimethyl-3-äthyl-butadien.

und bei derjenigen des 1,1,2,3,4,4-Hexamethyl-butadiens (LXXXIII) bildet das 2,3-Diisopropyl-butadien (LXXXIV) das Hauptprodukt:

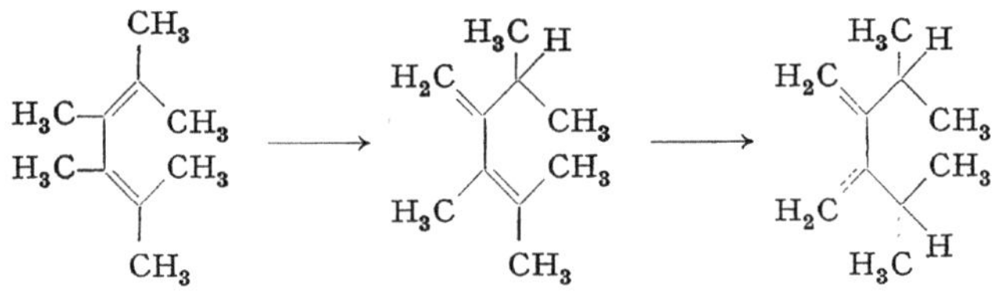

(LXXXIII.) 1,1,2,3,4,4-Hexametyl-butadien. (LXXXIV.) 2,3-Diisopropyl-butadien.

Die wenigen typischen Beispiele lassen die Tendenz der Systeme, die Zahl der Methyl-substituenten zu verkleinern, die Enden des konjugierten Systems freizulegen und auf diese Weise der Dien-Synthese Vorschub zu leisten, erkennen.

Diese Erfahrungen berechtigen zu dem Schluß, daß Diene mit geminalen Methylgruppen im allgemeinen keine Dien-Synthesen eingehen, ohne wenigstens teilweise eine Umwandlung im oben erläuterten Sinne zu erleiden. Komplikationen werden nur dort ausbleiben, wo jeder Übergang dieser Art nicht zu einer neuen Struktur, sondern zum Original zurückführt. Das ist der Fall beim 1,1,3-Trimethyl-butadien (LXXXV):

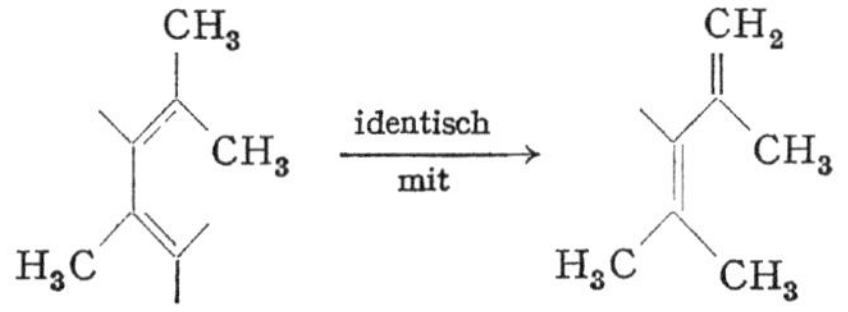

(LXXXV.) 1,1,3-Trimethyl-butadien. (LXXXVI.)

Hier führt die Dien-Synthese mit Crotonaldehyd zu dem erwarteten, in 5-Stellung methylierten Ringsystem des Δ^5-Cyclocitrals (LXXXVII):

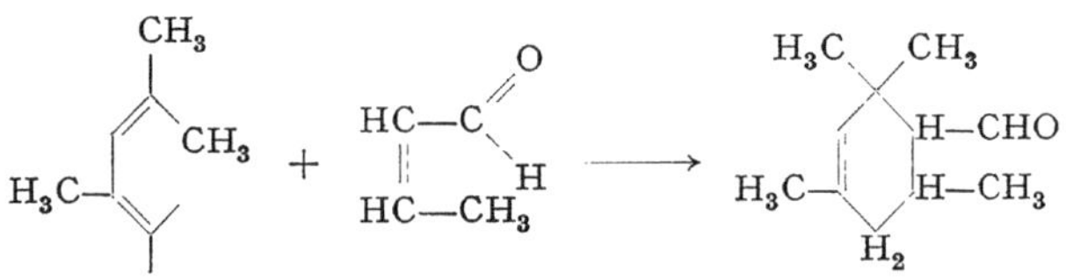

(LXXXVII.) Δ^5-Cyclocitral.

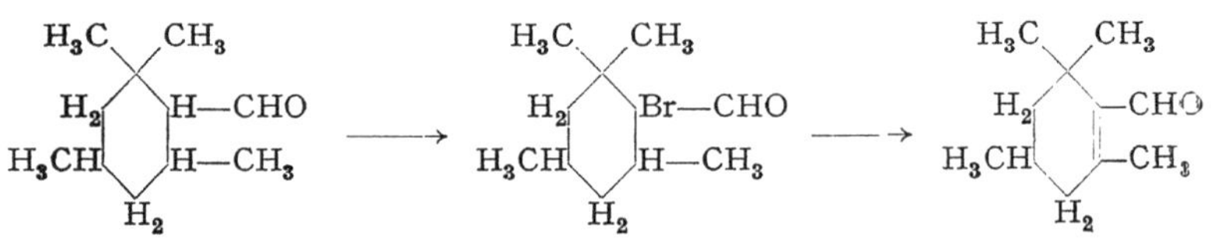

(LXXXVIII.) 5-Methyl-dihydro-cyclocitral. (LXXXIX.) (XC.) 5-Methyl-β-cyclocitral.

Der Aldehyd (LXXXVII) ist wiederholt Gegenstand von besonderen Studien gewesen (*145, 136, 199, 226*). So ergibt er bei der Kondensation mit Aceton ein „Methyl-iron" im Sinne TIEMANNS. Seine katalytische Hydrierung (*226*) führt zum 5-Methyl-dihydro-cyclocitral (LXXXVIII), das seinerseits mit N-Bromsuccinimid den bromierten Aldehyd (LXXXIX) liefert, der unter Abspaltung von Bromwasserstoff schließlich in das 5-Methyl-β-cyclocitral (XC) übergeht.

Beim Ersatz des Crotonaldehyds in der vorangehenden Dien-Synthese durch den Tetrolaldehyd (XCI) (*227*) entsteht der doppelt ungesättigte Aldehyd (XCII), der sich durch Verlagerung einer Doppelbindung leicht zum $\Delta^{2,4}$-5-Methyl-cyclocitral (5-Methyl-safranal) (XCIII) isomerisieren läßt.

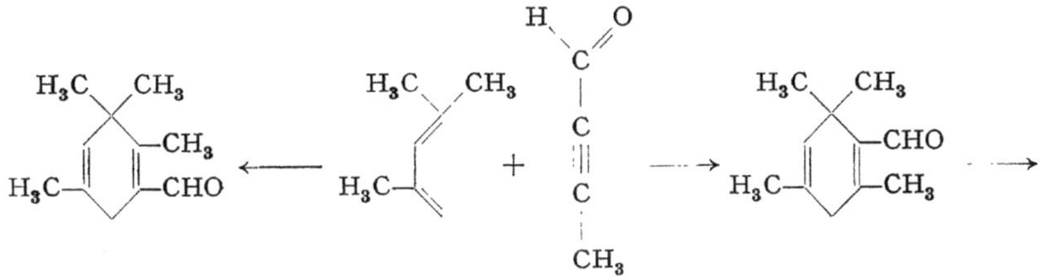

(XCIV.) (XCI.) (XCII.)

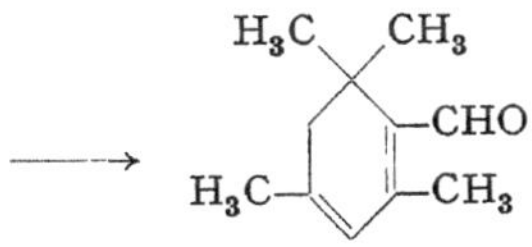

(XCIII.) $\Delta^{2,4}$-5-Methyl-cyclocitral.

Es erscheint bemerkenswert, daß bei den Dien-Synthesen des 1,1,3-Trimethyl-butadiens mit Crotonaldehyd die Aldehyd-gruppe in überwiegendem Ausmaß in die *ortho*-Stellung zur geminalen Dimethyl-gruppe tritt und zu einer Anordnung führt, die sich auch in den Naturprodukten findet. Ein Additionsverlauf nach (XCIV), wie er a priori auch denkbar wäre, scheint bisher noch nicht nachgewiesen worden zu sein.

Nach den neuesten Forschungen über die Zusammensetzung und die Konstitution der Irone ist das „Methyl-iron" mit den drei natürlichen α-, β-, γ-Ironen isomer und unterscheidet sich von jenen — abgesehen von der Lage der Doppelbindung — auch in der Stellung einer Methylgruppe, die bei jenen in Stellung 6, bei diesem in 5 haftet.

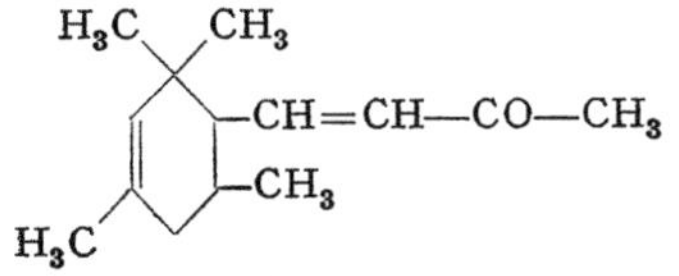

„Methyl-iron".

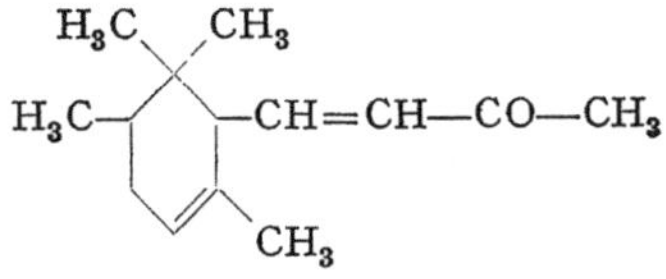

α-Iron.

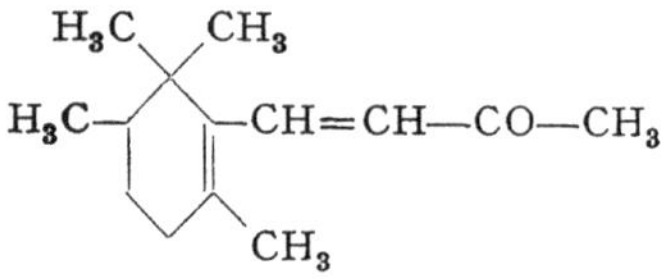

β-Iron.

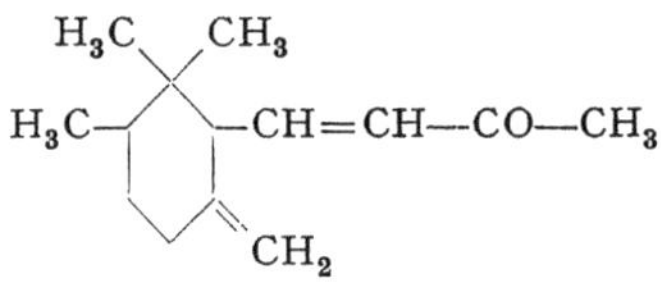

γ-Iron.

Ein Aufbau des Iron-Ringsystems (XCVI) durch Dien-Synthese mit Crotonaldehyd müßte nicht von dem 1,1,3-, sondern von den 1,1,2-Trimethyl-butadien (XCV) ihren Ausgang nehmen:

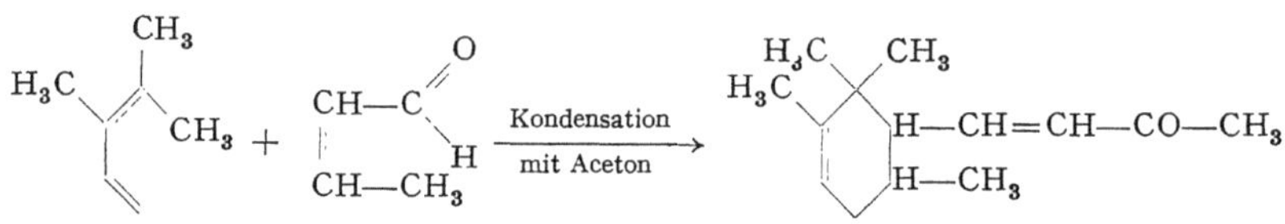

(XCV.) 1,1,2-Trimethyl-butadien. (XCVI.)

Die Synthese eines Kohlenwasserstoffes dieser Konstitution haben kürzlich NAVES und ARDIZIO (*244, 245*) auf dem folgenden Wege versucht: Das durch Einwirkung der Na-verbindung des Isopropyl-methyl-ketons auf Acetylen entstehende Methyl-isopropyl-äthinyl-carbinol (XCVII) geht bei der partiellen Reduktion in die analoge Vinylverbindung (XCVIII) über, die bei der Wasserabspaltung das 1,1,2-Trimethyl-butadien (XCV) ergibt:

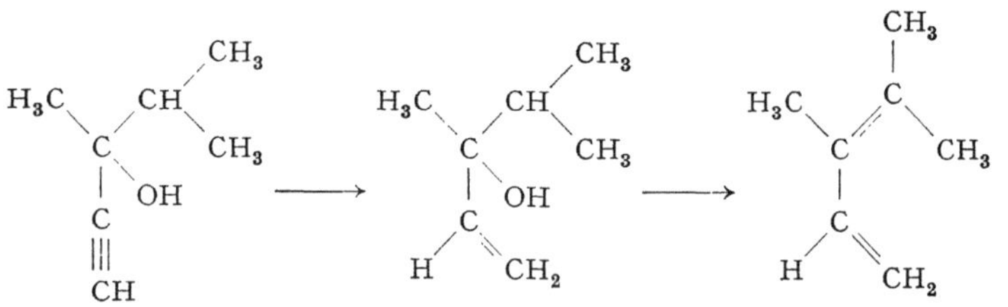

(XCVII.) Methyl-isopropyl-äthinyl-carbinol. (XCVIII.) (XCV.) 1,1,2-Trimethyl-butadien.

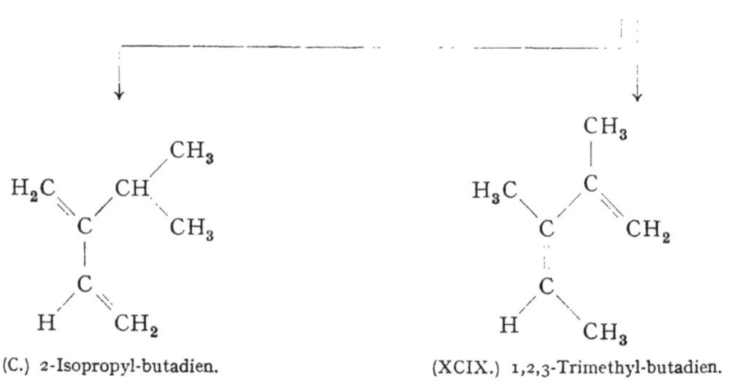

(C.) 2-Isopropyl-butadien. (XCIX.) 1,2,3-Trimethyl-butadien.

Es ist nach dem oben Gesagten zu erwarten, daß dieser Kohlenwasserstoff die Neigung zeigen wird, sich bei seiner Bildung oder unter den Bedingungen der Dien-Synthese in ein System mit „freieren Enden", d. h. entweder in 1,2,3-Trimethyl- (XCIX) oder in 2-Isopropyl-butadien (C) umzuwandeln. Die Dien-Synthese eines nach NAVES hergestellten 1,1,2-Trimethyl-butadiens (XCV) mit Maleinsäure-anhydrid führte schon in siedender benzolischer Lösung zu einem Addukt (CI), das dehydriert, die 4-Isopropyl-phthalsäure (CII) ergab, die sich zu Trimellitsäure (CIII) oxydieren ließ (*17*):

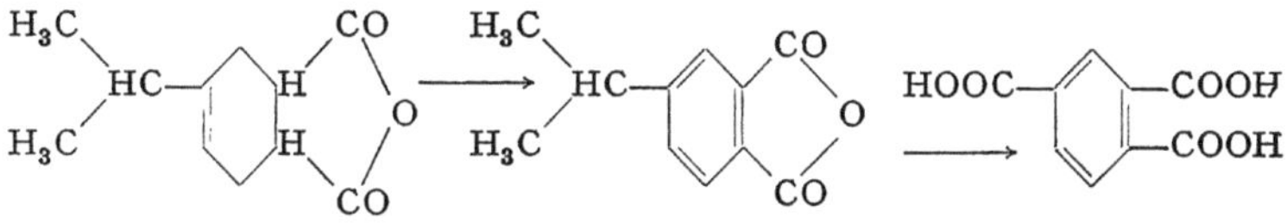

(CI.) (CII.) 4-Isopropyl-phthalsäure. (CIII.) Trimellitsäure.

Es bedarf keiner näheren Erläuterung, daß dieses Ergebnis weder mit der Struktur eines 1,1,2-Trimethyl-butadiens (XCV) noch mit derjenigen eines 1,2,3-Trimethyl-butadiens (XCIX) für das Wasserabspaltprodukt aus dem Carbinol (XCVIII) in Einklang zu bringen ist. Vielmehr läßt es keinen Zweifel daran aufkommen, daß der Kohlenwasserstoff die Struktur (C) des 2-Isopropyl-butadiens besitzt — oder zum mindesten als solches reagiert.

NAVES und ARDIZIO (*244, 245*) addieren ihren Kohlenwasserstoff an Crotonaldehyd und erhalten dabei ein Gemisch von Addukten, das sie nach der Kondensation mit Aceton in mehrere Bestandteile zerlegen, deren einer bei der katalytischen Hydrierung unter Aufnahme von vier Atomen Wasserstoff ein racemisches Tetrahydro-iron (CIV) ergab. Danach hat sich der Vorgang

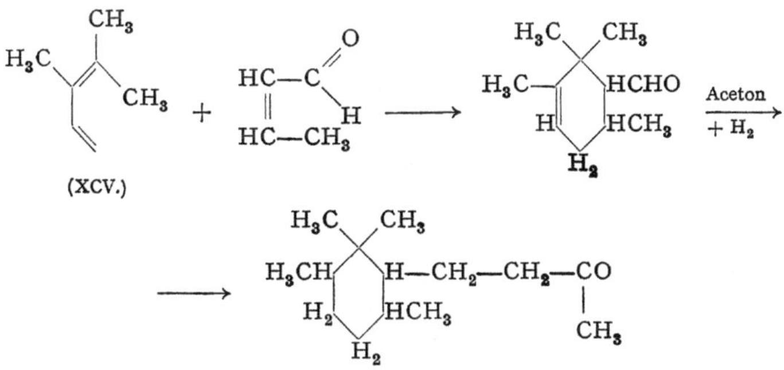

(XCV.)

(CIV.) Tetrahydro-iron.

tatsächlich abgespielt — aber nur als Teilvorgang neben mehreren anderen, nicht näher untersuchten Dien-Synthesen. Es ist nach dem oben Ausgeführten zu erwarten, daß die meisten Dien-Synthesen mit höher methylierten Butadien-abkömmlingen, wegen deren Neigung zu Isomerisationen ein ähnlich uneinheitliches Bild bieten und daher präparativ wenig befriedigen. Für eine künftige Behandlung des Iron-problems und für die Aufgabe der Bereitung von Cyclohexen-abkömmlingen mit geminalen Dimethylgruppen legen diese Erfahrungen eine Änderung des bisher eingeschlagenen Kurses nahe, indem sie die Gruppierung 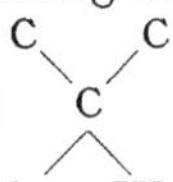 nicht — wie bisher — durch die Dien-, sondern vielmehr auf dem Wege über die philodiene Komponente in das Ringsystem einführen.

Den Bemühungen um eine präparativ befriedigende Reproduktion der natürlichen Irone auf dem Wege der Dien-Synthese ist ein voller Erfolg bisher versagt geblieben, und die Untersuchung der Ursachen hierfür hat zur Kenntnis der Eigentümlichkeiten der Dien-Synthese bisher zweifellos mehr beigetragen als zum Fortschritt der Chemie von organischen Naturstoffen. Darüber darf aber nicht vergessen werden, daß die Kombination einfacher Diene mit einfachen Philodienen die Chemie der Riechstoffe dadurch gefördert hat, daß sie einen großen Reichtum an Derivaten des Cyclohexens mit den verschiedensten Funktionen und Alkylierungsgraden erschlossen hat. In seiner Lückenlosigkeit regt er zu Untersuchungen über die Zusammenhänge zwischen Konstitution und Geruch an und in seiner Fülle ist er noch weit davon entfernt, auf seine praktische Nutzbarkeit durchsichtet und überprüft zu sein.

VIII. Dien-Synthesen zum Nachweis von konjugierten Doppelbindungssystemen (Thebain, Muscarufin, Spilanthol).

Die Dien-Synthese als diagnostisches Hilfsmittel zum Nachweis der *Anwesenheit eines Systems von konjugierten Doppelbindungen* in Naturstoffen und darüber hinaus zur Ermittlung der Lage und in manchen Fällen auch der Konfiguration dieses Systems hat im Laufe der Entwicklung in dem Maße an Bedeutung gewonnen, als es gelang, mehr und mehr die Eigenart dieser Vorgänge kennenzulernen. Aus den Ausführungen in Teil *A* ist zu entnehmen, daß die Reaktionsfähigkeit des Dien-Systems $>C{=}C{-}C{=}C<$ in hohem Maße von dem Grad und der Art seiner Substituenten und ihrer räumlichen Lage abhängt. Das gilt in noch höherem Ausmaß für die philodiene Komponente.

Für den *analytischen Nachweis* eines konjugierten Systems haben vor allem die charakteristischen Philodiene: Maleinsäure-anhydrid, *p*-Chinon und α-Naphthochinon, sowie schließlich die Ester der Acetylen-dicarbonsäure $ROOC{-}C{\equiv}C{-}COOR$ Verwendung gefunden. Von diesen Anwendungen wird bei den verschiedensten Gelegenheiten noch die Rede sein.

Als einen Fall eigener Art greifen wir hier die Dien-Synthesen des *Thebains* heraus (*268, 287, 288*). Die Konstitution des Stoffes weist ein System von konjugierten Doppelbindungen in Ring III auf, für dessen Lage zwei Möglichkeiten (a) oder (b) zur Diskussion standen.

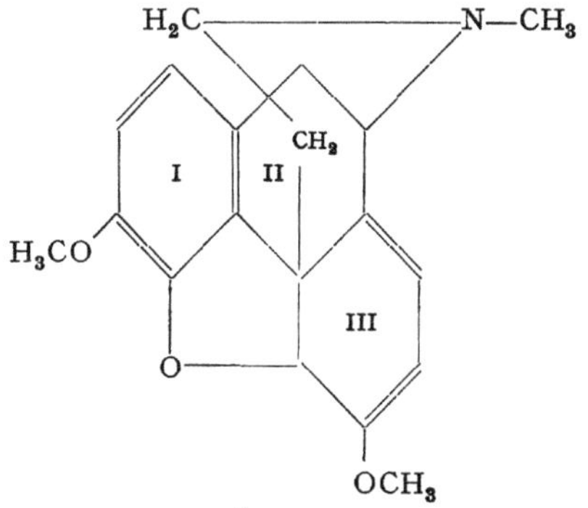

a

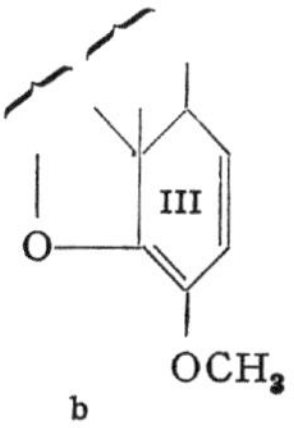

b

Verbindung (a) leitet sich von einem α-Methoxy-butadien $H_2C{=}CH$—
—$CH{=}CHOCH_3$ ab, während (b) als Derivat des β-Methoxy-butadiens $H_2C{=}CH$—$C(OCH_3){=}CH_2$ anzusprechen ist. Beide Typen sind zu Dien-Synthesen befähigt und beide Addukte sind durch ihr Verhalten bei der Hydrolyse sicher zu unterscheiden. Während (CVI) als Enoläther leicht in eine Carbonyl-verbindung übergeht, ist (CV) als echter Äther unter den gleichen Umständen beständig (*268, 287*).

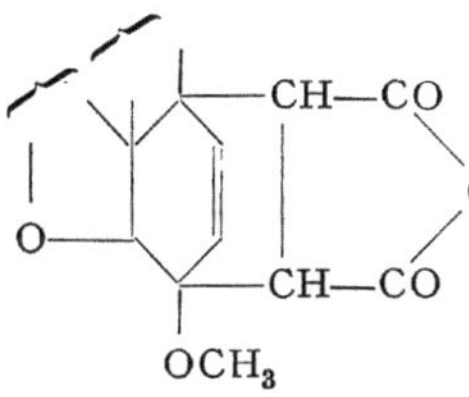

(CV.)

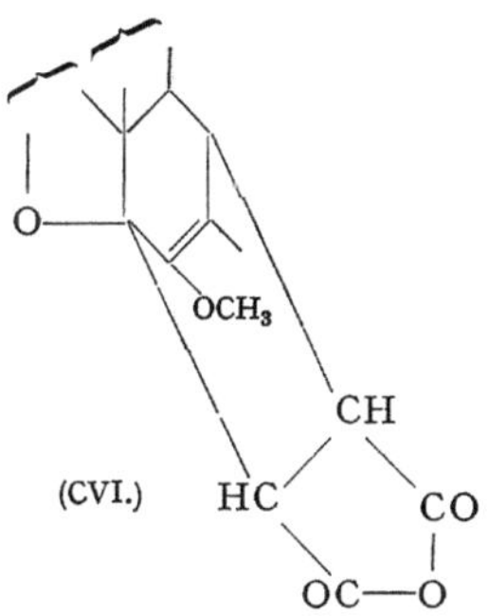

(CVI.)

Diese Aussagen sind durch zahlreiche Erfahrungen an einfach alkoxylierten Dienen gesichert (*161, 162, 251*). Das Thebain addiert schon unter milden Bedingungen (Erhitzen der Komponenten in siedendem Benzol) *quantitativ* Maleinsäure-anhydrid und *p*-Chinon, und das Verhalten der Addukte bei der Hydrolyse läßt keinen Zweifel daran, daß sie zum Typus (CV) gehören. Dadurch ist nicht allein die Existenz eines Systems von konjugierten Doppelbindungen im Thebain erwiesen, sondern darüber hinaus auch die Alternative (a) oder (b) zugunsten der ersten Formel antschieden.

Dieser Fall ist nur ein Paradigma für die Anwendung der Dien-Synthese als analytische Methode. Das Verfahren hat sich auch auf zahlreiche andere Objekte, wie das *Muscarufin* (*214*), den Farbstoff des Fliegenpilzes, und das *Spilanthol* (*86*), das scharfe Prinzip der Gartenkresse, übertragen lassen. Besonders eindrucksvoll sind die Ergebnisse in der Reihe der ungesättigten Fettsäuren, deren Behandlung wir uns im folgenden zuwenden.

IX. Dien-Synthesen in der Reihe der Fettsäuren.

1. Dienometrie.

In kaum einem anderen Gebiet treten uns die Anwendungen der Dien-Synthese und der mit ihr verwandten En-Synthese in einer solchen Vielfalt entgegen wie in der Gruppe der Fette. Fettsäuren mit dem Charakter von Di- und Tri-enen sind ebenso Gegenstand eingehender Studien gewesen wie die Ölsäure, bei der die Gruppe >C=C—C—H die Funktion der Anordnung >C=C—C=C< übernimmt und wo die „En"- an Stelle der „Dien"-Synthese tritt. Beide Prinzipien miteinander kombiniert, finden wir in den wichtigen Umsetzungen der Fettsäuren vom Divinylmethan-typus $>CH{=}CH{-}CH_2{-}CH{=}CH<$ mit Maleinsäure-anhydrid, wie sie bei der Linol- und der Linolen-säure beobachtet werden.

Die Schnelligkeit, mit der konjugiert ungesättigte Systeme von Doppelbindungen auf Maleinsäure-anhydrid ansprechen, hat schon früh dazu angeregt, diese Umsetzung in den Dienst der Fettanalyse zu stellen und mit ihrer Hilfe den Gehalt von Fetten an Di- und Tri-en-komponenten festzulegen. Diese Methode der Bestimmung einer „Dien-zahl", die titrimetrisch mit Hilfe standardisierter Lösungen von Maleinsäure-anhydrid durchgeführt wird (*206*, *229*), wurde später auch auf andere Objekte, wie die Vitamine A und D, sowie auf gewisse Terpen-kohlenwasserstoffe übertragen.

Sie ist bis in die neueste Zeit weiterentwickelt worden (*225*), wobei insbesondere sterische Faktoren (*234*) sowie die Einflüsse von Nebenreaktionen (wie En-Synthesen) als mögliche Fehlerquellen erkannt wurden. Neben diesen analytischen Arbeiten sind auf dem Gebiete der Fette durch die Dien-Synthese bemerkenswerte präparative Fortschritte erzielt worden.

2. Säure von MANGOLD.

Unter den Dienen sind die Dehydratisierungs-produkte der Ricinol-(CVII) und der daraus durch Isomerisation hervorgehenden Ricin-elaidinsäure am besten untersucht (*102*, *103*). Für die Ricinolsäure ist heute

$$H_3C—(CH_2)_5—CHOH—CH_2—CH{=}CH—(CH_2)_7—COOH$$

(CVII.) Ricinolsäure und Ricinelaidinsäure.

(wie für die Öl- und die Palmitol-säure) die *cis*-, für ihre „elaidinierten" Formen die *trans*-Konfiguration allgemein angenommen.

$$H_3C—(CH_2)_5—CH{=}CH—CH{=}CH—(CH_2)_7—COOH$$

(CVIII.) Säure von MANGOLD.

$$H_3C—(CH_2)_4—CH{=}CH—CH_2—CH{=}CH—(CH_2)_7—COOH.$$

(CIX.)

Die Dehydratisierung der Ricinol- (CVII) sowohl als auch der Ricinelaidinsäure erfolgt jeweils in beiden Richtungen, liefert aber nur im zweiten einen kristallisierten Anteil, der den Dien-typ (CVIII) repräsentiert. Diese $\Delta^{9,11}$-Octadecadien-1-säure, im folgenden nach ihrem Entdecker kurz „Säure von MANGOLD" genannt (*230*), ist bislang in der Klasse höherer Fettsäuren die am besten untersuchte Verbindung. Sie addiert Maleinsäure-anhydrid (*102*) quantitativ bereits in siedendem Benzol, und für das Addukt (CX) liegen mehrere Konstitutionsbeweise vor (*28*). So läßt es sich auf den verschiedensten Wegen zum Benzolderivat (CXI) dehydrieren, dessen Oxydation mit Salpetersäure Mellophansäure (CXII) ergibt:

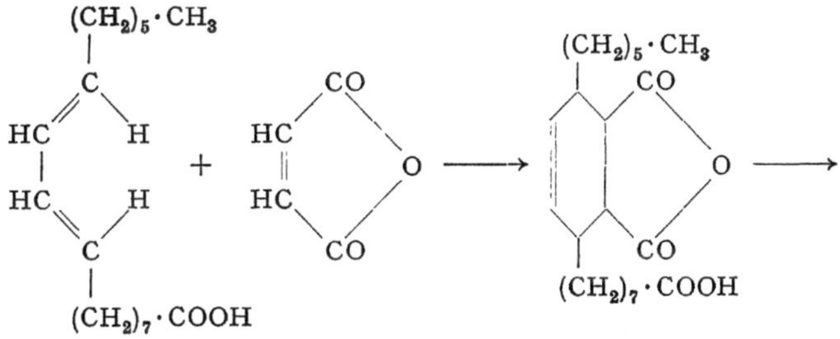

Säure von MANGOLD. (CX.)

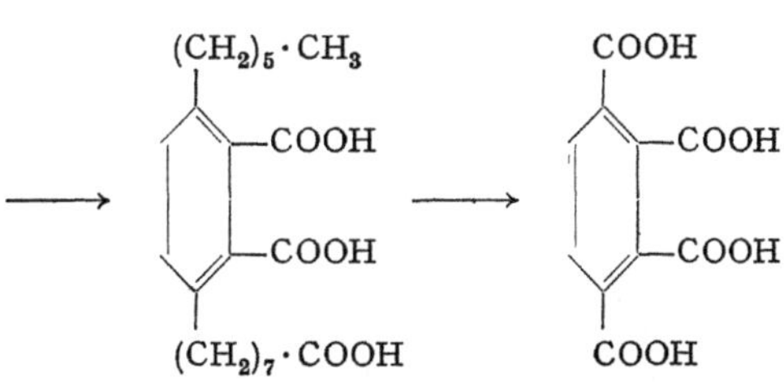

(CXI.) (CXII.) Mellophansäure.

Diese Dien-Synthese ist auch *stereochemisch* vollständig durchgearbeitet worden. Unter den eingehaltenen Bedingungen — Erhitzen der Komponenten in benzolischer Lösung — entsteht ein einheitliches Addukt, während die Anlagerung von Fumarsäure (zweckmäßig als Fumarsäure-chlorid) *zwei* weitere Säuren liefert, die ihrerseits nach bekannten Erfahrungen (*51*) auch durch Umlagerung aus dem Maleinsäure-addukt erhalten werden können. Beim Erhitzen auf höhere Temperaturen gehen schließlich alle drei Säuren in eine vierte „*neo-cis*"-Form über, die bisher durch einen Additionsvorgang aus der Säure von MANGOLD nicht erhalten wurde.

Wenn man berücksichtigt, daß die Säure von MANGOLD nach ihrer Darstellung aus Ricin-elaidinsäure und nach ihrem Verhalten bei der Dien-Synthese, insbesondere auf Grund der Leichtigkeit, mit der sie Philodiene addiert, sicher die *trans,trans*-Konfiguration besitzt, dann bietet das gesamte Verhalten und dasjenige ihrer Addukte den Idealfall für eine Dien-Synthese, wie sie nach den Ausführungen von S. 17 auf Grund der dabei geltenden Gesetze zu erwarten ist. Die Säure addiert aus einer quasi-cyclischen Konstellation des Diens und aus einer Orientierung beider Partner mit maximaler Häufung ihrer Doppelbindungssysteme.

Das Addukt von MANGOLDscher Säure an Maleinsäure-anhydrid hat mithin die *all-cis*-Konfiguration:

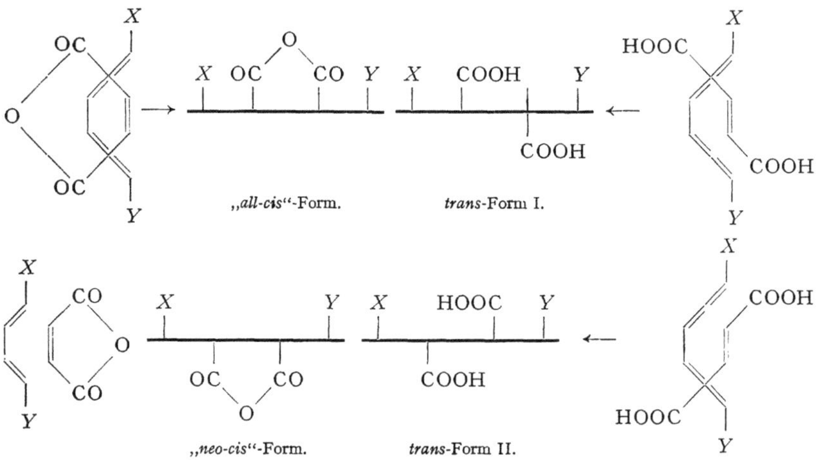

Bei den Dien-Synthesen mit Fumarsäure treten — wie zu erwarten — beide *trans*-Formen I und II nebeneinander auf. Die *neo-cis*-Form, die formal bei der Anlagerung der Partner aus einer Orientierung mit minimaler Dichte ihrer Doppelbindungen zu erwarten wäre, ist durch Addition direkt nicht zu erhalten. Dagegen stellt sie das gemeinsame Endprodukt der thermischen Umlagerung aller übrigen drei Addukte, der *all-cis-* und der beiden *trans*-Formen I und II vor.

Die nächstliegende Konsequenz aus diesem Ergebnis ist der Vergleich im Verhalten der MANGOLDschen Säure, dem Dehydratisierungsprodukt der Ricinelaidinsäure, mit demjenigen der Ricinensäure, wie sie durch Wasserabspaltung aus Ricinolsäure erhalten wird. Diese Untersuchungen stehen noch in den Anfängen, da die Grundlagen hierfür noch nicht gegeben sind. Die MANGOLDsche Säure ist fest, läßt sich von dem sie begleitenden Isomeren mit Divinyl-methan-struktur abtrennen und in sterisch einheitlicher Form studieren. Diese idealen Voraussetzungen sind bei der Ricinensäure so lange nicht gegeben, als sie nur im Gemisch mit dem Divinyl-methan-typus vorliegt. Als eine der möglichen *cis*-Formen verlangt sie nämlich für eine Dien-Synthese selbst mit Maleinsäure-anhydrid so energische Bedingungen (S. 14), daß auch die Anteile mit nicht-konjugierten Doppelbindungen bereits in Reaktion treten (S. 11), wodurch die Verhältnisse unübersichtlich werden.

Das Studium der Dien-Synthese mit der MANGOLDschen Säure als Dien-Komponente hat noch in anderer Hinsicht interessante Ergebnisse gezeitigt, die hier kurz Erwähnung finden sollen, da ihre Weiterentwicklung neue Wege weist für die Analyse und die Charakterisierung der Fettsäuren, darüber hinaus aber auch für deren präparative Verwendung. Durch Dien-Synthese der MANGOLDschen Säure mit α-Naphthochinon und mit Benzochinon gelangt man zu Addukten (CXIII) bzw. (CXIV), die sich in bekannter Weise mühelos mit Luft dehydrieren lassen (*135*) und zu Abkömmlingen des Anthrachinons (CXV) bzw. (CXVI) führen (*29*).

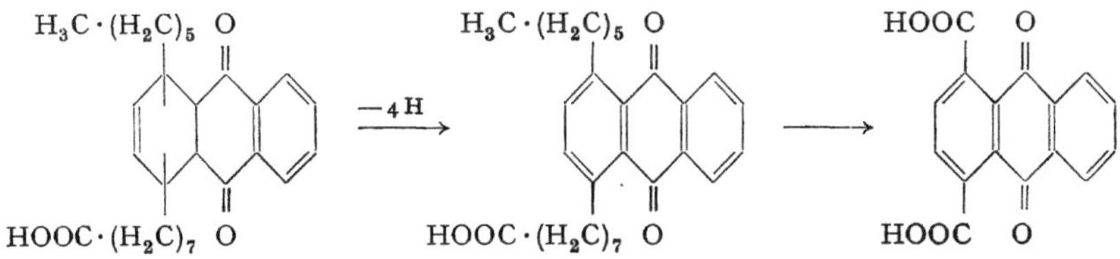

(CXIII.) (CXV.) (CXVII.) Anthrachinon-1,4-dicarbonsäure.

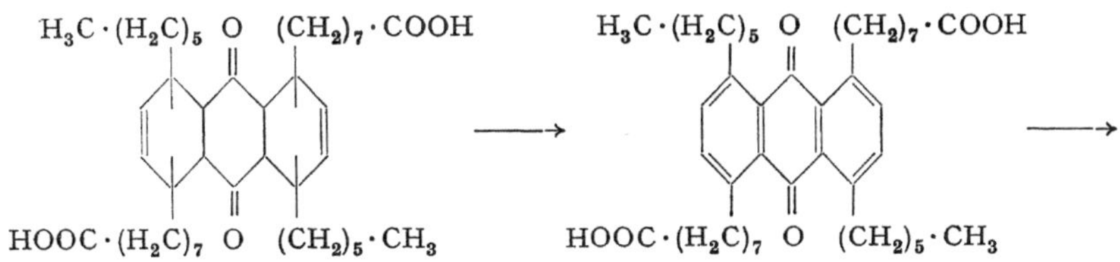

(CXIV.) (CXVI.)

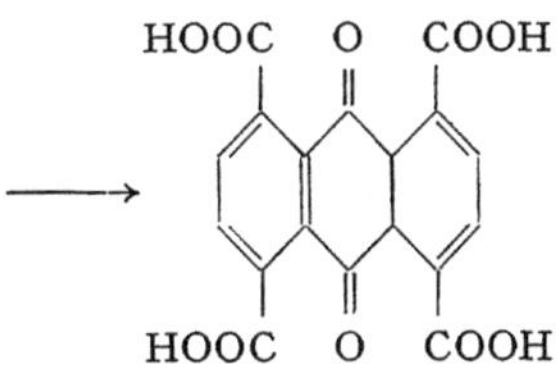

(CXVIII.) Anthrachinon-1,4,5,8-tetracarbonsäure.

Die von der MANGOLDschen Säure abgeleiteten Anthrachinon-derivate stellen Verschmelzungen der typisch aliphatischen Strukturelemente der Fettsäuren mit den ausgeprägt aromatischen Formen des Anthrachinons vor. Ihre weitere Bearbeitung steht noch am Anfang. So ergibt ihre Oxydation die Anthrachinon-1,4-dicarbonsäure (CXVII) bzw. die Anthrachinon-1,4,5,8-tetracarbonsäure (CXVIII), und auch ihre Reduktion zu Anthracen-derivaten, wie (CXIX) oder (CXX), bereitet keine Schwierigkeiten (*29*).

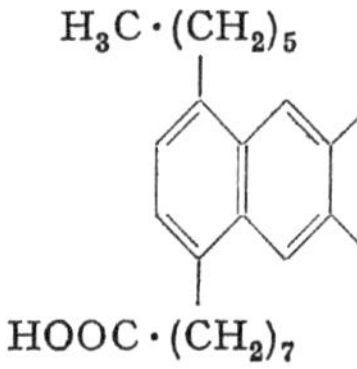

(CXIX.)

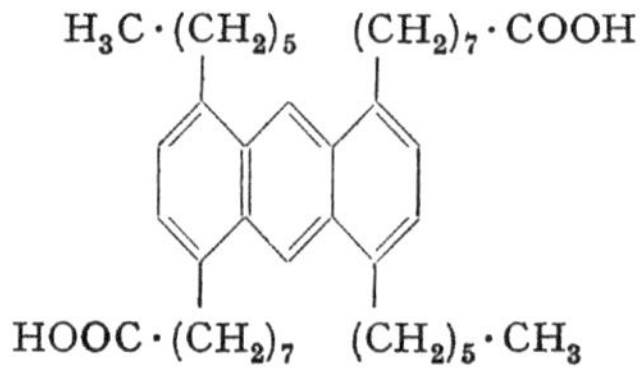

(CXX.)

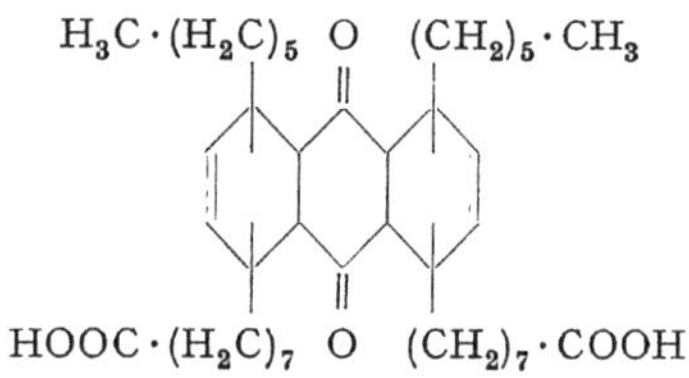

(CXXI.)

Bei der Addition von zwei Mol Fettsäure an ein Mol *p*-Chinon entsteht neben der zentro-symmetrischen Form (CXIV) auch das plan-symmetrische Isomere (CXXI), das zu analogen Abwandlungen befähigt ist wie jenes. Auch die Verwendung von Acrylsäure und Acetylen-dicarbonsäure-ester als philodiene Partner ist hier erfolgreich durchgeführt worden.

3. α- und β-Eläostearinsäure.

Ein neues Moment tritt uns beim Studium von Dien-Synthesen mit ungesättigten Fettsäuren bei der Eläostearinsäure aus chinesischem Holzöl und bei der Licansäure des Oiticica-öles entgegen. Beide Säuren besitzen die Struktur von *Tri*enen mit der charakteristischen Gruppe $>C=C-C=C-C=C<$ und beide zeigen, soweit bislang zu ersehen, bei der Dien-Synthese ein analoges Verhalten. Da die Entwicklung bei der Eläostearinsäure weiter vorangeschritten ist als im Fall der Licansäure, beschränken wir die Darstellung auf die zuerst Genannte.

Die Eläostearinsäure besitzt nach den Untersuchungen von BÖESEKEN, RAVENSWAAY (*103*) und KAUFMANN (*206*) die Konstitution (CXXII) einer Octadecatrien-9,11,13-säure-1 [MORRELL und Mitarbeiter (*235*, *237*, *238*):

$$H_3C—(CH_2)_3—CH=CH—CH=CH—CH=CH—(CH_2)_7—COOH$$

(CXXII.) Eläostearinsäure.

Sie kann in acht stereoisomeren Formen auftreten, von denen zwei, die α- und die β-Eläostearinsäure, leicht zugänglich und näher untersucht worden sind. Bei Bestrahlung mit U.-V.-Licht sowie bei der Einwirkung von Agentien, die wie das Jod oder der Schwefel *cis,trans*-Umlagerungen an Doppelbindungen bewirken, geht die α- in die β-Form über. Der umgekehrte Übergang ist noch nicht beobachtet worden.

Die schon vor längerer Zeit (*28*, *67*, *157*, *206*, *255*) beschriebene Dien-Synthese der α- und der β-Eläostearinsäure verläuft bereits in siedendem Benzol sehr glatt und führt zu zwei Addukten, die miteinander *strukturisomer* sind. Beide Vorgänge stellen, wie es nach zahllosen Analogien bei Trienen auch zu erwarten ist, 1,4-Additionen vor, die unter Sechsringbildung verlaufen. Im Fall der α-Eläostearinsäure erfolgt die Addition an dem einen Ende des Trien-systems in 11,14-Stellung, während sie sich bei der β-Form der gleichen Säure an dem anderen, in 9,12-Stellung abspielt.

Dem Addukt aus α-Eläostearinsäure und Maleinsäure-anhydrid kommt die Konstitution (CXXIII) und dem analogen Addukt aus der β-Form die Struktur (CXXIV) zu.

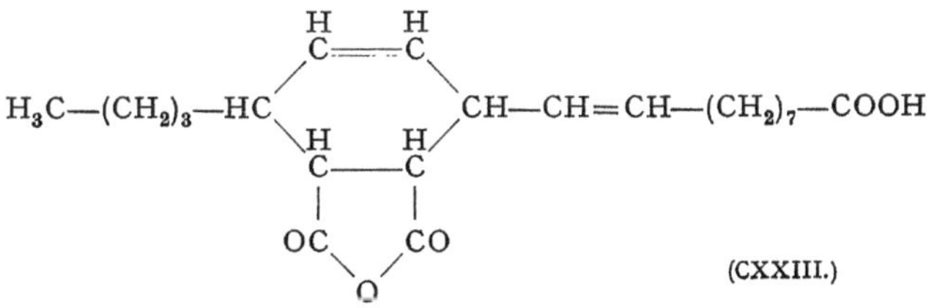

(CXXIII.)

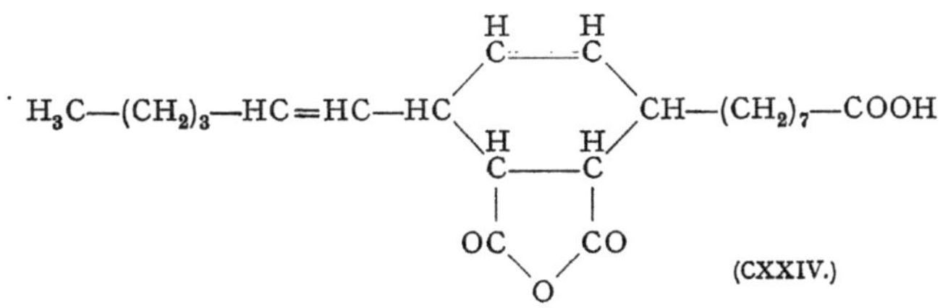

(CXXIV.)

Die ersten Beweise für diese Additionsverläufe beruhen auf dem Ergebnis des oxydativen Abbaues, der bei (CXXIII) Azelainsäure, bei (CXXIV) dagegen *n*-Valeriansäure ergibt. Jene älteren Angaben sind inzwischen überprüft, bestätigt und vertieft worden, insbesondere durch einen Vergleich (*28*) mit der im vorhergehenden Abschnitt beschriebenen Säure von Mangold, die *strukturell* dem Addukt (CXXIV) aus der

β-Eläostearinsäure entspricht, wie unter anderem aus der Überführung beider in die gleiche 6-*n*-Hexyl-3-carboxyheptyl-*o*-phthalsäure (CXXV) hervorgeht. Auch sterisch entsprechen beide Dien-Synthesen einander.

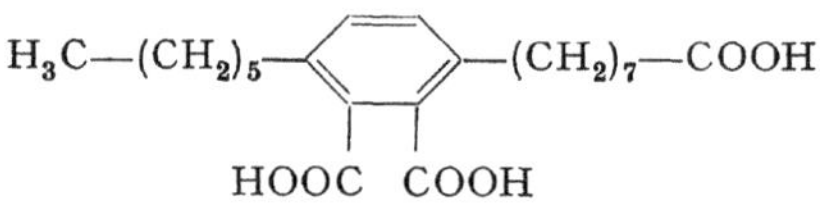

(CXXV.)

Die Anlagerung von Fumarsäure-chlorid an die β-Eläostearinsäure verläuft strukturell an der gleichen 9,12-Stellung wie diejenige von Maleinsäure-anhydrid. Sterisch entstehen hier wie bei der MANGOLDschen Säure je zwei isomere Addukte, die nachweislich die analoge Konfiguration besitzen (*28*, *67*).

Im Fall der α-Eläostearinsäure erhält man beim Ersatz von Maleinsäure-anhydrid durch Fumarsäure-chlorid *strukturell* denselben Additionsverlauf in 11- und 14-Stellung. Sterisch werden auch hier zwei Formen beobachtet, die — wie zu erwarten — von den entsprechenden Analoga der β-Reihe verschieden sind. Aus diesen Beobachtungen glauben wir auf die noch nicht sicher festliegenden Konfigurationen der α- und β-Eläostearinsäure den folgenden Schluß ziehen zu dürfen. Die α-Eläostearinsäure addiert Maleinsäure-anhydrid und Fumarsäure-chlorid mit einer Leichtigkeit, wie sie allgemein nur für *trans,trans*-konfigurierte Diene typisch ist (vgl. S. 14). Da diese Additionen sich nachweislich an den Zentren $C_{(11)}$ und $C_{(14)}$ abspielen, müssen die Doppelbindungen 11, 12 und 13, 14 beide *trans*-Konfiguration besitzen, während die Doppelbindung 9, 10 der *cis*-Reihe angehört, da anderenfalls neben der Addition an $C_{(11)}$ und $C_{(14)}$ auch die Additionen an $C_{(9)}$ und $C_{(12)}$ hätten auftreten müssen. Die α-Eläostearinsäure hat mithin die Konfiguration (CXXVI).

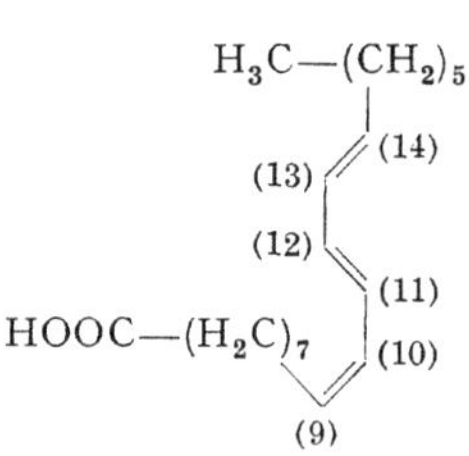

(CXXVI.) α-Eläostearinsäure.

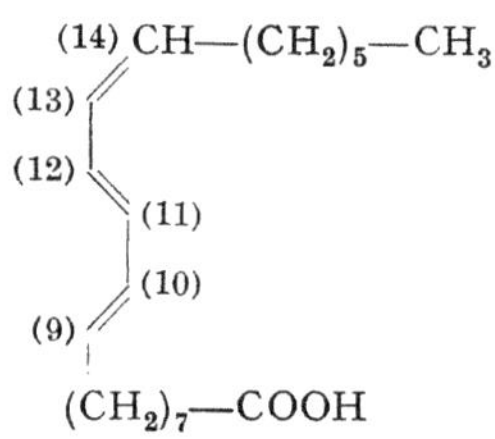

(CXXVII.) β-Eläostearinsäure.

Diese Konfigurationszuordnung ist um so plausibler, als für die Doppelbindung in 9,10-Stellung bei allen „natürlichen" Fettsäuren, wie der Öl-, der Ricinol-, der Palmitolsäure u. a. m., heute durchweg *cis*-Konfiguration angenommen und den daraus durch Umlagerung entstehenden Formen der Elaidin-, der Ricinelaidin-säure *trans*-Konfiguration zugesprochen wird.

Da die im chinesischen Holzöl als Hauptfaktor auftretende α-Eläostearinsäure sekundär durch Umlagerung in die β-Form übergeht, dürfen wir vermuten, daß auch bei diesem Übergange die Doppelbindung in 9,10-Stellung ihre Konfiguration ändert und aus der *cis-* in die *trans*-Reihe hinüberwechselt. Gerade diese Annahme erfährt durch den charakteristischen Verlauf der Dien-Synthese mit der β-Eläostearinsäure einen ersten Beweis; denn diese Additionen gehen an den Zentren $C_{(9)}$ und $C_{(12)}$ mit einer Leichtigkeit vor sich, die den Schluß zuläßt, daß das Dien-system $C_{(9)}$, $C_{(10)}$—$C_{(11)}$, $C_{(12)}$ *trans,trans*-Konfiguration besitzt. Beim Übergang von der α- in die β-Form der Eläostearinsäure muß mithin die Konfiguration in 9,10-Stellung wechseln, während diejenige in 11,12-Stellung erhalten bleibt (CXXVII). Ob dabei schließlich die Doppelbindung $C_{(13)}$, $C_{(14)}$ ihre *trans*-Konfiguration beibehält oder nicht, kann aus dem vorliegenden Versuchsmaterial noch nicht geschlossen werden. Diese Frage bedarf der weiteren Untersuchung.

Da die Untersuchung der Licansäure (CXXVIII), soweit sie bisher durchgeführt wurde (*207, 236*), unverkennbare Parallelen zum Verhalten der Eläostearinsäure aufweist, dürften auch dort analoge sterische Verhältnisse vorliegen.

$$CH_3{-}(CH_2)_3{-}CH{=}CH{-}CH{=}CH{-}CH{=}CH{-}(CH_2)_4{-}CO{-}(CH_2)_2{-}COOH$$

(CXXVIII.) Licansäure.

4. En-Synthesen mit Ölsäure-methylester.

Dien-Synthesen sind, namentlich in stereochemischer Hinsicht, um so aufschlußreicher, bei je niedrigeren Temperaturen sie durchführbar sind. Bei Verwendung von höheren Temperaturen läuft man Gefahr, daß die Komponenten vor der Reaktion oder die Addukte nachher Isomerisationen erleiden und daß die aus ihrer Struktur und ihrer Konfiguration gezogenen Schlußfolgerungen an Sicherheit verlieren. Bei höheren Temperaturen (etwa ab 150°) ist noch mit einer anderen Komplikation zu rechnen. Unter diesen Umständen kann der Wasserstoff an den Additionsvorgängen auf eine eigenartige Weise teilnehmen, in dem Sinne, daß die C—H-Bindung die Funktion einer C=C-Bindung übernimmt. An Stelle der *Dien*-Synthese tritt dann der mit ihr verwandte Vorgang der *En*-Synthese („indirekte substituierende Addition", vgl. S. 11).

In der Reihe der Fettsäuren sind Vorgänge dieser Art bei der Einwirkung von Maleinsäure-anhydrid auf Ölsäure-methylester beobachtet und näher studiert worden (*30, 257*). Die Komponenten reagieren bereits in siedendem Xylol mit merklicher Geschwindigkeit. Die dank der Unsymmetrie in der Struktur der Ölsäure möglichen beiden Vorgänge laufen mit annähernd gleicher Geschwindigkeit nebeneinander ab. Die Konstitutionen (CXXIX) und (CXXX) der beiden Addukte lassen erkennen, daß es sich um typische „En-Synthesen“ im oben definierten Sinne handelt:

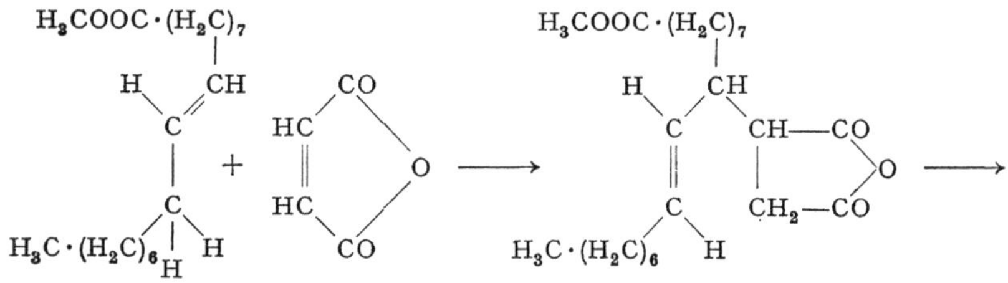

(CXXIX.)

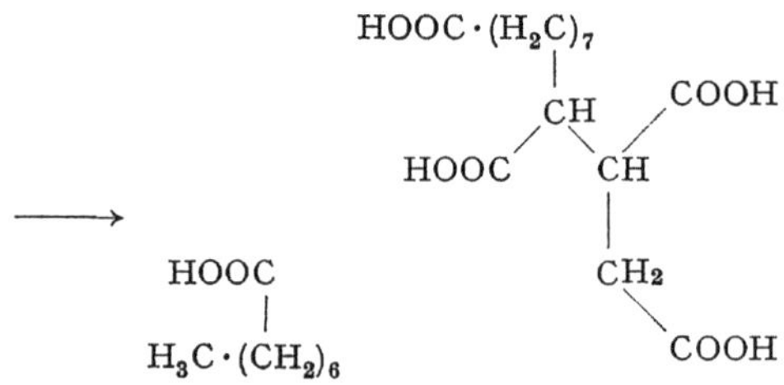

(CXXXI.) Caprylsäure. (CXXXII.) *n*-Dekan-1,2,3,10-tetracarbonsäure.

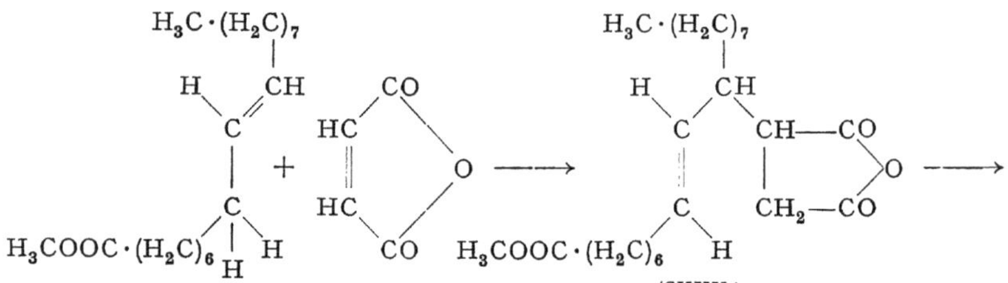

(CXXX.)

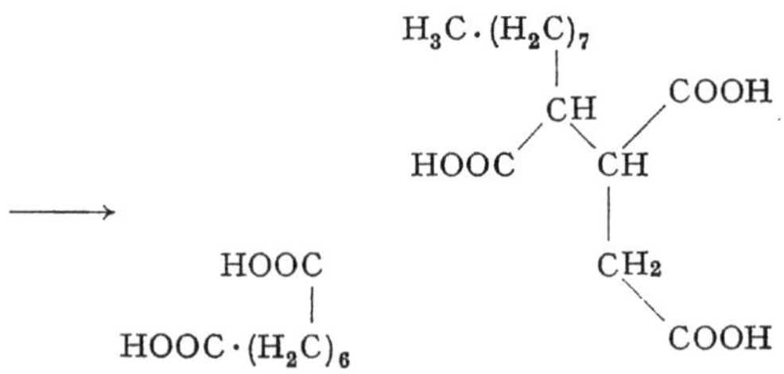

(CXXXIII.) Korksäure. (CXXXIV.) α-*n*-Octyl-tricarballylsäure.

Die Oxydation der Addukte gibt über ihre Konstitution vollen Aufschluß: neben Caprylsäure (CXXXI) und *n*-Dekan-1,2,3,10-tetracarbonsäure (CXXXII) aus dem einen (CXXIX), entstehen Korksäure (CXXXIII) und α-*n*-Octyl-tricarballylsäure (CXXXIV) aus dem zweiten Addukt (CXXX).

Über En-Synthesen liegt heute ein umfangreiches Versuchsmaterial vor, das die Additionen von Akzeptoren (für den abwandernden Wasserstoff), insbesondere von Maleinsäure-anhydrid, an zahlreiche Donatoren aus der Reihe der Mono-olefine — angefangen vom einfachsten Fall des Propylens bis zu den komplizierten Formen Undecylensäure und der Ölsäure — umfaßt.

5. Kombinierte En- und Dien-Synthesen mit Linol- und Linolensäure.

En- und Dien-Synthesen treten miteinander kombiniert auf beim Typus der Linol- und der Linolensäure mit den charakteristischen Anordnungen

$$-CH{=}CH{-}CH_2{-}CH{=}CH- \quad \text{und} \quad -CH{=}CH{-}CH_2{-}CH{=}CH{-}CH_2{-}CH{=}CH-$$

ihrer Doppelbindungen (*205*). Sie leiten sich ab vom Divinyl-methan (CXXXV):

$$H_2C{=}CH{-}CH_2{-}CH{=}CH_2$$

(CXXXV.) Divinyl-methan.

Umsetzungen dieses Kohlenwasserstoffes mit typischen Philodienen, insbesondere mit Maleinsäure-anhydrid, sind in neuerer Zeit Gegenstand eingehender Studien gewesen (*5, 31, 9*). Sie nehmen den zu erwartenden Verlauf. Durch eine in erster Phase einsetzende En-Synthese (a) wird

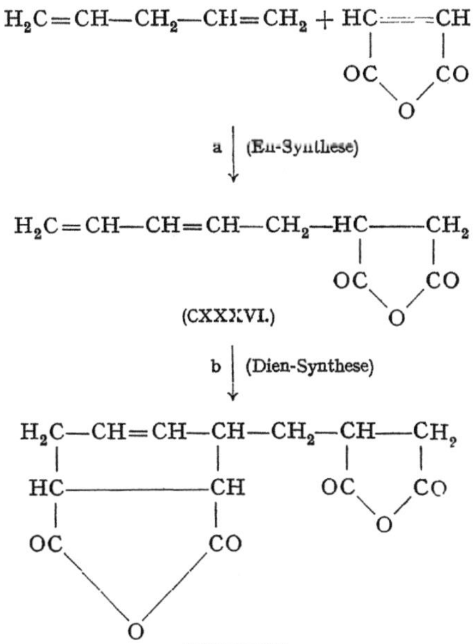

(CXXXVI.)

(CXXXVII.)

im Addukt (CXXXVI) ein konjugiertes System von Doppelbindungen ausgebildet und dadurch die Voraussetzung geschaffen für eine nachfolgende Dien-Synthese (b). Da der zweite Vorgang sehr viel schneller verläuft als der erste, ist es nicht möglich, das Primärprodukt (CXXXVI) zu fassen. Aber auch die Isolierung des Adduktes (CXXXVII) aus zwei Mol Maleinsäure-anhydrid und einem Mol Divinyl-methan ist nur bei Einhaltung von Vorsichtsmaßnahmen möglich, denn es neigt seinerseits zu einer bemerkenswerten Veränderung. Als eine eigentümliche Kombination von Bernsteinsäure und hydrierter Phthalsäure spaltet es bereits unter den Bedingungen seiner Entstehung intramolekular CO_2 ab und geht dabei in ein Keto-anhydrid (CXXXVIII) bzw. in ein damit isomeres „Keto-dilacton" (CXXXIX) über:

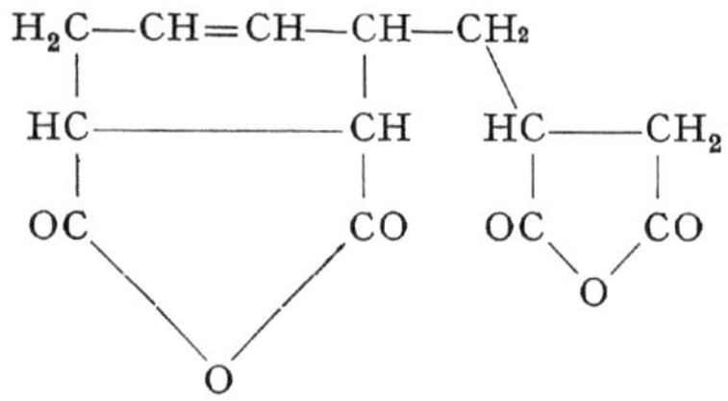

(CXXXVII.)

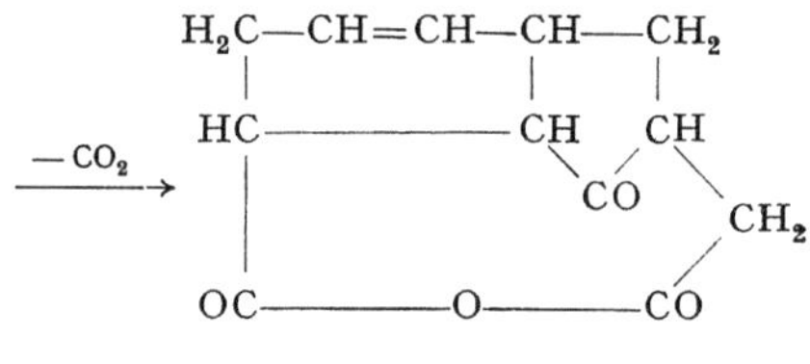

(CXXXVIII.)

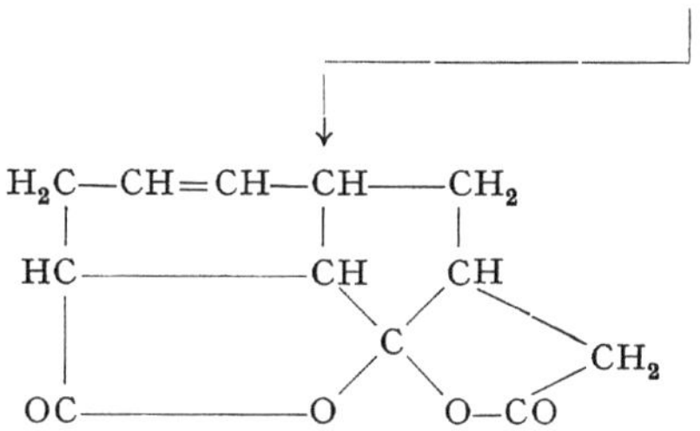

(CXXXIX.)

Diese Vorgänge konnten am einfachsten Fall dieser Art, am Divinylmethan selbst (CXXXV), studiert und in ihrem Verlauf festgelegt werden. Sie geben den Schlüssel für das Verständnis der Umsetzungen, die sich bei der Einwirkung von Maleinsäure-anhydrid auf die Glyceride und die Methylester der Linolsäure (CXL) und der Linolensäure (CXLI) abspielen.

$$H_3C—(CH_2)_4—CH=CH—CH_2—CH=CH—(CH_2)_7—COOCH_3$$

(CXL.) Linolsäure-methylester.

$$H_3C—CH_2—CH=CH—CH_2—CH=CH—CH_2—CH=CH—(CH_2)_7—COOCH_3$$

(CXLI.) Linolensäure-methylester.

Wegen der größeren Unsymmetrie, die diese Komponenten im Vergleich mit ihrem einfachsten Grundtypus Divinyl-methan (CXXXV) zeigen, sind hier für kombinierte En- und Dien-Synthesen verschiedene

Möglichkeiten gegeben. Darin wird der Grund zu suchen sein, daß es bisher noch nicht gelungen ist, definierte Reaktionsprodukte zu isolieren, obwohl die Gemische inzwischen als „Maleinat-öle" bereits technische Bedeutung erlangt haben und häufig untersucht worden sind (*205*).

Daß bei ihrer Entstehung die beim Divinyl-methan (CXXXV) und bei seinen einfachen Abkömmlingen, wie 1,4-Dihydro-benzol (*9, 31*),

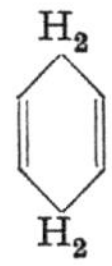

aufgefundenen Prinzipien wirksam sind, dürfte keinem Zweifel unterliegen.

X. Dien-Synthesen in der Terpen-reihe.

1. Acyclische Terpene (Myrcen und Allo-ocimen).

Drei acyclische Terpen-kohlenwasserstoffe, die zum Teil direkt aus natürlichen Quellen isoliert wurden, zum Teil als Umwandlungsprodukte von anderen Naturstoffen erhalten werden konnten, sind als Objekte für eine Untersuchung mit den Mitteln der Dien-Synthese von Interesse:

$$H_3C{-}C(CH_3){=}CH{-}CH_2{-}CH_2{-}C({=}CH_2){-}CH{=}CH_2$$

Myrcen.

$$H_3C{-}C(CH_3){=}CH{-}CH_2{-}CH{=}C(CH_3){-}CH{=}CH_2$$

Ocimen.

$$H_3C{-}C(CH_3){=}CH{-}CH{=}CH{-}C(CH_3){=}CH{-}CH_3$$

Allo-ocimen.

Alle drei Kohlenwasserstoffe haben die Zusammensetzung $C_{10}H_{16}$ und verfügen über drei Doppelbindungen, von denen in den beiden ersten Fällen jeweils zwei, im dritten alle drei ein konjugiertes System bilden.

Zur Konstitution des Myrcens. Die Neigung des Myrcens zu Umsetzungen nach Art der Dien-Synthese geht sowohl aus seiner Fähigkeit, bei erhöhter Temperatur zum α-Camphoren zu dimerisieren, als auch aus seinem Vermögen zur Addition von Isopren und Bildung des Cyclo-isopren-myrcens (*263*, *266*, *289*) hervor. Beide Vorgänge sind Dien-Synthesen und im Rahmen dieser Untersuchungsreihe bereits bei früherer Gelegenheit beschrieben.

Mit besonderer Leichtigkeit addiert der Kohlenwasserstoff Maleinsäure-anhydrid. Das Addukt (CXLII) besitzt die gleiche Anordnung der beiden Doppelbindungen, wie sie im Citral vorliegen, und läßt sich wie jenes leicht zu (CXLIII) cyclisieren:

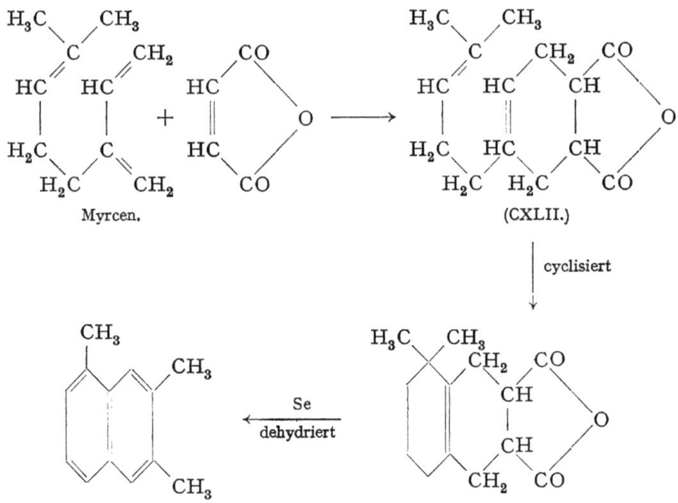

Myrcen. (CXLII.)

(CXLIV.) 1,6,7-Trimethyl-naphthalin. (CXLIII.)

RUZICKA (*259*) hat das von DIELS und ALDER (*136*) beschriebene Anhydrid (CXLIII) durch Se-dehydrierung in das 1,6,7-Trimethylnaphthalin (CXLIV) überführt. Durch diese Reaktionsfolge war ein einfacher und durchsichtiger Beweis für die damals noch unsichere Konstitution des Myrcens erbracht, insbesondere war die Lage seiner Doppelbindungen hierdurch eindeutig festgelegt.

Die Anlagerungsprodukte von Myrcen an Maleinsäure-anhydrid und an α-Naphthochinon eignen sich vorzüglich zum Nachweis und zur Identifizierung des Kohlenwasserstoffes. So konnte ARBUSOW (*85*) die Alternative, ob die Abspaltung von Wasser aus Linalool (CXLV) nach der CH_3-Gruppe hin erfolgt (a) und zum Myrcen führt, oder ob sie im Sinne von (b) nach der Kette hin vor sich geht, zugunsten der Myrcenbildung festlegen.

Es sei hier vermerkt, daß dieser Verlauf der Wasserabspaltung aus Linalool mit den Erfahrungen in bestem Einklang steht, die auf S. 28 über Bildung und Verhalten von alkylierten Dienen beschrieben wurden.

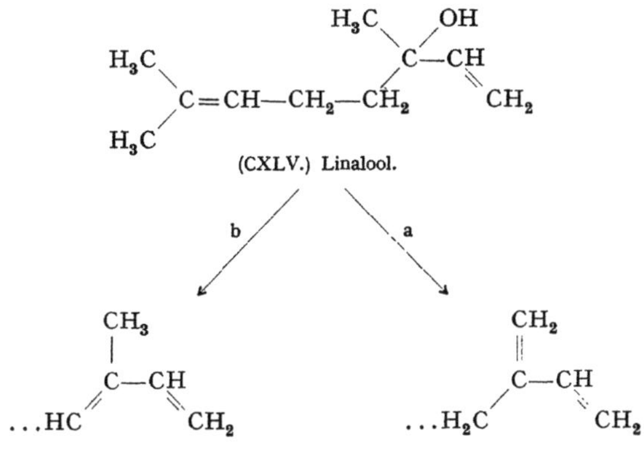

(CXLV.) Linalool.

Dien-Synthesen mit Allo-ocimen.

Das Allo-ocimen (CXLVI), erstmalig als Umwandlungsprodukt des Ocimens erhalten, ist erst Gegenstand eingehender Studien geworden, nachdem ARBUSOW (*82*, *83*) seine glatte Bildung bei der Pyrolyse des α-Pinens beobachtet hatte. Unter diesen Studien spielt die Dien-Synthese des Kohlenwasserstoffs mit Maleinsäure-anhydrid und mit α-Naphthochinon eine hervorragende Rolle.

Das Allo-ocimen ist ein Derivat des Hexatriens-1,3,5 $H_2C{=}CH{-}CH{=}{=}CH{-}CH{=}CH_2$, und wir wissen auf Grund einer sehr reichhaltigen Erfahrung, daß Doppelbindungs-systeme dieser Art niemals als Ganzes (in 1,6-Stellung), sondern stets als Diene unter Sechsring-bildung reagieren; im einfachsten Falle also nach dem Schema (a) (*25*, *159*, *209*):

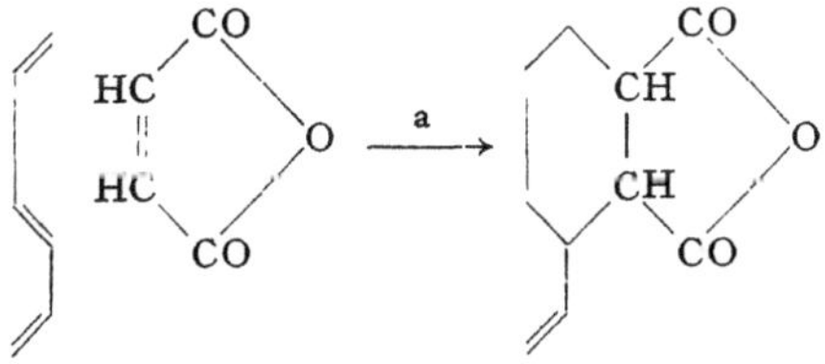

Da das Allo-ocimen ein *unsymmetrisch substituiertes Trien* vorstellt, ist dieser Verlauf dort in zweifacher Weise möglich, je nachdem das Philodien von dem einen oder von dem anderen Ende des Triens addiert wird.

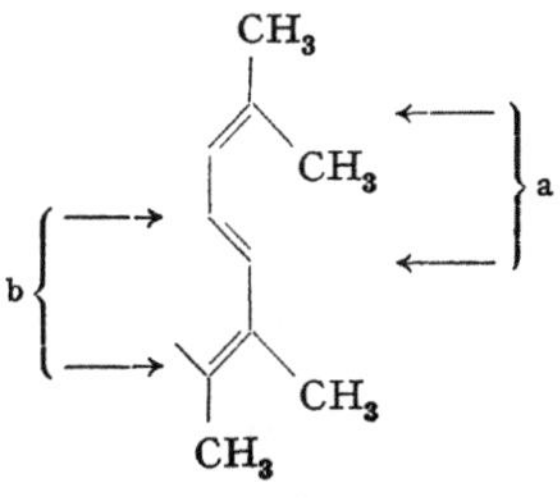

(CXLVI.)

ARBUSOW, der insbesondere die Dien-Synthese des Allo-ocimens mit dem α-Naphthochinon studiert hat, schloß aus gewissen Beobachtungen auf einen Additionsmechanismus nach Schema (a). Es soll hier nicht im einzelnen dargelegt werden, weshalb seiner Argumentation die Beweiskraft fehlte. Sicher ist, daß Dien-Synthesen an einem zweifach methylierten Additionszentrum (vgl. die Ausführungen auf S. 29) nicht oder wenigstens nicht mit *der* Leichtigkeit vor sich gehen können, die hier tatsächlich beobachtet wird. Eine kritische Untersuchung dieser Verhältnisse im einzelnen führt auch zu einem anderen Ergebnis (*16*).

Das aus den Pyrolysaten des α-Pinens erhaltene Allo-ocimen-präparat addiert bereits in siedendem Benzol oder in der Schmelze bei 80°. Für das Addukt (vom Schmelzp. 83—84°) (*83, 175, 197*) läßt sich die Konstitution (CXLVII) und damit der Additionsmechanismus nach (b) durch seinen Abbau zur Benzol-pentacarbonsäure (CXLVIII) streng beweisen:

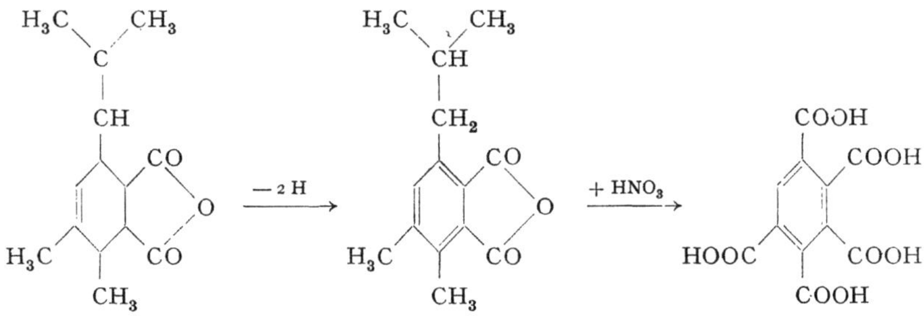

(CXLVII.) (CXLVIII.) Benzol-pentacarbonsäure.

Dieses Ergebnis gestattet eine Folgerung auf die sterische Konfiguration des Allo-ocimens: Die Konstitution (CXLVI) des Kohlenwasserstoffs läßt die Existenz von vier sterischen Formen (a, b, c, d) voraussehen:

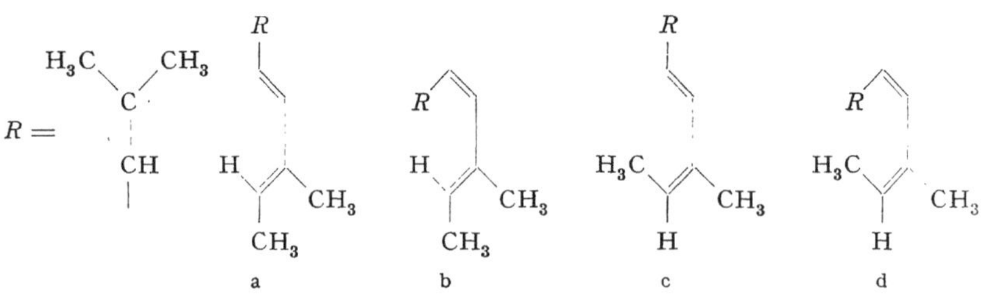

Da sich die Dien-Synthese nachgewiesenermaßen an dem einfach methylierten Ende des Trien-systems abspielt, kommt von den Doppelbindungssystemen in a—d nur dasjenige in Betracht, das einen glatten Verlauf dieses Vorganges voraussetzen läßt. Das ist nach allen vorliegenden

Erfahrungen die *trans,trans*-Form (a). Die restlichen Konfigurationen (c—d) tragen Substituenten in *cis*-Stellung, und Additionen an solchen Anordnungen erfordern wesentlich energischere Bedingungen (vgl. S. 14).

Es haben sich verschiedentlich Anzeichen dafür ergeben, daß sich in den Allo-ocimen-fraktionen, die aus der Pyrolyse von α-Pinen stammen, neben dem *trans,trans*-Allo-ocimen (CXLVIa) als dem Hauptprodukt noch andere diesem Kohlenwasserstoff nahestehende struktur- oder stereoisomere Stoffe finden. Über ihre Natur kann noch nichts Sicheres ausgesagt werden (*194*). Dagegen ist die Konstitution zweier cyclischer Kohlenwasserstoffe des α- und des β-Pyronens sichergestellt. Auch sie finden sich unter den Produkten der Pyrolyse des α-Pinens in einer besonderen Fraktion. Sie sind mit Allo-ocimen isomer und sekundär aus ihnen hervorgegangen.

2. Analyse und Genese der Pyronene.

Die vornehmlich von DUPONT und Mitarbeitern (*153, 154, 154a, 155, 176, 249*) durchgeführte Untersuchung des α- und β-Pyronens ergab, daß beide Abkömmlinge des Cyclohexadiens-1,3 (CXLIX) vorstellen. Für die Konstitutions-ermittlung dieser Systeme hat die Dien-Synthese ein einfaches Verfahren geliefert. Es beruht im Prinzip auf der Unbeständigkeit des Ringsystems (CL) und seiner Neigung, sich beim Erhitzen in gewöhnlich sehr glatter Reaktion unter Abspaltung eines Äthylen-derivates zu „aromatisieren" (S. 14):

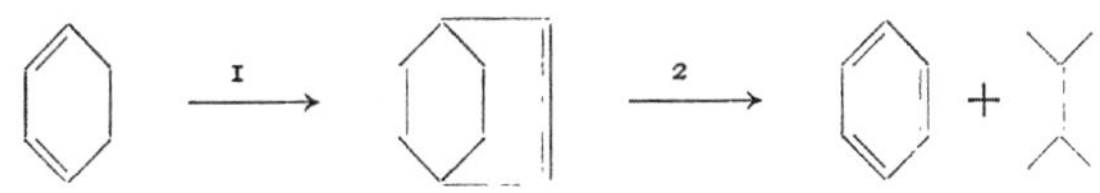

(CXLIX.) (CL.)

Die Überführung des Cyclo-hexadien-Systems in die thermolabile Anordnung (CL) kann durch seine Dien-Synthese mit Chinonen als Philodien und nachfolgender Dehydrierung des Adduktes (CLI) realisiert werden:

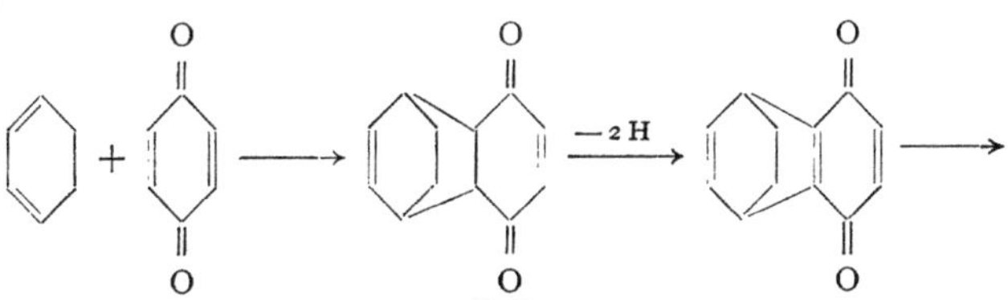

(CLI.)

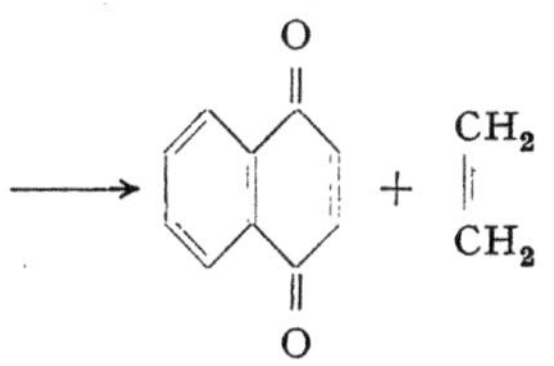

In dieser Form ist die Methode seinerzeit (*135*) aufgefunden und auf einige typische Fälle übertragen worden. Inzwischen hat sie eine wesentliche Vereinfachung erfahren dadurch, daß man das Chinon durch Abkömmlinge des Acetylens, insbesondere durch die Ester der Acetylendicarbonsäure ersetzt (*35, 36*). So haben DUPONT und Mitarbeiter sie auch auf die α- und β- Pyronene übertragen und die α-Form in 3-Methyl-phthalsäure-dimethylester (CLII) und Trimethyl-äthylen (CLIII), das β-Isomere in 3,4-Dimethyl-phthalsäure-dimethylester (CLIV) und Isobutylen (CLV) zerlegt. Dadurch sind die Konstitutionen für die beiden „Pyronene" festgelegt.

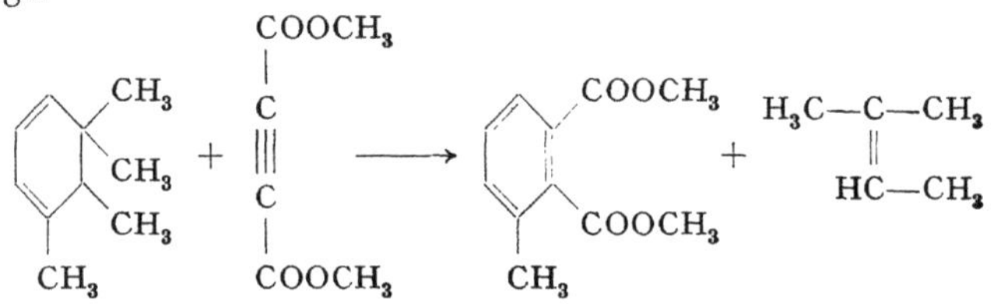

α-Pyronen. (CLII.) 3-Methyl-phthalsäure-dimethylester. (CLIII.) Trimethyläthylen.

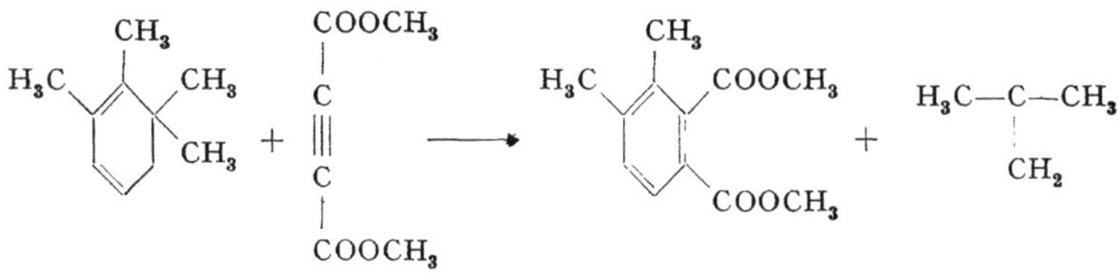

β-Pyronen. (CLIV.) 3,4-Dimethyl-phthalsäure-dimethylester. (CLV.) Isobutylen.

Die Frage nach ihrer Entstehung ist mit voller Sicherheit noch nicht zu beantworten. Es steht jedoch fest, daß sie sekundäre Umwandlungsprodukte des Allo-ocimens vorstellen, und es liegt nahe, für die Bildung des α-Isomeren eine *intramolekulare Dien-Synthese* (S. 10) einer *cis*-Form des Allo-ocimens anzunehmen.

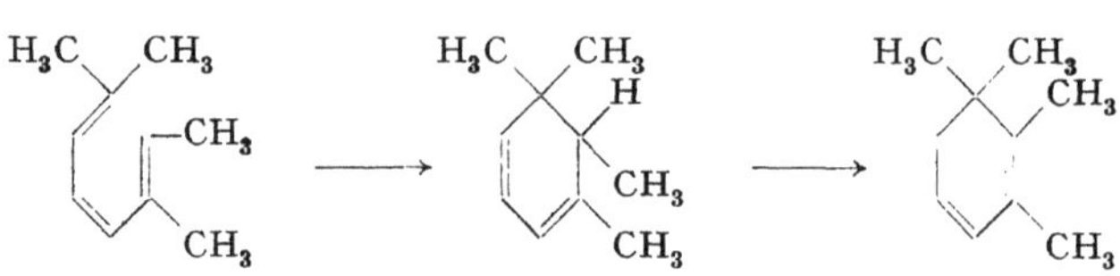

Allo-ocimen. α-Pyronen. β-Pyronen.

Das β-Pyronen kann durch eine Wanderung des Systems konjugierter Doppelbindungen aus dem α-Pyronen hervorgehen. Eine Prüfung dieser Annahme durch das Experiment ist möglich und erscheint lohnend, da es sich bei der Entstehung von *hexacyclischen Dienen* aus acyclischen Trienen allem Anscheine nach um ein allgemeines Phänomen handelt.

3. Dien-Synthesen mit Menthadienen.

In dieser Gruppe von Naturstoffen hat die Dien-Synthese eine ausgedehnte Anwendung erfahren. Soweit diese Kohlenwasserstoffe über ein endo-cyclisches System von konjugierten Doppelbindungen verfügen — wie das α-Phellandren (CLVI) und das α-Terpinen (CLVII) —, sind sie in der verschiedensten Richtung hin auf ihr Verhalten bei Dien-Synthesen untersucht worden. So erleiden sie beim Erhitzen mit Acetylen-dicarbonsäureestern den charakteristischen Zerfall, den wir soeben bei den Pyronen beschrieben haben. Er stellt den einfachsten Beweis für ihre Konstitution vor (*35*, *36*).

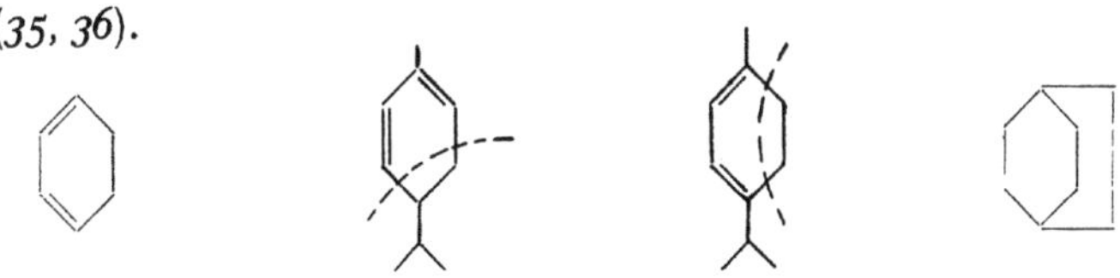

1,2-Dihydrobenzol. (CLVI.) α-Phellandren. (CLVII.) α-Terpinen. (CLVIII.)

Mit Maleinsäure-anhydrid reagieren sie mit größter Leichtigkeit und ergeben dabei als Derivate des 1,2-Dihydrobenzols (CXLIX) Addukte, die sich von dem (spannungsfreien) Bicyclo-[2,2,2]-octansystem (CLVIII) ableiten, z. B. im Falle des α-Terpinens (*6*, *146*, *177*, *197*, *218*, *219*):

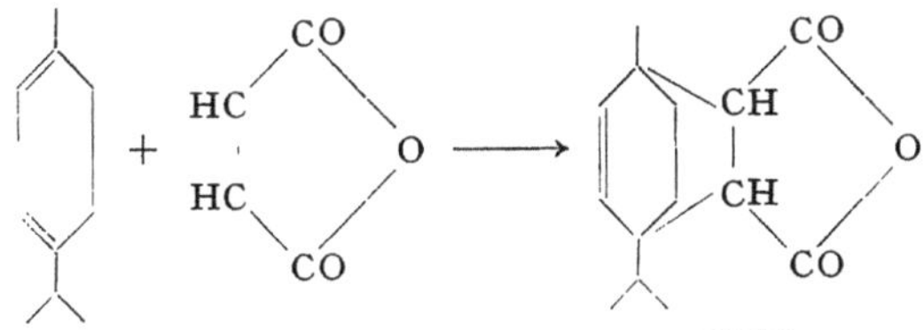

(CLVII.) α-Terpinen. (CLIX.)

Das Addukt (CLIX) hat als Grundstoff zum Aufbau der „Petrex"-harze (*196*, *220*, *221*, *222*, *250*) technische Bedeutung erlangt.

Die bemerkenswerte Leichtigkeit, mit der beide Kohlenwasserstoffe zu Dien-Synthesen befähigt sind, gestattet auch ihre Kombination mit weniger aktiven Philodienen, wie Acrylsäure oder Acrolein und deren Homologen. Die dadurch jetzt leicht zugänglichen Bicyclo-[2,2,2]-octanverbindungen mannigfaltigster Art, in denen zweifellos wertvolle Anwendungsmöglichkeiten schlummern, sind noch wenig untersucht.

Von den eindrucksvollen Anlagerungen des molekularen Sauerstoffes an das System des 1,2-Dihydrobenzoles — insbesondere von der Synthese des natürlichen Ascaridoles aus α-Terpinen und molekularem Sauerstoff — wird weiter unten noch die Rede sein (S. 96).

Neben den Kohlenwasserstoffen α-Phellandren und α-Terpinen ist durch die Methode der Dien-Synthese noch ein weiteres Menthadien $C_{10}H_{16}$

mit konjugierter Lage der Doppelbindungen bekanntgeworden, das $\Delta^{3,8(9)}$-Menthadien (CLX) (*44*). Es wurde als Maleinsäure-anhydrid-addukt (CLXI) aus Limonen-präparaten isoliert. Die Frage, ob es sich dabei um ein natürlich vorkommendes Terpen oder um ein Umwandlungsprodukt des Limonens (CLXII) handelt, muß vorerst offenbleiben. Seine Konstitution ist dadurch festgelegt, daß sein Addukt (CLXI) an Maleinsäure-anhydrid sich zu der 4,7-Dimethyl-naphthalin-dicarbonsäure-(1,2) (CLXIII) dehydrieren läßt:

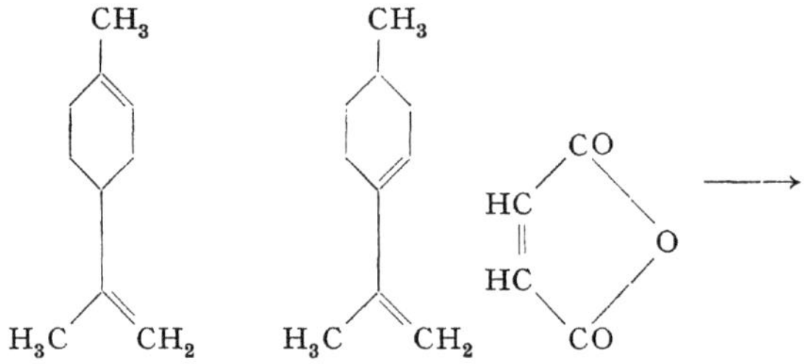

(CLXII.) Limonen. (CLX.) $\Delta^{3,8(9)}$-Menthadien.

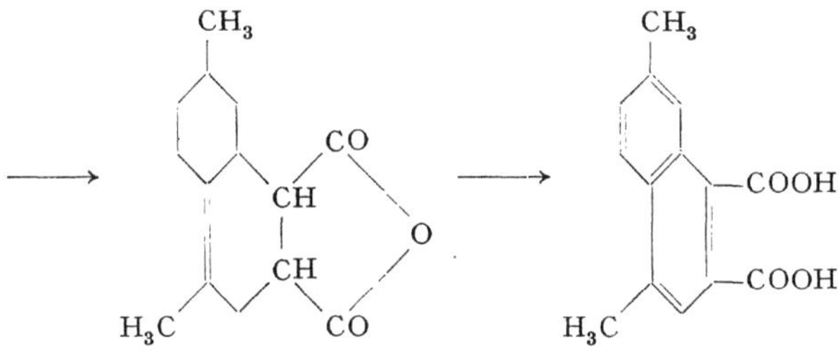

(CLXI.) (CLXIII.) 4,7-Dimethyl-naphthalin-dicarbonsäure-(1,2).

Soweit über die Menthadiene mit einem System von konjugierten Doppelbindungen! Inzwischen hat die Erfahrung gezeigt, daß auch Menthadiene mit zwei *isolierten* Doppelbindungen bei erhöhten Temperaturen zur Addition von Maleinsäure-anhydrid befähigt sind. Es ist in einigen Fällen gelungen, Additionsprodukte zu isolieren (*44*, *197*); jedoch ist es noch in keinem Falle geglückt, diese „Terpen-Maleinsäuren" strukturell festzulegen. Trotzdem aber kann über die Natur dieser Additionen kein Zweifel aufkommen, da sie inzwischen an Kohlenwasserstoffen aufgefunden und geklärt werden konnten (*43*), die vor den natürlichen Menthadienen den Vorzug der größeren Symmetrie besitzen. Unter ihnen sind als Modelle für die Reaktionsweisen von Terpenen mit nicht-konjugierten Doppelbindungen die nachfolgenden drei besonders aufschlußreich:

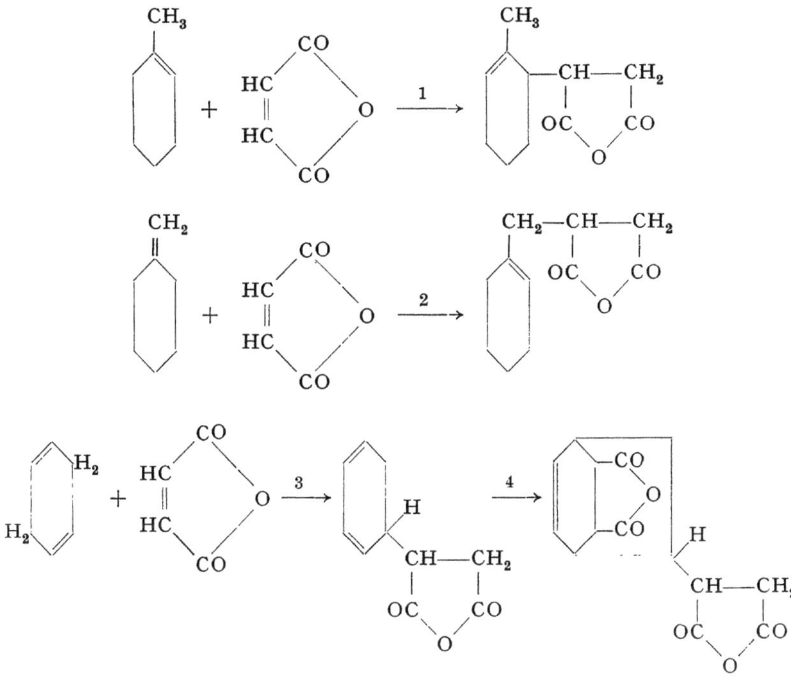

(CLXIV.) (CLXV.)

In allen Fällen handelt es sich durchweg um indirekte, d. h. unter Verlagerung einer Doppelbindung vor sich gehende substituierende Additionen, an die sich im letzten Fall bei der Anlagerung von Maleinsäure-anhydrid an 1,4-Dihydro-benzol (CXLIV) (*9*) noch eine normale Dien-Synthese anschließt (CLXV). Es ist anzunehmen, daß auch bei der Addition von Maleinsäure-anhydrid an Menthadiene mit isolierten Doppelbindungen die gleichen Prinzipien wirksam sind.

4. Neue Wege in die Reihe des *m*- und des *p*-Menthans.

Der Anlaß, Synthesen von *p*-Menthan zu versuchen, lag in Bemühungen um ein systematisches Erfassen der Reaktionen selbst. Es war bei der damaligen Kenntnis nicht vorauszusehen, ob Dien-Synthesen mit Isopren (allgemeiner mit Dien-komponenten, die in β-Stellung substituiert sind) mit unsymmetrisch substituierten Äthylenderivaten als Philodienen, im einfachsten Fall mit Acrolein oder Vinyl-methyl-keton (CLXVI), nach Schema a zu *para*-substituierten Typen oder nach b zu den analogen *meta*-Formen führen. Der Versuch zeigte, daß hier beide formal zu erwartenden Additionen nebeneinander herlaufen, daß aber a wesentlich schneller verläuft als b, so daß in der Gesamtausbeute das *para*-Addukt (CLXVII) über das *meta*-Isomere (CLXVIII) dominiert (*71*).

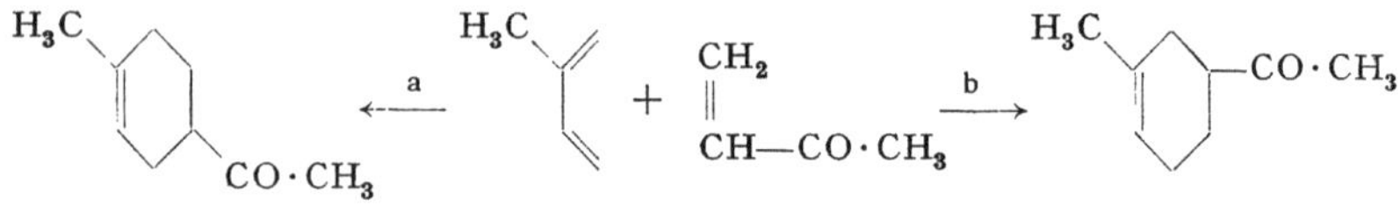

(CLXVII.) Isopren. (CLXVI.) Vinyl-methyl-keton. (CLXVIII.)

Dieses für die Kenntnis von „Dien-Synthesen mit unsymmetrischen Addenden“ wichtige erste Ergebnis ist in der Folgezeit an vielen analogen Fällen geprüft und dahingehend bestätigt worden, daß zwar das Geschwindigkeits-verhältnis der beiden Reaktionen je nach der Natur der Substituenten von Dien und Philodien schwankt, daß aber in allen bisher bekanntgewordenen Fällen der *para*-Typus überwiegt (*71, 20*).

In unserem oben formulierten Sonderfall läßt sich das Ergebnis zu einer Methode für die Darstellung von Verbindungen der *p*-Menthanreihe ausbauen. Das aus Isopren und Vinyl-methyl-keton gebildete, aus (CLXVII) und (CLXVIII) bestehende Rohketon gibt mit Methylmagnesium-haloid ein Präparat von *α-Terpineol* (CLXIX). Dieses läßt sich praktisch rein isolieren dadurch, daß man es in bekannter Weise mit verdünnter Schwefelsäure in das ausgezeichnet kristallisierende Hydrat des *cis-p-Menthandiol-1,8* („Terpinhydrat“) (CLXX) überführt. Neben dieser Verbindung als dem Hauptprodukt der Umsetzung läßt sich in kleiner Menge auch das *trans-p-Menthandiol-1,8* („*trans*-Terpin“) isolieren.

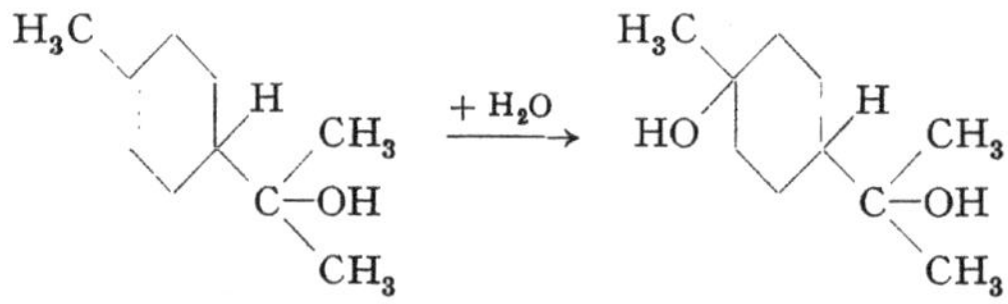

(CLXIX.) α-Terpineol. (CLXX.) „Terpinhydrat“.

Dank der ausgezeichneten Eigenschaften dieser Hydratisierungsprodukte gelingt es in diesem Falle, noch ein drittes Diol zu isolieren und als *meta-Menthandiol* („Caveterpin“) (CLXXI) festzulegen durch seine Überführung in Carvestren-bis-hydrochlorid (CLXXII):

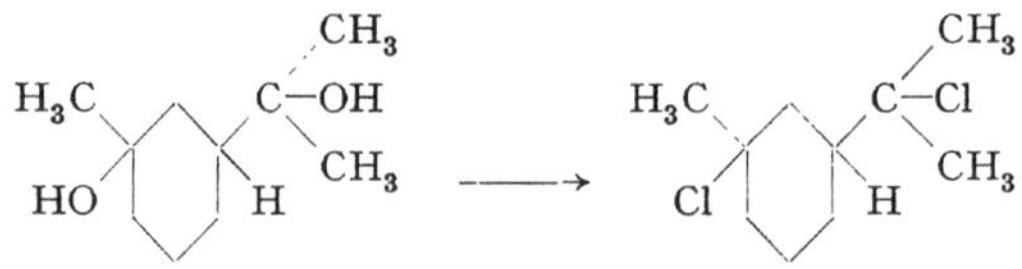

(CLXXI.) Caveterpin. (CLXXII.) Carvestren-bis-hydrochlorid.

5. Bicyclische Terpene.

Die Dien-Synthese hat einen genetischen Zusammenhang hergestellt zwischen den natürlichen Vertretern der Camphan-reihe und deren abgeleiteten Formen einerseits und einem Bestandteil des Steinkohlenteers, dem Cyclopentadien, anderseits. Durch diese Beziehung hat die Chemie der bicyclischen Brückenverbindungen nicht weniger als die Chemie des Cyclopentadiens, das bislang nur die Rolle eines interessanten Sonderlings in der Schar der Teer-kohlenwasserstoffe spielte, für präparative Zwecke einen unerwarteten Auftrieb erfahren, dessen Auswirkungen noch heute in voller Entwicklung sind.

Die ideale Eignung des Cyclopentadiens, als Dien-komponente zu fungieren, ist schon früh bei seinen Umsetzungen mit Maleinsäureanhydrid zutage getreten und hat sich im Laufe der Entwicklung immer wieder erneut bestätigt, so daß sich unter den auf S. 5—7 charakterisierten Philodienen kaum eines befindet, das nicht mit Cyclopentadien im Sinne der Dien-Synthese reagiert. Diese Additionen führen zum Ringsystem des Bicyclo-[1,1,2]-heptens (CLXXIII), wie es auch beim Campher (CLXXIV), beim Fenchon (CLXXV) und beim Santen (CLXXVI) als Erzeugnis pflanzlicher Synthese vorliegt:

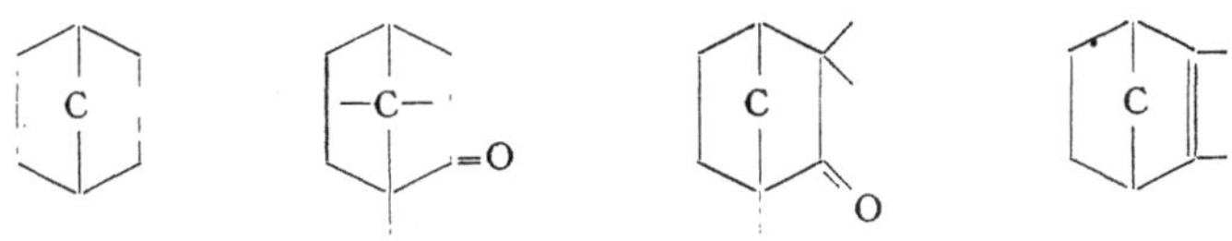

(CLXXIII.) Bicyclo-[1,1,2]-hepten. (CLXXIV.) Campher. (CLXXV.) Fenchon. (CLXXVI.) Santen.

a) Nor-bornylan, Nor-borneol, Nor-campher.

Die einfachsten Formen dieser Klasse von Verbindungen waren mit Hilfe klassischer Arbeitsmethoden schwer zu erreichen und infolgedessen auch entweder unbekannt oder kaum untersucht. Sie sind durch die Dien-Synthese präparativ leicht zugänglich. So entsteht durch Addition von Cyclopentadien an Äthylen das Nor-bornylen (CLXXVII) (*202*), das seinerseits bei der katalytischen Hydrierung die einfachste Verbindung der ganzen Gruppe, das Nor-bornylan (CLXXVIII) ergibt:

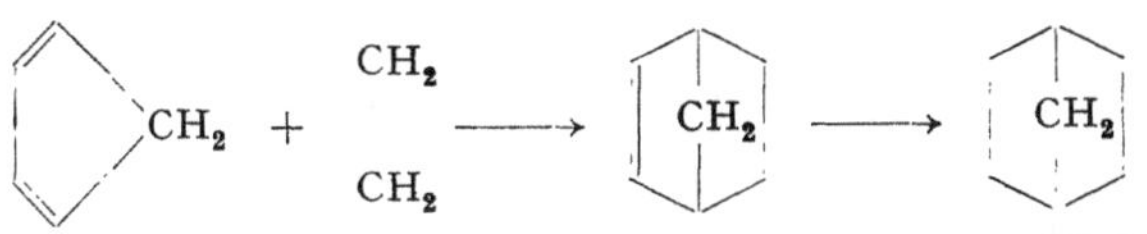

Cyclopentadien. (CLXXVII.) Nor-bornylen. (CLXXVIII.) Nor-bornylan.

Ersetzt man in dieser Umsetzung das Äthylen durch die Ester des Vinylalkohols (CLXXIX), wie sie aus Acetylen in technischem Maßstab erhalten werden, so gelangt man über die Addukte (CLXXX) glatt zum Nor-bornenol (CLXXXI) und von hier aus durch Hydrierung zum Norborneol (CLXXXII), dessen Oxydation den Prototyp aller Campherarten, den Nor-campher (CLXXXIII), ergibt (*39*, *136*):

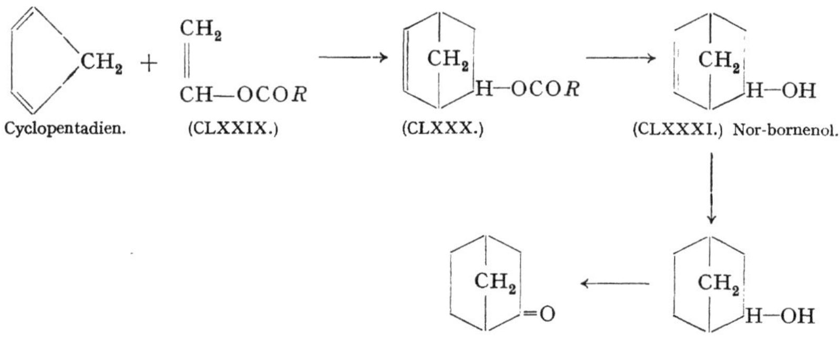

Cyclopentadien. (CLXXIX.) (CLXXX.) (CLXXXI.) Nor-bornenol.

(CLXXXIII.) Nor-campher. (CLXXXII.) Nor-borneol.

Das Eindrucksvolle in dieser Gruppe von Dien-Synthesen liegt in ihrer Verallgemeinerungsfähigkeit, und es ist schwer, von ihrer Fruchtbarkeit im einzelnen ein richtiges Bild zu entwerfen.

b). Synthesen von natürlichen bicyclischen Terpenen.

Es liegt nahe, die jetzt leicht zugänglichen Grundformen — wie etwa den Nor-campher (CLXXXIII) — durch Methylierung in natürliche Produkte zu überführen. Diesen Weg haben DIELS und ALDER (*136, 138*) zuerst beschritten, indem sie z. B. den Nor-campher (CLXXXIII) sukzessive (nach HALLER) in den 6-Methyl-nor-campher und diesen anschließend (nach GRIGNARD) in das γ-Santenol (CLXXXV) überführten. Seine Dehydratisierung ergibt das *Santen* (CLXXXVI) des ostindischen Sandelholzöles.

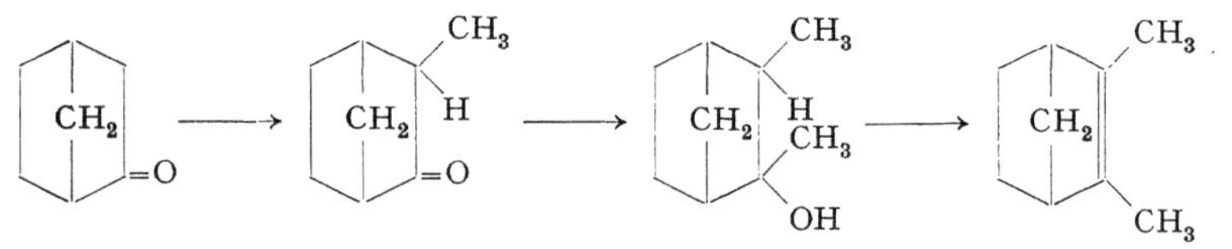

Nor-campher. (CLXXXIV.) 6-Methyl-nor-campher. (CLXXXV.) γ-Santenol. (CLXXXVI.) Santen.

Die zweifache Methylierung des Nor-camphers liefert das Camphenilon (CLXXXVII), dessen Umsatz mit Methyl-Mg-halogenid das Methyl-camphenilol (CLXXXVIII) ergibt. Dieser tertiäre Alkohol geht bei der Abspaltung von Wasser in das (auch natürlich auftretende) Camphen (CLXXXIX) über, das schließlich nach bekannten Methoden durch eine Ringumstellung in Isoborneol (CXC) überführt werden kann. Dessen Oxydation ergibt den *D,L*-Campher (CXCI).

Die seither in der Entwicklung der Dien-Synthese erzielten Fortschritte gestatten es, das gleiche Ziel auf einem einfacheren Wege zu erreichen, der überdies den Vorzug hat, eine Aussage über die sterische Konfiguration der Campheralkohole Borneol und Isoborneol zu erlauben. Diese Fort-

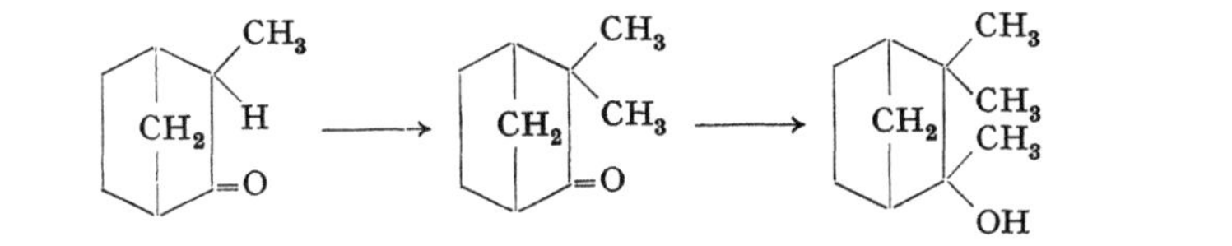

6-Methyl-nor-campher. (CLXXXVII.) Camphenilon. (CLXXXVIII.) Methyl-camphenilol.

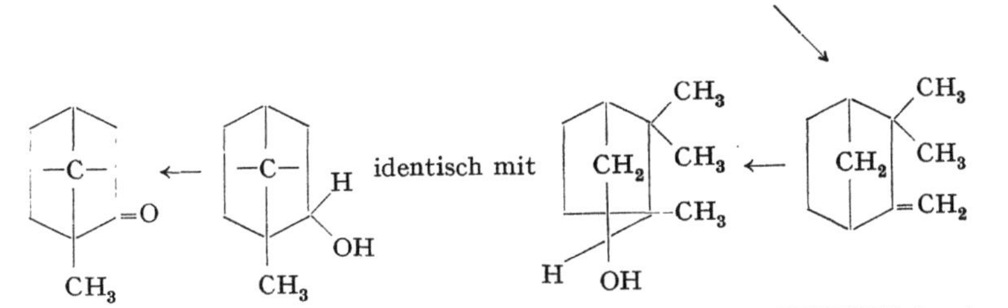

(CXCI.) Campher. (CXC.) Isoborneol. (CLXXXIX.) Camphen.

schritte (*39, 78*) sind die bereits erwähnte Entdeckung der philodienen Funktion von Vinylestern und die Darstellung des 1,5,5-Trimethylcyclopentadiens (CXCII). Die Dien-Synthese beider Komponenten verläuft strukturell in zwei Richtungen a und b. Die in glatter Reaktion

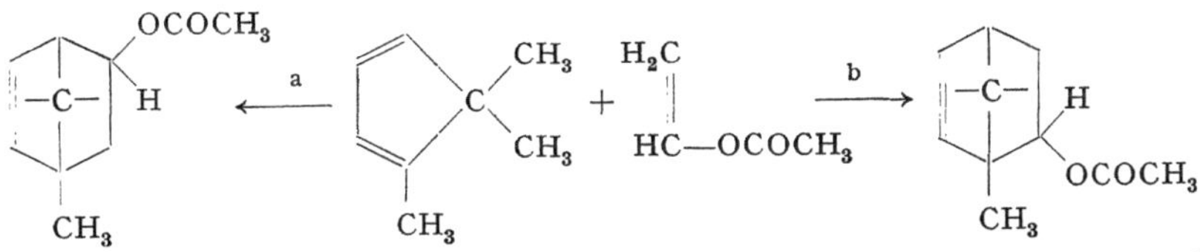

(CXCIV.) Dehydro-epi-borneol-acetat. (CXCII.) 1,5,5-Trimethyl-cyclopentadien. (CXCIII.) Dehydroborneol-acetat.

nebeneinander entstehenden Addukte, die Acetate des Dehydro-borneoles (CXCIII) und des Dehydro-epi-borneoles (CXCIV) geben, katalytisch hydriert und verseift, *D,L*-Borneol (CXCV) und *D,L*-Epiborneol (CXCVI):

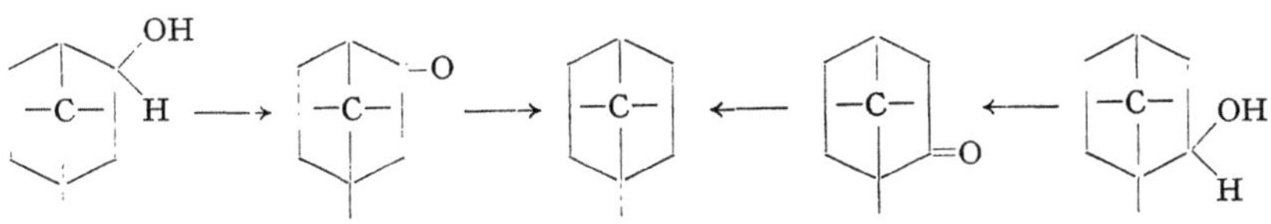

(CXCVI.) Epi-borneol. (CXCVII.) Epi-campher. (CXCVIII.) Camphan. (CXCI.) Campher. (CXCV.) Borneol.

Die Oxydation der beiden Alkohole führt zu den Ketonen, *D,L*-Campher (CXCI) und *D,L*-Epi-campher (CXCVII), die beide bei der Reduktion nach WOLFF-KISHNER zum *Camphan* (CXCVIII) reduziert werden. Die Entstehung der beiden möglichen Strukturisomeren nebeneinander erscheint in diesem Falle nicht überraschend. Sie entspricht den Erfahrungen, die über „Dien-Synthesen mit unsymmetrischen Addenden" vorliegen (S. 21).

c) *Konfiguration der Campheralkohole.*

Dagegen bedürfen diese Vorgänge, vom stereochemischen Standpunkt aus betrachtet, noch einer kurzen Interpretation. Die Additionen von Cyclopentadien und von 1,5,5-Trimethyl-cyclopentadien an Vinylester verlaufen sterisch einheitlich, obwohl jeweils zwei Additionswege (a) und (b) denkbar sind. Von ihnen muß nach den allgemeinen Gesetzmäßigkeiten, die den sterischen Verlauf der Dien-Synthese beherrschen (S. 17), (a) vor (b) bevorzugt sein, da er die Addition der Komponenten aus einem „Orientierungskomplex mit maximaler Häufung der Doppelbindungs-systeme" (*5, 6, 66*) repräsentiert. Da bei der Hydrierung des

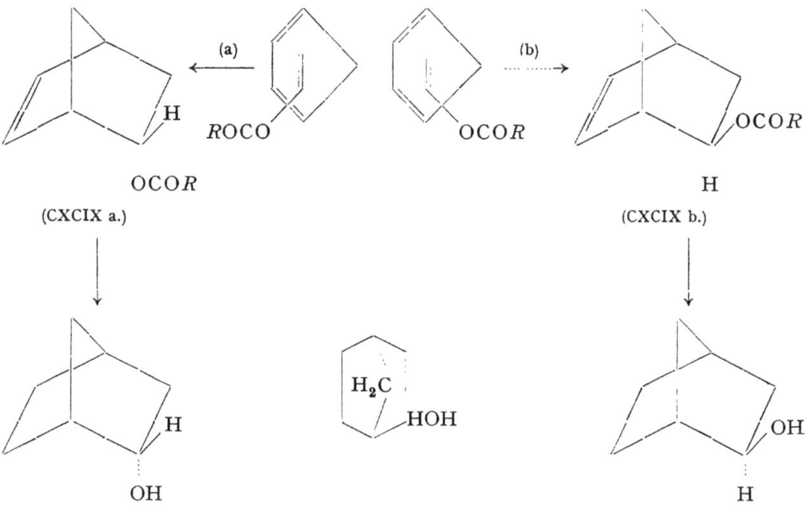

(CXCIX a.) (CXCIX b.)

(CC a.) (CC.) (CC b.)

Adduktes (CXCIXa) und bei seiner nachfolgenden Verseifung die Zentren der Isomerie nicht tangiert werden, kommt der auf diesem Wege gewonnenen α-Form des Nor-borneoles (CC) die „endo"-Konfiguration (CCa) zu.

Ganz entsprechend liegen die Verhältnisse bei den Dien-Synthesen mit 1,5,5-Trimethyl-cyclopentadien und Vinylestern. Da dort die Alkohole Borneol (CXCV) und Epi-borneol (CXCVI) erhalten werden, gehören auch jene zur endo-Reihe. β-Nor-borneol, Isoborneol und Epi-isoborneol sind die zugehörigen exo-Formen (entsprechend CCb).

Durch diese sterischen Zuordnungen, die bei den natürlichen Campheralkoholen mit gleichem Ergebnis auch auf anderen Wegen getroffen werden, sind drei weitere Vorgänge festgelegt. Die katalytische Hydrierung der Ketone Nor-campher, Campher und Epi-campher nimmt den folgenden Verlauf:

Nor-campher → α-Nor-borneol (endo),

Campher → Isoborneol (exo),

Epi-campher → Epi-isoborneol (exo).

Daraus muß gefolgert werden, daß im ersten Fall, wo das Ringsystem allein den Verlauf des Vorganges bestimmt, die Addition des Wasserstoffes „von der Brücke" her erfolgt,

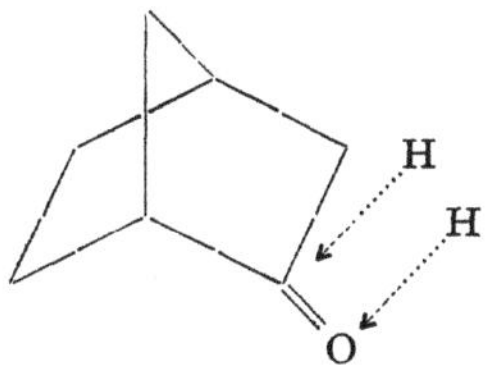

daß dagegen der analoge Vorgang beim Campher und beim Epi-campher in umgekehrter Richtung abläuft:

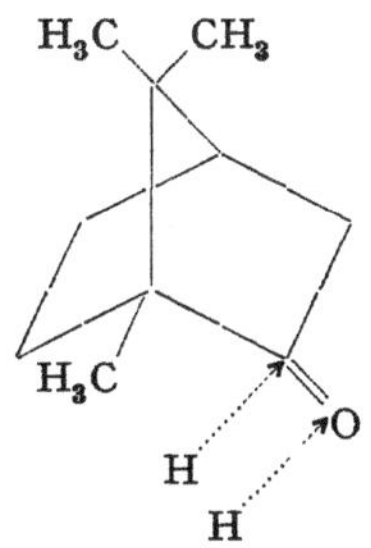

Im zweiten Falle überwiegt offenbar der Einfluß der nächstgelegenen Methylgruppe in der Brücke der Systeme denjenigen des Ringsystems, dem er entgegenwirkt.

d) Verallgemeinerung, Ausblick.

Zwischen der Erforschung von Naturprodukten und der Entwicklung der systematischen Chemie besteht eine fruchtbare Wechselwirkung, und es gibt wenige Gebiete der organischen Chemie, wo die Beziehungen überzeugender zutage treten als dasjenige des Camphers.

Unsere Kenntnis von den Zusammenhängen zwischen Ringspannung und Energieinhalt, zwischen Ringspannung und Reaktionsvermögen, unser Wissen um die intramolekularen Umlagerungen und unsere Einsichten in den sterischen Verlauf zahlreicher Vorgänge an bicyclischen Systemen hat aus dem Studium dieser natürlichen Objekte eine nachhaltige Anregung und Förderung erfahren.

Die dabei gewonnenen Einsichten sind um so besser fundiert und um so weittragender, je größer der Kreis von Objekten ist, der einer Untersuchung zur Verfügung steht, denn die dabei verfolgte Methode beruht letzten Endes auf dem Prinzip des Vergleiches. Da anderseits die Zahl der Produkte natürlicher Provenienz trotz aller Vielfalt doch eine begrenzte ist, so wird jedes Verfahren, das ihre Anzahl leicht zu mehren und zu variieren gestattet, allen Fragen und Problemen wirkungsvoll dienen, die beim Studium solcher Typen aufgetaucht sind. In der Reihe der bicyclischen Terpene bilden die neuen, durch Dien-Synthesen zugänglichen Vertreter die Brücke zwischen den natürlichen Formen und den einfachsten Repräsentanten hydroaromatischer Verbindungen, wie sie seit langem als Schöpfungen klassischer Arbeitsmethoden zum Bestand der organischen Chemie gehören. Die neuen Wege weisen auf der anderen Seite über das Reich der natürlichen Vertreter hinaus, indem sie Verbindungen zugänglich machen, die jenen an Kompliziertheit und an Differenzierung überlegen sind. So gewinnt das Gebiet zugleich an Weite und an Stetigkeit, denn für alle Fragen und Aufgaben, die seine Eigenarten ausmachen und die einen Zusammenhang zwischen den konstitutiven Elementen seiner Verbindungen und ihren physikalischen, chemischen oder physiologischen Eigenschaften zum Gegenstand haben, steht jetzt eine lückenlose Liste von Objekten zur Verfügung.

Im folgenden soll der Versuch gemacht werden, das eben Gesagte im einzelnen etwas näher zu erläutern, nachdem wir bereits am Schluß des vorangehenden Abschnittes durch die Gegenüberstellung des sterischen Verlaufes der katalytischen Hydrierung beim Campher und beim Norcampher einen Anfang mit diesem Vorhaben gemacht haben.

Die Dien-Synthesen mit Cyclopentadien führen in die Reihe des Bicyclo-[1,2,2]-heptens, diejenigen des ringhomologen Cyclohexadiens in diejenige des Bicyclo-[2,2,2]-octens. Das zuerst genannte Ringsystem findet sich unter den Naturprodukten und läßt sich modellmäßig nur unter Deformation der Tetraedermodelle aufbauen. Es besetzt Ringspannung im Gegensatz zum spannungsfreien Bicyclo-[2,2,2]-octensystem (CCII), dessen Abkömmlinge bislang noch nicht unter den Naturprodukten aufgefunden wurden.

Eine Ermittlung der Verbrennungswärmen beider Kohlenwasserstoffe und ihr Vergleich ergibt als energetisches Äquivalent für die in (CCI) herrschende Spannung einen Betrag von 7 kcal/Mol. (*62*).

Es ist im Laufe der Untersuchung auch geglückt, das Verhalten von Doppelbindungen in gespannten Ringsystemen, wie (CCI), mit demjenigen in ungespannten Ringen, wie (CCII) und (CCIII), durch chemische Reaktionen zu unterscheiden:

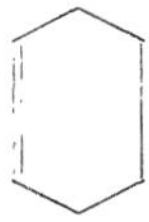

(CCIII.)

(CCI.)

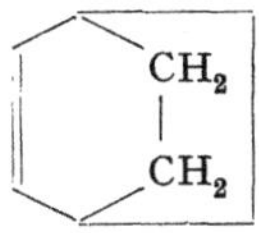

(CCII.)

Während das erste System mit ungewöhnlicher Leichtigkeit Verbindungen wie Phenylazid, Diazomethan und Diazoessigester addiert, zeigen die

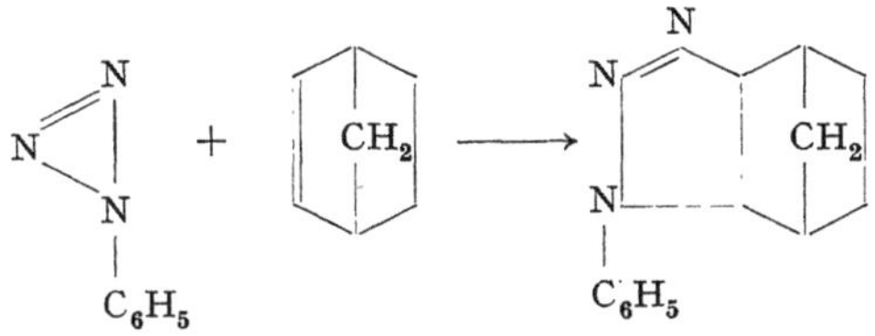

beiden übrigen das Verhalten normaler aliphatischer Doppelbindungen, d. h. sie addieren erst — und auch dann nicht immer glatt — bei erhöhten Temperaturen. Diese seinerzeit von ALDER und STEIN (*59, 60, 64, 65*) aufgefundene Phenylazid-reaktion eignet sich vorzüglich zum Nachweis von Verbindungen mit dem Ringsystem (CCI), wie sie auch im Santen (CCV), im Parasanten (CCIV), im γ- und δ-Fenchen (CCVI und CCVII) vorliegt. Sie versagt, wenn — wie beim Bornylen (CCVIII) — ein Substituent „über" der Doppelbindung steht:

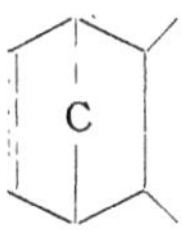

(CCIV.) Parasanten.

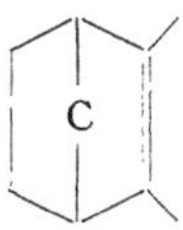

(CCV.) Santen.

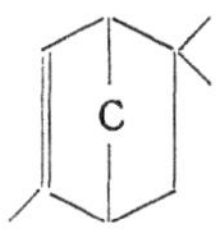

(CCVI.) γ-Fenchen.

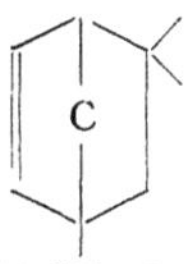

(CCVII.) δ-Fenchen.

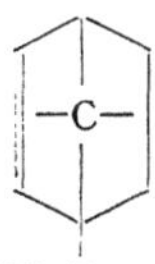

(CCVIII.) Bornylen.

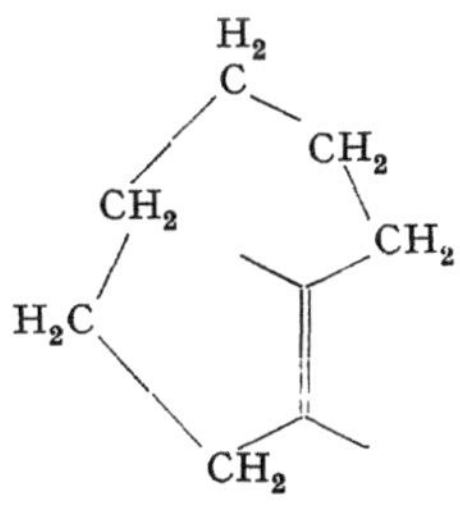

(CCIX.) „*trans*-Cyclo-octen".

Die in diesen Systemen herrschende Ringspannung ist für ihr gesteigertes Additionsvermögen verantwortlich, denn es findet sich auch bei anderen Systemen — wie etwa beim „*trans*-Cyclo-octen" (CCIX) — wieder (*347, 344*). Mit dem Additionsvermögen für Phenylazid Hand in Hand gehen andere Fähigkeiten dieser Doppelbindung, so z. B. ihre Eignung als Philodien zu fungieren und Diene zu addieren.

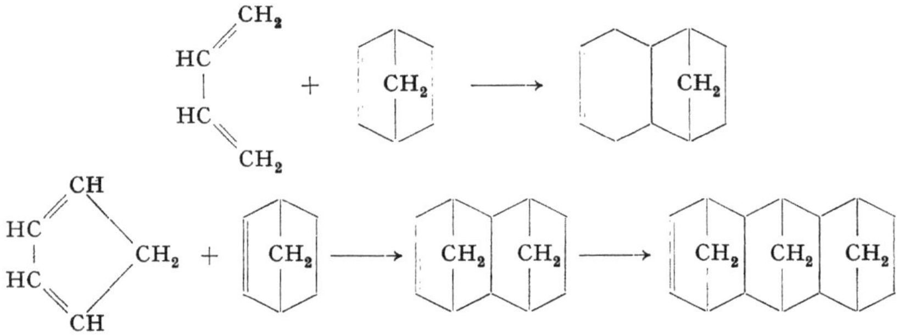

Sie sind bisher nur unter bestimmten Aspekten untersucht (*58*). Ihre weitere systematische Bearbeitung eröffnet der Chemie bicyclischer Systeme vollkommen neue Perspektiven. Das gleiche gilt für die Bicyclo-[2,2,2]-octen- und Bicyclo-[1,2,3]-nonen-ringe, die uns durch die Dien-Synthesen von Cyclohexadien- und von Cycloheptadien-abkömmlingen zugänglich sind:

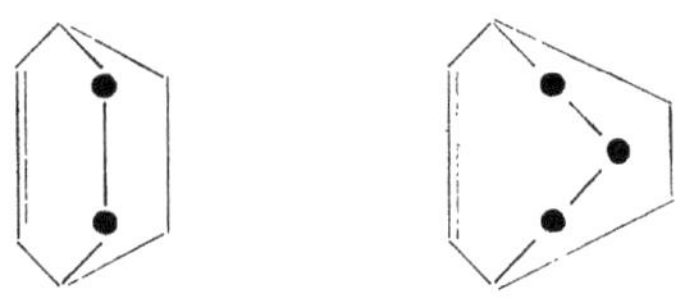

Von dem ersten mögen als Beispiele nur noch drei Untergruppen herausgegriffen sein, die den Anwendungsbereich des Verfahrens überzeugend demonstrieren: Die Dien-Synthese mit Anthracen (CCX) und seinen Derivaten (*90, 91, 87, 92, 95, 96, 97, 98, 116, 117, 137, 152, 203, 204, 317*), die Dien-Synthese mit den Verbindungen der Nor-caradienreihe (CCXI) (*53*) und die Dien-Synthesen des Cyclo-octatetraens (CCXII), das dabei als Bicyclo-[0,2,4]-octan (CCXIII) fungiert (*254*):

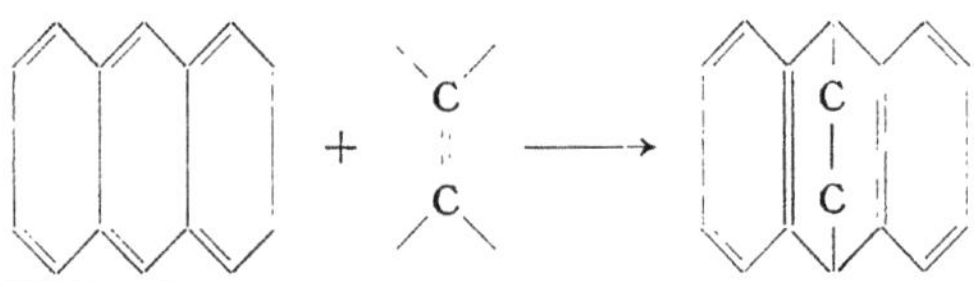

(CCX.) Anthracen.

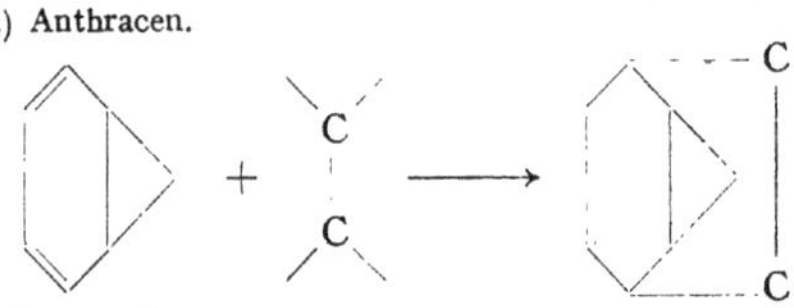

(CCXI.) Nor-caradien.

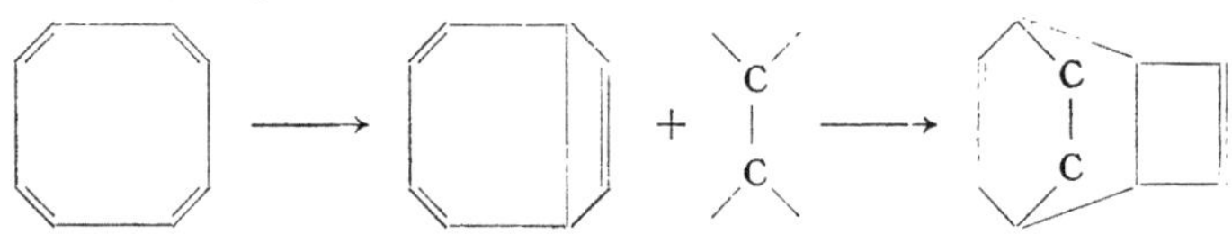

(CCXII.) Cyclooctatetraen. (CCXIII.)

Es erübrigt sich, hier noch weiter fortzufahren mit der Aufzählung dessen, was an Brückensystemen durch *Additionen* nach Art der Dien-Synthese zu erreichen ist.

Zu neuen Formen gelangt man auch durch Umlagerung von Systemen, die primär durch Addition entstanden sind. So führt z. B. ein Addukt (CCXIV) aus Allylamin (als Philodien) und Cyclopentadien (als Dien)

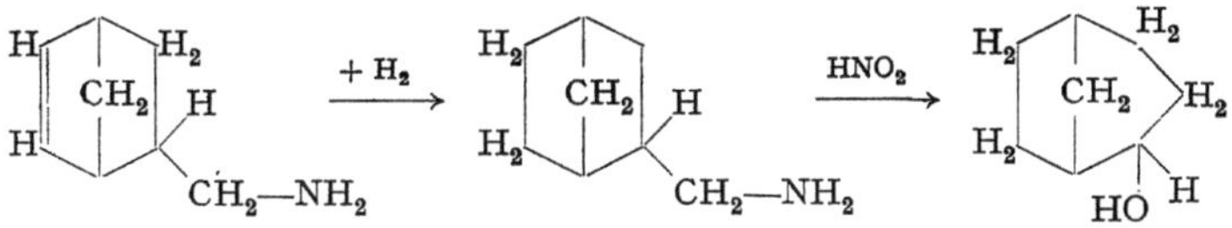

(CCXIV.) (CCXV.) (CCXVI.)

durch Hydrierung zu (CCXV), das mit salpetriger Säure unter Ringerweiterung den Alkohol (CCXVI) der Bicyclo-[1,2,3]-octan-reihe ergibt (*77*).

Das Studium der Camphergruppe hat die Aufmerksamkeit der Systematiker schließlich noch auf einen eigentümlichen Ringtypus hingelenkt, das „Tricyclen" (CCXVII), der bislang nur an verhältnismäßig wenig Einzelobjekten hat studiert werden können. Auch hier sind die Methoden der Dien-Synthese im Begriff, neue und verbesserte Voraussetzungen für Untersuchungen dieser Art zu schaffen. Die Addition von Vinylbromid an Cyclopentadien (*39*) führt zu dem Addukt (CCXVIII), das sich thermisch leicht isomerisiert zu dem tricyclischen Bromid (CCXIX). Dessen Entbromung ergibt den Stammtyp aller Verbindungen dieser Art, das Nor-cyclen (CCXX) (*255a*).

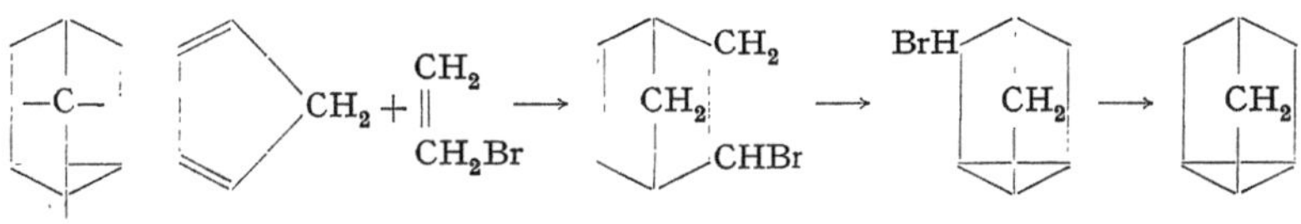

(CCXVII.) Tricyclen. (CCXVIII.) (CCXIX.) (CCXX.) Nor-cyclen.

Auch hier gestatten es die neuen Methoden, über die bekannten Formen hinaus neue Varianten zu schaffen. Zwei von ihnen seien im Rahmen dieses Aufsatzes noch berücksichtigt.

Die Addition von Brom-maleinsäure-anhydrid an Cyclopentadien ergibt eine Verbindung (CCXXI), die bei der Hydrolyse glatt in einen Nor-cyclen-abkömmling (CCXXII) übergeht, bei dem die Cyclenring-bildung von einer Lactonisierung begleitet ist. Die Lacton-carbonsäure (CCXXII) läßt sich nach bekannten Methoden über die Ketosäure (CCXXIII) in die Nor-cyclen-dicarbonsäure (CCXXIV) überführen, die ihrerseits einen vorzüglichen Ausgangsstoff für weitere Studien dieser Körperklasse darstellt (*11*).

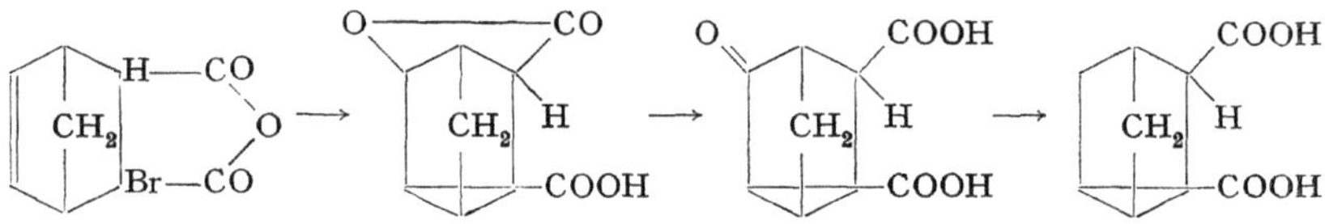

(CCXXI.) (CCXXII.) (CCXXIII.) (CCXXIV.) Nor-cyclen-dicarbonsäure.

Zur Synthese von Cyclen-typen, die sich von Bicyclo-[2,2,2]-octan-ringsystemen ableiten, fanden wir einen eigentümlichen Weg: Die Einwirkung von Divinyl-methan (CCXXV) auf den Acetylen-dicarbonsäure-dimethylester nimmt einen Verlauf, der zum Teil eine totale Analogie zu der Addition des Maleinsäure-anhydrids vorstellt, zum Teil aber in bezeichnender Weise von ihm abweicht:

$$H_2C{=}CH{-}CH_2{-}CH{=}CH_2 + ROOC{-}C{\equiv}C{-}COOR \xrightarrow{a}$$

(CCXXV.) Divinyl-methan. Acetylen-dicarbonsäure-ester.

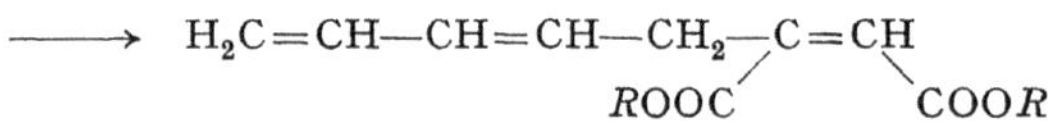

(CCXXVI.)

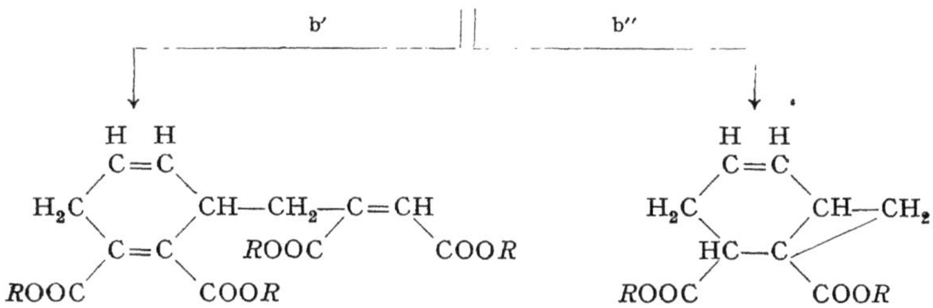

(CCXXVII.) (CCXXVIII.)

Die nach Schema a vor sich gehende En-Synthese schafft ein System von konjugierten Doppelbindungen, das mit einem zweiten Molekül Acetylen-dicarbonsäure-methylester unter Bildung von (CCXXVII) reagiert. Der Vorgang stellt die Parallele zum Reaktionsverlauf mit Maleinsäure-anhydrid vor. Im Fall des Acetylen-dicarbonsäure-esters verfügt die Primärverbindung (CCXXVI) auch über die Voraussetzungen für eine *intramolekular verlaufende Dien-Synthese*, die zu einem Derivat des Nor-carens (CCXXVIII) führt (9).

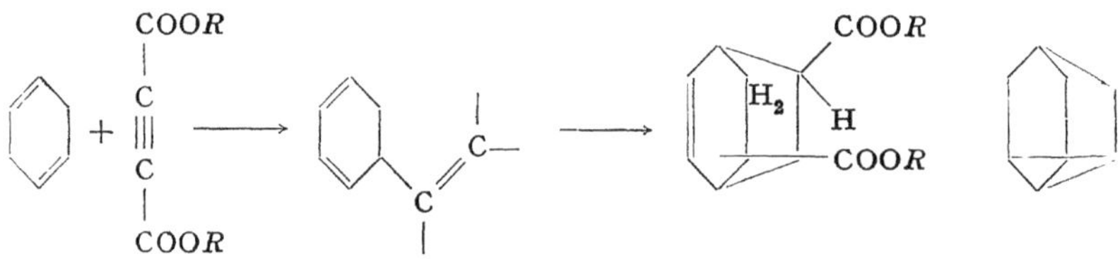

1,4-Dihydro-benzol. (CCXXIX.) (CCXXX.)

Die analogen Verhältnisse findet man bei der Addition von Acetylendicarbonsäure-ester an 1,4-Dihydro-benzol, wobei in Analogie zu (CCXXVIII) das Addukt (CCXXXIX) gebildet wird. (CCXXX) ist ein Ringhomologes des Nor-cyclens. Es wird im einzelnen noch zu untersuchen sein, wieweit diese erst in neuerer Zeit aufgefundenen Wege präparative Bedeutung besitzen.

6. Di-terpene.

In dieser Reihe hat die Dien-Synthese dazu beigetragen, die Lage und die Eigenart von Doppelbindungen einiger Repräsentanten festzulegen. Darüber hinaus hat das „Kolophonium-Maleinsäure-anhydrid" präparativ als Basis für die Darstellung von hochwertigen Kunstharzen („K-M-Harzen") große technische Bedeutung erlangt (*149, 164, 201*). Die bekanntesten Harzsäuren, die auf ihre Eignung zu Dien-Synthesen (*341*) untersucht wurden, sind die Dextropimar- (CCXXXI), Lävopimar- (CCXXXII) und die Abietin-säure (CCXXXIII) (*93, 260, 267, 261*). Die beiden ersten sind native Harzsäuren, während die zuletzt genannte ein Umwandlungsprodukt der Lävopimarsäure vorstellt, das sich unter den verschiedensten Einflüssen (wie Hitze, Behandlung mit Säuren) mit großer Leichtigkeit aus dem Naturprodukt bildet. Demzufolge stellt die Abietinsäure einen Bestandteil des technischen Kolophoniums vor (*315, 316*). Die drei Formeln lassen erkennen, daß die beiden im Molekül vorhandenen Doppelbindungen nur bei der Abietin- und bei der Lävopimar-säure (*228, 270*) konjugiert zueinander sind. Wie zu erwarten, zeigt die Dextro-pimarsäure keine Neigung (*223, 260*), Dien-Synthesen einzugehen.

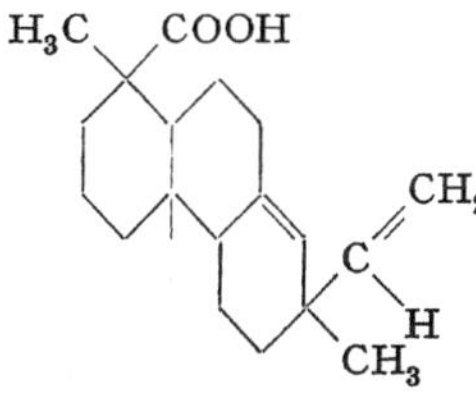

(CCXXXI.) Dextropimarsäure.

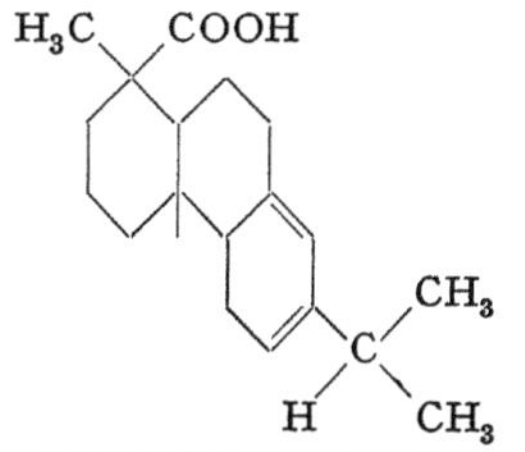

(CCXXXII.) Lävopimarsäure.

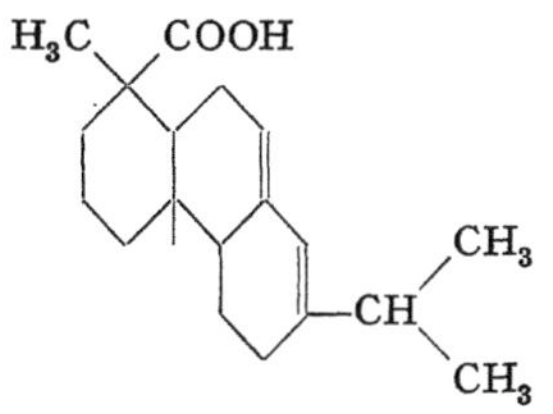

(CCXXXIII.) Abietinsäure.

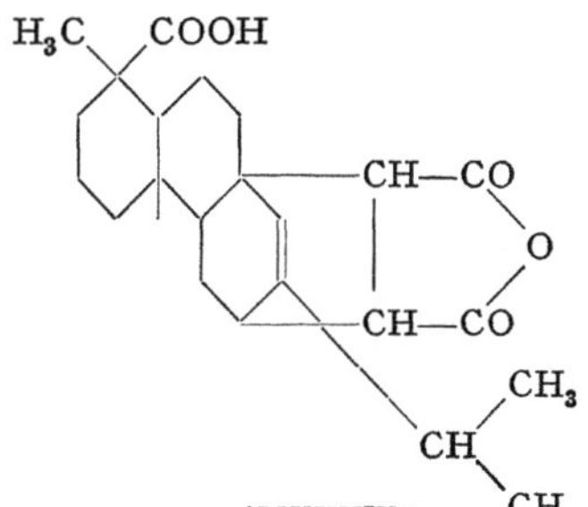

(CCXXXIV.)

Im Gegensatz dazu steht die außerordentliche Leichtigkeit, mit der die Lävopimarsäure schon unter den allermildesten Bedingungen in verdünnter Lösung unter Selbsterwärmung mit Maleinsäure-anhydrid reagiert.

Auch die Abietinsäure ist zu Dien-Synthesen befähigt; aber erst bei Temperaturen oberhalb von 100°, und das unter diesen Bedingungen entstehende Addukt erweist sich als identisch mit der aus Lävopimarsäure durch Maleinsäure-anhydrid-addition entstandenen Verbindung (CCXXXIV).

Dieses unterschiedliche Verhalten steht in bestem Einklange mit den allgemeinen Gesetzmäßigkeiten, die die Dien-Synthesen beherrschen. Das über zwei Ringsysteme verteilte konjugierte System der beiden Doppelbindungen kann das Philodien nicht addieren (S. 14), ohne sich vorher in eine cyclische Konstellation umgewandelt zu haben. Einer Dien-Synthese der Abietinsäure geht deren Rückverwandlung in Lävopimarsäure voraus.

Das konjugierte System der beiden Doppelbindungen liegt in einem Ring, und zwar, wie die Entstehung von Isobuttersäure bei der Ozonisation der Lävopimarsäure zeigt, in dem die Isopropyl-gruppe tragenden. Die

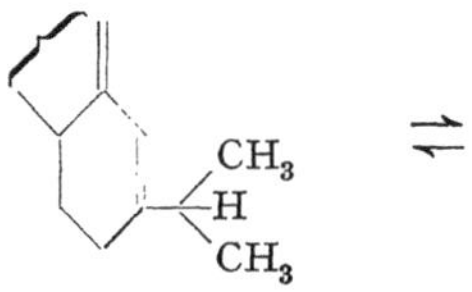

(CCXXXV.)

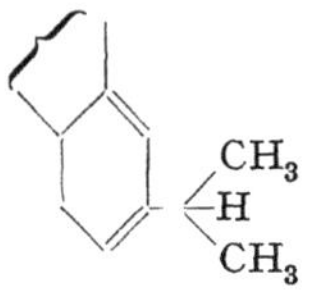

(CCXXXVI.)

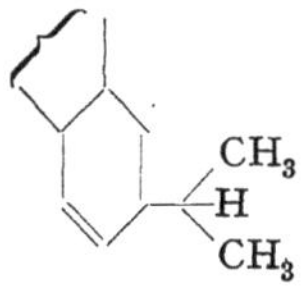

(CCXXXVII.)

Entscheidung darüber, welche der beiden Lagen (CCXXXVI) oder (CCXXXVII), die mit diesen Beobachtungen vereinbar sind, zutrifft, ist gleichfalls mit Hilfe der Dien-Synthese gefällt worden. Während RUZICKA (*262*) und seine Schule dieses Ziel durch Abbau des Maleinsäure-anhydridadduktes anstrebten, benutzte ARBUSOW (*84*) für die gleiche Aufgabe das oben entwickelte Prinzip der „Cyclohexadien-spaltung". Er addiert die Lävopimarsäure an α-Naphthochinon und dehydriert das Addukt nach DIELS und ALDER (*135*) mit Luft in alkalischer Lösung. Je nachdem, ob in Lävopimarsäure die Doppelbindungen nach Schema (CCXXXVI) oder (CCXXXVII) angeordnet sind, muß dem Addukt die Struktur (CCXXXVIII) oder (CCXXXIX) zuerkannt werden.

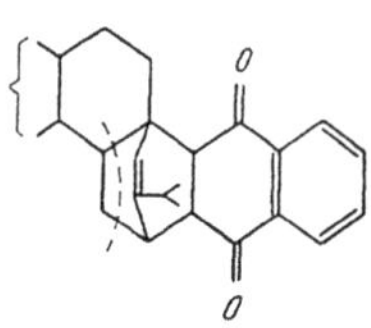

(CCXXXVIII.)

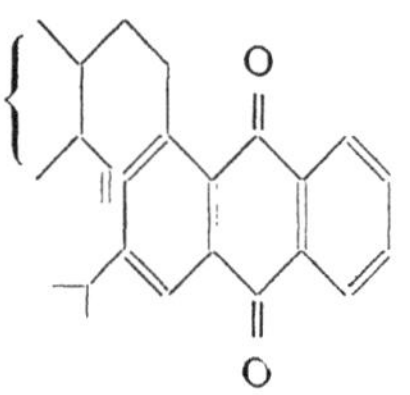

(CCXL.)

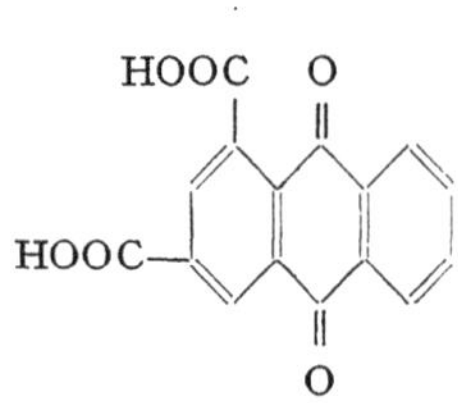

(CCXLII). Anthrachinon-1,3-dicarbonsäure.

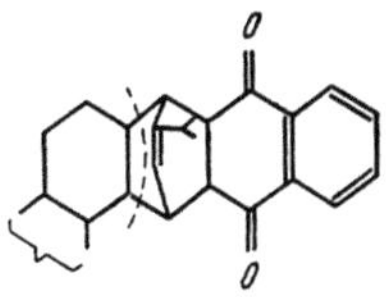

(CCXXXIX.)

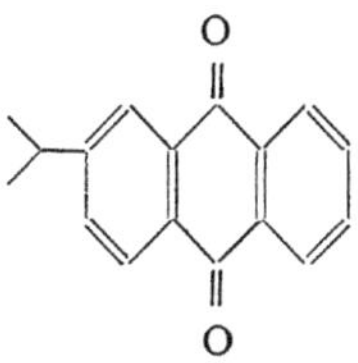

(CCXLI.)

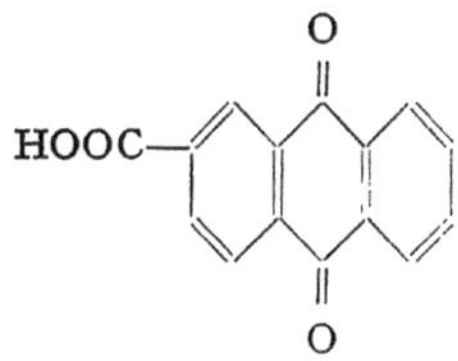

(CCXLIII.) Anthrachinon-2-carbonsäure.

Die thermische Spaltung des Dehydrierungsproduktes von (CCXXXVIII) muß ein *1,3-di-* (CCXL), diejenige von (CCXXXIX) ein *2-mono*-substituiertes Anthrachinon-derivat (CCXLI) ergeben, deren Oxydation im ersten Fall zur Anthrachinon-1,3-dicarbonsäure (CCXLII), im zweiten zur Anthrachinon-2-carbonsäure (CCXLIII) führt. Das Experiment entscheidet zugunsten des ersten Schemas, d. h. die Doppelbindungen der Lävopimarsäure liegen in der 6,7- und 8,9-Stellung (CCXXXVI) und die Isopropyl-gruppe haftet an $C_{(7)}$ (*269, 271*).

Von einem anderen Diterpen, dem Cafestol aus dem Unverseifbaren des Kaffeeöles, wird im Abschnitt, der von Dien-Synthesen mit Furanen als Dien-komponenten handelt, die Rede sein (S. 93).

XI. Steroide.

1. Charakterisierung von Ergosterin und seinen Isomeren.

Wie im Falle der Lävopimarsäure, so haben wir es auch bei einer Gruppe von Sterinen mit Abkömmlingen des 1,2-Dihydrobenzols zu tun. Am besten von ihnen sind das Ergosterin und drei seiner Stereoisomeren: das Lumisterin, das Pyro-calciferol und das Isopyro-calciferol untersucht.

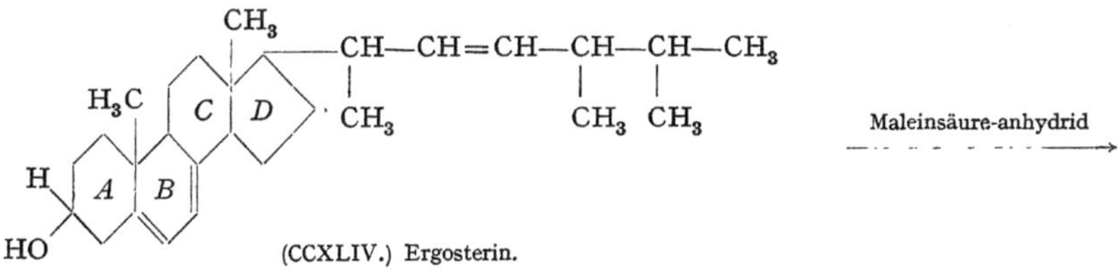

(CCXLIV.) Ergosterin.

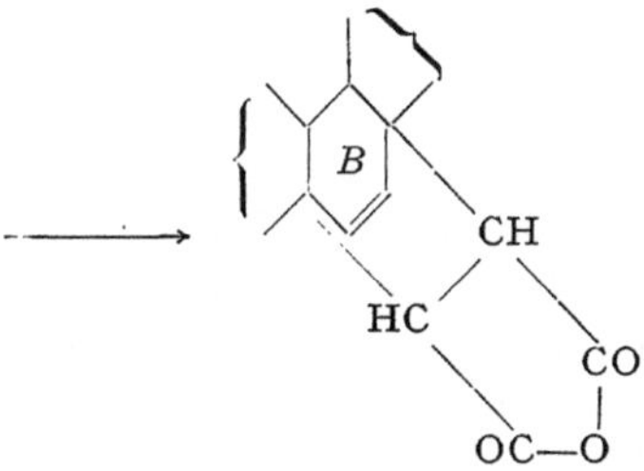

(CCXLV.)

Das Ergosterin besitzt die Konstitution (CCXLIV) (*160, 217*). Von seinen drei Doppelbindungen sind zwei in Ring *B* miteinander konjugiert. Bei der Dien-Synthese entstehen daraus Abkömmlinge des Bicyclo-[2,2,2]-octans.

Das konjugierte System des Ergosterins ist dadurch gekennzeichnet, daß es in 1- und in 4-Stellung total substituiert ist, also zum Typus des 1,1,4,4-Tetramethyl-butadiens gehört (vgl. S. 29). Es ist bemerkenswert, daß Systeme dieser Art in der aliphatischen Klasse auch mit den reaktionsfähigsten Dienen keine Dien-Synthesen eingehen, ohne sich vorher im Sinne der Drei-Kohlenstoff-tautomerie unter Wasserstoffwanderung zu isomerisieren. Der Grund für dieses Verhalten ist in der Blockierung der Additionszentren durch totale Besetzung mit Substituenten gegeben, von denen notwendig zwei in *cis*-Stellung am Diensystem haften. Durch den zweiten Umstand wird die für den Eintritt einer Dien-Synthese notwendige Approximation an die „quasi-cyclische" Konstellation verhindert. Ist sie — wie im Falle von 1,2-Dihydro-benzolderivaten — durch den Ringschluß vorgebildet, so kann, wie das Beispiel des Ergosterins und seiner Stereoisomeren zeigt, Dien-Synthese eintreten, freilich auch hier erst unter ziemlich energischen Bedingungen. Das Ergosterin und Steroide mit gleicher Lage der Doppelbindungen addieren — zweckmäßig in Form ihrer Acetylverbindungen angewandt — Maleinsäure-anhydrid bei achtstündigem Erhitzen der Komponenten in Benzol- oder Xylollösung auf 135° (*198, 318, 330*).

Wie alle Dien-Synthesen, so sind auch diejenigen des Ergosterins durch einen thermischen „Retro-Dien-Zerfall" rückgängig zu machen. Es ist ebenfalls eine Folge der Substituenten-häufung im Addukt, daß diese Erscheinung hier bereits bei tieferen Temperaturen vor sich geht, als sie normalerweise erforderlich sind. Diese rückläufige thermische Dissoziation in Dien und Philodien, von deren präparativer Anwendung im folgenden auch die Rede ist, wird zweckmäßig durch Erhitzen der Addukte im Hochvakuum ausgeführt, wobei zunächst das Maleinsäure-anhydrid (bzw. das gleichfalls häufig verwendete Citraconsäure-anhydrid), später das Sterin oder seine Acetylverbindungen abdestillieren.

Das für das Beispiel des Ergosterins Ausgeführte gilt für alle Sterine mit gleicher Anordnung der Doppelbindungen in Ring *B*, wie z. B. das 7-Dehydro-cholesterin (Provitamin D_3) (*272, 328*), das 7-Dehydro-sitosterin (*340*) und die drei Stereoisomeren des Ergosterins, das Lumisterin, das Pyro-calciferol (*239*) und das Isopyro-calciferol (*239, 340*). Das Ergosterin und seine drei zuletzt genannten Isomeren repräsentieren die vier sterischen Formen, die auf Grund der beiden Asymmetriezentren $C_{(9)}$ und $C_{(10)}$ möglich sind (*186, 208, 322, 323*):

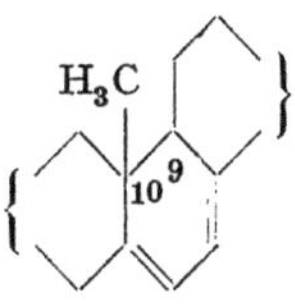

(CCXLVI.)

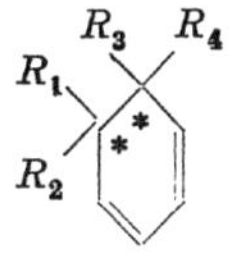

(CCXLVII.)

Hier ist in idealer Weise der Fall des Cyclohexadientypus (CCXLVII) realisiert, bei dem die beiden am Aufbau des konjugierten Systems nicht-beteiligten C-Atome asymmetrisch sind. Die vier Raumisomeren zeigen bei der Dien-Synthese und beim Retro-Dien-Zerfall ein ganz analoges, oben in seinen Grundzügen dargestelltes Verhalten. Als Ergänzung hierzu sei noch hervorgehoben, daß beim Übergang vom Ergosterin-typus zum System des Dehydro-ergosterins (CCXLVIII) mit einem über die Ringe *B* und *C* verteilten Trien-System Dien-Synthesen zwar an den gleichen Zentren, aber mit wesentlich größerer Leichtigkeit vor sich gehen:

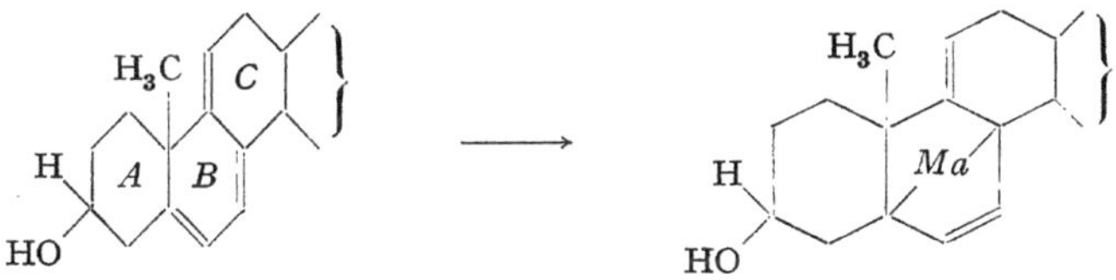

(CCXLVIII.) Dehydro-ergosterin (Teilformel). (CCXLIX.)

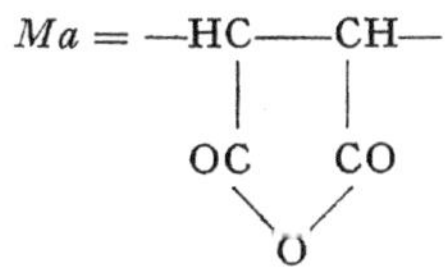

Die dritte Doppelbindung in Ring *C* ist nachweislich am Additionsakt nicht beteiligt, aber ihr Einfluß auf seinen Ablauf ist unverkennbar. Das Dehydro-ergosterin addiert Maleinsäure-anhydrid (*193*, *330*) bereits bei Raumtemperatur oder bei vierstündigem Erhitzen in benzolischer Lösung mit quantitativer Ausbeute. Auch hier handelt es sich um ein Phänomen, das für Dien-Synthesen typisch ist.

Die Reversibilität der Dien-Synthesen beim Ergosterin-typus ist für präparative Arbeiten wertvoll, wenn es darauf ankommt, das konjugierte System seiner Doppelbindungen vorübergehend zu schützen, um Transformationen an anderen Stellen des Moleküles, vornehmlich an der dritten Doppelbindung in der Seitenkette vorzunehmen. Begünstigt werden solche Vorgänge durch den Umstand, daß die bei der Dien-Synthese neu gebildete cyclische Doppelbindung gewöhnlich nur schwer angreifbar ist. Durch solche reversiblen Blockierungen des Dien-Systems im Ergosterin ist es gelungen, Verbindungen wie das 22-Dihydro-ergosterin (CCL) oder das 22,23-Ergosterin-oxyd herzustellen (*102, 327, 328*).

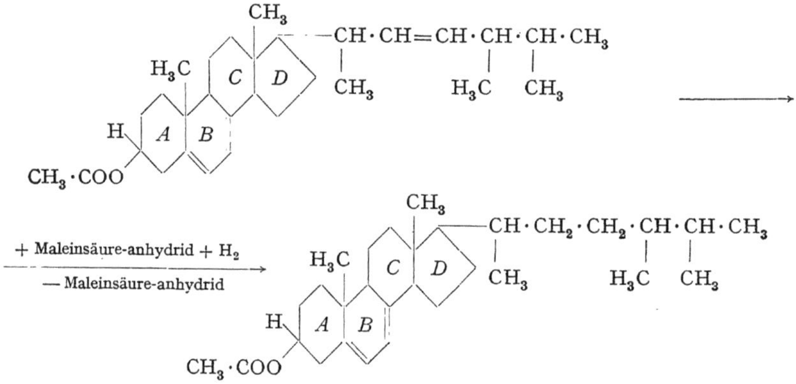

(CCL.) 22-Dihydro-ergosterin-acetat.

2. Fraktionierte Dien-Synthesen. Vitamin D_2 und Tachysterin.

Bei der Bestrahlung des Ergosterins entstehen bekanntlich nach dem folgenden Schema eine Reihe von Photoisomeren:

$$\text{Ergosterin} \rightarrow \text{Lumisterin} \rightarrow \text{Tachysterin} \rightarrow \text{Vitamin } D_2$$
$$\downarrow$$
$$\text{Suprasterine I und II.}$$

Über das Verhalten der beiden ersten Glieder dieser Reihe bei der Dien-Synthese ist soeben berichtet worden. Die beiden letzten Glieder verfügen nicht mehr über konjugierte Doppelbindungen und scheiden daher für eine Besprechung im Rahmen dieser Arbeit aus. Dagegen hat die Dien-Synthese bei der Bearbeitung der beiden mittleren Glieder eine hervorragende Rolle gespielt. Beim Übergang des Lumisterins (CCLI) in das Tachysterin (CCLII) wird der Ring *B* an Stelle $C_{(9)}$—$C_{(10)}$ geöffnet, wobei das cyclische konjugierte Dien-System unter Lösung einer Einfachbindung in ein *Trien*-system übergeht:

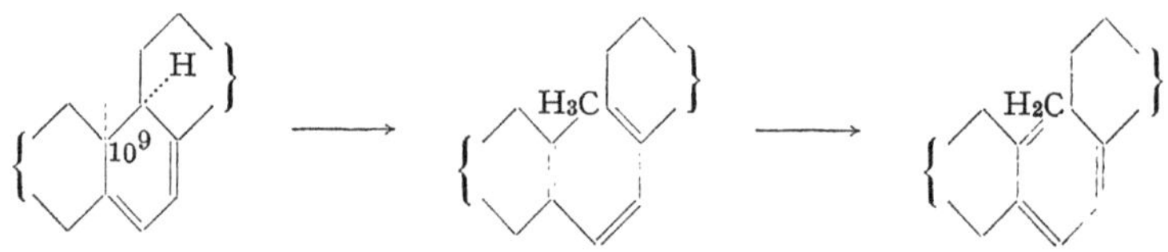

(CCLI.) Lumisterin (Teilformel.) (CCLII.) Tachysterin (Teilformel). (CCLIII.) Vitamin D_2 (Teilformel).

Der Übergang vom Tachysterin (CCLII) in das Vitamin D_2 (CCLIII) läuft auf eine Verlagerung des Systems C=C—C=C—C=C „in Richtung auf" die H_3C-Gruppe hinaus, die dabei in eine endständige unsubstituierte H_2C<-Gruppe übergeht.

Beide Triene, das Vitamin D_2 (*329*) und das Tachysterin, reagieren lebhaft mit Maleinsäure-anhydrid, das Tachysterin rascher als das Vitamin D_2. Bekanntlich hat dieser Umstand wesentlich dazu beigetragen, das Vitamin D_2 durch eine „fraktionierte Dien-Synthese" von dem rasch veränderlichen Tachysterin zu befreien (*179, 335, 331*). Während, wie oben dargestellt, das Ergosterin und das Lumisterin erst bei erhöhter Temperatur Maleinsäure-anhydrid addieren, reagiert das Tachysterin schon bei Raumtemperatur. Das Vitamin D_2 nimmt eine Mittelstellung ein (*333, 324*). Es gelingt, das Additionsvermögen von Tachysterin und Vitamin D_2 weiter zu differenzieren dadurch, daß man das außerordentlich reaktionsfähige Maleinsäure-anhydrid durch das langsamer reagierende Citraconsäure-anhydrid ersetzt. Dieses Trennungsverfahren durch „fraktionierte" Dien-Synthese hat in der Gruppe der D-Vitamine wiederholt Anwendung gefunden. Mit seiner Hilfe ist auch die Reindarstellung der Vitamine D_3 und D_4 aus den Bestrahlungsprodukten ihrer Provitamine 7-Dehydro-cholesterin (*321*) und 22-Dihydro-ergosterin durchgeführt worden (*332, 319, 334, 320, 325*).

Der Abbau des Adduktes aus Vitamin D_2 und Maleinsäure-anhydrid hat zur Festlegung seiner Konstitution beigetragen. Die Addition der Komponenten — das Vitamin wird als Acetylverbindung verwendet — erfolgt durch vierstündiges Erhitzen in Benzollösung quantitativ und führt zu zwei Addukten. Da sie sich beim Abbau gleich verhalten, stehen sie allem Anscheine nach im Verhältnis der Stereoisomerie zueinander. Ihre *Struktur* hat sich durch eine Reihe von Abwandlungen festlegen lassen (*333*). Bei der partiellen katalytischen Hydrierung wird die Doppelbindung in der Seitenkette abgesättigt. Die Dihydro-verbindung (CCLIV) liefert bei der Dehydrierung Naphthalin-abkömmlinge, so z. B. mit Pd-Kohle neben

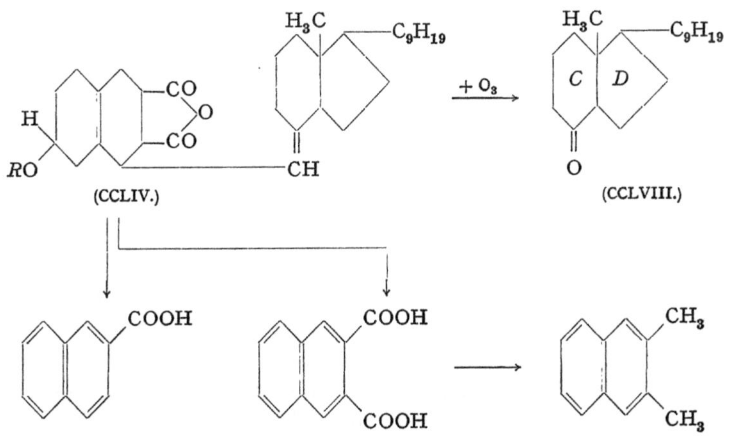

(CCLIV.) (CCLVIII.)

(CCLVII.) β-Naphthoesäure. (CCLVI.) Naphthalin-2,3-dicarbonsäure. (CCLV.) 2,3-Dimethyl-naphthalin.

Naphthalin die β-Naphthoesäure (CCLVII) und mit Selen das 2,3-Dimethyl-naphthalin (CCLV), das durch eine sekundäre Reduktion aus Naphthalin-2,3-dicarbonsäure (CCLVI) hervorgegangen ist.

Beim Ozonabbau (*326, 333*) geht die Dihydro-verbindung (CCLIV) in ein Keton (CCLVIII) über, das die beiden Ringe *C* und *D* des Ergosterins unverändert enthält.

Das Vitamin D_2 verhält sich hiernach wie ein typisches Hexatrienderivat. Die Dien-Synthese spielt sich — wie zu erwarten — an dem „freien", d. h. unsubstituierten Ende des Triensystems ab. Das Addukt ist — ebenfalls im Einklang mit seiner Struktur — thermisch beständig. Im Hochvakuum läßt es sich unter 0,001 mm Druck bei 255—260° unzersetzt destillieren. Darin unterscheidet es sich nicht allein von den analogen Verbindungen der Ergosterinreihe (siehe oben), sondern auch von dem Addukt des Tachysterins.

Während der Verlauf der Dien-Synthese beim Vitamin D_2 sichergestellt werden konnte, ist die Entwicklung beim Tachysterin (*335*) noch nicht soweit gediehen. Die Isolierung dieses empfindlichen Sterins wurde mit Hilfe seines Adduktes an Citraconsäure-anhydrid bewerkstelligt, das bemerkenswerterweise schon bei 165° im Hochvakuum einen Retro-Dien-Zerfall unter Rückbildung seiner Komponenten erleidet. Auf Grund seines optischen und chemischen Verhaltens ist dem Tachysterin die Konstitution (CCLII) zuerteilt worden. Art und Grad der Substitution am Trien-system lassen die Existenz von zwei Stereoisomeren, einer *cis*- (CCLIIa) und einer *trans*-Form (CCLIIb) zu.

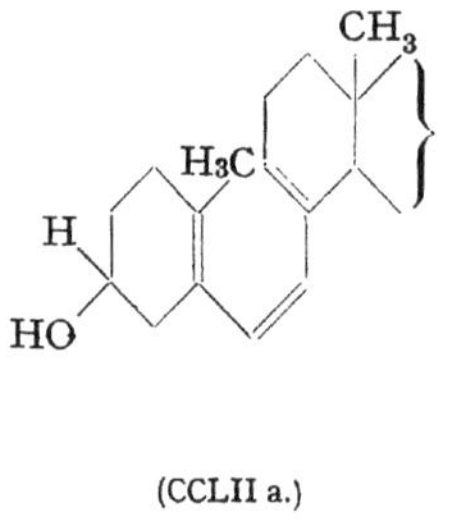

(CCLII a.)

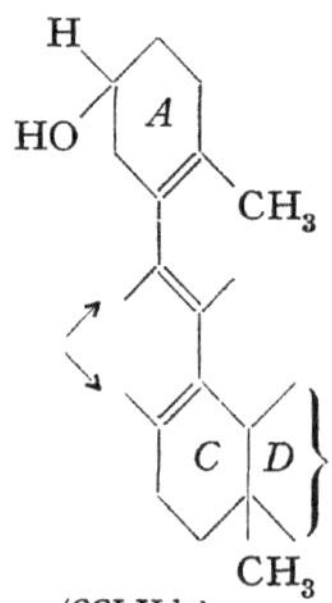

(CCLII b.)

Für das Addukt Tachysterin-Maleinsäure-anhydrid steht eine abschließende Untersuchung sowohl nach der strukturellen als auch nach der sterischen Seite noch aus. Wir möchten für das Sterin auf Grund seines stark ausgebildeten Reaktionsvermögens die *trans*-Konfiguration und für seine Addition an das Philodien das Schema (CCLIIb) als das wahrscheinlichste ansprechen [vgl. auch (*309*)].

3. Darstellung oestrogener Carbonsäuren. Beiträge zur Konfiguration von Equilenin und Oestron.

Es sind zahlreiche Versuche unternommen worden, die oestrogenen Hormone Equilenin (CCLIX) und Oestron (CCLX) durch Dien-Synthese zu bereiten. Ein Teil dieser Bemühungen war von der Absicht geleitet, zur Klärung der konfigurativen Verhältnisse in den beiden Hormonen beizutragen, ein anderer hatte die Bereitung von Derivaten zum Ziel, die — wie die Doisynolsäuren — in ihrer physiologischen Wirksamkeit die Naturprodukte übertreffen.

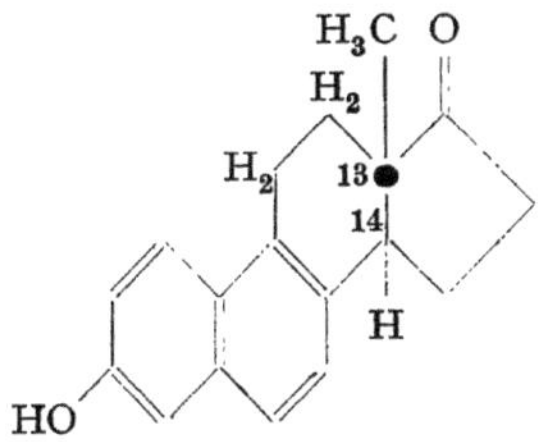

(CCLIX.) Equilenin.

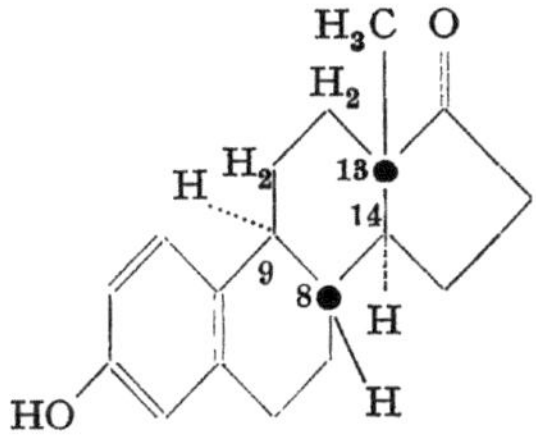

(CCLX.) Oestron.

Das Equilenin hat in $C_{(13)}$ und $C_{(14)}$ zwei, das Oestron in $C_{(8)}$, $C_{(9)}$, $C_{(13)}$ und $C_{(14)}$ vier asymmetrische C-Atome. Jenes kann daher in Form von zwei Racematen, Equilenin und Isoequilenin, auftreten. Die rechtsdrehende Komponente des Equilenins ist das „natürliche“ Hormon. Im Fall des Oestrons ist mit dem Auftreten von insgesamt acht Racematen, den Oestronen a—h, zu rechnen. Von ihnen sind zur Zeit sieben durch Synthese zugänglich (*79, 80, 200*). Unter ihnen befindet sich auch das Naturprodukt. Es ist der (+)-Antipode des Oestrons b.

In der Gruppe der Steroide ist die Konfigurationsermittlung der meisten Typen weit gediehen und gilt für die wichtigsten Repräsentanten als abgeschlossen. Lediglich in der Klasse der oestrogenen Hormone ist die Frage nach der Art der Verknüpfung der Ringe *C* und *D*, die für alle übrigen natürlichen Steroide im Sinne der *trans*-Konfiguration entschieden ist, noch bis in die jüngste Zeit hinein (*290, 297, 303*) Gegenstand der Untersuchung gewesen.

Durch einen schonenden oxydativen Abbau gehen die beiden Hormone (CCLIX) und (CCLX) in zwei Dicarbonsäuren, die Marrianolsäure (CCLXII)

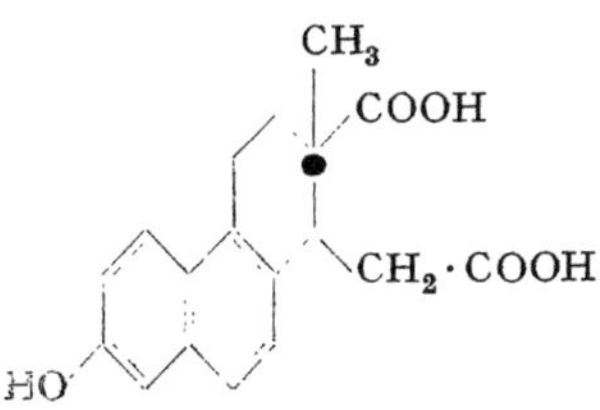

(CCLXI.) Bisdehydro-marrianolsäure.

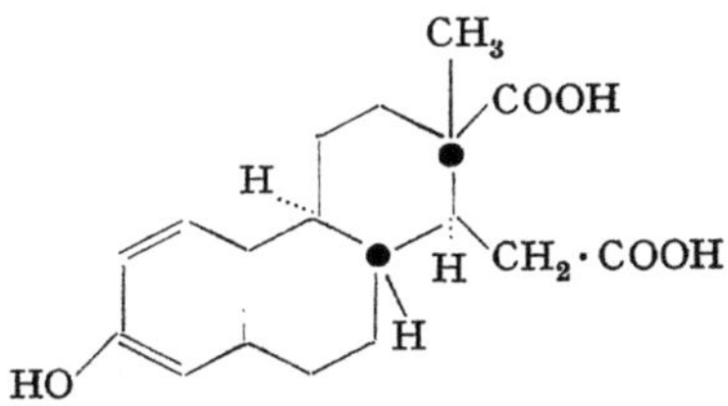

(CCLXII.) Marrianolsäure.

und die Bisdehydro-marrianolsäure (CCLXI), über, die konfigurativ mit den Ketonen übereinstimmen und die beide physiologisch unwirksam sind.

Anders liegen die Verhältnisse beim Abbau der Hormone mit Alkali, wo die Doisynol- bzw. Bisdehydro-doisynolsäuren mit den Strukturen (CCLXIII) und (CCLXIV) gebildet werden. Die energischen Bedingungen, unter denen sich diese Umformungen vollziehen, machen jeden Schluß auf die konfigurativen Beziehungen zwischen Keton und Abbausäure unsicher.

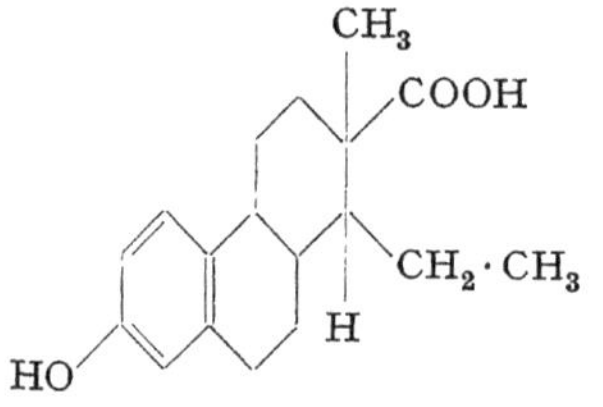

(CCLXIII.) Doisynolsäure.

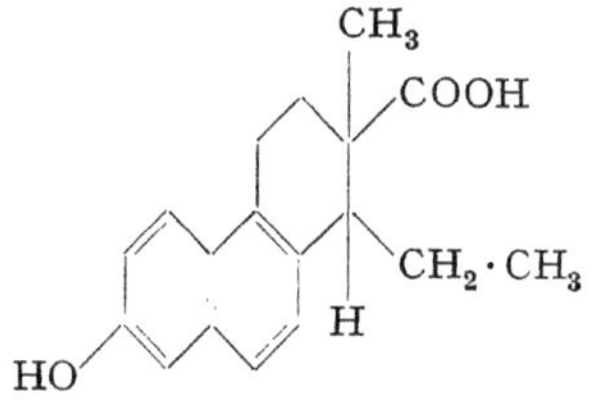

(CCLXIV.) Bisdehydro-doisynolsäure.

Gerade hier aber sind die sterischen Relationen von grundlegender Wichtigkeit, nachdem sich herausgestellt hat, daß Säuren dieser Struktur eine physiologische Wirksamkeit erreichen können, die diejenige des Oestrons übertrifft. Freilich gilt das nur von denjenigen unter ihnen, welche über die „richtige" sterische Konfiguration verfügen. Die übrigen Diastereomeren sind unwirksam oder stehen an Wirksamkeit weit hinter den aktiven Formen zurück. Um die hier geltenden Zusammenhänge zwischen physiologischer Aktivität und sterischer Konfiguration klarzustellen, ist die Festlegung der Konfiguration sowohl der Ketone als auch diejenige der Doisynolsäuren notwendig. Die Marrianolsäuren, die sich sowohl in die Ketone zurückverwandeln als auch in die Doisynolsäuren überführen lassen, spielen dabei als sterische Bindeglieder eine große Rolle.

Als Dien-komponente wird bei diesen Versuchen durchweg das aus 2-Methoxy-tetralin über die Stufen 6-Methoxy-α-tetralon (CCLXV) → → 1-Äthinyl-1-oxy-6-methoxy-tetralin (CCLXVI) → 1-Vinyl-1-oxy-6-methoxy-tetralin (CCLXVII) relativ bequem zugängliche 1-Vinyl-6-methoxy-3,4-dihydro-naphthalin (CCLXVIII) verwendet:

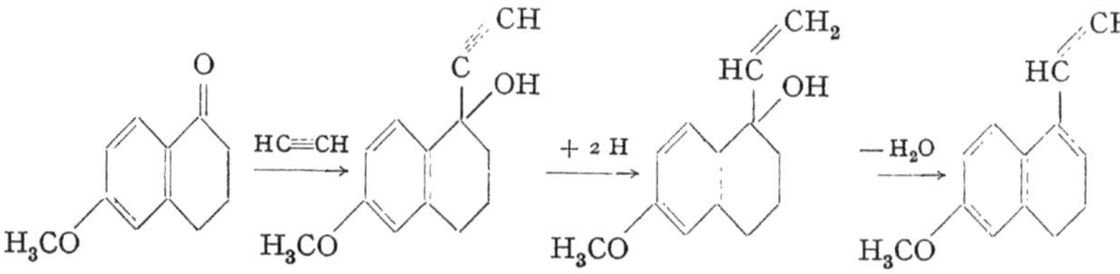

(CCLXV.) 6-Methoxy-α-tetralon. (CCLXVI.) 1-Äthinyl-1-oxy-6-methoxy-tetralin. (CCLXVII.) 1-Vinyl-1-oxy-6-methoxy-tetralin. (CCLXVIII.) 1-Vinyl-6-methoxy-3,4-dihydro-naphthalin.

Im Modellversuch reagiert das Dien (CCLXVIII) lebhaft und glatt mit Maleinsäure-anhydrid unter Bildung des erwarteten Adduktes (*118, 119, 125*).

Um zu Verbindungen von der Struktur der (verätherten) oestrogenen Hormone zu gelangen, lag nichts näher als das Maleinsäure-anhydrid durch das 1-Methyl-cyclopenten-1-on-5 (CCLXIX) zu ersetzen (*101*). Das Addukt (CCLXX) mußte nach seiner Isomerisierung zu (CCLXXI) und seiner Dehydrierung eines der beiden Stereoisomeren des Equilenins (CCLXXII) ergeben, während seine Hydrierung zu einem oder zweien der acht sterisch möglichen Oestron-racemate (CCLXXIII) führen sollte:

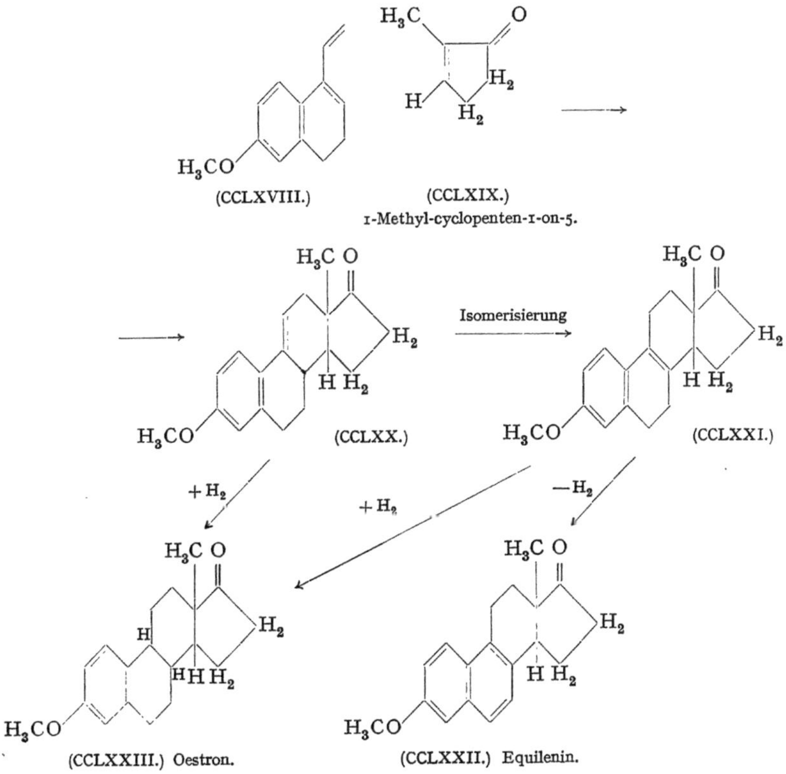

Beim Übergang von Maleinsäure-anhydrid zum 1-Methyl-cyclopenten-1-on-5 (CCLXIX) fällt das Additionsvermögen stark ab und eine Dien-Synthese ist nur durch Anwendung von energischen Bedingungen und unter Inkaufnahme von Verlusten durch unerwünschte Nebenreaktionen zu erzwingen. Daher bedeutete es einen wesentlichen Fortschritt, als es gelang, das Keton (CCLXIX) mit Hilfe von Selendioxyd zum 1-Methyl-cyclopenten-1-dion-4,5 (CCLXXIV) zu oxydieren und dadurch sein

Additionsvermögen für Diene auf ein für den angestrebten Zweck hinreichendes Maß zu steigern (*128*, *126*, *127*, *124*).

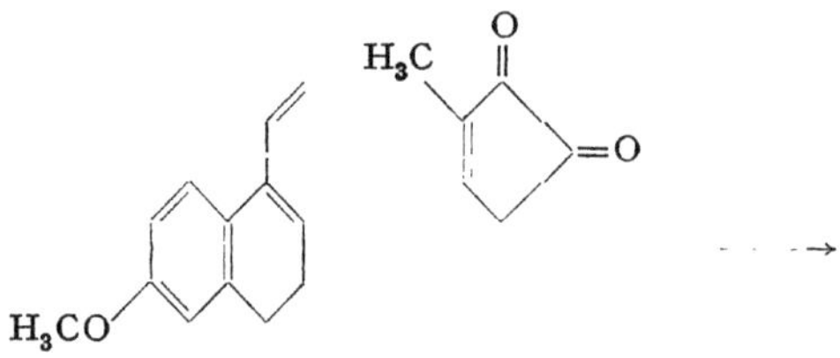

(CCLXVIII.) 1-Vinyl-6-methoxy-3,4-dihydro-naphthalin. (CCLXXIV.) 1-Methyl-cyclopenten-1-dion-4,5.

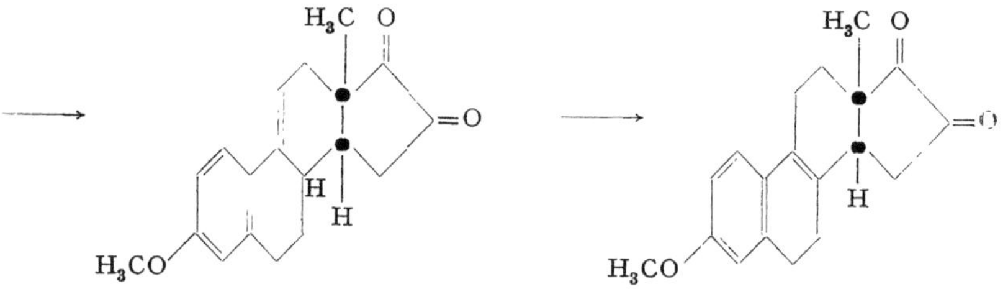

(CCLXXV.) (CCLXXVI.)

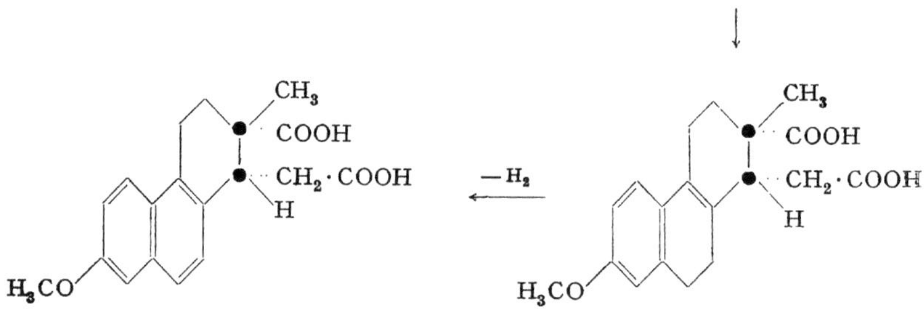

(CCLXXVIII.) 7-Methoxy-bis-dehydro-marrianolsäure. (CCLXXVII.)

Ein Addukt (CCLXXV) lieferte nach seinem Übergang in (CCLXXVI) bei der schonenden Oxydation mit Wasserstoff-superoxyd (*297*) die Dicarbonsäure (CCLXXVII), die sich zu (CCLXXVIII) dehydrieren läßt. Diese Säure ist identisch mit einer (in 7-Stellung methoxylierten) Bis-dehydro-marrianolsäure (*cis*-Form von CCLXI), wie sie auch durch Oxydation aus (methoxyliertem) Iso-equilenin erhalten wurde und die sich ihrerseits auch wieder in Iso-equilenin überführen läßt.

Iso-equilenin und das Addukt (CCLXXV) bzw. sein Isomerisierungsprodukt (CCLXXVI) haben mithin die gleiche Verknüpfung der Ringe C und D. Da an der Zugehörigkeit des Adduktes zur *cis*-Reihe kein Zweifel aufkommen kann, gehört auch das Iso-equilenin dem gleichen sterischen Typus an. Im Equilenin muß daher — wie in allen übrigen Steroiden mit bekannter Konfiguration — ein *trans*-Hydrindan-derivat vorliegen. Zu der gleichen Schlußfolgerung führen auch andere Beobachtungen, wie sogleich zu zeigen sein wird.

Ein weiterer Versuch, durch Dien-Synthese mit 1-Vinyl-6-methoxy-3,4-dihydro-naphthalin (CCLXVIII) das Ringsystem des Oestrons aufzubauen, verwendet das α,β-Diacetyl-äthylen als Philodien (CCLXXIX) [(*173, 174*, vgl. auch (*1*)]. Das auf diesem Wege dargestellte Addukt und seine Abwandlungsprodukte erwiesen sich als physiologisch unwirksam.

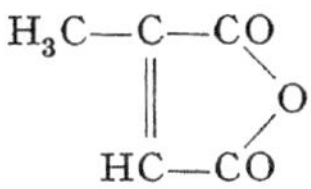

(CCLXXXII.)
Citraconsäure-anhydrid.

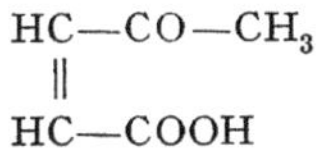

(CCLXXXI.)
β-Acetyl-acrylsäure.

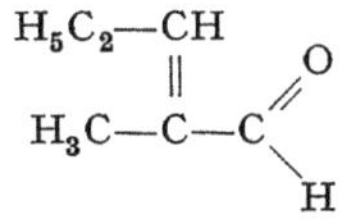

(CCLXXX.)
α-Methyl-β-äthyl-acrolein.

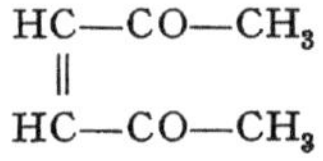

(CCLXXIX.)
α,β-Diacetyl-äthylen.

Varianten dieser Bemühungen (*109*), bei denen α-Methyl-β-äthyl-acrolein (CCLXXX) und β-Acetyl-acrylsäure (CCLXXXI) als Philodien fungieren sollen, sind noch nicht weit genug entwickelt, um hier dargelegt zu werden.

Zu einer aktiven Substanz aus 1-Vinyl-6-methoxy-3,4-dihydro-naphthalin gelangte erstmalig Breitner (*104*), der das Dien (CCLXVIII) mit Citraconsäure-anhydrid (CCLXXXII) als Philodien kombinierte, das Addukt hydrierte und es schließlich in ein Gemisch von Struktur- und Stereoisomeren des Oestrons unbekannter Konstitution umwandelte, das bemerkenswerterweise eine physiologische Aktivität zeigte, die derjenigen des Naturproduktes nahekam. Inzwischen ist gerade diese Dien-Synthese des 1-Vinyl-6-methoxy-3,4-dihydro-naphthalins (CCLXVIII) mit Citraconsäure-anhydrid sowohl von Bachmann (*88*) als auch von Miescher (*181, 182, 233a*) und ihren Mitarbeitern einem gründlichen Studium unterworfen worden. Die Addition verläuft dank der Unsymmetrie der Addenden in beiden strukturell möglichen Richtungen a und b. Die Primärprodukte (CCLXXXIII) und (CCLXXXIV) lassen sich glatt isomerisieren zu den Hexahydro-phenanthren-derivaten (CCLXXXV) und (CCLXXXVI), von denen für eine Synthese von Oestron und oestrogenen Säuren nur das zuerst Genannte in Betracht kommt:

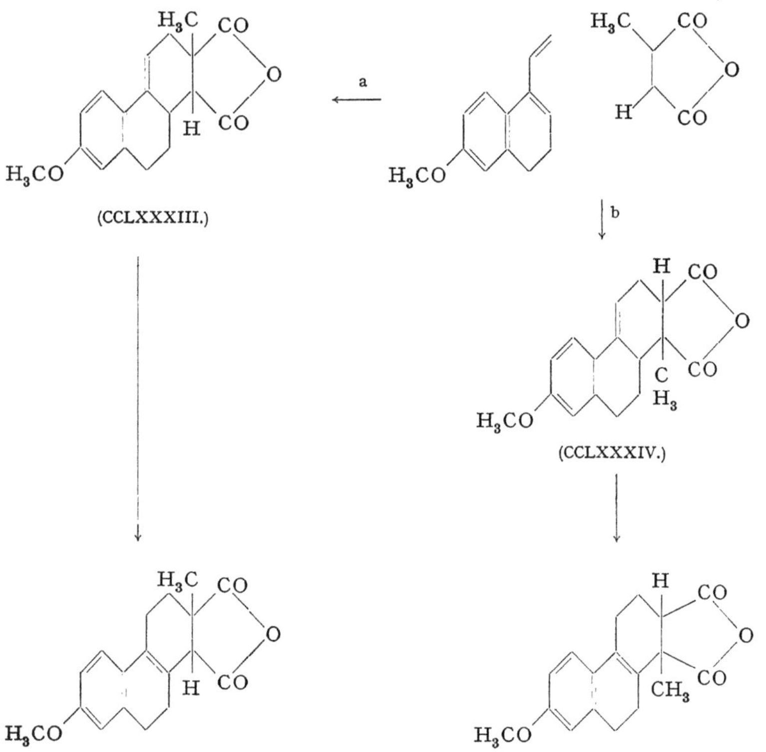

(CCLXXXIII.) (CCLXXXIV.) (CCLXXXV.) (CCLXXXVI.)

Die Überführung von (CCLXXXV) in einen Marrianolsäure-typus erfolgt (*183*) über die Methylester-säure (CCLXXXVII) und deren Chlorid (CCLXXXVIII) mit Hilfe von Diazomethan nach ARNDT und EISTERT.

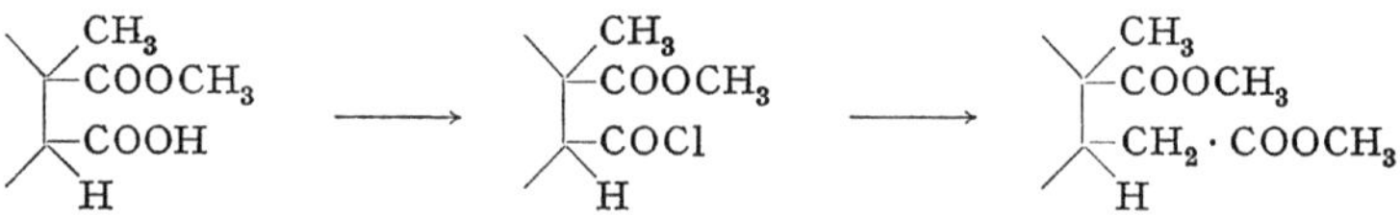

(CCLXXXVII.) (CCLXXXVIII.) (CCLXXXIX.) 7-Methyl-monodehydro-marrianolsäure-dimethylester (Teilformel).

Der Dimethylester (CCLXXXIX) der 7-Methyl-monodehydro-marrianolsäure läßt sich durch partielle Verseifung in (CCXC) überführen und anschließend über dessen Säure-chlorid (CCXCI) katalytisch zum Aldehyd (CCXCII) reduzieren, der nach der Reduktion der Aldehydgruppe schließlich die hochwirksame 7-Methyl-monodehydro-doisynolsäure (CCXCIII) ergibt.

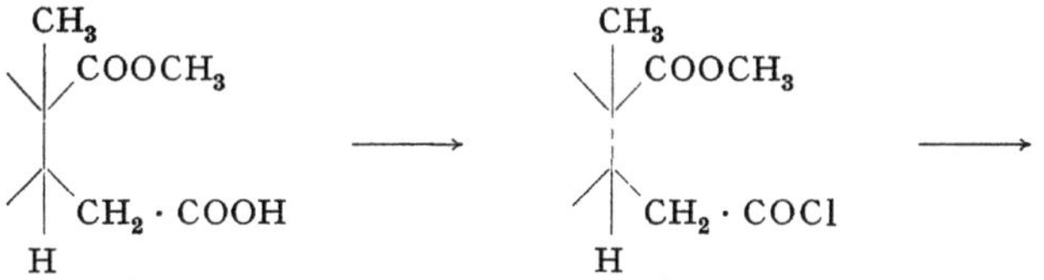

(CCXC.) (CCXCI.)

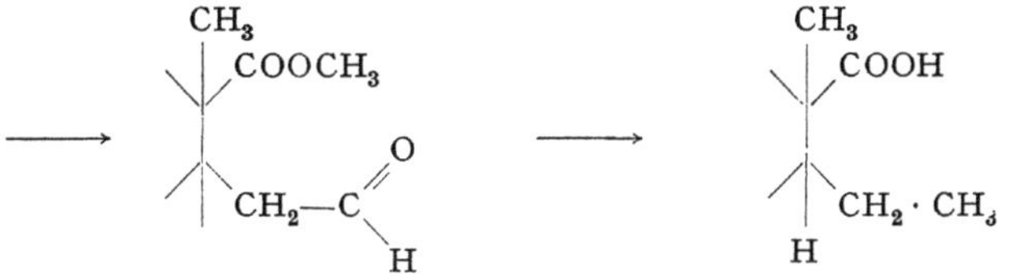

(CCXCII.) (CCXCIII.) 7-Methyl-monodehydro-doisynolsäure (Teilformel).

Die ganze Reaktionsfolge nimmt von dem Dien-addukt (CCLXXXIII) ihren Ausgang, wo die *cis*-Stellung der von —H und —CH_3 bzw. der beiden —COOH-Gruppen an $C_{(1)}$ bzw. $C_{(2)}$ festliegt. Das gleiche gilt auch für die Gruppen CH_3 und H bzw. COOH und C_2H_5 in der *Monodehydro-doisynolsäure* (CCXCIII). Da diese Säure überdies leicht mit Hilfe von Pd-Kohle in die *7-Methoxy-bis-dehydro-doisynolsäure* übergeht (*183, 185*) und diese ihrerseits auch durch Dehydrierung aus der 7-Methoxy-doisynolsäure erhalten wird, so haben alle drei Phenanthren-abkömmlinge die gleiche *cis*-Konfiguration an $C_{(1)}$ und $C_{(2)}$:

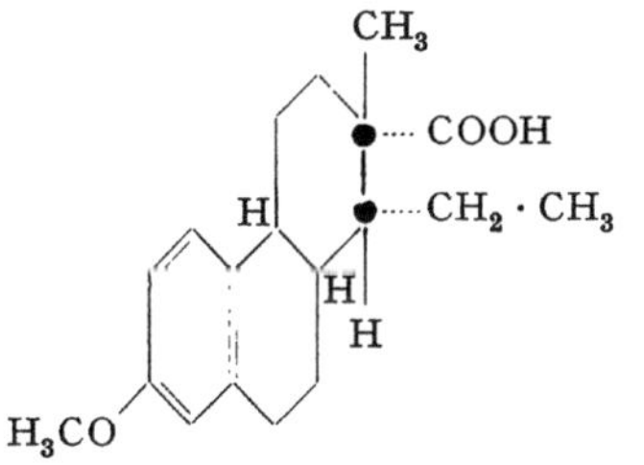

7-Methoxy-doisynolsäure.

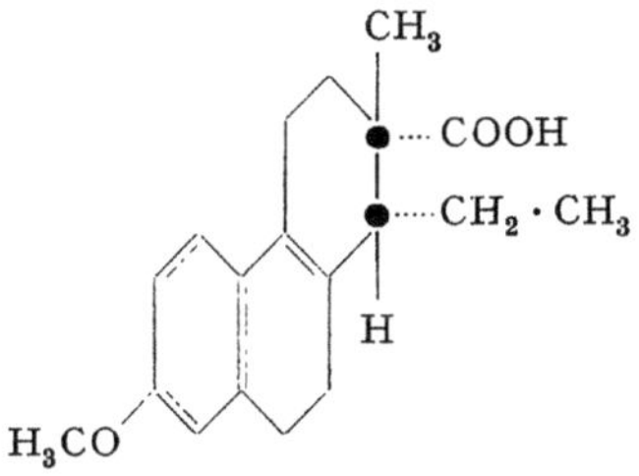

7-Methoxy-monodehydro-doisynolsäure.

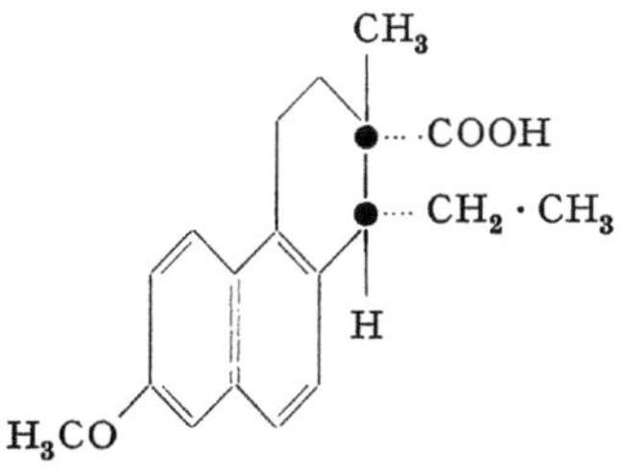

7-Methoxy-bis-dehydro-doisynolsäure.

Dieses Ergebnis ist um so überraschender, als gerade dieser sterische *cis*-Typus durch eine physiologische Aktivität ausgezeichnet ist, die diejenige des Naturproduktes, das an $C_{(1)}$ und $C_{(2)}$ *trans*-Verknüpfung aufweist, nicht unerheblich übertrifft. Die Doisynolsäure-typen mit der natürlichen *trans*-Konfiguration sind unwirksam oder stehen hinter ihren *cis*-Isomeren an Wirksamkeit weit zurück.

Die Bildung der hochaktiven Bis-dehydro-doisynolsäure (bzw. ihres Methyläthers) durch Alkalischmelze aus dem natürlichen Equilenin ist also, da jene der *cis*-Reihe angehört, unter Konfigurationswechsel an $C_{(1)}$ ($C_{(14)}$ des Hormons) erfolgt, während die Bildung der inaktiven β-Form der Bis-dehydro-doisynolsäure unter Erhaltung der „natürlichen" *trans*-Konfiguration vor sich gegangen sein muß.

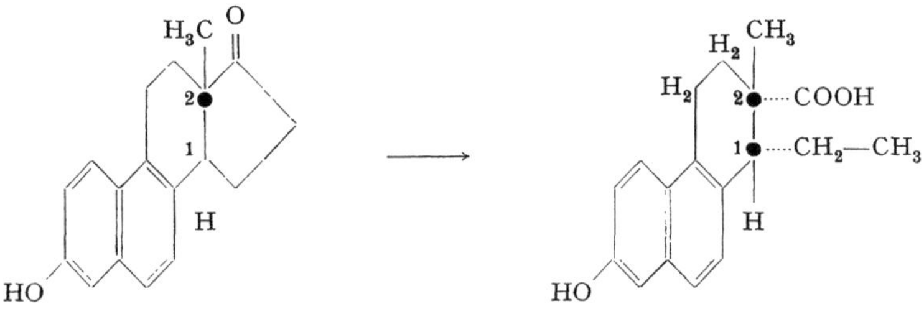

Equilenin. akt. Bis-dehydro-doisynolsäure.

BACHMANN und CONTROULIS (*89*) haben auch eine sterische Verknüpfung hergestellt zwischen der Estersäure (CCXCIV) aus dem dehydrierten Addukt von Citraconsäure-anhydrid und 1-Vinyl-3,4-dihydro-6-methoxy-naphthalin (CCLXXXIV) und dem zugehörigen Ringketon, indem sie das Säurechlorid (CCXCV) mit Diazomethan zur Säure „homologisierten", d. h. von (CCXCVI) aus durch eine zweite ARNDT-EISTERT-Synthese schließlich zu der Säure (CCXCVIII) gelangten. Sie ergab bei

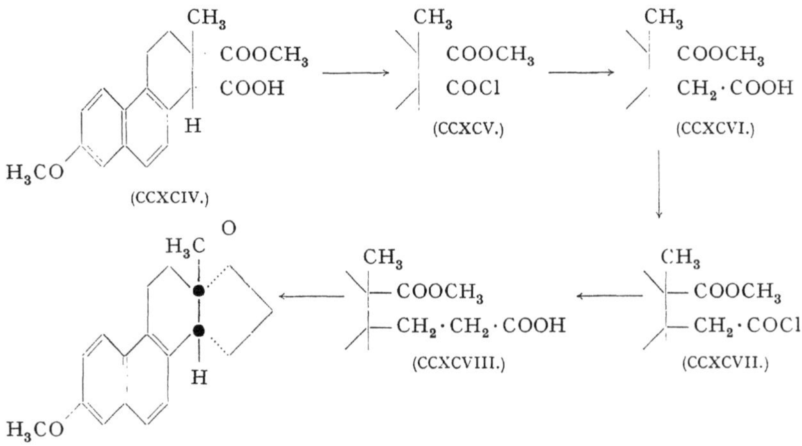

(CCXCIX.) Iso-equilenin.

der Cyclisierung zum Keton das *Iso-equilenin* (CCXCIX), dem mithin die gleiche *cis*-Anordnung von H und CH_3 zukommt, wie dem Addukt (CCLXXXIII), aus dem es hervorgegangen ist. Das natürliche Equilenin repräsentiert demzufolge die zugehörige *trans*-Form.

Alle bisherigen Bemühungen, aus der Konfiguration des Dien-adduktes (CCLXXXIII) auf diejenige der oestrogenen Hormone und ihrer Umwandlungsprodukte zu schließen, beruhen auf der Voraussetzung, daß die ARNDT-EISTERT-Reaktion mit der Estersäure (CCXCIV) ohne Konfigurationsänderung an $C_{(1)}$ vor sich geht, eine Annahme, die jedoch nach vielen Erfahrungen als gültig angesehen werden darf (*89*).

Da das Equilenin nachweislich zum gleichen sterischen Typus gehört wie das Oestron, so gelten die oben für die *trans*-Verknüpfung der Ringe *C* und *D* des Equilenins beigebrachten Argumente auch für das Oestron.

Zu der Frage nach der Verknüpfung der Ringe *B* und *C* im Oestron sind von den durch Dien-Synthese gewonnenen Erkenntnissen aus noch keine sicheren Schlüsse abzuleiten. Zwar wird das Asymmetriezentrum $C_{(11)}$ zugleich mit $C_{(1)}$ und $C_{(2)}$ bei der Dien-Synthese von Citraconsäure-anhydrid mit 1-Vinyl-3,4-dihydro-6-methoxy-naphthalin ausgebildet und durch die sterischen Auswahlprinzipien festgelegt, und auch die Entstehung von $C_{(12)}$ bei der katalytischen Hydrierung des Adduktes (CCLXXXIII) zu (CCC) (*184*) läßt sich in ihrem sterischen Verlauf durch Analogieschlüsse wahrscheinlich machen. Aber unsere Kenntnis der Umlagerung von Ringsystemen wie (CCC) ist noch zu unvollkommen, um die bereits vorliegenden ersten genetischen Beziehungen zum Oestron und seinen Isomeren in den Dienst einer Konfigurationsbestimmung zu stellen.

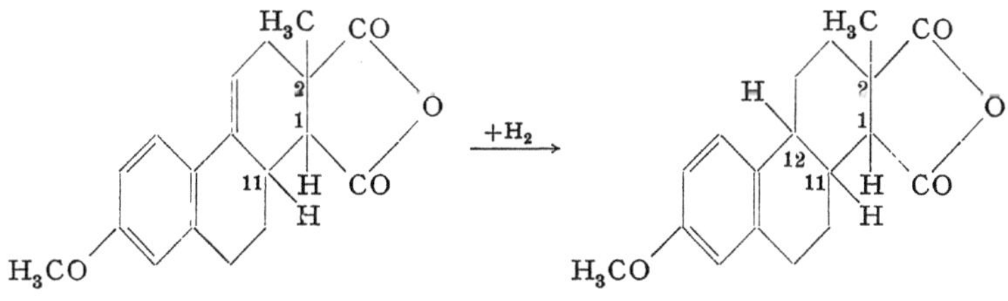

(CCLXXXIII.) (CCC.)

4. Dien-Synthesen als Ausgangspunkt für Totalsynthesen von Steroiden.

Eine besonders eindrucksvolle Anwendung haben die Dien-Synthesen und die Kenntnis ihrer sterischen Gesetzmäßigkeiten gefunden als Ausgangspunkt und Grundlage in den großangelegten Untersuchungen von WOODWARD und seinen Mitarbeitern (*339*), die eine allgemeine Totalsynthese der Steroide zum Ziel haben. Die Ergebnisse dieser Bemühungen können hier nur so weit dargelegt werden, als sie unseren Gegenstand berühren (vgl. auch die Arbeit von ROSENKRANZ und SONDHEIMER auf S. 274).

Als ein Resultat analytisch stereochemischer Forschung in der Reihe der Steroide kann, wie soeben dargelegt wurde, die *trans*-Verknüpfung der Ringe *C* und *D* aller natürlichen Steroide (mit Ausnahme zahlreicher Cardenolide und Bufadienolide) angesehen werden, und alle Versuche, Steroide synthetisch zu bereiten, werden bei der Schaffung der Asymmetriezentren $C_{(13)}$ und $C_{(14)}$ auf diese Eigenart Rücksicht nehmen müssen durch die richtige Auswahl der anzuwendenden Arbeitsweisen.

WOODWARD und seine Mitarbeiter basieren ihre Untersuchungen auf dem gesetzmäßigen sterischen Ablauf der Dien-Synthese und greifen zurück auf Erfahrungen, die ALDER und STEIN (*61*) beim Studium der Dien-Synthese mit *p*-Chinon als Philodien vor langen Jahren gewonnen haben. Das *p*-Benzochinon addiert je nach den angewandten Bedingungen ein oder zwei Mol Butadien. Beide Dien-Synthesen (a) und (b) verlaufen sterisch selektiv und führen jeweils nur zu einem sterisch einheitlichen Addukt (CCCI) bzw. (CCCII):

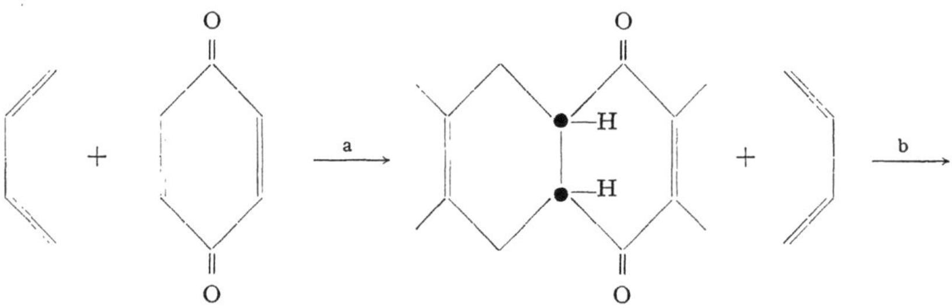

(CCCI.)

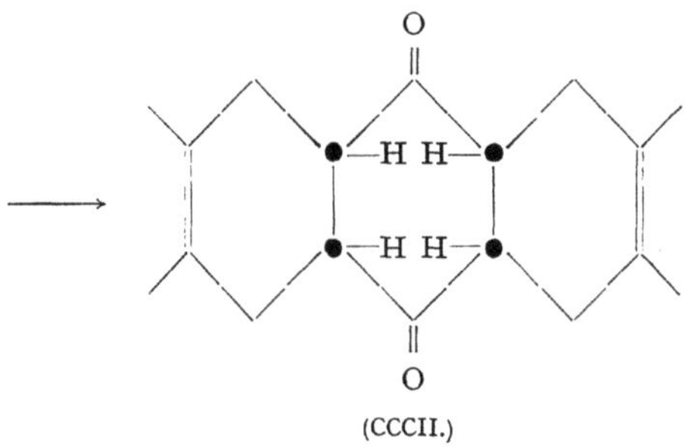

(CCCII.)

In beiden Additionen sind Auslesegesetze wirksam: Bei der ersten das bereits wiederholt angewendete *cis*-Prinzip (S. 17), bei der zweiten daneben und darüber hinaus noch ein weiteres Gesetz. Bestimmt das erste die relative Lage der beiden H-Atome an den benachbarten Zentren der Addition, so legt das zweite die Stellung von je zwei gegenüberliegenden H-Atomen, die von der zweiten Dien-Synthese bestimmt wird, fest. Bei dieser zweiten Dien-Synthese (b) könnte — mit dem *cis*-Prinzip voll vereinbar — auch ein Addukt mit der Konfiguration (CCCIII) gebildet werden.

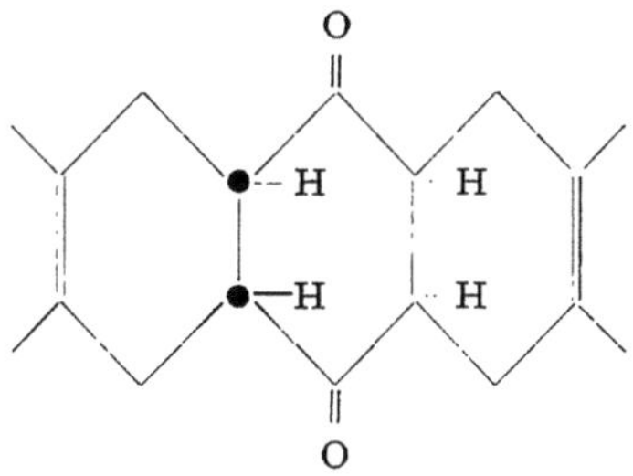

(CCCIII.)

Beide Addukte verfügen in den Gruppierungen —CO—CH< über die konstitutiven Voraussetzungen zu einer Umlagerung in die *trans*-Form (CCCVI), die offenbar in einer intermediären Aufhebung eines der Isomeriezentrums durch Enolisation (CCCV) zustande kommt, z. B. im Falle des Tetrahydro-monobutadien-chinones (CCCIV).

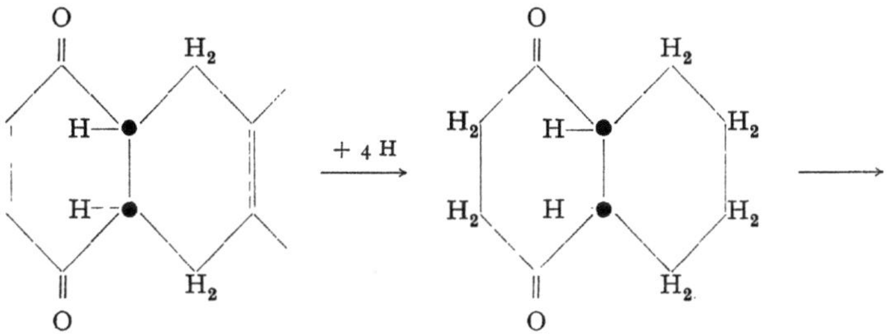

(CCCI.) (CCCIV.)

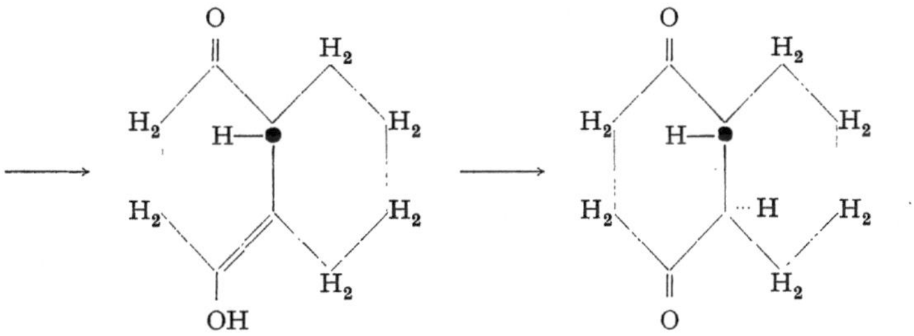

(CCCV.) (CCCVI.)

Diese Erkenntnisse über den Verlauf von Dien-Synthesen in der Reihe des *p*-Chinons haben WOODWARD und seine Mitarbeiter mit Geschick und Scharfsinn in den Dienst ihrer allgemeinen Steroid-Synthese gestellt.

Schon vor längerer Zeit haben ORCHIN und BUTZ (*248*) die Addition von Butadien an 5-Methoxy-toluchinon (CCCVII) durchgeführt und dabei ein Addukt (CCCVIII) mit einer angulären Methylgruppe erhalten, dem sie — abweichend von den stereochemischen Gesetzmäßigkeiten, die ALDER und STEIN für den Ablauf der Dien-Synthese erkannt und begründet hatten — die *trans*-Konfiguration (CCCIX) zuerkannten.

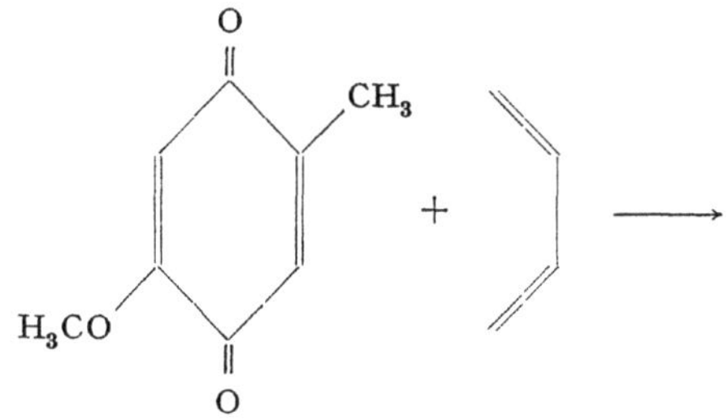

(CCCVII.) 5-Methoxy-toluchinon.

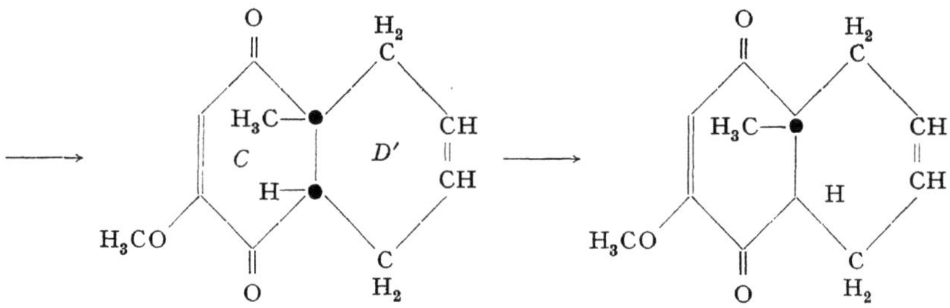

(CCCVIII.) (CCCIX.)

Von dieser Addition nimmt die Totalsynthese von Steroiden nach WOODWARD ihren Ausgang. Da die beiden Ringe im Addukt (CCCVIII) *C* und *D'* im Steroid die Ringe *C* und *D* bilden, so ist ihre sterische Verknüpfung von ausschlaggebender Bedeutung. WOODWARD und Mitarbeiter stellen zunächst fest, daß das Addukt die normale, zu erwartende Konfiguration besitzt und ein Derivat des *cis*-Hexalins (CCCVIII) vorstellt, und daß es sich sekundär in eine *trans*-Form (CCCIX) überführen läßt, die der Ringverknüpfung *C/D* der natürlichen Steroide entspricht. Das *trans*-Diketon (CCCIX) enthält den Ring *C* der Steroide voll ausgebildet, dagegen den Fünfring *D* erst in vorläufiger Form als Hexacyclus *D'*.

Es gehört nicht zu unserer Aufgabe, im einzelnen darzustellen, wie im Addukt (CCCVIII) bereits alle Elemente in sinnvoller Weise vorgebildet sind, um die nachfolgende richtige Angliederung der Ringe *B* und *A* nach dem Bauplan der Sterine zu gewährleisten. Es mag genügen, einen Hinweis auf die Transformation des Ringes *D'* in den Fünfring *D* zu geben, der zugleich erkennen läßt, daß bei diesem Prozeß die *trans*-Ringverknüpfung unangetastet bleibt. Sie durchläuft die folgenden Etappen: Hydroxylierung der Doppelbindung in (CCCIX) mit Hilfe von Osmiumtetroxyd, Spaltung des Glykols (CCCX) mit Überjodsäure und intramolekulare Kondensation des Dialdehydes (CCCXI) zum cyclisch ungesättigten Aldehyd (CCCXII). Die Aldehydgruppe in (CCCXII) liefert die idealen Ansatzstellen für den Ausbau der Seitenkette im Molekül der Steroide.

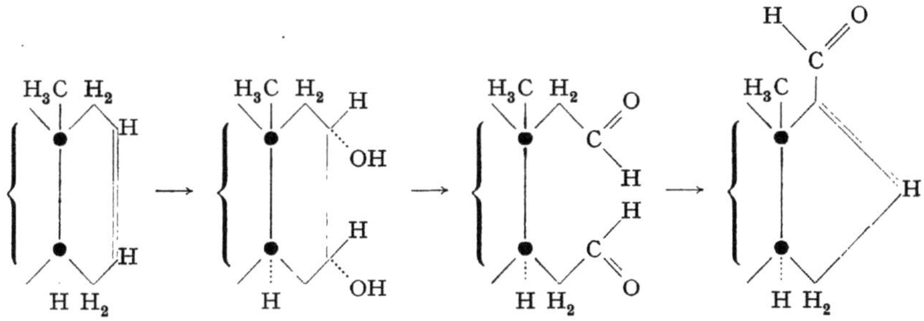

(CCCIX.) (CCCX.) (CCCXI.) (CCCXII.)

XII. Cantharidin-Synthese; das Cafestol.

Die Konstitution des Cantharidins der spanischen Fliege ist durch die klassischen Untersuchungen von GADAMER (*167–171*) als ein 3,6-Endoxido-1,2-dimethyl-hexahydro-phthalsäure-anhydrid (CCCXIII) erkannt worden. Stereochemisch kann eine Verbindung dieser Struktur in zwei Diastereomeren auftreten, je nachdem, ob die Carboxylgruppen in endo- (CCCXIII a) oder in exo-Stellung (CCCXIII b) zur Sauerstoff-brücke haften. WOODWARD (*338*) hat den Nachweis erbracht, daß das Naturprodukt dem zweiten Typus (CCCXIII b) angehört:

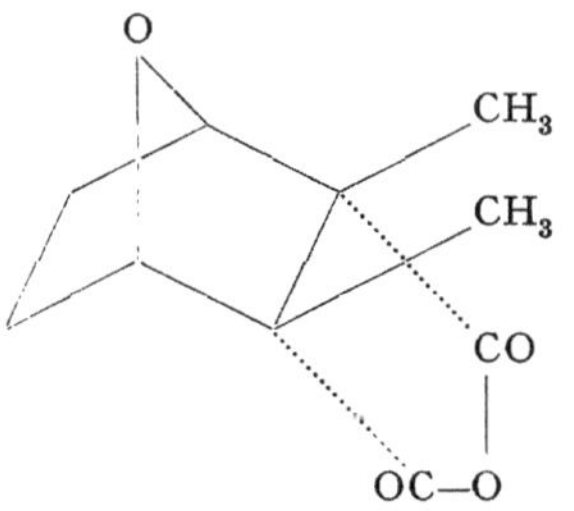

(CCCXIII a.)

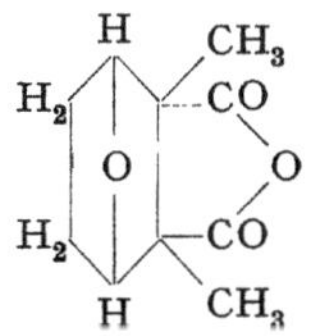

(CCCXIII.)

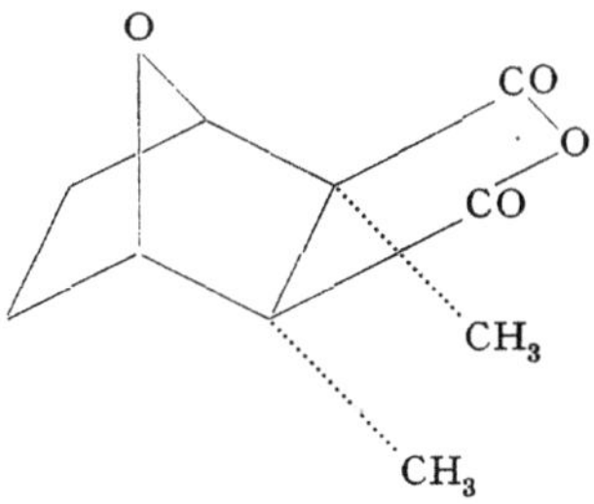

(CCCXIII b.) Cantharidin.

Die Struktur des Cantharidins (*129, 129a, 258*) legte den Gedanken nahe, seinen Aufbau durch Dien-Synthese aus Furan (CCCXIV) und Dimethyl-maleinsäure-anhydrid (CCCXV) zu versuchen. Das dabei primär zu erwartende Dehydro-cantharidin (CCCXVI) hätte sich leicht zum Cantharidin (CCCXIII) hydrieren lassen müssen:

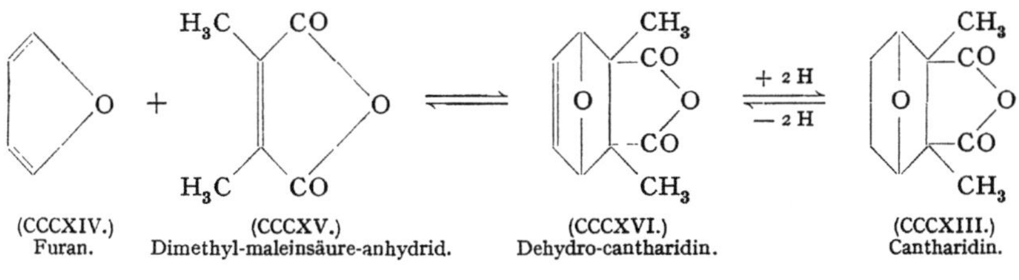

(CCCXIV.) Furan. (CCCXV.) Dimethyl-maleinsäure-anhydrid. (CCCXVI.) Dehydro-cantharidin. (CCCXIII.) Cantharidin.

Dieser Gedanke ließ sich bislang nicht realisieren. Zwar reagieren das Furan und die meisten seiner Derivate mit den ausgeprägten Philodienen, wie Maleinsäure-anhydrid und Acetylen-dicarbonsäure-estern, so glatt, daß die Darstellung von Homologen und Isomeren des Cantharidins auf dem skizzierten Wege keine Mühe macht. So ließen sich der Grundkörper der ganzen Gruppe, das methyl-freie *Nor-cantharidin* (CCCXVII), durch Dien-Synthese aus Furan und Maleinsäure-anhydrid mit nachfolgender Hydrierung des Adduktes und entsprechend ein *Iso-cantharidin* (CCCXVIII) aus α,α'-Dimethyl-furan synthetisieren (*133*).

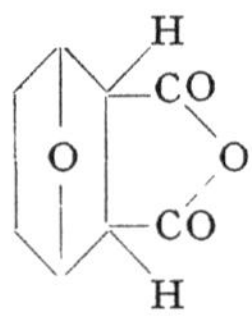

(CCCXVII.) Nor-cantharidin.

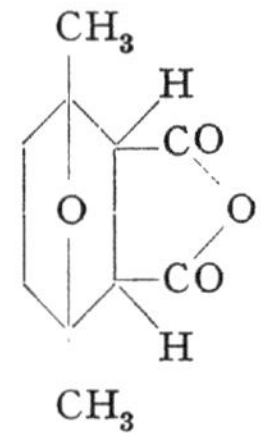

(CCCXVIII.) Iso-cantharidin.

Der Aufbau des für das Cantharidin charakteristischen Ringsystems bereitet überall dort keine Schwierigkeiten, wo die Dien-Synthese keine höheren Temperaturen erfordert. Diese Voraussetzung ist bei den starken Philodienen Maleinsäure-anhydrid und Acetylen-dicarbonsäure-estern gegeben. Da jedoch das Additionsvermögen von Dienen und Philodienen mit steigendem Substitutionsgrade an den Zentren der Addition stark abfällt, so erfordert die Anwendung von Dimethyl-maleinsäure-anhydrid Temperaturen, bei denen das zu erwartende Primäraddukt (CCCXVI) nicht mehr beständig ist. So läßt sich das natürliche Cantharidin (CCCXIII) zum Dehydro-cantharidin (CCCXVI) dehydrieren, das unter den für die Dehydrierung notwendigen Temperaturen glatt in Furan und Dimethylmaleinsäure-anhydrid dissoziiert. Diese Thermolabilität und die darauf beruhende Neigung zu einem der Dien-Synthese inversen „Retro-Dien-Zerfall" ist eine Eigentümlichkeit aller Furan-addukte. Sie teilen diese Eigenschaft mit den Fulven-analoga (CCCXX) (siehe S. 12).

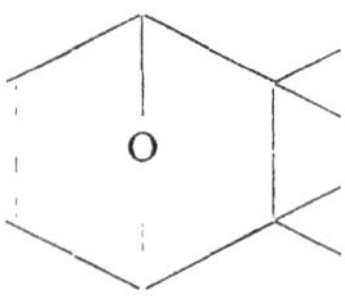

(CCCXIX.)

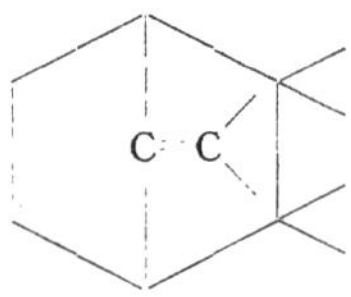

(CCCXX.)

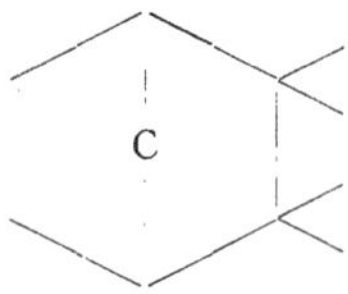

(CCCXXI.)

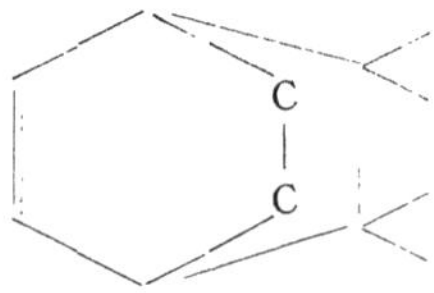

(CCCXXII.)

Der Grund für diese Temperaturempfindlichkeit ist offenbar darin zu erblicken, daß die einsamen Elektronenpaare in der Sauerstoff-brücke (CCCXIX) den gleichen Einfluß auf die Stabilität der Addukte ausüben wie das π-Elektronensystem in der semicyclischen Doppelbindung von (CCCXX). Bei den Addukten des Cyclopentadiens (CCCXXI) und des Cyclohexadiens (CCCXXII) fallen diese Faktoren fort und der „Retro-Dien-Zerfall“ erfordert wesentlich höhere Temperaturen. Es überrascht daher nicht, daß dort Dien-Synthesen mit Dimethyl-maleinsäure-anhydrid durchführbar sind, und durch Umformung eines Adduktes (CCCXXIV) aus 1,2-Dihydrobenzol (CCCXXIII) und Dimethyl-maleinsäure-anhydrid (CCCXV) haben Ziegler und Mitarbeiter (*345*, *346*, *342*, *343*) eine Cantharidin-Synthese verwirklicht. Sie läuft im Prinzip darauf hinaus, die Vinylen-brücke —CH=CH— des Adduktes (CCCXXIV) durch eine Sauerstoff-brücke zu ersetzen. Die wichtigsten Etappen dieser Transformation sind die Oxydation des Adduktes und seine Überführung in das Dianhydrid (CCCXXV), dessen Abwandlung zur Estersäure (CCCXXVI), der nachfolgende Ersatz der freien Carboxylgruppen durch Brom (CCCXXVII) und schließlich die über mehrere Stufen erfolgende Überführung von (CCCXXVII) in das Cantharidin (CCCXIII):

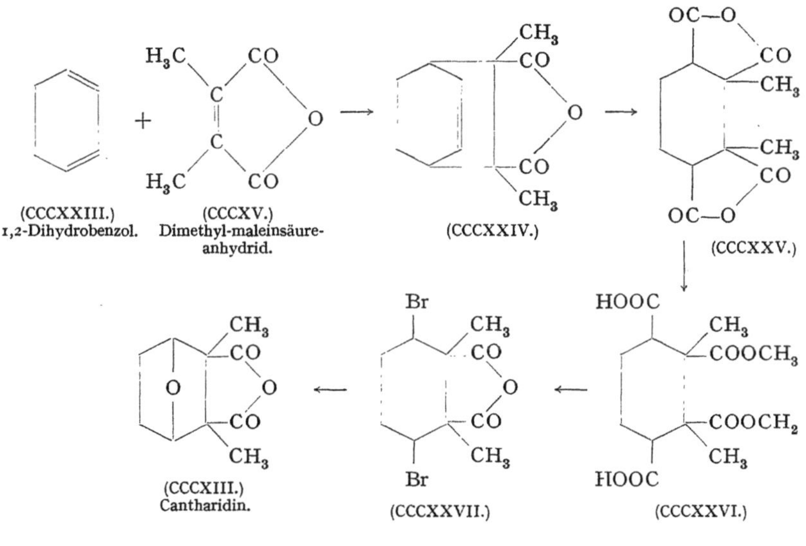

(CCCXXIII.) 1,2-Dihydrobenzol. (CCCXV.) Dimethyl-maleinsäure-anhydrid. (CCCXXIV.) (CCCXXV.)

(CCCXIII.) Cantharidin. (CCCXXVII.) (CCCXXVI.)

Diese Synthese ist sehr mühsam, liefert nur kleine Ausbeuten und läßt keinen Schluß zu auf die Konfiguration des Naturstoffes. Deshalb bedeutet eine zweite, kürzlich durchgeführte Synthese des Cantharidins einen bedeutenden Fortschritt.

Nach Alder und Backendorf (*8*) läßt sich das Furan glatt an den Acetylen-dicarbonsäure-ester addieren. Das Addukt (CCCXXVIII) geht durch partielle Hydrierung und nachfolgende Verseifung und Anhydrisierung in das Anhydrid (CCCXXIX) über, das — als substituiertes Maleinsäure-anhydrid — zu einer erneuten Dien-Synthese befähigt ist.

Mit Butadien z. B. bildet es das Addukt (CCCXXX), das bereits alle Bauelemente des Cantharidins soweit vorgebildet enthält, daß die Umwandlung der Gruppe $—CH_2—CH=CH—CH_2—$ in zwei Methyle $—CH_3 + H_3C—$ das Cantharidin ergibt:

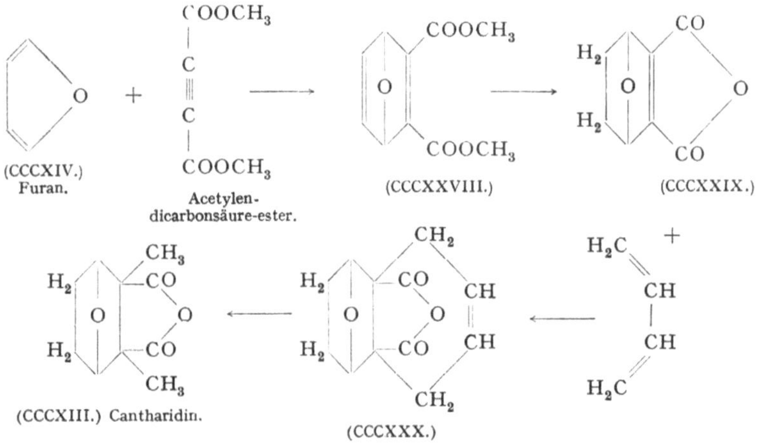

(CCCXIV.) Furan. Acetylen-dicarbonsäure-ester. (CCCXXVIII.) (CCCXXIX.)

(CCCXIII.) Cantharidin. (CCCXXX.)

Dieser Plan einer Cantharidin-Synthese ist so lange unvollständig, als er die sterischen Verhältnisse außer acht läßt. Es ist oben zu Beginn

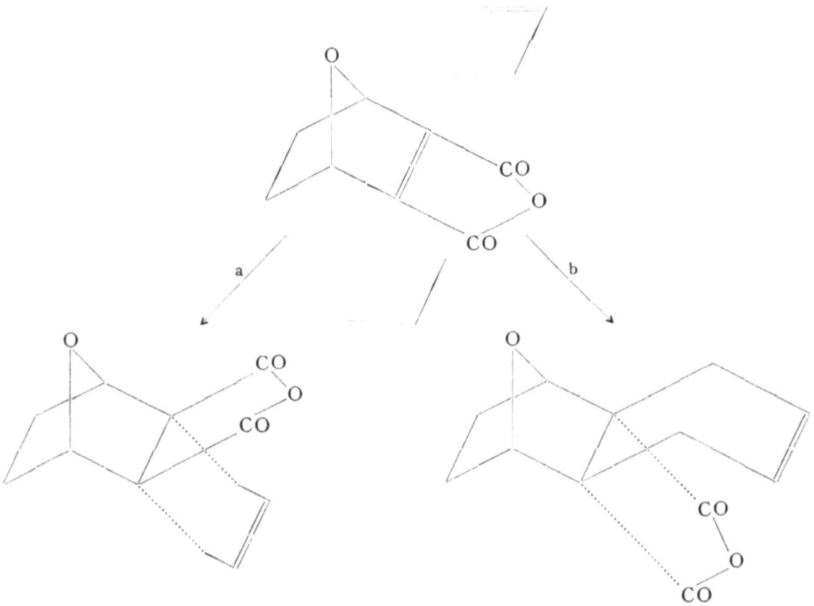

(CCCXXX a.) exo-Form. (CCCXXX b.) endo-Form.

dieses Abschnittes ausgeführt worden, daß die Struktur des Cantharidins räumlich zwei Formen zuläßt, die im Verhältnis der endo-exo-Isomerie zueinanderstehen und daß dem Naturprodukt die exo-Konfiguration zukommt. Bei dem entwickelten Plan einer Cantharidin-Synthese wird die endo- oder exo-Stellung der Carboxyl-gruppen bestimmt durch den sterischen Verlauf der Dien-Synthese von (CCCXXIX) mit Butadien. Tritt der Kohlenwasserstoff von der O-Brücke her an das Philodien heran (b), so entsteht die endo-Form (CCCXXXb), wird er von der entgegengesetzten Seite aufgenommen (a), so ist das exo-Isomere (CCCXXXa) zu erwarten. Die Erfahrung zeigt, daß auch diese Dien-Synthese sterisch selektiv verläuft, und auf Grund aller bisher vorliegenden Erfahrungen (*63*) ist zu erwarten, daß die Reaktion nach Schema b vor sich geht.

Da bei der Umformung der angegliederten Butadienkette in Methylgruppen mit einem Konfigurationswechsel nicht mehr gerechnet zu werden braucht, ist die endo-Form (CCCXIIIa) des Cantharidins, *d. h. nicht das Naturprodukt*, zu erwarten. *Um zum natürlichen Cantharidin (CCCXIIIb)*

Schema A:

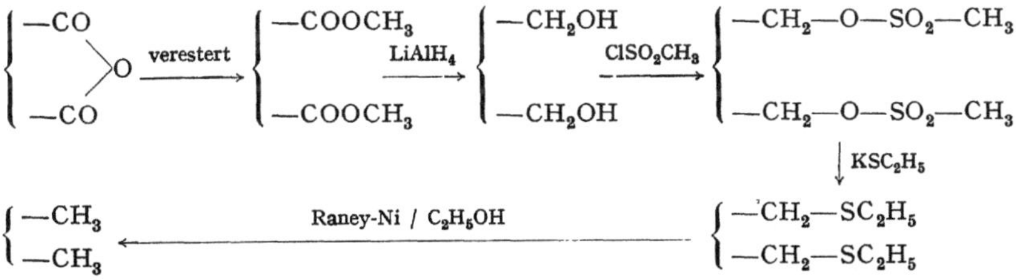

Schema B:

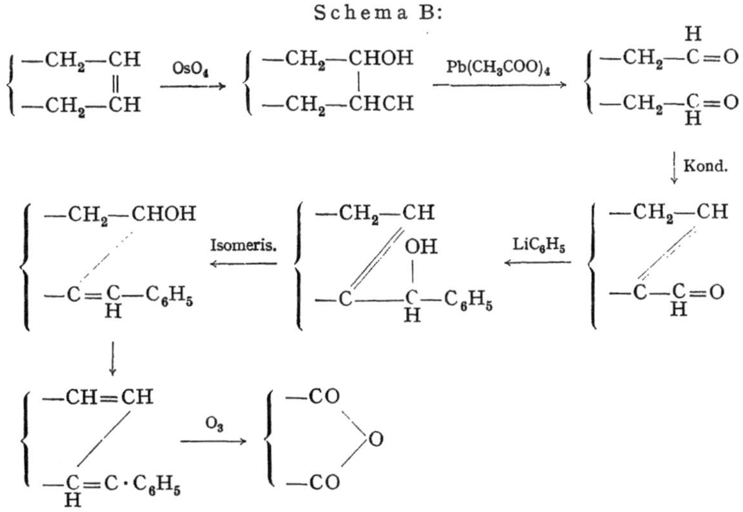

zu gelangen, ist es erforderlich, die Anhydrid-gruppe in zwei Methyle und die Butadien-kette in eine Anhydrid-gruppe zu überführen. Beide Aufgaben haben vor kurzem STORK, VAN TAMELEN, FRIEDMAN und BURGSTAHLER durchgeführt (*298*) und sind zum natürlichen Cantharidin gelangt. Wenn dieser Synthese auch ein praktischer Wert kaum zukommt, so ist sie für die Kenntnis des sterischen Verlaufes von Dien-Synthesen von großem Interesse.

Die Wege, auf denen die Anhydrid-gruppe zu Methylen und der Butadienrest zu einem Anhydrid umgebildet wurden, sind lehrreich genug, um in den Schemen A, B festgehalten zu werden.

Das Cantharidin-problem hat die Untersuchung der Dien-Synthese in der Furanreihe als Methode sehr stark angeregt und gefördert, so daß dieses Gebiet heute mit zu den am besten ausgebauten Kapiteln der Dien-Synthese zu zählen ist. Hier ist nicht der Ort, auf diese Ergebnisse erschöpfend einzugehen. Es mag genügen, eines von ihnen, das besonders bezeichnend ist, hervorzuheben, weil es bei der Anwendung der Reaktion für diagnostische Zwecke zu berücksichtigen ist.

Furan-abkömmlinge (CCCXXXI), die in α-Stellung einen ungesättigten, über π-Elektronen verfügenden Substituenten R tragen, sind erfahrungsgemäß nicht zur Dien-Synthese befähigt (*46, 112*). Dieser aus einer großen Erfahrung für $R = —CH{=}O$; —COOH; —C≡N usw. geschlossene Satz erfährt eine weitere Stütze dadurch, daß das Reaktionsvermögen des Furansystems sofort wiederhergestellt ist, sobald die genannten Substituenten durch Gruppen wie $—CH_2—$ oder $—CH_2—CH_2—$ von dem Ringsystem des Furans getrennt und die Konjugation der ungesättigten Seitenkette mit dem Furankern unterbrochen ist (CCCXXXII und CCCXXXIII).

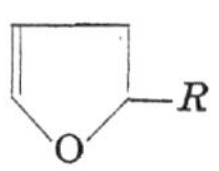

(CCCXXXI.)

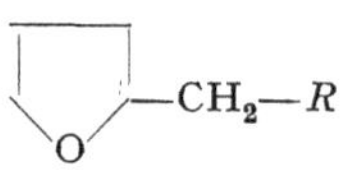

(CCCXXXII.)

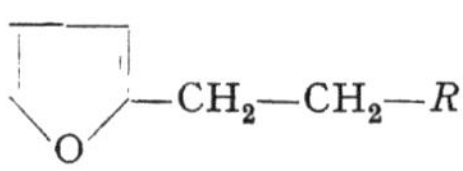

(CCCXXXIII.)

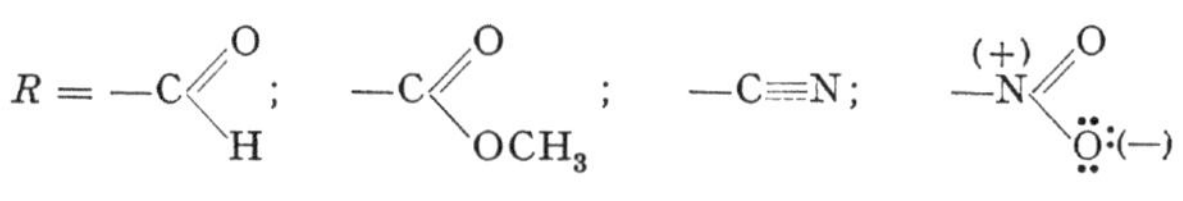

Daß beim Übergang vom Furfurol ($R = —CHO$) zum Diacetat [$R = —CH(OCOCH_3)_2$] oder zum Furfuralkohol ($R = —CH_2OH$) und dessen Äthern und Estern das beim freien Aldehyd nicht vorhandene Additionsvermögen ausgelöst wird, geht offenbar auf die gleiche Ursache zurück wie die eben dargestellten Phänomene: Das Elektronensystem des Furans (und seiner Alkyl-verbindungen) fungiert bei Dien-Synthesen nur so lange als Dien-komponente, als es nicht in größeren π-Elektronensystemen vom Typus (CCCXXXI) aufgeht. Alkylierte Furansysteme oder substituierte Formen, die wie (CCCXXXII) und (CCCXXXIII) ihnen gleichzusetzen sind, zeigen das gleiche Reaktionsvermögen wie das Furan selbst. Wie das Beispiel des Menthofurans (CCCXXXIV) lehrt, spielt hier selbst ein hoher Substitutionsgrad keine ausschlaggebende Rolle (*302*).

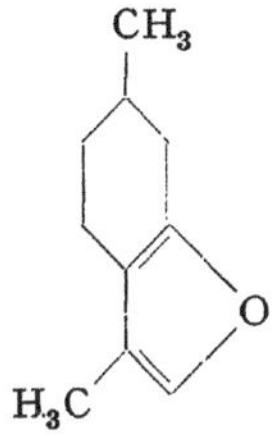

(CCCXXXIV.) Menthofuran.

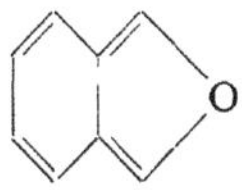

(CCCXXXV.) Iso-benzofuran

Der hindernde Effekt scheint nach den bisherigen Erfahrungen nur dann einzutreten, wenn die mit π-Elektronen ausgestatteten Substituenten die α-Stellung am Furan-kern einnehmen. Verbindungen wie das Iso-benzofuran (CCCXXXV) sind mit einem hervorragenden Additionsvermögen für Philodiene ausgestattet (*94, 151, 305, 306, 307, 308*). Man wird diese Eigenarten in der Reaktionsweise des Furansystems im Auge behalten müssen, um bei der Anwendung der Dien-Synthese zum Nachweis von konjugierten Doppelbindungen Fehlschlüsse zu vermeiden.

Nach dieser Zwischenbemerkung über den Geltungsbereich der Dien-Synthese in der Furanreihe sei noch auf eine neuere aufschlußreiche Anwendung des Verfahrens auf einen Naturstoff, das *Cafestol*, aus dem Unverseifbaren des Kaffeeöles, hingewiesen.

Slotta und Mitarbeiter (*291, 292*) haben den Stoff erstmalig isoliert und seine Zusammensetzung $C_{20}H_{28}O_3$ ermittelt (*114, 115, 113, 180*). Nachdem zwei seiner O-Atome als Alkoholgruppen erkannt waren, legten die Eigenschaften des dritten die Annahme nahe, es besitze Oxido-Funktion. Dieser Befund, zusammen mit dem Nachweis von zwei Doppelbindungen im Molekül des Cafestoles, regten Wettstein und Mitarbeiter (*310—314*) dazu an, den Stoff auf sein Verhalten dem Maleinsäure-anhydrid gegenüber zu prüfen. Sie fanden, daß er schon bei Raumtemperatur freiwillig damit ein Addukt bildet, das alle typischen Merkmale der Furan-Maleinsäure-anhydrid-addukte, insbesondere ihre Thermolabilität, zeigte (*140*). Schon bei mäßigem Erwärmen tritt der Retro-Dien-zerfall in die Komponenten ein. Der Vorgang verläuft so glatt, daß die Bereitung des wohldefinierten, gut zu reinigenden Adduktes und seine nachfolgende Wiederaufspaltung mit Vorteil zur Reindarstellung des Cafestoles Verwendung finden können.

Noch in einer anderen Hinsicht läßt das Verhalten des Cafestol-Maleinsäure-anhydrides den Charakter eines Furanadduktes mit Sicherheit erkennen. Es ist möglich, diesen Verbindungstypus (CCCXXXVI) durch Abspaltung von Wasser zu aromatisieren, d. h. in einen Abkömmling des Benzoles (CCCXXXVII) zu überführen, z. B.:

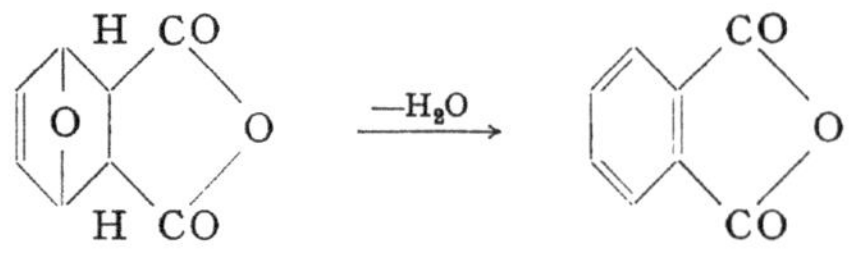

(CCCXXXVI.) (CCCXXXVII.)

Auch das Cafestol-Maleinsäure-anhydrid (CCCXXXVIII) läßt sich dem analogen Abbau unterwerfen. Das hierbei entstehende Benzolderivat (CCCXXXIX) liefert bei der durchgreifenden Oxydation die Benzol-1,2,3,4-tetracarbonsäure (Mellophansäure) (CCCXL). Diese Beobachtung legt nicht allein im Cafestol die Anwesenheit eines Furankernes fest, sondern gibt darüber hinaus auch Auskunft, daß das restliche Cafestol-molekül in α,β-Stellung an das Furansystem angegliedert ist.

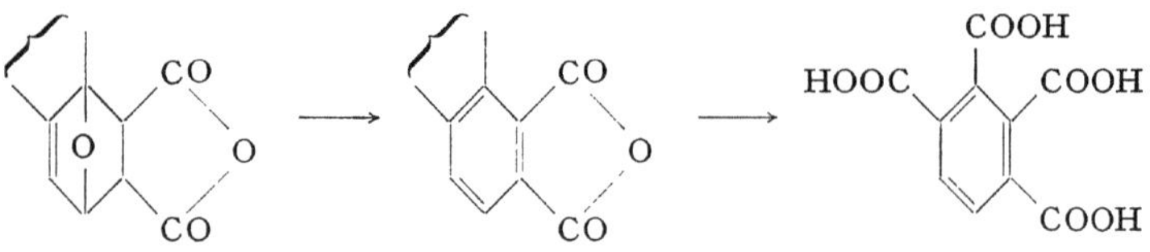

(CCCXXXVIII.) Cafestol-Maleinsäure-anhydrid. (CCCXXXIX.) (CCCXL.) Mellophansäure.

XIII. Dien- und En-Synthesen mit molekularem Sauerstoff.

Ascaridol-Synthese. Zur Frage der Entstehung von aromatischen Kernen in Naturprodukten.

In unserer bisherigen Darstellung haben Dien-Synthesen mit den Abkömmlingen des Cyclohexadiens-1,3 (1,2-Dihydro-benzoles) immer wieder im Vordergrunde gestanden, so z. B. bei den Menthadienen, den Pyronenen, bei der Lävopimarsäure, beim Ergosterin und seinen Isomeren, beim Thebain. Diese Fälle lassen sich durch einen weiteren charakteristischen vermehren, den Typus des Anthracens, d. h. aller Verbindungen mit *mindestens** drei linear annellierten aromatischen Kernen:

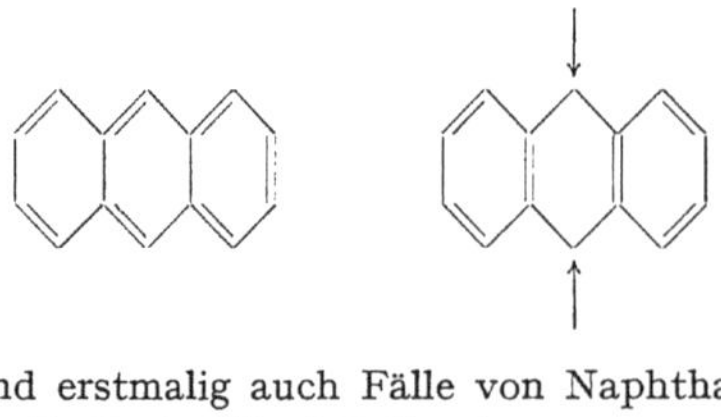

* In letzter Zeit sind erstmalig auch Fälle von Naphthalin-derivaten bekanntgeworden, die — wie die alkylierten Naphthaline (*211, 212, 213*) und die Abkömmlinge des β-Naphtholes (*299*) — zu Dien-Synthesen befähigt sind.

Sie addieren im allgemeinen* Philodiene in 9,10-Stellung. Wir haben den Typus des Anthracens im Rahmen unserer Darstellung nicht berücksichtigt, da diese Erkenntnisse zwar für die methodisch-systematische Behandlung der Dien-Synthese von grundlegendem Interesse sind, indessen auf Probleme in der Chemie von Naturstoffen bislang noch keine Anwendung gefunden haben.

Bei der Häufigkeit und Vielfalt, mit der gerade die Dien-Synthese mit dem 1,2-Dihydro-benzol-typus als Dien-komponente beobachtet wird, ist es nicht ganz zufällig, daß einer der neuesten Entwicklungszweige des Verfahrens, dessen Fruchtbarkeit mehr und mehr zutage tritt, gerade von diesem Dien-typus seinen Ausgang nahm. Auch der *molekulare Sauerstoff* vermag als Philodien zu fungieren und eine nicht geringe Anzahl von Autoxydationen erweisen sich als Dien- und En-Synthesen.

Die Beobachtung von WINDAUS (*319a*), daß das Ergosterin (CCCXLI) unter dem Einfluß des Lichtes und in Gegenwart von Sensibilisatoren, wie Eosin, das O_2-Molekül nach Art der Dien-Synthese addiert (CCCXLII), ist einer der Ursprünge dieser Entwicklung; ein anderer die von

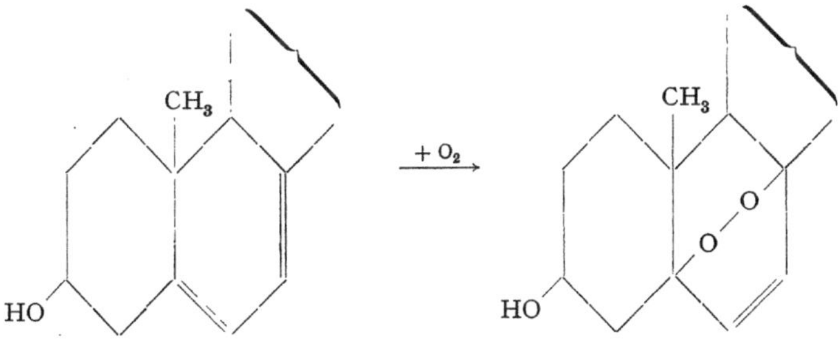

(CCCXLI.) Ergosterin. (CCCXLII.)

DUFRAISSE und seiner Schule (*150*, *152*) studierten Autoxydationen von Anthracen-abkömmlingen nach Art des Rubrens (CCCXLIII):

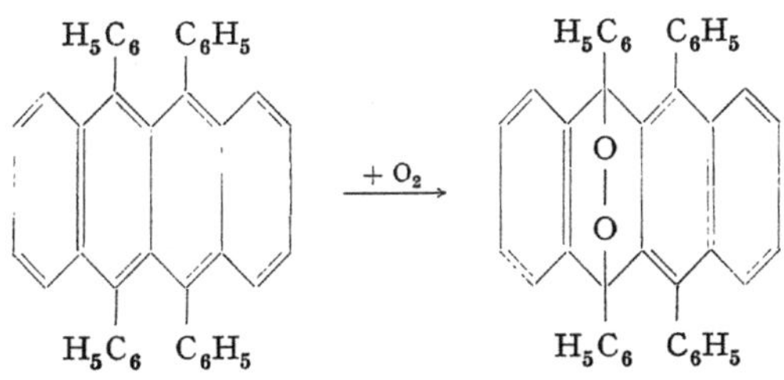

(CCCXLIII.) Rubren.

Die Analogie zu den Additionen des Maleinsäure-anhydrides an die gleichen Systeme liegt auf der Hand. Einen Höhepunkt erreichte diese

* Über den Sonderfall des 9,10-Diphenyl-anthracens vgl. (*172*).

Entwicklung mit der Synthese des Ascaridoles (CCCXLV), des wirksamen Prinzips aus *Chenopodium anthelminticum* (*304*), durch Anlagerung von molekularem Sauerstoff an α-Terpinen (CCCXLIV) im Sonnenlicht mit Chlorophyll als Sensibilisator (*274, 281, 280a*):

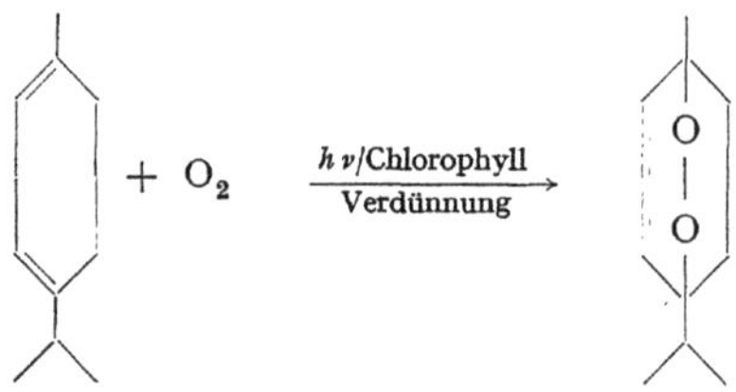

(CCCXLIV.) α-Terpinen. (CCCXLV.) Ascaridol.

Diese Addition wird dadurch besonders eindrucksvoll, als es kaum zweifelhaft ist, daß sie den Weg vorstellt, auf dem auch die Natur das Ascaridol hervorbringt. Dieser Erfolg hat eine große Reihe von systematischen Untersuchungen über diese nach dem Schema von Dien-Synthesen erfolgenden photosensibilisierten Autoxydationen angeregt, so daß sie — namentlich durch die Bemühungen von SCHENCK und seiner Schule (*273, 275—280*) — heute zu den best-untersuchten ihrer Art gehören und praktisch, mit Ausnahme des Thebains, alle Cyclo-hexadien-1,3-abkömmlinge umfassen, von denen in dieser Abhandlung die Rede ist.

Die Addukte lassen sich in charakteristischer Weise abwandeln, wie das Beispiel des Nor-ascaridols (1,4-Peroxido-cyclohexen-2) (CCCXLVI) zeigt. Dieser einfachste Vertreter seiner Gattung, der durch Dien-Synthese des 1,2-Dihydro-benzoles mit molekularem Sauerstoff entsteht:

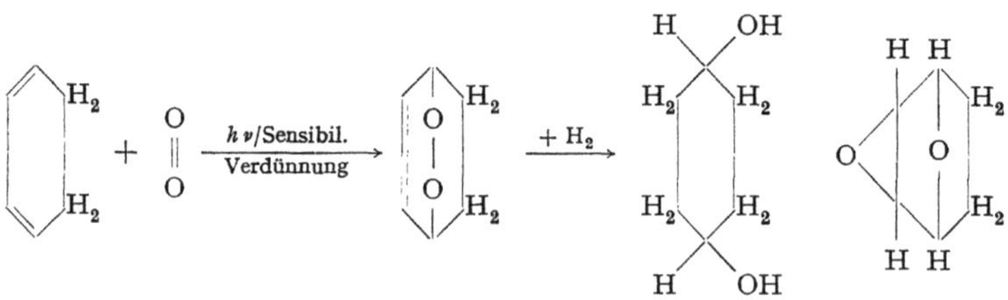

(CCCXLVI.) Nor-ascaridol. (CCCXLVII.) *cis*-Chinit. (CCCXLVIII.)

ergibt bei der katalytischen Hydrierung *cis*-Chinit (CCCXLVII), während seine thermische Isomerisierung einen analogen Verlauf nimmt, wie ihn WALLACH bereits beim Ascaridol nachgewiesen hat. Sie ergibt die Dioxido-verbindung (CCCXLVIII).

Der Nachweis, daß unter bestimmten Voraussetzungen das O_2-Molekül als typisches Philodien zu fungieren vermag, stellt aber nur *einen* Zusammenhang zwischen den Phänomenen der Dien-Synthese und denjenigen der Autoxydation vor. Ein zweiter — nicht weniger eindrucksvoller —

wird sichtbar auf dem Gebiet der indirekten substituierenden Addition. Auf eine Parallele im Verhalten von Maleinsäure-anhydrid und von molekularem Sauerstoff Olefinen mit isolierten Doppelbindungen gegenüber ist schon vor längerer Zeit (*34*) aufmerksam gemacht worden. Seitdem ist ein großes experimentelles Material (*279, 278*) entstanden, welches sicher erkennen läßt, daß beide Additionen — die von Maleinsäure-anhydrid und die von O_2 — in prinzipiell gleicher Weise ablaufen.

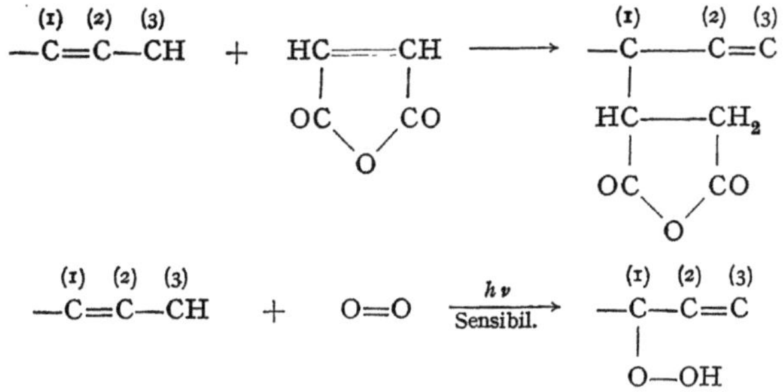

Sowohl die En-Synthese mit Maleinsäure-anhydrid als auch die photosensibilisierte Autoxydation verlaufen nach dem gleichen Schema, und es verdient vermerkt zu werden, daß nach den vorliegenden Erfahrungen in beiden Fällen ausnahmslos das gleiche Additionsprinzip wirksam ist. Nicht ganz so eindeutig liegen die Verhältnisse bei den unsensibilisierten Autoxydationen, wo neben En-Synthesen auch direkte substituierende Additionen beobachtet worden sind (*123a, 187—190*):

$$>C{=}C{-}C{-}H + O{=}O \longrightarrow\ >C{=}C{-}C{-}O{-}OH$$

Als bezeichnende Beispiele von photosensibilisierten Autoxydationen wählen wir diejenigen des α- (CCCXLIX) und β-Pinens (CCCLII), die im ersten Fall zum *trans*-Pinocarveyl-hydroperoxyd (CCCL), im zweiten zum Myrtenyl-hydroperoxyd (CCCLIII) führen:

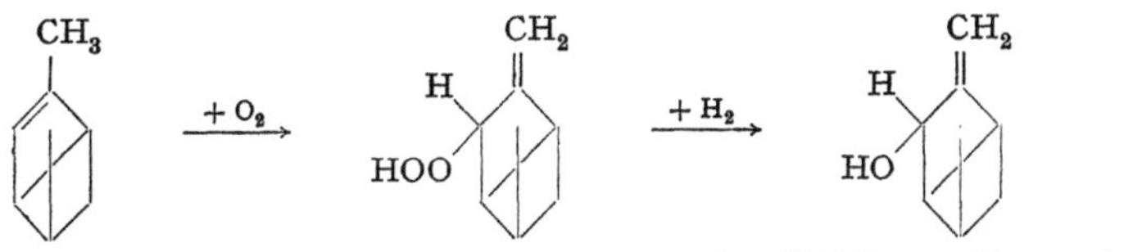

(CCCXLIX.) α-Pinen. (CCCL.) *trans*-Pinocarveyl-hydroperoxyd. (CCCLI.) *trans*-Pinocarveol.

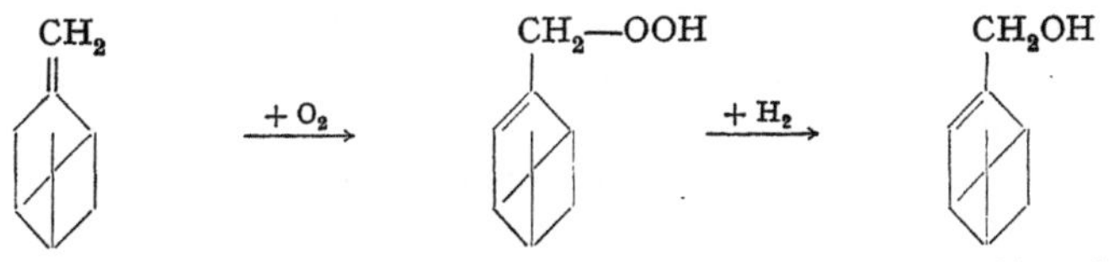

(CCCLII.) β-Pinen. (CCCLIII.) Myrtenyl-hydroperoxyd. (CCCLIV.) Myrtenol.

Bezeichnenderweise verlaufen beide Vorgänge strukturell und sterisch einheitlich und mit hohen (zirka 80proz.) Ausbeuten. Beide Hydroperoxyde (CCCL) und (CCCLIII) lassen sich mit Na_2SO_3 glatt zu den Alkoholen *trans*-Pinocarveol (CCCLI) und Myrtenol (CCCLIV) reduzieren, — Übergänge, die der photosensibilisierten Autoxydation auch präparative Bedeutung sichern und überdies die Frage nahelegen, ob durch die obigen Schemen nicht auch die Wege gekennzeichnet sind, auf denen die pflanzliche Zelle Terpenalkohole dieser Art erzeugt. Auch Limonen, Carvomenthen, Terpinolen und Terpen-kohlenwasserstoffe mit der charakteristischen Allyl-gruppierung >C=C—C—H gehen bei der photosensibilisierten Autoxydation mit guten Ausbeuten in Hydroperoxyde über, während sie anderseits auch durchweg zur Addition von Maleinsäure-anhydrid befähigt sind.

Zum Schluß sei noch auf einen Fall von Autoxydation hingewiesen, der vielleicht dazu berufen ist, die Frage nach der natürlichen Genese von bestimmten Naturprodukten einer Lösung näherzubringen. Wir fanden (52), daß der Dimethylester der 3,6-Diphenyl-Δ^4-tetrahydro-phthalsäure (CCCLV) mit großer Leichtigkeit (auch in Abwesenheit von Sensibilisatoren) den Sauerstoff der Luft aufnimmt und nach dem Schema der En-Synthese dabei ein Hydroperoxyd (CCCLVI) bildet, dessen Konstitution wir auf hier nicht näher zu kennzeichnenden Wegen sicherstellen konnten:

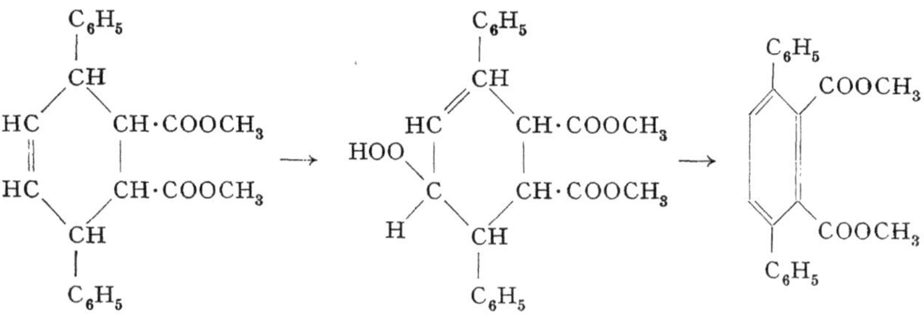

(CCCLV.) 3,6-Diphenyl-Δ^4-tetrahydro-phthalsäure-dimethylester. (CCCLVI.) (CCCLVII.) 3,6-Diphenyl-phthalsäure-dimethylester.

Unter manchen bemerkenswerten Eigentümlichkeiten des Hydroperoxydes (CCCLVI) ist die am meisten auffallende die außergewöhnliche Leichtigkeit, mit der die Verbindung schon unter den denkbar mildesten Bedingungen zwei Moleküle Wasser verliert und dabei in das Benzolderivat, den 3,6-Diphenyl-phthalsäure-dimethylester (CCCLVII), übergeht. Wir haben hier auf diesen Sonderfall hingewiesen, weil er einen *möglichen* Weg aufzeigt, auf dem Benzol-abkömmlinge in der lebenden Zelle entstehen können.

XIV. Bedient sich die Natur der Dien-Synthese als Aufbauprinzip?

Die imponierende Leichtigkeit, mit der sich in zahlreichen Fällen die Additionen nach dem Schema der Dien-Synthese vollziehen, haben den Gedanken nahegelegt, daß sich auch die Organismen von Pflanze und Tier dieses Prinzips, das keiner körperfremden Kondensationsmittel oder Hilfsstoffe von der Art der Metalle Zink, Magnesium, Lithium usw. bedarf, dazu bedient, um ihre erstaunlichen Leistungen zu vollbringen. Insbesondere hat DIELS (*131*), indem er den Begriff Dien-Synthese sehr weit faßte, seine Auffassung dahin präzisiert, daß „man das Auftreten so zahlreicher Naturprodukte mit ‚Isopren-Verkettung' im wesentlichen durch ein Zusammenwirken von Aldol-kondensation und Dien-Synthese erklärt, also durch zwei Reaktionen, die beide durch die Leichtigkeit ihres Verlaufes den in der Natur herrschenden Verhältnissen Rechnung tragen."

Inzwischen hat die Weiterentwicklung der Methode mehr und mehr noch einen zweiten Zug im Wesen der Reaktion offenbar werden lassen, den sie mit der biochemischen Synthese gemein hat: die stark ausgeprägte strukturelle und sterische Selektivität.

Aber diese allgemeinen Gesichtspunkte reichen noch nicht hin, um die eingangs gestellte Frage zu bejahen. Jedenfalls mahnen die Erfahrungen im einzelnen trotz dieser Koinzidenz zu einer gewissen Reserve. Das zeigen die beiden oben dargelegten Versuche zur Synthese von Cantharidin und von Iron, die bislang beide auf grundsätzliche Schwierigkeiten gestoßen sind. Im ersten Fall sind die Verhältnisse dadurch besonders eindrucksvoll, daß tatsächlich das Ringsystem des natürlichen Objektes mit Leichtigkeit auf dem kürzesten Wege und unter den mildesten Bedingungen durch Dien-Synthese gebildet wird und daß überdies alle denkbaren Varianten in Grad und Art der Substitution realisiert wurden — mit Ausnahme der natürlichen Form, die erst auf weitläufigen Umwegen mit Hilfe der Dien-Synthese erreicht werden konnte. Nicht viel anders liegen die Dinge bei den Versuchen in der Iron-reihe!

Ob sich das Bild mit einer Weiterentwicklung der Dien-Synthese — etwa bei den noch nicht untersuchten Additionen unter dem Einfluß von Licht — entscheidend ändert, bleibt abzuwarten.

Dagegen dürften die auf S. 96 dargestellten photosensibilisierten Autoxydationen, und zwar sicher die 1,4-Additionen von Dienen an das O_2-Molekül und wahrscheinlich auch ein Teil der dort beschriebenen En-Synthesen mit O_2 als Akzeptor in gleicher Weise auch in der Zelle vor sich gehen. Es ist kaum zu bezweifeln, daß die Synthese des Ascaridoles aus α-Terpinen und Sauerstoff auch den natürlichen Weg vorstellt, auf dem die Verbindung in der Pflanze entsteht.

Die Biogenese von Terpenverbindungen, die formal aus C_5-Einheiten aufgebaut sind, aus freiem Isopren ist bislang unter physiologischen Bedingungen noch nicht verwirklicht worden. Dieser Umstand hat zu der Annahme geführt, daß nicht das Isopren (CCCLVIII), sondern ein ihm verwandtes, sauerstoffhaltiges Derivat mit gleichem Kohlenstoffgerüst, wie der „Isopren-aldehyd" (β-Methyl-crotonaldehyd) (CCCLIX) oder der „Isopren-alkohol" („Prenol") (CCCLX) oder das Dimethyl-vinyl-carbinol (CCCLXI) als Bauelemente für die Synthese der Terpenkörper Verwendung finden, und daß bei diesem Aufbau die Knüpfung von

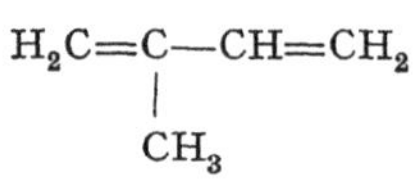
(CCCLVIII.) Isopren.

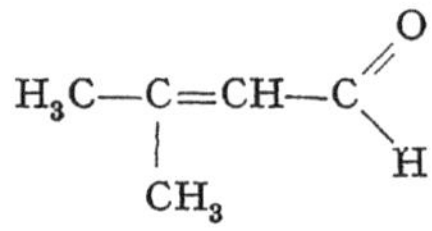
(CCCLIX.) Isopren-aldehyd.

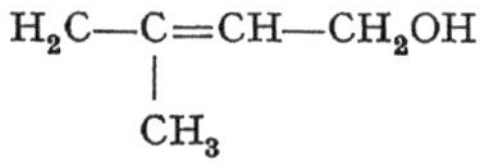
(CCCLX.) Isopren-alkohol.

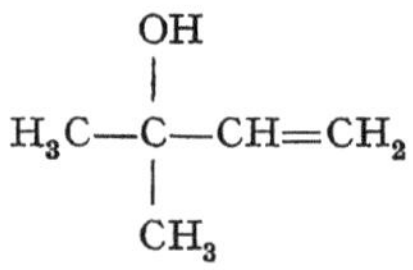
(CCCLXI.) Dimethyl-vinyl-carbinol.

C—C-Bindungen nicht wie bei der Dien-Synthese nach einem reinen Additionsschema, sondern unter Abspaltung von Wasser nach einem „kondensierenden" Prinzip vor sich geht, z. B. die Synthese des Geranioles (CCCLXII) aus Prenol:

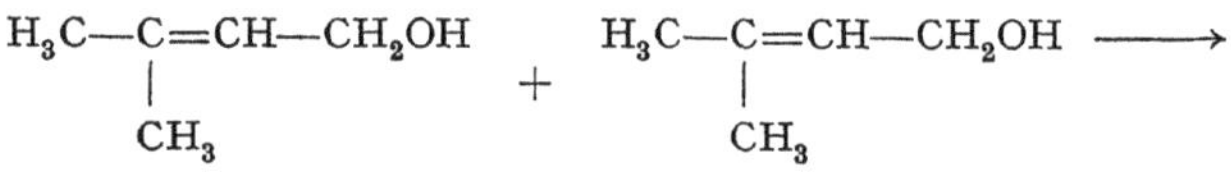
Prenol.

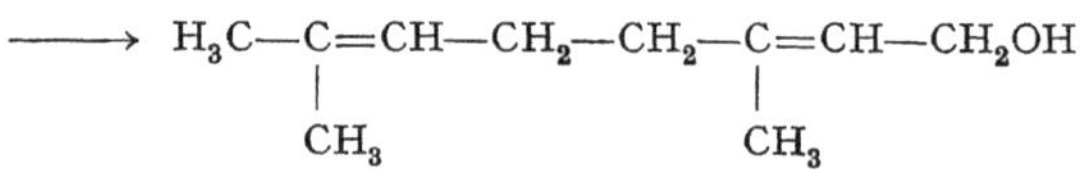
(CCCLXII.) Geraniol.

oder diejenige des Dehydro-citrales (CCCLXIV) aus zwei Molekülen Methyl-crotonaldehyd:

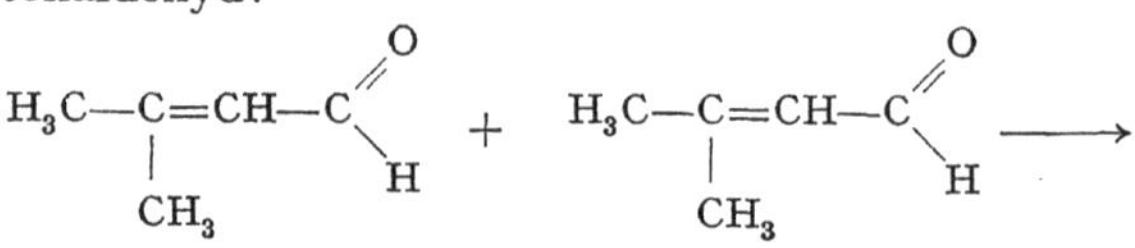
Methyl-crotonaldehyd.

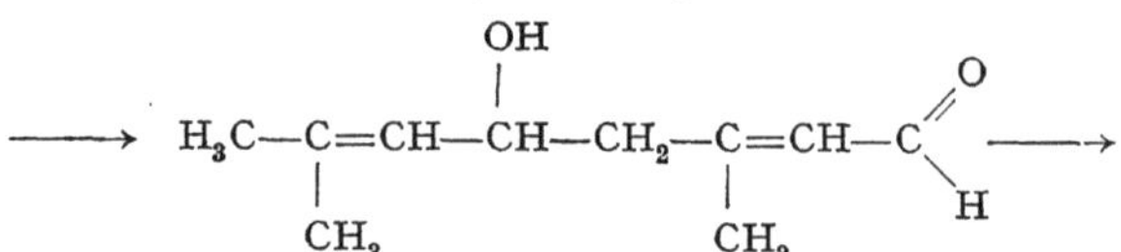
(CCCLXIII.)

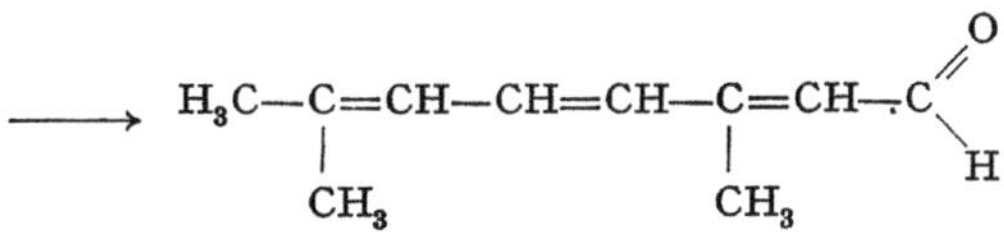

(CCCLXIV.) Dehydro-citral.

Aber alle bisher angestellten Versuche, die oben genannten Grundkörper (CCCLIX—CCCLXI) in vitro in Verbindungen der Terpen- und Sesquiterpen-reihe zu überführen, hatten bislang nur bescheidene Ergebnisse. Die Annahme liegt nahe, daß das synthetische Prinzip, nach dem die Verknüpfung der Elementareinheiten C_5 erfolgt, noch unbekannt ist, wobei es dahingestellt bleiben muß, welches diese im einzelnen auch sein mögen. Bei der Suche nach dem Zustandekommen ihrer Verknüpfung wird man die Möglichkeit im Auge behalten müssen, daß Dien-Synthesen nicht immer eine voll ausgebildete Dien-komponente voraussetzen, sondern sich nachweislich auch an „ψ-Dienen" abspielen können, d. h. an Verbindungen, die, wie z. B. der Crotonaldehyd, erst nach einer tautomeren Umwandlung als echtes Dien fungieren (*3*, *163*):

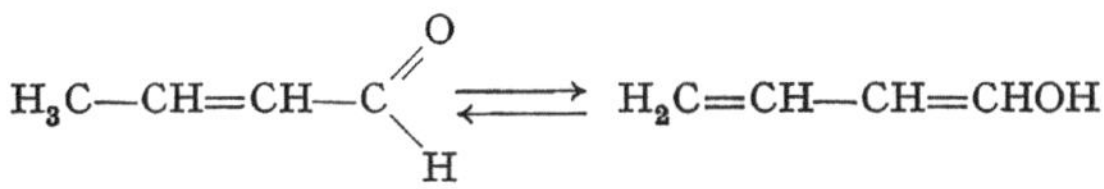

Crotonaldehyd. 1-Oxy-butadien.

Darüber hinaus werden auch Fragen zu prüfen sein, ob etwa unter den in der Terpenchemie häufig beobachteten Cyclisierungen solche sind, die nach dem Schema einer „innermolekularen" Dien-Synthese verlaufen.

Literaturverzeichnis.

1. Adams, R. and R. B. Wearn: Diene Addition Products to Diaroyl-ethylenes and their Transformation Products. J. Amer. chem. Soc. 62, 1233 (1940).

2. Alder, K: Methoden der Dien-Synthese. In: Handbuch der biologischen Arbeitsmethoden, Abt. I, Teil 2, 2. Hälfte, Bd. II, S. 3171. Berlin und Wien: Urban & Schwarzenberg. 1933.

3. — Die Methoden der Dien-Synthese. In: Neuere präparative Methoden der Chemie, I, S. 257. Berlin: Verlag Chemie. 1943.

4. — Die Dien-Synthese. In: Fiat Review of German Science 1939/1946. Präp. org. Chemie Teil II. S. 125 (1948).

5. — Dien-Synthese und verwandte Reaktionen. Stockholm: Les Prix Nobel en 1950.

6. — Über die Konstitution des α-Terpinens. Bemerkungen zu der Arbeit von O. Diels, W. Koch und H. J. Frost: Zur Kenntnis der Dien-Synthesen, XXIX. Mitt.: α-Terpinen. Ber. dtsch. chem. Ges. 71, 2210 (1938).

7. — Über den sterischen Verlauf von Dien-Synthesen mit acyclischen Dienen. Die allgemeine sterische Formel. Liebigs Ann. Chem. 571, 157 (1951).

8. Alder, K. und K. H. Backendorf: Zur Kenntnis der Dien-Synthese, V. Mitt. I. Der sterische Verlauf der Dien-Synthese in der Furanreihe. II. Dien-Synthesen des Furans und seiner Homologen mit Acetylen-dicarbonsäure-ester. Liebigs Ann. Chem. 535, 101 (1938).

9. ALDER, K. und CH. BONG: Unveröffentlichte Beobachtungen. CH. BONG: Substituierende Addition und Dien-Synthese beim Divinylmethan-typus. Dissert., Köln. 1952.

10. ALDER, K. und H. v. BRACHEL: Unveröffentlichte Beobachtungen. H. v. BRACHEL: Ein Beitrag zur Kenntnis der Polyene und ihrer Reduktionsprodukte. Dissert., Köln. 1953.

11. ALDER, K. und F. BROCHHAGEN: Unveröffentlichte Beobachtungen. F. BROCHHAGEN: Über die Darstellung von Tricyclen-Systemen aus Cyclopentadien und halogenierten Philodienen. Dissert., Köln. 1952.

12. ALDER, K. und K. BROOCKMANN: Unveröffentlichte Beobachtungen. K. BROOCKMANN: Zur Kenntnis der Dien-Synthese des Styrols und seiner nächsten Homologen. Dissert., Köln. 1948.

13. ALDER, K., F. W. CHAMBERS und W. TRIMBORN: Über die Dien-Synthese des Diphenyl-fulvens. Liebigs Ann. Chem. **566**, 27 (1950).

14. ALDER, K., K. H. DECKER und R. LIENAU: Über Dien-Synthesen mit unsymmetrischen Addenden. Der Typus 1,3-disubstituierter Diene. Liebigs Ann. Chem. **570**, 214 (1950).

15. ALDER, K. und A. DREIKE: Unveröffentlichte Beobachtungen. A. DREIKE: Dien-Synthesen mit Hexatrien-1,3,5- und Hexadien-2,4-dicarbonsäuren. Dipl. Arbeit, Köln. 1951.

16. — — Unveröffentlichte Beobachtungen. A. DREIKE: Dien-Synthesen mit Allo-ocimen. Dissert., Köln. 1952.

17. ALDER, K. und H. ESSER: Unveröffentlichte Beobachtungen. H. ESSER: Dien-Synthesen mit *trans,trans*- und *trans-cis*-1-Methyl-4-alkyl-butadienen. Dipl. Arbeit, Köln. 1951.

18. ALDER, K. und H. GÄBLER: Unveröffentlichte Beobachtungen. H. GÄBLER: Die Konfiguration des Wagner-Jauregg-Types. Dissert., Köln 1950.

19. ALDER, K. und G. HANSEN: Unveröffentlichte Beobachtungen. G. HANSEN: Dien-Synthesen mit 1-Phenyl-2-carboxy-butadienen. Dipl. Arbeit, Köln. 1951.

20. ALDER, K. und J. HAYDN: Dien-Synthese arylierter Diene. Die Dimerisation von β-Phenyl-butadien. Liebigs Ann. Chem. **570**, 201 (1950).

21. — — Unveröffentlichte Beobachtungen. J. HAYDN: Dien-Synthesen mit unsymmetrischen Addenden. Der Typus 1,2-disubstituierter Diene. Dipl. Arbeit, Köln. 1950.

22. ALDER, K. und K. HEIMBACH: Unveröffentlichte Beobachtungen. K. HEIMBACH: Über die Verwendung von Dien-Sulfonen bei der Dien-Synthese. Dipl. Arbeit, Köln. 1951. Siehe auch Dissert., Köln. 1953.

23. ALDER, K. und K. J. HEIMBACH: Unveröffentlichte Beobachtungen. K. J. HEIMBACH: Über Glutardialdehyd und seine Verwendung zu Synthesen. Dipl. Arbeit, Köln. 1952.

24. ALDER, K. und A. H. JÄGER: Unveröffentlichte Beobachtungen. A. H. JÄGER: Über die Anlagerung von Chinonen an das Styrol-System. Dissert., Köln. 1950.

25. ALDER, K. und K. KAISER: Unveröffentlichte Beobachtungen. K. KAISER: Über die Addition von 1,3,5-Hexatrien an Maleinsäure-anhydrid. Dipl. Arbeit, Köln. 1951.

26. ALDER, K. und E. KÜHLE: Unveröffentlichte Beobachtungen. E. KÜHLE: Über die Dien-Synthese von 1-alkylierten Butadienen mit Maleinsäure-anhydrid und Fumarylchlorid. Dipl. Arbeit, Köln. 1951.

27. — — Unveröffentlichte Beobachtungen. E. KÜHLE: Über Darstellung und Verhalten von höher alkylierten Butadienen. Dissert., Köln. 1952.

28. ALDER, K. und R. KUTH: Unveröffentlichte Beobachtungen. R. KUTH: Über die Dien-Synthese von dehydratisierter Ricin-elaidinsäure mit Maleinsäure-anhydrid. Dipl. Arbeit, Köln. 1951.

29. — — Unveröffentlichte Beobachtungen. R. KUTH: Zur Kenntnis der Konstitution und Konfiguration von mehrfach ungesättigten Fettsäuren. Dissert., Köln. 1953.

30. ALDER, K. und R. MEYER: Unveröffentlichte Beobachtungen.

31. ALDER, K. und F. MÜNZ: Dien-Synthese und substituierende Addition beim Divinyl-methan-typus. Addition von Maleinsäure-anhydrid an Pentadien-1,4 und an 1,4-Dihydro-benzol. Liebigs Ann. Chem. **565**, 126 (1949).

32. ALDER, K. und K. NEUFANG: Unveröffentlichte Beobachtungen. K. NEUFANG: Dien-Synthesen mit unsymmetrischen Addenden. Dissert., Köln. 1951.

33. ALDER, K., H. OFFERMANNS und E. RÜDEN: Zur Kenntnis der Polymerisationsvorgänge, IX. Mitt. Über das dimere Methyl-vinylketon. Ber. dtsch. chem. Ges. **74**, 905 (1941).

33a. — — — Zur Kenntnis der Polymerisationsvorgänge, XI. Mitt. Über ein allgemeines Dimerisations-schema α,β-ungesättigter Aldehyde und Ketone. Ber. dtsch. chem. Ges. **74**, 926 (1941).

34. ALDER, K., F. PASCHER und A. SCHMITZ: Über die Anlagerung von Maleinsäure-anhydrid und Azodicarbonsäure-ester an einfach ungesättigte Kohlenwasserstoffe. Zur Kenntnis von Substitutionsvorgängen in der Allyl-Stellung. Ber. dtsch. chem. Ges. **76**, 27 (1942).

35. ALDER, K. und H. F. RICKERT: Zur Kenntnis der Dien-Synthese, I. Mitt. Über eine Methode der direkten Unterscheidung cyclischer Penta- und Hexadiene. Liebigs Ann. Chem. **524**, 180 (1936).

36. — — Zur Kenntnis der Dien-Synthese, II. Mitt. Über den thermischen Zerfall der Additionsprodukte des Acetylen-dicarbonsäure-esters. Ber. dtsch. chem. Ges. **70**, 1354 (1937).

37. — — Zur Kenntnis der Dien-Synthese, III. Mitt. Über die Produkte der Wasser-Abspaltung aus α-Terpineol. Ber. dtsch. chem. Ges. **70**, 1364 (1937).

38. — — Zur Polymerisation von Kohlenwasserstoffen, VIII. Mitt. Über ein Trimeres des Butadiens. Ber. dtsch. chem. Ges. **71**, 373 (1938).

39. — — Zur Kenntnis der Dien-Synthese, XI. Mitt. Über die Dien-Synthese mit Vinylestern und halogenierten Äthylenen. Einfache Wege in die Norcampher-reihe. Liebigs Ann. Chem. **543**, 1 (1940). Dortselbst weitere Literatur.

40. ALDER, K., H. F. RICKERT und E. WINDEMUTH: Zur Kenntnis der Dien-Synthese, X. Mitt. Über die Dien-Synthese mit α,β-ungesättigten Nitrokörpern, Sulfonen und Thio-Äthern. Ber. dtsch. chem. Ges. **71**, 2451 (1938).

41. ALDER, K. und E. RÜDEN: Zur Kenntnis der Polymerisationsvorgänge, X. Mitt. Über das dimere Acrolein. Ber. dtsch. chem. Ges. **74**, 920 (1941).

42. ALDER, K. und R. RÜHMANN: Über die Dien-Synthese mit aliphatischen Fulvenen. Liebigs Ann. Chem. **566**, 1 (1950).

43. ALDER, K. und A. SCHMITZ: Über die Anlagerung von Maleinsäure-anhydrid an cyclische und semicyclische Mono-olefine. Liebigs Ann. Chem. **565**, 99 (1949).

44. — — Über die Addition von Limonen an Maleinsäure-anhydrid. Liebigs Ann. Chem. **565**, 118 (1949).

45. ALDER, K. und R. SCHMITZ-JOSTEN: Unveröffentlichte Beobachtungen. R. SCHMITZ-JOSTEN: Über Dien-Synthese und substituierende Addition beim Styrol. Dissert., Köln. 1949.

46. ALDER, K. und W. SCHOLL: Unveröffentlichte Beobachtungen. W. SCHOLL: Dien-Synthesen in der Furanreihe. Dipl. Arbeit, Köln. 1951. Zur Kenntnis der Dien-Synthese in der Furanreihe. Dissert., Köln. 1951.

47. ALDER, K. und M. SCHUMACHER: Über Dien-Synthesen mit unsymmetrischen Addenden. 1-Acetoxy-butadien und Acrylsäure. Liebigs Ann. Chem. **565**, 148 (1949).
48. — — Dien-Synthesen mit Polyenen. ω,ω'-Tetraphenyl-polyene und Maleinsäure-anhydrid. Liebigs Ann. Chem. **570**, 178 (1950).
49. — — Über den sterischen Verlauf von Dien-Synthesen mit acyclischen Dienen. *trans,trans,cis,trans*- und *cis,cis*-1,4-Diphenyl-butadien. Liebigs Ann. Chem. **571**, 87 (1951).
50. — — Über den sterischen Verlauf von Dien-Synthesen mit acyclischen Dienen. Das Verhalten von *trans,trans*-, *trans,cis*- und *cis,trans*-4-Phenyl-butadien-1-carbonsäure-methylester bei der Dien-Synthese. Liebigs Ann. Chem. **571**, 108 (1951).
51. — — Über den sterischen Verlauf von Dien-Synthesen mit acyclischen Dienen. *trans,trans*- und *trans,cis*,1-Phenyl-4-methyl-butadien. Liebigs Ann. Chem. **571**, 122 (1951).
52. — — Unveröffentlichte Beobachtungen, vgl. auch M. SCHUMACHER: II. Über die Autoxydation des 3,6-Diphenyl-Δ^4-tetrahydro-phthalsäure-dimethylesters. Ein Beitrag zum Verhalten organischer Peroxyde. Dissert., Köln. 1948.
53. ALDER, K., M. SCHUMACHER, K. KAISER, K. RUST und G. JACOBS: Unveröffentlichte Beobachtungen.
54. ALDER, K., M. SCHUMACHER und O. WOLFF: Über Dien-Synthesen mit unsymmetrischen Addenden. Butadien-1-carbonsäure-(chlorid) und Acrylsäure-(chlorid). Liebigs Ann. Chem. **564**, 79 (1949).
55. — — — Über Dien-Synthesen mit unsymmetrischen Addenden. Der Typus 1,4-disubstituierter Diene. Liebigs Ann. Chem. **570**, 230, (1950).
56. ALDER, K. und HE. SÖLL: Über die Addition von Maleinsäure-anhydrid an einfach ungesättigte Kohlenwasserstoffe. Liebigs Ann. Chem. **565**, 57 (1949).
57. ALDER, K., HE. SÖLL und HA. SÖLL: Über die indirekte substituierende Addition. Liebigs Ann. Chem. **565**, 73 (1949).
58. ALDER, K. und G. STEIN: Zur Polymerisation cyclischer Kohlenwasserstoffe, I. Mitt. Die polymeren Formen des Cyclopentadiens. Liebigs Ann. Chem. **485**, 223 (1931).
59. — — Über das abgestufte Additionsvermögen von ungesättigten Ringsystemen. Liebigs Ann. Chem. **485**, 211 (1931).
60. — — Übe das abgestufte Additionsvermögen von ungesättigten Ringsystemen, II. Liebigs Ann. Chem. **501**, 1 (1933).
61. — — Zur Polymerisation cyclischer Kohlenwasserstoffe, IV.: Über die stereoisomeren Formen perhydrierter Naphtho- und Anthrachinone. Liebigs Ann. Chem. **501**, 247 (1933).
62. — — Zur Polymerisation cyclischer Kohlenwasserstoffe, VII.: Die Energie-Inhalte der polymeren Cyclopentadiene, ein Beitrag zur Spannungstheorie. Ber. dtsch. chem. Ges. **67**, 613 (1934).
63. — — Die thermische Polymerisation des Cyclopentadiens. Angew. Chem. **47**, 837 (1934).
64. — — Über den sterischen Verlauf von Additions- und Substitutions-reaktionen, IV. Die Phenyl-azid-reaktion in der Fenchen-reihe. Liebigs Ann. Chem. **515**, 165 (1935).
65. — — Über den sterischen Verlauf von Additions- und Substitutions-reaktionen, V. Der sterische Verlauf der Phenylazidreaktion. Liebigs Ann. Chem. **515**, 185 (1935).
66. — — Untersuchungen über den Verlauf der Dien-Synthese. Angew. Chem. **50**, 510 (1937).

67. ALDER, K. und G. TASCHEN: Unveröffentlichte Beobachtungen. G. TASCHEN: Studien mit α- und β-Eläostearinsäure. Dipl. Arbeit, Köln. 1951.
68. ALDER, K. und K. TRIEBENECK: Unveröffentlichte Beobachtungen. K. TRIEBENECK: Dien-Synthesen mit substituierten Styrolen. Dissert., Köln. 1951.
69. ALDER, K. und W. TRIMBORN: Dien-Synthese und Retro-dien-Zerfall in der Fulven-reihe. Synthese von Fulven-carbonsäuren. Liebigs Ann. Chem. **566**, 58 (1950).
70. ALDER, K., H. VAGT und W. VOGT: Zur Kenntnis der Dien-Synthese mit unsymmetrischen Addenden. Die Diensynthese des *trans*-1-Phenyl-butadiens mit Acrylsäure und mit Acrolein. Liebigs Ann. Chem. **565**, 135 (1949).
71. ALDER, K. und W. VOGT: Über den Aufbau von α-Terpineol durch Diensynthese. Zur Kenntnis der Dien-Synthese mit unsymmetrischen Addenden. Liebigs Ann. Chem. **564**, 109 (1949).
72. — — Zur Kenntnis der Dien-Synthese mit unsymmetrischen Addenden. Die Dien-Synthese des Piperylens, 1,3-Dimethyl-butadiens und des 1,1,3-Trimethyl-butadiens mit Acrylsäure und mit Acrolein. Liebigs Ann. Chem. **564**, 120 (1949).
73. — — Über den sterischen Verlauf von Dien-Synthesen mit acyclischen Dienen. *trans,trans*- und *cis,trans*-1,4-Dimethyl-butadien. Liebigs Ann. Chem. **571**, 137 (1951).
74. — — Über eine dimere Butadien-1-carbonsäure. Liebigs Ann. Chem. **570**, 190 (1950).
75. ALDER, K. und H. VOSSMANN: Unveröffentlichte Beobachtungen. H. VOSSMANN: Dien-Synthesen mit ω,ω'-Diphenyl-polyenen. Dipl. Arbeit, Köln. 1949.
76. ALDER, K. und E. WINDEMUTH: Über die Dien-Synthese mit Allyl-Verbindungen (Zur Kenntnis der Dien-Synthese, VI. Mitt.). Ber. dtsch. chem. Ges. **71**, 1939 (1938).
77. — — Zur Kenntnis der Dien-Synthese, VIII. Mitt.: Über einen einfachen Weg in die Reihe des Bicyclo-[1,2,3]-octans. Ber. dtsch. chem. Ges. **71**, 2404 (1938).
78. — — Studien in der Cyclopentadien-Reihe, II. Zur Kenntnis der α- und β-Camphylsäuren und ihrer Decarboxylierungs-produkte. Über das 1,5,5-Trimethyl-cyclopentadien-1,3. Liebigs Ann. Chem. **543**, 28 (1939).
79. ANNER, G. und K. MIESCHER: Über Steroide. 93. Mitt. Die Synthese von weiteren Oestron-Racematen. Totalsynthesen in der Oestron-reihe, IV. Helv. chim. Acta **32**, 1957 (1949).
80. — — Über Steroide. 98. Mitt. Zur Konstitution der synthetischen Oestronracemate. Totalsynthesen in der Oestronreihe, V. Helv. chim. Acta **33**, 1379 (1950).
81. ARBUSOW, B.: Über die Gegenwart konjugierter Bindungen bei der Abietinsäure. J. allg. Chem. (USSR) **2** (64), 806 (1932) (Chem. Zbl. **1933**, II, 1192).
82. — Über die Isomerisation des α-Pinens zu einem aliphatischen Terpen (Allo-ocimen), I. Mitt. Darstellung und Eigenschaften. Ber. dtsch. chem. Ges. **67**, 563 (1934).
83. — Über die Isomerisation des α-Pinens zu einem aliphatischen Terpen (Allo-ocimen), II. Mitt. Feststellung der Struktur des Terpens. Ber. dtsch. chem. Ges. **67**, 569 (1934).
84. — Über die Struktur der Lävopimarsäure. Bull. Acad. Sci. USSR, Cl. Sci. chim. **1940**, 95 (Chem. Zbl. **1942**, II, 892).
85. ARBUSOW, B. und W. S. ABRAMOW: Über die Dehydratation des Linalools und die Struktur des dabei erhaltenen Terpens. Ber. dtsch. chem. Ges. **67**, 1942 (1934).

86. Asano, M. und T. Kanematsu: Über die Konstitution des Spilanthols, des scharfen Prinzips der Parakresse. Ber. dtsch. chem. Ges. **65**, 1602 (1932).

87. Bachmann, W. E. and J. M. Chemerda: The Synthesis of 9,10-Dimethyl-1,2-benzanthracene, 9,10-Diethyl-1,2-benzanthracene and 5,9,10-Trimethyl-1,2-benzanthracene. J. Amer. chem. Soc. **60**, 1023 (1938).

88. — — The Diels-Alder Reaction of 1-Vinyl-6-methoxy-3,4-dihydro-naphthalene with Citraconic Anhydride. J. Amer. chem. Soc. **70**, 1469 (1948).

89. Bachmann, W. E. and J. Controulis: Synthesis of Isoequilenin via Diels-Alder Reaction. The Configuration of the C/D Ring Juncture of the Estrogenic Hormons. J. Amer. chem. Soc. **73**, 2636 (1951).

90. Bachmann, W. E. and M. C. Kloetzel: The Reaction Between Maleic-Anhydride and Polycyclic Hydrocarbons. J. Amer. chem. Soc. **60**, 481 (1938).

91. — — Preparation and Reactions of 9-Anthrylmagnesium bromid. J. org. Chemistry **3**, 55 (1938).

92. Bachmann, W. E. and L. B. Scott: The Reaction of Anthracene with Maleic and Fumaric Acid and their Derivatives and with Citraconic Anhydride and Mesaconic Acid. J. Amer. chem. Soc. **70**, 1458 (1948).

93. Bacon, R. G. R. and L. Ruzicka: Laevopimaric Acid. Chem. and Ind. **14**, 546 (1936).

94. Barnett, E. de B.: Action of Maleic Anhydride on Diphenyl*iso*benzfuran. J. chem. Soc. (London) **1935**, 1326.

95. Barnett, E. de B., N. F. Goodway, H. G. Higgins and C. A. Lawrence: The Action of Maleic Anhydride Upon Some Anthracene Derivatives. J. chem. Soc. (London) **1934**, 1224.

96. Bartlett, P. D. and S. G. Cohen: Bicyclic Structures Prohibiting the Walden Inversion. Some Bicyclo-[2,2,2]-octane Derivatives with Substituents at the Bridge-Head. J. Amer. chem. Soc. **62**, 1183 (1940).

97. Bergmann, E.: Synthetic Experiments in the Rubrene Series. J. chem. Soc. (London) **1938**, 1147.

98. Bergmann, F. and E. Bergmann: Observations on the Reactivities of Dienes, Especially toward Maleic Anhydride. J. Amer. chem. Soc. **62**, 1699 (1940).

99. Bergmann, W. and M. J. McLean: Transannular Peroxides. Chem. Reviews **28**, 367 (1941).

100. Bernhauer, K. und G. Neubauer: Beiträge zur Synthese und zur Kenntnis von Polyenverbindungen, II. Mitt. Über die Kondensationsprodukte des Crotonaldehydes. (Bildung alizyklischer Verbindungen.) Biochem. Z. **251**, 173 (1932).

100a. Blomquist, A. T. and J. Kwiatek: The Addition of Ketene to Cyclic Conjugated Dienes. J. Amer. chem. Soc. **73**, 2098 (1951).

101. Bockemüller, W.: Synthesen polycyclischer Ketone. Angew. Chem. **51**, 188 (1938), US Patent 2179809.

102. Böeseken, J. et R. Hoevers: Note sur l'action de l'anhydride maleïque sur l'acide octodécadiénique 9,11 (F = 53°) et son éther éthylique. Les produits de la déshydratation de l'acide ricinoléique. Recueil Trav. chim. Pays-Bas **49**, 1165 (1930).

103. Böeseken, J. et H. J. Ravenswaay: Sur l'indice de réfraction de l'huile de bois de Chine et la composition des acides α et β-éléostéariques. Recueil Trav. chim. Pays-Bas **44**, 241 (1925).

104. Breitner, S.: Über die Anwendbarkeit der Dien-Synthese zur Darstellung dem Oestron verwandter Verbindungen. Medizin und Chemie **4**, 317 (1942).

105. Brown, J. G. T., J. D. Rose and J. L. Simonsen: 3-Chloro-1-α-chlorovinyl-Δ^3-*cyclo*hexene, and 1 : 5-Dichloro-$\Delta^{1:5}$-*cyclo*-octadiene. J. chem. Soc. (London) **1944**, 101.

106. BRUCHHAUSEN, F. v. und H. W. BERSCH: Zur Konstitution des Kantharidins. Eine eigenartige Zerfallsreaktion des Kantharidins. Arch. Pharmaz. Ber. dtsch. pharmaz. Ges. **266**, 697 (1928).

107. BUCHHOLZ, K.: Über einige Versuche in der Reihe der Sterine. Dissert., Göttingen. 1937.

108. BUCHNER, E.: Über Pseudophenylessigsäure. Ber. dtsch. chem. Ges. **31**, 2241 (1898).

109. BUCHTA, E.: Versuche zur Synthese von Steroiden, III. Mitt. Dien-Synthesen mit β-Acetyl-acrylsäure und α-Methyl-β-äthyl-acrolein. Ber. dtsch. chem. Ges. **81**, 254 (1948).

110. BUTZ, L. W., E. W. J. BUTZ and A. M. GADDIS: The Synthesis of Condensed Ring Compouds. II. The Reaction of 1,3,5-Hexatriene with 1,4-Naphthoquinone. J. org. Chem. **5**, 171 (1940).

111. CAIRNS, T. L., V. A. ENGELHARDT, H. J. JACKSON, G. H. KALB and J. C. SAUER: The Reactions of Acetylene with Acrylic Compounds J. Amer. chem. Soc. **74**, 5636 (1952).

112. CAMPEN, M. G. VAN, Jr. and J. R. JOHNSON: An Absolute Method for Establishing Orientation in the Furan Series. J. Amer. chem. Soc. **55**, 430 (1933).

113. CHAKRAVORTY, P. N., R. H. LEVIN, M. M. WESNER and G. REED: Cafesterol. III. Isocafesterol. J. Amer. chem. Soc. **65**, 1325 (1943).

114. CHAKRAVORTY, P. N. and M. M. WESNER: On the Chemical Behavior of Cafesterol. J. Amer. chem. Soc. **64**, 2235 (1942).

115. CHAKRAVORTY, P. N., M. M. WESNER and R. H. LEVIN: Cafesterol. II. J. Amer. chem. Soc. **65**, 929 (1943).

116. CLAR, E.: Über die Konstitution des Anthracens (Zur Kenntnis mehrkerniger aromatischer Kohlenwasserstoffe und ihrer Abkömmlinge, IX. Mitt.). Ber. dtsch. chem. Ges. **64**, 1676 (1934).

117. — Zur Kenntnis mehrkerniger aromatischer Kohlenwasserstoffe und ihrer Abkömmlinge, XI. Mitt.: Über die Konstitution des Anthracens, II: Bemerkungen zu einer Arbeit von O. DIELS und K. ALDER. Ber. dtsch. chem. Ges. **64**, 2194 (1934).

118. COHEN, A.: Synthesis in the Sex Hormone Group. Nature (London) **136**, 869 (1935).

119. COHEN, A. and F. L. WARREN: The Synthesis of Compounds Related to the Sterols, Bile Acids, and Oestrus-producing Hormons. XI. A "Diene-Synthesis" of Phenanthrene and Hydrophenanthrene Derivatives. J. chem. Soc. (London) **1937**, 1315.

120. COPE, A. C. and W. J. BAILEY: Cyclic Polyolefins. II. Synthesis of Cycloöctatetraene from Chloroprene. J. Amer. chem. Soc. **70**, 2305 (1948).

121. COPE, A. C. and M. BURG: Cyclic Polyolefins. XIX. Chloro- and Bromo-cycloöcta-tetraenes. J. Amer. chem. Soc. **74**, 168 (1952).

122. COPE, A. C., H. R. NACE and L. L. ESTERS, Jr.: Cyclic Polyolefins. III. Ring Expansion of Tropinone to R-Homotropinone and its Degradation to 1,3,5-Cycloöctatriene. J. Amer. chem. Soc. **72**, 1123 (1950).

123. CRAIG, D.: The Diels-Alder Reactions of the Piperylene Isomers with Maleic Anhydride and Fumaric Acid. J. Amer. chem. Soc. **72**, 1678 (1950).

123a. CRIEGEE, R., H. PILZ und H. FLYGARE: Zur Kenntnis der Olefinperoxyde. Ber. dtsch. chem. Ges. **72**, 1799 (1930).

124. DANE, E.: Synthesen in der Reihe der Steroide. Angew. Chem. **52**, 655 (1939).

125. DANE, E., O. HÖSS, A. W. BINDSEIL und J. SCHMITT: Synthesen in der hydroaromatischen Reihe. II. Die Dien-Synthese von Derivaten des 1-Äthinyl-3,4-dihydro-naphtalins und des 1-Vinyl-3,4-dihydro-naphtalins. Liebigs Ann. Chem. **532**, 39 (1937).

126. DANE, E. und J. SCHMITT: Synthesen in der hydroaromatischen Reihe. IV. 1. Kondensation von 1-Methyl-cyclopenten-dion-2,3 mit 1-Vinyl-6-methoxy-3,4-dihydro-naphtalin. 2. Darstellung und Dien-Synthesen von 3-Oxy-2,6-dimethyl-benzochinon-(1,4). Liebigs Ann. Chem. **536**, 196 (1938).
127. — — Synthesen in der hydroaromatischen Reihe. V. Die Synthese eines Isomeren des Oestrons. Liebigs Ann. Chem. **537**, 246 (1939).
128. DANE, E., J. SCHMITT und C. RAUTENSTRAUCH: Synthesen in der hydroaromatischen Reihe. I. Die Kondensation von Methylen-cyclopentendion mit Butadien. Liebigs Ann. Chem. **532**, 29 (1937).
129. DANCKWORTT, P. W.: Über die chemische Natur des Kantharidins. Arch. Pharmaz. **252**, 632 (1914).
129a. — Über Kantharsäure, Isokantharidin und Isokantharidinsäure. Arch. Pharmaz. **252**, 663 (1914).
130. DELABY, R. La synthèse diénique selon Diels et Alder. Bull. Soc. chim. France (5) **4**, 765 (1937).
131. DIELS, O.: Bedeutung der Dien-Synthese für Bildung, Aufbau und Erforschung von Naturstoffen. Fortschr. Chem. organ. Naturstoffe **3**, 1 (1939).
132. DIELS, O. und K. ALDER: Synthesen in der hydroaromatischen Reihe, I. Mitt. Anlagerung von „Dien"-Kohlenwasserstoffen. Liebigs Ann. Chem. **460**, 98 (1928).
133. — — Synthesen in der hydroaromatischen Reihe, II. Mitt. Über Cantharidin. Ber. dtsch. chem. Ges. **62**, 554 (1929).
134. — — Synthesen in der hydroaromatischen Reihe, IV. Mitt. Über die Anlagerung von Maleinsäure-anhydrid an arylierte Diene, Triene und Fulvene. Ber. dtsch. chem. Ges. **62**, 2081 (1929).
135. — — Synthesen in der hydroaromatischen Reihe, VI. Mitt.: Über partiell hydrierte Naphtho- und Anthrachinone mit Wasserstoff in γ- bzw. δ-Stellung. Ber. dtsch. chem. Ges. **62**, 2337 (1929).
136. — — Synthesen in der hydroaromatischen Reihe, III. Mitt. Synthese von Terpenen, Camphern, hydroaromatischen und heterocyclischen Systemen. Liebigs Ann. Chem. **470**, 62 (1929).
137. — — Synthesen in der hydroaromatischen Reihe, VIII. Mitt. Dien-Synthesen des Anthracens. Liebigs Ann. Chem. **486**, 191 (1931).
138. — — Synthesen in der hydroaromatischen Reihe, IX. Mitt. Synthese des Camphenilons und des Santens. Liebigs Ann. Chem. **486**, 202 (1931).
139. — — Synthesen in der hydroaromatischen Reihe, X. Mitt. Dien-Synthesen mit Pyrrol und seinen Homologen. Liebigs Ann. Chem. **486**, 211 (1931).
140. — — Synthesen in der hydroaromatischen Reihe, XII. Mitt. Dien-Synthesen sauerstoffhaltiger Heteroringe. 2. Dien-Synthesen des Furans. Liebigs Ann. Chem. **490**, 243 (1931).
141. — — Synthesen in der hydroaromatischen Reihe, XIII. Mitt. Dien-Synthesen sauerstoffhaltiger Heteroringe. 3. Dien-Synthesen der Cumaline. Liebigs Ann. Chem. **490**, 257 (1931).
142. — — Synthesen in der hydroaromatischen Reihe, XIV. Mitt. Dien-Synthesen stickstoffhaltiger Heteroringe. 2. Dien-Synthesen der Pyrrole mit Acetylen-dicarbonsäure und mit ihren Estern. Liebigs Ann. Chem. **490**, 267 (1931).
143. — — Synthesen in der hydroaromatischen Reihe, XV. Mitt. Dien-Synthesen stickstoffhaltiger Heteroringe. 3. Dien-Synthesen der Indole. Liebigs Ann. Chem. **490**, 277 (1931).
144. — — Synthesen in der hydroaromatischen Reihe, XVI. Mitt. Dien-Synthesen stickstoffhaltiger Heteroringe. 4. Dien-Synthesen der Pyrrole, Imidazole und Pyrazole. Liebigs Ann. Chem. **498**, 1 (1932).

145. DIELS, O., K. ALDER und I. G. FARBENINDUSTRIE A. G.: Verfahren zur Darstellung von Riechstoffen. D. R. Patent 545398; Friedländer 17, 582 (1929).

145a. DIELS, O., J. H. BLOM und W. KOLL: Über das aus Cyclopentadien und Azoester entstehende Endomethylen-piperidazin und seine Überführung in 1,3-Diamino-cyclopentan. Liebigs Ann. Chem. **443**, 242 (1925).

146. DIELS, O., W. KOCH und H. FROST: Zur Kenntnis der Dien-Synthesen, XXIX. Mitt. α-Terpinen. Ber. dtsch. chem. Ges. **71**, 1163 (1938).

147. DIELS, O. und S. OLSEN. Über synthetische Versuche in der Reihe des Cantharidins, Nor- und Iso-cantharidins. (XXXV. Mitt. über Dien-Synthesen.) J. prakt. Chem. **156**, 285 (1940).

148. DIMROTH, K.: Über den Bestrahlungsvorgang bei Verbindungen des Ergosterintypus. Ber. dtsch. chem. Ges. **70**, 1631 (1937).

149. DREHER, E.: Übersicht über Zusammenhänge synthetischer hochmolekularer Verbindungen mit trocknenden Ölen. Kunststoffe [2] **27**, 530 (1937).

150. DUFRAISSE, CH.: L'union labile de l'oxygène au carbone (Conférence). Bull. Soc. chim. France (5) **6**, 422 (1939).

151. DUFRAISSE, CH. et R. PRIOU: Isomères formés par diènesynthèse dans la série du diphenylisobenzofuran. Leur transformation en diphényl-1,4-naphtalène. Bull. Soc. chim. France (5) **5**, 502 (1938).

152. DUFRAISSE, CH., L. VELLUZ et Mme. L. VELLUZ: Comparaison entre trois réactions d'addition mésoanthracénique: la synthèse diénique. Bull. Soc. chim. France (5) **5**, 1073 (1938).

153. DUPONT, G. et R. DULOU: Pyrolyse du pinène: Sur un nouveau typ de terpènes monocycliques, les pyronènes. C. R. hebd. Séances Acad. Sci. **201**, 219 (1935) (Chem. Zbl. **1935**, II, 2959).

154. — — Sur les pyronènes. C. R. hebd. Séances Acad. Sci. **202**, 1861 (1936).

154a. — — Über die Pyrolyse des Pinens. Angew. Chem. **51**, 755 (1938).

155. — — The Pyrolysis of Pinene. I. The pyronenes. Atti X° Congr. Intern. chim. 3, 123, (1939) [Chem. Abstr. **33**, 9312 (1939)].

156. DU PONT, E. I., DE NEMOURS & Co.: G. M. WHITMANN, Brit. Patent 616671.

157. ELLIS, B. A.: Condensation of Maleic Anhydride with Tung Oil: a New "Constant" for Oils. Analyst **61**, 812 (1936) [Chem. Abstr. **31**, 897 (1937)].

158. ELLIS, C.: The Chemistry of Synthetic Resins. Vol. 2, p. 830. London: Chapman & Hall. 1936.

159. FARMER, E. H. and F. L. WARREN: Properties of Conjugated Compounds. VII. The Additive Formation of *cyclo*Hexenes. J. chem. Soc. (London) **1929**, 897.

160. FIESER, L. F. and M. FIESER: The Chemistry of Natural Products Related to Phenanthrene. 3rd. ed. New York: Reinhold Publ. 1949.

161. FIESSELMANN, H.: Dien-Synthesen mit Oxyprenen, I. Mitt. Über 4-Methoxy-, 4-Äthoxy- und 4-Methoxy-1-methyl-Δ^3-tetrahydro-benzaldehyd. Ber. dtsch. chem. Ges. **75**, 881 (1942).

162. — Neue Dien-Synthesen. Angew. Chem. **55**, 262 (1942).

163. FLAIG, W.: Einige neue Umwandlungen des Crotonaldehyds. Liebigs Ann. Chem. **568**, 1 (1950).

164. FONROBERT, E.: Über phenolfreie öllösliche Kunstharze. Chemiker-Ztg. **63**, 137 (1939).

165. FOSTER, R. E. and R. S. SCHREIBER: Cycloöctadienes from Dienes. J. Amer. chem. Soc. **70**, 2303 (1948).

166. FRANK, R. L., R. D. EMMICK and R. S. JOHNSON: *cis*- and *trans*-Piperylenes. J. Amer. chem. Soc. **69**, 2313 (1947).

167. GADAMER, J.: Die Konstitution des Kantharidins. Arch. Pharmaz. **252**, 609 (1914).
168. — Über das Isokantharidin. 6. Mitt. über Kantharidin. Arch. Pharmaz. **255**, 277 (1917).
169. — Über Reduktionsprodukte aus Kantharsäure und Hydrobrom-Kantharsäure. 7. Mitt. über Kantharidin. Arch. Pharmaz. **255**, 290 (1917).
170. — Über die Kantharolsäure. 9. Mitt. über Kantharidin. Arch. Pharmaz. **258**, 131 (1920).
171. GADAMER, J. und R. SCHITTNY: Beiträge zur Kenntnis des Kantharidins. 10. Mitt. über Kantharidin. Arch. Pharmaz. **260**, 172 (1922).
172. GILLET, I.: A propos de l'étude spectrographique des photooxydes anthracéniques: un fait nouveau sur l'addition maléique. C. R. hebd. Séances Acad. Sci. **227**, 853 (1948).
173. GOLDBERG, M. W. und P. MÜLLER: Über Steroide und Sexualhormone. 46. Mitt. Synthetische Versuche mit α,β-Diacetyl-äthylen. Helv. chim. Acta **21**, 1699 (1938).
174. — — Über Steroide und Sexualhormone. 63. Mitt. Versuche zur Synthese von Oestrogenen unter Anwendung von α,β-Diacetyl-äthylen. Helv. chim. Acta **23**, 831 (1940).
175. GOLDBLATT, L. A. und S. PALKIN: Vapor Phase Thermal Isomerization of α- and β-Pinene. J. Amer. chem. Soc. **63**, 3517 (1941).
176. — — The Production of α- and β-Pyronene from *allo*-Ocimene. J. Amer. chem. Soc. **66**, 655 (1944).
177. GOODWAY, N. F. and T. F. WEST: Observations of the Condensation Products from "α-Terpinene" and the Carenes with Maleic Anhydride. J. chem. Soc. (London) **1940**, 702.
178. GRUMMIT, O. and F. J. CHRISTOPH: Geometric Isomers of 1-Phenyl-1,3-butadien. J. Amer. chem. Soc. **73**, 3479 (1951).
179. GRUNDMANN, W.: Beitrag zur Konstitutionsermittlung des Tachysterins. Z. physiol. Chem. (Hoppe-Seyler) **252**, 151 (1938).
180. HAUPTMANN, H. und J. FRANÇA: Zur Konstitutionsaufklärung des Cafesterols. I. Z. physiol. Chem. (Hoppe-Seyler) **259**, 245 (1939).
181. HEER, J. und K. MIESCHER: Dien-Synthesen im Aufbau von Oestrogenen. Experentia **3**, 322 (1947).
182. — — Über Steroide. 75. Mitt. Hexahydro-phenanthren-dicarbonsäuren. Über oestrogene Carbonsäuren, XXII. Helv. chim. Acta **31**, 219 (1948).
183. — — Über Steroide. 76. Mitt. Monodehydro-marrianol- und -doisynolsäure. Über oestrogene Carbonsäuren, XXIII. Helv. chim. Acta **31**, 229 (1948).
184. — — Über Steroide. 87. Mitt. Über Octahydro-phenanthren-dicarbonsäuren. Über oestrogene Carbonsäuren, XXVII. Helv. chim. Acta **32**, 1572 (1949).
185. — — Über Steroide. 95. Mitt. Zur Totalsynthese der Bisdehydro-doisynolsäure. Über oestrogene Carbonsäuren, XXVIII. Helv. chim. Acta **33**, 178 (1950).
186. HEILBRON, I., T. KENNEDY, F. S. SPRING and G. SWAIN: Studies in the Sterol Group. XXXVII. The Structure of Lumisterol and its Stereoisomers. J. chem. Soc. (London) **1938**, 869.
187. HOCK, H. und K. GÄNICKE: Autoxydation von Kohlenwasserstoffen: Über Cyclohexen-peroxyd, insbesondere seine Zersetzung durch Alkalien. II. Mitt. Ber. dtsch. chem. Ges. **71**, 1430 (1938).
188. HOCK, H. und S. LANG: Autoxydation von Kohlenwasserstoffen, IV. Mitt.: Über *p*-Menthen-peroxyd und methylierte Peroxyde. Ber. dtsch. chem. Ges. **75**, 300 (1942).

189. Hock, H. und S. Lang: Autoxydation von Kohlenwasserstoffen, VII. Mitt. Über Peroxyde einfacher Benzolkohlenwasserstoffe. Ber. dtsch. chem. Ges. **76**, 169 (1943).
190. — — Autoxydation von Kohlenwasserstoffen, IX. Mitt. Über Peroxyde von Benzol-Derivaten. Ber. dtsch. chem. Ges. **77**, 257 (1944).
191. Hofmann, F.: Der synthetische Kautschuk. Vom Standpunkt der Technik. Angew. Chem. **25**, 1462 (1912).
192. Holmes, H. L.: The Diels-Alder Reaction. Ethylenic and Acetylenic Dienophiles. In: Organic Reactions, Vol. IV, p. 60. New York: J. Wiley, and London: Chapman & Hall. 1948.
193. Honigmann, H.: Über Addukte zwischen Maleinsäure-anhydrid und Dehydroergosterin und über ihre Hydrierungsprodukte. Liebigs Ann. Chem. **508**, 89 (1934).
194. Hopfield, J. J., S. A. Hall and L. A. Goldblatt: Raman Spectra of Two Forms of *allo*-Ocimene. J. Amer. chem. Soc. **66**, 115 (1944).
195. Horner, L. und H. Merz: Über die Einwirkung von Olefinen auf substituierte *o*-Chinone. Liebigs Ann. Chem. **570**, 89 (1950).
196. Hultzsch, K.: Terpentinöl als Grundstoff neuer Lackrohstoffe. Angew. Chem. **51**, 920 (1938).
197. — Über die Anlagerung von Maleinsäure-anhydrid an Terpenkohlenwasserstoffe. Ber. dtsch. chem. Ges. **72**, 1173 (1939).
198. Inhoffen, H. H.: Über Ergosterylacetat-maleinsäure-anhydrid und seine Hydroderivate. Liebigs Ann. Chem. **508**, 81 (1934).
199. Jitkow, O. N. and M. T. Bogert: The Relationship between Structure and Order in the Case of Certain Derivatives of 2,2,4-Trimethyl-Δ^3-cyclohexene Aldehyde. J. Amer. chem. Soc. **63**, 1979 (1941).
200. Johnson, W. S., D. K. Banerjee, W. P. Schneider and C. D. Gutsche: The Total Synthesis of Estrone and the Remaining Stereoisomers. J. Amer. chem. Soc. **72**, 1426 (1950).
201. Jordan, O.: Die Entwicklung der Anstrichmittel auf wissenschaftlicher Grundlage in den wichtigsten Industrieländern. Angew. Chem. **49**, 815 (1936).
202. Joshel, L. M. and L. W. Butz: The Synthesis of Condensed Ring Compounds. VII. The Successful Use of Ethylene in the Diels-Alder Reaction. J. Amer. chem. Soc. **63**, 3350 (1941).
203. Kalischer, G., H. Scheyer und I. G. Farbenindustrie A. G.: Verfahren zur Darstellung fettaromatischer Carbonsäuren. D. R. Patent 499590 (Chem. Zbl. **1930**, II, 1137).
204. — — — Verfahren zur Darstellung fettaromatischer Carbonsäuren. D. R. Patent 539832 (Chem. Zbl. **1932**, I, 1952).
205. Kappelmeier, C. P. A., J. H. van der Neut und W. R. van Goor: Maleinatöle, Modifikationen trocknender Öle mit Maleinsäurederivaten. Kunststoffe **40**, 81 (1950); dortselbst weitere Literatur.
206. Kaufmann, H. P. und J. Baltes: Dien-Synthesen auf dem Fettgebiet. I. Die Dienzahl der Fette. Fette und Seifen **43**, 93 (1936).
207. — — Dien-Synthese auf dem Fettgebiet. III. Über das Oiticica-Öl (Studien auf dem Fettgebiet, XXXI. Mitt.) Ber. dtsch. chem. Ges. **69**, 2679 (1936).
208. Kennedy, T. and F. S. Spring: Studies in the Sterol Group. XXXIX. The Structures of Ergosterol, Lumisterol, Pyrocalciferol and *iso*-Pyrocalciferol. J. chem. Soc. (London) **1939**, 250.
209. Kharasch, M. S. and E. Sternfeld: Syntheses of Polyenes. I. Hexatriene and its Polymers. J. Amer. chem. Soc. **61**, 2318 (1939).

210. KLOETZEL, M. C.: The Diels-Alder Reaction with Maleic Anhydride. In: Organic Reactions Vol. IV, p. 1. New York: J. Wiley, and London: Chapman & Hall. 1948.
211. KLOETZEL, M. C., R. P. DAYTON and H. L. HERZOG: Polymethyl Aromatic Hydrocarbons. III. The Reaction of 1,2,3,4-Tetramethyl-naphthalene with Maleic Anhydride. J. Amer. chem. Soc. **72**, 273 (1950).
212. KLOETZEL, M. C. and H. L. HERZOG: Polymethyl Aromatic Hydrocarbons. IV. The Reaction of Alkylnaphthalenes with Maleic Anhydride. J. Amer. chem. Soc. **72**, 1991 (1950).
213. — — Acetylation of 1,2-Diethylnaphthalene. I. J. org. Chem. **15**, 370 (1950).
214. KÖGL, F. und H. ERXLEBEN: Untersuchungen über Pilzfarbstoffe. VIII. Über den roten Farbstoff des Fliegenpilzes. Liebigs Ann. Chem. **479**, 11 (1930).
215. KOHLER, E. P., M. TISHLER, H. POTTER and H. T. THOMPSON: The Preparation of Cyclic Ketones by Ring Englargement. J. Amer. chem. Soc. **61**, 1057 (1939).
216. KUHN, R. und TH. WAGNER-JAUREGG: Addition von Maleinsäure-anhydrid an Polyene (Über konjugierte Doppelbindungen. XIV.). Ber. dtsch. chem. Ges. **63**, 2662 (1930).
217. LETTRÉ, H. und H. H. INHOFFEN: Über Sterine, Gallensäuren und verwandte Naturstoffe, S. 133. Stuttgart: Enke-Verlag. 1936; dortselbst weitere Literatur.
218. LIPP, M. (geb. BREDT-SAVELSBERG): Terpene. In: Fiat Review of German Science. Präp. org. Chemie, Teil I, S. 243 (1943).
219. LIPP, M. (geb. BREDT-SAVELSBERG) und H. STEINBRINK: Über die Beständigkeit und Umlagerungsfähigkeit des Pinansystems im tertiären Methylnopinol und in homologen tertiären Nopinolen. J. prakt. Chem. **149**, 107 (1937).
220. LITTMANN, E. R.: The Thermal Decomposition of Some Bicyclic Compounds. J. Amer. chem. Soc. **57**, 586 (1935).
221. — Terpene-Maleic Anhydride Resins. Ind. Engng. Chem. **28**, 1150 (1936).
222. — Die Chemie und Reaktionen von Terpenmaleinsäure-anhydrid-harzen. Chemiker-Ztg. **60**, 957 (1936).
223. LOMBARD, R.: Étude de la composition des gemmes de pin. Obtention d'un nouvel acide primaire, l'acide dextroalépique. Bull. Soc. chim. France **11**, 201 (1944).
224. LONGLEY, R. I., Jr. and W. S. EMERSON: The 1,4-Addition of Vinyl Ethers to α,β-Unsaturated Carbonyl Compounds. J. Amer. chem. Soc. **72**, 3079 (1950).
225. LORA TAMAYO, M.: Dienometrische Bestimmungen mit *p*-Benzochinon. Fette und Seifen **54**, 539 (1952).
226. LUNT, J. C. and F. SONDHEIMER: Studies of Compounds Related to Natural Perfumes. II. The Application of the Diels-Alder Reaction to the Synthesis of *cyclo*Citral Analogues. J. chem. Soc. (London) **1950**, 2957.
227. — — Studies of Compounds Related to Natural Perfumes. III. The Diels-Alder Reaction with Acetylenic Aldehydes. The Synthesis of 4-Methylsafranal. J. chem. Soc. (London) **1950**, 3361.
228. MALEWSKAJA, S. S.: Untersuchungen auf dem Gebiet der Harzsäuren der Coniferen. IV. Über die Struktur der Lävopimarsäure. J. Chim. appl. (USSR) **13**, 1085 (1940) (Chem. Zbl. **1941** I, 2659).
229. MAMELI, E.: Bemerkungen über Dienometrie. Ann. Chim. Farmac. (3) **1940**, 155 (Chem. Zbl. **1941** I, 1710).
230. MANGOLD, C.: Einige Beiträge zur Kenntnis der Ricinusöl-, Ricinelaïdin- und Ricinstearolsäure. Monatsh. Chem. **15**, 307 (1894).
231. MEEK, J. S., F. J. LORENZI and S. J. CRISTOL: The Condensation of 1-Phenyl-1,3-butadiene with Acrylic Acid and Acrolein. J. Amer. chem. Soc. **71**, 1830 (1949).

232. MEEK, J. S., R. T. MERROW, D. E. RAMEY and S. J. CRISTOL: Some Diels-Alder Reactions of 2-Phenyl-1,3-butadiene. J. Amer. chem. Soc. **73**, 5563 (1951).

233. MEEK, J. S. and J. W. RAGSDALE: The Condensation of Piperylene with Acrylonitrile and Methyl Acrylate. J. Amer. chem. Soc. **70**, 2502 (1948).

233a. MIESCHER, K.: Les hormones oestrogènes, de leur découverte à leur synthèse totale. C. La synthèse totale de l'oestrone. Experientia **5**, 8 (1949).

234. MIKUSCH, J. D. v.: Sterische Hinderung und *cis,trans*-Isomerie bei der Dien-Reaktion konjugiert-ungesättigter Fettsäuren. Angew. Chem. **62**, 475 (1951).

235. MORRELL, R. S. and W. R. DAVIS: Recent Investigations into the Drying of Oils and Related Unsaturated Compounds. Trans. Faraday Soc. **32**, 209 (1936) (Chem. Zbl. **1936** II, 3015).

236. — — The Doubly Conjugated System in α- and β-Licanic Acids. J. chem. Soc. (London) **1936**, 1481.

237. MORRELL, R. S., S. MARKS and H. SAMUELS: The Doubly Conjugated System in the Glycerides of α- and β-Elaeostearic Acids. Chem. and Ind., Trans. **52**, 130 (1933) (Chem. Zbl. **1933** II, 2120).

238. MORRELL, R. S. and H. SAMUELS: The Doubly Conjugated System in α- and β-Elaeostearic Acids. J. chem. Soc. (London) **1932**, 2251.

239. MÜLLER, M.: Zur Kenntnis des Vitamin D und seiner thermischen und photochemischen Umwandlungsprodukte. Z. physiol. Chem. (Hoppe-Seyler) **233**, 223 (1935).

240. NAEF, M. et Cie., Genf: Herstellung eines Alkyl-cyclohexenaldehydes. Schweiz. Patent 136907 (1928) (Chem. Zbl. **1930**, II, 2053).

241. — Herstellung von Alkyl-cyclohexenaldehyden, Alkyl-cyclohexen-carbonsäuren sowie deren Ester. Franz. Patent 672025 (1925) (Chem. Zbl. **1930** I, 2796).

242. NAVES, Y. R.: Études sur les matières végétales volatiles. LXII. Sur la constitution et sur la synthèse d'irones. Helv. chim. Acta **31**, 893 (1948).

243. — Études sur les matières végétales volatiles. LII. Sur la constitution et sur la synthèse de l'irone. Helv. chim. Acta **30**, 2221 (1947).

244. NAVES, Y. R. et P. ARDIZIO: Études sur les matières végétales volatiles. LXXV. Synthèse d'aldéhydes [tétraméthyl-cyclohexényl]-formiques en vue de la préparation d'iso-irones. Helv. chim. Acta **31**, 2252 (1948).

245. — — Études sur les matières végétales volatiles. LXXVI. Synthèse d'isomères des irones. Helv. chim. Acta **31**, 2256 (1948).

246. NAVES, Y. R. et P. BACHMANN: Études sur les matières végétales volatiles. LIII. Contribution à la connaissance de l'irone. Helv. chim. Acta **30**, 2222 (1947).

247. NORTON, J. A.: The Diels-Alder Diene Synthesis. Chem. Reviews **31**, 319 (1942).

248. ORCHIN, M. and L. W. BUTZ: The Synthesis of Condensed Ring Compounds. XIV. 2-Methoxy-5-methyl-2,7-naphthitadiene-1,4-dione. J. org. Chem. **8**, 509 (1943).

249. PARKER, E. D. and L. A. GOLDBLATT: The Thermal Isomerization of *allo*-Ocimene. J. Amer. chem. Soc. **72**, 2151 (1950).

250. PETERSON, E. G.: U S Patent 1993031, übertragen an Hercules Powder Co., und zahlreiche weitere Patente.

251. PETROW, A. A.: Untersuchungen auf dem Gebiet der konjugierten Systeme. XV. Über die Kondensation von Alkoxyprenen mit Acrolein. Synthese des 1-Formyl-cyclohexanons-4 und seiner Derivate. J. allg. Chem. (USSR) **11** (73), 661 (1941) (Chem. Zbl. **1942** I, 2766).

252. PUMMERER, R., H. FIESSELMANN und O. MÜLLER: Über Indigofarbstoffe der *cis*-Reihe. Liebigs Ann. Chem. **544**, 206 (1940).

253. REED, H. W. B.: The Formation of *trans*-1:2-Divinyl*cyclo*butane from Butadiene. J. chem. Soc. (London) **1951**, 685.

254. REPPE, W., O. SCHLICHTING, K. KLAGER und T. TOEPEL: Cyclisierende Polymerisation von Acetylen. I. Über Cyclo-octatetraen. Liebigs Ann. Chem. **560**, 20 (1948).

255. RINKES, I. J.: Über das Addukt von β-Eläeostearinsäure und Maleinsäureanhydrid. Recueil Trav. chim. Pays-Bas **62**, 557 (1943).

255a. ROBERTS, J. D., E. R. TRUMBULL, Jr., W. BENNETT and R. ARMSTRONG: The Reaction of Norbornylene with N-Bromosuccinimide. Norcyclene and its Derivatives. J. Amer. chem. Soc. **72**, 3116 (1950).

256. ROPP, G. A. and E. C. COYNER: Reactions of 1-Phenyl-1,3-butadiene with Acrylic Acid, Ethyl Acrylate and Methyl Vinyl Ketone. J. Amer. chem. Soc. **71**, 1832 (1949).

257. ROSS, J., A. I. GEBHART and J. F. GERECHT: The Addition of Olefinic Esters to Maleic Anhydride. J. Amer. chem. Soc. **68**, 1373 (1946).

258. RUDOLPH, W.: Beiträge zur Kenntnis des Kantharidins. Arch. Pharmaz. **254**, 423 (1916).

259. RUZICKA, L.: Zur Kenntnis von Dehydrierungsvorgängen. III. Dehydrierung von hydroaromatischen Carbonsäurederivaten und Ketonen mit Selen. Helv. chim. Acta **19**, 419 (1936).

260. RUZICKA, L., P. J. ANKERSMIT und B. FRANK: Polyterpene und Polyterpenoide. LXXIII. Anlagerung von Maleinsäure-anhydrid an Abietinsäure und Dextropimarsäure. Helv. chim. Acta **15**, 1289 (1932).

261. RUZICKA, L. und R. G. R. BACON: Polyterpene und Polyterpenoide. CXIX. Über die Anzahl und die gegenseitige Lage der Doppelbindungen bei der Laevopimarsäure. Helv. chim. Acta **20**, 1542 (1937).

262. RUZICKA, L., R. G. R. BACON, R. LUKES und J. D. ROSE: Zur Kenntnis der Diterpene. 35. Mitt. Oxydativer Abbau der Laevo-pimarsäure und ihres Additionsproduktes an Maleinsäure-anhydrid. Helv. chim. Acta **21**, 583 (1938).

263. RUZICKA, L. und W. BOSCH: Polyterpene und Polyterpenoide. LXII. Die Konstitution des Cyclo-isoprenmyrcens. Helv. chim. Acta **14**, 1336 (1931).

264. RUZICKA, L., C. F. SEIDEL, H. SCHINZ und M. PFEIFFER: Veilchenriechstoffe. 15. Mitt. Die Konstitution des Irons. Helv. chim. Acta **30**, 1807 (1947).

265. RUZICKA, L., C. F. SEIDEL, H. SCHINZ und CH. TAVEL: Veilchenriechstoffe. 23. Mitt. Einige ergänzende Versuche zur Konstitutionsaufklärung und Synthese des Irons. Helv. chim. Acta **31**, 257 (1948).

266. RUZICKA, L. und M. STOLL: Höhere Terpenverbindungen. XXI. Konstitution und Isomerisierung des α-Camphorens. Helv. chim. Acta **7**, 271 (1924).

267. RUZICKA, L., H. WALDEMANN, P. J. MEIER und H. HÖSLI: Polyterpene und Polyterpenoide. LXXVIII. Beiträge zur Kenntnis der Lage der Carboxylgruppe und der Doppelbindungen bei der Abietinsäure. Helv. chim. Acta **16**, 169 (1933).

268. SANDERMANN, W.: Dien-Anlagerungsverbindungen des Thebains. Ber. dtsch. chem. Ges. **71**, 648 (1938).

269. — Ein Beitrag zur Analyse von Harzen und ätherischen Ölen. Seifensieder-Ztg. **64**, 402 (1937).

270. — Über die Konstitution der Laevo-pimarsäure. Ber. dtsch. chem. Ges. **74**, 154 (1941).

271. SANDERMANN, W. und R. HÖHN: Studien über Harze, X. Mitt. Über die thermische Zersetzung von Dien-Addukten der Harzsäuren des Abietinsäuretyps. Ber. dtsch. chem. Ges. **76**, 1257 (1943).

272. SCHENCK, FR., K. BUCHHOLZ und O. WIESE: Untersuchungen am 7-Dehydrocholesterin. Ber. dtsch. chem. Ges. **69**, 2696 (1936).
273. SCHENCK, G. O.: Über Autoxydation und Photooxydation in der Furanreihe. Habilitationsschrift, Halle. 1943.
274. — Autoxydation von Furan und anderen Dienen. (Die Synthese des Askaridols.) Angew. Chem. **57**, 101 (1944).
275. — Zur Theorie der photosensibilisierten Reaktion mit molekularem Sauerstoff. Naturwiss. **35**, 28 (1948).
276. — Phototrop-isomere Diradikale als reagierende Zwischenstoffe photochemischer Reaktionen. Z. Naturforsch. **3b**, 59 (1948).
277. — Reaktionen mit molekularem Sauerstoff. In: Fiat Review of German Science, Präp. org. Chem., Bd. II, S. 196 (1948).
278. — Chemismus und Kinetik der durch fluoreszierende Farbstoffe photosensibilisierten Reaktionen mit O_2 und Primärakt der Photosynthese. Z. Elektrochemie **55**, 505 (1951).
279. — Probleme präparativer Photochemie. Angew. Chem. **64**, 12 (1952).
280. SCHENCK, G. O. und K. KINKEL: Zur Kinetik der durch fluoreszierende Farbstoffe photosensibilisierten Reaktion mit molekularem Sauerstoff. Naturwiss. **38**, 355 (1951).
280a. SCHENCK, G. O. und H. SCHULZE-BUSCHOFF: Synthetisches Askaridol, eine neue Möglichkeit der Spulwurmbehandlung. Dtsch. med. Wochenschr. **73**, 341 (1948).
281. SCHENCK, G. O. und K. ZIEGLER: Die Synthese des Ascaridols. Naturwiss. **32**, 157 (1944).
282. SCHINZ, H.: Die Veilchenriechstoffe. Fortschr. Chemie organ. Naturstoffe **8**, 146 (1951).
283. SCHINZ, H., L. RUZICKA, C. F. SEIDEL et CH. TAVEL: Produits à odeur de violette. 16ᵉ comm. Synthèse de la *d,l*-α-irone. Helv. chim. Acta **30**, 1810 (1947).
284. SCHMIDT, O.: Die inneren Energie-Verhältnisse organischer Substanzen, III. Mitt. Die experimentellen Unterlagen der Doppelbindungsregel; die Zucker-Spaltung. Ber. dtsch. chem. Ges. **68**, 60 (1935).
285. SCHÖNBERG, A. and A. MUSTAFA: Reactions of Ethylenes with 1,2-Diketones in Sunlight. Nature (London) **153**, 195 (1944).
286. — — Photochemical Reactions. VIII. Reaction of Ethylenes with Phenanthraquinone. J. chem. Soc. (London) **1944**, 387.
287. SCHÖPF, CL., K. v. GOTTBERG und W. PETRI: Über Thebain-maleinsäureanhydrid, Thebain-chinon, Thebain-hydrochinon und dessen Säureumlagerungsprodukt das Flavothebaon. Liebigs Ann. Chem. **536**, 213 (1938).
288. SCHÖPF, CL. und L. WINTERHALDER: Die Konstitution der Morphiumalkaloide. II. Die Konstitution des Thebains. Liebigs Ann. Chem. **452**, 232 (1927).
289. SEMMLER, F. W. und K. G. JONAS: Zur Kenntnis der Bestandteile ätherischer Öle (Synthese des Diterpens α-Camphoren, $C_{20}H_{32}$ und des Sesquiterpens Cyclo-isopren-myrcen, $C_{15}H_{24}$). Ber. dtsch. chem. Ges. **46**, 1566 (1913).
290. SHOPPEE, C. W.: Nature of the C/D-Ring Union in the Oestrogenic Hormones. Nature (London) **160**, 64 (1947).
291. SLOTTA, K. H. und K. NEISSER: Zur Chemie des Kaffees, III. Mitt. Die Gewinnung von Cafesterol und anderen Verbindungen aus dem Unverseifbaren des Kaffee-Öls. Ber. dtsch. chem. Ges. **71**, 1991 (1938).
292. — — Zur Chemie des Kaffees, IV. Mitt. Zur Konstitutionsaufklärung des Cafesterols. Ber. dtsch. chem. Ges. **71**, 2342 (1938).
293. SMITH, C. W., D. G. NORTON and S. A. BALLARD: Reactions of Acrolein and Related Compounds. I. Addition of Vinyl Ethers. J. Amer. chem. Soc. **73**, 5267 (1951).

294. SNYDER, H. R. and G. I. POOS: 1-Cyano-1,3-butadiene. III. The Dimer of 1-Cyano-1,3-butadiene. J. Amer. chem. Soc. **71**, 1395 (1949).
295. STAUDINGER, H. und P. J. MEYER: Über Ketene, XLIX. Mitt. Cyclobutanderivate aus Dimethylketen und Äthylenverbindungen. Helv. chim. Acta **7**, 19 (1924).
296. STAUDINGER, H. und A. RHEINER: Über Ketene, XLVIII. Mitt. Cyclobutanderivate aus Diphenylketen und Äthylenverbindungen. Helv. chim. Acta **7**, 8 (1924).
297. STORK, G. and G. SINGH: Configuration of the C/D-Ring Junction in Equilenin and other Steroids. Nature (London) **165**, 816 (1950).
298. STORK, G., E. E. VAN TAMELEN, L. J. FRIEDMAN and A. W. BURGSTAHLER: Cantharidin. A Stereospecific Total Synthesis. J. Amer. chem. Soc. **73**, 4501 (1951).
299. TAKEDA, K. and K. KITAHONOKI: Reaction of β-Naphthol and Maleic Anhydride. J. pharm. Soc. Japan **71**, 860 (1951).
300. TIEMANN, F.: Über die Veilchenketone und die in Beziehung dazu stehenden Verbindungen der Citral- (Geranial-) Reihe. Ber. dtsch. chem. Ges. **31**, 808 (1898).
301. TIEMANN, F. und P. KRÜGER: Über Veilchenaroma. Ber. dtsch. chem. Ges. **26**, 2675 (1893).
302. TREIBS, W.: Über Sulfonsäuren von Terpenen und Sesquiterpenen, I. Mitt. Der Cyclo-pulegenol-sulfonsäure-ester und sein Übergang in Menthofuran. Ber. dtsch. chem. Ges. **70**, 85 (1937).
303. TURNER, R. B.: Stereochemistry of the Steroids. In: L. F. FIESER and M. FIESER: Natural Products Related to Phenanthrene, 3rd ed., p. 620. New York: Reinhold Publ. 1949.
304. WALLACH, O.: Zur Kenntnis der Terpene und der ätherischen Öle. II. Über Askaridol. Liebigs Ann. Chem. **392**, 59 (1912).
305. WEISS, R.: 4′,4″-Dihydroxy-3′,5′,3″,5″-tetrabrom-1,4-diphenyl-naphthalin-2,3-dicarbonsäure-anhydrid. Monatsh. Chem. **71**, 6 (1938).
306. WEISS, R. und A. ABELES: Über die Kondensation des α,α'-Diphenyl-β,β'-benzofurans mit ungesättigten Verbindungen, II. Mitt. Monatsh. Chem. **61**, 162 (1932).
307. WEISS, R. und A. BELLER: Über die Kondensation des α,α'-Diphenyl-β,β'-benzofurans mit ungesättigten Verbindungen, I. Mitt. Monatsh. Chem. **61**, 143 (1932).
308. WEISS, R. und J. KOLTES: Derivate des 1,4-Di-α-naphthylnaphthalins. Monatsh. Chem. **65**, 351 (1935).
309. WERDER, F. v.: Über Dihydro-tachysterin. Z. physiol. Chem. (Hoppe-Seyler) **260**, 119 (1939).
310. WETTSTEIN, A., H. FRITZSCHE, F. HUNZIKER und K. MIESCHER: Über Steroide, 32. Mitt. Zur Konstitution des Cafesterols. Helv. chim. Acta **24**, 332 E (1941).
311. WETTSTEIN, A., F. HUNZIKER und K. MIESCHER: Zur Konstitution des Cafestols, 5. Mitt. Helv. chim. Acta **26**, 1197 (1943).
312. WETTSTEIN, A. und K. MIESCHER: Zur Konstitution des Cafesterols, 2. Mitt. Helv. chim. Acta **25**, 718 (1942).
313. — — Zur Konstitution des Cafestols. 3. Mitt. zur Konstitution des Cafesterols. Helv. chim. Acta **26**, 631 (1943).
314. — — Zur Konstitution des Cafestols. 4. Mitt. Helv. chim. Acta **26**, 788 (1943).
315. WIENHAUS, H. und W. SANDERMANN: Zur Chemie der Harze, II. Mitt. Anlagerungsfähigkeit der Kiefernharzsäuren. Ber. dtsch. chem. Ges. **69**, 2202 (1936).
316. — — Zur Chemie der Harze, III. Mitt. Oxydation der linksdrehenden ursprünglichen Kiefernharzsäure (Laevo-pimarsäure). Ber. dtsch. chem. Ges. **71**, 1094 (1938).

317. WILLEMART, A.: Recherches sur les oxydes anthracéniques dissociables; photooxydes du cyclohexyl-9 anthracène et du phényl-9 cyclohexyl-10 anthracène. Bull. Soc. chim. France (5) **6**, 204 (1939).

318. WINDAUS, A.: Über die Lage der Doppelbindungen im Ergosterin und seinen Umwandlungsprodukten. Nachr. Ges. Wiss. Göttingen **1929**, 169 (Chem. Zbl. **1930** I, 3194).

319. WINDAUS, A. (und Firma E. Merck): Brit. Patent 491653 (Chem. Zbl. **1939** I, 184).

319a. WINDAUS, A. und J. BRUNKEN: Über die photochemische Oxydation des Ergosterins. Liebigs Ann. Chem. **460**, 225 (1928).

320. WINDAUS, A., M. DEPPE und C. ROOSEN-RUNGE: Über die Pyro-vitamine D_3 und ihre Dehydro-derivate. Liebigs Ann. Chem. **537**, 1 (1939).

321. WINDAUS, A., M. DEPPE und W. WUNDERLICH: Über einige Bestrahlungsprodukte aus 7-Dehydro-cholesterin. Liebigs Ann. Chem. **533**, 118 (1938).

322. WINDAUS, A. und K. DIMROTH: Die Konstitution des Lumisterins und der Erhitzungsprodukte des Vitamins D_2 (Calciferols). Ber. dtsch. chem. Ges. **70**, 376 (1937).

323. WINDAUS, A., K. DIMROTH und W. BREYWISCH: Über den photochemischen Verlauf bei der Bildung der Photo-pyro-calciferole. Liebigs Ann. Chem. **543**, 240 (1940).

324. WINDAUS, A. und W. GRUNDMANN: Über die Konstitution des Vitamins D_2. II. Liebigs Ann. Chem. **524**, 295 (1936).

325. WINDAUS, A. und B. GÜNTZEL: Über einige Bestrahlungsprodukte des 22-Dehydro-ergosterins. Liebigs Ann. Chem. **538**, 120 (1939).

326. WINDAUS, A. und H. H. INHOFFEN: Über die Ozonisierung des 22-Dihydro-ergosteryl-acetat-maleinsäure-anhydrids. Liebigs Ann. Chem. **510**, 260 (1934).

327. WINDAUS, A. und R. LANGER: Über das 22-Dihydro-ergosterin. Liebigs Ann. Chem. **508**, 105 (1934).

328. WINDAUS, A., H. LETTRÉ und FR. SCHENCK: Über das 7-Dehydro-cholesterin. Liebigs Ann. Chem. **520**, 98 (1935).

329. WINDAUS, A., O. LINSERT, A. LÜTTRINGHAUS und G. WEIDLICH: Über das kristallisierte Vitamin D_2. Liebigs Ann. Chem. **492**, 226 (1932).

330. WINDAUS, A. und A. LÜTTRINGHAUS: Über das Verhalten des Ergosterins und einiger seiner Derivate gegenüber Maleinsäure-anhydrid. Ber. dtsch. chem. Ges. **64**, 850 (1931).

331. WINDAUS, A., A. LÜTTRINGHAUS und M. DEPPE: Über das kristallisierte Vitamin D_1. Liebigs Ann. Chem. **489**, 252 (1931).

332. WINDAUS, A., FR. SCHENCK und F. v. WERDER: Über das antirachitisch wirksame Bestrahlungsprodukt aus 7-Dehydro-cholesterin. Z. physiol. Chem. (Hoppe-Seyler) **241**, 100 (1936).

333. WINDAUS, A. und W. THIELE: Über die Konstitution des Vitamins D_2. I. Liebigs Ann. Chem. **521**, 160 (1936).

334. WINDAUS, A. und G. TRAUTMANN: Über das kristallisierte Vitamin D_4. Z. physiol. Chem. (Hoppe-Seyler) **247**, 185 (1937).

335. WINDAUS, A., F. v. WERDER und A. LÜTTRINGHAUS: Über das Tachysterin. Liebigs Ann. Chem. **499**, 188 (1932).

336. WOODWARD, R. B. and H. BAER: Studies on Diene-addition Reactions. II. The Reaction of 6,6-Pentamethylenefulvene with Maleic Anhydride. J. Amer. chem. Soc. **66**, 645 (1944).

337. — — The Reaction of Furan with Maleic Anhydride. J. Amer. chem. Soc. **70**, 1161 (1948).

338. WOODWARD, R. B. and R. B. LOFTFIELD: The Structure of Cantharidine and the Synthesis of Desoxycantharidine. J. Amer. chem. Soc. **63**, 3167 (1941).

339. WOODWARD, R. B., F. SONDHEIMER, D. TAUB, K. HEUSLER and W. M. MC LAMORE: The Total Synthesis of Steroids. J. Amer. chem. Soc. **74**, 4223 (1952).

340. WUNDERLICH, W.: Über das 7-Dehydro-sitosterin. Z. physiol. Chem. (Hoppe-Seyler) **241**, 116 (1936).

341. ZEISS, H.: The Chemistry of the Resin Acids. Chem. Reviews **42**, 163 (1947).

342. ZIEGLER, K.: Über einige natürliche Duft- und Reizstoffe und ihre Synthese. (Zusammenfassender Vortrag.) Nova Acta Leopoldina **13**, 442, Halle a. d. Saale. 1944.

343. ZIEGLER, K., W. FLAIG und G. VELLING: Synthetische Versuche in der Gruppe des Cantharidins. Liebigs Ann. Chem. **567**, 204 (1950).

344. ZIEGLER, K., H. SAUER und L. BRUNS: Trans-Cycloolefine mit 8, 11 und 16 C-Atomen. Angew. Chem. **64**, 591 (1952).

345. ZIEGLER, K., G. O. SCHENCK und E. W. KROCKOW: Synthese des Cantharidins. Naturwiss. **29**, 390 (1941).

346. ZIEGLER, K., G. O. SCHENCK, E. W. KROCKOW, A. SIEBER, A. WENZ und H. WEBER: Die Synthese des Cantharidins. Liebigs Ann. Chem. **551**, 1 (1942).

347. ZIEGLER, K. und H. WILMS: Über vielgliedrige Ringsysteme. XIII. Ungesättigte Kohlenwasserstoff-8-Ringe. Liebigs Ann. Chem. **567**, 1 (1950).

(Eingelaufen am 6. Februar 1953.)

Physical Chemistry of Rubbers.

By H. MARK, Brooklyn, New York.

With 11 Figures.

Contents.

I. Introduction.

Native Rubber *(Hevea brasiliensis)* was for many decades the only known substance which exhibited typical "rubber elasticity" that is a long range (up to 1500%), low modulus (around 10^6 dynes per cm^2)

reversible extensibility. This exceptional mechanical behavior was, therefore, for a long time considered to be a consequence of the special *chemical* structure of native rubber, which was recognized to be a polymer of isoprene (*52, 53, 86*). Since then many other substances were discovered, which show to a higher or lesser degree all typical features of rubber elasticity, although they have widely different chemical compositions. Polymeric hydrocarbons, alcohols, esters, amides, chlorohydrocarbons, fluorocarbons and silicones, they all have rubbery representatives, and the only common and necessary feature appears to be that the material is built up by *linear flexible macromolecules*. Together with the synthesis of many new elastomers there went during the last twenty years a systematic quantitative study of the thermal and mechanical properties of these materials under various conditions which led to the conviction that "rubberiness" is not connected with any special chemical composition but much rather is characteristic for a *special state of matter*, which exhibits its startling properties over a certain range of the experimental variables such as temperature, stress, strain and time. This new concept poses for the phenomenological description and the molecular interpretation of rubber elasticity a number of interesting problems, the present state of which shall be briefly reviewed in this article. These current problems of rubber elastic behavior can be listed as follows:

Qualitative understanding of the principles of rubberiness.

Information on the structural details, the average molecule weight and weight distribution of macromolecules which form elastomers.

Quantitative data characterizing the three-dimensional networks built up by these macromolecules through crosslinkings in the bulk phase.

Statistical thermodynamics of rubber elasticity.

We shall now proceed to discuss these points in some detail.

II. Fundamental Aspects of Rubberiness.

The *crystalline* state of a material consisting of ordinary small molecules is characterized by the fact that each individual atom, ion or molecule is fixed in an equilibrium position, about which it executes irregular rapid vibrations under the influence of the random thermal agitation. These equilibrium positions are arranged in a *regular three-dimensional pattern* and form the fixpoints of a *crystal lattice*. As a consequence of this arrangement a high degree of order prevails and there is *no translational Brownian motion* of the individual particles. The energy content (enthalpy) H of the system and the degree of disorder (entropy) S are low, and hence crystals are in general stable at low temperatures. As one increases the temperature of the system and raises the average kinetic energy $k\,T$, eventually a point is reached where the lattice breaks down and, instead of being fixed in definite equilibrium positions, the individual molecules are now carrying out a random Brownian motion. As a consequence the rigid, solid crystal is, at the melting point, converted into a fluid liquid. In the *absence* of *Brownian motion* the system is a *hard, stress-transfering solid*; as soon as *translational Brownian movement* is *"liberated"* it is transformed into a *liquid*, which cannot sustain shear or stress but under its influence yields and *flows*; the *transition* between the two phases is *sharp*, it occurs at the *melting point*.

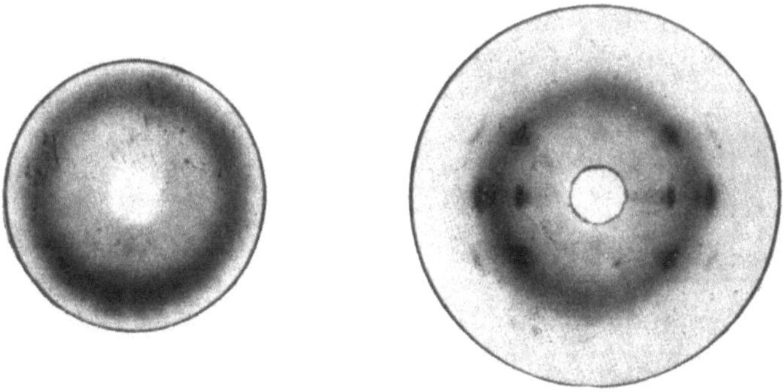

Fig. 1. X-ray diagrams of unstretched (left) and stretched (right) rubber (*82*). [From: H. MARK and A. V. TOBOLSKY, "Physical Chemistry of High Polymeric Systems" (High Polymers, Vol. II), p. 30. Copyright 1950, Interscience Publ. Inc. New York-London.]

Let us now consider the same conditions with a system consisting of long flexible macromolecules. It has been found that such materials can also exist in a crystalline state. In it the segments of each individual macromolecule are located in fixed equilibrium positions which in turn form the points of a three-dimensional lattice as evidenced by the relatively sharp and intense diffraction spots of the X-ray pattern of such materials (Figure 1). All Brownian motion is "frozen" under such conditions and, as a consequence, the material behaves like a rigid, stress-transfering solid. Highly stretched native rubber, cotton, flax, drawn nylon, native silk and some other fibers are essentially in this state although it must be pointed out that a polymeric material is never to 100% crystalline but always contains a certain percentage of disordered amorphous constituents. Nevertheless, the modulus of elasticity of highly crystalline polymers is of the same order of magnitude as that of normal organic crystals of similar constitution, such as cane sugar or oxalic acid, namely around 10^{11} dynes per cm^2. The elastic behavior of such materials is characterized by a short range (1–2%) high modulus, instantaneously reversible extensibility.

If we now again raise the temperature of the system and provide for more motion of the individual segments of the macromolecules, an important *new aspect* has to be considered. In the case of small molecules, such as benzene or naphthalene, the molecule is *either* at rest *or* it diffuses around; in the case of a long flexible chain molecule we must admit that there might already be a considerable degree of configurational motion in certain *parts* of it without that the molecule is displaced *as a whole*: we have to distinguish between *local* motion and *overall* displacement. This distinction is not caused by the existence of any kind of new mobilities or forces, it is merely a consequence of the *size* of the molecule which is so large that certain parts of it might be already in relatively vigorous motion whereas others are still virtually "frozen". It will therefore be necessary, as particularly W. KUHN (*78, 79*) has pointed out, to differentiate between a "local" or "micro" Brownian movement, which refers to the relative displacement of short segments of the chain in respect to each other, and an "overall" or "macro" Brownian motion, which involves a displacement of the whole macromolecule.

If we have a polymer in its *crystalline* or *glassy* state, in which *all* translational motions of the segments and of the whole molecules are frozen and we raise the temperature, then it seems logical to assume that the "micro" Brownian motion will *first* be activated, whereas the "macro" Brownian movement still remains restricted. Only upon further increase of temperature will *all* possible molecular motions be activated and one is going to arrive at a state where mobility dominates and which, as previously in the case of an ordinary organic substance, has all characteristics of a viscous *liquid*. The individual segments *and* the chain molecules as a whole carry out random diffusional movements, which prevent the system of sustaining shear or stress and cause it to flow, that is to undergo irreversible deformation under the influence of

Crystalline Solid	Melting Temperature	*Liquid (melt)*	
No translational BM (—) Long range order Transfers stress Rigid and hard		Free translational BM (+) No long range order Does not transfer stress but flows Fluid liquid	Ordinary organic molecules

Crystalline State	Softening Temperature	*Rubbery State*	Flow Temperature	*Liquid State*	
internal BM — external BM — long range order		internal BM + external BM — long range entanglement		internal BM + external BM + no long range connections	Polymer Molecules

———→ Increasing Temperature ——— →

Fig. 2. Phase changes in ordinary organic substances and in polymers. (BM = Brownian motion.)

external mechanical forces. The scheme of Figure 2 represents these conditions and shows that ordinary and polymeric substances alike can either exist in a *rigid crystalline* or *glassy* state if molecular motion is *frozen* or in a *liquid* state if it is *activated.* A minus sign after the letters BM (Brownian motion) indicates *absence* of motion, a plus sign means that molecular motion is *activated.* The *solid* state has *only* minus signs, the *liquid* state *only* plus signs: *all* motions are *forbidden* in the former, all are *permitted* in the latter. For *ordinary* molecules this scheme evidently exhausts *all* possibilities but *not* for *macromolecules.*

In a system containing long and flexible chain molecules it is apparent that the *micro* Brownian motion will be activated at a *lower* temperature than the movement of the macromolecules as a whole. As a consequence there will exist a certain temperature range within which *local* mobility is already *permitted* but *overall* mobility is still *ruled out.* In terms of Figure 2 this range will be characterized by a *plus* sign for the *micro* and a *minus* sign for the *macro* Brownian motion. Within *small* volume elements the individual segments will essentially exhibit the mobility of the molecules in a *liquid* because the activated micro motion guarantees rapid local diffusion. The sample as a whole, however, will have the properties of a rigid solid, because the restricted macro motion prevents easy deformation of larger domaines. The *coexistence* of these two conditions is, evidently, caused by the presence of long flexible macromolecules which necessitates the distinction between a micro and macro molecular motion. Small molecules which either move or do not move, exhibit a sharp melting (or softening) point; in the case of macromolecules a *new state of matter* must be recognized to exist between the solid and liquid phase—it is the *rubbery state.*

Crystalline or Glassy State	Softening Range	*Rubbery State*	Flow Range	*Liquid State*
internal Brownian movement —		internal BM +		internal BM +
external Brownian movement —		external BM —		external BM +
Individual segments are immobile		Individual segments are mobile		Individual segments are mobile
Entire molecules are immobile		Entire molecules are immobile		Entire molecules are mobile
System transfers stress and represents a hard, rigid solid		System transfers stress and can undergo large deformations rapidly; it is a rubber		System cannot transfer stress but yields under shear or stress and flows. It is a viscous liquid

Fig. 3. Phases of polymeric systems and their mechanical properties.

Figure 3 reiterates the statements of Figure 2 and amplifies them by adding a few statements concerning the macroscopic behavior of the different states; it makes it clear that the variability of the mechanical properties of polymeric materials will be much larger than that of ordinary substances, because they can, depending on the experimental conditions, exist in *three* different condensed states: *solid, rubbery,* and *liquid.*

In the sense of this introductory fundamental discussion rubbers are systems occupying a state *between* solid and liquid; they can be considered as a *liquid* with a superimposed system of *fix points*, combining *local mobility* (the plus sign for the micro motion) with *overall rigidity* (the minus sign for the macro motion). This concept gives, in fact, a surprisingly precise qualitative picture of all basic properties of typical elastomers. A rubber band will in the absence of external forces maintain its shape virtually indefinitely long, it transfers static and dynamic stresses like a solid; in the stretched state it can exhibit sharp and intensive X-ray diffraction spots—all properties characteristic for a solid body. On the other hand, relatively weak forces cause large and almost instantaneous deformations, rubbers are capable to dissolve ordinary organic and inorganic substances, such as benzophenone, dichloro-diphenyl, sulfur, and others; they permit rapid permeation of gases and vapors and show a very small volume compressibility—all properties characteristic for a liquid. It is the proper *combination* of "solid" and "liquid" behavior which produces the peculiar character of rubberiness.

The scheme of Figure 3 shows that, for a given material the rubbery state exists only over a certain temperature range; it is bordered at the lower limit by the solid state (crystalline or glassy) with complete restriction of translational molecular mobility, at the upper limit by the liquid state (melt) with complete freedom of molecular motion. This scheme also permits to predict what phenomena will prevail if a material is studied not in the *middle* of its rubbery state but rather in the neighborhood of one of the borders. If we, for instance, approach the upper temperature limit of the rubbery range in Figure 3, it is apparent that the significance of the plus sign will become more and more accentuated. This means that the intensity of the *micro* Brownian motion is increased; the segments are in a more rapid random motion, they will resist more strongly to the influence of external forces and, if extended, the sample will snap back more rapidly into its original shape. Consequently, as far as modulus and rate of recovery is concerned, the material will be a better rubber at the high temperature limit than in the middle of the rubbery range. But, at the same time, the minus sign for the overall motion will, at the high temperature limit, show already some tendency to change into a plus sign; the fixpoints will not hold completely and the macromolecules will, to a certain degree, already start to move along each other as a whole.

This will cause a certain degree of slippage in the extended sample: the recovery will be fast but incomplete and the system will have a tendency to show a *permanent set.* In the temperature range within which the minus sign changes into a plus the material changes gradually from a typical rubber, over a rubbery soft plastic, into a melt. This transition is characteristic for the "flow" point (or range) and reflects the gradual breakdown of the stress-transfering fixpoint system of the original rubber. It is not a normal *first order* transition like that at a melting point of a crystalline phase, because there are no distinct changes in the geometrical arrangement of the individual macromolecules but only changes in the degree of their mutual interaction. Unvulcanized smoked sheet hevea rubber at 60° C., masticated rubber at room temperature or plasticized Vinylite VYNW at 50–60° C. show a behavior corresponding to this transition range.

If we now contemplate the conditions prevailing upon approach of the lower temperature limit it becomes evident, that the minus sign indicating the absence of *macro* Brownian motion will become more and more significant and the fixpoint system will, at low temperatures, resist successfully the establishment of any permanent set. On the other hand, the plus sign of the local motion will show the tendency to go over into a minus sign, the segment motion will begin to freeze and the rate of extention and recovery will be slow. Instead of being *soft* and *snappy,* the material will be *boardy* and *sluggish.* As the temperature is further decreased we shall wind up with a rigid (brittle) solid. Whether this material is in its crystalline or in its glassy state, will depend on the rate of this transition, on the regularity and symmetry of the chains and on the fact as to whether the transition took place under the influence of orienting external forces. If an appreciable amount of crystallization takes place we have a first order transition of the type of a normal *melting* point, because there are distinct changes in the configuration of the individual macromolecules. If the solid phase is in its glassy state, we face again a so-called *second order* transition phenomenon, the exact temperature range of which depends to a certain extent on the experimental conditions. In general, this hardening range corresponds approximately to the conventional *brittle point*; it is around —60° C. for hevea rubber, around —15° C. for plasticized Vinylite VYNW and around 80° C. for polystyrene.

If a polymer is supposed to give a useful rubber it is evident that its *range* of rubberiness must be wide; this calls at the same time for a high softening range and for a low brittle point. Table 1 contains some data indicating the range of rubberiness of a few important polymers and copolymers. To synthesize macromolecules of superior rubber forming capacity, it would evidently be desirable to understand figures such as those given in Table 1 in terms of the structural details of the macro-

Table 1. Temperature Range of Rubberiness of a Few Elastomers.

Material	Lower limit in °C	Upper limit in °C
Silicone Rubbers	below —100	above 150
Natural Rubber	— 80	130
Butyl Rubbers	— 70	120
GR–S type Rubbers	— 70	120
Neoprene	— 30	130
Polyvinylchloride-acetates	0	50
Polystyrene	78	90

molecules and of their molecular weights. No precise quantitative relationship between these factors can be given at present but there exist some qualitative working hypotheses, which are based on extensive experimental data on the structure and behavior of many elastomers. We shall therefore proceed now to an account of the chain structure and of the molecular weight of the principal rubber formers.

III. Structure and Molecular Weight of Rubbery Polymers.

A. Natural Rubber.

The classical prototype of all elastomers is a natural poly hydrocarbon, which occurs in many subtropical and tropical plants, specifically in *Hevea brasiliensis* and *Ficus elasticus* where it is accompanied by resinous and proteinic substances. The brilliant pioneering work of HARRIES (*52, 53*) [cf. DAVIS and BLAKE (*21*); cf. also Adv. Coll. Sci. II (1946)] accomplished the separation of the hydrocarbon component from its "impurities" and established the following basic facts:

The empirical formula of rubber is $(C_5H_8)_n$.
Each unit contains a double bond.
Dry distillation gives high yields of isoprene.
The individual units are linked together by a continuous 1,4-bonding scheme.

The experimental methods available at the beginning of this century did not permit to establish such other important questions as
The average molecular weight
The molecular weight distribution
The configuration—*cis* or *trans*—of the double bonds in the chain
The existence of branching and
The nature of the end groups.

Several thousand papers have been published by more than a hundred authors during the last fifty years, and all modern methods of physical and organic chemistry have been concentrated on the solution of the open problems of rubber chemistry. Most successful proved to be the diffraction of X-rays and electrons (*67*), the absorption of infrared radiation (*104*), measurements of the osmotic pressure (*49*), of the rate of sedimentation and diffusion (*80*), the scattering of light in dilute solutions (cf. *29*, there p. 226), and the application of new and refined methods of oxidation and addition to double bonds (cf. *70*). As a result of all these methods it is possible to add the following statements (cf. *86*) to the original findings of HARRIES and his contemporaries:

a) Rubber consists of a *sol fraction* soluble in ether and some other solvents and a *gel fraction* which swells highly but does not completely dissolve in the cold (*95*, *96*); the former is apparently a linear polymer, the latter is slightly crosslinked by hydrogen bonding of a few polar groups.

b) The average molecular weight of sol rubber ranges between 150000 and 400000 depending upon origin and pretreatment. Gel rubber can be rendered soluble by adding butanol or other polar cosolvents which open the hydrogen bonds between the chains; in these solutions it has a similar molecular weight as the sol rubber in benzene and toluene.

c) There is no indication for the existence of chain branching.

d) The majority of the double bonds are in the 1,4-*cis*-configuration; there seems to be a few 1,2-bonds, but they are less than 3–4% and their existence is not yet definitely established.

e) The molecular weight distribution appears to be of the "normal" character, indicating a rather wide spread of molecular weight, but a really thorough fractionation of rubber is still lacking.

f) Nothing definite can be said about the end groups of the chains of native rubber.

These facts led to the following picture of the structure of the individual macromolecules of native rubber: they are linear chains representing essentially a continuous sequence of 1,4-*cis*-polyisoprene,

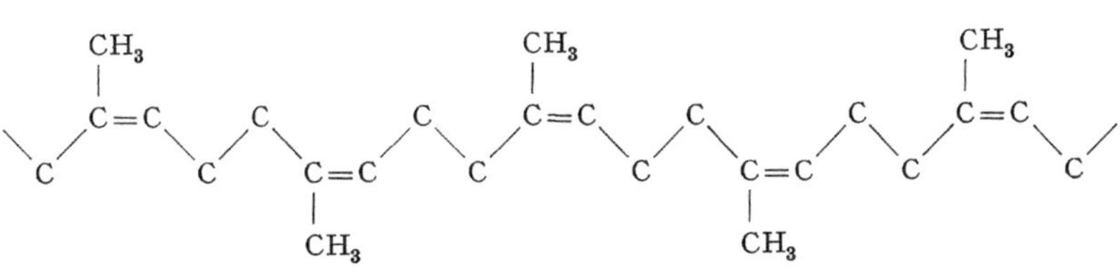

and containing on the average between 2000 and 6000 isoprenes: each individual sample is a mixture of species of widely varying degrees of polymerization. The length of the monomeric unit is about 4.5 Å; the fully extended length of a rubber molecule having a polymerization degree of n is therefore,

$$L\,(\text{ext}) \simeq 4.5\,n\,\text{Å} \tag{1}$$

which leads to values of 9000–27000 Å for the *DP*'s (degree of polymerization) indicated above. The double bonds in the chains have their normal plane configuration and, hence, a considerable degree of rigidity; the single bonds, on the other hand, display the normal, moderately hindered free rotation of carbon-carbon linkages which are substituted by H-atoms or CH_3-groups. This provides for a considerable degree of flexibility of each molecular chain. Hence, in the state of dilute solution, where the macromolecules are essentially independent of each other they do not maintain their extended configuration but, under the influence of Brownian motion, are randomly folded and kinked until an irregular coil is formed, in which the individual segments, surrounded by solvent molecules, constantly change their relative position but permanently remain linked together by chemical bonds. These randomly kinked, highly solvent-swollen coils occupy a volume which is many times larger than the actual volume of the backbone chain itself; they are responsible for all characteristic properties of rubber solutions, such as high viscosity, turbidity, flow birefringence, non-Newtonian behavior, and tackiness. Systematic investigations (*38–41*) by osmotic, light-scattering and viscosity measurements have shown that the Volume Ω which is occupied by such a coil can be approximated by a sphere, having the effective radius R_e,

$$\Omega = \frac{4\pi}{3} R_e^3 \tag{2}$$

where R_e is proportional to the square root of the degree of polymerization n or the molecular weight M

$$\begin{aligned} R_e &= \alpha\, M^{1/2} \\ &= \alpha \cdot n^{1/2} \cdot M_0 \end{aligned} \tag{3}$$

($M = n \cdot M_0$; M_0 = molecular weight of the monomer.)

The value of α in the case of rubber in benzene is about 0.5, so that the effective radius R_e is given by

$$R_e \sim 34 \cdot n^{1/2}. \tag{4}$$

If we consider for instance a molecule of $n = 4000$, which corresponds to a rubber molecule of average size, the effective radius is

$$R_e \sim 2000\,\text{Å}$$

and the volume occupied by this molecule in the dissolved state is

$$\Omega = 3 \cdot 10^{10}\,\text{Å}^3.$$

Comparison of equations (1) and (4) shows clearly that flexible macromolecules in solution resemble a three-dimensional spiderweb, the thread of which amounts only to a small fraction of the total volume which the whole system—molecule plus solvated liquid—occupies.

A somewhat more detailed analysis leads to the conclusion that the highest density of segments exists at the center of the sphere and that this density decreases towards the surface according to a Gaussian distribution function. The proportionality factor α in equation (3) which according to FLORY represents the bulkiness of the macromolecules under consideration, depends on the flexibility of the chains and on the interaction of the solvent with the segments of the macromolecules. This interaction is connected with the free energy of dilution of the solution and can be experimentally determined by osmotic measurements; it is related to the second virial coefficient of the expansion of the osmotic pressure as a function of concentration and is usually expressed as HUGGINS' μ-value. This value varies with the solvent; in neutral solvents it is about 0.35, decreases in good solvents to 0.15 and reaches its limiting value 0.50 in poor solvents where the macromolecules are at the verge of precipitation.

The idea that dissolved macromolecules of rubbery polymers are highly swollen, random coils also explains the peculiar viscosity behavior of such systems, which can be best described in terms of the *intrinsic viscosity* of KRAEMER [KRAEMER and VAN NATTA (*71, 72*); cf. also EWART (*29*)]. In order to correlate the viscosity of polymer solutions with the molecular characteristics of the solute it is necessary not to consider the viscosity of a solution at an arbitrary concentration itself but rather to define a quantity which is less dependent on accidental influences and more directly connected with the properties of the solute. STAUDINGER (*100*) has shown that the specific viscosity at unit concentration η_{sp}/c is a suitable quantity of this kind. It is obtained by

$$\eta_{sp}/c = \frac{\eta_c - \eta_0}{\eta_0} \cdot \frac{1}{c}, \tag{5}$$

where η_c = viscosity of the solution of concentration c,

η_0 = viscosity of the pure solvent,

c = concentration (conventionally expressed in grams per 100 ml.).

HUGGINS (*60*) established that η_{sp}/c is a linear function of c

$$\eta_{sp}/c = [\eta] + k'[\eta]^2 c$$

in the domaine of low concentrations (c = 1.0 and below), which can be extrapolated to zero concentration to give the intrinsic viscosity $[\eta]$, that is closely related to fundamental molecular properties of the solute. Empirically it was found that $[\eta]$ is connected with the number average molecular weight according to

$$[\eta] = K M^a, \tag{6}$$

where the parameters a and K depend on the flexibility of the dissolved macromolecules, on the temperature and on the solvent. For rubber in toluene at 25° C. their values are,

$$K = 5.02 \times 10^{-4},$$
$$a = 0.667.$$

Equation (6) is of considerable practical importance because it permits to determine molecular weights or degrees of polymerization from simple viscosity measurements as soon as once the empirical constants K and a are determined by a set of calibration experiments for a given solvent at a standard temperature. Theories have also been developed by several authors [KUHN (*75*, *76*); DEBYE and BUECHE (*22*); KIRKWOOD and RISEMAN (*69*); FOX and FLORY (*39*)] to connect K and a with such basic properties of a macromolecular coil as length and cross section of the individual segment, density and density distribution of the segments inside of the coil, and frictional resistence of the segments with the molecules of the surrounding solvent.

These theories indicate that an easily flexible chain molecule in a neutral solvent should have an "a" value between 0.5 and 1.0, which is, in fact, the range occupied by all rubbery polymers.

Whereas the intrinsic viscosity describes the behavior of the *isolated, highly swollen* macromolecule, the concentration increment factor k' reflects what happens with the viscosity of a solution if one packs more and more molecules into it; a small value of k' shows that the swollen coils of the dissolved macromolecules are easily compressible, a large value indicates difficult compressibility (considerable bulk) of the solute. In fact, systems having a high intrinsic viscosity (loose coils) show small k'-values and vice versa; also in solvents with high swelling power (thermodynamically good solvents) the k'-values are small; in poor solvents, when the chains are more tightly coiled and hence less compressible they are large. Rubbery polymers possess k'-values between 0.25 and 0.40; rubber itself has k'-values around 0.35.

Other important quantities, which can serve to characterize a given macromolecule are, the sedimentation constant s_0 at infinite dilution, its concentration dependence (*73*) and the intrinsic disymmetry of the intensity of the scattered light (*119*). No extensive studies of these quantities do as yet exist for typical elastomers and it may therefore not be justified to discuss them here in too much detail.

It has been known since long that rubber solutions exhibit a noticeable sensitivity against shear rate in regard to their viscous properties. This is usually ascribed to the mechanical entanglement of the individual macromolecules in solutions, which are so concentrated that the spheres of coverage of the molecular coils overlap to a noticeable extent. It has, however, been found that even the intrinsic viscosity of polymer solutions can depend on the rate of shear, which is always the case if the individual macromolecules are either more or less rigid rods or if the coils have such a slow rate of recovery from a strained configuration that the time of relaxation becomes comparable with the time scale of the experiment. No such effect has been reported for dilute rubber solutions, which is in line with the concept that rubber molecules in solution are highly swollen irregular coils with easy segment mobility and rapid recovery. Dynamic measurements in the range of sonic and supersonic frequencies showed that the time of relaxation necessary to bring a rubber molecule of a *DP* around 3000 from a strained (ellipsoidal) configuration back into the most probably arrangements of its segments is of the order of magnitude of 10^{-3} seconds. The corresponding modulus is around 10^3–10^4 dynes per cm^2, which is about 100 times less than that of unvulcanized or very slightly vulcanized rubber and appears to have the correct order of magnitude if one considers the high degree of swelling of such a molecule in dilute solution. Table 2 summarizes the figures which can serve, at present, to characterize quantitatively a molecule of natural rubber.

Table 2. Data which May Serve to Characterize an Individual Molecule of Natural Rubber.

L (extended) $= 1.27\, n$ Å

L (coiled in a neutral solvent) $= 2.90 \sqrt{n}$ Å

n = number of carbon atoms in the chain ($n = 4\, DP$)

For solutions in toluene at 25° C.:

$K = 5.02 \times 10^{-4}$

$a = 0.667$

k' in benzene and toluene at 25° C. $\simeq 0.35$

μ in carbon tetrachloride ...	0.28	20° C.
„ „ chloroform	0.37	20° C.
„ „ toluene	0.43	27° C.
„ „ benzene...............	0.44	25° C.
„ „ carbon disulfide	0.49	25° C.
„ „ benzene + 15% methanol	0.50	25° C.

B. Synthetic Polyhydrocarbon Elastomers.

The first steps to prepare a synthetic rubber were taken around 1910, at a time when rubberiness was still considered to be the consequence of a very special chemical composition. Hence, isoprene and its closest homologs—butadiene and dimethylbutadiene—were selected as monomers, and the main problem was to polymerize them in such a manner that sufficiently large, linear macromolecules of high internal flexibility would be formed [Harries (54)]. The earliest experiments were carried out in bulk with sodium as catalyst; they led to highly branched and eventually crosslinked systems, which did not at all perform satisfactorily. Somewhat later, polymerization in emulsion was introduced (cf. *58*, *59*) which greatly accelerated the conversion rate and also produced somewhat more linear macromolecules. A real significant progress came in the late 1920's when copolymers of butadiene with styrene and acrylonitrile exhibited promising properties and were developed in Germany as Buna S and Buna N [TSCHUNKUR and BOCK (*112*)]. At the same time in America a homopolymer of chloroprene was found to have a satisfactory combination of properties [cf. e. g. CAROTHERS' Collected Papers (*17*)] and was put into production as Neoprene. A few years later it was observed that isobutene can be converted into rubbery masses at very low temperature which eventually led to the development of Butyl Rubber. In the last decade progress is characterized not so much by the introduction of new chemical monomer components but rather by an elaborate study of the reaction mechanism in all its details and by the influence of temperature, catalysts, activators, modifiers and so on. Four or five rubbery polymers and copolymers are at present used in larger scale instead and together with native rubber; the different characteristics of the individual molecules of them are fairly well explored and we shall therefore present in this section whatever data are available on these materials.

1. Polyisobutylene and its Copolymers.

Isobutylene can be polymerized in bulk or solution at low temperatures using FRIEDEL-CRAFTS type catalysts and alkyl halides or acids as cocatalysts [THOMAS et al. (*108*)]. Liquid isobutylene at —80° C. polymerizes to a highmolecular weight rubbery mass within fractions of a second, if about 0.05% boron trifluoride is added and if traces of water or acetic acid are present [EVANS and POLANYI (*28*); PLESCH et al. (*93, 94*); NORRISH and RUSSELL (*92*)]. The molecular weight decreases with increasing temperature and catalyst concentration; under the above mentioned conditions the number average molecular weight is between 150000 and 200000. Polyisobutylenes of this degree of polymerization represent a white, rubbery mass which is soluble in aliphatic and aromatic hydrocarbons, chloroform and ketones; they have been systematically and thoroughly investigated particularly by FLORY and his collaborators (30, *38*) who found by an extensive fractionation from benzene solutions that the molecular weight distribution is of the form which should be expected for a randomly occurring addition polymerization reaction. The individual molecules are started by addition of a proton to the double bond of the first monomer and are terminated by abstraction of a proton from the terminal link of the chain; the monomer sequence is essentially "head to tail". The intrinsic viscosities of highpolymeric polyisobutylenes depend strongly on the solvent. Thermodynamically "good" solvents which solvate the individual segments of the macromolecules strongly such as cyclohexane or methyl cyclohexane give high values; "poor" solvents such as benzene or di-*n*-butyl ether give low values, whereas "neutral" solvents such as isooctane or diisobutylene are intermediate. For instance a polymer of a number average molecular weight of about 140000 gave the following intrinsic viscosities at 38° C:

Cyclohexane	1,26	Isooctane	0,734
Methylcyclohexane	1,08	*n*-Hexane	0,495
Diisobutylene	0,754	Di-*n*-butylether	0,342
n-Octane	0,744	Benzene	0,296

If intrinsic viscosities are determined at 20° C. in diisobutylene, the following relation holds,

$$[\eta] = 3.60 \times 10^{-4} \cdot M_n^{0.64}, \tag{7}$$

where M_n is the osmotic (number average) molecular weight. Equation (7) was established over a molecular weight range from 5000 to 1500000. Combined viscosimetric, osmotic and lightscattering measurements of polyisobutylene solutions show that the individual molecules behave essentially like Gaussian coils, the radius of which depends in a characteristic manner on the solvent and on temperature. This seems to indicate that the intrinsically flexible long chain molecules are somewhat sterically hindered by the two methyl groups attached at the same carbon atom, and hence the overall configuration and the rate of its changes are very sensitive against the nature of the surrounding solvent molecules.

Table 3 gives a few interesting data on the swelling factor of polyisobutylenes of different molecular weights in various solvents whereas Table 4 contains K and a values for good, neutral, and poor solvents.

Polyisobutylenes, even of very high molecular weight, exhibit too much permanent set to be useful rubbers and, because of the lack of double bonds, cannot be vulcanized or cured in the conventional manner. It was therefore of great importance that THOMAS and SPARKS (*107*) found how to copolymerize small quantities of dienes with isobutylene

Table 3. Expansion Factor α^3 for Polyisobutylenes of Different Molecular Weights in Different Solvents According to FOX and FLORY.

$$[\eta] = K_0 \, \Phi \, M^{0,50} \, \alpha^3$$

Molecular weight	α^3 in Cyclohexane		α^3 in CCl_4		α^3 in Toluene		α^3 in Benzene	
	30° C	60° C	30° C	60° C	30° C	60° C	30° C	60° C
1260000	3.81	3.97	3.44	3.80	2.08	3.43	1.42	2,67
463000	3.04	—	2.76	—	1.74	1.99	1.28	1.87
92700	2.18	—	2.00	—	—	—	—	—
48000	1.92	—	1.77	—	1.31	1,42	1.10	1.35

Table 4. Intrinsic Viscosity–Molecular Weight Relationships for Polyisobutylene in Different Solvents according to FLORY.

$$[\eta] = K\,M^a$$

Solvent	Temperature °C	$K \cdot 10^4$	a
Cyclohexanol (good)	30	2.65	0.69
Carbon tetrachloride (good)	30	2.9	0.68
Diisobutylene (neutral)	20	3.60	0.64
Benzene (poor)	30	8.3	0.56

in such a manner that the final macromolecules contain a few per cent of double bonds which can be used to vulcanize the material with the aid of conventional processing ingredients [cf. also FLORY (*32*)]. The presently produced copolymer is known as *Butylrubber*; it contains about 1% butadiene, which very probably is present essentially in the 1,4-*trans*-configuration and practically does not influence the solution properties of the material. It is therefore possible to use equation (7) for uncured butylrubber as well as for polyisobutylene. After vulcanization butylrubber is a snappy, tough elastomer, which does not show any detrimental permanent set and is an important commercial product. Because of its superior qualities as a barrier for diffusion and permeation of gases it is today almost exclusively used for the production of inner tuber and other articles where low permeability is important.

2. *Polybutadiene and Polyisoprene.*

Butadiene and isoprene can be polymerized in many ways [cf. (*81*)], namely:

in bulk with FRIEDEL-CRAFTS catalysts at low temperatures,
in bulk with Na or equivalent catalysts at normal temperatures,
in emulsion with free radical catalysts over a wide temperature range,
in bulk by thermal initiation at high temperatures, and
in bulk or solution with ALFIN catalysts (*91*, *23*).

Not all of these polymers have been investigated in detail as far as their microstructure and solution properties are concerned but there exists much interesting information on a few of them.

Polybutadienes can have the double bond either in the main chain as a result of a 1,4-addition or "pending" (or "dangling") off the main chain as a consequence of 1,2-addition. Double bonds in the main chain can be in their *cis*- or *trans*-configuration. Polyisoprenes show the same variability and in addition the complication that 1,2-addition and 3,4-addition are not identical:

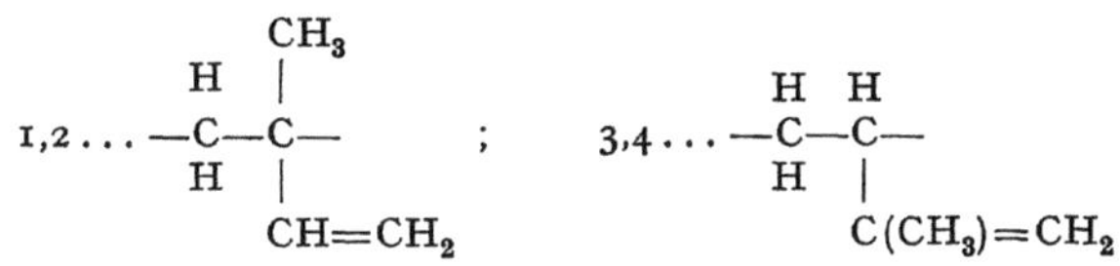

However, there seems to be not too great a difference between a pending vinyl group and a pending isopropenyl group as far as reactivity for branching and crosslinking is concerned, and one usually considers 1,2- and 3,4-equivalent for the properties of the individual macromolecule and its behavior during curing.

Heat polymerization of butadiene and isoprene has been carried out in the temperature range from 50°–200° C. under normal conditions and up to pressures of more than 12000 atm. A reaction of a few hours to several days yields colorless or yellowish oils or rubbery bulk polymers which are only partly soluble and cannot easily be investigated in a quantitative manner. Cationic ($AlCl_3$, $AlBr_3$, $SnCl_4$) and anionic (Na, alkalialkyls) catalysts lead at mild temperatures (25°–50° C.) within a few hours to essentially colorless, jelly polymers, which are apparently crosslinked because they are only partly soluble; boron trifluoride forms polybutadiene and polyisoprene relatively rapidly even at —70° C., whereas peroxides initiate slow bulk polymerization in the temperature range from 80°–100° C. Emulsion polymerization in the presence of radical forming catalysts or initiating systems produces finely dispersed latices which can be rendered soluble by the use of chain transfering modifiers and which can be obtained in the temperature range between —20° and 50° C. within a few hours. Finally, the ALFIN catalysts which consist of the complex of a sodium alcoholate and an olefin, lead in bulk polymerization to very interesting soluble rubbery polymers of very high molecular weight in remarkably short time.

Unless special precautions are taken, such as the use of modifiers or ALFIN catalysts, diene polymers are always somewhat crosslinked and only partly soluble. This is probably due to the presence of pending vinyl or isopropenyl bonds which are instrumental for the initiation of branching and later of crosslinking. As a consequence it was not easy to arrive at a quantitative characterization of these materials, until the systematic use of chain transfer agents made it possible to prepare entirely soluble products. These have been thoroughly investigated during the last few years and many interesting facts concerning the influence of polymerization conditions on details of the chain structure have been established. Coordinated application of chemical methods, X-ray diffraction and infrared absorption spectroscopy made it possible to get astonishingly complete information on the configuration of the individual monomers as far as 1,2- or 1,4-addition and *cis-* or *trans*-configuration is concerned.

Table 5. Details in Chain Structure of Polybutadienes and Polyisoprenes.

Preparation of polymer		% 1,2-addition	% 1,4-addition	
			cis	*trans*
Butadiene Emulsion polymer	—20° C.	17.5	7.5	77.6
,, ,, ,,	—10°	17.6	7.4	74.3
,, ,, ,,	20°	21.5	10.7	68.0
,, ,, ,,	50°	23.0	18.5	59.2
,, ,, ,,	100°	—	—	50.0
Sodium polymer	50°	65.8	15.2	17.9
Isoprene Emulsion polymer	50°	—	—	90.0
,, Sodium ,,	50°	—	—	45.0

Table 5 contains a few significant results; it reveals first an important general difference between sodium polymers and emulsion polymers. The former contain usually more than 40% of all butadiene units in the 1,2-addition and, hence, are rich in pending vinyl bonds, the latter have around 20% 1,2-addition with the temperature of polymerization determining the exact proportion 1,2 to 1,4. The frequency of *cis*- and *trans*-configurations of those double bonds which are arranged in the main chain is also noticeably influenced by temperature. These differences in the microstructure of the individual macromolecules have important consequences for their capacity to crystallize on stretching and for their reactivity in the various curing processes; they also affect the solubility and the molecular weight—intrinsic viscosity relationship. Although data, at present, are not as complete and well collected as those for polyisobutylene, some of the most important of them are summarized in Table 6. They show that the exponent "*a*" depends on temperature and conversion. Keeping temperature constant, it appears that the higher conversion polymers have a smaller exponent, indicating that the individual chains are more tightly coiled and suggesting that high conversion leads to more pronounced branching. Keeping conversion constant, the data show

Table 6. Intrinsic Viscosity—Molecular Weight Relationships for Polybutadienes $[\eta] = K\, M_n{}^a$.

(Viscosities measured in benzene at 30° C.)

Preparation of polymer	$K \cdot 10^{-4}$	*a*
At 50° C. in emulsion; 70% conversion	72.5	0.45
,, 50° C. ,, ,, ; 30% ,, ...	6.5	0.67
,, 5° C. ,, ,, ; 65% ,, ...	26.4	0.55
,, 5° C. ,, ,, ; 30% ,, ...	10.6	0.64
,, —20° C. ,, ,, ; 65% ,, ...	10.6	0.63
Sodium polymer (at 50° C.)	~80	~0.5

that the smaller exponents are characteristic for higher polymerization temperatures which can again be considered as pointing to more branching at elevated temperatures. This is in fair agreement with similar results for other vinyl type polymers such as polystyrene, GR-S, and polyvinyl-acetate.

All exponents are well within the range of typical elastomers and confirm the concept that polybutadienes (and probably also polyisoprenes) in solution are randomly kinked flexible chains with an essentially Gaussian distribution function of the segment density within the coil. A check of these conclusions by the measurement of the dissymmetry of light scattering and of the rate of sedimentation would be very welcome but has not yet been specifically reported. The molecular weight distribution curves of linear polybutadienes appear to be essentially normal although an extensive fractionation of the various typical polybutadienes is not yet available.

3. *Polychloroprene.*

Polychloroprene was prepared and extensively studied by CAROTHERS and his collaborators (*17, 18*); it can be polymerized in bulk, solution or emulsion without any specific catalyst or with free radical forming and ionic catalysts. At present two polychloroprenes are produced commercially and marketed as Neoprene GN and CG; both are polymerized in emulsion, the first at 40° C., the other at 10° C.; their solutions have recently been rather thoroughly investigated by MOCHEL, NICHOLS and MIGHTON (*89, 90*). Both materials are soluble in benzene and have been fractionated from such solutions by the addition of methanol. An emulsion polymer of GN having a number average molecular weight of 114000 was split in 17 fractions which ranged from about 20000 to 960000 and fitted satisfactorily a logarithmic distribution curve of the form

$$\frac{dw}{w} = \frac{1}{M_0 \sqrt{\pi}\, \beta} \cdot e^{-\frac{1}{\beta} \ln M/M_0} \cdot dM,$$

where β is the so-called heterogeneity coefficient. Table 7 gives a few informative details and shows that $\beta = 0$ indicates complete homogeneity of the investigated polymer; the larger β, the wider is the distribution curve; for Neoprene GN β was found to be 1.27. This corresponds to a ratio of M_w to M_n of 2.25.

Intrinsic viscosity measurements of the various fractions were carried out in benzene at 25° C. and correlated with osmotic measurements in the same solvent. The relationship between $[\eta]$ and M_n was found to be

$$[\eta] = 1.46 \times 10^{-4} \times M_n^{0.73}$$

The μ-values of all fractions were in the neighborhood of 0.50; the k'-values of the individual fractions cover the relatively large range from 0.30 to 0.92

Table 7. A Few Data Concerning the Significance of the Non-homogeneity Coefficient β according to LANSING and KRAEMER.

$$\frac{dw}{w} = \frac{1}{M_0 \sqrt{\pi}\beta} e^{-\frac{1}{\beta}\ln M/M_0} dM.$$

M_p = Most probable molecular weight
M_0 = Molecular weight corresponding to the maximum of (1)
M_n = Number average molecular weight
M_w = Weight ,, ,, ,,
M_z = "z" ,, ,, ,,

$$M_0 = M_p\, e^{0.50\,\beta^2}$$
$$M_n = M_p\, e^{0.75\,\beta^2}$$
$$M_w = M_p\, e^{1.25\,\beta^2}$$
$$M_z = M_p\, e^{1.75\,\beta^2}$$

β	M_p	M_0	M_n	M_w	M_z
0	1	1.00	1.00	1.00	1.00
0.8	1	1.38	1.62	2.23	3.06
1.2	1	2.05	2.93	6.05	12.4
1.6	1	3.60	6.83	24.5	88.2

and do not show any trend or regularity. Corresponding measurements were carried out with Neoprene CG, prepared at 10° C. A polymer with a M_n = 168 000 was split in 13 fractions by adding methanol to a benzene solution; the spread was from 61 000 to 1 450 000 corresponding to a $M_w : M_n$ ratio of 1.88 and a β-value of 0.97.

Intrinsic viscosity measurements in benzene at 25° C. together with osmotic measurements led to the relationship,

$$[\eta] = 2.02 \times 10^{-5} \times M_n^{0.89};$$

the k' values range from 0.29 to 0.54; the μ-values are close to 0.50. The solution behavior of Neoprenes GN and CG seems therefore to indicate that CG consists of macromolecules which are somewhat stiffer and less randomly coiled than GN. Whether this is because of a different degree of branching or because of a different ratio of 1,2- and 1,4-addition or of different proportions of *cis*- and *trans*-configuration at the double bonds in the main chains of the macromolecules, is not yet fully established. The relative ease with which the Neoprenes crystallize on stretching as compared with polybutadienes and polyisoprenes and the resulting X-ray diagram indicate a strong prevalence of the *trans*-configuration.

4. *Butadiene-Styrene Copolymers.*

The most important synthetic elastomer at present is a copolymer of about 70–75 weight percent butadiene and 25–30 weight percent styrene polymerized in emulsion; it was first produced in Germany by the I. G. Farben Ind. as Buna S and later modified and improved in many ways as the various types of GR-S in the USA. Originally these copolymers were produced at temperatures around 50° C. but later it was found that substantially better properties could be obtained if the polymerization was carried out at lower temperatures; these products are known as "cold rubbers".

In case of a copolymer the structural details of the individual macromolecules are somewhat more complicated than those of a homopolymer of butadiene. On top of the questions for 1,2- *versus* 1,4-addition and of *cis versus trans* configuration enter here the relative reactivities of the two copolymerizing monomers and, as a consequence of them, the distribution of the two components along the length of the chains. Systematic studies of the mechanism of radical catalyzed vinyl type copolymerization have shown [cf. (*84*) or (*2*)] that the relative reactivity ratios, r_1 and r_2, determine the chemical composition of a copolymer and the distribution of the monomer units in the individual macromolecules. If $r_1 = r_2 = 1.0$, then the two components enter the growing copolymer chains with the same probability, and the chemical composition of the polymer is always identical with the composition of the monomer feed; in this case the distribution of the two components along the length of the chain molecules is completely random. For styrene (monomer one) and butadiene (monomer two) in emulsion at 50° C. the relative monomer reactivity ratios are,

$$r_1 = 0.5 \pm 0.1,$$

$$r_2 = 1.4 \pm 0.2.$$

This means that styrene monomer adds to styrene radical only one half times as readily as to butadiene radical, whereas butadiene monomer adds to its own radical about one and one half times as fast as to styrene radical. The consequence is that butadiene is more rapidly consumed during the polymerization than styrene and that the initially formed polymer is richer in butadiene whereas the polymer produced during the later stages of the reaction contains an excess of styrene. The initial polymer consists essentially of isolated styrene units separated by butadiene chains of an average length of 10–15 units, whereas the final material consists of stretches of polystyrene separated by short sequences of butadiene.

Data indicate that there is less variation of polymer composition with conversion at —20° C. than there is at 50° C. Thus it has been found that the first ten percent of a copolymer produced at 50° C. contains 21.4% styrene whereas the product converted up to 90 percent contains 27.2%; the corresponding figures at —20° C. are, 24.8 and 25.4%.

YANKO (*118*) as well as FRENCH and EWART (*42*) fractionated GR-S made at 50° C. and found that it had the expected wide distribution curve.

A sample having a number average molecular weight of 92 000 was split in eight fractions ranging from 10 000 to 920 000; the intrinsic viscosity—molecular weight relation for viscosities measured in toluene at 30° C. is,

$$[\eta] = 5.4 \times 10^{-4} \times M_n^{0.66},$$

the μ-value in toluene is 0.36.

Distribution curves of various GR-S type polymers gave non-homogeneity coefficients of 1.50 for GR-S, X-478 and 1.70 for GR-S, X-55, which indicates a rather broad distribution of molecular weight.

Table 8 summarizes the β-values for a few important elastomers and illustrates the molecular homogeneity of these materials.

Table 8. Non Uniformity Coefficient β for Various Rubbery Polymers.

Material	β
Hevea Sol Rubber	0.70
Neoprene CG............	0.97
Neoprene GN	1.27
GR-S, X–478	1.50
GR-S, X–55	1.70

A number of emulsion GR-S polymers were analyzed with respect to the structural details of the individual chain molecules.

Table 9 contains a few results indicating that at low temperatures there is less 1,2-addition and more *trans*-1,4-configuration than if the polymer is prepared at higher temperatures (*51*, *55*, *85*).

Table 9. Structural Details of Some Emulsion Polymers of GR-S Prepared at Different Temperatures.

Temperature of polymerization °C	Styrene content in %	% 1,2-addition	% 1,4-addition	
			cis	*trans*
100	24.7	14.3	22.6	39.8
10	25.8	12.0	11.8	50.0
5	26.1	12.0	9.7	50.9
—38	26.6	11.0	12.0	54.0

Altogether it can be said that all rubbery butadiene type polymers and copolymers in solution are typical random coils with essentially Gaussian segment distribution showing exponents "*a*" between 0.60 and 0.70; a few of them, such as Neoprenes GN and CG have somewhat higher exponents which, apparently, is caused by a greater intrinsic stiffness of the chains; a few polybutadienes show distinctly smaller "*a*" values which may be due to a higher degree of branching or to a greater flexibility of the chains.

5. *Butadiene-Acrylonitrile Copolymers.*

Emulsion copolymers of this type containing about 70 weight percent butadiene and 30 weight percent acrylonitrile were first made by the I. G. Farben Ind. in Germany as Buna N and later modified in the USA as Hycar OR, Chemigum, Butaprene, and Perbunan [cf. (*81*)].

The relative reactivity ratios of acrylonitrile (M_1) and butadiene (M_2) are at 50° C. for emulsion polymerization,

$$r_1 = 0.05 \pm 0.01,$$

$$r_2 = 0.35 \pm 0.01.$$

This indicates that under the prevailing conditions acrylonitrile practically does not add to itself at all, so that it will almost entirely occur in the form of isolated monomer units; butadiene molecules react with acrylonitrile radicals about three times as fast as with their own radicals which is another reason for rapid alternation and for the occurrence of isolated acrylonitrile units in the final macromolecules. This pronounced tendency for crossing over from one monomer to the other has the consequence that the chemical composition of the polymer molecules does not vary so much with conversion as it does in the system butadiene-styrene, where there is a distinct trend to incorporate an excessive amount of butadiene into the chains during the early stages of the reaction. Emulsion copolymers of butadiene and acrylonitrile containing about 75 weight percent butadiene were prepared at about 50° C. and fractionated from their toluene solution by addition of methanol at 25° C. [SCOTT, CARTER and MAGAT (*98*)]; the number average molecular weight of the fractions was measured osmotically in toluene solution and the intrinsic viscosities were determined in several solvents at 25° C. Table 10 shows the constants of the intrinsic viscosity-molecular weight relationships which were

Table 10. Values of *K* and *a* in Various Solvents for Copolymers of the Buna-N Type Prepared in Emulsion at 50° C.

(Intrinsic viscosities were determined at 25° C.)

Solvent	$K \cdot 10^4$	*a*
Chloroform	5.4	0.68
Acetone...........	5.0	0.64
Toluene	4.9	0.64
Benzene	1.3	0.55

established in this study. The molecular weight distribution curve corresponded essentially to those obtained with other butadiene polymers and copolymers.

6. *Synthetic Elastomers of Various Other Types.*

The rubbery polymers enumerated until now are more or less closely related in their chemical composition to natural rubber. They represent a large group of synthetic elastomers, the detailed structure of which can be modified and controlled by copolymerization and by proper adjustment of the environmental conditions during the polymerization process; they cover an enormous range of practical applications and are particularly important in industry because their commercial application makes use of the conventional processing equipment and ingredients.

As pointed out in the first section of this report, rubberiness is not the privilege of a special chemical constitution but rather the consequence of the existence of long flexible chain molecules, which exert on each other certain forces and are tied together by localized crosslinks to a supple network. This requirement can be satisfied in many ways and, as a consequence, rubbery polymers have been synthesized with the aid of chemically very different basic units involving addition and condensation polymerization as means for the building up of the macromolecular chains. These materials require, in general, processing conditions which differ substantially from those of natural rubber and its synthetic counterparts and, hence, no all-purpose rubbers have as yet been developed on the basis of these non-hydrocarbon elastomers. However, they are being used for a number of important special applications and show in some respects properties which are distinctly superior to the corresponding behavior of the conventional rubbers.

a) Rubber Elastic Polyesters and Polyamides. The lateral molar cohesion of polyesters is caused by the polar attraction of the relatively strong dipoles of the carbonyl groups, the group moment of which is about 2.73 Debye units. They either attract each other or polarize easily polarizable areas of the neighboring chain molecules and interact then with the induced dipoles. The net effect of the average interchain attraction will then depend on the *frequency* of the polar groups along the individual macromolecules and on the *regularity* with which they are distributed. The *more* polar groups there are per unit length and the *closer they fit*, the larger will be the resulting lateral attraction. In order to produce rubberiness in the practically important temperature range of $-20°$ C. to $+100°$ C., it appears to be necessary to space the polar groups at least 8–10 Å apart or to provide for sufficient randomness by copolymerization. The conditions for a proper compromise have been carefully investigated by FULLER (*43—47, 4, 5*), HILL (*56*) and IZARD (*61, 62*) and a group of collaborators with the result that flexible chains with moderate lateral attraction lead to rubbers, whereas stiff chains with strong intermolecular cohesion are preponderantly fiber formers. A particularly interesting case of the latter type is polyglycol-terephthalate (Terylene, Dacron, Mylar) [WHINFIELD (*115*)], where the para-phenylene group at the same time introduces strongly polarizable areas in the macromolecules and reduces the flexibility of the chains. Copolyesters prepared from ethyleneglycol, propyleneglycol and tetramethyleneglycol with adipic and sebacic acid are low-melting rubbery materials (Paracon, Paraplex) which, however, do not possess as yet any fixpoint system that would be capable of preventing external Brownian movement in the temperature range above room temperature; these substances are soft and rubbery plastics but not typical elastomers. The introduction of widely spaced, strong chemical crosslinks, however, can be relatively easily effected by introducing freely available hydroxyl groups, in replacing part of the bifunctional glycols by glycerol or penta-erythritol. These sufficiently distant OH-groups are randomly distributed along the length of the chains and can undergo a second stage crosslinking reaction under the influence of di-epoxides, di-isocyanates or di-acylchlorides. Very interesting rubbery materials, the so-called Vulcollans have been made and are being developed on this principle by O. BAYER and his collaborators (*7, 8*). The molecular structure of polyesters (before the crosslinking reaction) is characterized by the existence of strictly linear macromolecules having a random molecular weight distribution curve as required by FLORY's theory (*33*). The number average molecular weight can be determined either by osmotic measurements or, in the case of polycondensation products, also by analytical estimation of the end groups. Molecular weight—intrinsic viscosity relationships in various solvents are characterized by "*a*" values between 0.52 and 0.75; they confirm the assumption that polyester molecules of sufficiently high molecular weight represent in solution random coils with a Gaussian segment distribution.

The lateral molar cohesion of polyamides is caused by *hydrogen bonding* between the carbonyl groups of one chain and the NH groups of the adjacent macromolecules. This provides for stronger forces than simple dipole attraction and explains the fact that polyamides have distinctly higher melting points and reduced solubility as compared with the corresponding polyesters. Hence, it is not sufficient to make more distant of each other and randomize the CONH-groups along the length of the individual chain molecules but it is necessary to replace part of the hydrogen atoms of the NH-groups by inert alkyl residues that eliminate the possibility of hydrogen bonding at this particular point and introduce bulky neutral groups which space the chains laterally further apart and act essentially as "ingrown" plasticizers. Polyamides and copolyamides of adipic acid, sebacic acid, hexamethylene diamine and dimethyl- or di-iso-butyl-hexamethylene diamine exhibit, in fact, typical rubber elasticity at room temperature without too much permanent set [WITTBECKER, HOUTZ and WATKINS (*116*)]. Apparently the hydrogen bonding of the unsubstituted NH-groups provides for a network of fixpoints, which is sufficiently stable to prevent external Brownian motion at room temperature. At elevated temperatures, however, these elastic nylons soften and elongate irreversibly. To extend the range of rubberiness to higher temperatures it is necessary to establish a few strong covalent crossbonds between some of the reactive hydrogen atoms, which can, for instance, be done by the action of di-acylchlorides. Fibrous nylons have melting points between 200°–300° C. and are stable at these temperatures in the absence of oxygen over considerable periods of time. Crosslinked rubbery nylons and polyesters are, therefore, interesting materials, whenever elastomers are supposed to be operated at temperatures above 150° C. for prolonged periods.

The microstructure of polyamide chains is characterized by strict linearity* and regularity in the arrangements of the components; the existence of lateral hydrogen bonding causes these polymers to be soluble only in such solvents as anhydric formic acid, meta-cresol or strong sulfuric acid. TAYLOR (*106*, *106 a*) has carried out a very careful study of the molecular weight distribution curve of 6,6-nylon and has established the existence of a random distribution characterized by $M_w : M_n = 2 : 1$ or $\beta = 1.15$ with the aid of about 30 fractions precipitated from a formic acid solution of the polymer. The following molecular weight—intrinsic viscosity relations have been reported for high melting, fiber forming nylons:

6,6-nylon in 90% formic acid: $K = 11.0 \times 10^{-4}$; $a = 0.72$,

Poly-caprolactam in 40% H_2SO_4 (*83*): $K = 23.9 \times 10^{-4}$; $a = 0.51$.

No data are available on elastic nylons, but it can be safely assumed that the macromolecules of these substances in neutral solvents are randomly kinked and fill out an essentially spherical space with a Gaussian segment distribution.

The synthesis and evaluation of elastic polyesters, polyamides and their copolymers is still in its initial stages and, in view of the almost innumerable combinations, many interesting new materials can be expected to emerge from this work in the future.

b) Elastic Polyalkyl-siloxanes. Polydimethyl- and polydiethyl-siloxanes of sufficiently high molecular weight show characteristic rubberiness;

* However, it must be pointed out that STAUDINGER et al. have discovered some anomalies in the behavior of certain polyesters which indicate the existence of branching as a consequence of orthoester formation (*101*– *103*).

evidently, they consist of long flexible linear macromolecules, which have a low interchain attraction. In fact, the lateral cohesion of these macromolecules is so small that even samples of molecular weights between 100000 and 200000 are viscous liquids at room temperature. Introduction of widely spaced covalent crosslinks can be effected by the use of small amounts of tri- or tetra-functional units; the resulting materials are insoluble and do not show permanent elongation even on prolonged stretching. Because of the small molar cohesion and the relatively easy deformability of the valence angle at the silicon atom, polysiloxane chains appear to be very flexible and retain their internal Brownian motion down to very low temperatures. The great thermostability of the —O—Si—O— bond, on the other hand, permits the use of silicone rubbers for prolonged periods at remarkably high temperatures (300° C. and above). Thus threedimensionally crosslinked polyalkyl-siloxanes have the widest range of rubberiness of all known elastomers, extending from —80° C. to almost 300° C. The properties of isolated macromolecules of this type in solution have recently been investigated over a molecular weight range between a few thousands to more than one million. The materials are soluble in toluene, methylethylketone and other conventional solvents and can be fractionally precipitated by the addition of methanol. The molecular weight—intrinsic viscosity relationship for viscosity measurements in toluene at 25° C. was reported by SCOTT (*97*) and BARRY (*6*) to be,

$$K = 2.00 \times 10^{-4};\ a = 0.66,$$

while FLORY et al. (*35*) found for methylethylketone at 30° C.,

$$K = 4.8 \times 10^{-4};\ a = 0.55.$$

This indicates that toluene is a better solvent and also shows that polyalkyl-siloxanes in solution can be considered as randomly coiled, highly solvated systems very much like the other rubbery polymers discussed in this Section.

c) Other Synthetic Elastomers. On top of the synthetic elastomers briefly described in the preceeding paragraphs, there exist others which partly have obtained considerable industrial importance and are finding wide spread uses. First amongst them are the polyethylene sulfides (Thiokols), which can be synthesized in several ways, such as by the interaction of α,ω-dichloro-paraffins with sodium polysulfide or by the oxidation of dimercaptans. Others are oxidized natural or synthetic polyolefines, others again copolymers of vinylchloride and acrylic-ester or the reaction products of polyvinylalcohol with aldehydes. Although some of them have already found useful applications and relatively large scale production, it must suffice to mention them here only briefly, because there are not too many quantitative data available referring to details of their molecular structure as far as isolated macromolecules are concerned. Their behavior in the solid state will be discussed below.

IV. Rubbery Materials in the Condensed State.

A. Crystallization of Polymers.

If long, flexible macromolecules, as described in the last Section, are precipitated from solution or solidified from the melt, they usually condense to a mass of randomly entangled, irregularly coiled chains which exhibit all characteristics of an amorphous system. At temperatures sufficiently low to prevent external *and* internal Brownian movement the substances are in the *glassy state* and represent hard and relatively brittle solids. Those polymers which have regularly built macromolecules can also exist in the *crystalline* (laterally ordered) *state*. Transition from the glassy to the crystalline state can occur spontaneously but is usually greatly accelerated and facilitated by mechanical deformation such as stretching or rolling. For materials of this kind the crystalline state represents the thermodynamically most stable phase in the low temperature range. Polymers of insufficient regularity, such as Buna-S, Buna-N and other copolymers are not known to exist in the crystalline state, even if stretched to the limit of their extensibility; and even those which crystallize do not assume lateral order to a hundred percent, because the random entanglement of the macromolecules prevents the establishment of *complete* regularity over larger areas. X-ray studies of partly crystallized elastomers have contributed valuable information concerning the microstructure of the chains and their arrangement in the laterally ordered domaines. It will therefore be appropriate to enter here a brief report on the results obtained for the most important elastomers.

a) Natural Rubber.

KATZ (67) discovered the X-ray crystallinity of stretched rubber after HOCK (57) had already concluded that it must have a highly anisotropic structure. Subsequently, many investigators contributed to the study of this phenomenon and found that in the crystalline domaines the macromolecules of natural rubber are in the 1,4-*cis*-configuration; they are oriented parallel to the direction of stress and deviate to some extent from the completely planar arrangement; the normal valence distances and angles are maintained [cf. BUNN (*16a*) and particularly K. H. MEYER (*86*)]. It is interesting to add that α- and β-guttapercha which also give distinct fiber diagrams in the stretched state, exist in the 1,4-*trans*-configuration, so that rubber and gutta are *cis-trans* isomers of polyisoprene. The crystalline domaines in rubber do not melt at one unique temperature, but their melting range depends in a characteristic manner upon the temperature and stress at which the crystallites have been formed. This effect is probably due not only to the different size and different degree of perfection of the laterally ordered domaines produced under different conditions but also to the degree of randomness of the remaining amorphous areas, in which the "crystallites" are "embedded" and with which they are intimately connected by chains that pass uninterruptedly through several amorphous and crystalline domaines. FLORY (*34*) has recently developed theoretical expressions which control the equilibrium between the crystalline state of polymeric systems and their melt. The temperature of fusion T_f is given by,

$$\frac{1}{T_f} - \frac{1}{T_f^\circ} = \frac{2R}{h_u \bar{x}_n}, \tag{8}$$

where

R = gas constant,

T_f° = temperature of fusion of an infinitely long chain.

$\bar{x}_n$ = number average degree of polymerization,

h_u = heat of fusion of the monomer unit.

Comparison of this equation with the experimental data shows a remarkably satisfactory agreement.

b) Polychloroprene.

Stretched Neoprene gives a fiber diagram which indicates that the macromolecules possess the 1,4-*trans*-configuration that corresponds essentially to β-guttapercha. Again it was found that crystallization occurs over a wide range depending on the experimental conditions; its rate appears to be a maximum around 0° C. [cf. (*117*)].

c) Polybutadiene and Polyisoprene.

Most polybutadienes and polyisoprenes fail to show well defined fiber diagrams even at high extensions, probably because most of them are "copolymers" of 1,2- and 1,4-addition products and of *cis*- and *trans*-configuration of the 1,4-units; only polybutadienes prepared at low temperatures show according to BEU et al. (*12*) a moderately distinct fiber diagram which indicates the presence of 1,4-*trans*-units in the crystalline domaines. Already a few percent of styrene or acrylonitrile suffice to prevent the appearance of diffraction spots of stretched Buna-S and Buna-N type rubbers.

d) Polyisobutylene.

Stretched samples of polyisobutylene and of Butyl rubber show very sharp X-ray patterns with a large number of sharp and intense points

(*15*, *46*); its evaluation led to a helical configuration of the chain with a repeating distance of 18.5 Å along the axis. Apparently the relatively bulky methyl groups force the chain molecules by their mutually repulsive forces into this complex helix. Polyisobutylene and Butyl rubber have never been observed to crystallize in the unstretched state, and upon stretching the first indications of distinct diffraction spots do not appear before an elongation of 500–600%, whereas they are already noticeable at 150% elongation in natural rubber.

e) Other Rubbery Polymers.

Rubbery polyesters and polyamides do not show crystallinity in the unstretched state but exhibit more or less distinct fiber diagrams at sufficiently high elongations. Izard (*61*) has recently carried out a very interesting study of the phase diagram of polyglycol-terephthalate on one hand, polyglycol-sebacate on the other, and a series of equilibrium copolymers of intermediate composition. The melting points of the two homo-polymers, polyglycol-terephthalate and polyglycol-sebacate, are 270° C. and 75° C., respectively; each of them is crystalline and shows a very characteristic X-ray pattern particularly in the stretched or drawn state. As one copolymerizes the terephthalate with a small amount of sebacate (5–10%), a sharp drop of melting point takes place, although the X-ray pattern is still that of polyglycol-terephthalate. Its somewhat more diffuse character indicates that the crystalline arrays are now smaller and/or less perfect than those of the pure terephthalate. As one introduces more sebacate, the melting point drops further and one enters a domaine of rubbery copolymers, which are not crystalline and have melting points lower than those of both pure components. The curve in Figure 4 represents this behavior which is remarkably similar to that of a eutecticum in a binary metallic system. As one approaches the pure sebacate the melting point curve rises again and the copolymers crystallize in the lattice characteristic for polyglycol-sebacate, first in a somewhat diffuse manner, later, as the proportion of terephthalate decreases, in a sharp and clear pattern.

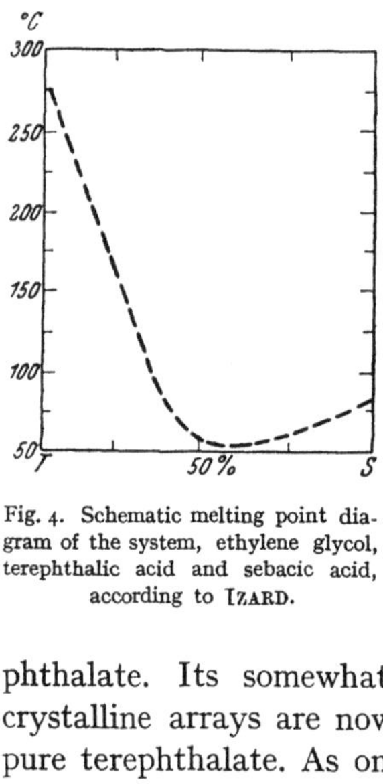

Fig. 4. Schematic melting point diagram of the system, ethylene glycol, terephthalic acid and sebacic acid, according to Izard.

Similar conditions were encountered in studies of copolyamides by several investigators (*47*, *56*, *19*, *62*, *61*, *26*, *27*); they confirm the fact that the occurrence of lateral order or crystallinity can be always expected if the macromolecules are sufficiently regular to fit into a crystal lattice.

If the intermolecular forces are large, crystallization takes place without stretching, the melting point is high and the materials are typical fiber formers. If, on the other hand, the intermolecular attraction is weak, the molecules crystallize only upon stretching, the melting point is low and the substances are typical rubbers.

Table 11 summarizes some data on the melting points or melting ranges of a number of macromolecular substances with special reference to rubbers.

Table 11. Melting Ranges of a Few Substances with Linear Macromolecules.

Substance	Melting range °C
Polyethylene	110 to 125
Chloroprene	—35 to 32
Natural rubber	—50 to 15
α-Guttapercha	65
β-Guttapercha	56
Polyvinylidene-chloride	50 to 100
Polycaprolactam	220 to 230
6,6-Nylon	260 to 280
Polyglycol-terephthalate	260 to 270
Teflon	320 to 330

B. Transition Phenomena in Amorphous Polymers.

At the melting point of a crystalline phase a number of spectacular changes occur within a relatively narrow temperature range:

The threedimensional order of the crystal lattice disappears and is converted into the complete disorder of the melt.

The resistance against shear (viscosity) decreases by many orders of magnitude (8–12).

Many other physical properties, such as refractive index, thermal and electrical conductivity undergo sudden changes.

The coexistence of the two phases—crystalline solid and liquid—requires that the difference of the free energies ΔF be zero, but each of the contributing terms,

ΔH, the heat of melting and

ΔS, the entropy of melting,

have finite values so that T_f, the temperature of melting or fusion, has the value,

$$T_f = \frac{\Delta H}{\Delta S}. \tag{9}$$

It has been known since long, that *amorphous* solids show many types of transition phenomena [cf. (*105*)], such that ΔH and ΔS are infinitely small, but their ratio T_m still has a finite value. There exist also in amorphous and particularly in macromolecular solids more or less sudden changes of certain properties, such as thermal expansion, refractive index or heat capacity which are caused by *rate* rather than by *equilibrium* processes. All these facts and data are usually summarized under the term "second order" or "so-called second order" transitions and have been rather thoroughly studied during recent years not only because of their theoretical interest but because of their practical importance for the mechanical behavior of the systems under investigation [cf. (*1*) and (*13*)]. Both the lower limit of the range of rubberiness, the so-called softening (hardening) point, and its upper limit, the so-called *flow point* are of this character as long as no crystalline phase appears in the course of the experiment. The relation between the *melting* point and the *hardening* point are represented in Figure 5 which shows schematically how the specific volume of an amorphous and crystalline rubber behaves as a function of temperature.

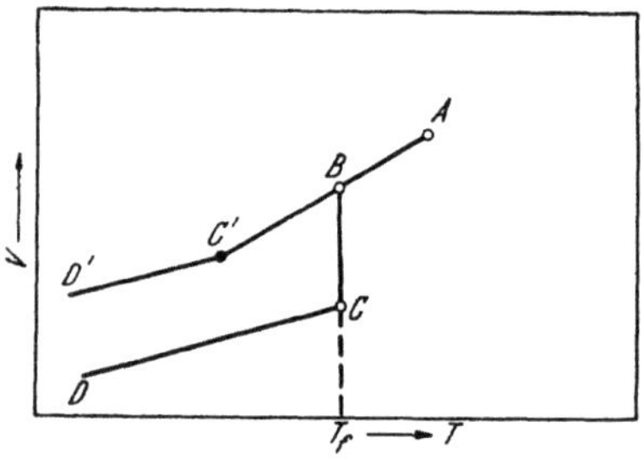

Fig. 5. Schematic diagram of a rubbery polymer which can crystallize but also can be supercooled.

Above 10° C. the material is a viscous liquid, with both types of Brownian motion fully activated. If cooling is sufficiently slow, then—at 10° C.—the individual segments succeed to arrange themselves in a threedimensional lattice and the specific volume decreases rapidly as lateral order takes place within a very narrow temperature range; ΔV (and with it also ΔH and ΔS) undergoes a finite sudden change at the melting point; and crystallization is complete at point D, where both Brownian motions are frozen. Further decrease of temperature results in further volume decrease but the coefficient of thermal expansion of the crystalline phase, where the individual segments have greatly restricted mobility, is distinctly smaller than in the liquid state, where not only small oscillations but larger configurational changes of the chain molecules are possible and result in a large expansion per degree of temperature. The curve $ABCD$ in Fig. 5 is characteristic for a normal first order transition (melting or freezing). If cooling takes place *rapidly*, the individual segments of the macromolecules do not succeed to reach their proper positions for lateral order as the system passes point B. Because of the polymeric character of the melt the viscosity is relatively high and segment diffusion is accordingly slow and, hence, *supercooling* of a polymer melt is easy and happens more frequently than crystallization. As the system now goes through point B, *no* spectacular changes occur; the volume contraction continues according to the same value for $\partial V/\partial T$ because *no* lateral order is now established and *no* sudden restriction of the internal Brownian movement takes place. It is necessary to reduce the temperature to —73° C until the mobility of the randomly arranged segments decreases to such an extent that only small oscillations can occur but no configurational changes of whole segments. This happens at C′—the hardening (softening) point. The viscosity is now much too

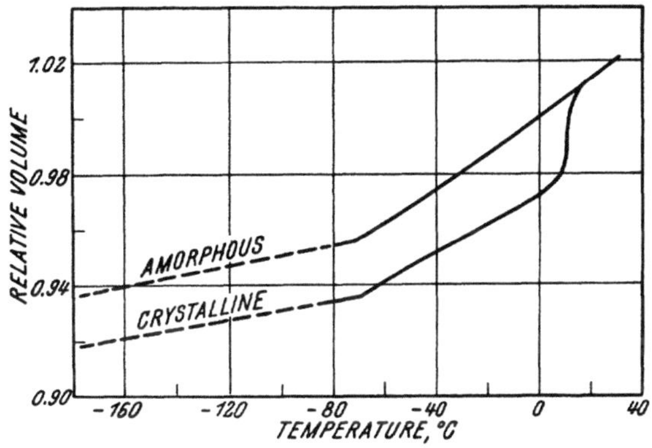

Fig. 6. Relative volume of amorphous and partially crystalline rubber hydrocarbon as a function of temperature according to BEKKEDAHL (*10*, *11*). [From: R. F. BOYER and R. S. SPENCER, Second-Order Transition Effects in Rubber and Other High Polymers; in: "Advances in Colloid Science" (H. MARK and G. S. WHITBY, editors). Vol. II, p. 1. Copyright 1946, Interscience Publ. Inc. New York-London.]

high to permit the establishment of lateral order within finite times, but the restricted segment motion (frozen internal Brownian movement) causes the material to become a hard, brittle solid, a so-called *glass*. There is no sudden change of specific volume V at C′, only a sudden change in $\partial V/\partial T$ which is the reason for the term, "second order" transition point. The coefficient of expansion of the glass is very much the same as that of the crystals, because both phases are characterized by the absence of internal and external Brownian motion.

Figure 5 is an idealized diagram, assuming complete crystallization at *B*. In reality there is only *partial* lateral order established along the line *BC* and, as a consequence, the cooling curve of the "crystalline" sample also shows a second order phase change at —73° C. This very clearly appears in Figure 6 which represents measurements of BEKKEDAHL (*10*, *11*) on the temperature dependence of the specific volume of native rubber hydrocarbon. Elastomers and polymers that cannot crystallize because of insufficient regularity of their macromolecules only show a so-called second order transition point, at which the material passes from

Table 12. Second Order Transition Temperatures T_m of Various Polymers.

Material	T_m (°C)	Material	T_m (°C)
Silicone rubber	below —80	Saran	—17
Natural rubber	—73	Polyvinylethylether	—10
Butyl rubber	—74	Polyvinylacetate	3
Cold GR-S	—62	Polymethylacrylate	28
Normal GR-S	—61	Nylon	51
Neoprene	—25	Polyvinylchloride	75
Hycar OR	—23	Polystyrene	81

a soft plastic or from an extensible rubber into a hard, rigid glass. Table 12 contains these transition temperatures for various polymers including the most important elastomers. Comparison of the T_f and T_m temperatures makes it evident that the melting point is always higher than the second order transition point. This is not surprising because it is plausible that segments or submolecules which can fit into a regular and densely packed lattice arrangement will require more average kinetic energy and hence higher temperature to be driven out of this ordered phase into the state of a random melt than segments which are already in an irregular and hence, in general, less perfect consolidation such as it prevails in a glass. Recently BEAMAN (9) has pointed out that the ratio of T_f and T_m is approximately constant for all linear polymers if both temperatures are measured in the absolute scale. Table 13 shows how well this relation is fullfilled even for materials which range from soft and tacky rubbers to tough and strong fibers.

Table 13. Melting Temperatures T_f and Second Order Transition Temperatures T_m in Degrees Kelvin.

Material	T_m	T_f	T_m/T_f
Polydimethylsiloxane	150	215	0.70
Natural rubber	200	300	0.67
Neoprene	250	310	0.61
Polycaprolactam	323	498	0.65
6,6-Nylon	323	538	0.60
Terylene (Dacron)	353	543	0.65

As one might expect, every influence which affects the mobility of the individual segments also changes the second order transition point. The presence of plasticizers or softeners decreases T_m and so does copolymerization with a monomer, the polymer of which has a lower second order transition temperature. On the other hand, even a small degree of crosslinking increases T_m considerably, just as the addition of a crystalline, hard and eventually reinforcing filler. Branching appears to reduce T_f but not to affect or even slightly increase T_m. The influence of molecular weight on T_m has been studied by JENCKEL and UEBERREITER (*65*) who found that it increases rather rapidly in the low molecular weight range and then gradually levels off to a value which is essentially independent on the molecular weight. Apparently, if a chain is once long enough the temperature dependence of its local mobility will be but little affected by the addition of a few more segments to the chain.

C. Crosslinked Amorphous Chain Networks.

Thermoplastics and fibers consist, in general, of linear macromolecules which are *not* interconnected by strong chemical bonds; rubbers, on the other hand, need a throughgoing system of strong and widely spaced crossbonds in order to prevent irreversible slipping of the individual molecules along each other under the influence of a prolonged shear or stress. If this system of fixpoints is established in an amorphous polymer, such as is the case in most processes of curing and vulcanization, the material becomes insoluble and the conventional methods for the characterization of a macromolecular substance in solution such as osmotic pressure, light scattering, viscosity and so on, cannot be applied any more. As a consequence exact and quantitative information on the detailed structure of crosslinked polymers is very difficult to obtain and is at present still rather incomplete. What one would like to know about such a system on top of the characteristics refering to the individual chains of the network is:

What is the average distance between crosslinks?

How many loose chain ends exist in the cells of the network?

Is the system of fixpoints relatively homogeneous or are there soft domaines with loose and widely spaced connections, alternating with knotty areas of tight and firm crossbonding?

In order to arrive at answers to these questions, it is necessary to adopt methods, which can be applied to an insoluble and infusible piece of bulk material. Evidently, its second order transition point, its resistence against shear and stress, its swelling, the relaxation of an established stress and many other mechanical properties can serve to contribute quantitative information concerning the sructural details of a crosslinked polymeric network.

Most advanced of them is probably the evaluation of swelling measurements, where investigations of GEE (*48, 49*), FLORY (*30, 37*) and BOYER (*14*) have shown that the equilibrium swelling volume of a regular three-dimensional network is connected with the average chainlength between crosslinks by the relation,

$$l_n(1 - \Phi_p) + \Phi_p + \mu \Phi_p^2 + \varrho_p V_0 \Phi_p^{1/3}/M_c = 0, \qquad (10)$$

where Φ_p = volume fraction of polymer in the swollen phase;
ϱ_p = density of the dry polymer;
V_0 = molar volume of the solvent;
μ = free energy of interaction between the segments of the polymer and the molecules of the solvent;
M_c = average molecular weight of the chains between two crosslinks.

SCOTT and MAGAT (99) have applied equation (10) to a number of rubbers and have obtained very interesting results on the density of crosslinked rubbery networks, some of which are reproduced in Table 14; they show in a quantitative manner how shorter average

Table 14. Swelling Characteristics of Various Elastomers: Average Molecular Weight M_c between two Crosslinks Calculated from Swelling in Benzene.

Material	M_c
Native rubber vulcanizate	9200
Polybutadiene vulcanizate	5600
Buna S; strongly vulcanized	5000
Buna S; weakly vulcanized	17600
Neoprene GN	12400
Buna N	2300

distances between crossbonds reduce the swelling of the system and also that the μ-values obtained by osmotic measurements of soluble polymers agree reasonably well with those resulting from swelling experiments [DOTY and ZABLE (25)]. In this way the structural details of amorphous crosslinked bulk polymers and those resulting from the investigation of the isolated macromolecules in solution cooperate to build up a model for rubbery materials, which one will now try to use for a quantitative interpretation of the peculiar, long range, low modulus, reversible extensibility of natural and synthetic rubbers. This was essentially achieved by the so-called *kinetic theory of rubber elasticity* for the discussion of which we are now sufficiently prepared.

V. Kinetic Theory of Rubber Elasticity.

A. Outline of the Theory.

Apparently it would be a step of importance to coordinate the data on the structure of the individual macromolecule of an elastomer with the peculiar low modulus, long range reversible extensibility of the bulk material in a *quantitative* manner. This correlation has been achieved to a certain extent by the so-called kinetic theory of rubber elasticity which reduces the macroscopic behavior of a piece of rubber to the thermal motion of the segments of a randomly crosslinked network. It has been found that within a certain range of experimental conditions there is but little change in the energy of such a system on stretching; on the other hand, the entropy of the network undergoes a very significant decrease due to the parallelization of the macromolecules, and it is this entropy reduction which creates the tendency of the stretched sample to return into its original state.

Early investigators such as GOUGH (*50*), Lord KELVIN (*68*) and JOULE (*66*) already noticed and discussed the peculiar thermoelastic behavior of natural rubber from the point of thermodynamics, but a really successful synthesis of micromolecular structure and macroscopic thermo-

Fig. 7. Schematic diagram of the carbon skeleton in a chain of polyethylene in the crystallized state, according to BUNN (*16, 16a*). [From: E. GUTH, H. M. JAMES and H. MARK, The Kinetic Theory of Rubber Elasticity; in: "Advances in Colloid Science" (H. MARK and G. S. WHITBY, editors). Vol. II, p. 253. Copyright 1946, Interscience Publ. Inc. New York-London.]

elasticity was only possible after a clear understanding of the existence of long flexible chain molecules was firmly established. This development was inaugurated by K. H. MEYER et al. (*88*) and aroused the interest of a great number of distinguished scientists such as ALFREY, FLORY, GEE, GUTH, JAMES, W. KUHN, TRELOAR, WALL and WOEHLISCH [cf. ALFREY (*1*)]; as a consequence there was a rapid development of what is today a remarkably clear and quantitative understanding of the fundamental aspects of rubber elasticity.

In order to convey briefly the method of this approach let us first consider a long, flexible macromolecule, such as the paraffin chain shown in Figure 7 which actually exists in certain types of polyethylene and builds the backbone for many polyvinyl derivatives. As pointed out already in the first Section, a considerable degree of internal flexibility (free rotation about the bonds in the backbone chain) is necessary for the development of typical rubber elasticity. Cellulose, for example, or its derivatives are built up of very long main valence chains but do not exhibit rubber elasticity to any appreciable extent. In the sense of the kinetic theory this is due to the lack of free or nearly free rotation in the individual chains and to the presence of very strong interaction between them.

From theoretical considerations it follows that all single bonds of the type C—C, C—N, C—O, and C—S can be freely rotated about their axis; but this is no longer the case if the other valences of the multivalent atoms are saturated by either H or other substituents. The restricted rotation about the C—C bond in ethane with an energy barrier of about 3 kcal. per mole is not the consequence of an intrinsic stiffness of the bond, but of an interaction between the hydrogen atoms of the two methyl groups. Thus, if these groups are spaced farther apart, as in dimethyl acetylene, CH_3—C≡C—CH_3, their mutual interaction decreases and the two methyls are practically free to rotate about the axis of the molecule. The energy barrier is then only 0.5 kcal. per mole. It seems, therefore, that the presence of a certain number of double bonds in natural rubber is of importance not only for its chemical reactivity during processing but also for the internal free mobility of those parts of the chains which remain unaffected by the curing process. Other bonds which would have a similar beneficial influence on the free rotation of adjacent single bonds are, —C≡C, —C=N—, —C—O—C—, —C—S—C—, etc. The appropriate incorporation of such bonds in a long-chain molecule is a problem which can be best advanced by organic synthesis and polymerization techniques.

Another structural detail of importance is the mutual interaction of the individual chains and the establishment of cross linkages of various types (strength) between them. Such interactions lead to the formation of crystallized or otherwise highly organized areas in the stretched or cooled rubber and are particularly important for its behavior at low temperatures in the later stages of extension and for the ultimate tensile strength. Permanent cross links also prevent the occurrence of irreversible displacements due to flow and hence contribute essentially to the *reversible* character of the deformation.

For the exhibition of typical rubber elasticity it is essential that molecular configurations exist, differing by rotations of one part with respect to the other about any given single bond and having essentially the same potential energy. These configurations may be separated by energy barriers, provided only that these are not so high as to prevent transitions from one configuration to another in a time period which is short compared with that in which a distortion is applied to the sample. By twisting about all the freely rotating bonds, the individual molecule can take on an enormous number of configurations, all of the same energy, to the approximation just mentioned. Given the direction of one carbon-carbon bond in the chain, that of the next bond is restricted to the neighborhood of two or three definite directions. That of the second bond along the chain will be less definitely fixed, there being more different orientations of equal potential energy, while bonds only a little further down the chain will take on their positions practically independently of the prescribed orientation of the first one. As long as it is not necessary to consider in detail the configurations of short segments of the molecule, one may treat it like a perfectly flexible chain which can assume any configuration without change of energy.

For the mathematical development of the theory the flexibility of the chain has been introduced in a variety of idealized ways, as by assuming the existence of single bonds about which perfectly free rotation is possible, or of rigid links each of which can take on its orientations independently of its neighbors, etc. The general character of the result is independent of the way in which the flexibility is handled, but there will be differences in details, and to some degree in estimated magnitudes, from model to model. Concerning such details, the theory will be reliable only in proportion as the model is well chosen for the particular long-chain molecules to be treated. Table 15 lists the most probable length of an isolated chain molecule as worked out by various authors using different ways of introducing internal flexibility.

Table 15. Statistical Treatment of Isolated Long-Chain Molecules Having Different Internal Structures.

Character of chain		Maximum chain length (Å)		Most probable extension of chain (Å)	Ratio between both
Normal paraffin	n links, length of each 1.54 Å; angle = 108° 30′; completely free rotation about each bond		$1.25n$	$2.50\, n^{1/2}$	$0.50\, n^{1/2}$
Rubber	$n/4$ double bonds, length of each 1.34 Å; $3\, n/4$ single bonds, angle between single–single bonds = 111° 30′; angle between single and double bond = 124° 20′; rotation completely free about single bond, completely hindered about double bond	*trans*	$1.27n$	$2.90\, n^{1/2}$	$0.44\, n^{1/2}$
		cis	$1.14n$	$2.01\, n^{1/2}$	$0.57\, n^{1/2}$
		random	$1.21n$	$2.45\, n^{1/2}$	$0.49\, n^{1/2}$

We shall now treat such a linear molecule, consisting of very many units, by the methods of statistical thermodynamics. To a chain in thermal equilibrium with a temperature bath and subject only to the constraint that the ends have a separation, L, one may assign the entropy,

$$S = k \log C(L) + h(T), \tag{12}$$

where k is BOLTZMANN's constant and $C(L)$ is the partition function, namely the relative number of configurations of the chain consistent with the separation, L, of its ends. The term $h(T)$ arises from the heat capacity of the chain, and, because of its flexibility, is independent of L. For a completely flexible chain, the internal energy, u, is independent of its configuration and thus of L; hence, we have:

$$u = u(T).$$

The free energy becomes,

$$F(L, T) = u(T) - k\,T \log C(L) - T\,u(T),$$

and the tension in the chain:

$$Z\,(L, T) = -k\,T \frac{d}{dL} \log C\,(L). \tag{13}$$

The functions $u(T)$ and $h(T)$ drop out of the computation of Z which becomes proportional to the absolute temperature. This will clearly be the case with any system of flexible chains which one might use as a model for bulk rubber.

We can also discuss our problem from the point of view of the kinetic theory. A linear molecule immersed in a temperature bath will undergo constant changes in configuration through its internal Brownian motion. For a perfectly flexible and unconstrained molecule each individual configuration has the same energy and, hence, the same frequency of occurrence. However, since kinked and coiled configurations are far more numerous than relatively straight and extended ones, the probability is overwhelming that at any given time the molecule will be found in a highly twisted state, with its ends separated by a distance which is small compared with the length of the extended chain. If the ends of the molecule are constrained to lie at fixed points, the thermal agitation will result in a constant jerking of the molecule against this constraint. Unless the ends of the molecule are coincident or very close together, jerks in different directions will not be equally frequent; they will result in a net force tending to bring the ends of the molecule closer together—an effective tension. At elevated temperature the thermal agitation is more violent and the effective tension will increase. If the distance between the ends of the chain is slowly increased at constant temperature, work must be done against the forces in the jerking chain. The energy of thermal agitation will, however, remain unchanged, and the energy given to the chain appears as heat. In all these respects the isolated linear molecules would show the behavior observed with bulk rubber, and the same would be true of any system of chain molecules so connected together that the intramolecular Brownian movement is not impeded. This approach to the understanding of rubber elasticity as due to the tendency of long-chain molecules to curl up under the influence of thermal agitation is qualitatively useful. For quantitative purposes, however, statistical methods involving the enumeration of the configurations of the chain under the imposed constraints are necessary.

Considering as a particularly simple example a chain as shown in Figure 7 (p. 155), it is evident that its extended length is given by

$$L(\text{extended}) = (n - 1) \cdot l \cdot \sin \frac{\alpha}{2}.$$

If we desire the ends of the chain to be at some smaller distance L apart, this can be effected in many different ways: If we imagine a large number—say, 1000—of such chains scattered at random on the floor, and then measure the distances between the ends for every chain and draw up statistics, it is very unlikely on grounds of probability that the maximum distance will be found frequently, since it can be obtained only in one way; any shorter distance can be obtained by a large number of configurations and will, consequently, be found much more frequently under actual conditions.

To each distance between the ends of the chain there is a definite number of possibilities of realization, which, following BOLTZMANN, we can term the *complexion* belonging to L. If l denotes the length of a single link, n the number of links, α the angle between two successive links, and completely free rotation is assumed, then the probability that the ends of such a chain will be separated by distance between L and $L + dL$, is given by,

$$W(n, l, \alpha, L)\, dL = 3\sqrt{\frac{6}{\pi}} \cdot \frac{1}{n^{3/2} l_\alpha^2} \exp\left(\frac{3 L^2}{2 n l_\alpha^2}\right) L^2 dL, \qquad (14)$$

where n = number of links;
l = length of each;
α = valence angle;
$l_\alpha^2 = l^2 \frac{1 + \cos\alpha}{1 - \cos\alpha}$.

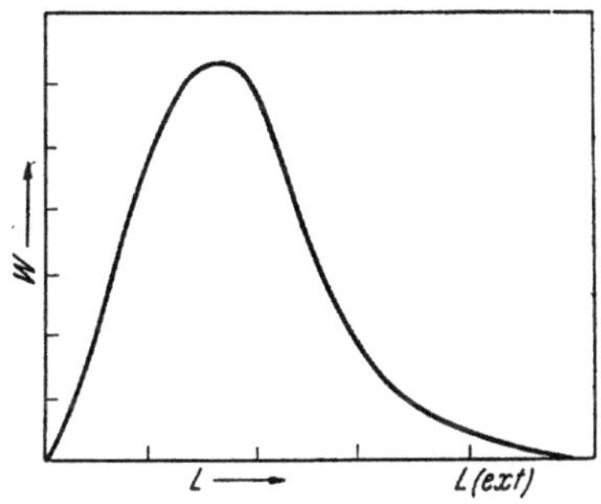

Fig. 8. $W(n, l, \alpha, L)$ as function of L for $n = 30$.

L must naturally always be less than L(max). It is evident from equation (14) that there is a most probable distance λ between the two chain ends, namely, that value of L at which the function given by (13) has its maximum. This value is,

$$\lambda = l\sqrt{\frac{2}{3}}\sqrt{n}.$$

The length L(extended) can, however, be attained only in *one single* way, and similarly, small values of L, i. e. very short distances separating the ends of the chain, are disfavored.

For the case $n = 30$, W is shown as a function of L in Fig. 8; like the well-known MAXWELL-BOLTZMANN distribution curve, it is asymmetrical.

Introducing equation (14) in (9) we obtain for the tension in a single chain with n members,

$$Z(n, l, \alpha, L) = 3\, k\, T \cdot \frac{1}{n\, l^2} \cdot \frac{1 - \cos\alpha}{1 + \cos\alpha} L. \qquad (15)$$

For small extensions, therefore, a single flexible chain exerts an average pull directly proportional to the fixed separation of its ends. In contrast to any threedimensional elastic body, it exerts retractive forces which vanish only as the corresponding "dimension" of the system goes to zero. At the longer extensions at which equation (15) ceases to apply, the exact tension—extension relation shows an upward curvature, the tension ideally approaching infinity as the extension approaches the length L(max) of the completely stretched chain.

While isolated, long, flexible molecules under thermal agitation behave in many ways like bulk rubbers (e. g., show long range reversible extensibility with restoring forces proportional to T), it is evident from the form of equation (15) that such molecules do not yet constitute adequate models of the bulk material, of which they are known to be the essential constituents. As the next step in the development of the theory, it is necessary to picture the structure of the bulk material as it is made up of these molecules, and to work out the elastic properties of this more complex system. For the purpose of a first approximation, cured rubber can be considered to consist of a coherent network of flexible molecules, linked together by bonds which give to the material a permanent structure without suppressing the internal Brownian motion of the chain segments between the fixpoints.

The volume of a macroscopic sample will be regulated by lateral forces between the chains quite unrelated to those effective tensions along the chains which maintain the shape of the material. The chains, for the most part moving freely past each other, will jostle each other at any boundary surface as they would in a liquid. The bounding surfaces may be those of other solids, or free surfaces of the material at which the outward forces of the jostling molecules are balanced by the inward pull of the elastic coherent network. The effect of the sidewise thrusts and pulls will be the same as in an ordinary liquid, viz. the production of an effective hydrostatic pressure in the material, which depends on its volume.

Consider now a unit cube of rubber stretched by forces of magnitude Z in the z direction, being deformed into a parallelepiped of dimensions L_x, L_y, L_z with $L_x = L_y$. According to the assumption of incompressibility, we have,

$$L_x L_y L_z = L_x^2 L_z = 1.$$

In the treatment of the model thus stretched the first task is to compute the pull of the irregular molecular network. This can be done for a network of arbitrary structure, provided only that every chain segment between junctions of the network is long enough for its partition function to be taken as of Gaussian form. It can be shown [cf. KUHN (77, 78); JAMES and GUTH

(*63, 64*); WALL (*113, 114*); FLORY (*31*); TRELOAR (*110, 111*)] that any such network can be replaced by a simplified network which has the same number of possible configurations—i. e., the same entropy—and exerts the same forces as the original network. This simplified network may consist of three sets of independent molecular chains, one set running between the x-faces of the parallelepiped, another between the y-faces, and the third between the z-faces. Each set may be taken to consist of M chains each of N links; then, to assure the proper magnitude of the entropy changes and forces, it is necessary only to choose properly the ratio M/N. For the discussion of the problem it is by no means necessary to use this simplified model but it does have the advantage that its behavior is easily visualized.

To determine the internal pressure, P, of the material, one may consider one of the free faces of the parallelepiped, say an x-face with the area $L_y L_z$. Acting on this is the outward force of the internal pressure, P, and the inward pull of M chains each with extension L_x. Equating inward and outward forces there results,

$$P L_y L_z = M \frac{k T}{[L^2]_{av}} L_x,$$

$$[L^2]_{av} = \frac{3}{n l^2} \cdot \frac{1 - \cos\alpha}{1 + \cos\alpha},$$

so that

$$P = M \frac{k T}{[L^2]_{av}} L_z^{-1}.$$

This can be written as,

$$P = K T L_z^{-1},$$

where

$$K = M \frac{k}{[L^2]_{av}},$$

that is the special value of this proportionality factor for a particular and simple network. It has been shown that the value of K can be determined for any given network of Gaussian chains. It will be noted that the internal pressure of bulk rubber decreases when the material is subjected to stretch.

To obtain the stress-strain relation for the cube, one considers similarly the equilibrium of the end faces, equating the outward push of the pressure plus the external force to the pull of the molecular chains. One finds,

$$Z = K T (L_z - 1/L_z^2). \tag{16}$$

The first term on the right is the force needed to act against the inward pull of the network, while the second term is the outward force of the internal pressure. The external force vanishes as $L_x = L_y = L_z = 1$, the hydrostatic pressure then balancing the inward pull of the network on each surface of the model.

The differential YOUNG's modulus is, of course, not a constant, since HOOKE's law does not hold. Referred to the original cross section, one obtains,

$$E(L_z) = K\,T\,(1 + 2/L_z^3).$$

For large values of L_z this approaches one-third of its value for $L_x = 1$, a feature which conforms well with experimental stress-strain curves.

By introducing instead of L_z the extension ε, there results

$$Z = 3\,K\,T\,\varepsilon\,(1 - \varepsilon + 4/3\,\varepsilon^2 - \ldots). \tag{17}$$

This equation clearly demonstrates the large deviations from HOOKE's law shown by rubber at even moderate extensions.

B. Comparison with the Experiment.

The first characteristic result of the kinetic theory as briefly outlined here is that the modulus of elasticity inside of the rubbery range increases

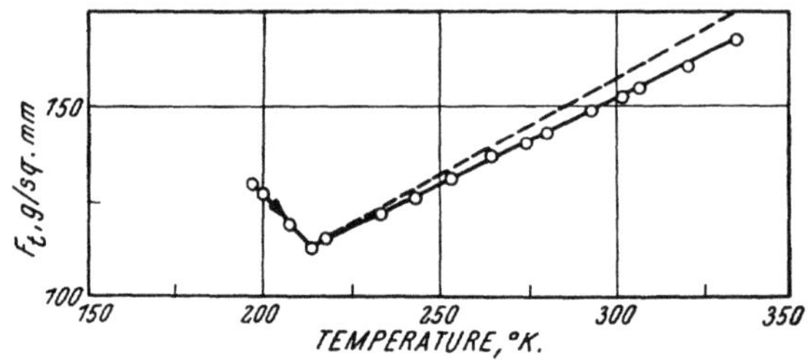

Fig. 9. Force required to maintain a vulcanized rubber sample (8% sulfur) at 350% elongation, according to MEYER and FERRI (*87*, *87a*). Solid line is as measured; broken line is corrected for thermal expansion. [From: R. F. BOYER and R. S. SPENCER, Second-Order Transition Effects in Rubber and Other High Polymers; in: "Advances in Colloid Science" (H. MARK and G. S. WHITBY, editors). Vol. II, p. 1. Copyright 1946, Interscience Publ. Inc. New York-London.]

proportional to the absolute temperature whereas the modulus of crystallized rubber *decreases* proportional to T. Figure 9 shows measurements by MEYER and FERRI (*87*) over a relatively wide range of temperatures which agree in a most convincing manner with this prediction of the theory. Many contributors have later refined and extended this experimental test and have invariably confirmed the original results.

The next step in the test of the theory is a comparison of the experimental stress-strain curve of soft rubbers with the predictions of the theory over a wide range of elongations. Figure 10 shows how closely the experimental points fall on the theoretical curve even over a range up to 400% extension [DART, ANTHONY and GUTH (*20*); JAMES and GUTH (*63*)].

The most elaborate and careful test of equation (17) was carried out by FLORY et al. (36) who vulcanized Butyl Rubber of known initial molecular weight (M_0) and known initial unsaturation to a known extent. In this way they were able to control the average distance between the fixpoints of the resulting network (M_c)

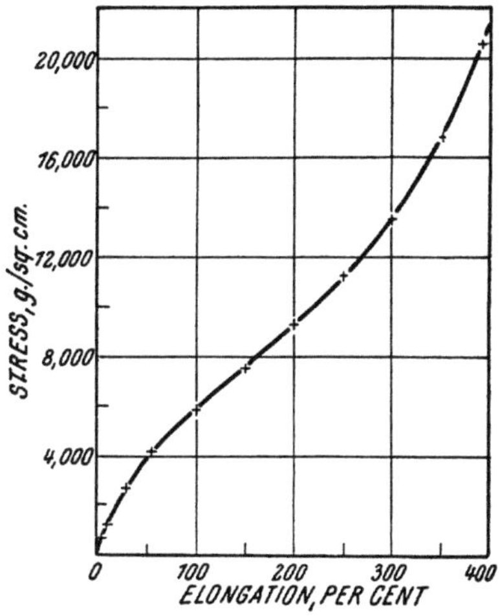

Fig. 10. Typical experimental stress-strain curve of soft rubber, according to JAMES and GUTH (63). [From: E. GUTH, H. M. JAMES and H. MARK, The Kinetic Theory of Rubber Elasticity; in: "Advances in Colloid Science" (H. MARK and G. S. WHITBY, editors). Vol. II, p. 253. Copyright 1946, Interscience Publ. Inc. New York-London.]

and at the same time to know the number of loose chain ends in the cells of this network. To take care of the finite degree of polymerization of the initial polymer FLORY proposed the relation,

$$Z = K\,T/M_c\,(L_z - 1/L_z^2)\left(1 - \frac{2\,M_c}{M_0}\right) \qquad (18)$$

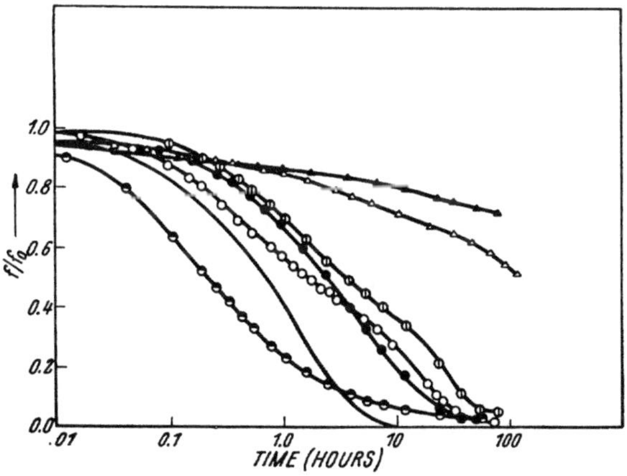

Fig. 11. Decay of stress for various vulcanized rubbers at 130° C. Data obtained at 50% extension and plotted in the form $f(t)/f(0)$ *vs*· log time. [From: H. MARK and A. V. TOBOLSKY, "Physical Chemistry of High Polymeric Systems" (High Polymers, Vol. II, p. 351. Copyright 1950, Interscience Publ. Inc. New York-London.] (82).

◓ neoprene;
— natural rubber;
○ butyl;
● buna-N;
⦶ buna-S;
△ polyester rubber;
▲ polyethylacrylate rubber.

which is capable to represent the experimental behavior of a large number of vulcanizates up to extentions of 400%.

Another most valuable and useful method to investigate the molecular processes in stretched elastomers in their dependence on the temperature is the study of stress relaxation at constant strain. It was particularly pursued by TOBOLSKY and his co-workers (*24*, *109*, *3*) and led to many interesting results concerning the "spectrum" of relaxation times characterizing the internal Brownian movement in many cross-linked polymers and copolymers. Figure 11 represents the relative stress decay of seven vulcanized elastomers at 135° C. at 50% elongation and shows clearly that under these conditions elastic polyesters and polyacrylates maintain the stress much more efficiently than Neoprene or natural rubber. Evidently, in these latter networks the fixpoint system slowly breaks down under the influence of temperature and external Brownian motion, viz. slipping of entire chains past each other takes place to such an extent that considerable stress relaxation results. Processes of this type are closely connected with the heat which is dissipated in a rubber during cycles of repeated stretch and relaxation and are therefore not only interesting from a fundamental point of view but also of considerable practical importance.

References.

1. ALFREY, T.: Mechanical Behavior of High Polymers. New York: Interscience Publ. 1948.

2. ALFREY, T., Jr., J. J. BOHRER and H. MARK: Copolymerization. New York: Interscience Publ. 1952.

3. ANDREWS, R. D., N. HOFMAN-BANG and A. V. TOBOLSKY: Elastoviscous Properties of Polyisobutylene. I. Relaxation of Stress in Whole Polymer of Different Molecular Weights and Elevated Temperatures. J. Polymer Sci. **3**, 669 (1948).

4. BAKER, W. O. and C. S. FULLER: Intermolecular Forces and Chain Configuration in Linear Polymers. The Effect of N-Methylation on the X-Ray Structures and Properties of Linear Polyamides. J. Amer. chem. Soc. **65**, 1120 (1943).

5. BAKER, W. O., C. S. FULLER and N. R. PAPE: Effects of Heat, Solvents and Hydrogen-bonding Agents on the Crystallinity of Cellulose Esters. J. Amer. chem. Soc. **64**, 776 (1942).

6. BARRY, A. J.: Viscometric Investigation of Dimethylsiloxane Polymers. J. appl. Physics **17**, 1020 (1946).

7. BAYER, O., E. MÜLLER, S. PETERSEN, H.-F. PIEPENBRINK und E. WINDEMUTH: Über neuartige hochelastische Stoffe "Vulcollan", 6. Mitt. über Polymethane. Angew. Chemie **62**, 57 (1950).

8. — — — — — New Types of Highly Elastic Substances. Vulcollans. Rubber Chem. Techn. **23**, 812 (1950).

9. BEAMAN, R. G.: Relation Beteween (Apparent) Second-Order Transition Temperature and Melting Point. J. Polymer Sci. **9**, 470 (1952).

10. BEKKEDAHL, N.: Forms of Rubber as Indicated by Temperature-Volume Relationship. J. Res. Nat. Bur. Standards **13**, 411 (1934).

11. — Forms of Rubber as Indicated by Temperature-Volume Relationship. Rubber Chem. Techn. **8**, 5 (1935).

12. BEU, K. E., W. B. REYNOLDS, C. F. FRYLING and H. L. McMURRY: X-Ray Studies of Low-Temperature Polybutadiene and Butadiene-Styrene Copolymers. J. Polymer Sci. **3**, 465 (1948).

13. BOYER, R. F. and R. S. SPENCER: Second-Order Transition Effects in Rubber and Other High Polymers. Adv. Colloid Sci. **2**, 1 (1946).

14. — — Effect of Plasticizers on Second-Order Transition Points of High Polymers. J. Polymer Sci. **2**, 157 (1947).

15. BRILL, R. und F. HALLE: Über das kautschukähnliche Verhalten eines Kunststoffes (Oppanol) im Röntgenlicht. Naturwiss. **26**, 12 (1938).

16. BUNN, C. W.: The Crystal Structure of Long-Chain Normal Paraffin Hydrocarbons. The "Shape" of the CH_2 Group. Trans. Faraday Soc. **35**, 482 (1939).

16 a. — Molecular Structure and Rubber-Like Elasticity. I. The Crystal Structures of β-Gutta-percha, Rubber and Polychloroprene. Proc. Roy. Soc. (London), Ser. A **180**, 40 (1942).

17. CAROTHERS, W. H.: Collected Papers on High Polymeric Substances. (Vol. I "On High Polymers"). New York: Interscience Publ. 1940.

18. CAROTHERS, W. H., I. WILLIAMS, A. M. COLLINS and J. E. KIRBY: Acetylene Polymers and Their Derivatives. II. A New Synthetic Rubber: Chloroprene and its Polymers. J. Amer. chem. Soc. **53**, 4203 (1931).

19. CATLIN, W. E., E. P. CZERWIN and R. H. WILEY: Multi-ingredient Polyamides. J. Polymer Sci. **2**, 412 (1947).

20. DART, S. L., R. L. ANTHONY and E. GUTH: Rise of Temperature on Fast Stretching of Synthetics and Natural Rubbers. Ind. Engng. Chem. **34**, 1340 (1942).

21. DAVIS, C. C. and J. T. BLAKE: Chemistry and Technology of Rubber. New York: Reinhold Publ. Co. 1937.

22. DEBYE, P. and A. M. BUECHE: Intrinsic Viscosity, Diffusion, and Sedimentation Rate of Polymers in Solution. J. chem. Physics **16**, 573 (1948).

23. D'IANNI, J. D., F. J. NAPLES and J. E. FIELD: Butadiene Polymers and Polyisoprene. Ind. Engng. Chem. **42**, 95 (1950).

24. DILLON, J. H., I. B. PRETTYMAN and G. L. HALL: Hysteretic and Elastic Properties of Rubberlike Materials Under Dynamic Shear Stresses. J. appl. Physics **15**, 309 (1944).

25. DOTY, P. M. and H. S. ZABLE: Determination of Polymer-Liquid Interaction by Swelling Measurements. J. Polymer Sci. **1**, 90 (1946).

26. EDGAR, O. B.: Structure–Property Relationships in Polyethylene Teraphthalate Co-polyesters. II. Second-order Transition Temperatures. J. chem. Soc. (London) **1952**, 2638.

27. EDGAR, O. B. and E. ELLERY: Structure–Property Relationships in Polyethylene Terephthalate Co-polyesters. I. Melting Points. J. chem. Soc. (London) **1952**, 2633.

28. EVANS, A. G. and M. POLANYI: Some Aspects of the Chemistry of Macromolecules. I. Polymerisation of *iso*Butene by Friedel-Crafts Catalysts. J. chem. Soc. (London) **1947**, 252.

29. EWART, R. H.: Significance of Viscosity Measurements on Dilute Solutions of High Polymers. Adv. Colloid Sci. **2**, 197 (1946).

30. FLORY, P. J.: Molecular Weights and Intrinsic Viscosities of Polyisobutylenes. J. Amer. chem. Soc. **65**, 372 (1943).

31. — Network Structure and the Elastic Properties of Vulcanized Rubber. Chem. Reviews **35**, 51 (1944).

32. — Effects of Molecular Structure on Physical Properties of Butyl Rubber. Ind. Engng. Chem. **38**, 417 (1946).

33. FLORY, P. J.: Fundamental Principles of Condensation Polymerization. Chem. Reviews **39**, 137 (1946).
34. — Thermodynamics of Crystallization in High Polymers. IV. A Theory of Crystalline States and Fusion in Polymers, Copolymers, and Their Mixtures with Diluents. J. chem. Physics **17**, 223 (1949).
35. FLORY, P. J., L. MANDELKERN, J. B. KINSINGER and W. B. SCHULTZ: Molecular Dimensions of Polydimethylsiloxanes. J. Amer. chem. Soc. **74**, 3364 (1952).
36. FLORY, P. J., N. RABJOHN and M. C. SHAFFER: Dependence of Elastic Properties of Vulcanized Rubber on the Degree of Cross Linking. J. Polymer Sci. **4**, 225 (1949).
37. FLORY, P. J. and J. REHNER, Jr.: Statistical Mechanics of Cross-Linked Polymer Networks. II. Swelling. J. chem. Physics **11**, 521 (1943).
38. FOX, T. G., Jr. and P. J. FLORY: Viscosity-Molecular Weight and Viscosity-Temperature Relationships for Polystyrene and Polyisobutylene. J. Amer. chem. Soc. **70**, 2384 (1948).
39. — — Intrinsic Viscosity-Molecular Weight Relations for Polyisobutylene. J. Phys. and Coll. Chem. **53**, 197 (1949).
40. — — Intrinsic Viscosity-Temperature Relationship for Polyisobutylene in Various Solvents. J. Amer. chem. Soc. **73**, 1909 (1951).
41. — — Intrinsic Viscosity Relationship for Polystyrene. J. Amer. chem. Soc. **73**, 1915 (1951).
42. FRENCH, D. M. and R. H. EWART: Molecular Weight of GR-S Fractions. Simple Glass Osmometer for Use in Hydrocarbon Solvents. Analyt. Chemistry **19**, 165 (1947).
43. FULLER, C. S.: The Investigation of Synthetic Linear Polymers by X-Rays. Chem. Reviews **26**, 143 (1940).
44. — Mixed Crystal Formation in Linear Copolyesters. J. Amer. chem. Soc. **70**, 421 (1948).
45. FULLER, C. S., W. O. BAKER and N. R. PAPE: Crystalline Behavior of Linear Polyamides. Effect of Heat Treatment. J. Amer. chem. Soc. **62**, 3275 (1940).
46. FULLER, C. S., C. J. FROSCH and N. R. PAPE: X-Ray Examination of Polyisobutylene. J. Amer. chem. Soc. **62**, 1905 (1940).
47. — — — Chain Structure of Linear Polyesters. Trimethylene Glycol Series. J. Amer. chem. Soc. **64**, 154 (1942).
48. GEE, G.: The Interaction Between Rubber and Liquids. III. The Swelling of Vulcanised Rubber in Various Liquids. Trans. Faraday Soc. **38**, 418 (1942).
49. — The Thermodynamic Study of Rubber Solutions and Gels. Adv. Colloid Sci. **2**, 145 (1946).
50. GOUGH, J.: Investigations on Rubber. Mem. Proc. Manchester Philos. Soc. **1**, 288 (1806).
51. HAMPTON, R. R.: Infrared Analysis of Low Temperature Polymers. Analyt. Chemistry **21**, 923 (1949).
52. HARRIES, C.: Über den Abbau des Parakautschuks vermittelst Ozon. Ber. dtsch. chem. Ges. **37**, 2708 (1904).
53. — Zur Kenntnis der Kautschukarten. Über die Beziehungen zwischen den Kohlenwasserstoffen aus Kautschuk und Guttapercha. Ber. dtsch. chem. Ges. **38**, 3985 (1905).
54. — Über Kohlenwasserstoffe der Butadienreihe und über einige aus ihnen darstellbare künstliche Kautschukarten. Liebigs Ann. Chem. **383**, 157 (1911); Nachtrag, ebenda **385**, 116 (1912).

55. HART, E. J. and A. W. MEYER: Infrared Studies of 1,2- and *trans* 1,4-Structure of Polybutadiene and Butadiene-Styrene Copolymers Polymerized at Various Temperatures. J. Amer. chem. Soc. **71**, 1980 (1949).
56. HILL, R. and E. E. WALKER: Polymer Constitution and Filter Properties. J. Polymer Sci. **3**, 609 (1948).
57. HOCK, L.: Beziehungen zwischen elastischer Nachwirkung und Temperatur bei Rohkautschuk und Vulkanisaten. Kolloid-Z. **35**, 40 (1924).
58. HOHENSTEIN, W. P. and H. MARK: Polymerization of Olefins and Diolefins in Suspension and Emulsion. I. J. Polymer Sci. **1**, 127 (1946).
59. — — Polymerization of Olefins and Diolefins in Suspension and Emulsion. II. J. Polymer Sci. **1**, 549 (1946).
60. HUGGINS, M. L.: The Viscosity of Dilute Solutions of Long-Chain Molecules. IV. Dependence on Concentration. J. Amer. chem. Soc. **64**, 2716 (1942).
61. IZARD, E. F.: The Effect of Chemical Composition on Selected Physical Properties of Linear Polymers. J. Polymer Sci. **8**, 503 (1952).
62. IZARD, E. F. and S. L. KWOLEK: Esters of β-Carboxyphenoxyalkanoic Acids. J. Amer. chem. Soc. **73**, 1861 (1951).
63. JAMES, H. M. and E. GUTH: Theory of the Elastic Properties of Rubber. J. chem. Physics **11**, 455 (1943).
64. — — Statistical Treatment of Imperfectly Flexible Chains. J. chem. Physics **11**, 531 (1943).
65. JENCKEL, E. und K. UEBERREITER: Über Polystyrolgläser verschiedener Kettenlänge. Z. physik. Chem., Abt. A **182**, 361 (1938).
66. JOULE, J. P.: Investigations on Rubber. Phil. Mag. **14**, 227 (1857).
67. KATZ, J. R.: Röntgenspektrographische Untersuchungen am gedehnten Kautschuk und ihre mögliche Bedeutung für das Problem der Dehnungseigenschaften dieser Substanz. Naturwiss. **13**, 410 (1925).
68. KELVIN (Lord): Collected Works, Vol. I, p. 291, 309 et segn. 1855.
69. KIRKWOOD, J. G. and J. RISEMAN: The Intrinsic Viscosities and Diffusion Constants of Flexible Macromolecules in Solution. J. chem. Physics **16**, 565 (1948).
70. KOLTHOFF, I. M., T. S. LEE and M. A. MAIRS: Use of Perbenzoic Acid in Analysis of Unsaturated Compounds. III. Results of Determinations of External Double Bonds In Synthetic Rubbers. J. Polymer Sci. **2**, 220 (1947).
71. KRAEMER, E. O.: Molecular Weights of Celluloses and Cellulose Derivatives. Ind. Engng. Chem. **30**, 1200 (1938).
72. KRAEMER, E. O. and F. J. VAN NATTA: Viscosity and Molecular Weights of Polymeric Materials. J. physic. Chem. **36**, 3175 (1932).
73. KRAEMER, E. O. and J. B. NICHOLS: in TH. SVEDBERG and K. O. PEDERSEN: The Ultracentrifuge, p. 416. London: Oxford Univ. Press. 1940.
74. KRATKY, O. und H. MARK: Anwendung physikalischer Methoden zur Erforschung von Naturstoffen: Form und Größe dispergierter Moleküle. Röntgenographie. Fortschr. Chem. organ. Naturstoffe **1**, 255 (1938).
75. KUHN, W.: Über Teilchenform und Teilchengröße aus Viscosität und Strömungsdoppelbrechung. Z. physik. Chem., Abt. A **161**, 1 (1932).
76. — Über quantitative Deutung der Viskosität und Strömungsdoppelbrechung von Suspensionen. Kolloid-Z. **62**, 269 (1933).
77. — Über die Gestalt fadenförmiger Moleküle in Lösungen. Kolloid-Z. **68**, 2 (1934).
78. — Beziehungen zwischen Molekülgröße, statistischer Molekülgestalt und elastischen Eigenschaften hochpolymerer Stoffe. Kolloid-Z. **76**, 258 (1936).
79. — Molekülkonstellation und Kristallitorientierung als Ursachen kautschukähnlicher Elastizität. Kolloid-Z. **87**, 3 (1939).

80. LANSING, W. D. and E. O. KRAEMER: The Ultracentrifuge, p. 423. Oxford Univ. Press. 1940 cf. J. Amer. chem. Soc. **57**, 1369 (1935).
81. MARCHIONNA, F.: Butalastic Polymers. Their Preparation and Applications; a Treatise on Synthetic Rubbers. New York: Reinhold Publ. Co. 1946.
82. MARK, H. and A. V. TOBOLSKY: Physical Chemistry of High Polymeric Systems (Vol. II "On High Polymers"). 2nd ed. New York and London: Interscience Publ. 1950.
83. MATTHES, A.: Grundlagen einer Viscosimetrischen Polymerisationsgradbestimmung und gestaltliche Verhältnisse der Polyamide in Lösung. J. prakt. Chem. **162**, 245 (1943).
84. MAYO, R. F. and CH. WALLING: Copolymerization. Chem. Reviews **46**, 191 (1950).
85. MEYER, A. W.: Effects of Polymerization Temperature on Structure. Ind. Engng. Chem. **41**, 1570 (1949).
86. MEYER, K. H.: Natural and Synthetic High Polymers. New York: Interscience Publ. 1951.
87. MEYER, K. H. et C. FERRI: Sur l'élasticité du caoutchouc. Helv. chim. Acta **18**, 570 (1935).
87a. — — The Elasticity of Rubber. Rubber Chem. Techn. **8**, 319 (1935).
88. MEYER, K. H., G. v. SUSICH und E. VALKÓ: Die elastischen Eigenschaften der organischen Hochpolymeren und ihre kinetische Deutung. Kolloid-Z. **59**, 208 (1932).
89. MOCHEL, W. E. and J. B. NICHOLS: The Structure of Neoprene. III. The Molecular Weight Distribution of Neoprene Type CG. J. Amer. chem. Soc. **71**, 3435 (1949).
90. MOCHEL, W. E., J. B. NICHOLS and C. J. MIGHTON: The Structure of Neoprene. I. The Molecular Weight Distribution of Neoprene Type GN. J. Amer. chem. Soc. **70**, 2185 (1948).
91. MORTON, A. A.: Alfin Catalysts and the Polymerization of Butadiene. Ind. Engng. Chem. **42**, 1488 (1950).
92. NORRISH, R. G. W. and K. E. RUSSELL: Friedel-Crafts Catalyst in Polymerization. Nature (London) **160**, 543 (1947).
93. PLESCH, P. H.: The Low-temperature Polymerisation of *iso*Butene. II. J. chem. Soc. (London) **1950**, 543.
94. PLESCH, P. H., M. POLANYI and H. A. SKINNER: Some Aspects of the Chemistry of Macromolecules. II. The Low-temperature Polymerisation of *iso*Butene by Friedel-Crafts Catalysts. J. chem. Soc. (London) **1947**, 257.
95. PUMMERER, R., A. ANDRIESSEN und W. GÜNDEL: Über Reinigung und Fraktionierung von Kautschuk. 7. Mitt. Ber. dtsch. chem. Ges. **61**, 1583 (1928).
96. PUMMERER, R. und H. PAHL: Über die Darstellung von Reinkautschuk aus Latex mittels Alkalis und seine Zerlegung in Sol- und Gel-Kautschuk. Ber. dtsch. chem. Ges. **60**, 2152 (1927).
97. SCOTT, D. W.: Osmotic Pressure Measurements with Polydimethylsilicone Fractions. J. Amer. chem. Soc. **68**, 1877 (1946).
98. SCOTT, R. L., W. C. CARTER and M. MAGAT: Viscosity-Molecular Weight Relations for Various Synthetic Rubbers. J. Amer. chem. Soc. **71**, 220 (1949).
99. SCOTT, R. L. and M. MAGAT: Thermodynamics of High-Polymer Solutions. III. Swelling of Cross-Linked Rubber. J. Polymer Sci. **4**, 555 (1949).
100. STAUDINGER, H.: Die hochmolekularen organischen Substanzen. Berlin: Springer. 1930.
101. STAUDINGER, H. und FR. BERNDT: Über die Gültigkeit des Viscositätsgesetzes bei Polyoxydecansäuren. Makromol. Chemie **1**, 22 (1947).
102. — — Über Polyoxyundecansäuren. Makromol. Chemie **1**, 36 (1947).

103. STAUDINGER, H. und H. SCHNELL: Über die Gültigkeit des Viscositätsgesetzes bei Polyaminocapronsäuren. Makromol. Chemie 1, 44 (1947).
104. SUTHERLAND, G. B. B. M. and A. V. JONES: The Application of Polarized Infra-red Radiation to Problems in Molecular Structure. Discuss. Faraday Soc. **9**, 281 (1950).
105. TAMMANN, G.: Der Glaszustand. Leipzig: Voss. Verlag. 1933.
106. TAYLOR, G. B.: The Relation of the Viscosity of Nylon Solutions in Formic Acid to Molecular Weight as Determined by End-Group Measurements. J. Amer. chem. Soc. **69**, 635 (1947).
106a. — The Distribution of the Molecular Weight of Nylon as Determined by Fractionation in a Phenol-Water System. J. Amer. chem. Soc. **69**, 638 (1947).
107. THOMAS, R. M. and W. J. SPARKS: U. S. Patent 2356128 (1940).
108. THOMAS, R. M., W. J. SPARKS, P. K. FROHLICH, M. OTTO and M. MUELLER-CUNRADI: Preparation and Structure of High Molecular Weight Polybutenes. J. Amer. chem. Soc. **62**, 276 (1940).
109. TOBOLSKY, A. V., I. B. PRETTYMAN and J. H. DILLON: Stress Relaxation of Natural and Synthetic Rubber Stocks. J. appl. Physics **15**, 380 (1944).
110. TRELOAR, L. R. G.: The Elasticity of a Network of Long-Chain Molecules. II. Trans. Faraday Soc. **39**, 241 (1943).
111. — Stress-Strain Data for Vulcanised Rubber Under Various Types of Deformation. Trans. Faraday Soc. **40**, 59 (1944).
112. TSCHUNKUR, E. und W. BOCK: D. R. Patent 570980 (1929).
113. WALL, F. T.: Statistical Lengths of Rubber-Like Hydrocarbon Molecules. J. chem. Physics **11**, 67 (1943).
114. — Statistical Thermodynamics of Rubber. III. J. chem. Physics **11**, 527 (1943).
115. WHINFIELD, J. R.: Chemistry of "Terylene". Nature (London) **158**, 930 (1946).
116. WITTBECKER, E. L., R. C. HOUTZ and W. W. WATKINS: Elastic *N*-Substituted Polyamides. Ind. Engng. Chem. **40**, 875 (1948).
117. WOOD, L. A.: Crystallization Phenomena in Natural and Synthetic Rubbers. Adv. Colloid Sci. **2**, 57 (1946).
118. YANKO, J. A.: Physical Properties of Fractions of GR-S and Their Vulcanizates. J. Polymer Sci. **3**, 576 (1948).
119. ZIMM, B. H.: The Scattering of Light and the Radial Distribution Function of High Polymer Solutions. J. chem. Physics **16**, 1093 (1948).

(Received, January 2, 1953.)

Chimie des lipides bactériens.

Par J. Asselineau et E. Lederer, Paris.

Sommaire.

Deuxième Partie.

Composition chimique des lipides bacillaires.

Troisième Partie.

Propriétés biologiques des lipides bacillaires.

Introduction.

La composition particulière des lipides des Bactéries justifie pleinement la rédaction de la présente revue; en effet, les Bactéries élaborent des lipides dont la composition est très différente de celle des lipides des autres organismes, que ce soient des Champignons, des Algues ou des Animaux supérieurs. L'intérêt porté actuellement à l'étude des lipides bactériens est également justifié par l'importance biologique de certaines fractions lipidiques.

Le domaine que nous allons résumer est d'ailleurs encore peu développé; à part des études nombreuses et très détaillées sur les lipides des Mycobactéries et sur ceux du Bacille diphtérique, nous ne possédons que des renseignements sporadiques concernant ceux d'autres espèces bactériennes.

R. J. ANDERSON, à qui nous devons la plus grande partie de nos connaissances sur les lipides des Mycobactéries, a publié dans le volume III de la présente collection, une revue intitulée «The Chemistry of the Lipoids of the Tubercle Bacillus and Certain Other Microorganisms» (*13*), et a fait paraître d'autres revues sur le même sujet (*14*—*16*). Une excellente revue générale de la chimie des Mycobactéries a été publiée en 1943 par ROULET et BRENNER (*268*), et une revue plus condensée par SEIBERT (*272*) en 1950. FETHKE (*132*) a mis au point en 1938 nos connaissances sur la composition des lipides du bacille tuberculeux et ses rapports avec l'infection bacillaire. Nous avons nous-mêmes depuis 1951 publié plusieurs revues sur la composition des lipides des Mycobactéries (*47*, *58*, *210*, *211*), et une brève revue sur les lipides bacillaires (*44*).

1. Propriétés générales des lipides bactériens.

Les lipides des Plantes et des Animaux sont généralement caractérisés par une forte teneur en *glycérides* et par la présence de *stérols*. Les lipides bactériens sont au contraire caractérisés par la *faible teneur* et quelquefois même, l'*absence presque complète de glycérides*, et par l'*absence totale de stérols*. Si les graisses des Plantes et des Animaux contiennent généralement peu d'acides gras libres, celles des Bactéries en contiennent, au contraire, une très forte proportion; les lipides du Bacille diphtérique par exemple semblent consister pour la plus grande partie en acides gras libres, et ne contiennent pas du tout de glycérides.

L'*absence de stérols* dans les lipides bactériens mérite d'être commentée; ANDERSON, SCHOENHEIMER, CROWDER et STODOLA (*32*) ont prouvé que, contrairement aux affirmations de HECHT (*172*, *173*), le bacille tuberculeux ne contient pas de stéroïdes; les traces de ces derniers qui peuvent se trouver dans les extraits, proviennent sans aucun doute de l'extérieur (bouchons, mains des manipulateurs, etc.). Nous pouvons pleinement confirmer les conclusions des auteurs américains, n'ayant nous-mêmes jamais trouvé de stérols dans les Mycobactéries. L'absence de stérols dans les lipides du Bacille diphtérique a été reconnue par BEHRING (*64*), par CHARGAFF (*105*) et par GUBAREV et VAKULENKO (*158*), et nous pouvons également la confirmer (*213*). CROWDER et ANDERSON (*117*) avaient bien isolé un stérol de *Lactobacillus acidophilus,* mais ANDERSON (*13*) reconnaît qu'il peut provenir du lait présent dans le milieu de culture. Dans un seul cas, la présence d'un stérol semble indiscutable, c'est celui d'une bactérie des nodosités des Légumineuses, *Azotobacter chroococcum,* étudié par SIFFERD et ANDERSON (*278*).

Aux caractères distinctifs déjà énumérés, s'en ajoute un autre: la présence dans les lipides bactériens, d'*acides gras ramifiés.* Il est vrai que des acides gras ramifiés ont aussi été trouvés récemment dans des lipides d'origine toute différente: graisse de laine [WEITKAMP (*342*)] graisse de la glande sébacée du croupion du canard [WEITZEL et collabor. (*346, 344*)], et de celle de l'oie [WEITZEL, FRETZDORFF et WOJAHN (*345*)]; beurre [HANSEN et SHORLAND (*162, 163*)], graisse de bœuf [HANSEN, SHORLAND et COOKE (*164*)], graisse de mouton (mêmes auteurs, *165, 166*) huile de foie de requin [MORICE et SHORLAND, (*231 a*)]. Mais ces acides ont généralement une seule ramification, presque toujours un méthyle, et un poids moléculaire relativement faible. Dans les Bactéries on trouve, parfois en proportion importante, toute une série d'acides ayant plusieurs ramifications, soit des groupes méthyles (acides phtiénoïques), soit des radicaux alcoyles plus longs (acides mycoliques). Les Bactéries semblent aussi avoir le privilège de la synthèse d'acides gras à très longues chaînes. Si, chez les Plantes et les Animaux, le nombre d'atomes de carbone des acides gras ne dépasse guère 26, on trouve fréquemment chez les Bactéries des acides gras de 32, 50 et même 88 atomes de carbone. Nous consacrerons le chapitre II à la chimie de ces acides ramifiés (p. 178).

Notons encore que les lipides des Bactéries contiennent souvent des acides gras β-hydroxylés: acide β-hydroxy-butyrique (p. 247), acide β-hydroxy-décanoïque (v. p. 252), acide β-hydroxy-myristique (v. p. 251), acides coryno-mycolique (v. p. 194) et coryno-mycolénique (v. p. 196) et acides mycoliques des Mycobactéries (v. p. 198).

Les *phosphatides* des Bactéries sont souvent dépourvus des bases azotées habituelles, telles que choline ou colamine; l'étude de leurs constituants azotés vient seulement d'être abordée, grâce à la chromatographie sur papier. Le phosphatide de *Mycobacterium phlei* contient une seule base azotée: l'*hydroxy-lysine* [BARBIER et LEDERER (*60*)]. D'autre part, les phosphatides bactériens peuvent renfermer des substances complexes telles que l'*acide inosito-glycéro-diphosphorique* (*309*), et des *polysaccharides* [manninositose de *M. tuberculosis* (*31*), polysaccharide du phosphatide de *L. acidophilus* (*118*), etc.].

Signalons, aussi, la forte proportion de *di-* et *poly-saccharides* dans les lipides bactériens non phosphorylés. Le seul sucre présent dans les lipides des Plantes et des Animaux est le galactose (dans les cérébrosides), tandis que certains lipides bactériens sont riches en *tréhalose* ou en polysaccharides plus complexes. GUBAREV (*154*) a proposé d'appeler *microsides* les composés lipidiques bactériens contenant des sucres.

La composition des lipides bactériens est donc extrêmement complexe, et illustre bien la loi de HILDITCH (*174*): «The fats of the simplest and most primitive organisms are usually made up from a very complex mixture of fatty acids, whilst, as biological development has proceeded, the chief component acids of the fats of the higher organisms have become fewer in number». [Voir aussi BERGMANN et SWIFT (*66*) et SHORLAND (*277*).] Remarquons aussi que l'extrême complexité des lipides d'organismes inférieurs (Bactéries, Spongiaires, Champignons, ...) peut-être dûe au fait que l'on étudie les lipides de l'*organisme entier*, c'est à dire ceux qui interviennent dans les multiples fonctions de la vie, alors que pour les espèces supérieures, on étudie généralement les lipides d'organes ou de tissus *isolés*.

II. Variations de la composition des lipides bacillaires.

Il est bien connu que la composition du milieu de culture des Bacilles a une influence considérable sur la quantité et la qualité de leurs lipides. Dans le cas des Mycobactéries, cette influence a été étudiée en détail par FROUIN et GUILLAUMIE (*139*), par CHARGAFF et DIERYCK (*101, 106*) et par STEPHENSON et WHETHAM (*302*). Des observations analogues ont été faites par GEIGER et ANDERSON (*141*), au cours de l'étude des lipides de *Phytomonas tumefaciens*, cultivé sur deux milieux synthétiques différents. En variant la composition du milieu de culture, on peut même supprimer la production d'un lipo-diholoside par *Pseudomonas aeruginosa* (*188*). LARSON et LARSON (*208*) ont montré qu'il est possible, par modification du milieu de culture, d'augmenter considérablement la teneur en lipides d'un micro-organisme (voir tableau 1).

Tableau 1. Variation de la teneur en lipides en fonction du milieu de culture.

Milieu de culture	% de lipides extraits		
	bouillon ordinaire	bouillon + 5% glucose	bouillon + 3% glycérol
B. coli communis	9,59	9,09	19,9
Staphyl. albus	7,97	7,6	39,9
B. megatherium	9,15	18,1	33,8
B. mucosus	13,9	8,82	15,42

Un paragraphe a d'ailleurs été consacré à cette question dans l'ouvrage de STEPHENSON (*301*) sur le métabolisme bactérien*. Nous étudierons plus loin l'influence de la teneur du milieu en acétate sur la production de lipides par des Mycobactéries.

La composition chimique des lipides varie aussi avec l'*âge* des cultures. FROUIN et GUILLAUMIE (*140*) avaient déjà montré en 1928, que la teneur globale en lipides passe de 13,5 à 25% pour des cultures de 10 à 40 jours d'une souche humaine de *M. tuberculosis*. ASSELINEAU (*42*) a observé en 1951 que cette variation porte essentiellement sur les cires extraites par le chloroforme. De même, CASSAGNE (*95*) a montré l'augmentation de la teneur en lipides du bacille diphtérique, avec l'âge de la culture.

Il ressort de toutes ces observations que la coordination et la comparaison des résultats obtenus avec des souches différentes, exige que les lots examinés aient été cultivés et traités sous des conditions identiques.

L'extrême variabilité des Bacilles en fonction du milieu de culture pose aussi le problème de savoir quelle est au juste la composition des lipides de «vrais bacilles», c'est à dire de ceux ayant poussé dans des conditions *naturelles*. C'est là un problème important, et non encore résolu. Plusieurs indications laissent en effet penser que des différences assez considérables existent entre la composition de ce bacille «vrai» et de celle du bacille que nous récoltons sur des milieux de culture synthétiques: SHEEHAN et WHITWELL (*275*) ont trouvé que le bacille tuberculeux se colore différemment par le Noir soudan B, suivant qu'il a poussé *in vitro* ou *in vivo*; FETHKE (*132*) rapporte qu'une souche humaine de *M. tuberculosis* récemment isolée d'une lésion, renferme une proportion assez faible de lipides; ANDERSON, REEVES, CREIGHTON et LOTHROP (*28*) n'ont pas réussi à retrouver dans des lésions pulmonaires tuberculeuses certains constituants caractéristiques du Bacille tuberculeux de culture (acides tuberculostéarique et phtioïque, phtiocol). Une explication possible de cet échec réside dans la pauvreté relative de ces lésions en bacilles [CANETTI (*87*)]. Rappelons que, d'après CALMETTE (*86*), 40 milliards de bacilles tuberculeux pèsent seulement 1 milligramme.

La composition des lipides bacillaires varie donc suivant les conditions de culture; mais le chimiste se heurte à de nouvelles difficultés pour extraire les lipides bacillaires sans provoquer d'altérations. L'autoclavage des cultures doit être proscrit en raison des possibilités d'hydrolyse qu'il entraîne. En général, les bacilles vivants, qui viennent d'être filtrés et lavés, sont immergés aussitôt dans de l'alcool ou dans un mélange d'alcool et d'éther, qui inhibent les réactions diastasiques et commencent l'extraction des lipides. Il est indispensable d'utiliser des proportions de solvant suffisamment élevées pour éviter des réactions d'autolyse, comme

* Voir aussi le travail récent de DAGLEY et JOHNSON (*121 a*).

nous avons eu l'occasion de le montrer avec une souche de Mycobactéries (*1*). Cependant, une certaine incertitude subsiste toujours quant à l'absence complète de réactions secondaires au cours de l'extraction.

Première Partie.

Chimie des constituants des lipides bactériens.

Dans cette partie, nous ne traiterons que les substances qui semblent être spécifiques des bactéries, et dont la structure a été étudiée.

I. Substances hydroxylées.

a) Octadécanol $C_{18}H_{38}O$ *et eicosanol* $C_{20}H_{42}O$.

ANDERSON et ses collaborateurs (*241, 22, 265 a*) ont isolé de l'insaponifiable des cires de bacille tuberculeux aviaire, et de *M. phlei* un mélange d'alcools $C_{18}H_{38}O$, F. 56°, $[\alpha]_D = + 5{,}7°$ et $C_{20}H_{42}O$, F. 62—63°, $[\alpha]_D = + 4{,}2°$. PANGBORN et ANDERSON (*241*) ont montré qu'il s'agit du (+) octadécanol-2 et du (+) eicosanol-2. Par oxydation chromique, chacun de ces alcools fournit une cétone: la méthyl-hexadécyl-cétone F. 52°, et la méthyl-octadécyl-cétone F. 58—59° (voir *13*). SERCK-HANSSEN et collaborateurs (*274*) ont montré par synthèse que le (+) eicosanol-2 isolé du bacille tuberculeux, appartient à la série D_g.

b) α- et β-Léprosols, $C_{25}H_{44}O_2$.

A partir de l'insaponifiable des graisses d'un bacille de la «lèpre»*, CROWDER, STODOLA et ANDERSON (*119*) ont isolé les α- et β-léprosols, deux substances phénoliques, possédant un méthoxyle.

L'α-léprosol, F. 100—101°, n'est pas cristallisé; on le sépare grâce à sa faible solubilité dans l'alcool; il fournit un mono-acétate, F. 67—68°. Le *β-léprosol,* F. 84—85°, est cristallisé et son acétate fond à 47—48°.

A la suite de l'étude de leurs spectres d'absorption U. V. comparativement à celui de substances synthétiques, BUTENANDT et STODOLA (*83*) ont conclu qu'il s'agit de *dérivés trisubstitués du m-méthoxy-phénol.*

*c) Phtiocérol*** $C_{35}H_{72}O_3$, *et substances apparentées.*

Le phtiocérol est un glycol méthoxylé, F. 73—74°, $[\alpha]_D = - 4{,}8°$ qui se trouve généralement sous forme d'esters dans les cires *A*, *B*, et *C* de bacilles tuberculeux de souches humaines et bovines***. Il semble

* Le vrai bacille de la lèpre n'ayant jamais pu être cultivé sur milieu synthétique (*161*), il doit s'agir d'un bacille paratuberculeux.

** En français, *phtisie* s'écrivant avec un seul *h*, nous adopterons cette orthographe pour tous les termes qui en dérivent: phtiocol, phtiocérol, acide phtioïque etc.

*** Pour la nomenclature des fractions lipidiques des Mycobactéries, voir p. 226.

avoir été isolé pour la première fois par STENDAL (*299*), en 1934; mais cet auteur, qui lui a donné le nom de phtyoglycol (F. 70°, $[\alpha]_D = -4{,}2°$) et la formule $C_{26}H_{54}O_2$ n'a pas reconnu la présence du méthoxyle. STODOLA et ANDERSON (*303*) l'ont isolé en 1936 d'une souche humaine (H-37), et établi sa formule brute exacte; REEVES et ANDERSON (*265*) l'ont retrouvé dans plusieurs souches humaines, et CASON et ANDERSON (*90*) dans la souche bovine Vallée. Nous l'avons nous-mêmes isolé des souches humaines *Test* (*41*), H-37 Ra (*48*) et *Brévannes* (*1*). Le cas des souches bovines sera examiné plus loin.

STÄLLBERG et STENHAGEN (*292*) ont conclu d'une étude de films monomoléculaires que le phtiocérol forme une longue molécule à courtes chaînes latérales, avec un ou plusieurs groupes polaires près d'une extrémité. GINGER et ANDERSON (*147*) ont préparé l'hydrocarbure correspondant au phtiocérol, appelé *phtiocérane*, par traitement prolongé du phtiocérol par l'acide iodhydrique, suivi d'une réduction par le zinc amalgamé et l'acide acétique; après purification, le phtiocérane, $C_{34}H_{70}$, est obtenu sous forme de cristaux, F. 59—60°, optiquement inactifs.

Le spectre infra-rouge du phtiocérane est identique à celui des méthyl-4 tri- et tétra-triacontane (*297*), et montre en particulier, une bande à 740 cm^{-1} caractéristique des hydrocarbures possédant un méthyl en 4. STÄLLBERG-STENHAGEN et STENHAGEN (*295*) ont synthétisé douze hydrocarbures possédant une chaîne principale de 33, 34 ou 35 atomes de carbone, et un substituant méthyl placé en position 2, 3, 4 ou 5; par comparaison des diagrammes de diffraction des rayons X et des données thermiques, ces auteurs ont conclu que le phtiocérane est vraisemblablement le méthyl-4 tritriacontane, $C_{34}H_{70}$. Les diagrammes de diffraction des rayons X montrent cependant de légères différences et le phtiocérane fond 0,5° plus haut que l'hydrocarbure synthétique; STÄLLBERG-STENHAGEN et STENHAGEN (*296*) ont préparé l'isomère lévogyre du méthyl-4 tritriacontane (III), à partir de l'acide *D* (—) méthyl-21 tétracosanoïque (I):

$$CH_3—(CH_2)_2—\underset{\displaystyle CH_3}{\underset{|}{CH}}—(CH_2)_{19}—COOH \xrightarrow{LiAlH_4} \text{alcool} \xrightarrow{I_2,\,P} \text{dérivé iodé} +$$

(I.) Acide *D* (—) méthyl-21 tétracosanoïque.

$$+\ CH_3—(CH_2)_6—CO—CH_2—COOCH_3 \xrightarrow[CH_3—CO—C_3H_7]{CO_3K_2},\ \xrightarrow{KOH}$$

$$\longrightarrow CH_3—(CH_2)_2—\underset{\displaystyle CH_3}{\underset{|}{CH}}—(CH_2)_{21}—CO—(CH_2)_6—CH_3 \xrightarrow{Clemmensen}$$

(II.)

$$\longrightarrow CH_3—(CH_2)_2—\underset{\displaystyle CH_3}{\underset{|}{CH}}—(CH_2)_{28}—CH_3$$

(III.) Méthyl-4 tritriacontane.

Ces auteurs ont comparé les propriétés du phtiocérane, et celles du méthyl-4 tritriacontane racémique ou lévogyre, et en tirent la conclusion que les légères différences observées (voir plus haut) sont dûes à la présence dans le phtiocérane d'une petite quantité d'un homologue supérieur (méthyl-4 pentatriacontane); d'autre part, le fait que la réduction du phtiocérol donne le carbure racémique suggère qu' «un des groupes fonctionnels (OH ou OCH_3) de l'alcool est attaché à, l'atome de carbone portant le méthyl latéral ou en α de celui-ci» (*296*).

A l'heure actuelle, la structure du carbure correspondant au phtiocérol est donc connue; mais en dehors de la présence vraisemblable des groupes polaires près d'une extrémité de la molécule (*292*), et de l'absence de fonction 1,2-glycol [aucune réaction du phtiocérol avec l'acide periodique; DEMARTEAU-GINSBURG (*127*)], on ne sait encore à peu près rien, quant à la position du méthoxyle et des hydroxyles sur le méthyl-4 tritriacontane.

La déméthylation du phtiocérol par ébullition avec l'anhydride acétique en présence d'acide *p*-toluène sulfonique conduit à un triol $C_{34}H_{70}O_3$, F. 75° et un ène-diol $C_{34}H_{68}O_2$, F. 72° (*127*).

Dans plusieurs souches (humaines, et surtout bovines), le phtiocérol est accompagné de deux substances neutres, bien cristallisées, dépourvues de méthoxyle: le «*phtiotriol*», F. 90°, $C_{34}H_{70}O_3$. $[\alpha]_J = -47°$ (*triacétate F. 31°*) et la «*phtiodiolone*», F. 80°, $C_{34}H_{68}O_3$. $[\alpha]_J = -80°$; cette substance donne un *diacétate* F. 30° et une *oxime* F. 71°; la présence d'un groupe carbonyle est en outre indiquée par une forte bande à 5,82 μ dans le spectre infra-rouge. Après réduction du CO de la phtiodiolone par $NaBH_4$ on obtient un triol F. 74°, $C_{34}H_{70}O_3$. probablement identique au triol F. 75° obtenu par déméthylation du phtiocérol (*127*).

II. Acides gras ramifiés.

Dans ce chapitre, nous ne prendrons en considération que les acides ayant fait l'objet d'une étude chimique plus ou moins poussée. Les autres seront mentionnés dans les chapitres suivants, au cours de l'examen des lipides de chaque espèce de bacilles. Les différents acides sont classés par nombre d'atomes de carbone croissant.

a) Acide (+) méthyl-6 octanoïque, $C_9H_{18}O_2$.

Les polymyxines *A*, *B*, *C*, *D*, ... sont des substances antibiotiques de nature polypeptidique, qui ont été isolées du milieu de culture d'un bacille gram-positif, *Bacillus polymyxa* (ou *B. aerosporus*) (*65, 82, 96, 192*). Par hydrolyse, les polymyxines fournissent un mélange d'acides aminés, et un acide gras $C_9H_{18}O_2$ (*96, 97*), optiquement actif ($[\alpha]_{5461}^{21°} = +8,6°$) (Tableau 2).

L'examen du spectre infra-rouge de l'acide $C_9H_{18}O_2$ montre qu'il s'agit d'un acide semblable à l'acide pélargonique, mais non identique, et qu'il est plus riche en groupe méthyle (*150*). Il doit donc s'agir d'un acide ramifié. Par dégradation de cet acide par la méthode de BARBIER et WIELAND, modifiée par MIESCHER (*227*), WILKINSON (*350*) a obtenu

Tableau 2. Propriétés de l'acide ramifié des polymyxines.

antibiotique	% d'acide brut	indice de réfraction de l'acide (20°)	sel de *p*-bromo-benzyl-thiouronium		amide	*p*-bromo-phénacyl-ester
		F.	F.	F. du mélange	F.	F.
polymyxine *A*	8 à 9,7	1,4390	159°		93°	57—57,5°
B	6,3	1,4330	160°	*A* + *B*: 159—160°	93° (*A* + *B*: 93°)	
D	12,2	—	158 à 158,5°	*B* + *D*: 158,9°		

l'acide (+)méthyl-3 pentanoïque-1 (IV) qui a été identifié avec un acide synthétique par le point de fusion de mélange des amides et des sels de *p*-bromo-benzyl-thio-uronium; l'acide présent dans les polymyxines est donc *l'acide* (+)*méthyl-6 octanoïque-1* (V).

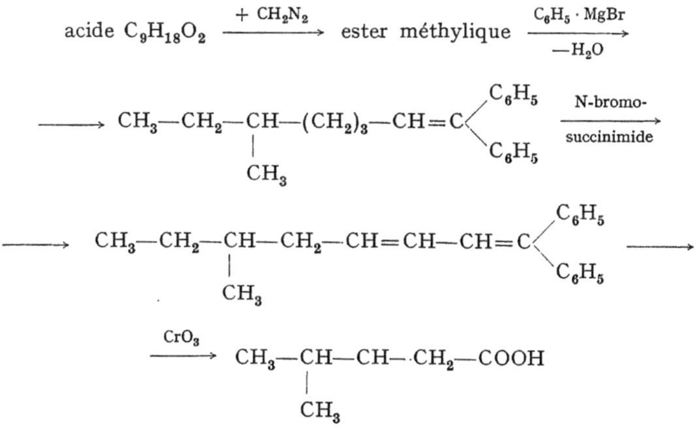

(IV.) Acide méthyl-3 pentanoïque-1.

Ce résultat a été confirmé par la synthèse de l'isomère dextrogyre, à partir de (—)méthyl-2 butanol (VI) [Crombie et Harper (*115*)]:

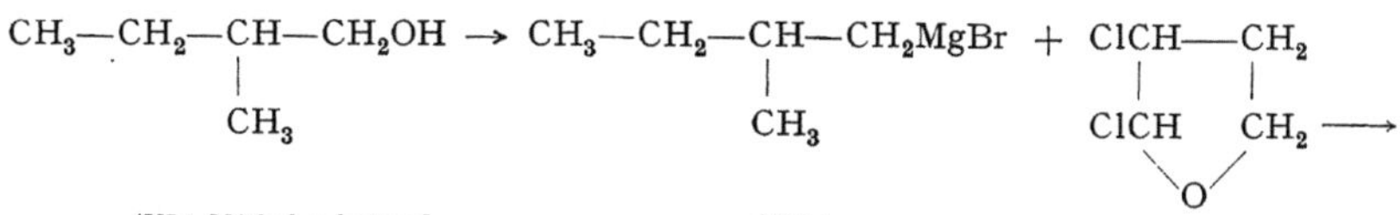

(VI.) Méthyl-2 butanol. (VII.)

$$\longrightarrow CH_3{-}CH_2{-}\underset{\displaystyle CH_3}{\underset{|}{CH}}{-}CH_2{-}CH\overset{ClCH{-}CH_2}{}\ \underset{\diagdown O \diagup}{}\ CH_2 \xrightarrow[\text{éther}]{\text{Na (poudre)}}$$

(VIII.)

$$\longrightarrow CH_3{-}CH_2{-}\underset{\displaystyle CH_3}{\underset{|}{CH}}{-}CH_2{-}CH=CH{-}CH_2{-}CH_2OH \xrightarrow{H_2\ (Pt)}$$

(IX.)

$$\longrightarrow CH_3{-}CH_2{-}\underset{\displaystyle CH_3}{\underset{|}{CH}}{-}CH_2{-}(CH_2)_3{-}CH_2OH \xrightarrow{CrO_3}$$

(X.)

$$\longrightarrow CH_3{-}CH_2{-}\underset{\displaystyle CH_3}{\underset{|}{CH}}{-}CH_2{-}(CH_2)_3{-}COOH$$

(V.) Acide méthyl-6 octanoïque.

b) Acide tuberculostéarique $C_{19}H_{38}O_2$.

Cet acide a été isolé dès 1929, par Anderson et Chargaff (*17*) de la graisse de *Mycobacterium tuberculosis, var. hominis* (souche H-37); par la suite, il a été retrouvé par Anderson et ses collaborateurs dans les graisses et phosphatides de types divers de bacille tuberculeux (voir *13*), ainsi que dans les cires *B* (cires molles)* et les lipides liés de bacilles de souche humaine.

Les acides gras obtenus par saponification de ces fractions lipidiques, sont séparés en acides saturés solides et en acides liquides par différence de solubilité de leurs sels de plomb dans l'éther. Les acides liquides sont hydrogénés (par PtO_2 sous pression; des difficultés sont provoquées par l'empoisonnement rapide du catalyseur), et les nouveaux acides saturés formés sont éliminés grâce à l'insolubilité de leurs sels de plomb dans l'éther. Le groupe des acides liquides ainsi obtenu est ensuite fractionné par distillation des esters méthyliques.

L'acide tuberculostéarique est liquide à température ordinaire (F. 10,3 à 11,7°) et apparemment optiquement inactif: il fournit un amide, F. 76,5 à 77,0°, et un tribromanilide, F. 94,5—95,4°.

En 1934, Spielman (*286*) a montré que par oxydation chromique, l'acide tuberculostéarique donne de la méthyl-*n*-octyl-cétone (XII), et de l'acide azélaïque (XIII), ce qui lui a permis d'attribuer à cette substance la structure d'un *acide méthyl-10 stéarique* (XI):

$$CH_3{-}(CH_2)_7{-}\underset{\displaystyle CH_3}{\underset{|}{CH}}{-}(CH_2)_8{-}COOH \longrightarrow$$

(XI.) Acide méthyl-10 stéarique.

$$\longrightarrow CH_3{-}(CH_2)_7{-}\underset{\displaystyle CH_3}{\underset{|}{CO}} + HOOC{-}(CH_2)_7{-}COOH$$

(XII.) Méthyl-*n*-octyl-cétone. (XIII.) Acide azélaïque.

* Pour la nomenclature des fractions lipidiques des Mycobactéries, voir p. 226.

D'autre part, SPIELMAN (*286*) a réalisé la synthèse de l'acide méthyl-10 stéarique racémique d'après le processus suivant:

$$CH_3—(CH_2)_7—ZnCl + ClOC—(CH_2)_8—COOC_2H_5 \longrightarrow$$

(XIV.)

$$\longrightarrow CH_3—(CH_2)_7—CO—(CH_2)_8—COOH \longrightarrow$$

(XV.)

$$\text{sel de Baryum} \xrightarrow{CH_3MgI} CH_3—(CH_2)_7—\overset{\overset{CH_3}{|}}{\underset{\underset{OH}{|}}{C}}—(CH_2)_8—COOH \longrightarrow$$

(XVI.)

$$\xrightarrow[175^\circ]{I_2} CH_3—(CH_2)_7—\overset{\overset{CH_3}{|}}{C}=CH—(CH_2)_7—COOH \xrightarrow{H_2\,(Pt)} \text{(IX, p. 80.)}$$

(XVII.)

L'acide synthétique fond à 20—21°, au lieu de 10—11° pour l'acide naturel, mais les deux acides présentent le même indice de réfraction, la même densité, et les mêmes points de fusion pour l'amide et le tribromanilide. SPIELMAN envisage déjà la possibilité d'une activité optique très faible pour l'acide tuberculostéarique.

Comparant des diagrammes de diffraction des rayons X de l'acide tuberculostéarique et de l'acide méthyl-10 stéarique synthétique, VELICK (*331*) conclut que l'acide naturel doit être un isomère optiquement actif. A ce stade, la connaissance de la structure de l'acide tuberculostéarique reposait donc essentiellement sur l'isolement par SPIELMAN (*286*), des produits d'oxydation chromique, d'acide azélaïque et de méthyl-octyl-cétone. Or, ROBINSON (*267*) en 1946, fit remarquer que les mêmes produits d'oxydation seraient obtenus à partir de l'acide méthyl-9 stéarique, dans le cas, où une migration pinacol-pinacolone se produirait au cours de l'oxydation. En 1948, STÄLLBERG-STENHAGEN (*293*) écarta cette éventualité en synthétisant l'acide (±) méthyl-9 stéarique, et en isolant de ses produits d'oxydation chromique (effectuée dans les conditions utilisées par SPIELMAN) la méthyl-*n*-nonyl-cétone. Puis, PROUT, CASON et INGERSOLL (*258, 259*) purent mettre en évidence le pouvoir rotatoire très faible de l'acide tuberculostéarique ($[\alpha]_D = -0{,}03°$), et réalisèrent une synthèse des isomères optiques de l'acide méthyl-10 stéarique (XI), à partir des antipodes optiques du *n*-décanol-2 (XVIII):

$$(+)\ CH_3—(CH_2)_7—CHOH—CH_3 \longrightarrow CH_3—(CH_2)_7—CHBr—CH_3 \xrightarrow[\text{d'éthyle}]{\text{malonate}}$$

(XVIII.) *n*-Décanol-2. (XIX.)

$$\begin{matrix} CH_3—(CH_2)_7\diagdown & & \diagup COOC_2H_5 \\ & CH—HC & \\ H_3C\diagup & & \diagdown COOC_2H_5 \end{matrix} \longrightarrow CH_3—(CH_2)_7—\underset{\underset{CH_3}{|}}{CH}—CH_2—COOH \longrightarrow$$

(XX.) (XXI.)

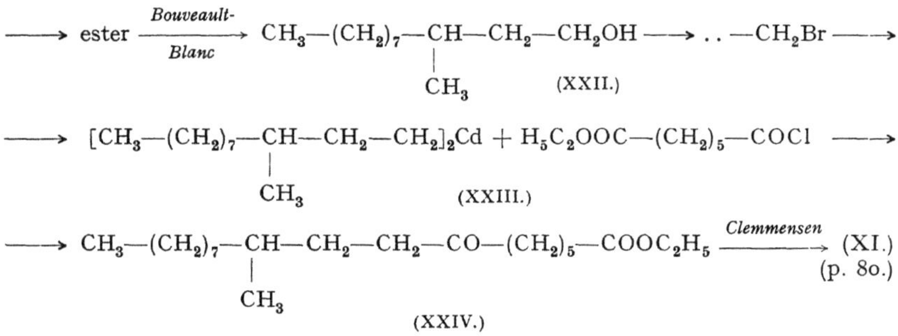

(XXII.) (XXIII.) (XXIV.)

CASON et ses collaborateurs (*259*) ont montré que l'acide lévogyre, F. 12,8 à 13,4° et $[\alpha]_D = -0{,}05°$, peut être rattaché à la série D_G. *L'acide tuberculostéarique est donc l'acide D (—) méthyl-10 stéarique.*

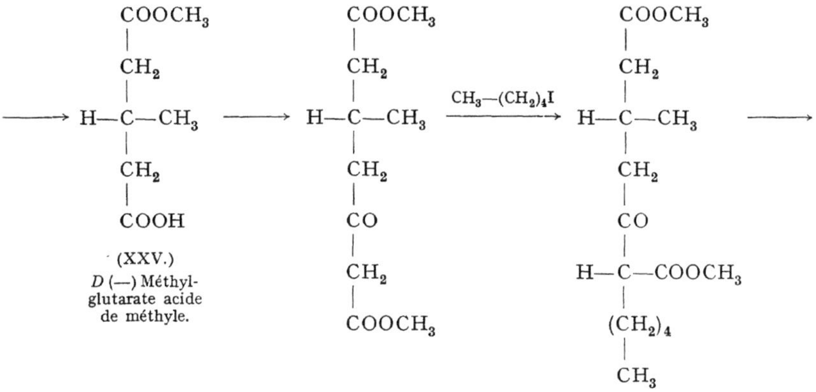

(XXV.)
D (—) Méthylglutarate acide de méthyle.

(XXVI.)

(XXVII.)

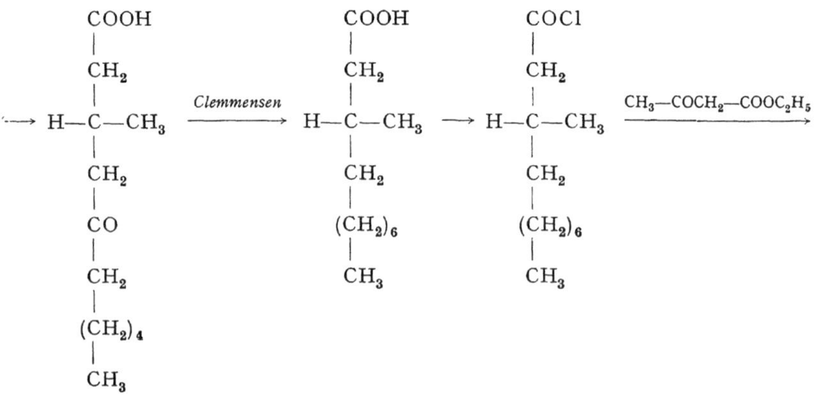

(XXVIII.)
Acide D (—) méthyl-3 céto-5 undécanoïque.

(XXIX.)
Acide D (+) méthyl-3 undécanoïque.

(XXX.)

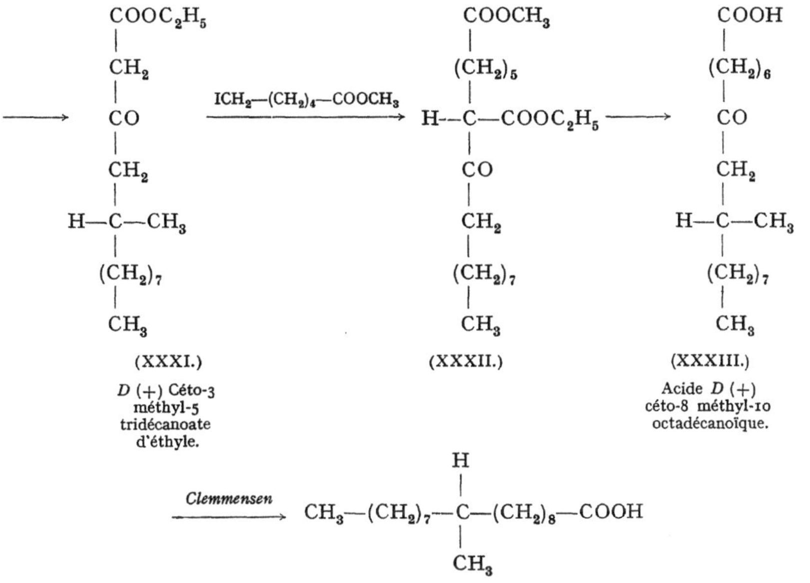

(XXXI.) D (+) Céto-3 méthyl-5 tridécanoate d'éthyle.

(XXXII.)

(XXXIII.) Acide D (+) céto-8 méthyl-10 octadécanoïque.

(XI.) Acide D (—) méthyl-10 stéarique.

Ce résultat a d'ailleurs été obtenu presque simultanément par STÄLLBERG-STENHAGEN (*293*), qui a réalisé la synthèse des isomères optiques de l'acide méthyl-10 stéarique, en partant du β-méthyl-glutarate acide de méthyle (XXV, p. 182).

Cette synthèse n'implique aucune réaction de substitution sur l'atome de carbone asymétrique, de sorte que la configuration du produit obtenu est la même que celle du produit de départ. L'identification de l'acide D (—) méthyl-10 stéarique (XI), et de l'acide tuberculostéarique a été réalisée par l'étude des diagrammes de rayons X, par les points de fusion de mélange, et par comparaison des propriétés optiques.

LINSTEAD, LUNT et WEEDON (*218*), utilisant la méthode de synthèse de KOLBE ont décrit la préparation d'acide (±) méthyl-10 stéarique. Prenant ensuite comme point de départ les énantiomorphes du β-méthyl-glutarate acide de méthyle (XXV), les mêmes auteurs (*219*) sont parvenus à synthétiser également les deux isomères optiques (XI):

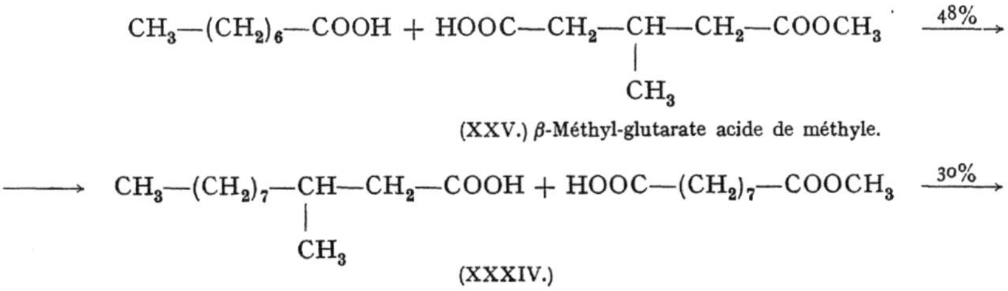

(XXV.) β-Méthyl-glutarate acide de méthyle.

(XXXIV.)

$$\longrightarrow \mathrm{CH_3{-}(CH_2)_7{-}\underset{\displaystyle CH_3}{\underset{|}{CH}}{-}(CH_2)_8{-}COOH}$$

(XI.) Acide méthyl-10 stéarique.

Une autre synthèse de l'acide ($\pm$) méthyl-10 stéarique a été décrite en 1949 par SCHMIDT et SHIRLEY (*269*):

$$\mathrm{CH_3{-}(CH_2)_7{-}\underset{\displaystyle CH_3}{\underset{|}{CHBr}}} \longrightarrow \mathrm{CH_3{-}(CH_2)_7{-}\underset{\displaystyle CH_3}{\underset{|}{CH}}{-}ZnCl} \xrightarrow{+\ \mathrm{H_5C_2OOC{-}(CH_2)_7{-}COCl}}$$

(XIX.) (XXXV.)

$$\longrightarrow \mathrm{CH_3{-}(CH_2)_7{-}\underset{\displaystyle CH_3}{\underset{|}{CH}}{-}CO{-}(CH_2)_7{-}COOC_2H_5} \longrightarrow$$

(XXXVI.)

$$\longrightarrow \mathrm{CH_3{-}(CH_2)_7{-}\underset{\displaystyle CH_3}{\underset{|}{CH}}{-}(CH_2)_8{-}COOC_2H_5}$$

(XXXVII.)

Les mêmes auteurs (*276*) ont préparé, dans le but d'étudier leur activité tuberculostatique, une série d'amides de l'acide tuberculostéarique, avec des amines telles que par exemple, l'acide *p*-amino-salicylique ou la 4,4-diamino-diphényl-sulfone.

A la suite de toutes ces synthèses, la structure de l'acide tuberculostéarique, tel qu'il est obtenu d'après ANDERSON, est tout à fait établie. Mais comme nous l'avons mentionné, l'acide tuberculostéarique est isolé *après hydrogénation*. La récente découverte par HOFMANN et LUCAS (*177*) de l'*acide lactobacillique* (XXXIX) dont le cycle propanique s'ouvre par hydrogénation (voir plus loin), a incité cet auteur à se demander si l'acide tuberculostéarique (XI), ne serait pas un produit d'hydrogénolyse d'un acide cyclopropanique (XXXVIII) (voir *210*).

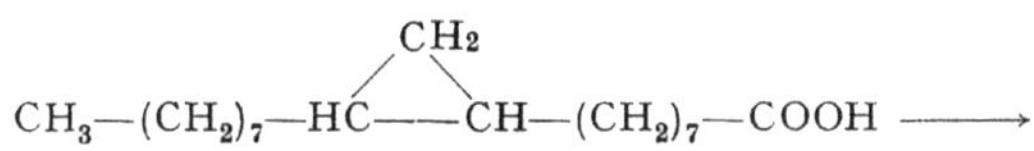

(XXXVIII.)

$$\xrightarrow{\mathrm{H_2}} \mathrm{CH_3{-}(CH_2)_7{-}\underset{\displaystyle CH_3}{\underset{|}{CH}}{-}CH_2{-}(CH_2)_7{-}COOH}$$

(XI.)

Une telle hypothèse impliquerait la présence simultanée dans les acides hydrogénés, d'acides méthyl-9 stéarique et *n*-nonadécanoïque. Or, ces deux derniers acides n'ont pas été décelés.

Polgar (*254*), travaillant sur des bacilles tuberculeux de souche humaine (résiduaires de fabrication de tuberculine), a séparé les acides gras par distillation fractionnée des esters méthyliques, puis par cristallisation des semi-carbazones des acétol-esters *R*—COO—CH_2—C(=N—NH—CO—NH_2)—CH_3. Aucun processus d'hydrogénation n'est donc impliqué. Or, Polgar a obtenu, par l'intermédiaire d'une semi-carbazone d'acétol-ester F. 72—73°, un acide $C_{19}H_{38}O_2$, qui fond à 23—24°. Le point de fusion de l'amide et du tribromanilide sont très voisins de ceux des dérivés correspondants de l'acide *DL* méthyl-10 stéarique (Tableau 3).

Tableau 3. Points de fusion d'acides $C_{19}H_{38}O_2$.

	acide isolé par Polgar	acide tuber-culostéarique	acide *DL* méthyl-10 stéarique	acide *D* (—) méthyl-10 stéarique
Acide .... F.	23—24°	10,3—11,7°	20—21°	12,4—12,8°
Amide .... F.	78—79°	76—77°	77,5—79,2°	75,1—76,4°
Tribromanilide ...... F.	97,5—98°	94,5—95,4°	93,4—93,9°	94,0—95,3°

La comparaison de ces données montre que l'acide de Polgar pourrait être, soit un acide méthyl-10 stéarique racémique, soit peut-être un acide du type lactobacillique. La mesure de son $[\alpha]_D$ ou l'examen de son spectre d'absorption infra-rouge serait d'un intérêt évident.

Au cours d'un récent travail sur les acides gras de la souche humaine H-37 Ra, nous avons isolé, *sans hydrogénation*, un acide tuberculostéarique F. 10—11° (amide, F. 75—76°), pour lequel le dosage de C-méthyle et la spectrographie infra-rouge montrent la présence d'une ramification et l'absence de cycle propanique [Asselineau (*48*)].

c) Acide lactobacillique, $C_{19}H_{36}O_2$.

Hofmann et Lucas (*177*) ont isolé, par distillation fractionnée du mélange d'esters provenant de la saponification des lipides totaux (libres et liés) de *Lactobacillus arabinosus*, un acide $C_{19}H_{36}O_2$, qu'ils ont appelé *acide lactobacillique*. Cet acide (ester méthylique Eb. 187—187,5°/3 mm) constitue environ 15% des lipides; il se présente sous forme de cristaux incolores, F. 28—29°, pratiquement dénués d'activité optique. L'acide lactobacillique (XXXIX) reste inchangé après traitement par le permanganate en milieu acétonique; il fixe l'acide bromhydrique, et consomme une molécule d'hydrogène par hydrogénation catalytique (PtO_2). Ce comportement est caractéristique de la présence d'un *cycle propanique* (*178*). L'hydrogénation fournit un acide solide (XL) F. 68—68,5°, qui a été identifié avec l'*acide n-nonadécanoïque* (notamment par examen du diagramme de diffraction des rayons X), et un acide liquide (F. 13—14°), qui doit être le mélange des deux acides mono-méthylés (XLI et XLII):

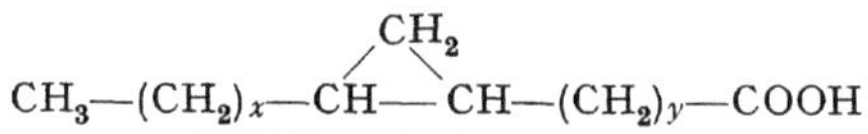

$x + y = 14$

(XXXIX.) Acide lactobacillique.

$$CH_3—(CH_2)_x—CH_2—CH_2—CH_2—(CH_2)_y—COOH$$

(XL.) Acide *n*-nonadécanoïque.

$$CH_3—(CH_2)_x—\underset{\substack{|\\ CH_3}}{CH}—CH_2—(CH_2)_y—COOH$$

(XLI.)

$$CH_3—(CH_2)_x—CH_2—\underset{\substack{|\\ CH_3}}{CH}—(CH_2)_y—COOH$$

(XLII.)

L'existence d'un cycle propanique est en outre confirmée par la présence d'une bande à 9,8 μ dans le spectre d'absorption infra-rouge de l'acide lactobacillique, bande qui disparaît chez les produits d'hydrogénation. Le diagramme de diffraction des rayons X met en évidence une grande distance réticulaire de 41,0 Å, différente, mais voisine, de celle d'un acide normal en C_{18}.

Des acides synthétiques *trans-DL*-méthylène-9,10 octadécanoïque (XXXVIII) et-*DL*-méthylène-11,12 octadécanoïque présentent le même comportement chimique général: stabilité à l'oxydation et labilité à l'hydrogénation (*176*); ces acides possèdent des spectres d'absorption infra-rouge identiques à celui de l'acide lactobacillique, mais présentent une légère différence de point de fusion (qui peut être dûe à une activité optique de l'acide naturel, malgré son inactivité apparente).

L'acide lactobacillique a également été isolé de *Lactobacillus casei* (*179*). Mentionnons à ce sujet l'isolement récent, par NUNN (*237*), de l'huile de graines de *Sterculia foetida*, d'un acide $C_{19}H_{34}O_2$, F. 18,2°, appelé *acide sterculique* qui aurait la formule (XLIII):

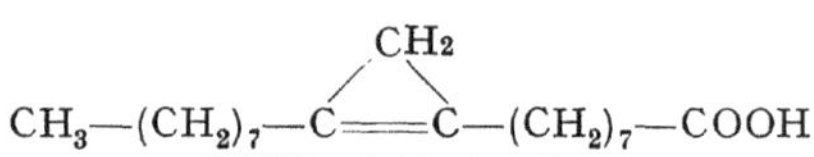

(XLIII.) Acide sterculique.

Des mesures spectrales de K. HOFMANN sur des esters d'acides gras que nous avons préparés à partir de graisses du BCG ont permis de reconnaître la bande infra-rouge du noyau cyclo-propanique à 9,8 μ; nous n'avons pas pu isoler l'acide en question, faute de matériel.

d) Acide phytomonique, $C_{20}H_{40}O_2$.

En 1939, GEIGER et ANDERSON (*141*) ont isolé des lipides de *Phytomonas tumefaciens*, bactérie responsable de la formation du «crown-gall» chez les végétaux, une fraction phosphatidique dont le pourcentage varie avec la composition du milieu de culture (voir p. 174). Ces phosphatides contiennent de 5 à 36,5% d'acides saturés liquides. VELICK et ANDERSON (*334*), étudiant la composition de la graisse du même micro-organisme, ont de nouveau observé la présence d'une fraction d'acides gras saturés liquides renfermant notamment un acide $C_{20}H_{40}O_2$. VELICK (*332*), disposant de 2,3 g d'esters méthyliques de ces acides ramifiés, a séparé par distillation fractionnée environ 800 mg d'une fraction apparemment homogène, correspondant à un acide $C_{20}H_{40}O_2$. Cet acide, appelé *acide phytomonique*, fond à 24°, et son hydrazide à 56,6°. L'ester méthylique distille vers 167°/3 mm, $n_D^{25} = 1{,}4500$. En solution dans l'éther, l'ester ne montre pas d'activité optique appréciable. L'acide phytomonique ne fixe pas le brome. L'étude cristallographique aux rayons X effectuée par VELICK (*333*) sur l'acide phytomonique le conduit à envisager une structure méthyl-*n*-nonadécanoïque. Cette hypothèse est d'ailleurs appuyée par les résultats de dosage de C-méthyle, par la méthode de KUHN et ROTH, qui correspondent à 2 chaînes seulement. La très grande différence de point de fusion existant entre l'acide phytomonique (24°) et son isomère non ramifié, l'acide *n*-eicosanoïque (76,4°) est utilisée par VELICK (*333*) comme argument en faveur de la position du substituant méthyle au milieu de la chaîne. En conclusion, VELICK propose pour l'acide phytomonique, la structure d'un *acide méthyl-10 ou méthyl-11 nonadécanoïque.*

Reprenant cette question par voie de synthèse, CAVANNA et STÄLLBERG-STENHAGEN (*98*) ont montré que *l'acide phytomonique n'est identique à aucun des isomères de l'acide méthyl-11 nonadécanoïque*, dont les points de fusion sont:

Acide *DL*: 33,0—33,3° (pour la forme cristalline stable), acide *D*: 19,7—20,0° ($[\alpha]_D^{25} = +0{,}05°$) et acide *L*: 19,9—20,1° ($[\alpha]_D^{25} = -0{,}03°$).

L'hydrazide de l'acide *D* fond à 56,6—57,5° comme celui de l'acide naturel; mais le diagramme de rayons X présente une différence importante par rapport à celui de l'hydrazide de l'acide naturel dans la valeur des grandes distances réticulaires.

La synthèse de l'acide *D* (+) méthyl-11 nonadécanoïque (XLVI) a été effectuée par CAVANNA et STÄLLBERG-STENHAGEN (*98*), à partir du *D* (—) β-méthyl-glutarate acide de méthyle (XXV) d'après le schéma ci-dessous:

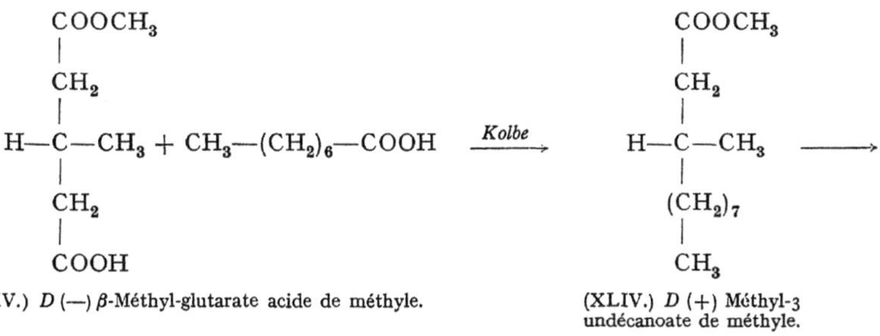

(XXV.) *D* (—) β-Méthyl-glutarate acide de méthyle.

(XLIV.) *D* (+) Méthyl-3 undécanoate de méthyle.

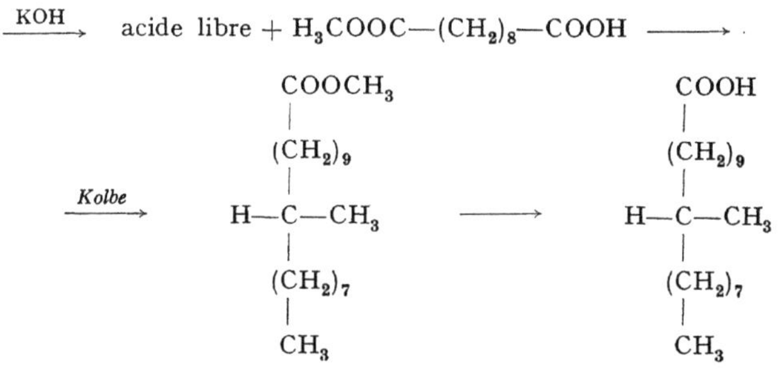

(XLV.) (XLVI.) Acide D (+) méthyl-11 nonadécanoïque.

La présence d'un cycle propanique dans l'acide phytomonique lui-même n'est pas à envisager, puisque cet acide est isolé par Velick *après hydrogénation*; cette possibilité reste ouverte pour un éventuel acide précurseur, qui serait présent dans le bacille.

e) Acides phtioïques: acide C_{27}*-phtiénoïque* ($C_{27}H_{52}O_2$) *et* C_{29}*-phtiénoïque* ($C_{29}H_{56}O_2$); *acide mycolipénique-I* ($C_{27}H_{52}O_2$).

En 1929, Anderson (*11*) a isolé des acides gras libérés par saponification du phosphatide de bacilles tuberculeux de souche humaine, un acide liquide *dextrogyre* auquel il a donné le nom d'*acide phtioïque*. Puis, Anderson et Chargaff (*17*) ont montré la présence de cet acide dans les graisses du même bacille; par la suite, Anderson et ses collaborateurs ont isolé des acides analogues mais optiquement inactifs, des graisses et phosphatides de bacilles tuberculeux de type autre que le type humain (voir *13—16*). Cet acide apparemment saturé fournissait des données analytiques correspondant à la formule $C_{26}H_{52}O_2$.

Dans le but de les comparer à l'acide phtioïque, Chargaff (*102*) a synthétisé une série d'acides α-ramifiés, possédant 26 atomes de carbone au total; tous ces acides présentent des points de fusion plus élevés que celui de l'acide phtioïque.

En 1935, Spielman et Anderson (*287*) ont donné de leur préparation d'acide phtioïque les constantes suivantes: F. 20—21°, $[\alpha]_D^{25} = +12{,}5°$, $n_D^{25} = 1{,}4628$ et $d_4^{25} = 0{,}8763$; l'amide fond à 45°. A partir des produits d'oxydation chromique, un acide volatil en C_{11} a été isolé (*287*), mais n'a pu être identifié. Wagner-Jauregg (*339*) a obtenu, à partir de bacilles tuberculeux résiduaires de fabrication de tuberculine, une préparation optiquement inactive, correspondant à la formule $C_{26}H_{52}O_2$; son identité avec l'acide phtioïque reste douteuse en raison de l'absence de pouvoir rotatoire; Wagner-Jauregg (*339*) a isolé des produits d'oxydation chromique de cet acide, de l'*acide azélaïque*, HOOC—$(CH_2)_7$—COOH. Les dosages de C-méthyle effectués selon la méthode de Kuhn et Roth, indiquent la présence d'au moins trois groupes C—CH_3, et vraisemblablement quatre. D'autre part, WAGNER-JAUREGG a préparé, à partir du même acide «phtioïque», un tribromanilide F. 66—69°, dont l'analyse correspond à $C_{35}H_{60}NOBr_3$, c'est à dire qu'il dériverait d'un acide $C_{29}H_{58}O_2$, appelé «acide tuberculoïque» (Tuberkelsäure). C'était là le premier indice de *l'hétérogénéité de l'acide phtioïque.*

En 1941, STENHAGEN et STÄLLBERG (*300*), ont étudié des couches monomoléculaires d'un échantillon d'acide phtioïque d'ANDERSON, et des diagrammes de diffraction des rayons X du phtioate de baryum; ils ont conclu que l'acide phtioïque doit être un acide acétique trisubstitué, avec une chaîne courte, et deux chaînes de longueur inégale, c'est à dire un acide du type éthyl-*n*-décyl-*n*-dodécyl-acétique. SCHNEIDER et SPIELMAN (*270*) suggérèrent une modification de cette formule, en introduisant un substituant méthyle sur une des longues chaînes, pour tenir compte des résultats obtenus par SPIELMAN et ANDERSON (*287*) et WAGNER-JAUREGG (*339*), par oxydation chromique.

BUU-HOÏ et CAGNIANT (*84*) ont également envisagé la nécessité d'introduire de nouvelles ramifications, car l'éthyl-décyl-dodécyl-acétamide synthétisée par ces auteurs fond à 78°, alors que le phtiamide fond à 45°. Cependant, POLGAR et ROBINSON (*255*), préparant l'amide d'un acide éthyl-décyl-dodécyl-acétique synthétique, n'ont obtenu qu'une huile visqueuse. D'autre part, BUU-HOÏ et CAGNIANT (*85*) ont essayé d'obtenir des renseignements sur la structure de l'acide phtioïque par une étude parallèle de l'activité biologique (pouvoir tuberculogène) de l'acide phtioïque, et d'acides synthétiques α,α-disubstitués.

L'éventualité d'une structure tri-alcoyl-acétique fut complètement abandonnée, lorsque POLGAR et ROBINSON (*256*) eurent synthétisé l'acide éthyl-décyl-dodécyl-acétique et des acides similaires, et montré que l'aire occupée par de telles molécules avec deux longues chaînes, en films monomoléculaires, est nettement plus grande que celle de l'acide phtioïque. Une conclusion identique découle des travaux de ASANO, KAMEDA et WADA (*34—36*) qui ont synthétisé les acides méthyl-undécyl-dodécyl-acétique et éthyl-décyl-dodécyl-acétique, et montré que les esters de ces acides sont beaucoup plus difficiles à saponifier que les esters phtioïques.

GINGER et ANDERSON (*145*) ont recherché, en 1944, l'acide phtioïque dans le mélange d'acides gras obtenu par saponification des graisses de bacilles tuberculeux résiduaires de fabrication de tuberculine. Ces auteurs ont isolé un ester ressemblant au phtioate de méthyle, mais séparable par distillation fractionnée, en quatre fractions qui ont conduit à 4 acides, dont les données analytiques correspondent aux formules $C_{24}H_{48}O_2$, $C_{25}H_{50}O_2$, $C_{26}H_{52}O_2$ et $C_{27}H_{54}O_2$; leurs pouvoirs rotatoires varient de $+ 5{,}17°$ à $+ 17{,}11°$. Des dosages de C-méthyle, effectués sur chaque acide selon la méthode de KUHN et ROTH, modifiée par GINGER (*144*), montrent dans chaque cas, la présence d'au moins 3 C—CH_3. La fraction appelée acide phtioïque est donc *un mélange d'homologues*. D'autre part, ces acides, optiquement actifs, ont été obtenus à partir de bacilles résiduaires de fabrication de tuberculine, comme dans le travail de WAGNER-JAUREGG (*339*), de sorte qu'une possibilité de racémisation au cours de l'autoclavage, admise par ce dernier auteur pour expliquer l'inactivité de sa préparation, ne semble pas plausible.

Le problème de la structure de l'acide phtioïque entra dans une nouvelle phase en 1945, lorsque POLGAR et ROBINSON (*256*) montrèrent que les propriétés de films monomoléculaires d'acide phtioïque présentent une grande analogie avec celles d'acides possédant une longue chaîne polyméthylée. La comparaison des points de fusion des *p*-bromophénacylesters et des tribromanilides de l'acide undécylique obtenu par SPIELMAN et ANDERSON (*287*) par oxydation de l'acide phtioïque d'une part, et de divers acides méthyldécyliques d'autre part, conduisit ces auteurs à la conclusion que le produit d'oxydation devait être probablement l'acide méthyl-6 décylique. L'obtention par oxydation de l'acide phtioïque d'un acide C_{11}, implique la présence d'un groupe

$$C_{10}H_{21}{-}CH_2{-}\underset{\displaystyle CH_3}{\underset{|}{CH}}{-}\ldots;$$

si l'acide C_{11} possède un substituant méthyl en 6, cette structure doit donc devenir:

$$CH_3{-}(CH_2)_3{-}\underset{\displaystyle CH_3}{\underset{|}{CH}}{-}(CH_2)_5{-}\underset{\displaystyle CH_3}{\underset{|}{CH}}{-}\ldots.$$

Tenant compte de la formation d'acide azélaïque par oxydation [WAGNER-JAUREGG (*339*)], deux formules semblaient possibles pour l'acide phtioïque, (XLVII) et (XLVIII):

$$CH_3{-}(CH_2)_3{-}\underset{\displaystyle CH_3}{\underset{|}{CH}}{-}(CH_2)_5{-}\underset{\displaystyle CH_3}{\underset{|}{CH}}{-}(CH_2)_2{-}\underset{\displaystyle CH_3}{\underset{|}{CH}}{-}(CH_2)_8{-}COOH$$

(XLVII.)

$$CH_3{-}(CH_2)_3{-}\underset{\displaystyle CH_3}{\underset{|}{CH}}{-}(CH_2)_5{-}\underset{\displaystyle CH_3}{\underset{|}{CH}}{-}(CH_2)_9{-}\underset{\displaystyle CH_3}{\underset{|}{CH}}{-}CH_2{-}COOH$$

(XLVIII.)

La formule (XLVII) n'est pas compatible avec le pouvoir rotatoire élevé de l'acide phtioïque. Ces considérations ont conduit POLGAR et ROBINSON (*256*) à entreprendre la synthèse de l'acide triméthyl-3,13,19 tricosanoïque (XLVIII) d'après le schéma suivant*:

---

* La synthèse de cet acide, par une série de réactions de KOLBE, vient d'être décrite par LINSTEAD, LUNT, SHEPHARD et WEEDON (*219 a*).

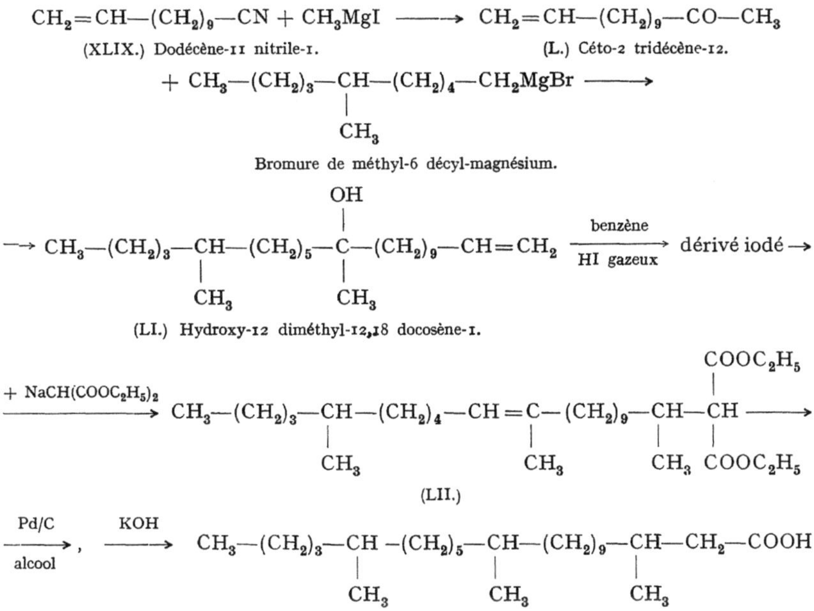

(XLIX.) Dodécène-11 nitrile-1. (L.) Céto-2 tridécène-12.

Bromure de méthyl-6 décyl-magnésium.

(LI.) Hydroxy-12 diméthyl-12,18 docosène-1.

(LII.)

(XLVIII.) Acide triméthyl-3,13,19 tricosanoïque.

Presque simultanément, WILSON (*353*) entreprit par synthèse l'étude de la structure de l'acide C_{11} obtenu par oxydation chromique de l'acide phtioïque, et arriva également à la conclusion qu'il devait s'agir de l'acide méthyl-6 décylique; WILSON envisageait lui aussi les deux formules (XLVII) et (XLVIII) pour l'acide phtioïque. En 1948, CASON et PROUT (*92*) firent remarquer que la rotation moléculaire maximum que l'on peut calculer pour un acide triméthyl substitué tel que l'acide triméthyl-3,13,19 tricosanoïque, n'est que d'environ 22°, alors que celle de l'acide phtioïque atteint 49,5°.

Or, CASON et SUMRELL (*93*) d'une part, CHANLEY et POLGAR (*99*) d'autre part, montrèrent en 1950 que *l'acide phtioïque d'*ANDERSON *est en réalité un mélange de plusieurs acides α,β-insaturés.* L'insaturation de ces acides avait échappé à l'observation en raison de la très lente fixation d'iode par une double liaison située en α d'un carboxyle. L'hydrogénation utilisée dans le procédé de fractionnement des acides gras d'ANDERSON, laisse en majeure partie inaltérée cette double liaison. Par distillation fractionnée de 24 grammes de phtioate de méthyle (provenant du laboratoire d'ANDERSON), CASON et SUMRELL (*94*) purent mettre en évidence une douzaine d'acides, dont le nombre d'atomes de carbone varie d'environ 23 à 31. Les deux constituants de ce mélange pondéralement les plus importants, sont en C_{27} et C_{29}, et ont été appelés par CASON et SUMRELL, acides C_{27}- et C_{29}-*phtiénoïques*.

La constitution de l'acide C_{27}-phtiénoïque a été étudiée par Cason et Sumrell (*94*), et par Cason, Freeman et Sumrell (*91*). Cet acide présente dans son spectre d'absorption U. V. un maximum à 218 mμ ($\varepsilon = 11140$), caractéristique d'une double liaison conjuguée avec un carboxyle; la position de cette bande (au-dessus de 210 mμ) montre la présence d'un substituant sur l'atome de carbone α ou β. Par comparaison de la vitesse de saponification du phtianamide (amide de l'acide saturé), avec celle d'amides d'acides α ou β méthylés, la position α est rendue la plus probable. Le fait que le pouvoir rotatoire baisse beaucoup par hydrogénation de la double liaison (acide phtianoïque: $[\alpha]_D = +2{,}85°$) montre qu'un centre asymétrique n'est pas plus éloigné qu'en γ ou δ. La spectrographie infrarouge montre l'absence de carbone quaternaire (qui existerait chez un acide tri-alcoyl-acétique), l'absence de groupement *néo* ou *iso*, et l'absence de chaîne éthyle ou propyle. «Par analogie avec d'autres produits naturels, la présence de ramifications plus longues semble très improbable» (voir cependant les acides mycoliques, p. 198). L'intensité de l'absorption à 7,3 μ, ainsi que des dosages de C-méthyle par la méthode de Ginger (*144*), montrent la présence, de 4 CH_3. Les auteurs américains ont étudié l'isomérisation à 200° de l'acide phtiénoïque en acide β,γ-insaturé; n'ayant observé qu'une faible isomérisation et la formation de très peu de lactone, ils ont conclu que le deuxième méthyle se trouverait en δ plutôt qu'en γ. Cason, Freeman et Sumrell (*91*) proposent pour l'acide C_{27}-phtiénoïque la formule (LIII) où la position du troisième méthyle n'est pas déterminée:

$$\begin{array}{l}
C_4H_9\text{—}\underset{\displaystyle CH_3}{\underset{|}{(CH_2)_{15}}}\text{—}\underset{\displaystyle CH_3}{\underset{|}{CH}}\text{—}CH_2\text{—}CH{=}\underset{\displaystyle CH_3}{\underset{|}{C}}\text{—}COOH
\end{array}$$

(LIII.) Acide C_{27}-phtiénoïque (?).

Chanley et Polgar (*99*) ont séparé par distillation fractionnée des esters méthyliques, la fraction «acide phtioïque», et ont séparé trois acides α,β-insaturés par cristallisation des semi-carbazones des acétol-esters (*254*). La constitution de l'un de ces acides a été étudiée par Polgar et Robinson (*257*). Il s'agit d'un acide $C_{27}H_{52}O_2$; $[\alpha]_D = +12°$, qui a été appelé *acide mycolipénique-I*. L'ozonisation donne de l'acide pyruvique, ce qui permet d'identifier une extrémité de la molécule: $\text{—}CH{=}\underset{\displaystyle CH_3}{\underset{|}{C}}\text{—}COOH$.

La constitution du reste de la molécule a été obtenue par la suite de réactions suivantes:

$$C_{27}H_{52}O_2 + O_3 \longrightarrow \underset{\text{(LIV.)}}{C_{23}H_{47}\text{—}COOH} + CH_3\text{—}CO\text{—}COOH$$

$$C_{23}H_{47}\text{—}COOH \xrightarrow{KMnO_4} \underset{\text{(LV.)}}{C_{21}H_{43}\text{—}CO\text{—}CH_3}$$

$$C_{23}H_{47}\text{—COOH} \xrightarrow{Br_2} C_{23}H_{46}Br\text{—COOH} \longrightarrow C_{21}H_{43}\text{—CH=}\underset{\displaystyle CH_3}{\underset{|}{C}}\text{—COOH} \rightarrow$$

(Ester méthylique: $[\alpha]_D = +13{,}3°$.)

$$\xrightarrow{KMnO_4} C_{18}H_{37}\text{—}\underset{\displaystyle CH_3}{\underset{|}{CH}}\text{—COOH} \quad + \quad C_{18}H_{37}\text{—CO—}CH_3$$

(LVI.) ($[\alpha]_D = +7°$.) (LVII.) (Semicarbazone: F. 122°.)

L'obtention de la méthyl-cétone (LV) met en évidence le groupement $\text{—}\underset{\displaystyle CH_3}{\underset{|}{CH}}\text{—CH=}\underset{\displaystyle CH_3}{\underset{|}{C}}\text{—COOH}$; l'obtention de l'acide α-ramifié (LVI) et de la méthyl-cétone (LVII) permet d'attribuer à l'acide mycolipénique-I la formule (LVIII):

$$CH_3\text{—}(CH_2)_{17}\text{—}\underset{\displaystyle CH_3}{\underset{|}{CH}}\text{—}CH_2\text{—}\underset{\displaystyle CH_3}{\underset{|}{CH}}\text{—CH=}\underset{\displaystyle CH_3}{\underset{|}{C}}\text{—COOH}$$

(LVIII.) Acide mycolipénique-I.

Cette formule diffère de celle donnée par CASON, FREEMAN et SUMRELL (*91*) par la position du deuxième méthyle en γ par rapport au carboxyle (au lieu de δ). POLGAR et ROBINSON (*257*) suggèrent la possibilité de biosynthèse de cet acide à partir d'une molécule d'acide stéarique et de trois molécules d'acide propionique. Notons que, avant la publication de ce travail, la présence du deuxième substituant en γ avait déjà été envisagée par LEDERER (*210*), à la suite de considérations de biosynthèse (voir p. 213). CASON a d'ailleurs admis que le deuxième méthyle est porté par l'atome de carbone en position 4, car CASON, ALLINGER et WILLIAMS (*88*) n'ont trouvé pour l'acide méthyl-5 tridécène-2 oïque (LIX) qu'une rotation moléculaire de 3°.

$$CH_3\text{—}(CH_2)_7\text{—}\underset{\displaystyle CH_3}{\underset{|}{CH}}\text{—}CH_2\text{—CH=CH—COOH}$$

(LIX.) Acide méthyl-5 tridécène-2 oïque.

La présence du deuxième méthyle en position γ (au lieu de δ) est en accord avec la forte baisse d'activité optique présentée par le passage de l'acide (—)triméthyl-2,4,8 nonène-2 oïque ($[\alpha]_D = -24{,}6°$) à l'acide saturé correspondant ($[\alpha]_D = -3{,}8°$), tandis que dans le cas de l'acide (—)triméthyl-2,5,9 décène-2 oïque, l'activité optique ($[\alpha]_D < 0{,}1°$) reste inchangée par hydrogénation [JOCELYN et POLGAR (*190*)]*.

* La structure (LVIII) est également en accord avec les résultats d'une étude par spectrographie infra-rouge effectuée par FREEMAN (*135 a*) sur l'acide C_{27}-phtiénoïque et des acides synthétiques α, β insaturés polyméthylés.

Il aura donc fallu environ 16 années (1935—1951), et le travail d'au moins quatre laboratoires, pour éclaircir la constitution de l'acide phtioïque Il est d'autre part curieux de constater que la *formule admise aujourd'hui pour l'acide phtiénoïque* (LVIII) *ne peut fournir par oxydation, ni acide méthyl-6 décylique* (ni même un autre acide méthyl-décylique), *ni acide azélaïque.*

Il est probable que l'acide C_{27}-phtiénoïque de Cason et Sumrell (*94*), et l'acide mycolipénique-I de Polgar et Robinson (*257*) sont identiques; or, ils ont été isolés à partir de deux souches humaines différentes de Bacille tuberculeux. Il est donc vraisemblable que des acides phtiénoïques identiques ou analogues existent dans les différentes souches humaines. Aebi, Asselineau et Lederer (*1*) ont isolé de la souche humaine «Brévannes» un acide C_{27}-phtiénoïque, qui possède les mêmes constantes physiques: maximum d'absorption vers 215 mμ (ester méthylique, $\varepsilon = 11200$), $[\alpha]_J = +7°$, dosage de C-méthyle montrant la présence de 4 CH_3. Toutes les souches étudiées sont virulentes; on ne sait pas encore si les souches non virulentes possèdent des acides analogues.

Les acides phtiénoïques présentent le groupement

$$—CH=\underset{\displaystyle CH_3}{\underset{|}{C}}—COOH;$$

or, le bacille tuberculeux renferme en forte proportion des acides mycoliques (voir p. 198) qui sont des acides β-hydroxylés α-alcoylés, déshydratables en acides α,β-insaturés (*57*). On peut donc se demander si les acides phtiénoïques ne possèdent pas dans le bacille un précurseur hydroxylé («acide phtianolique») qui serait déshydraté au cours des processus d'isolement. Nous avons rendu cette hypothèse peu vraisemblable par l'observation qu'une graisse brute de Bacille tuberculeux possède déjà une extinction à 220 mμ correspondant à la présence d'environ 10% d'acides phtiénoïques*.

f) Acide coryno-mycolique, $C_{32}H_{64}O_3$.

Les lipides du Bacille diphtérique (*Corynebacterium diphtheriae*) contiennent environ 6% d'un acide présent à l'état libre que Lederer et Pudles (*213*) ont isolé grâce à la solubilité de son sel de potassium dans l'éther. Après chromatographie sur alumine de l'ester méthylique, *l'acide coryno-mycolique,* $C_{32}H_{64}O_3$, F. 70°, $[\alpha]_D = +7{,}5°$ (LX) a été obtenu à l'état pur. La structure chimique de cet acide a été établie d'après des méthodes ayant fait leurs preuves dans la série des acides mycoliques (voir p. 198). L'acide coryno-mycolique est saturé et possède un hydroxyle (formation d'un acétate de l'ester méthylique). La position de l'hydroxyle en β du carboxyle ressort de l'oxydation chromique de

* Pour les acides mycocérosique et mycocéranique, voir p. 239.

l'acide libre: on obtient en bon rendement une cétone cristallisée, F. 80°, qui est la *palmitone* $C_{31}H_{62}O$ (LXI). La pyrolyse de l'acide coryno-mycolique à 300° sous vide, donne de l'*acide palmitique*; l'oxydation chromique du coryno-mycolate de méthyle fournit l'*α-palmitoyl-palmitate de méthyle* (LXIII). Ces trois produits de dégradation ont été identifiés avec les produits synthétiques correspondants par la comparaison des spectres de diffraction des rayons X [LEDERER, PUDLES, BARBEZAT et TRILLAT (*214*)]. L'acide coryno-mycolique est donc *l'acide* (+) *n-tétra-décyl-2 hydroxy-3 stéarique* (LX).

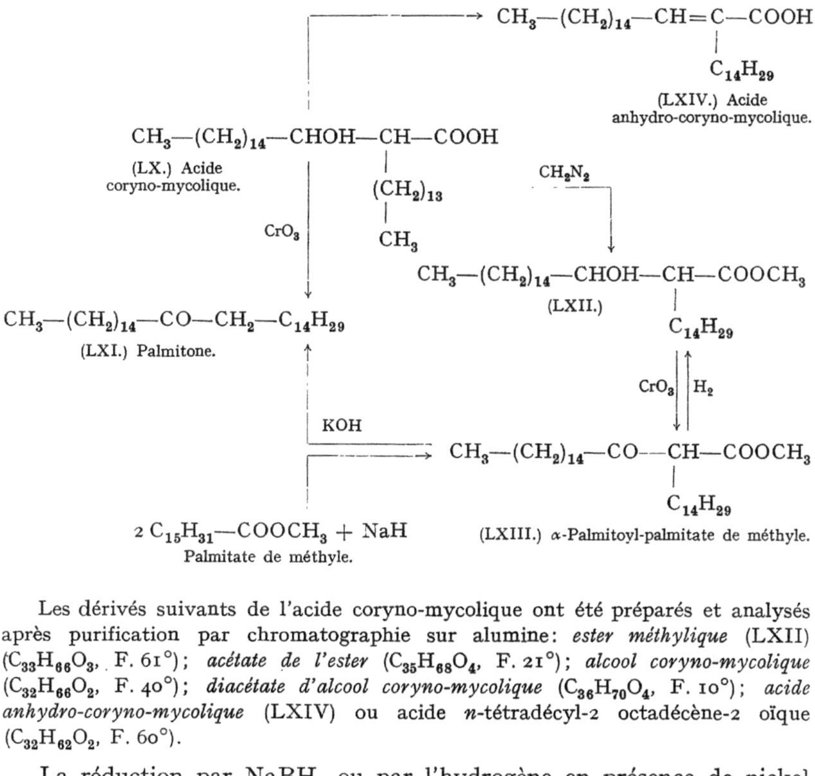

Les dérivés suivants de l'acide coryno-mycolique ont été préparés et analysés après purification par chromatographie sur alumine: *ester méthylique* (LXII) ($C_{33}H_{66}O_3$, F. 61°); *acétate de l'ester* ($C_{35}H_{68}O_4$, F. 21°); *alcool coryno-mycolique* ($C_{32}H_{66}O_2$, F. 40°); *diacétate d'alcool coryno-mycolique* ($C_{36}H_{70}O_4$, F. 10°); *acide anhydro-coryno-mycolique* (LXIV) ou acide *n*-tétradécyl-2 octadécène-2 oïque ($C_{32}H_{62}O_2$, F. 60°).

La réduction par $NaBH_4$ ou par l'hydrogène en présence de nickel Raney, de l'α-palmitoyl-palmitate de méthyle (LXIII), obtenu par condensation de deux molécules de palmitate de méthyle en présence de NaH d'après HANSLEY (*167*), donne un acide $C_{32}H_{64}O_3$, F. 68—70° (ester méthylique F. 60—62°), dont les propriétés physiques et chimiques concordent avec celles de l'acide coryno-mycolique naturel [LEDERER, PORTELANCE et SERCK-HANSSEN (*212*)]. L'acide F. 68—70° a été séparé par chromatographie en deux acides (F. 70—71° et F. 75—76°) qui sont probablement les deux diastéréoisomères possibles par suite de la présence de deux carbones asymétriques. Les spectres infra-rouges des acides racémiques synthétiques et de l'acide coryno-mycolique naturel mesurés à l'état solide, après fusion, diffèrent nettement entre eux; mesurés en solution dans le chloroforme, leurs spectres infra-rouges sont pratiquement identiques (*131 a*).

LEDERER, PORTELANCE et SERCK-HANSSEN (*212*) ont décrit aussi la synthèse de quelques autres «acides mycoliques». Des esters d'acides gras furent condensés d'après HANSLEY (*167*), puis les β-céto-esters ainsi obtenus, réduits en esters β-hydroxylés par PtO_2, Ni-Raney ou par $NaBH_4$. La saponification des produits de réduction fournit les acides hydroxylés libres. Les acides $C_{14}H_{28}O_3$ (LXV) et $C_{16}H_{32}O_3$ (LXVII) sont des huiles visqueuses; les acides $C_{32}H_{64}O_3$ (LX) et $C_{36}H_{72}O_3$ (LXVII) sont des solides micro-cristallins.

$CH_3—(CH_2)_5—CHOH—CH(C_5H_{11})—COOH$

(LXV.)

$CH_3—(CH_2)_6—CHOH—CH(C_6H_{13})—COOH$

(LXVI.)

$CH_3—(CH_2)_{16}—CHOH—CH(C_{16}H_{33})—COOH$

(LXVII.)

Ces acides subissent la réaction de pyrolyse caractéristique des acides mycoliques (voir p. 202). Les acides $C_{32}H_{64}O_3$ et $C_{36}H_{72}O_3$ sont acido-résistants à un degré comparable à celui des acides mycoliques des Mycobactéries (p. 242). Les anhydro-acides obtenus par déshydratation ne sont plus acido-résistants.

g) Acide coryno-mycolénique, $C_{32}H_{62}O_3$.

L'acide coryno-mycolique est accompagné dans le Bacille diphtérique, par un acide liquide, contenant une double liaison, et qui donne l'acide

$CH_3—(CH_2)_5—CH{=}CH—(CH_2)_7—CH(OH)—CH(C_{14}H_{29})—COOH \xrightarrow{+H_2}$ (LX.) Acide coryno-mycolique (p. 195).

(LXVIII.) Acide coryno-mycolénique.

$\downarrow$ $KMnO_4$ $\qquad$ $\downarrow$ 280°

$CH_3—(CH_2)_5—COOH + HOOC—(CH_2)_7—COOH$

Acide heptanoïque. Acide azélaïque.

$CH_2(C_{14}H_{29})—COOH$

Acide palmitique.

coryno-mycolique (LX) par hydrogénation catalytique. Cet «*acide coryno-mycolénique*» $C_{32}H_{62}O_3$ (F. environ — 15°; ester méthylique, $n_D^{19} = 1.4680$) fournit à la pyrolyse, de l'acide palmitique, et à l'oxydation par le permanganate, les acides *n*-heptanoïque et azélaïque. Il a donc la structure (LXVIII) [Pudles et Lederer (*259 b*)].

h) Corynine, $C_{50}H_{100}O_4$.

Au cours d'une étude systématique des lipides de *C. diphtheriae*, Chargaff (*105*) a isolé du phosphatide, après saponification, un acide, F. 70—71°, auquel il a donné le nom de *corynine*. Cet acide possède, en plus d'un carboxyle, deux hydroxyles acétylables (*diacétyl-corynine*, aiguilles, F. 75—76°). La corynine a été de nouveau isolée en 1945, par Asano et Takahashi (*38*); ces auteurs ont montré que l'oxydation chromique de la corynine (LXX) fournit une *céto-lactone*, F. 79° (LXXI), dont on peut obtenir une *oxime*, F. 83° (LXXII). Par transposition de Beckmann de cette oxime, il se forme de la mono-méthylamine, ce qui prouve la présence du groupe —CHOH—CH_3.

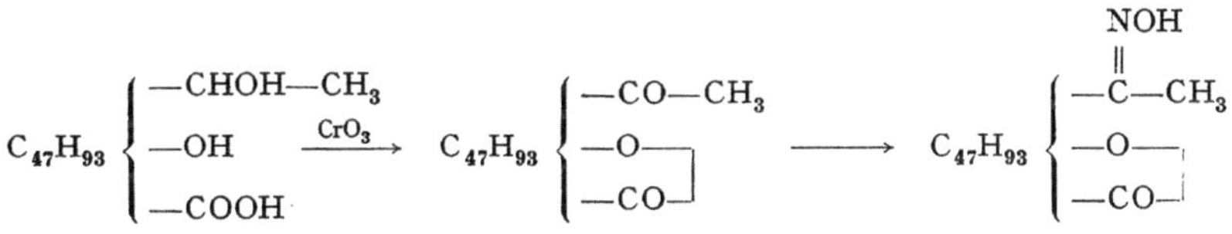

(LXX.) Corynine. (LXXI.) (LXXII.)

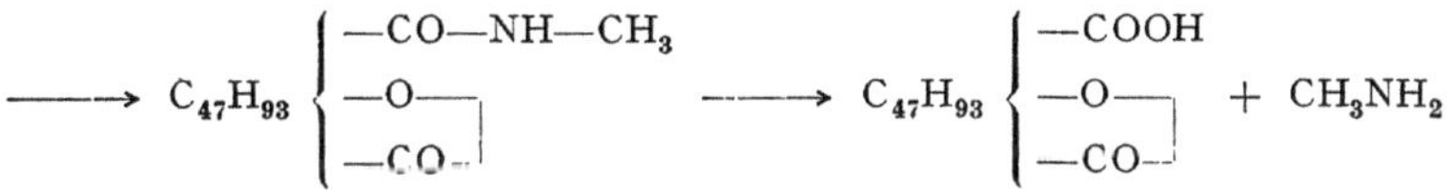

(LXXIII.) (LXXIV.)

En 1948, Takahashi (*310*) a proposé la formule (LXXXIV) pour la corynine, à la suite d'une étude des produits d'oxydation chromique de la corynine (LXX) et de son produit de réduction par l'acide iodhydrique,

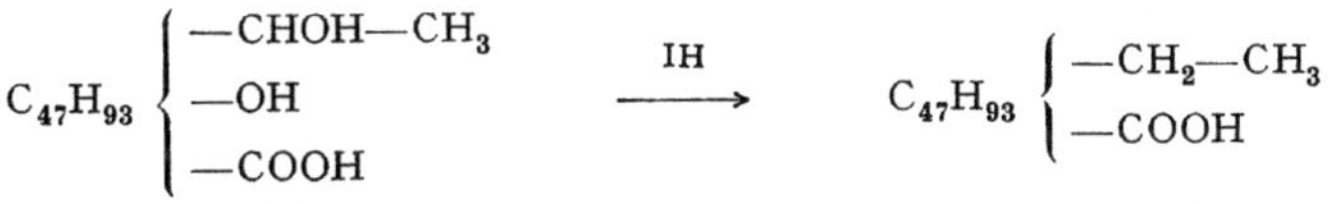

(LXX.) Corynine. (LXXV.) Désoxycorynine.

$\downarrow CrO_3$ $\downarrow CrO_3$

CH_3—COOH + HOOC—$(CH_2)_5$—COOH + CH_3—CO—$(CH_2)_6$—COOH

(LXXXI.) Acide céto-8-nonanoïque.

CH_3—$(CH_2)_7$—COOH

(LXXVI.) Acide pélargonique.

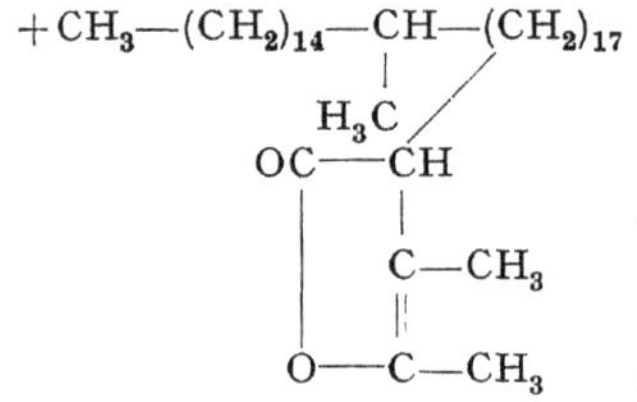

(LXXXII.)

$+CH_3—CO—(CH_2)_8—CH_3$ (LXXVII.) Méthyl-nonyl-cétone.

$+CH_3—CO—(CH_2)_{14}—CH_3$ (LXXVIII.) Méthyl-pentadécyl-cétone.

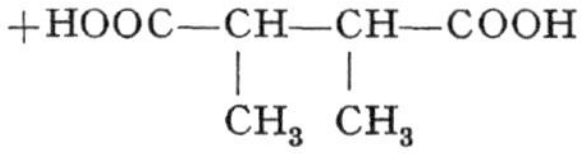

(LXXIX.) Acide diméthylsuccinique.

$+HOOC—(CH_2)_{15}—COOH$ (LXXX.) Acide pentadécane-dicarboxylique-1,15.

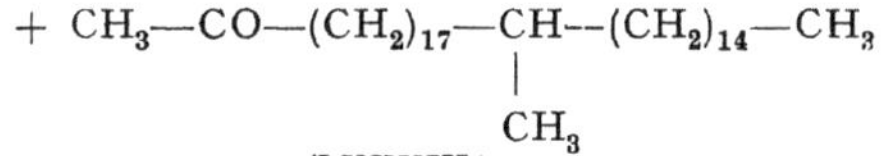

(LXXXIII.)

la *désoxycorynine* $C_{50}H_{100}O_2$ (LXXV). A partir de la désoxycorynine, TAKAHASHI a obtenu de l'acide pélargonique (LXXVI), de la méthyl-nonyl-cétone (LXXVII) de la méthyl-pentadécyl-cétone (LXXVIII), de l'acide diméthyl-succinique (LXXIX) et de l'acide pentadécane-dicarboxylique-1,15 (LXXX). A partir des produits d'oxydation de la corynine, il a isolé de l'acide acétique, de l'acide pimélique, de l'acide céto-8 nonanoïque (LXXXI), une lactone, F. 80° (LXXXII) et une cétone ramifiée, F. 79° (LXXXIII). Cela a permis à TAKAHASHI d'attribuer à la corynine la formule (LXXXIV)*.

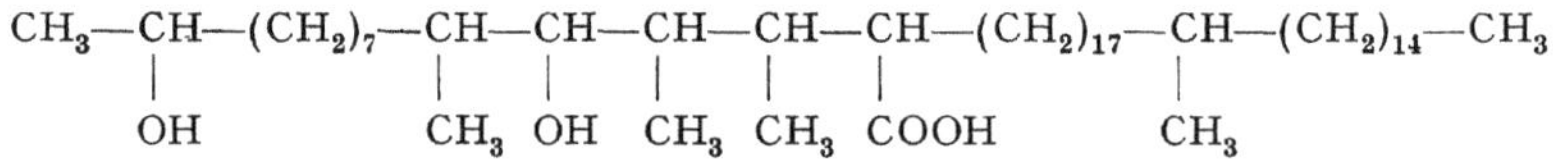

(LXXXIV.) Corynine.

i) Acides mycoliques des Mycobactéries, $C_{87}H_{174}O_3$, $C_{88}H_{176}O_4$, etc.

De nombreux travaux d'ANDERSON et de son école (*13—16*) ont montré que les Mycobactéries contiennent des hydroxy-acides à haut poids moléculaire, appelés *acides mycoliques.* Le représentant le mieux étudié par les auteurs américains, est l'acide mycolique de la souche humaine H-37. STODOLA, LESUK et ANDERSON (*304*) lui ont attribué, en 1938, la formule $C_{88}H_{176}O_4$, et ont montré qu'il possède un carboxyle, un hydroxyle et un méthoxyle. Par chauffage sous vide, cet acide se pyrolyse avec libération d'une molécule d'*acide n-hexacosanoïque*; par oxydation chromique, LESUK et ANDERSON (*217*) ont obtenu un mélange d'acides gras, parmi lesquels trois ont été identifiés: l'acide stéarique, l'acide hexacosanoïque, et l'acide hexadécane-1,16 dicarboxylique. Des acides analogues ont été isolés par ANDERSON et ses collaborateurs de souches

* N'ayant pas accès à la publication originale, nous avons copié cette formule à partir des Chemical Abstracts **45**, 9482 (1951) (*310*); elle conduirait, pour la corynine, à une formule $C_{52}H_{104}O_4$.

bovine (*90*), et aviaire (*21*, *27*), de *M. phlei* (*247*) et d'un «bacille de la lèpre»* (*22*, *142*).

Les progrès récents dans la chimie des acides mycoliques sont surtout dûs à l'introduction de méthodes chromatographiques de purification. Cherchant à purifier l'acide mycolique isolé de la souche humaine *Test***, ASSELINEAU et LEDERER (*54*) ont séparé par chromatographie sur alumine, deux acides apparemment isomères, qu'ils ont appelés acides α- et β-mycoliques.

1. Constitution chimique de l'acide α-mycolique Test. Cet acide, F. 55 à 56°, représente environ 80% du mélange brut d'acides mycoliques; sa constitution a pu être étudiée en détail. Les analyses de C, H et de OCH_3, ainsi que les titrages, effectués sur l'acide α-mycolique et sur de nombreux dérivés (voir Tableau 4) conduisent à la formule $C_{88}H_{176}O_4$, $\pm$ 5 CH_2, qui est en accord avec celle proposée par STODOLA, LESUK et ANDERSON (*304*) pour l'acide mycolique de la souche H-37. L'oxydation chromique du mycolate de méthyle (LXXXVI) donne un β-céto-ester (LXXXVII), qui se décarboxyle après saponification, en une cétone neutre (LXXXVIII); cette dernière peut être obtenue directement par oxydation de l'acide libre. La déshydratation de l'acide α-mycolique (LXXXV) donne un acide α-anhydro-mycolique (LXXXIX), qui présente la bande d'absorption caractéristique des acides α,β-insaturés à 218 mμ (ε = 13000). Ces réactions prouvent que l'*hydroxyle de l'acide α-mycolique est en β du carboxyle* (*40*).

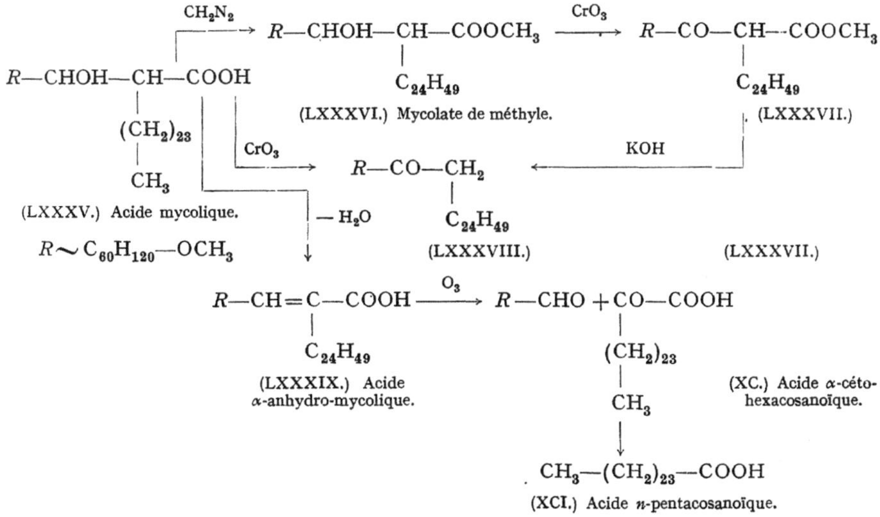

(LXXXV.) Acide mycolique. (LXXXVI.) Mycolate de méthyle. (LXXXVII.) (LXXXVIII.) (LXXXVII.) (LXXXIX.) Acide α-anhydro-mycolique. (XC.) Acide α-céto-hexacosanoïque. (XCI.) Acide n-pentacosanoïque.

---

* Voir note p. 176.

** Souche isolée en 1904 d'un cas de tuberculose testiculaire. Collection de l'Institut Pasteur de Paris.

Tableau 4. Dérivés de l'acide α-mycolique *Test* (purifiés par chromatographie) dont la composition a été vérifiée par analyse; d'après (*40*), (*43*), (*57*) et (*59*).

Dérivés	formule brute	formule partielle	point de fusion
acide α-mycolique	$C_{88}H_{176}O_4$	$C_{60}H_{120} \pm 5CH_2$ { —OCH_3 —CHOH—CH—COOH │ $C_{24}H_{49}$ }	55—56°
mycolate de méthyle	$C_{89}H_{178}O_4$		43—46°
acétate mycolique	$C_{90}H_{178}O_5$	$OCOCH_3$ │ ···—CH—CH—COOH │ $C_{24}H_{49}$	40—42°
acétate de mycolate de méthyle.	$C_{91}H_{180}O_5$		33—35°
alcool mycolique	$C_{88}H_{178}O_3$	···—CHOH—CH—CH_2OH │ $C_{24}H_{49}$	50—52°
diacétate d'alcool mycolique	$C_{92}H_{182}O_5$		32—36°
mycolane	$C_{87}H_{176}$	$C_{60}H_{121}$—CH_2—CH—CH_3 $\pm 5CH_2$ │ $C_{24}H_{49}$	45—48°
Produits de déméthylation			
acide dihydroxy-mycolanoïque ..	$C_{87}H_{174}O_4$	$C_{60}H_{120} \pm 5CH_2$ { —OH —CHOH—CH—COOH │ $C_{24}H_{49}$ }	57—59°
ester méthylique	$C_{88}H_{176}O_4$		45—46°
mono-acétate	$C_{89}H_{176}O_5$	$C_{60}H_{120} \pm 5CH_2$ { —OH $OCOCH_3$ │ —CH—CH—COOH │ $C_{24}H_{49}$ }	43—46°
Produits de déshydratation			
acide anhydro-2 mycolique	$C_{88}H_{174}O_3$	$C_{60}H_{120} \pm 5CH_2$ { —OCH_3 —CH=C—COOH │ $C_{24}H_{49}$ }	36—38°
ester méthylique	$C_{89}H_{176}O_3$		34—36°
alcool anhydro-2 mycolique	$C_{88}H_{176}O_2$	$C_{60}H_{120} \pm 5CH_2$ { —OCH_3 — CH=C—CH_2OH │ $C_{24}H_{49}$ }	44—48°

Tableau 4 (Suite)

Dérivés	formule brute	formule partielle	point de fusion
		Produits de déméthylation et de déshydratation	
acide hydroxy-*x* mycolène-2 oïque	$C_{87}H_{172}O_3$	$C_{60}H_{120} \pm 5CH_2 \left\{ \begin{array}{l} \text{—OH} \\ \text{—CH=C(C}_{24}\text{H}_{49}\text{)—COOH} \end{array} \right.$	41—43°
ester méthylique	$C_{88}H_{174}O_3$		37—38°
acide acétoxy-*x* mycolène-2 oïque.	$C_{89}H_{174}O_4$	$C_{60}H_{120} \pm 5CH_2 \left\{ \begin{array}{l} \text{—OCOCH}_3 \\ \text{—CH=C(C}_{24}\text{H}_{49}\text{)—COOH} \end{array} \right.$	37—38°
mycolène-2 diol-1,*x*	$C_{87}H_{174}O_2$	$C_{60}H_{120} \pm 5CH_2 \left\{ \begin{array}{l} \text{—OH} \\ \text{—CH=C(C}_{24}\text{H}_{49}\text{)—CH}_2\text{OH} \end{array} \right.$	46—48° et 51—52°
mono-acétate de mycolènediol	$C_{89}H_{176}O_3$		32—33°
acide anhydro-*x* mycolique	$C_{87}H_{172}O_3$	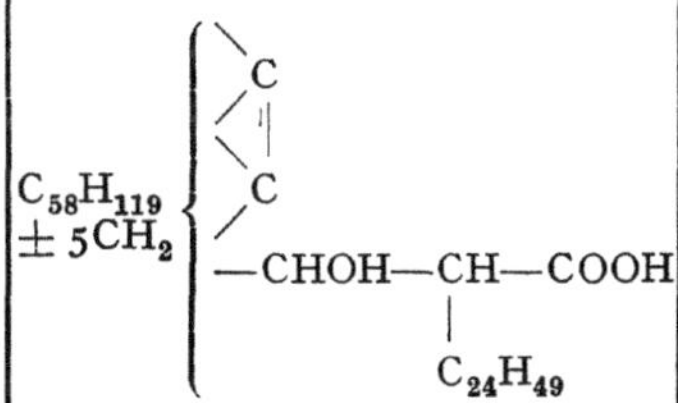	57—60°
acétate de l'acide anhydro-*x* mycolique	$C_{89}H_{174}O_4$		42—44°
acide bis-anhydro-mycolique	$C_{87}H_{170}O_2$	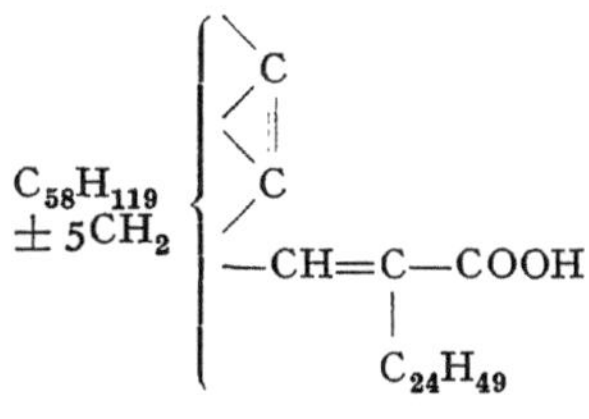	36—38°
ester méthylique	$C_{88}H_{172}O_2$		35—37°
alcool bis-anhydro-mycolique	$C_{87}H_{172}O$	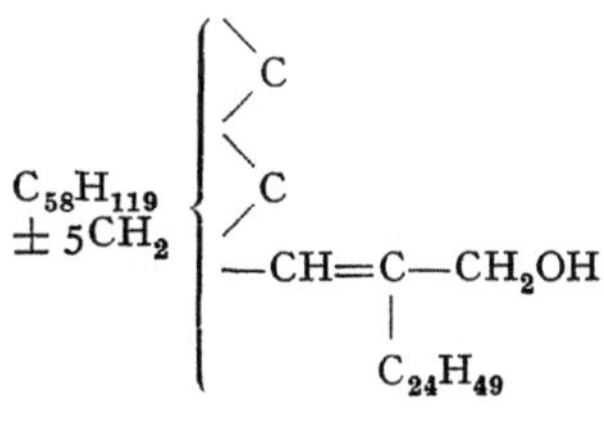	37—40°
acétate d'alcool	$C_{89}H_{174}O_2$		29—32°

Tableau 4 (Suite)

Dérivés	formule brute	formule partielle	point de fusion
Produits de déshydratation et de décarboxylation			
hydroxy-*x* normycolène-25	$C_{86}H_{172}O$	$C_{60}H_{120}$ $\pm 5CH_2$ $\left\{ \begin{array}{l} \text{—OH} \\ \text{—CH=CH—}C_{24}H_{49} \end{array} \right.$	58—62°
normycol-diène-25,*x*	$C_{86}H_{170}$	$C_{60}H_{119}$—CH=CH—$C_{24}H_{49}$ $\pm 5CH_2$	61—65°
Produits d'oxydation chromique			
méthoxy-normycolanone	$C_{87}H_{174}O_2$	$C_{60}H_{120}$ $\pm 5CH_2$ $\left\{ \begin{array}{l} \text{—}OCH_3 \\ \text{—CO—}CH_2\text{—}C_{24}H_{49} \end{array} \right.$	64—67°
acétate de méthoxy-normycolanol	$C_{89}H_{178}O_3$	$C_{60}H_{120}$ $\pm 5CH_2$ $\left\{ \begin{array}{l} \text{—}OCH_3 \\ \text{—CH—}CH_2\text{—}C_{24}H_{49} \\ \quad \vert \\ \quad OCOCH_3 \end{array} \right.$	32—34°
hydroxy-nor-mycolanone	$C_{86}H_{172}O_2$	$C_{60}H_{120}$ $\pm 5CH_2$ $\left\{ \begin{array}{l} \text{—OH} \\ \text{—CO—}CH_2\text{—}C_{24}H_{49} \end{array} \right.$	72—74°
hydroxy-nor-mycolanone oxime..	$C_{86}H_{173}O_2N$		48—50°
anhydro-nor-mycolanone........	$C_{86}H_{170}O$	$C_{58}H_{119}$ $\pm 5CH_2$ $\left\{ \begin{array}{l} \diagdown C \\ \diagup \Vert \\ \diagdown C \\ \diagup \\ \text{—CO—}CH_2\text{—}C_{24}H_{49} \end{array} \right.$	69—73°
anhydro-nor-mycolanone oxime..	$C_{86}H_{171}ON$		49—50°
méthoxy-*x* oxo-3 mycolanoate de méthyle.....................	$C_{89}H_{176}O_4$	$C_{60}H_{120}$ $\pm 5CH_2$ $\left\{ \begin{array}{l} \text{—}OCH_3 \\ \text{—CO—CH—}COOCH_3 \\ \qquad \vert \\ \qquad C_{24}H_{49} \end{array} \right.$	40—43°

La position de l'hydroxyle en β explique aussi la réaction de pyrolyse découverte par ANDERSON (*10*). On sait, en effet, depuis longtemps (*191*, *341*) que les acides β-hydroxylés, ayant en α une ou deux ramifications sont scindés par pyrolyse d'après le schéma:

$$R\text{—CHOH—}\underset{\displaystyle R_1}{\underset{\vert}{\overset{\displaystyle R_2}{\overset{\vert}{\text{CH}}}}}\text{—COOH} \longrightarrow R\text{—CHO} + \underset{\displaystyle R_1}{\underset{\vert}{\overset{\displaystyle R_2}{\overset{\vert}{\text{CH}}}}}\text{—COOH}$$

où R_2 peut être un alcoyle ou un atome d'hydrogène. Cette réaction a été observée récemment, par exemple, au cours de la synthèse de l'acide méthyl-2 pentadécane-dioïque (*306*) et de substances apparentées aux acides allénoliques (*180*).

La pyrolyse des acides mycoliques s'explique ainsi:

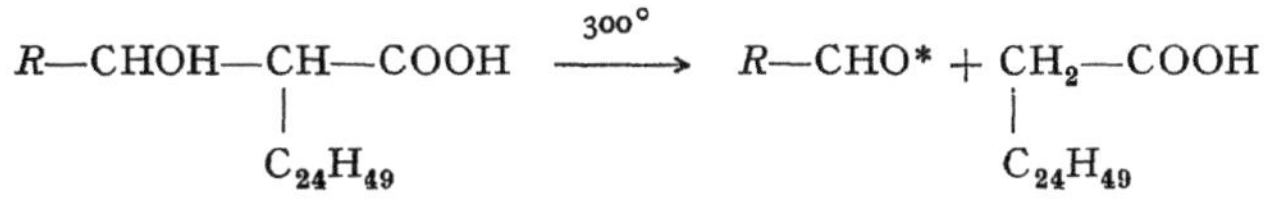

(LXXXV.) (XCII.)

La présence d'une chaîne latérale normale de 24 atomes de carbone en α a été vérifiée par l'ozonolyse de l'acide anhydro-2 mycolique (LXXXIX): il se forme d'abord de l'acide α-céto-hexacosanoïque (XC) qui n'est pas stable sous les conditions de l'expérience et qui est oxydé en acide *n*-pentacosanoïque (XCI); ce dernier a été identifié par TRILLAT et BARBEZAT par son spectre de diffraction des rayons X [ASSELINEAU et LEDERER (*56*, *57*)].

Le traitement de l'acide α-mycolique par l'anhydride acétique bouillant en présence de sulfate acide de potassium, donne un mélange d'acides, d'où ASSELINEAU (*43*) a isolé les suivants: l'acide anhydro-2 mycolique (XCIII) déjà connu, *l'acide dihydroxy-3,x mycolanoïque* (XCIV), *l'acide hydroxy-x mycolène-2 oïque* (XCV) *et l'acide mycol-diène-2,x oïque* (XCVI)**. L'hydroxyle en *x* de (XCIV) est *tertiaire*, ce que prouvent sa résistance à l'oxydation [obtention de l'*hydroxy-cétone* (XCVII) par oxydation chromique (*59*)], et la facilité avec laquelle il se laisse éliminer avec formation d'*acide anhydro-x mycolique* (XCVIII) par traitement avec le chlorure d'acétyle (*43*).

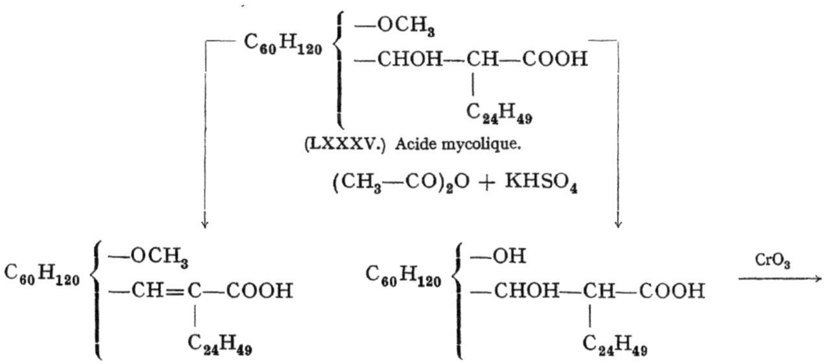

(LXXXV.) Acide mycolique.

(XCIII.) Acide anhydro-2 mycolique. (XCIV.) Acide-dihydroxy-3,*x* mycolanoïque.

* Dans le cas des acides mycoliques supérieurs, l'aldéhyde $R-CHO$ subit des réactions secondaires et ne peut pas être isolé tel quel. La pyrolyse d'un acide mycolique inférieur synthétique $CH_3-(CH_2)_6-CHOH-CH(C_6H_{13})-COOH$ donne effectivement de l'octanal et de l'acide octanoïque (*212*).

** Cette nomenclature repose sur l'attribution du nom «*mycolane*» à l'hydrocarbure $C_{87}H_{176}$ correspondant à l'acide mycolique; ce dernier peut donc s'appeler *acide hydroxy-3 méthoxy-x mycolanoïque.*

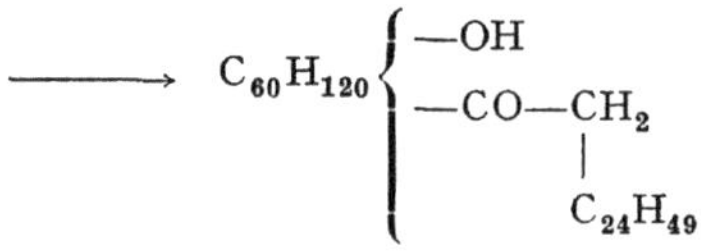

(XCVII.)

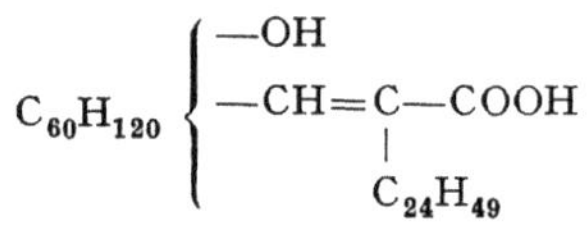

(XCV.) Acide hydroxy-*x* mycolène-2 oïque.

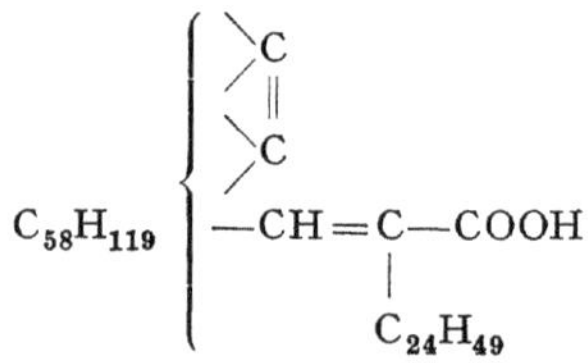

(XCVI.) Acide mycoldiène-2,*x* oïque.

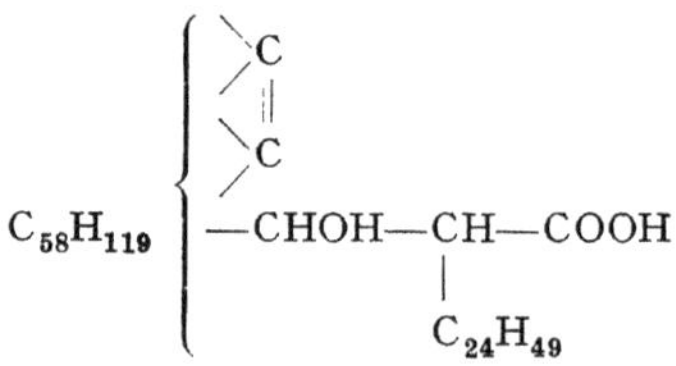

(XCVIII.) Acide anhydro-*x* mycolique.

La suite des dégradations effectuées par Asselineau et Lederer (*59*) sur l'acide α-mycolique *Test* (LXXXV, p. 199) les a conduit à la formule (IC), d'où découle la formule (C) pour l'acide déméthylé.

La déshydratation de l'hydroxyle en *x* de l'acide (C) peut conduire aux trois acides anhydro-*x* mycoliques (CI a, b et c), que l'on ne peut séparer par chromatographie. L'ozonisation de ce mélange permet l'isolement de trois acides: l'acide *n*-pentacosanoïque (identifié par son diagramme aux rayons X) qui provient de l'acide (CI a), l'acide heptadécanoïque* provenant de la coupure de l'acide (CI b), et une fraction acide (P. M. environ 1000) probablement constituée par le mélange des deux acides (CII a) et (CII b).

Le dosage de C-méthyle, [d'après la méthode de Kuhn et Roth (*206*) modifiée par Ginger (*144*) et par Kirsten et Stenhagen (*204*), effectué parallèlement avec des acides mycoliques synthétiques (*212*), montre que l'acide α-mycolique *Test* possède 3 groupes CH_3 terminaux. Les dégradations décrites ci-dessus permettent déjà de fixer la nature des trois chaînes correspondantes: celle en α est en $C_{24}H_{49}$, une autre est en $C_{25}H_{51}$, la troisième est en $C_{17}H_{35}$; il reste encore à déterminer la structure de la partie centrale (*R*) de la molécule (IC). Ce doit être une chaîne droite d'environ 14 à 18 atomes de carbone; en admettant qu'il y ait 18 atomes de carbone, on compendrait la formation d'acide hexadécane-1,16 dicarboxylique par oxydation de l'acide mycolique, observée par Lesuk et Anderson (*217*). La formule (CIII) serait en accord avec tous nos résultats d'expérience et avec ceux de Lesuk et Anderson. Cette formule

* L'identification de cet acide n'est pas encore tout à fait sûre.

est composée de trois parties (*A*, *B*, *C*) dont *A* proviendrait d'une molécule d'acide hexacosanoïque, *B* d'une molécule d'acide en C_{18} et *C* de la condensation d'une molécule d'acide hexacosanoïque avec une molécule d'acide stéarique (v. p. 206). N'ayant pas isolé l'acide hexadécane-1,16 dicarboxylique nous-mêmes, nous considérons la formule (CIII) comme provisoire et sujette à révision*. Il n'est pas encore exclu, en effet, que la partie centrale *B* ne contienne un noyau cyclopropanique; les spectres infra-rouges de certains dérivés de l'acide α-mycolique *Test* présentent des bandes que l'on pourrait interpréter dans ce sens. La formule (CIII) est d'ailleurs en accord avec les conclusions tirées par STÄLLBERG-STENHAGEN et STENHAGEN (*294*) d'une étude de l'acide mycolique d'ANDERSON (souche H-37), en couches monomoléculaires: «la section de la molécule de l'acide mycolique ne dépasse nulle part la largeur correspondant à celle de trois chaînes hydrocarbonées».

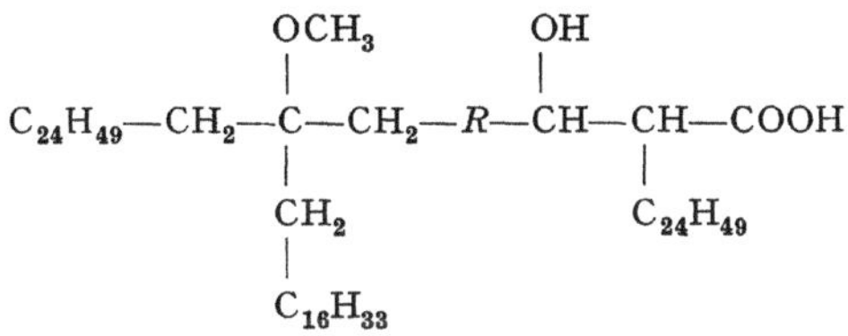

(IC.) Acide α-mycolique *Test.*

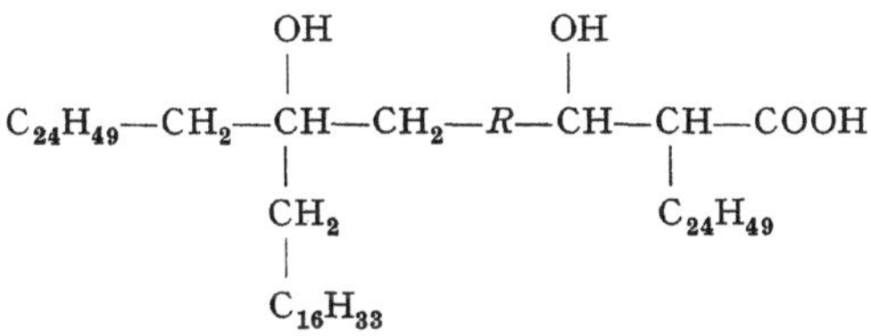

(C.) Acide dihydroxy-3,*x* mycolanoïque.

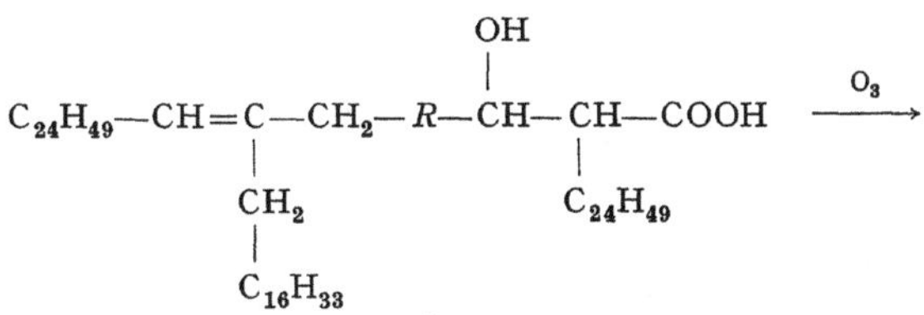

(CI a.)

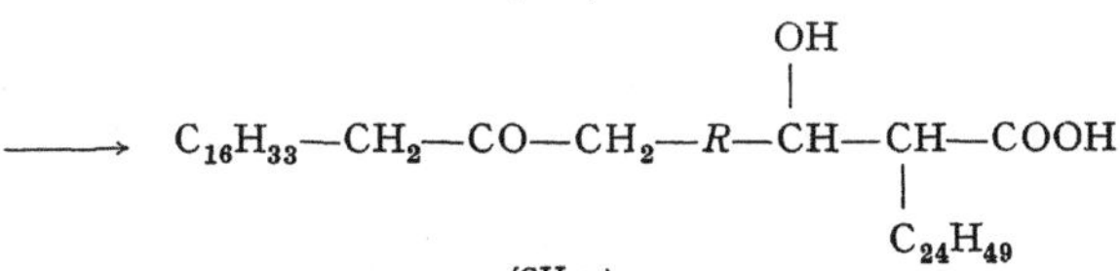

(CII a.)

* Rappelons que LESUK et ANDERSON ont étudié l'acide mycolique de la souche H-37 qui n'est peut-être pas identique à l'acide α-mycolique *Test.*

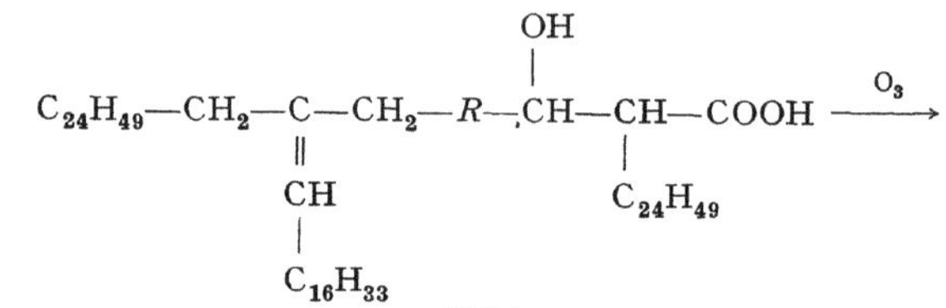

(CI b.)

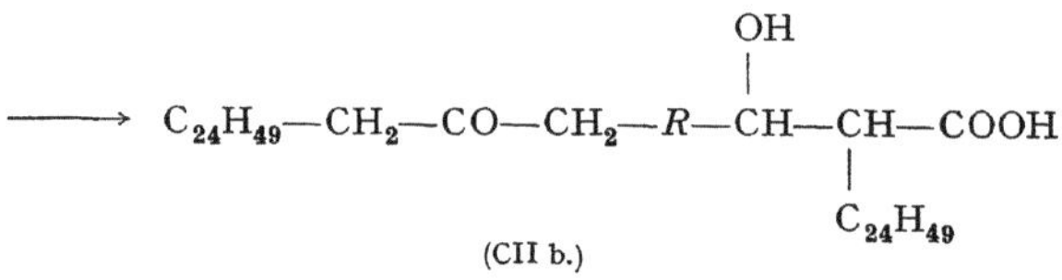

(CII b.)

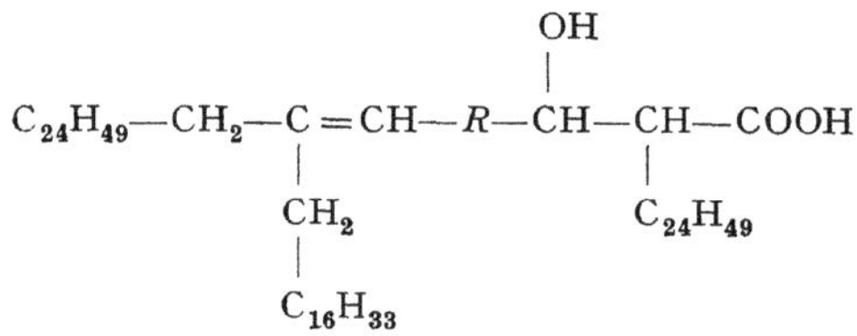

(CI c.)

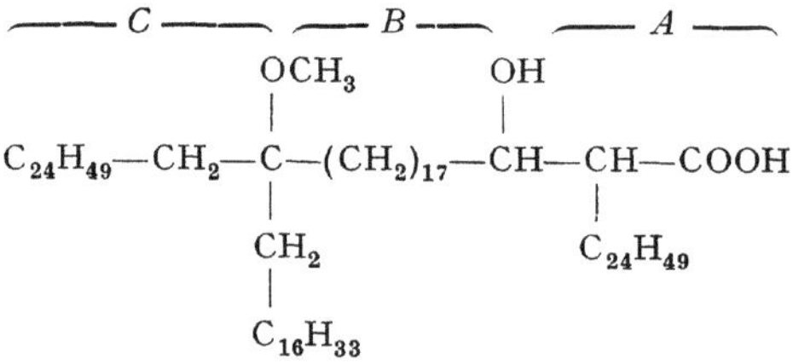

(CIII.) Acide α-mycolique *Test* (?).

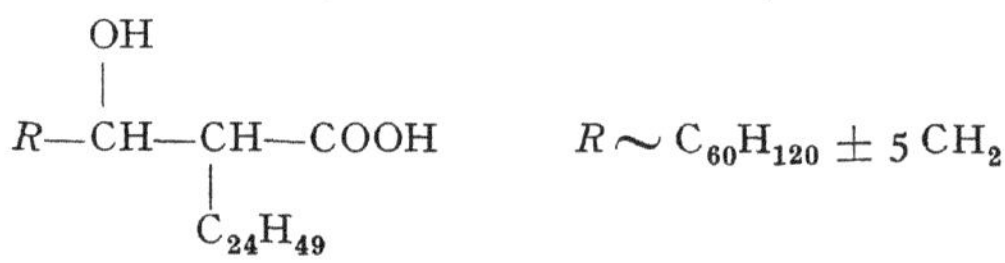

(CIV.) Acide γ-mycolique *Test*.

2. *Acides β-, γ- et δ-mycoliques Test.* La chromatographie sur alumine de l'acide mycolique brut de la souche *Test*, permet d'isoler deux autres fractions acides: l'une constituée par l'*acide β-mycolique*, et l'autre, plus fortement adsorbée, constituée par un mélange d'*acides γ- et δ-mycoliques* séparables par chromatographie des esters méthyliques (*45*).

L'*acide β-mycolique Test*, $C_{88}H_{176}O_4$, F. 71—73°, représente environ 15% de l'acide mycolique total; il contient également un hydroxyle en *β*, et donne par pyrolyse de l'acide *n*-hexacosanoïque (XCII, p. 203). Il est donc aussi représenté par la formule (LXXXV, p. 199). Les restes $C_{60}H_{120} \pm$ $\pm\, 5\, CH_2$ des acides α- et β-mycoliques doivent être différents, car les cétones neutres (LXXXVIII, p. 199) obtenues par oxydation chromique de ces deux acides mycoliques, ont des points de fusion nettement différents; de plus, les spectres infra-rouges des acides α- et β-anhydro-mycoliques (LXXXIX, p. 199) sont différents (*52*). Nous ne savons pas encore si l'acide β-mycolique est un isomère de l'acide α, ou s'il en diffère légèrement par le nombre d'atomes de carbone*. *L'acide γ-mycolique*, $C_{87}H_{174}O_3$, F. 56—57°, ne possède qu'un seul hydroxyle; la libération d'acide *n*-hexacosanoïque par pyrolyse montre qu'il est situé en β par rapport au carboxyle, et qu'une chaîne normale en C_{24} est rattachée à l'atome de carbone α (*45*) (CIV). *L'acide δ-mycolique*, $C_{88}H_{176}O_3$, F. 59—60°, possède un méthoxyle. Cet acide ne se laisse pas pyrolyser, puisqu'il n'a plus d'hydroxyle libre. Le manque de matière première rend l'étude des acides γ- et δ-mycoliques difficile, car le mélange des deux ne constitue que 3% environ de l'acide mycolique brut.

3. *Inventaire des acides mycoliques des Mycobactéries.* Au cours des dernières années, nous avons étudié en collaboration avec AEBI, Mme DEMARTEAU-GINSBURG, GINSBURG, Mlle GENDRE et BARBIER, les acides mycoliques de 8 souches humaines, de 3 souches bovines et d'une souche de *M. phlei*: *Dans toutes ces souches, il y a au moins deux acides mycoliques différents*; 31 acides individuels en ont été isolés après chromatographie (*1, 41, 45, 51, 57, 61, 124, 126, 148*). La détermination du poids moléculaire de ces acides par titrage, a donné pour tous, à peu près le même chiffre: 1250 ± 50 (le poids moléculaire correspondant à $C_{88}H_{176}O_4$ est 1298). *La taille moléculaire de tous ces acides mycoliques est donc à peu près la même***.

Tableau 5. Types d'acides mycoliques isolés de souches humaines de *M. tuberculosis*.

No.	acides	souche	formule	point de fusion	fonctions (en plus du carboxyle)	remarques
1.	α-mycolique	*Test*	$C_{88}H_{176}O_4$	55—56°	1 OH; 1 OCH_3	—
2.	β-mycolique	*Test*	$C_{88}H_{176}O_4$	71—73°	1 OH; 1 OCH_3	—
3.	α_2-mycolique	*R_1*	$C_{87}H_{174}O_4$	56—58°	2 OH	—
4.	γ-mycolique	*Test*	$C_{87}H_{174}O_3$	56—57°	1 OH	fortement adsorbé sur alumine
5.	α_1-mycolique	R_1	$C_{87}H_{174}O_3$	57—59°	1 OH	faiblement adsorbé sur alumine
6.	δ-mycolique	*Test*	$C_{88}H_{176}O_3$	59—60°	1 OCH_3	—

* Des différences dans la forme des bandes carboxyliques des spectres infra-rouges des acides α- et β-mycoliques *Test* semblent indiquer qu'il existe également des différences stériques dans la partie —CHOH—CH($C_{24}H_{49}$)—COOH de la molécule de ces deux acides.

** Les acides mycoliques de *M. phlei* et de *M. smegmatis* semblent toutefois avoir C_4H_8 de moins que ceux de souches humaines et bovines.

Tableau 6. Caractéristiques des acides mycoliques isolés de (Première

Souche	Test			
acides	α	β	γ	δ
acide libre, F.	55—56°	71—73°	56—57°	59—60°
formule brute	$C_{88}H_{176}O_4$	$C_{88}H_{176}O_4$	$C_{87}H_{174}O_3$	$C_{88}H_{176}O_3$
groupes fonctionnels (en plus du carboxyle) en position 3	—OH	—OH	—OH	—OCH_3
groupes fonctionnels (en plus du carboxyle) en position x	—OCH_3	—OCH_3		
ester méthylique, F.	43—46°	52—55°	42—43°	39—42°
acétate	$C_{90}H_{178}O_5$	$C_{90}H_{178}O_5$	—	—
F.	40—42°	66—70°		
anhydro-acide	$C_{88}H_{174}O_3$	$C_{88}H_{174}O_3$	—	—
F.	36—38°	36—38°		
cétone neutre d'oxydation	$C_{87}H_{174}O_2$	$C_{87}H_{174}O_2$	—	—
F.	64—67°	83—87°		
dérivés divers	voir tableau 4 (p. 200)	—	—	—
Références	(*57*)		(*45*)	

A) *Acides mycoliques de souches humaines.* Nous connaissons actuellement les six types d'acides mycoliques de souches humaines, indiqués dans le tableau 5. Il s'agit simplement de *types* d'acides, car nous ne disposons pour le moment d'aucun moyen certain d'identifier ou de distinguer deux acides mycoliques provenant de deux souches différentes, et ayant même composition et même point de fusion. Les acides mycoliques ne donnent pas de dépression de point de fusion entre eux, et les spectres infra-rouges eux-mêmes ne suffisent souvent pas à distinguer des acides mycoliques (voir *52*).

Les six types d'acides mycoliques du tableau 5 se répartissent en quatre groupes:

1° acides à 4 atomes d'oxygène contenant 1 OH et 1 OCH_3;
2° acides à 4 atomes d'oxygène contenant 2 OH;
3° acides à 3 atomes d'oxygène contenant 1 OH;
4° acides à 3 atomes d'oxygène contenant 1 OCH_3.

Dans les groupes 1 et 2, il y a généralement des acides α fondant vers 55° et des acides β fondant au dessus de 70°.

Nous adoptons, provisoirement, des formules en C_{88} pour les acides méthoxylés, et des formules en C_{87} pour les acides dépourvus de méthoxyle.

plusieurs souches humaines de *Mycobacterinin tuberculosis*.

partie.)

R_1			*Aeschbacher*		*L-25*	
α_1	α_2	β	α	β	α*	β
57—59°	56—58°	68—73°	55—56°	71—73°	51—53°	53—55°
$C_{87}H_{174}O_3$	$C_{87}H_{174}O_4$	$C_{87}H_{172}O_4$	$C_{88}H_{176}O_4$	$C_{88}H_{176}O_4$	$C_{87}H_{174}O_3$ + $C_{88}H_{176}O_3$	$C_{87}H_{174}O_3$
—OH	—OH —OH	—OH C=O	—OH —OCH_3	—OH —OCH_3	—OH ou —OCH_3	—OH
45—49°	45—49°	50—55°	44—46°	50—55°	40—42°	42—44°
—	—	—	—	—	—	—
—	$C_{87}H_{172}O_3$ 36—39°	$C_{87}H_{170}O_3$ 50—52°	$C_{88}H_{174}O_3$ 36—38°	—	—	$C_{87}H_{172}O_2$ 39—41°
—	$C_{86}H_{170}O_2$ 72—74°	—	—	—	—	—
—	acide bis- anhydro $C_{87}H_{170}O_2$ F. 42—43°	oxime de l'acide $C_{87}H_{173}O_4N$ F. 55—57°	—	—	—	alcool mycolique $C_{87}H_{176}O_2$ F. 45—48°
	(45)		(57)		(45)	

Nous distinguons deux types d'acides hydroxylés à 3 atomes d'oxygène suivant le comportement au cours des chromatographies sur alumine: les uns sont faiblement adsorbés, et sortent les premiers de la colonne (*acides α-mycoliques R_1** H-37 Ra, L-25), les autres sont très fortement adsorbés et sortent au contraire les derniers de la colonne (acides γ-mycoliques *Test, Brévannes*, H-37 Rv). Une telle différence de comportement doit correspondre à une importante différence de structure chimique.

Les principales caractéristiques des divers acides mycoliques de souches humaines isolés de notre laboratoire, sont rassemblées dans le tableau 6. Par pyrolyse, tous ces acides libèrent de l'*acide n-hexacosanoïque* (XCII, p. 203) (sauf l'acide δ-mycolique *Test* pour lequel la réaction de pyrolyse n'a pas lieu).

Les acides α- et β-mycoliques isolés des souches *Test* et *Aeschbacher*** (57) sont apparemment identiques entre eux: faute de substance, nous n'avons pu rechercher la présence d'acides γ- et δ-mycoliques dans les

* Chaque acide mycolique est caractérisé par une lettre grecque indiquant l'ordre d'élution de l'acide libre, d'une colonne d'alumine, et par le nom de la souche d'origine.

** Cette souche a été isolée par le Prof. ROULET, à Bâle.

Tableau 6

Souche	Brévannes			H-37 Ra	
acides	α*	β*	γ*	α	β
acide libre, F.	54—55°	75—77°	56—57°	61—63°	69—72°
formule brute	$C_{87}H_{174}O_4 + C_{88}H_{176}O_4$		$C_{87}H_{174}O_3$ + $C_{88}H_{176}O_3$	$C_{87}H_{174}O_3$	$C_{87}H_{174}O_4$
groupes fonctionnels (en plus du carboxyle) en position 3	—OH	—OH	—OH ou —OCH_3	—OH	—OH
groupes fonctionnels (en plus du carboxyle) ,, ,, x	—OH ou —OCH_3	—OH ou —OCH_3	—	—	—OH
ester méthylique, F.	—	—	—	48—49°	53—55°
acétate, F.	—	—	—	—	—
anhydro-acide, F.	—	—	—	—	—
cétone neutre d'oxydation	$C_{86}H_{170}O_2$		$C_{86}H_{172}O$	$C_{86}H_{172}O$	
F.	81—83°	—	—	75—78°	—
dérivés divers	Acide bis-anhydro-mycolique $C_{87}H_{170}O_2$	alcool mycolique $C_{88}H_{178}O_3$	alcool mycolique $C_{87}H_{176}O_2$	—	—
F.	46—48°	63—66°	56—57°		
Références		(*1*)			(*52 a*)

lipides de la souche *Aeschbacher*. Les acides mycoliques (α, β et γ) de la souche *Brévannes* (*1*) ou de la souche H-37 Rv (*51*), sont constitués par des mélanges d'acides méthoxylés et non-méthoxylés très difficiles à séparer.

L'acide mycolique brut de la *souche peu virulente* R_1 est séparé par chromatographie sur alumine en deux fractions: α et β. La fraction α, méthylée par le diazométhane, fournit, par une nouvelle chromatographie, deux esters méthyliques, correspondant, l'un à l'acide α_1-mycolique, $C_{87}H_{174}O_3$, et l'autre à l'acide α_2-mycolique, $C_{87}H_{174}O_4$ (*45*). La constitution chimique de l'acide α_2-mycolique R_1 a fait l'objet d'une étude (*46*), qui a conduit à envisager pour cet acide la formule (CV), dans laquelle la partie centrale (entre les deux hydroxyles) est encore hypothétique. Un tel acide pourrait être synthétisé *in vivo* à partir de quatre molécules d'acides gras (voir p. 216). L'acide β-mycolique R_1 renferme une fonction cétone: il

* Ces acides sont des mélanges d'acides di-hydroxylés avec des acides contenant un OH et un OCH_3.

(deuxième partie).

	H-37 Rv			H-37 Rv streptomycino-résistant		
γ	α^*	β	γ^*	α	β	γ
61—63°	54—55°	69—71°	55—57°	57°	70—71°	56—57°
$C_{88}H_{176}O_4$	$C_{87}H_{174}O_4$ + $C_{88}H_{176}O_4$	$C_{87}H_{174}O_4$	$C_{87}H_{174}O_3$ + $C_{88}H_{176}O_3$	$C_{88}H_{176}O_4$	$C_{87}H_{174}O_4$	$C_{87}H_{174}O_3$
—OH	—OH	—OH	—OH ou —OCH_3	—OH	—OH	—OH
—OCH_3	—OH ou —OCH_3	—OH	—	—OCH_3	—OH	—
—	—	—	—	—	—	—
—	—	—	—	—	—	—
—	—	—	—	ester-méthylique: $C_{89}H_{176}O_3$ 36—37°	—	—
—	—	—	—	—	—	—
—	—	—	—	bis-anhydro mycolate de méthyle $C_{88}H_{172}O_2$ 35—36°	—	—
		(52 a)			(52 a)	

appartient donc au groupe des *acides mycoloniques* dont nous parlerons ci-dessous.

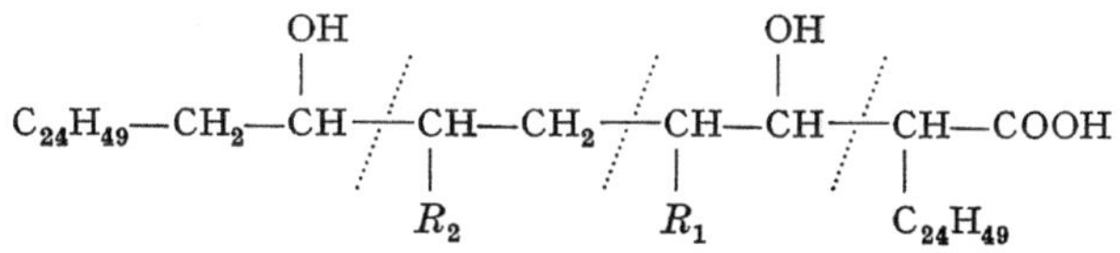

(CV.) Acide α_2-mycolique R_1 (?).

B) *Acides mycoliques de souches bovines:* ANDERSON (*13—16*) avait déjà trouvé que les acides mycoliques de souches bovines se rapprochent de très près des acides de souches humaines. Cependant, toutes les souches bovines examinées jusqu'ici dans notre laboratoire, contiennent des *acides mycoloniques*, c'est-à-dire des acides mycoliques *cétoniques*. Ces acides portent un hydroxyle en β puisqu'ils sont pyrolysables, et donnent une cétone neutre par oxydation chromique. La présence d'un carbonyle est indiquée par la formation d'une *monooxime* $C_{87}H_{173}O_4N$. Il se peut que les trois acides mycoloniques décrits jusqu'ici: acides β-Marmorek, F. 62—64°, γ-Vallée, F. 62—64° (*126*), γ-B. C. G., F. 70—72° (*148*), soient identiques.

Le tableau 7 montre les divers types d'acides mycoliques trouvés dans des souches bovines. Les caractéristiques des divers acides isolés sont rassemblées dans le tableau 8 (p. 214). La pyrolyse de *tous* ces acides donne de l'*acide n-hexacosanoïque*; ils correspondent donc à la formule (LXXXV, p. 199).

Tableau 7. Types d'acides mycoliques isolés de souches bovines de *M. tuberculosis*.

No.	acides	souche	formule	F.	fonctions (en plus du carboxyle)
1.	α-mycolique	Vallée	$C_{87}H_{174}O_3$	67°	1 OH
2.	α-mycolique	Marmorek	$C_{87}H_{174}O_4$	52°	2 OH
3.	γ-mycolique	B. C. G.	$C_{87}H_{172}O_4$	72°	1 OH, 1 C=O
4.	β-mycolique	Vallée	$C_{88}H_{176}O_4$	56°	1 OH, 1 OCH_3

Seule de toutes les souches *humaines* examinées jusqu'à maintenant, la souche R_1, très faiblement virulente, a donné un acide mycolonique $C_{87}H_{172}O_4$, F. 70—72° (*45*)*.

C) *Acides mycoliques de M. phlei.* Les acides mycoliques d'une souche de *M. phlei* de l'Institut Pasteur, ressemblent également d'assez près aux acides mycoliques de souches humaines (voir tableau 8) (*61*). Ils sont nettement différents de l'acide phlei-mycolique décrit par Peck et Anderson (*247*) ($C_{70}H_{138}O_6$ avec deux carboxyles, dont l'un facilement lactonisable). Comme ce dernier, cependant, les acides α- et β-mycoliques de Barbier et Lederer (*61*) donnent de l'*acide n-tétracosanoïque* par pyrolyse. Ce fait les distingue nettement des acides de souches humaines et bovines. Les acides α- et β-phlei-mycoliques ont donc la formule

$$R\text{—CHOH—}\underset{\displaystyle C_{22}H_{45}}{\underset{|}{\text{CH}}}\text{—COOH.}$$

D) *Acides mycoliques de M. smegmatis.* Nous venons de décrire trois acides mycoliques isolés de *M. smegmatis*, ayant la formule approximative $C_{83}H_{166}O_4 \pm 5\ CH_2$: acide α-smegma-mycolique, F. 61°; acide β, F. 61° et acide γ, F. 70°. La pyrolyse de ces trois acides donne de l'acide tétracosanoïque, $C_{24}H_{48}O_2$ ce qui montre qu'ils ont, comme les acides

* Récemment, nous venons de trouver un acide mycolonique $C_{87}H_{172}O_4$, dans la souche humaine *Brévannes* (*1 a*).

phlei-mycoliques, la formule $R\text{—CHOH—}\underset{\displaystyle C_{22}H_{45}}{\underset{|}{\text{CH}}}\text{—COOH}$ [BARBIER et LEDERER (*61 a*)].*

III. Biosynthèse des acides gras des Bactéries.

Biosynthèse des acides normaux.

STEPHENSON et WHETHAM (*302*) ont montré en 1922 que l'addition d'acétate au milieu de culture de *M. phlei* provoque une forte augmentation de la teneur en lipides des bacilles. D'après WOOD, BROWN et WERKMAN (*354*), des *Clostridia* synthétisent l'acide butyrique à partir de deux molécules d'acide acétique. Pour *Clostridium Kluyveri*, les essais de BARKER et ses collaborateurs (*289, 81*) ont montré que la synthèse de l'acide caproïque s'effectue par la condensation du carboxyle de l'acide butyrique avec une substance à deux atomes de carbone dérivée de l'éthanol, probablement l'acide acétique.

Il semble donc actuellement que la biosynthèse des *acides gras normaux* s'effectue chez les Bactéries par des mécanismes analogues à ceux mis en évidence chez les Levures et les Etres supérieurs, dans lesquels des fragments à deux atomes de carbone jouent un rôle prépondérant. [Voir les revues de BLOCH (*74, 75*)].

EDSON (*131*) a rappelé dans sa revue sur le métabolisme des Mycobactéries le rôle possible du glycérol dans la synthèse des lipides.

Biosynthèse des acides ramifiés.

POLGAR et ROBINSON (*257*) ont émis l'hypothèse que l'acide mycolipénique I (LVIII, p. 193) était formé par la condensation d'une molécule d'acide stéarique avec trois molécules d'acide propionique.

Nous avions déjà envisagé un mécanisme analogue de condensation d'acides gras «d'après CLAISEN» pour expliquer la formation de l'acide corynomycolique de *C. diphtheriae* que nous avions synthétisé à partir de deux molécules de palmitate de méthyle en présence de NaH (*212*) (p. 195). La condensation d'une molécule d'acide palmitique (probablement sous

* Il est probable que ces acides sont formés par la condensation de deux molécules d'acide tétracosanoïque, avec deux molécules d'un acide en C_{18}. C'est pourquoi BARBIER et LEDERER (*61 a*) ont attribué à ces acides une formule en C_{83}, c'est à dire, une formule ayant 4 carbones de moins que celle des acides non méthoxylés des souches humaines et bovines, qui sont probablement formés par la condensation de 2 molécules d'acide en C_{26} et 2 molécules d'acide en C_{18}; voir p. 216). Le même raisonnement conduirait aussi à une formule en C_{83} pour les acides phlei-mycoliques.

Tableau 8. Caractéristiques des acides mycoliques isolés

Espèce	*M. tuberculosis,*		
Souche	Vallée		
Acides	α	β	γ
acide libre, F.	65—67°	54—56°	62—64°
formule brute	$C_{87}H_{174}O_3$	$C_{88}H_{176}O_4$	$C_{87}H_{172}O_4$
groupes fonctionnels (en plus du carboxyle) { en position 3	—OH	—OH	—OH
groupes fonctionnels (en plus du carboxyle) { ,, ,, x	—	—OCH_3	C=O
ester méthylique, F.	50—53°	41—43°	52—54°
acétate, F.	45—48°	39—40°	39—41°
anhydro-acide	$C_{87}H_{172}O_2$	$C_{88}H_{174}O_3$	—
F.	47—53°	46—49°	
cétone neutre d'oxydation	$C_{86}H_{172}O$	$C_{87}H_{172}O_2$	$C_{86}H_{170}O_2$
F.	80°	54—58°	70°
divers	Alcool $C_{87}H_{176}O_2$ F. 52—54°	Alcool $C_{88}H_{178}O_3$ F. 50—52°	Oxime $C_{87}H_{173}O_4N$ F. 49—52°
Références	(*124*)		

une forme «activée») sur le carbone α d'une deuxième molécule d'acide palmitique conduirait à un β cétoester α-alcoylé, dont la réduction donnerait les acides corynomycoliques.

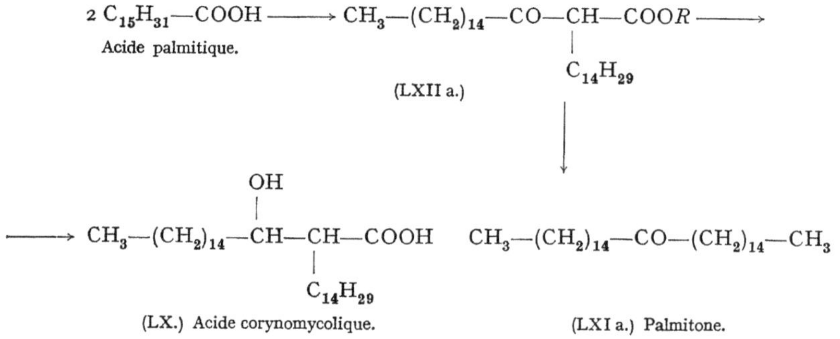

La biosynthèse de l'acide corynomycolénique (LXVIII) s'expliquerait d'une manière analogue:

de souches bovines de *M. tuberculosis* et de *M. phlei.*

var. *bovis*					*M. phlei*	
Marmorek		B. C. G.				
α*	β	α	β	γ	α	β
50—52°	62—64°	50—52°	50—53°	70—72°	53—55°	55—57°
$C_{88}H_{176}O_4$ + $C_{87}H_{174}O_4$	$C_{87}H_{172}O_4$	$C_{87}H_{174}O_3$	$C_{87}H_{174}O_4$	$C_{87}H_{172}O_4$	$C_{85}H_{170}O_4$	$C_{85}H_{170}O_4$
—OH —OH ou $—OCH_3$	—OH C=O	—OH —	—OH —OH	—OH C=O	—OH —OH	—OH —OH
39—40°	48—49°	42—45°	40—46°	54—56°	43°	45°
—	38—39°	37—39°	—	43—46°	—	—
$C_{87}H_{172}O_3$ 38—40°	—	—	—	$C_{87}H_{170}O_3$ 42—45°	$C_{85}H_{168}O_3$ 50—53°	$C_{85}H_{168}O_3$ 53°
—	$C_{86}H_{170}O_2$ 70°	$C_{86}H_{172}O$ 74—77°	$C_{86}H_{170}O_2$ 68—72°	$C_{86}H_{170}O_2$ 74—78°	—	—
—	Oxime $C_{87}H_{173}O_4N$ F. 46—49°	Alcool $C_{87}H_{176}O_2$ F. 51—53°	Alcool $C_{87}H_{176}O_3$ F. 50—56°	Oxime $C_{87}H_{173}O_4N$ F. 52—54°	bis-anhydro-mycolate de méthyle F. 50°	Alcool $C_{85}H_{172}O_3$ F. 53°
(126)		(148)			(61)	

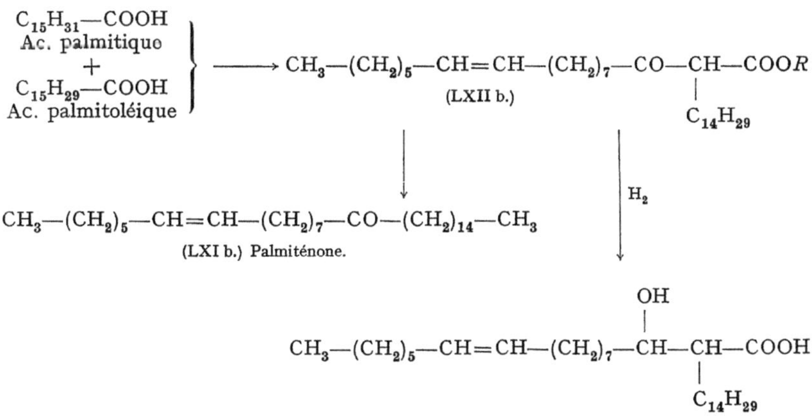

(LXII b.)

(LXI b.) Palmiténone.

(LXVIII.) Acide coryno-mycolénique.

* Cet acide est un mélange d'acide non méthoxylé $C_{87}H_{174}O_4$ et d'acide méthoxylé $C_{88}H_{176}O_4$.

Pudles (*259 a*) vient d'isoler la palmitone $C_{31}H_{62}O$ (LXI a) et une palmiténone $C_{31}H_{60}O$ (LXI b) de l'insaponifiable de la graisse de *C. diphtheriae.* Ces cétones se forment probablement par décarboxylation des β-céto-esters (LXII a et LXII b) correspondants, qui seraient les premiers stades de la biosynthèse de ces acides gras (voir les formules p. 215).

Remarquons que les acides normaux du Bacille diphtérique sont constitués essentiellement par les acides palmitique et palmitoléique; la plus grande partie des acides ramifiés consiste en acides corynomycolique et corynomycolénique (*213*).

Nous pensons que les acides mycoliques des Mycobactéries se forment également par un mécanisme analogue. Nos essais de dégradation des acides mycoliques, élargissant ceux de Lesuk et Anderson (*217*), montrent que les chaînes des acides mycoliques ont en général de 16 à 26 atomes de carbone. Les formules provisoires des acides mycoliques α-*Test* (CIII, p. 206) et α_2-R_1 (CV, p. 211) (*46, 59*) se laissent découper en quatre parties correspondant à deux molécules d'acide stéarique et deux molécules d'acide hexacosanoïque. ($2 \times 18 + 2 \times 26 = 88$.) Il est peut-être significatif à cet égard, que l'acide hexacosanoïque semble être le dernier terme des acides normaux synthétisés par les Mycobactéries. Les acides ayant plus de 26 atomes de carbone sont *ramifiés,* formés probablement par condensation de plusieurs molécules d'acides gras.

Les formules ci-dessous illustrent une voie possible de biosynthèse d'un acide mycolique, du type α_2-R_1 (voir p. 211). La réduction des groupes CO des substances intermédiaires peut s'arrêter au stade CHOH ou aller jusqu'au stade CH_2.

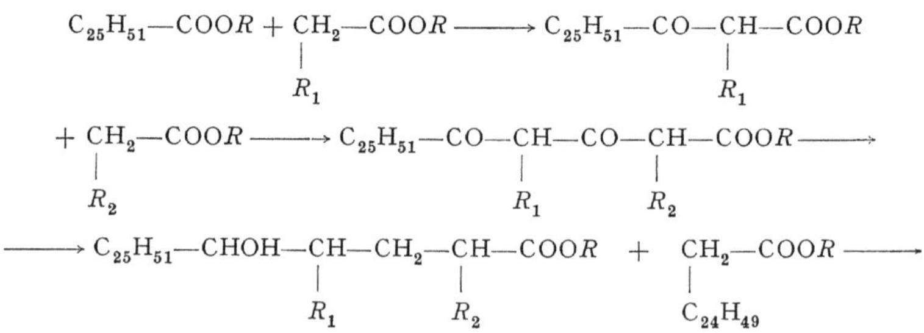

Hydroxy-acide intermédiaire en C_{60}.

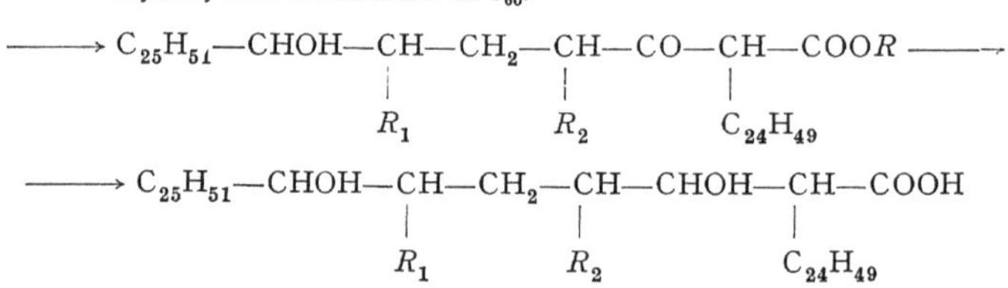

(CV.) Acide mycolique $C_{87}H_{174}O_4$.

Ce schéma de biosynthèse des acides mycoliques fait intervenir comme dernière étape, la condensation d'un hydroxy-acide de formule approximative $C_{60}H_{122}O_3$ avec une molécule d'acide *n*-hexacosanoïque. Or, ASSELINEAU (*47 a*) a récemment isolé des lipides de trois souches humaines de *M. tuberculosis*, des substances aliphatiques ramifiées, qui présentent des formules approximatives en C_{60}. De telles substances, isolées en très faible rendement, représentent vraisemblablement des intermédiaires du métabolisme des acides mycoliques.

L'existence d'*acides mycoloniques*, c'est-à-dire d'acides mycoliques contenant un groupe cétonique en plus de l'hydroxyle en β (*126*, *148*, *45*) est un nouvel indice en faveur de l'hypothèse de biosynthèse formulée ci-dessus: on peut considérer ces acides mycoloniques comme des intermédiaires dont la réduction conduirait aux acides mycoliques dihydroxylés.

BARBIER et LEDERER (*62*) ont récemment répété les essais de STEPHENSON et WHETHAM (*302*) sur l'influence de l'acétate sur la formation des lipides par les Mycobactéries. L'addition de 1,4% d'acétate de sodium au milieu de Sauton provoque chez *Mycobacterium phlei* et chez les souches humaines *Brévannes* et *Test* une augmentation du poids des bacilles et de la teneur en lipides; le rendement total en lipides peut être doublé par rapport aux témoins cultivés sur le milieu de Sauton seul. Toutes les fractions lipidiques (phosphatides, graisses solubles dans l'acétone, cires C et D) sont augmentées, ce qui n'est pas étonnant, puisqu'elles contiennent toutes des acides gras. La production des acides mycoliques augmente également par l'addition d'acétate de sodium; cela peut s'expliquer par l'augmentation de la teneur en acides gras normaux à partir desquels se forment les acides mycoliques. Les souches bovines (B. C. G., MARMOREK) diffèrent très nettement des souches humaines et de *M. phlei* en ce que l'addition de plus de 0,2% d'acétate au milieu de Sauton arrête leur croissance.

IV. Pigments lipo-solubles.

Nous nous limiterons à la discussion des pigments non azotés trouvés dans les lipides des bactéries; ces pigments appartiennent à deux groupes de substances chimiques: *caroténoïdes* et *naphtoquinones*.

1. Caroténoïdes.

On trouvera dans l'excellent livre de GOODWIN (*149 a*) un exposé détaillé sur les caroténoïdes des Bactéries.

De nombreux travaux signalent la présence de caroténoïdes dans les Bactéries, mais peu ont été poussés jusqu'à l'isolement de pigments purs et jusqu'à leur identification. Il est très difficile d'obtenir les quelques 50 à 100 mg de cristaux purs nécessaires à une étude chimique plus approfondie; de ce fait, la plupart des travaux sur les caroténoïdes des bactéries ont un caractère incomplet.

Nous commencerons par décrire les caroténoïdes qui semblent spécifiques des bactéries, c'est-à-dire de pigments isolés à l'état cristallisé et qui diffèrent des caroténoïdes des autres organismes vivants.

On peut se demander si les bactéries synthétisent des caroténoïdes identiques à ceux des autres êtres vivants; un grand nombre de caroténoïdes des bactéries possèdent des caractères spectraux et de solubilité semblables à ceux de certains caroténoïdes des plantes supérieures, mais — à l'exception du carotène β — leur identité ne semble pas avoir été établie de façon certaine.

SKINNER et GUNDERSON (*279*) ont montré les premiers qu'une souche jaune de *Corynebacterium carotenum* contenait une substance à activité vitaminique A; BAUMANN, INGRAHAM, STEENBOCK et FRED (*63*) ont précisé ensuite que plusieurs souches de bactéries oranges (*C. carotenum, Flavobacterium*) contenaient un pigment ayant les caractères spectraux du carotène et ayant une activité vitaminique A (essayée sur la croissance du rat); la présence de vitamine A étant exclue (pas de bande d'absorption à 328 mμ). On peut déduire de ces expériences que certaines bactéries synthétisent des provitamines A. HAAS et BUSHNELL (*159*) ont trouvé que *M. lacticola* cultivé sur un milieu contenant de l'huile minérale produisait plusieurs caroténoïdes, dont l'un avait les caractères physiques et chimiques du carotène β et la même activité biologique; dans ce cas la présence du carotène β semble prouvée. BAUMANN et ses collaborateurs (*63*) n'ont pas réussi à transformer le carotène en vitamine A à l'aide de microorganismes.

a) Caroténoïdes spécifiques des Bactéries.

1. Léprotène, $C_{40}H_{54}$. En 1937, GRUNDMANN et TAKEDA (*152*) ont isolé le *léprotène*, F. 198—200°, d'une souche de *M. phlei* provenant d'un lépreux (*311*). Ce pigment a le même spectre d'absorption et les mêmes solubilités que le carotène β, mais s'en distingue par son point de fusion plus élevé, sa plus forte adsorption sur alumine, et son inactivité comme provitamine A (*314*); les résultats de l'ozonisation montrent que le léprotène ne contient pas de noyaux d'ionone (*315*). Il est probable que plusieurs travaux rapportant la présence de carotène β dans les Mycobactéries (p. ex. *108*) doivent être revisés, puisqu'une confusion avec le léprotène est possible tant que le pigment n'a pas été isolé à l'état pur ou comparé avec le carotène β par chromatographie mixte. Nous pouvons confirmer l'existence du léprotène, l'ayant isolé à l'état pur, F. 199—201°, d'une souche de *Mycobacterium* BRUYNOGHE et ADANT (essais inédits avec G. NACHMIAS). TAKEDA et OHTA (*316*) ont récemment rapporté la présence de léprotène dans une souche humaine de *M. tuberculosis*.

Bandes d'absorption du léprotène:	CS_2:	517, 479, 447 mμ;
	$CHCl_3$:	495, 460, 428 mμ;
	éther de pétrole:	484, 452, 425 mμ.

2. Rhodoviolascine, $C_{42}H_{60}O$. KARRER et ses collaborateurs (*195—200*) ont étudié en détail les caroténoïdes des bactéries du genre *Rhodovibrio* et *Thiocystis* et en ont isolé les cinq pigments suivants: *rhodoviolascine, rhodopine, rhodovibrine, rhodopurpurine* et *flavorhodine*; ces pigments sont tous épiphasiques.

La *rhodoviolascine,* F. 218°, a la formule brute $C_{42}H_{60}O_2$ et la structure probable (CVI). Elle est caractérisée par la présence de deux groupes méthoxyles. Avec le trichlorure d'antimoine, la rhodoviolascine donne une solution bleue avec bande d'absorption à 642 mμ. Adsorbée en solution benzénique sur de la chaux, elle se fixe en-dessous de la rhodopine et au-dessus de la rhodopurpurine.

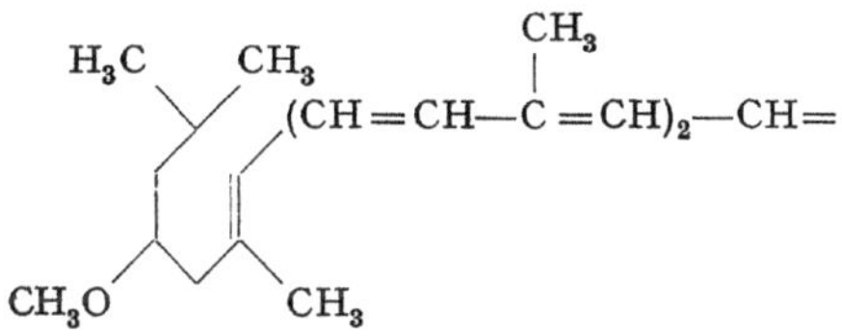

(CVI.) $^1/_2$ Rhodoviolascine.

La *spirilloxanthine,* isolée par VAN NIEL et SMITH (*330*) de *Thiocystis* est, d'après POLGÁR, VAN NIEL et ZECHMEISTER (*253*), identique à la rhodoviolascine.

Bandes d'absorption:	CS_2:	573,5,	534,	496 mμ;
	$CHCl_3$:	544,	507,	476 mμ;
	benzène:	548,	511,	482 mμ;
	éthanol:	526,	491,	(465) mμ.

3. Rhodopine, $C_{40}H_{56-58}O$. Ce pigment se trouve dans *Rhodovibrio* (*197*) et *Thiocystis* (*196*). Il fond à 171°, contient 12 doubles liaisons et probablement un hydroxyle. D'après SOBIN et STAHLY (*282*), un pigment analogue se trouve aussi dans *Bacterium mycoides.*

Bandes d'absorption:	CS_2:	547, 508, 478 mμ;
	$CHCl_3$:	521, 486, 453 mμ;
	éther de pétrole:	501, 470, 440 mμ.

4. Rhodovibrine $C_{40}H_{56-58}O_2$. Ce pigment, F. 168°, ne se trouve qu'en très faible quantité dans les *Rhodovibrio.* Il est épiphasique et contient donc tout au plus un hydroxyle. Il n'y a pas de méthoxyle.

Bandes d'absorption: CS_2: 556, 517 mμ.

5. *Rhodopurpurine*, $C_{40}H_{56-58}$. Ce pigment, F. 161—162°, est probablement un hydrocarbure. Son spectre ressemble à celui du lycopène.

Bandes d'absorption:	CS_2:	550, 511, 479 mμ;
	$CHCl_3$:	527, 487, (458) mμ;
	éther de pétrole:	502, 472 mμ;
	benzène:	527, 490 mμ.

6. *Flavorhodine.* Ce pigment est le moins fortement adsorbé des pigments de *Rhodovibrio.* Rien n'est connu sur sa constitution. Karrer et Jucker (*194*) pensent qu'il pourrait être identique à la sarcinine (voir ci-dessous).

Bandes d'absorption:	CS_2:	503, 472, 441 mμ;
	$CHCl_3$:	482, 453 mμ;
	éther de pétrole:	470, 442 mμ;
	éthanol:	471, 443 mμ.

7. *Sarcinine et sarcinaxanthine.* Chargaff et Dieryck (*107*) ont décrit un nouveau caroténoïde de *Sarcina lutea,* qu'ils ont appelé *sarcinine* (bandes d'absorption dans l'éther de pétrole à 469, 440 mμ). Ce pigment est accompagné d'une xanthophylle ayant le même spectre. Nakamura (*234*) a décrit un pigment analogue à ce dernier qu'il pense être un ester de xanthophylle; d'après nos observations (*209*), le pigment principal de *Sarcina lutea* est une xanthophylle cristallisant en aiguilles jaune-orange (bandes d'absorption dans l'éther de pétrole: 462, 440 mμ). La sarcinine est présente à l'état de traces et se trouve très fortement adsorbée sur l'alumine; il est douteux que ce soit un hydrocarbure.

Takeda et Ohta (*314 a*) ont décrit une «sarcinaxanthine», F. 149 à 150°; bandes d'absorption dans l'éther de pétrole: 469, 440 mμ.

Sobin et Stahly (*282*) ont trouvé un pigment ressemblant à la sarcinine dans *Flavobacterium sulphureum* et *F. arborescens* et dans une souche de *Staphylococcus aureus*, et deux xanthophylles ayant le spectre de la sarcinaxanthine dans *Sarcina lutea, Micrococcus luteus* et *Cellulomonas flavigena*; dans *S. flava* et *Micrococcus flavus* il n'y avait qu'une de ces xanthophylles. Dans *Sarcina aurantiaca* il y avait une autre xanthophylle (CS_2 514, 479 mμ; $CHCl_3$ 498, 463 mμ).

8. *Bactériorubérines* α et β. Petter (*251*) a isolé deux caroténoïdes cristallisés de *Bacterium halobium* qui forme des taches rouges sur des poissons salés.

Spectres d'absorption dans le méthanol:

bactériorubérine α: 522, 490, 460 mμ; bactériorubérine β: 502, 482, 452 mμ.

Reprenant l'étude de ces pigments avec la souche de Petter, nous n'y avons trouvé qu'un seul pigment, que nous avons obtenu cristallisé, mais pas encore pur (*209*).

Ces cristaux avaient les bandes d'absorption suivantes:

dans le méthanol: 528, 495, 460 mμ; dans CS_2: 571, 532, 498 mμ.

Ce pigment est plus foncé que la bactériorubérine α de PETTER et son spectre d'absorption ressemble de très près à celui de la rhodoviolascine (573, 534 mμ dans CS_2). Nous avons pensé qu'il pouvait s'agir d'une rhodoviolascine déméthylée, ce qui expliquerait la solubilité hypophasique (*209*).

b) Les caroténoïdes de diverses espèces de Bactéries.

1. Mycobactéries. Mycobacterium phlei. Plusieurs auteurs ont consacré des études aux pigments de *M. phlei.* INGRAHAM et STEENBOCK (*187*) ont trouvé «au moins douze différentes zones de pigments» sur une colonne de MgO. Parmi eux, ils ont pensé pouvoir identifier les suivants: carotène α et β, cryptoxanthine, des esters de lutéine, de zéaxanthine et d'azafrine. Nous avons déjà mentionné les travaux de GRUNDMANN et TAKEDA (*152*), TAKEDA et OHTA (*312*), établissant la présence d'un pigment spécifique dans *M. phlei,* le *léprotène* (p. 218). TAKEDA et OHTA (*313*) n'ont pas trouvé de xanthophylles dans *M. phlei,* mais ont confirmé la présence d'un pigment ayant les propriétés de l'azafrine; la partie épiphasique du pigment consisterait en carotènes α et γ et en léprotène; seul, ce dernier a été obtenu à l'état cristallisé. PENSO et ses collaborateurs (*250*) ont également trouvé le léprotène dans *M. phlei,* accompagné de carotène α et d'un caroténoïde à caractère acide. Celui-ci vient d'être étudié par TURIAN qui lui a donné le nom de *chrysofléine.* Ce pigment a une seule bande d'absorption (à 487 mμ dans CS_2). Voir aussi le chapitre «*léprotène*» et «*biosynthèse*» (pp. 218 et 223).

Mycobacterium lacticola. HAAS et BUSHNELL (*159, 160*) ont étudié les caroténoïdes formés par *M. lacticola* sur des milieux minéraux additionnés d'huile minérale.

Quatre pigments ont été séparés sur MgO, dont les trois premiers, I, II, et III avaient le spectre d'absorption du carotène β. Des essais biologiques montrèrent que le pigment II avait la même activité biologique que le carotène β, le pigment I seulement la moitié et le pigment III en était dépourvu. Le quatrième pigment avait les propriétés physiques et chimiques de l'astacine.

Mycobacterium Lombardo-Pellegrini et *M. Grassberger*: Les caroténoïdes de ces deux souches de bacilles acido-résistants ont été étudiés par CHARGAFF et LEDERER (*108*); les deux souches contiennent un pigment ayant les caractères spectraux du carotène β (peut-être le léprotène?) et du carotène γ et une seule xanthophylle ayant une bande d'absorption à 560 et 477 mμ dans le méthanol.

2. Corynebacterium diphtheriae: STONE et COULTER (*307*) ont trouvé du lycopène dans le bacille diphtérique. *C. carotenum* contient du carotène β et une xanthophylle [STEENBOCK et coll. (*63*), CHARGAFF (*103*)].

3. Actinomycètes. Voir le livre de WAKSMAN «The Actinomycetes» (*340*), p. 94—97.

4. Rhodobacilles photosynthétiques. Les caroténoïdes des bactéries photosynthétiques sont liés dans la cellule à une protéine combinée également avec la bactériochlorophylle; ce complexe est hydrosoluble [WURMSER, LÉVY et TEISSIER (*358*)] et peut être extrait après traitement des cellules par des ultrasons. FRENCH (*136—138*) a étudié les propriétés de cette protéine qu'il a appelée «photosynthine» et qu'il a préparée à partir de *Spirillum rubrum, Rhodovibrio, Phaeomonas* et *Streptococcus varians.* ZIRPEL (*362*) a trouvé que la formation des caroténoïdes chez *Rhodobacillus palustris* est indépendante de la teneur en fer du milieu. D'après VOLK et PENNINGTON (*338*), *Rhodomicrobium vannielii* contient les caroténoïdes suivants: carotène β (accompagné d'une rhodopine *cis*), rhodovibrine (accompagné d'une rhodovibrine *cis*) et spirilloxanthine = = rhodoviolascine. Dans *Rhodopseudomonas spheroides,* VAN NIEL (*329*) a trouvé deux caroténoïdes, l'un jaune, l'autre rouge; le premier se transformerait *in vivo* en le second.

THOMAS (*318*) a étudié le rôle des caroténoïdes dans la photosynthèse chez *Rhodospirillum rubrum* en déterminant le spectre de l'action photosynthétique des bactéries. Bien que quelques caroténoïdes de ce bacille semblent capables d'absorber de la lumière active pour la photosynthèse, le pigment principal (la spirilloxanthine = rhodoviolascine) ne semble pas prendre part à ce processus. THOMAS a confirmé les données de MANTEN (*225*) d'après lesquelles les maxima et minima des spectres d'action de la photosynthèse et de la phototaxe coïncident. THOMAS pense cependant que le rôle des caroténoïdes dans la phototaxe est moins prononcé que celui dans la photosynthèse.

5. Staphylocoques. OHTA (*239*) a trouvé de la lutéine et du lycopène dans *Staphylococcus aureus.*

SOBIN et STAHLY (*282*) ont examiné douze souches de *St. aureus*: toutes contenaient un hydrocarbure dont le spectre ressemblait à celui du carotène δ et un autre caroténoïde ayant les propriétés physiques de la rubixanthine; ce dernier se trouvait dans les bactéries à l'état libre et estérifié. Dans une seule souche il y avait un troisième pigment ressemblant à la sarcinine.

6. Streptocoques. D'après PATOČKA, KOŠTÍŘ et KROULÍKOVÁ (*245*), des streptocoques bruns, pyogènes du groupe *B* contiennent un chromoprotéide dont le groupement prosthétique est un caroténoïde non identifié.

Flavobacterium esteroaromaticum, F. suaveolens et *F. fecale* contiennent, d'après SOBIN et STAHLY (*282*) la même xanthophylle (bandes d'absorption dans CS_2 à 513, 482, 453 mμ, dans $CHCl_3$ à 488, 460 mμ et dans l'alcool à 482, 452 mμ). *F. arborescens* contient un mélange de cinq pigments épiphasiques (premières bandes d'absorption dans CS_2 à 536, 572, 540, 499 et 540 mμ [SOBIN et STAHLY (*282*)].

Erwinia lathyrie contient une xanthophylle avec bandes d'absorption à 513 et 478 mμ (dans CS_2), *E. ananas* une xanthophylle avec bandes à 508 et 474 mμ (CS_2) (*282*).

7. Micrococcus tetragenus. Il ressort d'une étude spectrophotométrique de REIMANN et ECKLUND (*266*) que les différentes variantes de *M. tetragenus* contiennent des caroténoïdes: des souches jaunes des xanthophylles, des souches rouges de la rhodoxanthine, une souche «mucoid-pink» du lycopène, une souche «pink-yellow» du carotène α et de la rubixanthine; une souche brune du carotène γ ou de la rubixanthine, en plus de pigments non identifiés.

c) Biosynthèse des caroténoïdes des Bactéries.

TURIAN (*322—325*) a étudié en détail les conditions de formation des caroténoïdes de *M. phlei*; leur production est stimulée par des ions Fe et Mn (*322*) et inhibée par la diphénylamine (*324*) ou le phénol (*325*). GOODWIN (*149*) ayant montré que *Phycomyces* cultivé en présence de diphénylamine produit moins de polyènes colorés, mais plus de polyènes incolores en C_{40}, tels que le phytofluène de ZECHMEISTER, POLGÁR et SANDOVAL (*360, 361*), TURIAN et HAXO (*326*) ont effectué une étude analogue sur *M. phlei*. Des bacilles cultivés en présence de diphénylamine étaient presqu'incolores, mais contenaient deux nouveaux pigments: l'un, jaune (bandes d'absorption dans l'éther de pétrole à 454, 426, 403, 384 mμ), rappelle la flavacine de TISCHER (*320, 320 a*), l'autre formait une zone incolore fluorescente avec bandes d'absorption à 367, 348 et 332 mμ dans l'hexane; ces propriétés sont celles du *phytofluène* (*361*). En admettant que ces essais mettent en lumière des intermédiaires qui, normalement, sont déshydrogénés en caroténoïdes colorés, on voit que le mécanisme de biosynthèse de *M. phlei* ressemble de près à celui de *Phycomyces*. D'après ARNAKI et STARY (*33, 33 a*), le pyruvate stimule fortement la caroténogénèse chez *Sarcina lutea*; le pyruvate serait un précurseur d'acétylphosphate et le mécanisme de biosynthèse des caroténoïdes chez *Sarcina* serait ainsi analogue à celui étudié par SCHOPFER et GROB (*271*) avec de l'acétate marqué chez *Phycomyces blakesleeanus*.

On ne sait rien sur le rôle biologique joué par les caroténoïdes des Bactéries, à part celui, déjà mentionné, dans la photosynthèse et la phototaxe chez les Rhodobacilles. IMSHENETSKY (*184*) rapporte que des souches contenant des caroténoïdes (*Micrococcus sulfureus, Sarcina aurantiaca, S. lutea*) sont plus résistantes envers l'action des rayons ultraviolets que d'autres.

2. Naphtoquinones des Bactéries.

Les seules quinones isolées des Bactéries sont des *naphtoquinones-1,4* alcoylées en 2, ayant une activité vitaminique K. D'ailleurs, deux seules substances semblent se trouver dans les Bactéries vivantes: la vitamine K_2, et un homologue (ou isoprénologue) supérieur encore assez mal défini. La dégradation alcaline de ces pigments donne le phtiocol, qui était la première naphtoquinone pure isolée des Bactéries.

On trouvera dans l'article de HOFFMANN-OSTENHOF (*175*) la mention de cas où des benzoquinones ont été isolées de cultures bactériennes. Ces pigments sont cependant des produits d'oxydation de substances ajoutées au milieu de culture (inositol, phénol, pyrocatéchine) et ne sont pas des substances du métabolisme bactérien proprement dit.

a) Vitamine K_2, $C_{41}H_{56}O_2$, (CVII).

La plupart des bactéries semblent produire de la vitamine K, tandis que les moisissures, levures et champignons supérieurs ne produisent aucune substance à activité vitaminique K [ALMQUIST, PENTLER et MECCHI (*7*)]. La vitamine K_2 semble être la forme spécifique de vitamine K des Bactéries puisqu'elle n'a pas encore été isolée d'organismes non-bactériens.

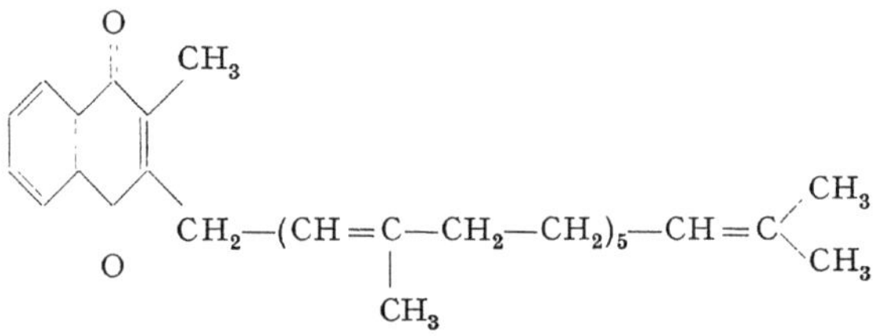

(CVII.) Vitamine K_2.

ALMQUIST, PENTLER et MECCHI (*7*) ont trouvé une activité vitaminique K dans *B. mycoides*, *B. cereus*, *B. subtilis*, *Sarcina lutea*, *Serratia marcescens*, *Staph. aureus*, *E. coli* et *M. tub.* var. *hominis*. Ils n'en ont pas trouvé dans *Chromobacterium violaceum*, *Clostridium sporogenes*, *Pseudomonas aeruginosa* et *Ps. fluorescens*. *B. mycoides*, à l'état séché, est trente fois, *B. subtilis* quarante fois, plus riche en vitamine K qu'une poudre de luzerne. Pour plus de détails, voir la revue de ALMQUIST (*6 a*).

DAM, GLAVIND, ORLA-JENSEN et ORLA-JENSEN (*122*) ont trouvé que *E. coli* cultivé sur milieu synthétique produisait mille unités de vitamine K par g de cellules séchées et en excrétait 400 à 700 unités par litre de milieu.

MCKEE, BINKLEY, THAYER, MACCORQUODALE et DOISY (*223*) ont isolé la vitamine K_2 (cristaux jaunes, F. 53,5—54,5°), pour la première fois à l'état pur, à partir de farine de poissons putréfiée. La farine de poissons dégraissée ne contient pas de vitamine K; celle-ci se forme au cours de la putréfaction par synthèse microbienne. La formule d'une méthyl-2, difarnésyl-3 naphtoquinone-1,4 (CVII) a été établie par BINKLEY, MCKEE, THAYER et DOISY (*68*) et par KARRER et EPPRECHT (*193*).

Récemment TISHLER et SAMPSON (*321*) ont isolé la vitamine K_2 de cellules autolysées de *B. brevis*, et BAUMGÄRTEL et ZAHN (*63a*) l'ont isolée de *E. coli*.

b) Homologue supérieur de la vitamine K_2.

FRANCIS, MADINAVEITIA, MACTURK et SNOW (*135*) ont isolé de *M. tuberculosis* une huile jaune, $n_D = 1{,}5286$, ayant un poids moléculaire d'environ 700 et qui présente le spectre d'absorption des vitamines K_1 et K_2, mais avec une intensité plus faible. Les analyses élémentaires et le degré d'insaturation semblent indiquer qu'il s'agit d'une vitamine K_2 ayant deux restes d'isoprène de plus. D'après SNOW (*281*), *M. tuberculosis* contient 1,2% de cette substance et serait ainsi la source naturelle la plus riche en vitamine K. Dans une communication personnelle, le Dr. SNOW nous informe que l'huile isolée de *M. tuberculosis* est chromatographiquement homogène, mais qu'il n'est pas encore convaincu qu'il s'agit d'une substance pure. L'huile jaune donne le phtiocol à l'hydrolyse alcaline [voir FIESER (*134*)]. Des extraits frais ne contiennent pas de phtiocol libre, mais ce pigment se forme au cours de la conservation des extraits (*135*). PARSHIN (*244*) et ASSELINEAU et LEDERER (*58*) ont également constaté l'absence de phtiocol libre dans des extraits de Mycobactéries.

c) Phtiocol, $C_{11}H_8O_3$, (CVIII).

En 1933, ANDERSON et NEWMAN (*24, 25*) ont isolé des graisses du bacille tuberculeux de souche humaine (H-37), un pigment jaune, F. 173 à 174°, qu'ils ont appelé *phtiocol**; sa structure est celle d'une hydroxy-2,

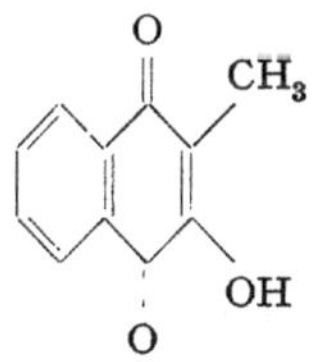

(CVIII.) Phtiocol.

méthyl-3 naphtoquinone-1,4 (CVIII), et a été confirmée par plusieurs synthèses du laboratoire d'ANDERSON (*19, 26, 235*) et d'autres laboratoires (*224, 207*). Le spectre U. V. du phtiocol a été étudié par CROWE (*121*); voir aussi la revue d'ANDERSON (*13*). ASANO et TAKAHASHI (*37*) ont trouvé le phtiocol dans le bacille diphtérique.

Il se pourrait que l'*acide phtalique* trouvé à l'état libre et estérifié dans une souche humaine de *M. tuberculosis* ait un rapport biochimique avec les naphtoquinones du Bacille [AEBI, ASSELINEAU et LEDERER (*1*)].

* Voir note, p. 176.

d) *Rôle biologique des naphtoquinones des Bactéries.*

La vitamine K_2 et son homologue supérieur sont certainement des métabolites très importants, mais nous ne savons rien sur le rôle qu'elles jouent chez les Bactéries. Le rapport de Woolley et McCarter (*356*) sur l'activité du phtiocol comme facteur de croissance pour le «Johne's bacillus» n'a pas été confirmé (*135*). Iland (*183*) et Odier (*238*) ont montré que ni le phtiocol, ni la vitamine K ou des substances analogues ne peuvent agir comme facteurs de croissance pour des Mycobactéries; ceci pourrait s'expliquer par le fait que ces organismes synthétisent facilement les quantités de naphtoquinones nécessaires pour leurs propres besoins.

L'importance des naphtoquinones pour le métabolisme bactérien ressort de l'activité bactériostatique d'antagonistes de la vitamine K et de l'inhibition de la bactériostase par des naphtoquinones.

Rappelons que McIlwain (*222*) a trouvé que *l'iodinine* (CIX), le pigment rouge de *Chromobacterium iodinum* inhibe la croissance d'une série de bacilles, dont des streptocoques et *M. tuberculosis*. Cette inhibition est annulée par l'addition au milieu de culture de méthyl-2, naphtoquinone-1,4 et de divers dihydroxy-anthraquinones. Woolley (*355*) a étudié l'action bactériostatique de la dichloro-2,3 naphtoquinone-1,4 et son inhibition par la méthyl-2 naphtoquinone-1,4.

On trouvera dans la revue de Hoffmann-Ostenhof (*175*) des détails sur l'action des quinones en général sur les microorganismes.

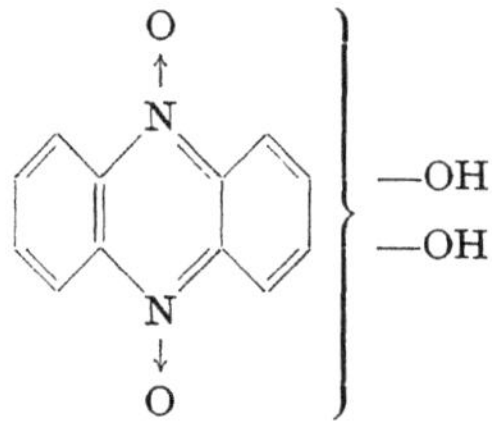

(CIX.) Iodinine.

Deuxième Partie.

Composition chimique des lipides bacillaires.

1. Mycobactéries.

Le schéma d'extraction développé par Anderson et son école permet de diviser les lipides des Mycobactéries en plusieurs groupes assez distincts (tableau 9). On obtient ainsi, par immersion des bacilles vivants dans un mélange d'alcool et d'éther à parties égales et par renouvellement répété de ce solvant, un premier extrait que l'on sépare au moyen d'acétone en trois groupes:

graisses, solubles dans l'acétone à froid,

phosphatides, insolubles dans l'acétone bouillante,

cires A, solubles dans l'acétone à chaud, insolubles à froid.

Tableau 9. Schéma d'extraction des lipides bacillaires. [Selon ANDERSON (*13*); légèrement modifié.]

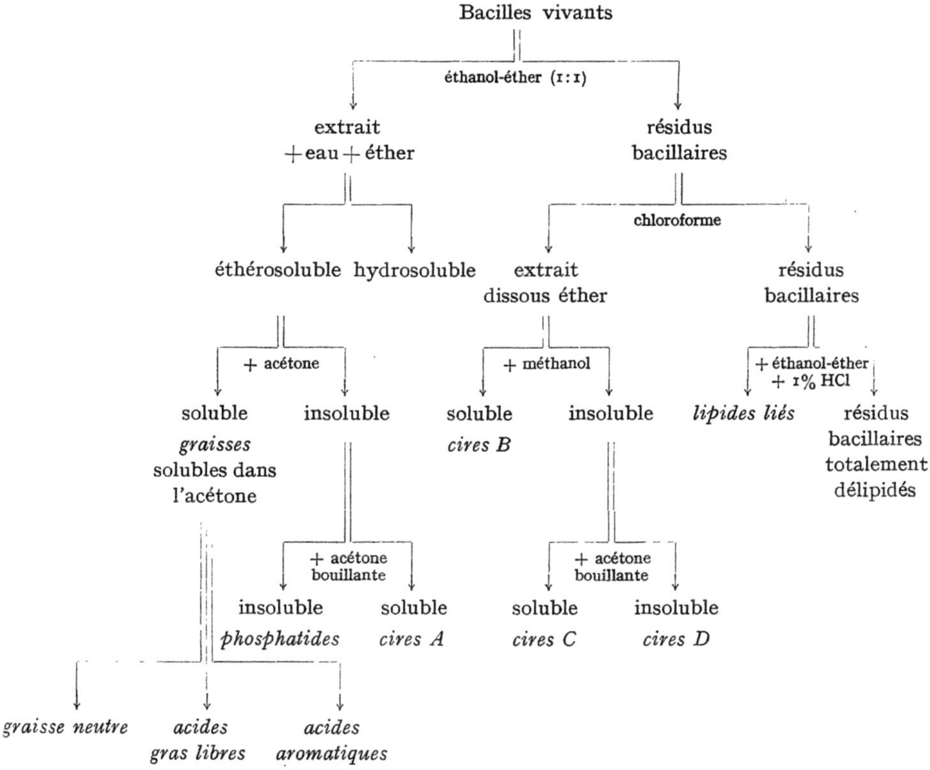

Le résidu bactérien est ensuite épuisé par le chloroforme; cet extrait est également séparé en trois parties, par le méthanol et l'acétone. On obtient ainsi:

cires B, ou «cires molles» d'ANDERSON, solubles dans un mélange d'éther et de méthanol,

cires C, solubles dans l'acétone à chaud,

cires D, insolubles dans l'acétone bouillante (lipo-polysaccharides).

Les pourcentages de ces diverses fractions lipidiques chez plusieurs souches de Mycobactéries, sont rassemblés dans le tableau 10 (p. 231).

a) Graisses solubles dans l'acétone.

Cette fraction représente de 2 à 10% du poids sec des bacilles (voir tableau 10). Une partie importante de ces fractions (25 à 40%) est constituée par des *acides gras libres*, mélange d'acides saturés normaux, insaturés et ramifiés (*13*).

Graisse neutre: elle peut être fractionnée par chromatographie sur alumine, et donne une série d'esters gras. Dans les graisses de Mycobactéries, *il n'y a pas de glycérol*, mais à sa place, on trouve un disaccharide non réducteur, le *tréhalose*, qui a été isolé par Anderson et Newman (*23*) de trois souches humaines, et retrouvé par Aebi, Asselineau et Lederer (*1*) dans la graisse de la souche humaine «*Brévannes*», et par Barbier et Lederer (*62*) dans la graisse de *M. phlei*.

Willstaedt et Borggard (*352*) ont synthétisé l'octostéarate de tréhalose (F. 65°) et le tétrastéarate de tréhalose (F. 61°).

Insaponifiable: la graisse neutre contient environ 10% d'insaponifiable, huile visqueuse brun foncé, fortement insaturée et exempte de stérols.

Anderson, Schoenheimer, Crowder et Stodola (*32*) ont prouvé dans un travail très minutieux, que les traces de stéroïdes trouvés dans des extraits de bacilles tuberculeux, consistent uniquement en impuretés provenant du milieu extérieur; nous avons nous-mêmes isolé de cires *B*, de la friedeline, triterpène $C_{30}H_{50}O$, provenant du liège des bouchons (*41*). Dans l'insaponifiable de la graisse de la souche humaine «*Brévannes*» Aebi, Asselineau et Lederer (*1*) ont montré par chromatographie, l'existence de substances possédant environ 26 atomes de carbone, 3 ou 5 atomes d'oxygène et au moins 3 ou 5 doubles liaisons. Nous ne savons pas si ces substances existent dans la graisse à l'état libre, ou sous forme d'esters.

Substances aromatiques: quelques substances aromatiques sont présentes en faible quantité dans la graisse des Mycobactéries (environ 0,1% du poids sec des bacilles). Anderson et Newman (*24*) ont trouvé 0,02% d'*acide anisique* dans la graisse de plusieurs souches humaines, Stendal (*298*) les *acides salicylique* et *phénylacétique* dans les lipides d'une souche non spécifiée de Mycobactérie; Asselineau a retrouvé l'acide phénylacétique dans les graisses de B. C. G. (*41*) et l'acide anisique dans celles de bacilles H-37 Ra (*48*), et Aebi, Asselineau et Lederer (*1*) ont constaté la présence, dans la souche humaine «*Brévannes*», à côté d'acide anisique, d'*acide phtalique*; une partie de ce dernier se trouve sous forme d'esters neutres avec des alcools ayant environ 8 atomes de carbone.

Crowder, Stodola et Anderson (*119*) ont isolé de l'insaponifiable de la graisse d'un bacille de la «lèpre», deux phénols $C_{25}H_{44}O_2$ qu'ils ont appelés α- et β-léprosols (voir p. 176).

Le *phtiocol*, dérivé naphtoquinonique, a déjà été étudié p. 225.

Substances odorantes: les graisses de Mycobactéries possèdent une odeur intense; Kasuya (*201*) l'attribue à l'*acétaldol*; mais il est certain que bien d'autres substances interviennent, telles que l'*alcool phényl-*

éthylique, l'*acide crotonique* [Goris et Sabetay (*151*)], l'*acide phénylacétique* (*298, 41*), et des acides gras inférieurs.

Pigments: les pigments lipo-solubles des Mycobactéries sont présents en presque totalité dans la graisse (et le reste dans les cires *B*) (v. p. 230).

b) Phosphatides.

La composition des phosphatides des Mycobactéries diffère radicalement de celle de la plupart des phospholipides des Animaux et des Plantes. La choline et la colamine sont en effet absentes, et l'on y trouve une quantité importante de polysaccharides. Anderson (*13*) qui a étudié de manière détaillée les phosphatides des Mycobactéries, a déjà remarqué qu'ils «contiennent beaucoup moins d'azote que les phosphatides ordinaires, et moins de phosphore»; la teneur en azote de ces phosphatides est généralement voisine de 1%; la plus grande partie est présente sous forme ammoniacale. Bloch (72, 73) ainsi que Pangborn (*240*) ont obtenu des phosphatides pratiquement exempts d'azote; étant donné le caractère acide de ces produits, on les désigne souvent sous le nom d'*acides phosphatidiques*. Böhm (*76*) a montré qu'il n'y a pas, du moins en quantité appréciable, d'acétalphosphatides dans les préparations de phosphatides obtenues d'après Anderson (voir *13*).

Les travaux de Mudd, Winterscheid, Delamater et Henderson (*233*) rendent probable la localisation d'une partie des phosphatides dans les granules des Mycobactéries (identifiés aux mitochondries).

La saponification des phosphatides des Mycobactéries fournit environ 60% d'acides gras, mélange très complexe d'acides saturés, insaturés et ramifiés, renfermant notamment les acides tuberculostéarique et phtiénoïques (p. 180, 192). Ces acides gras sont liés à une fraction hydrosoluble phosphorylée scindable en *glycérol* et en polyoside; après déphosphorylation du polyoside, Anderson, Lothrop et Creighton (*22a*) ont obtenu un triholoside, appelé *manninositose*, $[\alpha]_D + 74°$, qui fournit par hydrolyse 2 molécules de mannose et 1 molécule d'inositol. La composition des ces polyosides semble d'ailleurs très variable, puisque de Sütö-Nagy et Anderson (*309*) concluent que «chaque lot de bacilles cultivés sur milieu artificiel élabore des composés organo-phosphoriques différents». Ces auteurs ont isolé, sous forme de sels de baryum, des *acides inosito-monophosphorique* et *inosito-glycéro-diphosphorique*, à partir du phosphatide de bacilles tuberculeux résiduaires de fabrication de tuberculine (*308, 309*). Il est probable que dans ce dernier, l'inositol est lié au glycérol par l'intermédiaire d'une molécule d'acide phosphorique (*114*). Ces résultats confirment les conclusions de Macheboeuf et Faure (*221*), d'après lesquelles, les phosphatides du bacille tuberculeux sont des «acides glycérophosphoriques liés par estérification, d'une part à des acides gras, et d'autre part, à des polyalcools non azotés».

Le phosphatide de *M. phlei*, isolé selon Anderson, est constitué par un complexe à haut poids moléculaire (environ 32000); il renferme environ 1% d'un acide aminé qui a été identifié à l'*hydroxylysine*, par chromatographie sur papier et par isolement du picrate (F. 110—115° et 195°) et du chlorhydrate (F. 210—218°) [Barbier et Lederer (*60*)]. La chromatographie sur papier du phosphatide non hydrolysé, montre que la partie lipidique, l'hydroxylysine, les sucres et le phosphore, se déplacent ensemble; il est donc vraisemblable que toutes ces substances entrent dans la constitution du même complexe [Barbier (*62*)].

c) Cires A (solubles dans l'acétone à chaud).

Asselineau (*41*) a montré que par action de l'acétone bouillante, la fraction phosphatidique brute peut être séparée en deux parties: les *cires A*, solubles à chaud, dépourvues de phosphore, et le *phosphatide* qui ne représente plus alors qu' 1 à 2% du poids sec des bacilles. Des chiffres beaucoup plus élevés (6,54% pour H-37) [Anderson (*13*)] concernent certainement l'ensemble de ces deux fractions (tableau 10).

Les cires *A* de la souche humaine *Test* renferment environ 46% d'acide mycolique libre. La chromatographie de la partie neutre permet d'isoler une fraction, F. 28—30° $[\alpha]_J = -7{,}0°$, constituée par un mélange d'*esters de phtiocérol* [Asselineau (*41*)]. D'après Philpot et Wells (*252*), ainsi que d'après Sorkin (*284*) les esters de phtiocérol renfermeraient essentiellement de l'*acide mycocérosique*, acide ramifié $C_{30}H_{60}O_2$, isolé par Ginger et Anderson (*146*) de cires extraites par le chloroforme. Des esters analogues se trouvent aussi dans les cires *A* du *B. C. G.* (*41*) et d'autres souches bovines de Mycobactéries (*127*).

d) Cires B.

Les cires *B* ou cires «molles» d'Anderson, constituent des masses pâteuses, fortement colorées en brun jaune, qui n'ont guère été étudiées que par Anderson (*9*) dans le cas de la souche humaine H-37. Les cires *B* représentent à peu près la seule fraction lipidique des Mycobactéries qui renferment des *glycérides*; il y a également des cires vraies, esters d'acides gras et de phtiocérol (voir tableau 11.)

e) Cires C.

Leur présence a été observée pour la première fois par Stodola et Anderson (*303*), qui en ont isolé du phtiocérol. Nous avons isolé les cires *C* d'un certain nombre de souches humaines et bovines (*47*, *211*) de bacilles tuberculeux. Par chromatographie sur alumine des cires *C* de la souche humaine *Test*, nous avons obtenu deux fractions: un solide fondant vers 30—35°, constitué principalement par des esters de phtiocérol, et de l'acide mycolique libre (F. 57—62°) (*41*). Les cires *C* ont donc une composition très voisine de celle des cires *A*.

Tableau 10. Teneur en diverses fractions lipidiques de plusieurs souches de Mycobactéries (% par rapport au poids sec des bacilles).

Type	humain					bovin					aviaire	*M. phlei*	
Souche	*Test*	R_1	H-37	H-37 Rv	H-37 Ra	Vallée Paris	Vallée Yale	Marmorek	B. C. G.	B. C. G.	N° 531	Paris	Yale
Référence	(41)	(45)	(13)	(47)	(47)	(125)	(13)	(125)	(41)	(104)	(13)	(62)	(13)
Conditions de culture*	*A*	*A*	*C*	*A*	*B*	*A*	*C*	*A*	*A*		*C*	*A*	*C*
Lipides libres totaux	21,5	16,4	23,8	21,1	15,8	14,3	13,4	18,8	22,0	25,4	15,2	7,0	8,3
1) *Extrait alcool-éther*													
graisses	7,3		6,2		5,6	3,3	3,3	3,4	10,9	9,7	2,2	3,0	2,7
phosphatide	0,8	} 11,2	} 6,5	} 12,7	1,8	1,5	} 1,5	0,6	0,4	} 4,6	} 2,2	0,74	} 0,6
cires *A*	4,2				2,2	1,2		1,6	1,7			0,03	
2) *Extrait chloroformique*													
cires *B*	0,5	2,0		0,6	0,5	1,4		3,5	3,1			0,8	
cires *C*	2,5	1,1	} 11,0	0,5	4,0	6,1	} 8,5	6,7	5,3	} 11,1	} 10,8	0,7	} 5,0
cires *D*	6,2	2,1		7,3	2,0	0,8		2,8	1,6			1,4	
Lipides liés	4,7	—	—	—	—	—	—	—	14,3	—	10,8	18,0	—

* *A*: 6 semaines — milieu de SAUTON; *B*: 4 semaines — milieu de SAUTON; *C*: 8 semaines — milieu de LONG.

Tableau 11. Propriétés et composition des cires isolées de diverses souches de Mycobactéries, d'après Anderson.

Type de bacilles	humain				bovin			aviaire		*M. phlei*
Souches	H-37			résidus de tuberculine	Vallée		B. C. G.*	N° 531		N° 02145
Cires	*B*	*C*	*C + D*	*C + D*	*B*	*C + D*	*C + D*	*C + D* Fraction I	*C + D* Fraction II	*C + D*
point de fusion	—	55—56°	200—505°	43—53°	—	47—54°	48°	54—55°	53—55°	45°
$[\alpha]_D$ ($CHCl_3$)	—	+0,55°	—	+3,8°	—	+15,6° (C_6H_6)	—	+38,6°	+17,7°	+15,1°
N %	traces	0	0,77	0,10	0,16	traces	traces	—	—	0,41
P %	0,08	traces	0,4	0,12	0,18	0,30	traces	traces	—	0,29
indice d'iode	32,1	—	—	2,3	20,2	3,2	—	4,5	8,7	20,5
Saponification:										
1) *Ethéro-soluble* % .	95,4	—	70	95,3						
acides mycoliques	12,3	—	56	56,1		61,0	33,2	81,0	84,8	42
acides gras	69,5	—	5	31,9		19,4	67,0	2,4	6,8	3,4
neutres	13,6	8,2	très faible	7,3		5,4	?	9,9	9,0	6,5
			phtiocérol		non étudié			eicosanol + octadécanol		
2) *Hydrosoluble* % .			40							
glycérol	5,4	non	+	2,0		1,3	?			3,0
polysaccharide .		étudié	arabinose 35,9; galactose 55,5; mannose 2,1	3,6		9,0	?	12,3	5,6	4,6
								tréhalose		
glucosamine....			+							
inositol			+			+				

* Résultats dûs à Chargaff (*104*).

f) Cires D.

La fraction des cires insolubles dans l'acétone bouillante (cires *D*), est essentiellement constituée par des lipo-polysaccharides azotés et phosphorés (*41, 47, 211*); elle fait partie des «cires purifiées» d'ANDERSON (*13*), et elle est d'autre part, extrêmement voisine du «Pmko» de CHOUCROUN (*111*) (voir ci-dessous).

Le lipo-polysaccharide de la souche humaine *Test*, le mieux étudié chimiquement (*39, 41*) fond vers 220°, renferme environ 1% d'azote et 0,12% de phosphore. Sa saponification libère 50% d'acides gras, dont neuf dixièmes d'acide mycolique et un dixième d'acides gras de poids moléculaire moyen 280. La partie hydrosoluble contient le polysaccharide avec tout l'azote et le phosphore du complexe initial. Environ un quart de cet azote se trouve sous forme ammoniacale; le reste est dû à la présence de trois acides aminés: *alanine*, *acide L-glutamique* et *acide α,ε-diamino-pimélique* (*50*), nouvel acide aminé récemment découvert par WORK (*357*) dans le Bacille diphtérique. D'après des dosages d'azote aminé, il est vraisemblable que ces trois acides aminés sont engagés dans des liaisons peptidiques. La réaction de DISCHE, ainsi que les spectres d'absorption du polysaccharide (bande vers 265 mμ) montrent qu'une partie du phosphore est liée sous forme d'acide désoxyribonucléique, qui n'est peut-être qu'une impureté.

Le poids moléculaire du polysaccharide que RAFFEL (*260*) appelle «polysaccharide W», serait d'environ 7000 à 8000. Comme le polysaccharide lié aux lipides décrit par HAWORTH, KENT et STACEY (*171*), il contient du galactose, du mannose, et de l'arabinose; mais, il ne renferme que 1,4% d'azote (au lieu de 4,7% pour celui des auteurs anglais), et ne contient pas de sucre aminé. L'acidité du lipo polysaccharide est probablement dûe à des fonctions acides libres du phosphore et au carboxyle de l'acide glutamique. L'acide mycolique est lié au polysaccharide sous forme d'ester, par son carboxyle (*39, 41*).

Toutes les souches humaines examinées jusqu'ici contiennent, dans leurs cires *D*, *les mêmes trois acides aminés* (voir tableau 12); *les fractions correspondantes des souches bovines et de M. phlei sont dépourvues d'acides aminés.* GENDRE et LEDERER (*143*) ont vérifié que les cires *D* sont la seule fraction lipidique des Mycobactéries qui contiennent de l'acide α,ε-diamino-pimélique.

g) Autres préparations de lipo-polysaccharides complexes, isolées de Mycobactéries.

Pmko. CHOUCROUN (*111*) a isolé, à partir d'extraits à l'huile de paraffine de bacilles tuberculeux tués par la chaleur, une fraction cireuse qui, purifiée par centrifugation dans l'éther de pétrole à froid, constitue le

Tableau 12. Propriétés des cires *C* et *D* de diverses souches

Type	humain					
Souche	Aeschbacher	H-37 Rv	Brévannes**		Test	R_1
Cires brutes			lot I	lot II		
% des bacilles secs	8,9	8,4	7,7	9,65	10,7	5,2
Cires C						
% des cires brutes	7,0	6,0	1,5	12,2	41,2	19,7
point de fusion	53—58°	54—57°			50—55°	61—70°
% acide mycolique libre*	64,9	68,1			81,8*	
phtiocérol		+	+		+	
Cires D						
% des bacilles secs	7,6	7,3	6,9	8,3	6,2	2,1
point de fusion	180–210°	218–223°	180–220°		210–225°	205–215°
azote %	1,2	1,1	1,4		1,0	1,0
phosphore %	0,34	0,18	0,35		0,11	
acides aminés	alanine + acide glutamique + acide α,ε-					
virulence approximative de la souche de bacilles	+++	+++	++		++	+
Références	(*55*)	(*55*)	(*1*)		(*55*)	(*55*)

«Pmko». Cette fraction, fondant vers 200°, présente une constitution chimique extrêmement voisine de celle des lipo-polysaccharides des cires *D* (*50*).

Lipo-polysaccharide complexe extrait à l'urée. Stacey, Kent et Nassau (*288*) ont décrit des complexes extraits de bacilles humides par de l'urée ou de l'hydroxypropionamidine. Ces fractions, qui sont acido-résistantes et hydrosolubles, en absence de sels de calcium, renferment 27% de lipides éthérosolubles, 40% de lipides insaponifiables, 16% d'un polysaccharide spécifique, 6% d'acide désoxyribonucléique et 4% d'un constituant peptidique. A l'electrophorèse, elles se comportent comme à peu près homogènes. Le polysaccharide de ce complexe contient un pentose et un sucre aminé.

«Cord factor.» Koch avait déjà observé la formation de «cordes» dans des cultures de bacilles tuberculeux. Middlebrook, Dubos et Pierce (*228*) ont remarqué que la formation de cordes est caractéristique des souches virulentes et du B. C. G., les souches avirulentes poussant en amas irréguliers. Bloch (*70*) a obtenu, par extraction de bacilles

* L'acide mycolique libre a été isolé dans le cas de la souche *Test* (*41*); dans les autres cas, le % a été calculé d'après l'acidité des cires *C*.

** Les résultats obtenu avec cette souche ne sont pas reproductibles.

humaines et bovines de *M. tuberculosis*, et de *M. phlei*.

humain			bovin			*M. phlei*
L-25*	L-36*	H-37 Ra	Vallée	Marmorek	B. C. G.	
6,2	2,4	6,5	8,3	10,2	9,0	2,9
14,5	5,0	83,5	73,0	65,5	59,0	24,1
53–58°		53–56°	35–44°		40–48°	48–53°
0		0	0		0	
		+	+	+	+	—
4,5	1,3	2,0	0,56	1,3	1,6	1,4
175–185°	175–185°	190–200°	160–170°	193–196°	140–170°	45–48°
1,0	0,6	1,1	0,24	0,1	0,3	traces
	0,25	0,30	0,1	0,1	0,2	traces
diamino-pimélique			pas d'acides aminés			
?	?	—	+	+	±	—
(*45*)	(*48*)	(*47*)	(*125*)	(*125*)	(*41*)	(*62*)

virulents par l'éther de pétrole, une préparation lipidique qu'il a appelé «cord factor» en raison de sa présence dans les souches formant des cordes. Cette préparation constitue un solide blanc, fondant vers 30°, dépourvu de phosphore et acido-résistant. Le «cord factor» joue un rôle dans la perméabilité cellulaire (*69*); il renferme un «*facteur toxique*» spécifique des bacilles virulents. L'étude et l'isolement de ce facteur ont été commencés par Bloch, Sorkin et Erlenmeyer (*71*, *285*). Bloch et Noll (*236*), en perfectionnant le procédé de purification, ont pu obtenir des préparations d'une pureté de 70 à 90%. Le facteur toxique semble constitué par un dérivé azoté d'une substance du type mycolique, fondant vers 40—42°; il peut être retrouvé dans les lipides extraits, selon la technique d'Anderson (voir schéma d'extraction: tableau 9, p. 227). Asselineau, Bloch et Lederer (*49*) ont en effet montré qu'il est localisé dans les cires *C* et *D*. D'après Bloch et Noll (*236*), le facteur toxique constitue environ 1% seulement du mélange de cires *C* + *D*.

Kropp et Floyd (*205*) mentionnent un «lipo-polysaccharide» qu'ils ont isolé de l'extrait éthéré de bacilles de souche humaine; aucune étude chimique n'en a été faite, mais d'après son isolement et ses caractères de solubilité, ce complexe doit plutôt être rapproché du phosphatide.

* Ces souches ont été isolées de lésions lupiques par le Dr. Canetti.

Tableau 13. Lipides fortement liés des Mycobactéries.

Souche	humaine A-10		humaine *Test*		aviaire (N° 531)		bacille de la lèpre		
Référence	*(30)*		*(41)*		*(27)*		*(142, 20)*		
Fraction	filtrable	infiltrable*	Extrait alcool-éther	Extrait chloroforme	filtrable	infiltrable	Extrait totalement filtrable Fraction I	Fraction II	Fraction III
% bacilles secs	7,3	4,9	2,0	2,7	8,16	2,68	6,0	4,1	9,3
				Fraction *a* de chromatographie (60%):					
point de fusion	80–85°	200°		170—185°	90°	200°	175–185°	50—53°	liquide
azote %		0,4		0,2		0,47	traces		—
phosphore %		0,2		traces		0,70	0		non
Saponification:									
1) *Ethérosoluble* % ...	76,9	50	La chromatographie montre qu'il s'agit d'un mélange très complexe	50	80,9	50	66,4	semble analogue à la léprosine (22)	étudié
acide mycolique %..	38,5	46		45	68,6	36	56,3		
acides gras %......	38,5	4		5	3,4	0	4,3		
neutres %	0	0		0	4,4	14	5,4		
					eicosanol + octadécanol				
2) *Hydrosoluble* %	27,5	50		52	15	50	40,5	non	
a) polysaccharide %...	25,5	50		52	15	50	40,5	étudié	
azote %		0,95			1,84	traces			
phosphore %....		0,38			1,04	0			
arabinose %.......	38,7				20	20	—		
autre pentose % ...	0				—	—	48,3		
galactose %	12,2				un peu	un peu	+		
mannose %........	6,6				—	—	—		
glucosamine%	traces				1,34	1,34	—		
b) glycérol %	2,0	0		0			0		

* Les fractions infiltrables sont obtenues par filtration de solutions chloroformiques sur des bougies de porcelaine.

h) Lipides fortement liés.

Après épuisement des bacilles par des solvants neutres, il reste encore dans les résidus bacillaires environ 10% de lipides, qui ne peuvent être extraits directement par des solvants neutres, tout au moins dans des limites de temps commodes (voir bacille diphtérique, p. 242). L'isolement de ces fractions lipidiques qu'ANDERSON appelle «*lipides fortement liés*», nécessite des traitements acides ou alcalins du résidu bacillaire, suivis de nouvelles extractions par des solvants neutres.

On sait très peu de choses sur la nature des liaisons qui fixent ces lipides au squelette cellulaire; il s'agit vraisemblablement de liaisons du même type que celles que l'on rencontre dans les lipo-protéines. Une certaine difficulté d'extraction est d'ailleurs déjà rencontrée dans le cas du phosphatide par exemple, qui, bien que soluble dans l'éther, ne peut être extrait facilement par ce solvant seul: il faut l'adjonction d'alcool (dans lequel il est cependant insoluble) pour l'extraire.

Les lipides fortement liés n'ont guère été étudiés que dans le cas des souches humaines (*30*) et aviaire (*27*) du bacille tuberculeux, et du «bacille de la lèpre» (*142*, *20*). ANDERSON et ses collaborateurs ont isolé les lipides fortement liés après un traitement acide, qui présente l'avantage sur le traitement alcalin de dégrader aussi peu que possible les complexes lipidiques libérés. Les principaux résultats obtenus sont rassemblés dans le tableau 13.

Une certaine analogie semble exister entre le lipide «infiltrable» isolé par ANDERSON, REEVES et STODOLA (*30*), et les préparations de lipo-polysaccharides (cires *D*) que nous avons obtenues (voir p. 233). Nous avons nous-mêmes (*41*) isolé des lipides fortement liés de la souche humaine *Test*, un complexe analogue (voir tableau *13*, extrait chloroformique); la seule différence chimique observée entre les lipo-polysaccharides des cires *D* ou des lipides fortement liés, consiste dans l'*absence d'acides aminés* dans ces derniers. Ce fait peut-être dû à une hydrolyse partielle sous l'action de l'acide chlorhydrique utilisé pour libérer ces lipides.

i) Acides gras des diverses fractions lipidiques.

La séparation des divers acides gras présents dans les lipides des Mycobactéries, a surtout été effectuée par ANDERSON et ses collaborateurs (*13*) par différence de solubilité des sels de plomb dans l'*éther*, avant et après hydrogénation, suivie d'une distillation fractionnée des esters méthyliques de chaque groupe d'acides.

Cette méthode présente trois inconvénients:

a) elle introduit des risques d'hydrogénolyse (pour des acides sensibles, tels que l'acide lactobacillique, voir p. 185);

b) une partie importante des esters méthyliques ne distille pas, même à température élevée;

c) les acides insaturés ne sont, en général, isolés que sous la forme de leurs produits d'hydrogénation.

La technique plus couramment utilisée de fractionnement des sels de plomb par différence de solubilité dans l'*alcool* aurait été dans le cas présent désavantageuse, car les acides saturés liquides ont des sels de plomb presqu'insolubles dans l'alcool, qui auraient accompagné les sels de plomb des acides saturés solides, rendant la séparation du mélange très difficile (*13*).

En dehors des revues générales déjà mentionnées, citons la revue de Weitzel (*343*) consacrée aux acides gras ramifiés du Bacille tuberculeux.

Acides gras normaux saturés. Le principal représentant de ce groupe est l'*acide palmitique*; il est généralement accompagné de petites quantités d'acides myristique et stéarique, et d'une proportion appréciable d'*acide n-hexacosanoïque. Aucun acide normal, supérieur à* C_{26} *ne semble avoir été isolé des Mycobactéries.*

Acides gras normaux insaturés. Goris et Sabetay (*151*) ont mentionné l'isolement, à partir d'une souche non définie de Bacille tuberculeux, d'*acides crotonique* et *isocrotonique*. Les acides insaturés, caractérisés par Anderson et ses collaborateurs, sont essentiellement en C_{18}. Le rapport entre la valeur de l'indice d'iode des acides à sel de plomb solubles dans l'éther, et la quantité d'acide stéarique qui en est isolé après hydrogénation, montre que des acides poly-insaturés sont présents. Mais, aucun renseignement n'est obtenu par ce procédé quant à *la position des doubles liaisons*. Il y a là une lacune à combler dans nos connaissances des acides gras du bacille tuberculeux.

Un acide insaturé en C_{16} a été caractérisé par Anderson, Reeves et Crowder (*29*) dans la graisse du «bacille de la lèpre» et un acide en C_{26} dans les graisses (*18*) et dans les cires *A* (*349*) de bacilles de souche humaine.

Acides ramifiés. Les acides ramifiés isolés des graisses et phosphatides de Mycobactéries sont riches en acide tuberculostéarique (qui constitue environ le tiers de cette fraction) et en acide phtioïque. Nous avons déjà étudié la chimie de ces deux acides (p. 180 et 188).

A partir des produits de saponification des cires $C + D$ de bacilles de souche bovine, Cason et Anderson (*90*) ont isolé un acide $C_{18}H_{36}O_2$, F. 0°, optiquement inactif, $n_D^{25} = 1{,}4436$ (tribromanilide: F. 96°), qui est donc un *isomère de l'acide stéarique*, et peut être considéré comme un homologue inférieur de l'acide tuberculostéarique. D'autre part, Edens, Creighton et Anderson (*130*) ont isolé de la graisse de bacilles de souche humaine, résiduaires de fabrication de tuberculine, un acide $C_{19}H_{38}O_2$, $[\alpha]_D - 1{,}2°$, qui serait donc un *isomère de l'acide tuberculostéarique.*

A côté de ces acides optiquement inactifs ou faiblement lévogyres, en C_{18} ou C_{19}, il existe dans les lipides des Mycobactéries *un groupe d'acides fortement lévogyres, correspondant à la formule approximative* $C_{30}H_{60}O_2$:.

Anderson (*11*) a isolé pour la première fois un de ces acides sous forme d'un solide, $C_{30}H_{60}O_2$, F. 48—50°, $[\alpha]_D$ —6,14°, à partir de la fraction acide phtioïque brute des graisses de bacilles de souche humaine H-37. — WIEGHARD et ANDERSON (*349*) ont obtenu un acide, F. 37—38°, [α]D —7,2° à —10,4° pour lequel les résultats analytiques correspondent à $C_{31}H_{62}O_2$, à partir des cires *A* de la même souche. — CASON et ANDERSON (90) ont isolé un acide, F. 33—34°, [α]D —5,3° qui semble être en C_{30} à partir des cires *C* + *D* de bacilles de souche bovine. — GINGER et ANDERSON (*146*) ont isolé des cires *C* + *D* de bacilles de souche humaine résiduaires de fabrication de tuberculine, un acide, $C_{30}H_{60}O_2$, F. 27—28°, [α]D —5,7°, auquel ils ont donné le nom d'*acide mycocérosique* (*p*-bromo-phénacylate: F. 47—48°). La purification de cet acide est très laborieuse et aucune étude de constitution n'a pu être effectuée après des fractionnements répétés. STENHAGEN et KIRSTEN (*204*) ont effectué sur un échantillon de cet acide un dosage de C-méthyle, qui correspond à la présence probable de 4 groupes CH_3 (comme dans l'acide phtioïque).

Une telle diversité d'acides lévogyres à haut poids moléculaire peut être due aux difficultés de purification ou à la présence d'un mélange d'homologues; cependant, «il n'y a aucun doute qu'une fraction d'acides gras lévogyres ayant la composition approchée $C_{30}H_{60}O_2$ est un produit constant de clivage des fractions cireuses du bacille tuberculeux humain» (*146*). Tout récemment, POLGAR (*254a*) a isolé un acide lévogyre ayant des propriétés très semblables à celles de l'acide mycocérosique d'ANDERSON. Par une suite de dégradations analogues à celles que cet auteur a effectué sur l'acide mycolipénique (voir p. 192), POLGAR a montré que son acide lévogyre, qu'il appelle *acide mycocéranique,* possède la formule (CX).

$$CH_3-(CH_2)_x-\underset{\displaystyle CH_3}{\underset{|}{CH}}-CH_2-\underset{\displaystyle CH_3}{\underset{|}{CH}}-CH_2-\underset{\displaystyle CH_3}{\underset{|}{CH}}-COOH \qquad x = 20 \text{ ou } 21$$

(CX.) Acide mycocéranique.

L'acide mycocéranique possède donc une structure du même type que celle de l'acide mycolipénique (ou acide phtiénoïque); mais, POLGAR remarque que tous les centres asymétriques sont de configuration inverse, car, tandis que tous les acides ramifiés obtenus par dégradation de l'acide mycolipénique sont *dextrogyres,* tous les acides obtenus à partir de l'acide micocéranique sont *lévogyres.*

Acides hydroxylés. En dehors des acides mycoliques, acides *β* hydroxylés *α* alcoylés, à haut poids moléculaire (p. 198), aucun acide hydroxylé n'a été isolé des lipides de Mycobactéries. Cependant, ANDERSON et ses collaborateurs (*120*) signalent la présence de composés ayant un indice d'acétyle dans les fractions d'esters méthyliques d'acides gras ramifiés, qui ne distillent pas sous vide, même à température élevée. Récemment, ASSELINEAU (*47a*) a isolé de l'insaponifiable des graisses de la souche humaine *Brévannes* un acide hydroxylé de formule $C_{60}H_{122}O_3 \pm 3\,CH_2$.

j) Comparaison de la composition des lipides de différentes souches de Mycobactéries.

Variation selon le type des bacilles: CHARGAFF et DIERYCK (*106*), travaillant sur des cultures de bacilles âgées de quatre semaines, obtenues sur milieu de Sauton, ont trouvé que l'on pouvait classer les bacilles en trois groupes:

Bacilles de souches de B. C. G., renfermant environ 25% de lipides libres totaux;
bacilles du type bovin, renfermant environ 16% de lipides libres totaux;
bacilles du type humain, renfermant environ 11% de lipides libres totaux.

Cette classification ne peut pas être maintenue. On voit dans le tableau 10 (p. 231) qu'une souche humaine peut être beaucoup plus riche en lipides qu'une souche bovine. D'ailleurs, le tableau 14 (*120*) montre que pour un même type de bacille (type humain), de grandes variations de la teneur en lipides totaux peuvent se produire.

Tableau 14. Teneur en lipides (% du poids sec des bacilles) de diverses souches humaines de *M. tuberculosis* [d'après Anderson et coll. (*120*)].

Souche	H-37	A-10	A-12	A-13	A-14
Graisse soluble dans l'acétone	6,2	4,9	7,1	3,5	6,7
Phosphatide	6,5 (Phosphatide + Cires A)	1,0	1,3	1,2	1,6
Cires *A*		0,7	2,5	4,4	2,7
Cires $B + C + D$	11,0	8,9	5,0	1,6	4,3
Lipides libres totaux	23,7	15,5	16,1	10,8	15,5
Lipides liés	—	17,3	16,1	12,0	13,5
Lipides totaux	—	32,8	32,2	22,8	29,0

Dans l'état actuel de nos connaissances, il ne semble guère possible de maintenir qu'une seule distinction: les souches de bacilles paratuberculeux semblent nettement moins riches en lipides que celles de bacilles tuberculeux de types divers. Mais là encore, il faut se garder d'être affirmatif, car un nombre limité de souches de bacilles paratuberculeux ont été étudiées jusqu'ici.

Chargaff (*101*) mentionne des teneurs en lipides relativement élevées dans le cas du bacille de la tortue (18,3%) et de *M. smegmatis* (13,2%) mais les cultures en ont été faites sur bouillon glycériné, qui, comme le montrent les comparaisons faites sur un bacille aviaire et sur *M. phlei*, conduit à des teneurs en lipides plus fortes que dans le cas de cultures sur milieu synthétique.

Randall, Smith, Colm et Nungester (*262*) ont montré qu'il est possible de caractériser une souche par le spectre d'absorption infra-rouge d'extraits lipidiques.

Variations de la composition des lipides, selon la virulence: Dès 1933, Seibert, Long et Morley (*273*) ont remarqué que les variantes virulentes *S* des souches humaines H-37 et R_1 renferment plus de lipides extractibles par l'éther et le chloroforme, que les variantes *R*; ces auteurs ont retrouvé le même phénomène chez deux souches aviaires. Martin (*226*) a fait une observation analogue dans le cas des deux dissociants Ra et Rv de la souche humaine H-37. Nous avons confirmé ce fait et avons eu occasion de le vérifier dans le cas de plusieurs autres souches humaines de virulence différente (tableau 10, p. 231).

SEIBERT, LONG et MORLEY (*273*) avaient remarqué que les lipides de souches virulentes présentent un indice d'iode plus élevé que ceux de souches non virulentes. ASSELINEAU et LEDERER (*41, 55, 47, 211*) ont observé un parallélisme entre la teneur d'une souche en cires *D* et sa virulence (voir tableau 12, p. 234): plus une souche est virulente, plus elle est riche en cette fraction. En outre, nous n'avons pu isoler d'acide mycolique *libre* à partir de cires *C*, que dans le cas de souches virulentes. Ces deux propriétés semblent susceptibles d'expliquer la coloration particulière des bacilles virulents par le rouge neutre. DUBOS et MIDDLEBROOK (*128*) ont en effet montré que par addition de rouge neutre à une suspension de bacilles tuberculeux dans un tampon de barbiturate, les bacilles virulents ou atténués se colorent en rouge, tandis que les bacilles avirulents se colorent en jaune: cette réaction colorée a été vérifiée par HAUDUROY et POSTERNAK (*170*) sur un grand nombre de souches de bacilles tuberculeux et paratuberculeux, ainsi que par VIALLIER et TIGAUD (*337*). Les lipo-polysaccharides des cires *D* fixent rapidement le rouge neutre, colorant basique, grâce à l'acidité qu'ils présentent; l'acide mycolique se colore plus lentement en rose, tandis que des acides gras normaux, tels que les acides palmitique ou stéarique ne se colorent qu'au bout d'un temps assez long.

Ces différences ne sont que quantitatives. D'après des études récentes, il semble exister également des *différences qualitatives* de composition des lipides de bacilles, soit virulents (ou atténués), soit avirulents. Nous avons déjà exposé (p. 234) l'isolement par BLOCH (*70*) d'un «cord factor», préparation lipidique qui renferme un *facteur toxique* que l'on ne trouve que dans les souches virulentes. D'après les travaux de BLOCH et NOLL (*236*), ce facteur toxique s'apparenterait aux acides mycoliques, mais renfermerait de l'azote dans sa molécule. D'autre part, ASSELINEAU, GENDRE et LEDERER (*52 a*), ont observé que l'on doit distinguer deux types d'acides mycoliques en O_3: ceux des souches peu ou pas virulentes, qui sont très peu adsorbés sur alumine, et ceux des souches virulentes, qui sont très fortement adsorbés sur alumine.

L'existence de différences qualitatives entre bacilles virulents et avirulents est en accord avec les différences observées dans les spectres d'absorption infra-rouge d'extraits bacillaires provenant soit de H-37 Ra, soit de H-37 Rv [RANDALL, SMITH et NUNGESTER (*263*)]. PARAF, DESBORDES et FOURNIER (*242*) avaient antérieurement montré l'existence de différences dans les spectrogrammes de rayons X de bacilles virulents ou non. Par examen au microscope électronique, WERNER (*347*) a constaté que les bacilles virulents présentent toujours une opacité variable aux électrons, alors que les bacilles avirulents ont tous la même opacité.

k) Acido-résistance.

Les Mycobactéries sont difficilement colorables par les méthodes habituelles; mais, chauffées quelques minutes avec une solution de fuchsine phéniquée, elles sont colorées en rouge foncé et résistent à la décoloration par l'alcool-acide. C'est ce phénomène, découvert par EHRLICH, que l'on appelle *acido-résistance*.

Les premiers travaux d'ANDERSON avaient montré que des fractions lipidiques, en particulier l'acide mycolique, isolées de Mycobactéries, peuvent présenter la propriété d'acido-résistance. FETHKE et ANDERSON (*133*), ainsi que ASSELINEAU et LEDERER (*53*), ont établi que *l'acide mycolique est le seul constituant responsable de l'acido-résistance de fractions lipidiques*. Ce résultat a, depuis, été confirmé par PHILPOT et WELLS (*252*). Pour être acido-résistante, la molécule d'acide mycolique doit posséder son *carboxyle libre* (le mycolate de méthyle ou l'alcool mycolique ne sont plus acido-résistants), et son *hydroxyle*, qui peut être estérifié ou non (l'acétate d'acide mycolique est encore acido-résistant, alors que l'acide anhydro-mycolique ne l'est plus). Des acides α-ramifiés β-hydroxylés synthétiques, sont également acido-résistants (*212*), comme aussi l'acide coryno-mycolique (*213*) (p. 194). Il semble que l'hydroxyle en β est indispensable pour assurer l'acido-résistance: il y a probablement formation d'un sel complexe entre l'acide et la fuchsine, colorant basique.

Nous avons déjà insisté à plusieurs reprises sur la distinction très nette qui doit être faite entre l'acido-résistance de fractions lipidiques, et celle de la cellule des Mycobactéries (*41*, *47*, *211*). Dans ce dernier cas, il semble maintenant bien établi qu'il s'agit d'un phénomène de perméabilité cellulaire [SORDELLI et ARENA (*283*); YEGIAN et VANDERLINDE (*359*)]. Il se peut d'ailleurs que ces propriétés de perméabilité particulières soient dûes à l'existence d'un film lipidique autour du bacille, comme sembleraient le montrer la restauration de l'acido-résistance de squelettes bacillaires (rendus non-acido-résistants) par enrobage dans le lipo-polysaccharide «Pmko» [CHOUCROUN (*112*)], la création d'une «acido-résistance artificielle» par enrobage dans des matières grasses diverses [HAUDUROY (*169*)] et la disparition de l'acido-résistance par action d'agents tensio-actifs [PARAF, DESBORDES et FOURNIER (*243*)].

2. *Corynebacterium diphtheriae* (Bacille diphtérique).

CHARGAFF (*100*) a été le premier à entreprendre, en 1931, une étude approfondie des lipides du Bacille diphtérique; il a isolé 4% de graisses solubles dans l'acétone et 0,4% de phosphatide. A côté de ces deux fractions, CHARGAFF a observé la présence d'une fraction lipidique non phosphorée, insoluble dans l'acétone (0,25%), d'une cire soluble dans le chloroforme (0,27%) et de lipides fortement liés (5,1%).

La graisse présente un indice de saponification de 176 et un indice d'acidité de 126, ce qui montre qu'elle consiste essentiellement en *acides gras libres*; elle est dépourvue de glycérol et de stérols. L'analyse détaillée de ces acides a conduit à l'isolement des substances suivantes: acide palmitique (qui est le seul acide normal saturé et qui représente le tiers de tous les acides), acide palmitoléique (hexadécène-9 oïque), et un nouvel acide que CHARGAFF (*105*) a appelé *acide diphtérique*. Ce dernier, F. 35 à 36°, $[\alpha]_D + 2,6°$, forme un sel de potassium soluble dans l'éther, et aurait la formule $C_{35}H_{68}O_2$, avec une double liaison. Il y a en outre un acide de poids moléculaire voisin (514), F. 62—64°, qu'il n'a pu caractériser davantage.

Du phosphatide, CHARGAFF (*105*) a isolé une substance acide, F. 70 à 71° qu'il a appelée *corynine*, et dans laquelle il a montré la présence d'un carboxyle et de deux hydroxyles (p. 198). MACHEBOEUF et CASSAGNE (*220*) ont identifié du palmitate de sodium dans un extrait méthanolique de Bacille diphtérique.

Au cours de ces dernières années, trois groupes de chercheurs ont étudié la chimie des lipides du Bacille diphtérique: en Russie, GUBAREV et ses collaborateurs, au Japon ASANO et TAKAHASHI, et en France, PUDLES dans notre laboratoire.

En 1945, GUBAREV et VAKULENKO (*158*) ont rapporté l'isolement des lipides du Bacille diphtérique, d'un *acide corinnique*, F. 70°, $C_{35}H_{68}O_2$ (ester méthylique, F. 62°) contenant une double liaison, et d'un *alcool corinnique* insaturé, F. 54°, $C_{35}H_{70}O$. Ces auteurs n'ont pas trouvé trace de glycérol, ni de stérols. GUBAREV (*153*) a ensuite décrit un *acide hydroxy-diphtérique*, $C_{30}H_{58}O_3$, F. 50°, $[\alpha]_D + 9,4°$, renfermant une double liaison. Plus tard, il a observé que cet acide est en réalité un mélange de trois acides très voisins (α, β, et γ) (*154*); mais, étant donné qu'aucune analyse élémentaire n'a été effectuée sur ces acides, et qu'aucun dérivé n'a été préparé, on peut douter de l'homogénéité de ces préparations.

La présence de *polysaccharides* dans les lipides du Bacille diphtérique, ressort d'un travail de GUBAREV et LUBENETS (*156*); l'hydrolyse d'un extrait éthéré des lipides fournit 12,6% d'un polysaccharide contenant du *galactose* et de *l'acide mannose-phosphorique*. Une graisse neutre éthérosoluble, F. 18°, obtenue après élimination des acides gras libres, semble être un polyester d'acides gras avec du galactose; une fraction de graisse, F. 115°, insoluble dans l'éther, fournit par saponification des acides gras et du tréhalose [LUBENETS, cité par GUBAREV (*154*)].

Récemment, GUBAREV, GABRILOVICH et SHTULBAUM (*155*) ont étudié l'extraction des lipides liés du bacille diphtérique; ils ont remarqué que l'on ne peut pas faire une distinction nette entre les lipides libres, et les lipides liés. En effet, des extractions chloroformiques répétées jusqu'à trente fois continuent de libérer des lipides. Dans les lipides liés, extraits selon ANDERSON par un mélange d'alcool et d'éther acidifié, ces auteurs ont trouvé 66% d'acides gras de poids moléculaire moyen 472, et des polysaccharides; il n'y avait ni phosphatides, ni stérols.

En 1951, GUBAREV, LUBENETS, KANCHUKH et GALAEV (*157*) ont décrit l'isolement de quatre fractions acides assez mal définies, à partir du lipide insoluble dans l'acétone:

Acide α-corinnique, $C_{35}H_{68}O_2$, F. 64°, indice de neutralisation 106,4, indice d'iode 5,67; acide β-corinnique, $C_{34}H_{66}O_2$, F. 44—45°, indice de neutralisation 109,9, indice d'iode 21,2; acide α-hydroxy-corinnique, $C_{34}H_{68}O_3$, F. 70°, indice de neutralisation 106,4, indice d'acétyle 86,6. acide β-hydroxy-corinnique, F. 59°, indice de neutralisation 106,4, indice d'acétyle 96,7. L'acide « α-hydroxy-corinnique » pourrait être identique à l'acide coryno-mycolique (p. 195); la formule brute attribuée à cet acide est en effet seulement déduite de l'indice de neutralisation.

GUBAREV (*154*) a aussi publié une revue détaillée intitulée « Composition chimique du Bacille diphtérique et propriétés biologiques des acides hydroxy-diphtériques ».

Les travaux japonais, dûs surtout à ASANO et TAKAHASHI, nous sont connus seulement par des extraits des Chemical Abstracts.

Dans la graisse neutre, soluble dans l'acétone, ASANO et TAKAHASHI (*37*) ont observé en 1945 la présence de *dihydroxy-acétone* (identifiée par sa dinitro-2,4 phénylhydrazone), d'un stérol, $C_{27}H_{46}O_2$, F. 137° (qui proviendrait vraisemblablement du milieu de culture) et des acides gras suivants: acides myristique, palmitique, béhénique, lignocérique, myristoléique, palmitoléique, heneicosénoïque, octacosénoïque et diphtérique. Ces auteurs rapportent en outre l'isolement de *lactoflavine* et de *phtiocol* cristallisés.

Dans le *phosphatide* du Bacille diphtérique, ASANO et TAKAHASHI (*38*) ont trouvé l'acide palmitique et la *corynine* estérifiés avec la dihydroxy-acétone; ces auteurs ont commencé l'étude de la constitution chimique de la corynine $C_{50}H_{100}O_4$, qui a été achevée par TAKAHASHI (*310*); nous avons décrit ce travail en détail page 198.

ASANO et TAKAHASHI (*38*) ont aussi isolé une petite quantité d'un pigment jaune, F. 283—285°, $C_{14}H_{10}O_7$, identique à la *citromycétine*.

Dans une fraction de *cires* solubles dans le chloroforme, les mêmes auteurs ont trouvé les acides palmitique et stéarique, estérifiés par un alcool en C_9 ou C_{10}, par de l'octadécanol, F. 56°, et par du docosanol, F. 82°.

Au cours de leurs travaux, ASANO et TAKAHASHI ont donc trouvé la dihydroxy-acétone comme seul constituant hydrosoluble des graisses et phosphatides du Bacille diphtérique. GUBAREV et ses collaborateurs mentionnent seulement la présence de dérivés osidiques, principalement tréhalose et galactose. Cette apparente contradiction doit être explicable par la différence des souches sur lesquelles ont porté les travaux de ces deux groupes d'auteurs, ou par la différence des conditions de culture des bacilles.

Les travaux de PUDLES (*213, 214, 259 b*) ont porté sur la structure chimique des acides gras ramifiés du Bacille diphtérique. L'épuisement par l'acétone de la souche Parke-Williams 8, cultivée sur milieu de Loiseau-Philippe, fournit environ 8% de lipides éthérosolubles, séparables en fraction neutre (30% des lipides) et fraction acide (70%). Les acides libres fournissent 32% d'acides solides (essentiellement constitués par les acides palmitique et coryno-mycolique) et 68% d'acides liquides (acides palmitoléique et coryno-mycolénique).

Nous avons déjà traité en détail la structure chimique de *l'acide coryno-mycolique*, $C_{32}H_{64}O_3$, et de *l'acide coryno-mycolénique*, $C_{32}H_{62}O_3$, isolés par PUDLES et LEDERER (*259 b*) des graisses du Bacille diphtérique (p. 215).

L'insaponifiable des lipides éthérosolubles contient de la palmitone et une palmiténone (*259 b*) (voir p. 195).

3. *Lactobacillus acidophilus* et *L. arabinosus*.

Lactobacillus acidophilus.

La composition des lipides de *L. acidophilus*, cultivé sur milieu semi-synthétique, a fait l'objet en 1932 d'une étude de CROWDER et ANDERSON (*116—118*). Ces auteurs ont isolé environ 7% de lipides éthérosolubles, fractionnables en trois groupes:

acides gras libres (28% des lipides extraits);
graisse neutre (35,2%);
phosphatide (32%).

a) Acides gras libres. CROWDER et ANDERSON (*116*) ont isolé, grâce à sa faible solubilité dans l'éther, un acide, F. 106—107°, $[\alpha]_D + 2,9°$, qui a été identifié à un acide dihydroxy-stéarique; par réduction par l'acide iodhydrique, il est en effet transformé en acide stéarique. Aucun renseignement n'est fourni sur la position des groupes hydroxyles de cet acide, qui constitue environ 3,4% des lipides de *L. acidophilus*. Son point de fusion diffère de celui des acides α-dihydroxy-stéariques connus.

b) Graisse neutre. Par saponification, cette graisse libère, d'après CROWDER et ANDERSON (*117*):

6,7% d'insaponifiable, dont une partie est constituée par du cholestérol; 12,5% de glycérol brut; 81,5% d'acides gras.

Les stérols proviennent vraisemblablement du lait écrémé qui entre dans la composition du milieu de culture [ANDERSON (*13*)]; les glycérides peuvent avoir, en partie, une origine semblable.

Les acides gras ont été séparés, par différence de solubilité de leurs sels de plomb, en acides normaux saturés (57,8% des acides totaux) qui renferment un mélange d'acides laurique, myristique, palmitique et stéarique, et en acides insaturés (36,9)%, qui, par hydrogénation, donnent de l'acide stéarique. Crowder et Anderson ont remarqué la présence d'une petite quantité *d'acides liquides saturés*, c'est-à-dire d'acides ramifiés.

c) Phosphatide: Le phosphatide de *L. acidophilus*, malgré la présence de *choline*, diffère des phospholipides d'organismes supérieurs, par la présence, dans ses produits de saponification, d'environ 20% d'un *polysaccharide* constitué essentiellement de galactose, glucose et fructose (*118*).

55% d'acides gras sont libérés par saponification, constitués principalement par les acides palmitique et stéarique (avec peut être un peu d'acide en C_{24}), et par des acides insaturés en C_{16} et C_{18}.

Lactobacillus arabinosus.

Hofmann, Lucas et Sax (*178*) ont isolé en 1952, d'une souche de *L. arabinosus* cultivée sur milieu semi-synthétique, 2,5% de lipides, dont 80% sont présents sous forme liée. Ces lipides ont été saponifiés, et les acides gras obtenus ont été soumis à une distillation fractionnée. Hofmann, Lucas et Sax (*178*) ont ainsi isolé:

les acides palmitique et stéarique;

un isomère de l'acide oléique, l'*acide cis-vaccénique* (acide *cis*-octadécène-11,12 oïque), F. 13,2—14,0° (amide, F. 77,6—78,8° et *p*-phénylphénacylate, F. 64,5—66°). La constitution chimique de cet acide a été établie par l'hydrogénation en acide stéarique et la préparation de l'époxyde (F. 46—47°) et de l'acide dihydroxy-11,12 stéarique (F. 91,8—93,8°);

l'acide lactobacillique, $C_{19}H_{36}O_2$, F. 28—29°. La constitution de cet acide à cycle propanique, déjà isolé par Hofmann et Lucas en 1950 (*177*), a été étudiée en détail page 185. L'acide lactobacillique constitue environ 30% des acides gras de *L. arabinosus.*

Hofmann et Sax (*179*) ont observé la présence d'acide lactobacillique dans les lipides de *Lactobacillus casei*. Rappelons que Crowder et Anderson (*117*) avaient remarqué l'existence d'acides liquides saturés dans les lipides de *L. acidophilus.*

4. *Phytomonas tumefaciens.*

Phytomonas tumefaciens est la bactérie responsable de la formation de la galle en «couronne» («crown gall») chez certains végétaux. L'étude de ses lipides a été stimulée par l'isolement en 1935, par Boivin et ses collaborateurs (*78*) d'un complexe antigénique, glucido-lipidique, renfermant 18% d'acides gras, capable de provoquer la formation de tumeurs chez les végétaux.

CHARGAFF et LEVINE (*109, 110*) ont entrepris, en 1936, l'étude détaillée des lipides d'une souche de *P. tumefaciens* cultivée sur bouillon. Ils ont montré la présence d'environ 8% de lipides, fractionnables en: graisse soluble dans l'acétone (5,5%), phosphatide (1,6 à 2%) et cires solubles dans le chloroforme (0,8%). De la graisse, CHARGAFF a isolé des stérols, qui proviennent vraisemblablement du mileu de culture. Le phosphatide, fondant vers 123°, renferme 3,2% de phosphore et 2,3% d'azote.

GEIGER et ANDERSON (*141*), travaillant sur des quantités beaucoup plus importantes de bacilles, cultivés sur milieu synthétique, ont observé que, suivant la composition du milieu, la teneur en lipides varie de 2% (par rapport au poids sec des bacilles) (milieu au glycérol) à 6% (milieu au glucose).

La *graisse* soluble dans l'acétone (qui constitue environ 40% des lipides extraits) renferme 70% *d'acides gras libres.* Les acides gras de la graisse brute sont constitués par de l'acide palmitique, une quantité importante d'acides insaturés, principalement en C_{18}, et des *acides liquides saturés,* notamment un acide en $C_{20}H_{40}O_2$. VELICK et ANDERSON (*334*) ont isolé un insaponifiable, $C_{12}H_{10}O$, F. 28°, qui a été identifié au *diphényl-éther,* mais, cette substance n'a pu être retrouvée dans les lipides de bacilles cultivés dans des conditions légèrement différentes. *L'hydrosoluble,* exempt de polysaccharide, semble constitué de glycérol.

Le *phosphatide,* étudié par GEIGER et ANDERSON (*141*), consiste en un mélange de *céphalines* et *lécithines,* puisqu'il fournit par saponification, des acides gras, de l'acide glycérophosphorique, de la *choline* (caractérisée par son chloroplatinate) et de la *colamine* (caractérisée par son picrolonate). VELICK (*332*) a en outre montré la présence d'un *acide aminé,* qu'il n'a pas identifié.

GEIGER et ANDERSON (*141*) ont isolé environ 1% de *lipides fortement liés,* huile brun foncé, dont la constitution n'a pas été étudiée.

Les acides gras de *P. tumefaciens* (principalement ceux de la fraction phosphatidique) renferment une proportion notable *d'acides ramifiés,* dont le plus important est *l'acide phytomonique,* $C_{20}H_{40}O_2$, F. 24°, dont l'étude, effectuée par VELICK (*332, 333*) a été décrite page 186.

5. Bacilles du genre *Bacillus.*

Le genre *Bacillus* englobe un certain nombre d'espèces d'Eubactériales, dont les plus étudiées au point de vue chimique, sont: *B. megatherium, B. mycoïdes, B. cereus, B. albolactis* et *B. anthracis.*

Dès 1925, LEMOIGNE a montré que *B. megatherium* synthétise de *l'acide* (—) *β-hydroxy-butyrique,* et un produit de déshydratation et de polymérisation de ce dernier, $(C_4H_6O_2)_n$, qu'il a appelé «*lipide β-hydroxy-*

butyrique»; suivant sa préparation, ce lipide présente un point de fusion allant de 115 à 157° (*216*). Dans certaines conditions, *B. megatherium* produit jusqu'à 50% de ce lipide (*214a*).

Le lipide β-hydroxy-butyrique constitue une poudre blanche, soluble dans le chloroforme et le benzène, insoluble dans l'eau, l'alcool et l'éther; il est saponifiable en un mélange *d'acide crotonique* (F. 72°) et *d'acide* (—) *β-hydroxy-butyrique*, la proportion de ce dernier atteignant les deux tiers du mélange. La pyrolyse fournit de l'acide crotonique. Lemoigne, Milhaud et Croson (*216*) ont envisagé pour ce lipide une structure du type *étholide* (CXI).

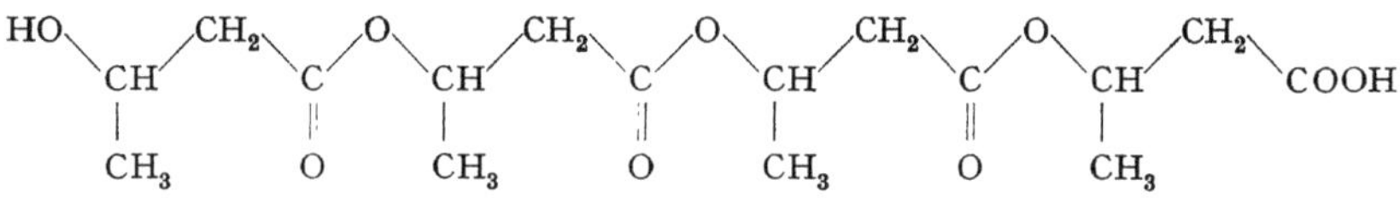

(CXI.)

Képès et Péaud-Lenoël (*202, 203*) ont montré qu'il est possible d'isoler le lipide β-hydroxy-butyrique par extraction des bactéries broyées, par un mélange de chloroforme et de dioxane; on obtient ainsi des préparations qui présentent un point de fusion plus haut (179°) et un degré de polymérisation plus élevé, que celles obtenues par l'ancienne technique (*216*) qui impliquait au préalable, une hydrolyse acide des cellules bactériennes.

Ce travail (*202,203*) confirme la structure (CXI) attribuée au lipide β-hydroxy-butyrique. Les auteurs ont démontré, par titrage potentiométrique dans le dioxane aqueux, la présence d'un groupe *carboxyle libre* pour un poids moléculaire d'environ 10000 (soit 110 résidus $C_4H_6O_2$), dans le cas des échantillons les plus polymérisés (F. 179°). La présence d'un *hydroxyle terminal* a été prouvée par la formation *d'acide acétylacétique* (dinitrophényl-hydrazone: F. 123°) par oxydation chromique, suivie de saponification. L'étude physico-chimique de ce lipide (*203*) montre que la chaîne d'étholide doit être enroulée ou ramifiée. Péaud-Lenoël (*246*) utilise le lipide β-hydroxy-butyrique comme matière première commode pour la préparation de l'acide (—) β-hydroxy-butyrique.

Lemoigne, Milhaud et Croson (*216*) ont recherché la présence, à côté du lipide β-hydroxy-butyrique, de *lipides éthérosolubles*. Par épuisement des bacilles à l'éther, ces auteurs n'ont isolé, à côté de fractions faiblement polymérisées de lipide β-hydroxy-butyrique, que 0,16% d'un lipide exempt de glycérol et de stérols, saponifiable en libérant 40% d'acides gras. Ainsi, *la presque totalité des lipides de B. megatherium consiste en lipide β-hydroxy-butyrique*. Lemoigne et ses collaborateurs (*216*) en concluent que les lipides hydroxy-butyriques paraissent comparables, au point de vue physiologique, aux acides gras supérieurs; à la place de la formation de longues chaînes carbonées, ces bacilles produisent des chaînes provenant de la polymérisation d'unités $C_4H_6O_2$.

La teneur en lipide β-hydroxy-butyrique diminue avec l'âge des bacilles (*216*) et devient pratiquement nulle dans le cas de carence en azote ou en glucose (*319*).

Lemoigne, Delaporte et Croson (*215*) ont également isolé le lipide β-hydroxy-butyrique de *B. cereus*, *B. mycoides* et *B. anthracis*.

Verna (*336*) a étudié en 1935 les lipides de *B. albolactis*, cultivé sur mileu synthétique renfermant du glucose (24% de lipides) ou du lactose (14,6%). La teneur en phosphatide est extrêmement faible: 0,23% avec milieu au glucose, et 0,06% avec milieu au lactose. Verna a observé que la majeure partie des constituants lipidiques consiste en acides gras volatils, solubles dans l'eau.

6. *Brucella.*

La Chimie de ces bacilles a fait l'objet, en 1950, d'une revue de Pennell (*248*).

Dès 1934, Huston, Huddleston et Hershey (*181*) ont étudié comparativement trois espèces de *Brucella*: *Br. abortus*, *Br. suis* et *Br. melitensis*: ils ont isolé les fractions lipidiques par la technique d'extraction d'Anderson (schéma, p. 227). Les trois espèces renferment 5 à 6% de lipides libres totaux, mais une différence importante existe entre *Br. abortus* et *Br. melitensis*, en ce qui concerne la proportion graisse-phosphatide. La fraction extraite par le chloroforme ne présente qu'un très faible pourcentage (voir tableau 15). Des pourcentages semblables ont été obtenus par Stahl, Pennell et Huddleston (*291*) sur *Br. abortus*.

Tableau 15. Teneur en lipides de trois espèces de Bacilles du genre *Brucella* (% du poids sec des bacilles).

Espèce	*Br. abortus*			*Br. suis*		*Br. melitensis*	
Souche		266	141	1538	1585	606	655
Référence	(*291*)	(*181*)	(*181*)	(*181*)		(*181*)	
Extrait alcoolo-éthéré	5,52	5,90	5,70	5,60	5,60	5,30	5,80
Graisses	1,51	0,90	1,00	2,40	2,80	4,80	5,60
Phosphatides	4,01	4,80	4,60	2,70	2,10	0,40	0,20
Extrait chloroformique	0,26	0,40	0,30	0,20	0,40	0,10	0,10
Lipides libres totaux	5,78	6,30	6,00	5,80	6,00	5,40	5,90
Lipides liés	0,33	—	—	—	—	—	—

L'étude chimique des fractions ainsi obtenues, a été commencée par Stahl (*290*): La *graisse* renferme des glycérides; elle ne fournit par saponification que des acides gras et du glycérol. Le *phosphatide*, hydrolysé par l'acide sulfurique dilué, libère des acides gras, de l'acide glycérophosphorique, et de la *colamine*; la choline semble aussi être présente. *L'extrait chloroformique* est constitué par un composé cristallin non identifié, qui renferme du *soufre.*

L'isolement et la constitution d'*antigènes endocellulaires* a fait l'objet de nombreux travaux:

Pennell et Huddleston (*249*) ont montré en 1937 que ces antigènes renferment des lipides présents sous forme d'une huile jaune, soluble dans l'acétone (6 à 9% de l'antigène) et des acides gras (5 à 9%).

Miles et Pirie (*229*) ont isolé de *Br. melitensis* un antigène qui est un complexe de phospholipides, d'une substance protéique et d'un dérivé formylé d'une polyhydroxyamine. Traité par un mélange d'alcool et d'éther renfermant 0,5% d'acide chlorhydrique, il se sépare un *phospholipide I*, correspondant à environ 20% du poids sec de l'antigène. Le composé restant, qui est toujours antigénique, fournit par hydrolyse par un acide dilué, un *phospholipide II*, qui correspond à 25—26% du poids sec de l'antigène. *Le phospholipide I* est constitué par le mélange d'une graisse acétono-soluble, dépourvue de phosphore, et d'au moins deux lipides azotés et phosphorés. *Le phospholipide II* renferme une teneur en phosphore qui correspond à la moitié environ du phosphore de l'antigène initial.

Damboviceanu et ses collaborateurs (*123*) ont isolé par la technique de Boivin (*79*) des préparations antigéniques, à partir de *Br. abortus*, *Br. suis* et *Br. melitensis*, qui renferment de 8 à 20% d'acides gras.

7. ***Escherichia.***

En dehors d'une briève étude de Eckstein et Soule (*129*) en 1931, toutes nos connaissances des lipides des bacilles du genre *Escherichia* sont dûes au travail de Williams, Bloor et Sandholzer (*351*) en 1939. Ces auteurs (*351*) ont examinés 4 souches de *E. coli*, 3 souches de *E. communior* et 1 souche de *E. aerobacter*, ainsi d'ailleurs qu'une souche de *Shigella paradysenteriae* (Bacille de Flexner). Cultivés sur milieu semi-synthétique, les bacilles obtenus ont été lyophilisés, moulus au mortier et extraits au Kumagawa par l'éther et un mélange alcool-éther (2 : 1). Les lipides obtenus, dont la teneur varie de 4,6 à 7,9% du poids sec selon les souches, renferment une proportion remarquablement élevée de *phospholipides* (voir tableau 16); les stérols sont absents.

Williams, Bloor et Sandholzer font remarquer qu'il n'y a aucune corrélation entre la composition lipidique, et l'espèce ou le type d'un bacille.

En 1952, Westphal et ses collaborateurs (*348*) mentionnent la présence dans une préparation de polysaccharide à haut pouvoir pyrogène, de 12 à 13% de phospholipides (2,3% P et 1,9% N). Cette préparation constitue

Tableau 16. Composition des lipides de Bacilles du genre *Escherichia* et de *Shigella paradysenteriae* [d'après WILLIAMS, BLOOR et SANDHOLZER (*351*)].

Genre	*E. coli*				*E. communior*			*E. aerobacter*	*Shigella paradysenteriae*
Souche	214	214 PAS	225	229-B	234	239-1	248-1	300-1	657
lipides libres totaux*	7,36	7,91	4,45	5,27	6,88	4,66	6,44	5,44	5,36
acides gras des graisses neutres*	1,57	0,43	0,00	0,00	1,68	0,00	1,14	0,17	0,56
insaponifiable*	1,43	1,82	0,38	0,23	0,72	0,31	0,41	0,40	0,40
phospholipides*	4,36	5,66	4,07	5,04	4,48	4,35	4,89	4,87	4,40
phosphore %	4,40	2,77	3,41	3,41	3,11	4,66	3,51	3,45	3,68
azote %	0,00	1,84	2,89	1,66	2,03	1,28	1,74	2,33	1,40
indice d'iode des acides gras	32	36	67	33	60	47	77	50	86

donc un lipo-polysaccharide azoté et phosphoré, et représente un nouvel exemple de l'importance de ce type de constituant chez les bactéries.

IKAWA, KOEPFLI, MUDD et NIEMANN (*182a*) ont isolé, à partir de *E. coli*, un complexe à activité hémorrhagique, qui provoque la régression d'une tumeur expérimentale de la souris. L'hydrolyse de ce complexe libère, à côté de fractions hydrosolubles, une partie lipidique; cette dernière a été séparée en une fraction soluble dans l'acétone (riche en acides gras, principalement acide palmitique), et une fraction insoluble dans l'acétone, qui représente environ 26% du complexe initial. La fraction insoluble dans l'acetone, F. 175—180°, consiste en un phospholipide, dont l'hydrolyse libère les acides laurique, myristique, palmitique et de *l'acide L-β-hydroxy-myristique*, F. 73—74°, $[\alpha]_D$ — 16°; 12% de glucosamine sont présents dans l'hydrosoluble.

8. *Malleomyces mallei* (Bacille de la morve).

L'étude des lipides de ce bacille, effectuée en 1940 par UMEZU (*327*), ne nous est connue que par le résumé des Chemical Abstracts.

La *graisse* soluble dans l'acétone, représentant de 5,1 à 7,6% du poids sec des bacilles, est constituée principalement par des *acides gras libres*, avec une faible proportion de glycérides, mis en évidence par l'isolement de glycérol des produits de saponification. Le phosphatide est constitué par une substance amorphe, brune, F. 152—155° ($[\alpha]_D$ + 11,13°), renfermant 1,94% d'azote et 4,02% de phosphore. Les cires extraites par le chloroforme (0,54% du poids sec) forment une masse blanche, amorphe, F. 169—172°, $[\alpha]_D$ — 1,22°, fournissant par saponification 62% d'éthérosoluble et 38% d'hydrosoluble.

* % par rapport au poids sec des bacilles.

9. *Neisseria gonorrhoeae.*

Les lipides de ce bacille, qui appartient au genre *Gonococcus*, ont été extraits au Soxhlet par divers solvants organiques, ce qui fournit environ 13% de lipides [STOKINGER, ACKERMAN et CARPENTER (*305*)]. Par divers fractionnements, des *acides gras libres* ont été isolés, ainsi que plusieurs fractions de *phospholipides* dans lesquels la choline a été caractérisée.

10. Bacilles appartenant au genre *Pseudomonas.*

Dans le cas de deux bacilles du genre *Pseudomonas* (*P. pyocyanea* et *P. aeruginosa*), une substance lipidique possédant une composition chimique et des propriétés antibiotiques semblables, a été isolée du *milieu de culture.*

Acide pyolipique. BERGSTRÖM, THEORELL et DAVIDE (*67*) ont isolé du milieu de culture de *P. pyocyanea*, une huile incolore, facilement soluble dans les solvants organiques, et présentant une acidité correspondant à un poids moléculaire de 500. Ce lipide a été appelé *acide pyolipique.* Par hydrolyse acide ou alcaline, l'acide pyolipique libère 75% de fraction éthérosoluble. Cette fraction, après méthylation, fournit 80% d'un ester $C_{11}H_{22}O_3$ distillant à 97°/0,9 mm, $[\alpha]_D$ —18,9°; cet ester est hydroxylé, comme le montre la formation d'un mono-azoate, F. 43 à 44°. L'acide correspondant possède la formule $C_{10}H_{20}O_3$, fond à 46—47° et donne un hydrazide, F. 134—136° et un sel de S-benzyl-thiouronium, F. 131—132°. Par oxydation chromique, il consomme 5 atomes d'oxygène, en donnant l'acide *n*-octanoïque: il s'agit donc de l'acide (—) *β-hydroxy-n-décanoïque.* Dans le produit brut, cet acide est accompagné de petites quantités d'acides β-hydroxy-*n*-octanoïque et -*n*-dodécanoïque.

La fraction hydrosoluble est constituée par du *L-rhamnose. L'acide pyolipique* est donc le *L-rhamnoside de l'acide* (—) *β-hydroxy-n-décanoïque.*

Rhamno-lipide de *P. aeruginosa.* JARVIS et JOHNSON (*188*) ont isolé du milieu de culture de *P. aeruginosa* un lipide cristallisé (F. 86°), soluble dans la plupart des solvants organiques sauf l'éther de pétrole, $[\alpha]_D$ — 84°, de caractère acide (P. M. 663). Ce lipide possède la formule $C_{32}H_{60}O_{14}$; par hydrolyse acide, il libère un sucre qui a été identifié au *L-rhamnose*, et de *l'acide* (—) *β-hydroxy-décanoïque*, F. 47—48°, $[\alpha]_D$ = — 21°. A côté de ce dernier, a pu être isolé un acide de poids moléculaire double, qui fournit par saponification, deux molécules d'acide hydroxydécanoïque. Par suite, JARVIS et JOHNSON (*188*) proposent pour ce rhamno-lipide la formule (CXII).

Cette substance ne peut pas être isolée de bacilles qui ont été cultivés sur un milieu dans lequel la peptone est remplacée par la tryptone, ou le glycérol par du glucose. Une souche de *P. fluorescens* ne semble pas produire un tel lipide.

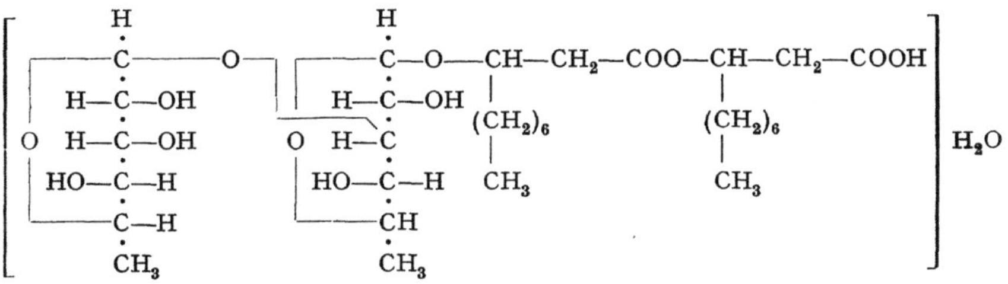

(CXII.)

11. Bacilles appartenant au genre *Salmonella*.

Čmelik (*113*) a entrepris en 1952 l'étude des lipides de *S. typhi* (*B. typhosum*), souche «Vi» de Bhatnagar, cultivée sur milieu complexe. Les lipides, extraits par un mélange d'alcool et d'éther (3 : 1), sont fractionnés en phospholipides (8,56% des lipides totaux) et en lipides neutres (85,43%). Aucun renseignement sur le pourcentage des lipides par rapport au poids sec des bacilles n'est donné.

Les phospholipides renferment 2,39% de phosphore et leur teneur en azote est remarquablement élevée: 4,43%. Les *lipides neutres*, saponifiés, fournissent 6,5% d'insaponifiable, et 82,7% d'acides gras.

L'insaponifiable est séparé, par chromatographie sur alumine, en une série de fractions cireuses ou huileuses; l'éluat à l'éther de pétrole-benzène (1 : 1) est constitué par 1,9 mg. de cristaux en forme d'aiguilles, F. 243—245°; il pourrait s'agir de friedeline provenant du liège des bouchons (voir p. 172). Aucune de ces fractions ne donne les réactions des stérols. Les *acides gras* ont été séparés en 46,9% d'acides à sels de plomb insolubles dans l'alcool (constitués presqu'entièrement par de *l'acide stéarique*) et 51,8% d'acides à sels de plomb solubles (qui pourraient être un mélange d'acide oléique et d'acide hexadécénoïque); cependant, la présence d'acides saturés ramifiés n'est pas exclue. *L'hydrosoluble* renferme du *glycérol*; aucun composé osidique n'a été caractérisé.

Les lipides de *S. typhimurium* (Bacille d'Aertrycke), étudiés par Akasi (*3—5*) en 1938, représentent 4,9% du poids sec des bacilles. Boivin et Mesrobeanu (*80*) avaient déjà isolé en 1934, à partir de *S. typhimurium*, une toxine antigénique dans laquelle ils avaient mis en évidence des acides gras.

12. *Azotobacter chroococcum*.

Sifferd et Anderson (*278*) ont isolé à partir de *Azotobacter chroococcum* (bactérie des nodosités de légumineuses) cultivé sur milieu synthétique, 4,3% de graisses solubles dans l'acétone. Par précipitation de l'insaponifiable de cette graisse par la digitonine, un stérol a été isolé: F. 156 à 158°, $[\alpha]_D = -16°$; ce stérol donne la réaction de Salkowski comme l'ergostérol. C'est le seul cas net où la présence d'un stérol chez une bactérie a été montrée (voir p. 172). D'autre part, d'après Lemoigne et Girard (*215a*), *Azotobacter chroococcum* renferme 15 à 20% de lipide β-hydroxy-butyrique (voir p. 248).

13. Bacilles divers.

AKASI (*6*) mentionne la présence dans *Bacillus subtilis* de 6,1% de lipides, répartis en graisse (2,0%) phosphatide (0,8%) et cires (3,3%); dans le même bacille, LEMOIGNE (*214a*) rapporte la présence, en faible proportion, de lipide β-hydroxy-butyrique (voir p. 248). IDA et OTANI (*182*) ont isolé, à partir de *Haemophilus pertussis*, 24% de lipides, répartis en graisses (21,7%) et phosphatide (2,37%). Dans ces cas, les fractions lipidiques isolées ont été obtenues incidemment, le travail des auteurs ayant porté sur des fractions polysaccharidiques ou protéiques. VENDRELY et TULASNE (*335*) ont observé la présence de 4 à 8% de lipides dans *B. proteus* (souche P. 18); dans une forme naine de ce bacille (forme L), la teneur en lipides est considérablement plus élevée (24% de lipides, avec une teneur en phosphore de 2,16%).

14. Endotoxines.

Les lipides entrent dans la constitution d'endotoxines antigéniques de nombreuses espèces de bactéries, sourtout étudiées dans le cas des bactéries Gram-négatives. Une excellente revue sur ce sujet a été publiée en 1942 par BOIVIN (*77*).

Ces endotoxines, isolées par extraction trichloracétique [BOIVIN, L. et I. MESROBEANU (*79*)], ou par digestion trypsique suivie de précipitations alcooliques fractionnées [RAISTRICK et TOPLEY (*261*)] ou par extraction, par le diéthylène glycol [MORGAN (*230*)] ou par le phénol [MILES et PIRIE (*229*)], renferment, en effet, des lipides dans une proportion variant de 10 à 25% de leur poids (la toxine elle-même représentant de 5 à 15, ou même 20%, du poids sec des bacilles). A partir de l'antigène de Phase II *Shigella sonnei*, par exemple, JESAITIS et GOEBEL (*189*) ont isolé, en 1952, un lipo-polysaccharide renfermant 29,2% de lipides (avec 1,4% d'azote et 1,3% de phosphore); aucune étude chimique de ces lipides n'a été faite; la réaction colorée des stérols est négative.

Dans le cas de l'endotoxine du Bacille de Shiga, MORGAN (*231*) a isolé un phospholipide qui fournit par saponification, de l'acide palmitique, de l'acide oléique et de l'acide glycérophosphorique. TAL et GOEBEL (*317*) ont montré la présence dans l'antigène de *Shigella paradysenteriae* (Bacille de Flexner) d'un phospholipide renfermant 2,7% d'azote et 3,3% de phosphore. A partir de *B. proteus* OX-19, BENDICH et CHARGAFF (*65a*) ont isolé deux complexes antigéniques, qui renferment respectivement 2,8 et 11,1% de lipides (par rapport au poids du complexe).

Ces lipides peuvent être séparés en deux fractions par différence de solubilité dans l'acétone. Les fractions insolubles dans l'acétone sont riches en phosphore (3,75 et 3,91%) et renferment de l'azote (1,78 et 1,80%). Les fractions solubles dans l'acétone consistent essentiellement en acides gras libres, parmi lesquels l'acide palmitique a été caractérisé.

HARTWELL, SHEAR et ADAMS (*168*) ont observé la présence d'environ 16% de phospholipides dans une exotoxine isolée du milieu de culture de *Serratia marcescens (B. prodigiosus)*.

15. Membranes cellulaires.

Salton *(268 a)* a isolé les membranes cellulaires d'un certain nombre d'espèces bacillaires.

Cet auteur a observé que la teneur en lipides des membranes cellulaires est nettement plus élevée dans le cas de bacilles Gram-négatifs [*E. coli* (culture de 9 h) 20,8%; (culture de 16 h) 22,6%; *Salmonella pullorum* 19,0%] que dans le cas de bacilles Gram-positifs (*M. leisodeikticus* 1,2%; *Sarcina lutea* 1,1%; *B. subtilis* 2,6%).

Troisième Partie:

Propriétés biologiques des lipides bacillaires.

L'activité biologique des lipides des *Mycobactéries* a fait l'objet de nombreux travaux. Ayant publié récemment une revue sur ce sujet (*47*), nous ne ferons que rappeler l'activité tuberculogène du phosphatide et des acides gras ramifiés (acides phtiénoïques et mycoliques, en particulier), le pouvoir antigénique des phosphatides, le rôle des cires *C* et *D* dans l'établissement de l'hypersensibilité à la tuberculine (*111, 112, 260*), et la toxicité d'une substance présente dans le «cord factor» (*49, 70, 71, 236*).

Gubarev (*154*) a exposé en 1951 les résultats obtenus par divers auteurs russes, au cours de l'étude des propriétés biologiques des acides hydroxy-diphtériques isolés du *Bacille diphtérique*. Ces acides (mélanges d'acides α, β et γ; voir p. 254) montrent une faible activité antibactérienne vis-à-vis des Mycobactéries; mais, ils possèderaient une activité thérapeutique envers la lèpre, d'après les observations effectuées dans plusieurs léproseries russes. Une étude pharmacologique, rapportée par Gubarev (*154*), a montré l'influence des acides hydroxy-diphtériques sur le système nerveux végétatif. Gubarev relie cette action, qui est la plus forte dans le cas de l'acide γ, à la similitude de composition entre ce dernier, et l'acide nervonique du tissu nerveux.

Chargaff et Levine (*109*) ont observé, à la suite d'injections à divers végétaux du phosphatide de *Phytomonas tumefaciens*, une prolifération cellulaire importante qui rappelle la formation du «crown gall» sous l'action de la bactérie. De même, Motida, Nakagawa et Umezu (*232*) ont observé, après injection à la souris de phosphatides de *Malleomyces mallei*, les mêmes effets pathologiques dans le foie, que ceux produits par l'injection de bacilles vivants.

La prolifération cellulaire consécutive à l'injection de fractions lipidiques plus ou moins complexes d'origine bactérienne, semble être une propriété peu spécifique. Elle est en effet retrouvée aussi bien avec des lipides isolés de Mycobactéries, qu'avec des extraits lipidiques de *streptocoques* [Smithburn et Sabin (*280*)] ou de *bacilles du colon* [Ray et Shipman (*264*)]; or l'activité pathologique de ces derniers bacilles n'entraîne pas naturellement de telles manifestations.

Cependant, les lipides bactériens interviennent d'une manière plus spécifique: nous avons mentionné dans le chapitre précédent, l'isolement de complexes lipo-polysaccharidiques de diverses espèces de bacilles. De telles fractions semblent posséder d'importantes propriétés biologiques, telles que l'*antigénicité*, ou la *toxicité*. Une revue sur ce sujet a été écrite par Boivin (*77*); voir aussi Wilson et Miles (*353a*).

Bibliographie.

1. Aebi, A., J. Asselineau et E. Lederer: Sur les lipides de la souche humaine «Brévannes» de *Mycobacterium tuberculosis*. Bull. Soc. Chim. biol. (Paris) **35**, 661 (1953).
1a. Aebi, A., E. Lederer et E. Vilkas: essais inédits.
2. Ainsworth, G. C., A. M. Brown and G. Brownlee: Aerosporin, an Antibiotic Produced by *Bacillus aerosporus* Greer. Nature (London) **160**, 263 (1947).
3. Akasi, S.: J. Biochem. Japan **28**, 355 (1938).
4. — J. Biochem. Japan **29**, 13 (1939).
5. — J. Biochem. Japan **29**, 21 (1939).
6. — The Chemical Components of *Bacillus subtilis*. The Lecture Coll. Chem. Research Inst. Kyoto Univ. **12**, 195 (1940).
6a. Almquist, H. J.: Vitamin K. Physiol. Rev. **21**, 194 (1941).
7. Almquist, H. J., C. F. Pentler and E. Mecchi: Synthesis of the Antihemorrhagic Vitamin by Bacteria. Proc. Soc. exp. Biol. Med. **38**, 336 (1938).
8. Anderson, R. J.: The Chemistry of the Lipoids of Tubercle Bacilli. III. Concerning Phthioic Acid. Preparation and Properties of Phthioic Acid. J. biol. Chemistry **83**, 169 (1929).
9. — VII. Analysis of the Soft Wax from Tubercle Bacilli. J. biol. Chemistry **85**, 327 (1929).
10. — IX. The Occurrence of Hexacosanoic Acid in the Unsaponifiable Wax. J. biol. Chemistry **85**, 351 (1929).
11. — XXVIII. Studies on Phthioic Acid. Isolation of a Levorotatory Acid from the Phthioic Acid Fraction of the Human Tubercle Bacillus. J. biol. Chemistry **97**, 639 (1932).
12. — The Chemistry of the Lipoids of the Tubercle Bacilli. Physiol. Rev. **12**, 166 (1932).
13. — The Chemistry of the Lipoids of the Tubercle Bacillus and Certain Other Microorganisms. Fortschr. Chem. organ. Naturstoffe **3**, 145 (1939).
14. — The Chemistry of the Lipids of the Tubercle Bacilli. Harvey Lectures **35**, 271 (1939).
15. — Structural Peculiarities of Acid-fast Bacterial Lipids. Chem. Reviews **29**, 225 (1941).
16. — The Chemistry of the Lipids of the Tubercle Bacillus. Yale J. Biol. Med. **15**, 311 (1943).
17. Anderson, R. J. and E. Chargaff: VI. Concerning Tuberculostearic Acid and Phthioic Acid from the Acetone-soluble Fat. J. biol. Chemistry **85**, 77 (1929).
18. — — XVII. Über das Vorkommen einer ungesättigten Hexakosansäure im Fett der Tuberkelbakterien. Z. physiol. Chem. (Hoppe-Seyler) **191**, 166 (1930).
19. Anderson, R. J. and M. M. Creighton: Concerning the Synthesis of Phthiocol. J. biol. Chemistry **130**, 429, (1939).
20. — — LIX. The Composition of the Polysaccharide of the Firmly Bound Lipids of the Leprosy Bacillus. J. biol. Chemistry **131**, 549 (1939).

21. Anderson, R. J. and M. M. Creighton: LVII. The Mycolic Acids of the Avian Tubercle Bacillus Wax. J. biol. Chemistry **129**, 57 (1939).

22. Anderson, R. J., J. A. Crowder, M. S. Newman and F. H. Stodola: XLIII. The Composition of Leprosin. J. biol. Chemistry **113**, 637 (1936).

22a. Anderson, R. J., W. C. Lothrop et M. M. Creighton: LIII. Studies of the Phosphatide of the Human Tubercle Bacillus. J. biol. Chemistry **125**, 299 (1938).

23. Anderson, R. J. and M. S. Newman: XXXIII. Isolation of Trehalose from the Acetone Soluble Fat of the Human Tubercle Bacillus. J. biol. Chemistry **101**, 499 (1933).

24. — — XXXIV. Isolation of a Pigment and of Anisic Acid from the Acetone Soluble Fat of the Human Tubercle Bacillus. J. biol. Chemistry **101**, 773 (1933).

25. — — XXXV. The Constitution of Phthiocol, the Pigment Isolated from the Human Tubercle Bacillus. J. biol. Chemistry **103**, 197 (1933).

26. — — XXXVII. The Synthesis of Phthiocol, the Pigment of the Human Tubercle Bacillus. J. biol. Chemistry **103**, 405 (1933).

27. Anderson, R. J., R. L. Peck and M. M. Creighton: LX. Concerning the Firmly Bound Lipids of the Avian Tubercle Bacillus. J. biol. Chemistry **133**, 675 (1940).

28. Anderson, R. J., R. E. Reeves, M. M. Creighton and W. C. Lothrop: LXV. An Investigation of Tuberculous Lung Tissue. Amer. Rev. Tbc. **48**, 65 (1943).

29. Anderson, R. J., R. E. Reeves and J. A. Crowder: LII. The Composition of the Acetone Soluble Fat of Bacillus Leprae. J. biol. Chemistry **121**, 669 (1937).

30. Anderson, R. J., R. E. Reeves and F. H. Stodola: LI. Concerning the Firmly Bound Lipids of the Human Tubercle Bacillus. J. biol. Chemistry **121**, 649 (1937).

31. Anderson, R. J. and E. G. Roberts: XXI. The Polysaccharide Occurring in the Phosphatide from the Human Tubercle Bacilli. J. Amer. chem. Soc. **52**, 5023 (1930).

32. Anderson, R. J., R. Schoenheimer, J. A. Crowder and F. H. Stodola: XL. Über das Vorkommen von Sterinen in Tuberkelbazillen. Z. physiol. Chem. (Hoppe-Seyler) **237**, 40 (1935).

33. Arnaki, M. et Z. Stary: Étude sur la biosynthèse des caroténoïdes chez *Sarcina lutea*. Folia Pharmaceutica (Turquie) **2**, 3 (1952).

33a. — — Untersuchungen über die Biosynthese der Carotinoide. Biochem. Z. **323**, 376 (1952).

34. Asano, M., Y. Kameda and T. Wada: Syntheses of Branched-chain Fatty Acids. I. Synthesis of Trialkylacetic Acid. J. pharmac. Soc. Japan **63**, 538 (1943) [Chem. Abstr. **44**, 7229 (1950)].

35. — — — Syntheses of Branched-chain Fatty Acids Contained in Tubercle Bacilli. II. III. Synthesis of Methyl-hendecyl-dodecyl-acetic Acid and Ethyl-decyl-dodecyl-acetic Acid. J. pharmac. Soc. Japan **64**, 25 (1944) [Chem. Abstr. **45**, 4302 (1951)].

36. — — — Syntheses of Branched-chain Fatty Acids Contained in Tubercle Bacilli. VI. Phthioic Acid. J. pharmac. Soc. Japan **65**, 15 (1945) [Chem. Abstr. **45**, 4302 (1951)].

37. Asano, M. and H. Takahashi: Bacterial Components of *Corynebacterium diphtheriae*. I. Studies of Fats. J. pharmac. Soc. Japan **65**, 17 (1945). [Chem. Abstr. **45**, 3906 (1951)].

38. — — Bacterial Components of *Corynebacterium diphtheriae*. II. Phosphatides and Wax. J. pharmac. Soc. Japan **65**, 81 (1945). [Chem. Abstr. **45**, 4303 (1951)].

39. ASSELINEAU, J.: Sur un complexe lipo-polysaccharidique isolé du Bacille tuberculeux: constitution de la fraction lipidique. C. R. hebd. Séances Acad. Sciences **229**, 791 (1949).
40. — Sur la structure chimique des acides mycoliques isolés de *M. tuberculosis*, var. *hominis*: position de l'hydroxyle. C. R. hebd. Séances Acad. Sciences **230**, 1620 (1950).
41. — Acides mycoliques et cires du Bacille tuberculeux. Thèse Doctorat, Paris. 1950; Paris: Arnette. 1951.
42. — Sur la variation de la teneur en lipides du Bacille tuberculeux, en fonction de l'age de la culture. Ann. Inst. Pasteur **81**, 306 (1951).
43. — Étude de l'acide α-mycolique d'une souche humaine de Bacille tuberculeux: préparation des acides dihydroxy-mycolanoïque, hydroxy-mycolénoïques et mycol-diénoïque. Bull. Soc. chim. France **1952**, 557.
44. — Les lipides bacillaires. La Parfumerie moderne **44**, 35 (1952).
45. — Isolement de nouveaux acides mycoliques des souches humaines *Test*, R_1 et L-25 de *M. tuberculosis*; présence d'un acide mycolonique dans une souche humaine. Biochim. Biophys. Acta **10**, 453 (1953).
46. — Étude de la structure chimique d'un acide mycolique isolé de la souche humaine R_1 de *M. tuberculosis*. Bull. Soc. chim. France **1953**, 427.
47. — Lipides du Bacille tuberculeux: composition chimique et activité biologique, Progrès Explor. Tuberc. **5**, 1, Bâle et New-York: Karger. 1952.
47a. — Sur quelques substances à 60 atomes de carbone isolées des lipides de souches humaines de *Mycobacterium tuberculosis*. Comm. VIème Congrès Intern. Microbiol., Rome (1953).
48. — Résultats inédits.
49. ASSELINEAU, J., H. BLOCH and E. LEDERER: A Toxic Lipid Component of the Tubercle Bacillus ("Cord Factor"). III. Occurrence and Distribution in Various Bacterial Extracts. Amer. Rev. Tbc. **67**, 853 (1953).
50. ASSELINEAU, J., N. CHOUCROUN et E. LEDERER: Sur la constitution chimique d'un lipo-polysaccharide antigénique isolé de *M. tuberculosis*, var. *hominis*. Biochim. Biophys. Acta **5**, 197 (1950).
51. ASSELINEAU, J., H. DEMARTEAU et E. LEDERER: Sur les acides mycoliques isolés de deux souches de *M. tuberculosis*, var. *hominis*: H-37 Ra et H-37 Rv. C. R. hebd. Séances Acad. Sciences **230**, 877 (1950).
52. ASSELINEAU, J., E. GANZ et E. LEDERER: Sur la structure chimique des acides α- et β-mycoliques d'une souche humaine virulente de *M. tuberculosis*. C. R. hebd. Séances Acad. Sciences **232**, 2050 (1951).
52a. ASSELINEAU, J., T. GENDRE et E. LEDERER: essais inédits.
53. ASSELINEAU, J. et E. LEDERER: Cires du Bacille tuberculeux, acide mycolique et acido-résistance. Bull. Soc. chim. biol. (Paris) **31**, 492 (1949).
54. — — Isolement de deux acides mycoliques isomères des cires de *M. tuberculosis*, var. *hominis*. C. R. hebd. Séances Acad. Sciences **228**, 1892 (1949).
55. — — Sur des différences chimiques entre des souches virulentes et non virulentes de *M. tuberculosis*. C. R. hebd. Séances Acad. Sciences **230**, 142 (1950).
56. — — Structure of the Mycolic Acids of Mycobacteria. Nature (London) **166**, 782 (1950).
57. — — Sur la constitution chimique des acides mycoliques de deux souches humaines virulentes de *M. tuberculosis*. Biochim. Biophys. Acta **7**, 126 (1951).
58. — — Progrès récents dans la chimie des lipides du Bacille tuberculeux. Experientia **7**, 281 (1951).
59. — — Sur la structure chimique de l'acide α-mycolique de la souche humaine *Test* de *M. tuberculosis*. Bull. Soc. chim. France **1953**, 335.

60. BARBIER, M. et E. LEDERER: Sur un acide aminé du phosphatide de *Mycobacterium phlei*. Biochim. Biophys. Acta **8**, 590 (1950).
61. — — Sur l'isolement et la constitution chimique de deux acides phleimycoliques de *M. phlei*. Biochim. Biophys. Acta **9**, 330 (1952).
61 a. — — Sur les acides mycoliques de *Mycobacterium smegmatis*. Comm. VIème Congrès Intern. Microbiol., Rome (1953).
62. — — Résultats inédits.
63. BAUMANN, C. A., M. A. INGRAHAM, H. STEENBOCK and E. B. FRED: Fat Soluble Vitamins. XXXVIII. Microörganisms and the Synthesis of Carotene and Vitamin A. J. biol. Chemistry **103**, 339 (1933).
63 a. BAUMGÄRTEL, T. und D. ZAHN: Biosynthese von Vitamin K_2. Klin. Wochschr. **31**, 92 (1953).
64. BEHRING, H. v.: Enthalten Bakterien Sterine? Z. physiol. Chem. (Hoppe-Seyler) **192**, 112 (1930).
65. BELL, P. H., J. F. BONE, J. P. ENGLISH, C. E. FELLOWS, K. S. HOWARD, M. M. ROGERS, R. G. SHEPHERD and R. WINTERBOTTOM: Chemical Studies on Polymyxin: Comparison with "Aerosporin". Ann. N. Y. Acad. Sci. **51**, 897 (1948).
65 a. BENDICH, A. et E. CHARGAFF: The Isolation and Characterisation of two Antigenic Fractions of Proteus OX-19. J. biol. Chemistry **166**, 283 (1946).
66. BERGMANN, W. and A. N. SWIFT: Contributions to the Study of Marine Products. XXX. Component Acids of Lipids of Sponges. I. J. org. Chemistry **16**, 1206 (1951).
67. BERGSTRÖM, S., H. THEORELL and H. DAVIDE: Pyolipic Acid, a Metabolic Product of *Pseudomonas pyocyanea*, Active Against *M. tuberculosis*. Arch. Biochemistry **10**, 165 (1946).
68. BINKLEY, S. B., R. W. MCKEE, S. A. THAYER and E. A. DOISY: The Constitution of Vitamin K_2. J. biol. Chemistry **133**, 721 (1940).
69. BLOCH, H.: Enzymatic Characteristics of Suspensions of Different Mycobacteria. Amer. Rev. Tbc. **61**, 270 (1950).
70. — Studies on the Virulence of Tubercle Bacilli. Isolation and Biological Properties of a Constituent of Virulent Organisms. J. exp. Med. **91**, 197 (1950).
71. BLOCH, H., E. SORKIN and H. ERLENMEYER: A Toxic Lipid Component of the Tubercle Bacillus ("Cord Factor"). I. Isolation from Petroleum Ether Extracts of Bacterial Cultures. Amer. Rev. Tbc. **67**, 629 (1953).
72. BLOCH, K.: Über eine Phosphatidsäure aus humanen Tuberkelbazillen. Z. physiol. Chem. (Hoppe-Seyler) **244**, 1 (1936).
73. — Über phosphorhaltige Lipoide aus humanen Tuberkelbazillen. Biochem. Z. **285**, 372 (1936).
74. — The Metabolism of Acetic Acid in Animal Tissues. Physiol. Reviews **27**, 574 (1947).
75. — Interrelationships of Lipid and Carbohydrate Metabolism. Ann. Rev. Biochemistry **21**, 273 (1952).
76. BÖHM, P.: Über das Vorkommen von Acetalphosphatiden in Bakterien. I. Tuberkelbakterien A. Z. physiol. Chem. (Hoppe-Seyler) **291**, 155 (1952).
77. BOIVIN, A.: Les toxines bactériennes; leur nature chimique, leur origine, leur signification biologique. Exposés annu. biochimie méd. **3**, 113. Paris: Masson. 1942.
78. BOIVIN, A., M. MARBE, L. MESROBEANU et P. JUSTER: Sur l'existence, dans le Bacille tumefaciens, d'une endotoxine capable de provoquer la formation de tumeurs chez les végétaux. C. R. hebd. Séances Acad. Sciences **201**, 984 (1935).

79. BOIVIN, A., I. MESROBEANU et L. MESROBEANU: Extraction d'un complexe toxique et antigénique à partir du bacille d'Aertryke. C. R. Séances Soc. Biol. 114, 307 (1933).
80. BOIVIN, A. et L. MESROBEANU: Sur les propriétés chimiques d'une substance toxique et immunisante isolée du Bacille d'Aertrycke. C. R. hebd. Séances Acad. Sciences 198, 2211 (1934).
81. BORSTEIN, B. T. and H. A. BARKER: The Energy Metabolism of *Clostridium Kluyveri* and the Synthesis of Fatty Acids. J. biol. Chemistry 172, 659 (1948).
82. BROWNLEE, G. and T. S. G. JONES: The Polymyxins: a Related Series of Antibiotics Derived from *B. polymyxa*. Biochemical. J. 43, XXV, (1948).
83. BUTENANDT, A. und F. H. STODOLA: Zur Kenntnis von α- und β-Leprosol. Liebigs Ann. Chem. 539, 40 (1939).
84. BUU-HOÏ, NG-PH. und P. CAGNIANT: Zur Kenntnis der biologischen Bedeutung der höheren verzweigten Fettsäuren. Z. physiol. Chem. (Hoppe-Seyler) 279, 76 (1943).
85. — — Über die Konstitution der Phthionsäure. Ber. dtsch. chem. Ges. 76, 689 (1943).
86. CALMETTE, A.: L'infection bacillaire et la tuberculose. Éd. revue par A. BOQUET et L. NEGRE. Paris: Masson. 1936.
87. CANETTI, G.: Le bacille de Koch dans la lésion tuberculeuse. Paris: Flammarion. 1946.
88. CASON, J., N. L. ALLINGER and D. E. WILLIAMS: Synthesis of α,β Unsaturated Fatty Acids Related to Phthienoic Acid from Tubercle Bacillus. Amer. Chem. Soc; 121st Meeting, 20 K (1952).
89. CASON, J. and R. J. ANDERSON: L. The Occurrence of Phthiocerol in the Wax of the Bovine Tubercle Bacillus. J. biol. Chemistry 119, 549 (1937).
90. — — LVI. The Wax of the Bovine Tubercle Bacillus. J. biol. Chem. 126, 527 (1938).
91. CASON, J., N. K. FREEMAN and G. SUMRELL: The Principal Structural Features of C_{27}-Phthienoic Acid. J. biol. Chemistry 192, 415 (1951).
92. CASON, J. and F. S. PROUT: Concerning the Structure of Phthioic Acid. J. Amer. chem. Soc. 70, 879 (1948).
93. CASON, J. and G. SUMRELL: Structural Features of an Acid of the Phthioic Type. J. Amer. chem. Soc. 72, 4837 (1950).
94. — — Investigation of a Fraction of Acids of the Phthioic Type from the Tubercle Bacillus. J. biol. Chemistry 192, 405 (1951).
95. CASSAGNE, H.: Recherches biochimiques sur le Bacille diphtérique. Étude de l'extraction par l'acétone de bacilles d'âges différents. C. R. Séances Soc. Biol. 131, 693 (1939).
96. CATCH, J. R., T. S. G. JONES and S. WILKINSON: The Chemistry of Polymyxin A (Aerosporin). Isolation of the Amino-acids *D*-Leucine, *L*-Threonine, *L*-α,γ-Diamino-butyric Acid and an Unknown Fatty Acid. Biochemical J. 43, XXVII (1948).
97. — — — The Chemistry of Polymyxin A. Ann. N. Y. Acad. Sci. 51, 917 (1948).
98. CAVANNA, R. et S. STÄLLBERG-STENHAGEN: Ricerche su composti alifatici superiori otticamente attivi in rapporto con la struttura dell'acido fitomonico. Atti Accad. Naz. Lincei 347, 33 (1950).
99. CHANLEY, J. D. and N. POLGAR: Dextrorotatory Acids of Tubercle Bacilli Lipids. Nature (London) 166, 693 (1950).
100. CHARGAFF, E.: Zur Chemie der Bakterien. I. Über die Lipoide der Diphtheriebakterien. Z. physiol. Chem. (Hoppe-Seyler) 201, 191 (1931).

101. Chargaff, E.: Über die Lipoidverteilung in säurefesten Bakterien. Z. physiol. Chem. (Hoppe-Seyler) **201**, 198 (1931).
102. — Über höhere Fettsäuren mit verzweigter Kohlenstoffkette. Ber. dtsch. chem. Ges. **65**, 745 (1932).
103. — Sur les caroténoïdes des bactéries. C. R. hebd. Séances Acad. Sciences **197**, 946 (1933).
104. — Über die Lipoide des Bacillus Calmette-Guérin (B. C. G.). Z. physiol. Chem. (Hoppe-Seyler) **217**, 115 (1933).
105. — Über das Fett und das Phosphatid der Diphtheriebakterien. Z. physiol. Chem. (Hoppe-Seyler) **218**, 223 (1933).
106. Chargaff, E. und J. Dieryck: Über den Lipoidgehalt verschiedener Typen von Tuberkelbazillen. Biochem. Z. **255**, 319 (1932).
107. — — Die Pigmente der *Sarcina lutea*. Naturwiss. **20**, 872 (1932).
108. Chargaff, E. et E. Lederer: Sur les pigments caroténoïdes de deux bactéries acido-résistantes. Ann. Inst. Pasteur **54**, 383 (1935).
109. Chargaff, E. and M. Levine: Chemical Composition of *Bacterium tumefaciens.* Proc. Soc. exp. Biol. Med. **34**, 675 (1936).
110. — — The Lipids of *Bacterium tumefaciens.* J. biol. Chemistry **124**, 195 (1938).
111. Choucroun, N.: Tubercle Bacillus Antigens: Biological Properties of two Substances Isolated from Paraffin Oil Extract of Dead Tubercle Bacilli. Amer. Rev. Tbc. **56**, 203 (1947).
112. — Rôle joué par le lipo-polysaccharide du Bacille tuberculeux dans l'hypersensibilité à la tuberculine et dans l'acido-résistance du bacille. C. R. hebd. Séances Acad. Sciences **226**, 1477 (1948).
113. Čmelik, S.: Über Bakterienlipoide. I. Die Lipoide von *Salmonella typhi (B. typhosum)*. Z. physiol. Chem. (Hoppe-Seyler) **290**, 146 (1952).
114. Courtois, J.: Les esters phosphoriques de l'inositol. Bull. Soc. chim. biol. (Paris) **33**, 1075 (1951).
115. Crombie, L. and S. H. Harper: Synthesis and Configuration of (+) 6-Methyloctanoic Acid, a Degradation Product of the Polymyxins. J. chem. Soc. (London) **1950**, 2685.
116. Crowder, J. A. and R. J. Anderson: A Contribution to the Chemistry of *Lactobacillus acidophilus*. I. The Occurrence of Free, Optically Active Dihydroxystearic Acid in the Fat Extracted from *L. acidophilus.* J. biol. Chemistry **97**, 393 (1932).
117. — — II. Composition of the Neutral Fat. J. biol. Chemistry **104**, 399 (1934).
118. — — III. The Composition of the Phosphatide Fraction. J. biol. Chemistry **104**, 487 (1934).
119. Crowder, J. A., F. H. Stodola and R. J. Anderson: XLV. The Isolation of α- and β-Leprosols. J. biol. Chemistry **114**, 431 (1936).
120. Crowder, J. A., F. H. Stodola, M. C. Pangborn and R. J. Anderson: XLIV. Comparative Study of the Lipids of the Human Tubercle Bacillus. J. Amer. chem. Soc. **58**, 636 (1936).
121. Crowe, M. O'L.: The Ultra-violet Absorption Spectrum Curve of Phthiocol, a Pigment of the Human Tubercle Bacillus. J. biol. Chemistry **115**, 479 (1936).
121a. Dagley, S. et A. R. Johnson: The Relation Between Lipid and Polysaccharide Contents of *Bact. coli.* Biochim. Biophys. Acta **11**, 158, (1953).
122. Dam, H., J. Glavind, S. Orla-Jensen und A. D. Orla-Jensen: Bildung von Vitamin K in Colibakterien auf synthetischem Substrat. Naturwiss. **29**, 287 (1941).
123. Dambovíceanu, A., C. Barber, A. Pop et I. Marinov: Antigène complet des *Brucella*; caractères chimiques. C. R. Séances Soc. Biol. **127**, 736 (1938).

124. DEMARTEAU, H.: Sur les acides mycoliques de la souche bovine *Vallée* de *M. tuberculosis*. C. R. hebd. Séances Acad. Sciences **232**, 2494 (1951).
125. DEMARTEAU-GINSBURG, H.: essais inédits.
126. DEMARTEAU, H. et E. LEDERER: Sur un acide mycolonique, nouveau type d'acide mycolique, isolé d'une souche bovine de *M. tuberculosis*. C. R. hebd. Séances Acad. Sciences **235**, 265 (1952).
127. DEMARTEAU-GINSBURG, H. et E. LEDERER: Isolement et structure chimique de deux compagnons du phtiocérol. Comm. VIème Congrès Intern. Microbiol., Rome (1953).
127 a. DEUEL, H. J., Jr.: The Lipids. Their Chemistry and Biochemistry. Vol. I. New York and London: Interscience Publ. 1951.
128. DUBOS, R. J. and G. MIDDLEBROOK: Cytochemical Reaction of Virulent Tubercle Bacilli. Amer. Rev. Tbc. **58**, 698 (1948).
129. ECKSTEIN, H. C. and M. H. SOULE: The Nature of the Proteins and Lipids Synthetized by the Colon Bacillus. J. biol. Chemistry **91**, 395 (1931).
130. EDENS, C. O., M. M. CREIGHTON and R. J. ANDERSON: LXIX. The Composition of the Acetone Soluble Fat of Cell Residues from the Preparation of Tuberculin. J. biol. Chemistry **154**, 587 (1944).
131. EDSON, N. L.: The Intermediary Metabolism of the Mycobacteria. J. Bacteriol. **15**, 147 (1951).
131 a. EISNER, U., E. LEDERER et J. POLONSKY: essais inédits.
132. FETHKE, N.: Substances lipoïdiques du Bacille tuberculeux; leur constitution chimique et ses rapports avec l'infection bacillaire. Paris: Hermann. 1938.
133. FETHKE, N. and R. J. ANDERSON: LXXIV. A Contribution to the Study of Acid-fastness of Acid-fast Bacilli. Amer. Rev. Tbc. **58**, 291 (1948).
134. FIESER, L. F., W. P. CAMPBELL and E. M. FRY: Synthesis of Quinones Related to Vitamins K_1 and K_2. J. Amer. chem. Soc. **61**, 2206 (1939).
135. FRANCIS, J., J. MADINAVEITIA, M. M. MACTURK and G. A. SNOW: Isolation from Acid-fast Bacteria of a Growth Factor for *Mycobacterium Johnei* and of a Precursor of Phthiocol. Nature (London) **163**, 365 (1949).
135 a. FREEMAN, N. K.: Infra-red Spectra of some Long Chain in 2-Alkenoic Acids and their Bearing on the Structure of C_{27}-Phthienoic Acid. J. Amer. chem. Soc. **75**, 1959 (1953).
136. FRENCH, C. S.: Absorption Spectra of the Carotenoids in the Red and Brown Forms of a Photosynthetic Bacterium. Botan. Gaz. **102**, 406 (1940) [Chem. Abstr. **35**, 1827 (1941)].
137. — The Pigment-Protein Compound in Photosynthetic Bacteria. I. The Extraction and Properties of Photosynthin. J. gen. Physiol. **23**, 469 (1940).
138. — The Pigment-Protein Compound in Photosynthetic Bacteria. II. Absorption Curves of Photosynthin from Several Species of Bacteria. J. gen. Physiol. **23**, 483 (1940).
139. FROUIN, A. et M. GUILLAUMIE: Nutrition carbonée du Bacille tuberculeux. Bull. Soc. chim. biol. (Paris) **8**, 1178 (1926).
140. — — Cultures du bacille tuberculeux sur milieux synthétiques. Essai de généralisation de la notion d'équilibre entre les éléments constitutifs des milieux de culture. Ann. Inst. Pasteur **42**, 667 (1928).
141. GEIGER, W. B., Jr. and R. J. ANDERSON: The Chemistry of *Phytomonas tumefaciens*. I. The Lipids of *Phytomonas tumefaciens*. The Composition of the Phosphatide. J. biol. Chemistry **129**, 519 (1939).
142. — — LVIII. Concerning the Firmly Bound Lipids of the so-called Leprosy Bacillus. J. biol. Chemistry **131**, 539 (1939).

143. GENDRE, T. et E. LEDERER: Étude de la présence de l'acide α,ε-diaminopimélique dans différentes souches de Mycobactéries. Biochim. Biophys. Acta 8, 49 (1952).
144. GINGER, L. G.: LXXI. The Determination of Terminal Methyl Groups in Branched Chain Fatty Acids. J. biol. Chemistry 156, 453 (1944).
145. GINGER, L. G. and R. J. ANDERSON: LXX. Concerning the Dextrorotatory Fatty Acids of the Acetone Soluble Fat of Cell Residues from the Preparation of Tuberculin. J. biol. Chemistry 156, 443 (1944).
146. — — LXXII. Fatty Acids Occurring in the Wax Prepared from Tuberculin Residues. Concerning Mycocerosic Acid. J. biol. Chemistry 157, 203 (1945).
147. — — LXXIII. Studies on Phthiocerol. J. biol. Chemistry 157, 213 (1945).
148. GINSBURG, A. et E. LEDERER: Sur un acide mycolique du Bacille Calmette-Guérin (B. C. G.). Biochim. Biophys. Acta 9, 328 (1952).
149. GOODWIN, T. W.: Studies in Carotenogenesis. 3. Identification of the Minor Polyene Components of the Fungus *Phycomyces blakeesleanus* and a Study of their Synthesis under Various Cultural Conditions. Biochemical. J. 50, 550 (1952).
149 a. — The Comparative Biochemistry of the Carotenoids. London: Chapman and Hall 1952.
150. GORE, R. C. and E. M. PETERSEN: Infra-red Studies (on the Components of Polymyxins). Ann. N. Y. Acad. Sci. 51, 924 (1948).
151. GORIS, A. et S. SABETAY: Sur la nature de la matière odorante des cultures de Bacilles tuberculeux. C. R. hebd. Séances Acad. Sciences 223, 933 (1946).
152. GRUNDMANN, C. und Y. TAKEDA: Ein neues Bakterien-Carotinoid, Leprotin. Naturwiss. 25, 27 (1937).
153. GUBAREV, E. M.: Hydroxy-diphtheric Acid from the Unsaponifiable Lipid Fraction of Diphtheria Bacteria. Biokhimiya 11, 517 (1946).
154. — Chemical Composition of Diphtheria Bacteria and the Biological Action of Hydroxy-diphtheric Acids. Uspekhi Sovremennoi Biol. (USSR) 31, 108 (1951).
155. GUBAREV, E. M., A. B. GABRILOVICH and F. I. SHTULBAUM: The Combined Lipids of Diphtheria Bacilli. Biokhimiya 17, 303 (1952).
156. GUBAREV, E. M. and E. K. LUBENETS: Some Structural Peculiarities of Lipids of Diphtheria Microbe. Doklady Akad. Nauk (USSR) 60, 413 (1948).
157. GUBAREV, E. M., E. K. LUBENETS, A. A. KANCHUKH and YU. V. GALAEV: Fractionation and Composition of Some Lipid Fractions of Diphtheria Bacteria. Biokhimiya 16, 139 (1951).
158. GUBAREV, E. M. and I. L. VAKULENKO: Composition and Properties of Lipids from *Corynebacterium diphtheriae*. Biokhimiya 10, 285 (1945).
159. HAAS, H. F. and L. D. BUSHNELL: The Production of Carotenoid Pigments from Mineral Oil by Bacteria. J. Bacteriol. 48, 219 (1944).
160. HAAS, H. F., L. D. BUSHNELL and W. J. PETERSON: The Separation and Characterization of Carotenoid Pigments Produced from Mineral Oil by Bacteria. Science (New-York) 95, 631 (1942).
161. HANKS, J. H.: Bacteriology of Leprosy. Ann. N. Y. Acad. Sci. 54, 12 (1951).
162. HANSEN, R. P. and F. B. SHORLAND: The Branched-Chain Fatty Acids of Butterfat. I. The Isolation from Butterfat of Branched-Chain Fatty Acids, with Special Reference to the C_{17} Acids. Biochemical. J. 50, 207 (1952).
163. — — The Branched-Chain Fatty Acids of Butterfat. II. The Isolation of a Multibranched C_{20} Saturated Fatty Acid Fraction. Biochemical. J. 50, 358 (1952).

164. HANSEN, R. P., F. B. SHORLAND and N. J. COOKE: The Branched-Chain Fatty Acids of Ox Fat. I. The Isolation from Ox Suet of a C_{17} Branched-Chain Saturated Fatty Acid. Biochemical J. **50**, 581 (1952).
165. — — — The Branched-Chain Fatty Acids of Mutton Fat. I. The Isolation of (+)-14-Methyl-hexadecanoic Acid. Biochemical. J. **52**, 203 (1952).
166. — — — The Branched-Chain Fatty Acids of Mutton Fat. II. The Isolation of (+)-12-Methyl-tetradecanoic and of 13-Methyl-tetradecanoic Acids. Biochemical. J. **53**, 374 (1953).
167. HANSLEY, V. L.: Organic Condensation. U. S. Patent 2218026 (Oct. 15, 1940).
168. HARTWELL, J. L., M. J. SHEAR and J. R. ADAMS: Chemical Treatment of Tumors. VII. The Nature of the Hemorrhage-producing Fraction from *Serratia marcescens (B. prodigiosus)* Culture Filtrate. J. Natl. Cancer Inst. **4**, 107 (1943).
169. HAUDUROY, P.: L'acido-résistance des bacilles tuberculeux et paratuberculeux. « Bacilles tuberculeux et paratuberculeux », p. 31. Paris: Masson. 1950.
170. HAUDUROY, P. et Y. POSTERNAK: Sur une réaction cytochimique en rapport avec la virulence des bactéries. Ann. Inst. Pasteur **77**, 91 (1949).
171. HAWORTH, W. N., P. W. KENT and M. STACEY: The Constitution of a Lipoid Bound Polysaccharide from *M. tuberculosis* (Human Strain). J. chem. Soc. (London) **1948**, 1220.
172. HECHT, E.: Zur Frage des Steringehaltes von Bakterien, insbesondere des Tuberkelbazillus; zugleich ein methodischer Beitrag zum Nachweis des Cholesterins. Z. physiol. Chem. (Hoppe-Seyler) **231**, 29 (1935).
173. — Zur Frage des Steringehaltes von Bakterien (Nachtrag: Untersuchungen an Colibazillen). Z. physiol. Chem. (Hoppe-Seyler) **231**, 279 (1935).
174. HILDITCH, T. P.: The Chemical Constitution of Natural Fats. London: Chapman & Hall. 1949.
175. HOFFMANN-OSTENHOF, O.: Vorkommen und biochemisches Verhalten der Chinone. Fortschr. Chem. organ. Naturstoffe **6**, 154 (1950).
176. HOFMANN, K., O. JUCKER et W. R. MILLER: [sous presse, voir (*178*)].
177. HOFMANN, K. and R. A. LUCAS: The Chemical Nature of a Unique Fatty Acid. J. Amer. chem. Soc. **72**, 4328 (1950).
178. HOFMANN, K., R. A. LUCAS and S. M. SAX: The Chemical Nature of the Fatty Acids of *Lactobacillus arabinosus.* J. biol. Chemistry **195**, 473 (1952).
179. HOFMANN, K. and S. M. SAX: [sous presse, voir (*178*)].
180. HOREAU, A. et J. JACQUES: Structure moléculaire et activité oestrogène. X. Stéroïdes dépourvus de noyau C et apparentés aux acides allénoliques. Bull. Soc. chim. France **1952**, 527.
181. HUSTON, R. C., I. F. HUDDLESTON and A. D. HERSHEY: The Chemical Separation of Some Cellular Constituents of the *Brucella* Group of Microörganisms. Mich. Agr. exp. Sta., Techn. Bull. **137** (1934).
182. IDA, M. and T. OTANI: Studies on the Chemical Components of *Haemophilus pertussis.* Acta Schol. Med. Kyoto **28**, 25 (1950).
182 a. IKAWA, M., J. B. KOEPFLI, S. G. MUDD and C. NIEMANN: An Agent from *E. coli* Causing Hemorrhage and Regression of an Experimental Mouse Tumor. III. The Component Fatty Acids of the Phospholipide Moiety. J. Amer. chem. Soc. **75**, 1035, (1953).
183. ILAND, C. N.: Effect of Antibacterial Analogues of Vitamin K on *Mycobacterium tuberculosis.* Nature (London) **161**, 1010 (1948).
184. IMSHENETSKIĬ, A. A.: Ecology of Pigmented Microörganisms. I. Protective Influence of Carotenoids. Mikrobiologiya **15**, 422 (1946).
185. INGRAHAM, M. A. and C. A. BAUMANN: The Synthesis of Carotene by Bacteria. J. Bacteriol. **27**, 25 (1934).

186. INGRAHAM, M. A. and C. A. BAUMANN: The Relation of Microörganisms to Carotenoids and Vitamin A. I. The Occurrence of Carotene in Bacteria. J. Bacteriol. **28**, 31 (1934).

187. INGRAHAM, M. A. and H. STEENBOCK: The Relation of Microörganisms to Carotenoids and Vitamin A. II. The Production of Carotenoids by *M. phlei.* Biochemical J. **29**, 2553 (1935).

188. JARVIS, F. G. and M. JOHNSON: A Glyco-lipide Produced by *Pseudomonas aeruginosa.* J. Amer. chem. Soc. **71**, 4124 (1949).

189. JESAITIS, M. A. and W. F. GOEBEL: The Chemical and Antiviral Properties of the Somatic Antigen of Phase II *Shigella sonnei.* J. exp. Med. **96**, 409 (1952).

190. JOCELYN, P. C. and N. POLGAR: Methyl-substituted α,β-Unsaturated Acids. Part I. J. chem. Soc. (London) **1953**, 132.

191. JONES, E. J.: Über das Verhalten der α-Methyl-propyl-β-oxy-buttersäure beim Erhitzen. Liebigs Ann. Chem. **226**, 287 (1884).

192. JONES, T. S. G.: Chemical Evidence for the Multiplicity of the Antibiotics Produced by *Bacillus polymyxa.* Ann. N. Y. Acad. Sci. **51**, 909 (1948).

193. KARRER, P. und A. EPPRECHT: Eine allgemeine Darstellungsmethode für 2-Methyl-3-alkyl-naphtochinone. Konstitution und Vitamin K-Wirkung. Helv. chim. Acta **23**, 272 (1940).

194. KARRER, P. und E. JUCKER: Carotinoide. Basel: Birkhäuser. 1948. New York, Amsterdam, London & Brussels: Elsevier. 1950.

195. KARRER, P. und H. KOENIG: Carotinoide aus Purpurbakterien. V. Über Rhodoviolascin. Helv. chim. Acta **23**, 460 (1940).

196. KARRER, P. und U. SOLMSSEN: Zur Kenntnis der Oxydationsprodukte der Carotine. Das Carotin der Thiocystis-Bakterien. Helv. chim. Acta **18**, 25 (1935).

197. — — Die Carotinoide der Purpurbakterien. I. Helv. chim. Acta **18**, 1306 (1935).

198. — — Die Carotinoide der Purpurbakterien. II. Über Rhodoviolascin. Helv. chim. Acta **19**, 3 (1936).

199. — — Carotinoide aus Purpurbakterien. III. Helv. chim Acta **19**, 1019 (1936).

200. KARRER, P., U. SOLMSSEN und H. KOENIG: Carotinoide aus Purpurbakterien. IV. Helv. chim. Acta **21**, 454 (1938).

201. KASUYA, I.: Isolement d'acétaldol à partir des graisses de bacilles tuberculeux. J. Biochem. Japan **27**, 283 (1938).

202. KÉPÈS, A. et C. PÉAUD-LENOËL: Sur les propriétés et la constitution des lipides β-hydroxy-butyriques. C. R. hebd. Séances Acad. Sciences **234**, 756 (1952).

203. — — Sur la structure de la molécule des lipides β-hydroxy-butyriques. Bull. Soc. Chim. biol. (Paris) **34**, 563 (1952).

204. KIRSTEN, W. and E. STENHAGEN: On the Determination of C-Methyl Groups in Aliphatic Long-Chain Compounds. Acta chem. Scand. **6**, 682 (1952).

205. KROPP, G. V. and C. FLOYD: Studies of a Carbohydrate-Lipoid Complex from the Human Strain of Tubercle Bacillus H-37. Yale J. Biol. Med. **20**, 27 (1947).

206. KUHN, R. und H. ROTH: Mikrobestimmung von Acetyl, Benzoyl und C-Methyl Gruppen. Ber. dtsch. chem. Ges. **66**, 1274 (1933).

207. KURODA, C.: New Syntheses of Hydroxydroserone (the Pigment of *Drosera whittakerii*), Phthiocol (the Pigment of Human Tubercle Bacillus), and Naphthopurpurin, and Studies of Related Compounds. J. Sci. Research Inst. (Tokyo) **45**, 166 (1951) [Chem. Abstr. **46**, 6115 (1952)].

208. LARSON, L. W. and W. P. LARSON: Factors Governing the Fat Content of Bacteria and the Influence of Fat on Pellicle Formation. J. Inf. Diseases **31**, 407 (1922).

209. LEDERER, E.: Sur les caroténoïdes des Cryptogames. Bull. Soc. Chim. biol. (Paris) **20**, 611 (1938).
210. — Chemistry and Biochemistry of Mycobacteria. Colloquium on the Chemotherapy of Tuberculosis, Trinity College, Dublin. 1951.
211. — Chimie et biochimie des lipides des Mycobacteries. Rapport au IIème Congrès Intern. Biochimie. Paris. 1952.
212. LEDERER, E., V. PORTELANCE et K. SERCK-HANSSEN: Synthèse de l'acide coryno-mycolique et de quelques homologues inférieurs et supérieurs. Bull. Soc. chim. France **1952**, 413.
213. LEDERER, E. et J. PUDLES: Sur l'isolement et la constitution chimique d'un hydroxy-acide ramifié du Bacille diphtérique. Bull. Soc. Chim. biol. (Paris) **33**, 1003 (1951).
214. LEDERER, E., J. PUDLES, S. BARBEZAT et J. J. TRILLAT: Sur la constitution chimique de l'acide coryno-mycolique du Bacille diphtérique. Bull. Soc. chim. France **1952**, 93.
214a. LEMOIGNE, M.: Fermentation β-hydroxy-butyrique. Helv. chim. Acta **29**, 1303 (1946).
215. LEMOIGNE, M., B. DELAPORTE et M. CROSON: Contribution à l'étude botanique et biochimique des bactéries du genre *Bacillus*: valeur du test des lipides β-hydroxy-butyriques pour la caractérisation des espèces. Ann. Inst. Pasteur **70**, 224 (1944).
215a. LEMOIGNE, M. et H. GIRARD: Réserves lipidiques β-hydroxy-butyriques chez *Azotobacter chroococcum*. C. R. hebd. Séances Acad. Sciences **217**, 557 (1943).
216. LEMOIGNE, M., G. MILHAUD et M. CROSON: Sur le métabolisme lipidique de *Bacillus megatherium*. Bull. Soc. Chim. biol. (Paris) **31**, 1587 (1949).
217. LESUK, A. and R. J. ANDERSON: LXII. Concerning Mycolic Acid. J. biol. Chemistry **136**, 603 (1940).
217a. LINSTEAD, R. P., J. C. LUNT, B. R. SHEPHARD et B. C. L. WEEDON: Anodic Syntheses. VIII. New Synthesis of 3,13,19-Trimethyl Tricosanoic Acid. J. chem. Soc. (London) **1953**, 1538.
218. LINSTEAD, R. P., J. C. LUNT and B. C. L. WEEDON: Anodic Syntheses. II. Synthesis of (±)-Tuberculostearic Acid. J. chem. Soc. (London). **1950**, 3331.
219. — — — Anodic Syntheses. IV. Synthesis of (+)- and (—)-Tuberculostearic Acids. J. chem. Soc. (London) **1951**, 1130.
220. MACHEBOEUF, M. et H. CASSAGNE: Études chimiques sur le bacille diphtérique. Extraction fractionnée des lipides du bacille; séparation de la fraction haptène; présence de savons dans les corps bacillaires. C. R. hebd. Séances Acad. Sciences **200**, 1988 (1935).
221. MACHEBOEUF, M. et M. FAURE: Sur l'existence dans les Bacilles tuberculeux d'acides phosphatidiques complexes constitués par de l'acide glycérophosphorique lié par estérification, d'une part à des acides gras, d'autre part à des polyalcools non azotés. C. R. hebd. Séances Acad. Sciences **209**, 700 (1939).
222. MCILWAIN, H.: The Anti-streptococcal Action of Iodinin. Naphthoquinones and Anthraquinones as its Main Natural Antagonists. Biochemical J. **37**, 265 (1943).
223. MCKEE, R. W., S. B. BINKLEY, S. A. THAYER, D. W. MACCORQUODALE and E. A. DOISY: The Isolation of Vitamin K_2. J. biol. Chemistry **131**, 327 (1939).
224. MADINAVEITIA, J.: Synthesis of Phthiocol. Ann. Soc. españ. fisic quim. **31**, 750 (1933).
225. MANTEN, A.: Antonie van Leeuwenhoek J. Microbiol. Serol. **14**, 65 (1948).

226. Martin, G. J.: Chemical Studies on the Dissociants of the H-37 Human Tubercle Bacillus. J. Amer. chem. Soc. **60**, 768 (1938).
227. Meystre, Ch. and K. Miescher: Über Steroide. 44. Mitt. Ein einfacher Abbau der Gallensäure-Seitenkette zur Methylketonstufe. III. Der Abbau der Cholsäure und der Allo-Cholansäure. Helv. chim. Acta **28**, 1497 (1945).
228. Middlebrook, G., R. J. Dubos and C. H. Pierce: Virulence and Morphological Characteristics of Mammalian Tubercle Bacilli. J. exp. Med. **86**, 175 (1947).
229. Miles, A. A. and N. W. Pirie: The Properties of Antigenic Preparations from *Brucella melitensis*. IV. The Hydrolysis of the Formamino-linkage. Biochemical. J. **33**, 1709 (1939).
230. Morgan, W. T. J.: Studies in Immuno-chemistry. II. The Isolation and Properties of a Specific Antigenic Substance from *B. dysenteriae* (Shiga). Biochemical J. **31**, 2003 (1937).
231. Morgan, W. T. J. and S. M. Partridge: Studies in Immuno-chemistry. IV. The Fractionation and Nature of Antigenic Material Isolated from *B. dysenteriae* (Shiga). Biochemical J. **34**, 169 (1940).
231 a. Morice, I. M. and F. B. Shorland: The Isolation from Shark Liver Oil of a Multibranched C_{18} Saturated Fatty Acid Fraction. Chem. and Ind. **1952**, 1267.
232. Motida, I., T. Nakagawa and M. Umezu: The Chemistry of *Bacillus mallei*. II. Animal Injection. Rept. Inst. Sci. Research Manchoukuo **4**, 287 (1940).
233. Mudd, S., L. C. Winterscheid, E. D. DeLamater and H. J. Henderson: Evidence Suggesting that the Granules of Mycobacteria are Mitochondria. J. Bacteriol. **62**, 459 (1951).
234. Nakamura, T.: Bull. chem. Soc. Japan **11**, 176 (1936).
235. Newman, M. S., J. A. Crowder and R. J. Anderson: XXXVIII. A new Synthesis of Phthiocol, the Pigment of the Human Tubercle Bacillus. J. biol. Chemistry **105**, 279 (1934).
236. Noll, H. and H. Bloch: A Toxic Lipid Component of the Tubercle Bacillus ("Cord Factor"). II. Occurrence in Chloroform Extracts of Young and Older Bacterial Cultures. Amer. Rev. Tbc. **67**, 828 (1953).
237. Nunn, J. R.: The Structure of Sterculic Acid. J. chem. Soc. (London) **1952**, 313.
238. Odier, M: Étude de quelques Mycobactéries: métabolites et antibiotiques. Schweiz. Z. Path. Bakt. **12**, 380 (1949).
239. Ohta, T.: Carotenoids of *Staphylococcus aureus*. J. pharmac. Soc. Japan **71**, 1319 (1951) [Chem. Abstr. **46**, 2618 (1952)].
240. Pangborn, M. C.: Lipo-proteins in Serology and the Rôle of Lipid Haptens. Discuss. Faraday Soc. **6**, 110 (1949).
241. Pangborn, M. C. and R. J. Anderson: XLI. 1. The Composition of the Timothy Bacillus Wax. 2. The Isolation of *d*-Eicosanol-2 and *d*-Octadecanol-2 from the Unsaponifiable Matter of Timothy Bacillus Wax. J. Amer. chem. Soc. **58**, 10 (1936).
242. Paraf, J., J. Desbordes et E. Fournier: Contribution au problème de la virulence des bacilles acido-résistants grâce aux rayons X. Examen de corps bacillaires par diffraction aux rayons X. C. R. hebd. Séances Acad. Sciences **231**, 339 (1950).
243. — — — A propos de la disparition artificielle de l'acido-alcoolo-résistance de quelques mycobactéries. C. R. Séances Soc. Biol. **145**, 514 (1951).
244. Parshin, A. N.: Fate of Phthiocol in the Animal Body. Biokhimiya **11**, 53 (1946).
245. Patočka, F., J. V. Koštíř and J. Kroulíková: The Pigment of Brown Streptococci, Group B. Czeckoslov. farm. **1**, 348 (1952).

246. Péaud-Lenoël, C.: Préparation et purification de l'acide l-β-hydroxy-butyrique et de ses sels. Bull. Soc. Chim. biol. (Paris) **31**, 1562 (1949).
247. Peck, R. L. and R. J. Anderson: LXIV. Concerning Phlei-mycolic Acid. J. biol. Chemistry **140**, 89 (1941).
248. Pennell, R. B.: The Chemistry of *Brucella* Organisms. In: "Brucellosis", p. 37–49, Washington. 1950.
249. Pennell, R. B. and I. F. Huddleston: Chemical Constitution and Biological Properties of the Endo-antigen of the *Brucella* Group of Microörganisms. Mich. Agr. exp. Station, Techn. Bull. **156** (1937).
250. Penso, G., V. Ortali, A. Gandiano, M. Princivalle, L. Vella et A. Zampieri: Studi e ricerche sui micobatteri. VII. Il *Mycobacterium phlei*. Rendi conti Istituto Superiore Sanità (Roma) **14**, 855 (1951).
251. Petter, H. F. M.: Over roode en andere Bacterien van gezonten Visch. Dissert. Utrecht. 1932.
252. Philpot, F. J. and A. Q. Wells: Lipids of Living and Killed Tubercle Bacilli. Amer. Rev. Tbc. **66**, 28 (1952).
253. Polgár, A., C. B. van Niel and L. Zechmeister: Studies on the Pigments of Purple Bacteria. II. A Spectroscopic and Stereochemical Investigation of Spirilloxanthin. Arch. Biochem. **5**, 243 (1944).
254. Polgar, N.: Component Acids of the Lipids of Human Tubercle Bacilli. Biochemical J. **42**, 206 (1948).
254a. — The Constitution of Mycoceranic Acid. Chem. and Ind. **1953**, 353.
255. Polgar, N. and R. Robinson: Long-chain Acids Containing a Quaternary Carbon Atom. II. J. chem. Soc. (London) **1943**, 615.
256. — — Synthetical Experiments Bearing on the Constitution of Phthioic Acid. J. chem. Soc. (London) **1945**, 389.
257. — — The Constitution of Mycolipenic Acid-I. Chem. and Ind. **1951**, 685.
258. Prout, F. S., J. Cason and A. W. Ingersoll: The Synthesis of Tuberculostearic Acid. J. Amer. chem. Soc. **69**, 1233 (1947).
259. — — — Branched-Chain Fatty Acids. V. The Synthesis of Optically Active 10-Methyloctadecanoic Acids. J. Amer. chem. Soc. **70**, 298 (1948).
259a. Pudles, J.: Sur deux cétones isolées de la graisse du Bacille diphtérique. Comm. VIème Congrès Intern. Microbiol., Rome (1953).
259b. Pudles, J. et E. Lederer: Sur la constitution chimique d'un acide mycolique insaturé isolé du Bacille diphtérique *(Corynebacterium diphtheriae)*. Biochim. Biophys. Acta **11**, 163 (1953).
260. Raffel, S.: Chemical Factors Involved in the Induction of Infectious Allergy. Experientia **6**, 410 (1950).
261. Raistrick, H. and W. W. C. Topley: Immunising Fractions Isolated from *Bacterium aertrycke*. Brit. J. exp. Pathol. **15**, 113 (1934).
262. Randall, H. M., D. W. Smith, A. C. Colm and W. J. Nungester: Correlation of Biological Properties of Strains of Mycobacterium with Infra-red Spectrums. I. Reproductibility of Extracts of *M. tuberculosis* as Determined by Infra-red Spectroscopy. Amer. Rev. Tbc. **63**, 372 (1951).
263. Randall, H. M., D. W. Smith and W. J. Nungester: Correlation of Biological Properties of Strains of Mycobacterium with Infra-red Spectrums. II. The Differentiation of Two Strains H-37 Rv and H-37 Ra of *M. tuberculosis* by Means of their Infra-red Spectrums. Amer. Rev. Tbc. **65**, 477 (1952).
264. Ray, L. W. and J. S. Shipman: Tissue Changes Produced by the Action of the Lipids of Tubercle, Grass, and Colon Bacilli, and of Liver. Amer. Rev. Tbc. **7**, 88 (1923).

265. Reeves, R. E. and R. J. Anderson: XLVIII. The Occurrence of Phthiocerol in the Wax of Various Strains of the Human Tubercle Bacillus. J. biol. Chemistry **119**, 535 (1937).

265 a. — — XLVII. The Composition of the Avian Tubercle Bacillus Wax. J. Amer. chem. Soc. **59**, 858 (1937).

266. Reimann, H. A. and C. M. Ecklund: Pigments of *Micrococcus tetragenus*. J. Bacteriol. **42**, 435 (1941).

267. Robinson, R.: Physical Methods and Biological Relationship. Nature (London) **158**, 816 (1946).

268. Roulet, F. und M. Brenner: Die Chemie des Tuberkelbazillus. Zentralbl. ges. Tbc.-Forschung **56**, 193 (1943).

268 a. Salton, M. R. J.: Studies on the Bacterial Cell-wall. IV. The Composition of the Cell-wall of some Gram-positive and Gram-negative Bacteria. Biochim. Biophys. Acta **10**, 512 (1953).

269. Schmidt, G. A. and D. A. Shirley: A New Synthesis of Tuberculostearic Acid. J. Amer. chem. Soc. **71**, 3804 (1949).

270. Schneider, A. K. and M. A. Spielman: The Synthesis of Some Methylated Fatty Acids. J. biol. Chemistry **142**, 345 (1942).

271. Schopfer, W. H. et E. C. Grob: Sur la biosynthèse du β-carotène par Phycomyces cultivé sur un milieu contenant de l'acétate de sodium comme unique source de carbone. Experientia **8**, 140 (1952).

272. Seibert, F. B.: Constituents of Mycobacteria. Ann. Rev. Microbiol. **4**, 35 (1950).

273. Seibert, F. B., E. R. Long and N. Morley: Two Avian Tubercle Bacillus Dissociants and Two Human Tubercle Bacillus Strains of Different Virulence. A Chemical and Biological Study. J. Inf. Diseases **53**, 175 (1933).

274. Serck-Hanssen, K., S. Ställberg-Stenhagen and E. Stenhagen: Optically Active Higher Aliphatic Hydroxy-compounds. I. The Resolution of 3-Acetoxy-Butanoic Acid and the Synthesis of (+)- and (—)-Eicosanol-2. Ark. Kemi **5**, 203 (1953).

275. Sheehan, H. L. and F. Whitwell: The Staining of Tubercle Bacilli with Sudan Black B. J. Bacteriol. Path. **61**, 269 (1949).

276. Shirley, D. A. and G. A. Schmidt: Some Amides of Tuberculostearic Acid. J. Amer. chem. Soc. **73**, 867 (1951).

277. Shorland, F. B.: Evolution of Animal Fats. Nature (London) **170**, 924 (1952).

278. Sifferd, R. H. und R. J. Anderson: Über das Vorkommen von Sterinen in Bakterien. Z. physiol. Chem. (Hoppe-Seyler) **239**, 269 (1936).

279. Skinner, C. E. and M. F. Gunderson: Production of Vitamin A by a Species of Corynebacterium. J. biol. Chemistry **97**, 53 (1932).

280. Smithburn, K. C. and F. R. Sabin: The Cellular Reaction to Acetone-Soluble Fat from Mycobacteria and Streptococci. J. exp. Med. **61**, 771 (1935).

281. Snow, G. A.: The Occurrence of Vitamin K in Mycobacteria. IIème Congrès Intern. Biochimie, Paris (1952); résumé comm., p. 95.

282. Sobin, B. and G. L. Stahly: The Isolation and Absorption Spectrum Maxima of Bacterial Carotenoid Pigments. J. Bacteriol. **44**, 265 (1942).

283. Sordelli, A. et A. Arena: Interprétation du mécanisme de l'acido-résistance de *M. tuberculosis*. C. R. Séances Soc. Biol. **117**, 63 (1934).

284. Sorkin, E.: essais inédits.

285. Sorkin, E., H. Erlenmeyer and H. Bloch: Purification of a Lipid Material ("Cord Factor") Obtained from Young Cultures of Tubercle Bacilli. Nature (London) **170**, 124 (1952).

286. Spielman, M. A.: XXXIV. The Constitution of Tuberculostearic Acid. J. biol. Chemistry **106**, 87 (1934).

287. SPIELMAN, M. A. and R. J. ANDERSON: XLII. Studies on Phthioic Acid. J. biol. Chemistry **112**, 759 (1935).
288. STACEY, M., P. W. KENT and E. NASSAU: Polysaccharide Complexes Isolated from *M. tuberculosis* (Human Strain). Biochim. Biophys. Acta **7**, 146 (1951).
289. STADTMAN, E. R., T. C. STADTMAN and H. A. BARKER: Tracer Experiments on the Mechanism of Synthesis of Valeric and Caproic Acids by *Clostridium Kluyveri*. J. biol. Chemistry **178**, 677 (1949).
290. STAHL, W. H.: Brucellosis. VII. Separation and Study of the Lipide Fraction of *Brucella abortus*. Mich. Agr. exp. Station, Techn. Bull. **177**, 29 (1941).
291. STAHL, W. H., R. B. PENNELL and I. F. HUDDLESTON: A Study of the Protein Nucleates of the Species of the Genus *Brucella*. Mich. Agr. exp. Station, Techn. Bull. **168** (1939).
292. STÄLLBERG, S. and E. STENHAGEN: Monolayers of Compounds with Branched Hydrocarbon Chains. V. Phthiocerol. J. biol. Chemistry **143**, 171 (1942).
293. STÄLLBERG-STENHAGEN, S.: Optically Active Higher Aliphatic Compounds. III. On the Structure of Tuberculostearic Acid. Synthesis of *d*(—)- and *l*(+)-10-Methyl-, and *d,l*-9-Methyl-octadecanoic Acids. Ark. Kemi, Mineral. Geol. **26** A, n⁰ 12 (1948).
294. STÄLLBERG-STENHAGEN, S. and E. STENHAGEN: A Monolayer and X-Ray Study of Mycolic Acid from the Human Tubercle Bacillus. J. biol. Chemistry **159**, 255 (1945).
295. — — Synthesis and X-Ray Investigation of Methyl-Substituted Long Chain Hydrocarbons Related to Phthiocerane. J. biol. Chemistry **173**, 383 (1948).
296. — — Studies on Hydrocarbons Structurally Related to Phthiocerol. Synthesis of the Levorotatory Enantiomorph of 4-Methyl-tritriacontane. J. biol. Chemistry **183**, 223 (1950).
297. STÄLLBERG-STENHAGEN, S., E. STENHAGEN, N. SHEPPARD, G. B. B. M. SUTHERLAND and A. WALSH: Infra-red Spectrum and Molecular Structure of Phthiocerane. Nature (London) **160**, 580 (1947).
298. STENDAL, N.: Sur la présence d'acide salicylique et d'acide phénylacétique dans la graisse acétono-soluble de bacilles tuberculeux. C. R. hebd. Séances Acad. Sciences **198**, 400 (1934).
299. — Sur la présence d'un glycol dans la cire du bacille tuberculeux. C. R. hebd. Séances Acad. Sciences **198**, 1549 (1934).
300. STENHAGEN, E. and S. STÄLLBERG: Monolayers of Compounds with Branched Hydrocarbon Chains. III. Phthioic Acid. J. biol. Chemistry **139**, 345 (1941).
301. STEPHENSON, M.: Bacterial Metabolism. London: Longmans, Green & Co. 1949.
302. STEPHENSON, M. and M. D. WHETHAM: Studies in the Fat Metabolism of the Timothy Grass Bacillus. Proc. Roy. Soc. (London) **93** B, 262 (1922).
303. STODOLA, F. H. and R. J. ANDERSON: XLVI. Phthiocerol, a New Alcohol from the Wax from the Human Tubercle Bacillus. J. biol. Chemistry **114**, 467 (1936).
304. STODOLA, F. H., A. LESUK and R. J. ANDERSON: LIV. The Isolation and Properties of Mycolic Acid. J. biol. Chemistry **126**, 505 (1938).
305. STOKINGER, H. E., H. ACKERMAN and C. M. CARPENTER: Studies on the *Gonococcus*. I. Constituents of the Cell. J. Bacteriol. **47**, 129 (1944).
306. STOLL, M.: Synthèse de produits macrocycliques à odeur musquée. XIII. Sur une nouvelle méthode de préparation de l'acide méthyl-2 pentadécane-dioïque. Helv. chim. Acta **34**, 678 (1951).
307. STONE, F. M. and C. B. COULTER: Porphyrin Compounds Derived from Bacteria. J. gen. Physiol. **15**, 629 (1932).

308. SÜTÖ-NAGY, G. I. DE and R. J. ANDERSON: LXXV. Further Studies on the Polysaccharides of the Phosphatide Obtained from Cell Residues in the Preparation of Tuberculin. J. biol. Chemistry **171**, 749 (1947).

309. — — LXXVI. Concerning Inositol Glycerol Diphosphoric Acid, a Component of the Phosphatide of Human Tubercle Bacilli. J. biol. Chemistry **171**, 761 (1947).

310. TAKAHASHI, H.: Bacterial Components of *Corynebacterium diphtheriae*. V. Phospholipides. 2. Structure of Chargaff's Corynin. J. pharmac. Soc. Japan **68**, 292 (1948). [Chem. Abstr. **45**, 9482 (1951)].

311. TAKEDA, Y. und T. OHTA: Über Leprotin, ein Carotinoid der Formel $C_{40}H_{54}$. Z. physiol. Chem. (Hoppe-Seyler) **258**, 6 (1939).

312. — — Über das Carotinoid von *M. phlei*. Z. physiol. Chem. (Hoppe-Seyler) **262**, 168 (1939).

313. — — Über die Identifizierung der einzelnen Carotinoide von *M. phlei*. Z. physiol. Chem. (Hoppe-Seyler) **265**, 233 (1940).

314. — — Prüfung von Leprotin auf Provitamin A-Wirkung. Z. physiol. Chem. (Hoppe-Seyler) **267**, 171 (1941).

314a. — — Ein neues Bakterien-Carotinoid, Sarcinaxanthin. Z. physiol. Chem. (Hoppe-Seyler) **268**, I (1941).

315. — — Degradation of Leprotin with Ozone. J. Biochem. (Japan) **36**, 535 (1944).

316. — — Carotenoid in Human Tubercle Bacillus. J. pharmac. Soc. Japan **64**, 67 (1944) [Chem. Abstr. **45**, 1198 (1951)].

317. TAL, C. and W. F. GOEBEL: The Nature of the Toxic Component of the Somatic Antigen of *Shigella paradysenteriae* Type Z (Flexner). J. exp. Med. **92**, 25 (1950).

318. THOMAS, J. B.: On the Rôle of the Carotenoids in Photosynthesis in *Rhodospirillum rubrum*. Biochim. Biophys. Acta **5**, 186 (1950).

319. TINELLI, R.: Modifications biochimiques accompagnant la sporulation de *Bacillus megatherium*. C. R. hebd. Séances Acad. Sciences **235**, 836 (1952).

320. TISCHER, J.: Über die Polyenpigmente der Blaualge *Aphanizomenon flos-aquae*. I. (Carotinoide der Süßwasseralgen, IV. Teil). Z. physiol. Chem. (Hoppe-Seyler) **251**, 109 (1938).

320a. — Über die Polyenpigmente der Blaualge *Aphanizomenon flos-aquae*. II. (Carotinoide der Süßwasseralgen, VII. Teil.) Z. physiol. Chem. (Hoppe-Seyler) **260**, 257 (1938).

321. TISHLER, M. and W. L. SAMPSON: Isolation of Vitamin K_2 from Cultures of a Spore-Forming Soil Bacillus. Proc. Soc. exp. Biol. Med. **68**, 136 (1948).

322. TURIAN, G.: Recherches sur la biosynthèse des caroténoïdes chez un bacille paratuberculeux. I. Exaltation de la pigmentation par le fer et le manganèse. Helv. chim. Acta **33**, 13 (1950).

323. — Recherches sur la biosynthèse des caroténoïdes chez un bacille paratuberculeux. II. Identification d'un polyène acide voisin de l'astacine. Helv. chim. Acta **33**, 1303 (1950).

324. — Recherches sur la biosynthèse des caroténoïdes chez un bacille paratuberculeux. III. Inhibition de la pigmentation par la diphénylamine. Helv. chim. Acta **33**, 1988 (1950).

325. — Recherches sur la biosynthèse des caroténoïdes chez un bacille paratuberculeux. IV. *A*. Précisions sur la nature des composants de la pigmentation. *B*. Action anticaroténogène du phénol. Helv. chim. Acta **34**, 1060 (1951).

326. TURIAN, G. and F. HAXO: Further Use of Diphenylamine for the Study of Carotenoid Biosynthesis in *M. phlei*. J. Bacteriol. **63**, 690 (1952).

327. UMEZU, M.: The Chemistry of *Bacillus mallei*. I. The Lipides of *Bacillus mallei*. Report Inst. Sci. Research Manchoukuo **4**, 273 (1940) [Chem. Abstr. **35**, 1825 (1941)].

328. Umezu, M. und Th. Wagner-Jauregg: Über die Gerüstsubstanz der Tuberkelbazillen. Biochem. Z. **298**, 115 (1938).

329. Van Niel, C. B.: Studies on the Pigments of the Purple Bacteria. III. The Yellow and Red Pigments of *Rhodopseudomonas spheroides*. Antonie van Leeuwenhoek J. Microbiol. Serol., Jubilee Vol. Albert J. Kluyver **12**, 156 (1947) [Chem. Abstr. **44**, 4542 (1950)].

330. Van Niel, C. B. and J. H. C. Smith: Studies on the Pigments of the Purple Bacteria. I. Spirilloxanthin, a Component of the Pigment Complex of *Spirillum rubrum*. Arch. Mikrobiol. **6**, 219 (1935).

331. Velick, S. F.: The Chemistry of the Lipoids of Tubercle Bacilli. LXVI. Concerning the Structure of Tuberculostearic Acid. J. biol. Chemistry **154**, 497 (1944).

332. — The Chemistry of *Phytomonas tumefaciens*. III. Phytomonic Acid, a New Branched Chain Fatty Acid. J. biol. Chemistry **152**, 533 (1944).

333. — The Chemistry of *Phytomonas tumefaciens*. IV. Concerning the Structure of Phytomonic Acid. J. biol. Chem. **156**, 101 (1944).

334. Velick, S. F. and R. J. Anderson: The Chemistry of *Phytomonas tumefaciens*. II. The Composition of the Acetone-Soluble Fat. J. biol. Chemistry **152**, 523 (1944).

335. Vendrely, R. and R. Tulasne: Chemical Constitution of the *L*-Forms of Bacteria. Nature (London) **171**, 262 (1953).

336. Verna, L. C.: Production of Lipids by *Bacillus albolactis* Grown in Glucose and Lactose Media. Anales farm. bioquim. (Buenos-Aires) **6**, 90 (1935) [Chem. Abstr. **30**, 5250 (1936)].

337. Viallier, J. et J. Tigaud: Coloration de *M. tuberculosis* par le rouge neutre et virulence du bacille pour le cobaye. C. R. Séances Soc. Biol. **146**, 281 (1952).

338. Volk, W. A. and D. Pennington: The Pigments of the Photosynthetic Bacterium *Rhodomicrobium vannielii*. J. Bacteriol. **59**, 169 (1950).

339. Wagner-Jauregg, Th.: Über die Fettsäuren der Tuberkelbazillen. Z. physiol. Chem. (Hoppe-Seyler) **247**, 135 (1937).

340. Waksman, S. A.: The Actinomyces. Waltham, Mass. 1950.

341. Wallach, O.: Zur Kenntnis der Triterpene und der ätherischen Öle. Liebigs Ann. Chem. **365**, 255 (1909).

342. Weitkamp, A. W.: The Acidic Constituents of Degras. A New Method of Structure Elucidation. J. Amer. chem. Soc. **67**, 447 (1945).

343. Weitzel, G.: Verzweigte Fettsäuren und Tuberkulose. Angew. Chemie **60**, 263 (1948).

344. Weitzel, G., A.-M. Fretzdorff und J. Wojahn: Untersuchungen über die Bürzeldrüse der Vögel. III. Strukturaufklärung der optisch aktiven Heptansäure aus Bürzeldrüsen von Enten. Z. physiol. Chem. (Hoppe-Seyler) **291**, 29 (1952).

345. — — — Untersuchungen über die Bürzeldrüse der Vögel. IV. Die Fettstoffe der Bürzeldrüsen von Gänsen. Z. physiol. Chem. (Hoppe-Seyler) **291**, 46 (1952).

346. Weitzel. G. und K. Lennert: Untersuchungen über die Bürzeldrüse der Vögel. I. Die Fettstoffe der Bürzeldrüsen von Enten. Z. physiol. Chem. (Hoppe-Seyler) **288**, 251 (1951).

347. Werner, G. H.: Electron-microscopic Studies on the Cellular Morphology of Tubercle Bacilli. Adv. Tbc. Research **5**, 53 (1951).

348. Westphal, O., O. Luederitz, E. Eichenberger und W. Keiderling: Über bakterielle Reizstoffe. I. Reindarstellung eines Polysaccharid-Pyrogens aus *Bacterium coli*. Z. Naturforschg. **7b**, 536 (1952).

349. WIEGHARD, C. W. and R. J. ANDERSON: LV. Studies on the Wax of the Human Tubercle Bacillus. J. biol. Chemistry **126**, 515 (1938).

350. WILKINSON, S.: Crystalline Derivatives of the Polymyxins and the Identification of the Fatty Acid Component. Nature (London) **164**, 622 (1949).

351. WILLIAMS, C. H., W. R. BLOOR and L. A. SANDHOLZER: A Study of the Lipids of Certain Enteric Bacilli. J. Bacteriol. **37**, 301 (1939).

352. WILLSTAEDT, H. et M. BORGGARD: Sur deux esters stéariques du tréhalose. Bull. Soc. Chim. biol. (Paris) **28**, 733 (1946).

353. WILSON, C. V.: The Monomethyl-decoic Acids. J. Amer. chem. Soc. **67**, 2161 (1945).

353a. WILSON, G. S. et A. A. MILES: Topley and Wilson's Principles of Bacteriology and Immunity. London: Arnold and Co. 1948.

354. WOOD, H. G., R. W. BROWN and C. H. WERKMAN: Mechanism of the Butyl Alcohol Fermentation with Heavy Carbon Acetic Acid, Butyric Acids and Acetone. Arch. Biochemistry **6**, 243 (1945).

355. WOOLLEY, D. W.: Observations on Antimicrobial Action of 2,3-Dichloro-1,4-naphthoquinone and its Reversal by Vitamins K. Proc. Soc. exp. Biol. Med. **60**, 225 (1945).

356. WOOLLEY, D. W. et J. R. MCCARTER: Antihemorrhagic Compounds as Growth Factors for the Johne's Bacillus. Proc. Soc. exp. Biol. Med. **45**, 357 (1940).

357. WORK, E.: The Isolation of α,ε-Diamino-pimelic Acid from *C. diphtheriae* and *M. tuberculosis*. Biochemical J. **49**, 17 (1951).

358. WURMSER, R., R. LÉVY et G. TEISSIER: Étude des pigments d'une Bacteriacée sulfureuse: *Chromatium okenii* PERTY. Ann. physiol. physiochim. biol. **1**, 298 (1925).

359. YEGIAN, D. and R. J. VANDERLINDE: The Nature of Acid-fastness. J. Bacteriol. **54**, 777 (1947).

360. ZECHMEISTER, L. and A. POLGÁR: On the Occurrence of a Fluorescing Polyene with a Characteristic Spectrum. Science **100**, 317 (1944).

361. ZECHMEISTER, L. and A. SANDOVAL: Phytofluene. J. Amer. chem. Soc. **68**, 197 (1946).

362. ZIRPEL, W.: Über den Eisenbedarf von *Rhodobacillus palustris* und dessen Beziehung zu Bakteriochlorophyll und Carotinoidbildung. Z. Botan. **36**, 538 (1941).

(Reçu le 9 mars 1953.)

Syntheses of Cortisone.

By G. ROSENKRANZ and F. SONDHEIMER, Mexico City.

Contents.

Introduction.

The discovery in 1949 by HENCH, KENDALL and their collaborators (*101*) of the remarkable therapeutic properties of the adrenal hormone 17-hydroxy-11-dehydrocorticosterone (I) *(Chart 1)*, otherwise known as KENDALL's Compound E (*172, 173*), REICHSTEIN's Substance F. a. *(215)*, WINTERSTEINER's Compound F (*292*) or simply as *Cortisone* (*102*) has given a considerable impetus to investigations aimed at the synthesis of this substance. As a consequence cortisone, then available only from bile acids, can now be obtained chemically from the more abundant ring *C*-unsubstituted plant steroids such as diosgenin, ergosterol and stigmasterol, from ring *C*-oxygenated plant steroids such as sarmentogenin and hecogenin, and through total synthesis. Besides these purely chemical

* This chapter was written in collaboration with A. ZAFFARONI.

** The literature up to the end of 1952 has been reviewed, as far as possible. The patent literature has not been included. See also the *Addendum*, p. 387.

methods, routes involving a biochemical step have been developed. Each of these topics will be dealt with in this review. In addition, syntheses of the very closely related 17-hydroxycorticosterone (II) *(Chart 1)* [REICHSTEIN's Substance M (*216*), KENDALL's Compound F (*171*) or *hydrocortisone* (*273*, there footnote 2)] will be described, since this substance seems to possess therapeutic activity very similar to that of cortisone (*103*).

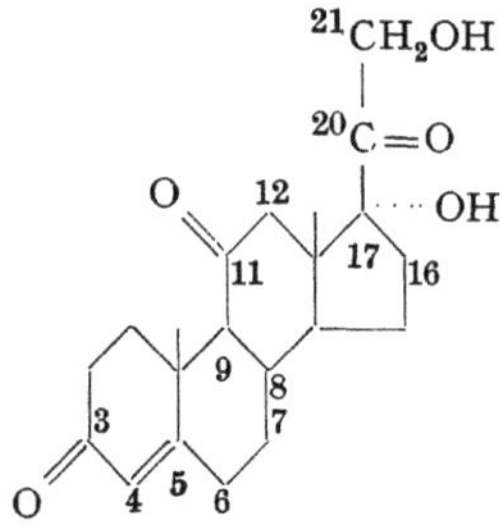

(I.) Cortisone.

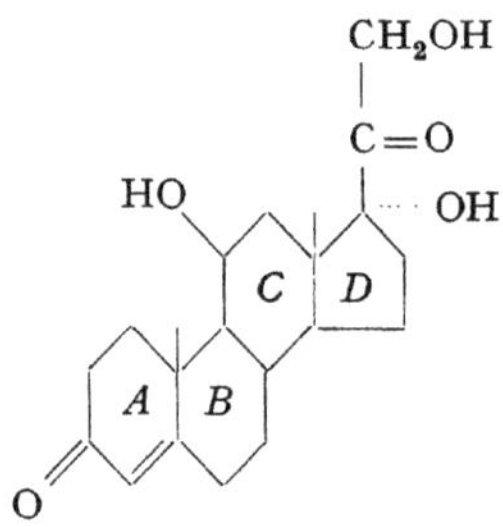

(II.) 17 α-Hydroxycorticosterone.

Chart 1.

I. Syntheses of Cortisone from Bile Acids.

Until very recent times practically all the synthetic work directed towards the synthesis of cortisone and related adrenal hormones utilized desoxycholic acid (III) or cholic acid (IV) *(Chart 2)* derived from ox bile as starting material. These substances exhibit the attractive features of possessing a hydroxyl group at $C_{(12)}$ which facilitates the introduction of a $C_{(11)}$ oxygen function and of having rings *A* and *B* fused in the *cis* (5 *β* or "normal") configuration, which not only enables the formation of the Δ^4-double bond to be carried out with considerable ease but is also essential for some of the methods, to be described below, employed for the introduction of the $C_{(11)}$ oxygen grouping. On the other hand, since these acids are derived from animal sources, their supply is by necessity limited. Although considerably more work has been done with desoxycholic acid than with cholic acid as regards direct utilization for cortisone syntheses, the latter acid is by far the more plentiful. Thus, 100 kg. of ox bile yield 5–6 kg. of cholic acid (IV) and only 0,6–0,8 kg. of desoxycholic

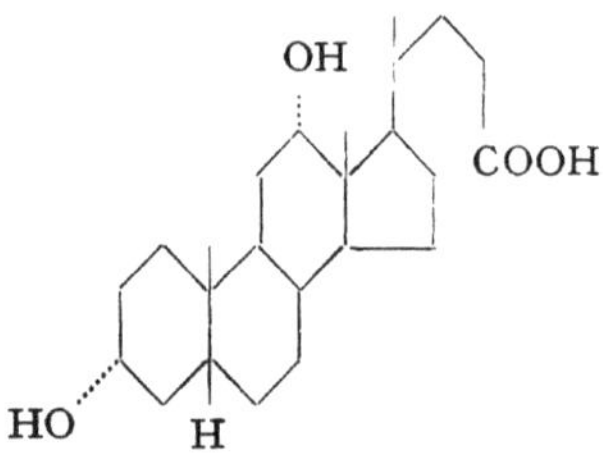

(III.) Desoxycholic acid.

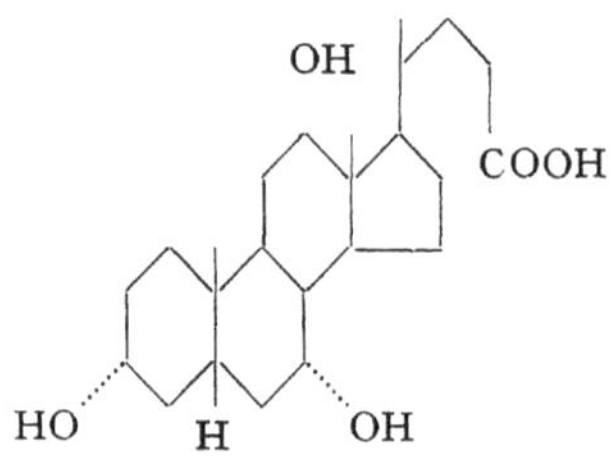

(IV.) Cholic acid.

Chart 2.

acid (III) *(280)*. For this reason the conversion of (IV) to (III) has become vitally important, and this topic will be briefly discussed in the following Section 1. The transformation of desoxycholic acid to cortisone involves the degradation of the side chain (Section 2, p. 278), the shifting of the oxygen function from $C_{(12)}$ to $C_{(11)}$ (Section 3, p. 282), and the erection of the dihydroxyacetone side chain and introduction of the Δ^4-3-ketone function (Section 4, p. 310).

1. Conversion of Cholic to Desoxycholic Acid.

The best procedures available at the present time for carrying out this conversion all involve the preferential oxydation at $C_{(7)}$ of cholic acid or a derivative thereof, followed by a WOLFF-KISHNER removal of the $C_{(7)}$ ketone *(Chart 3)*. This sequence of transformations was first carried out by HASLEWOOD (*88, 89*) who realized an about 40% over-all yield by oxidizing cholic acid with sodium dichromate in aqueous acetic acid buffered with sodium acetate, followed by reduction of the crude oxidation mixture by the WOLFF-KISHNER method. The preferential oxydation at $C_{(7)}$ of cholic acid or its esters by means of chromic acid in acetic acid (*83, 124*) and by means of bromine in alkali at $-5°$ (*124*) has also been studied, and derivatives of the 7-keto compound (type VI) could be isolated in yields of 40–50%. Recently, FIESER and his co-workers have carried out a thorough investigation into methods for effecting partial oxidation of cholic acid derivatives at $C_{(7)}$. The most convenient one appears to involve the oxidation of cholic acid with N-bromosuccinimide in aqueous acetone or more simply in aqueous sodium bicarbonate solution, followed by reduction of the resulting mixture by the HUANG-MINLON modification (*126, 127*) of the WOLFF-KISHNER method, when desoxycholic acid may be isolated as the etherate in about 70% yield (*68*). Since under these conditions desoxycholic acid is not attacked by N-bromosuccinimide, the separation and purification of the component acids obtained after the hydrolysis of the bile may be dispensed with; the total crude bile acids can be subjected to this procedure and desoxycholic acid is isolated in good yield. An alternative method proceeds from methyl cholate (V; $R = H$, $R' = CH_3$)

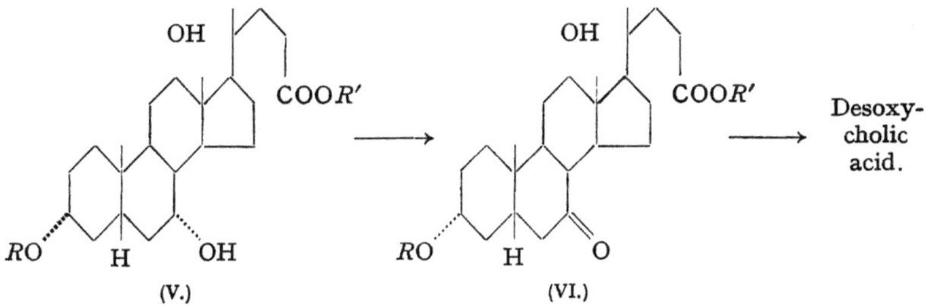

Chart 3.

to the 3-carbethoxy derivative (V; $R = COOC_2H_5$, $R' = CH_3$) which on oxidation with N-bromosuccinimide or with sodium dichromate and sodium acetate yields the $C_{(7)}$ ketone (VI; $R = COOC_2H_5$, $R' = CH_3$) (*69*, *65*); these transformations may be carried out in almost quantitative yield. Reduction by the WOLFF-KISHNER-MINLON method (*126*, *127*) then again furnishes desoxycholic acid.

A method for converting a $C_{(7)}$ ketone of type (VI) into desoxycholic acid which does not involve a reduction of the WOLFF-KISHNER type has recently been described by workers of the MERCK laboratories (*123*) (*Chart 4*). Methyl 3 α,12 α-diacetoxy-7-ketocholanate (VII) was transformed by means of acetic anhydride or isopropenyl acetate in the presence of *p*-toluenesulfonic acid into the $C_{(7)}$ enol acetate (VIII), which on hydrogenation in acetic acid over platinum, followed by saponification, furnished desoxycholic acid in an over-all yield of 30–35%.

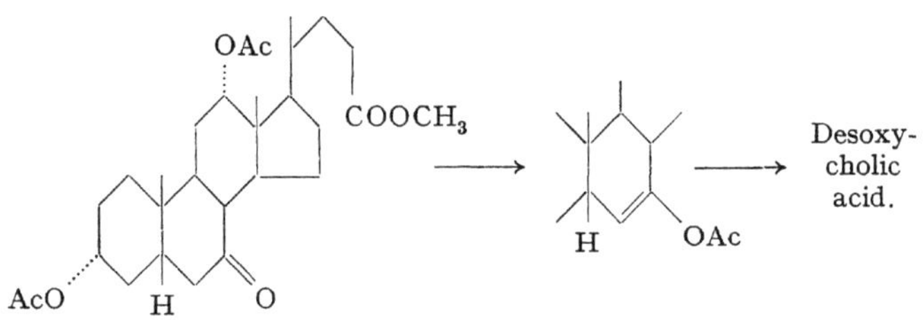

(VII.) Methyl 3 α, 12 α-diacetoxy-7-ketocholanate. (VIII.)

Chart 4. (Ac = acetyl.)

2. Side-Chain Degradation.

The one-step side-chain degradation of derivatives of desoxycholic acid by means of chromium trioxide in hot acetic acid, the method used by RUZICKA [cf. e. g. (*241*)] with cholesteryl acetate dibromide, gave only very poor yields of desirable products. Thus, methyl desoxycholate diacetate (IXa) furnished the pregnane derivative (X), the etianic acid (XI) and the testan-17-one (XII) (*Chart 5*) in yields of only about 0,1% each (*213*, *209*). In addition a small amount of the tricyclic derivative (XIII) was formed (*210*) (cf. p. 354).

The stepwise degradation of the cholanic acid side chain by the BARBIER-LOCQUIN procedure (*3*) was first carried out by WIELAND and co-workers (*279*) on cholanic acid itself. It was later applied by REICHSTEIN (*198*) and by EHRENSTEIN (*51*) to the degradation of cholic acid and by HOEHN and MASON (*125*), SAWLEWICZ (*252*), as well as REICHSTEIN (*218*) to desoxycholic acid. The details of the degradation of the latter acid (*125*) are shown in *Chart 6*. As can be seen, the reaction sequence leading to the loss of one carbon atom consists of esterification of the carboxylic acid, conversion of the methyl ester to a diphenyl–carbinol,

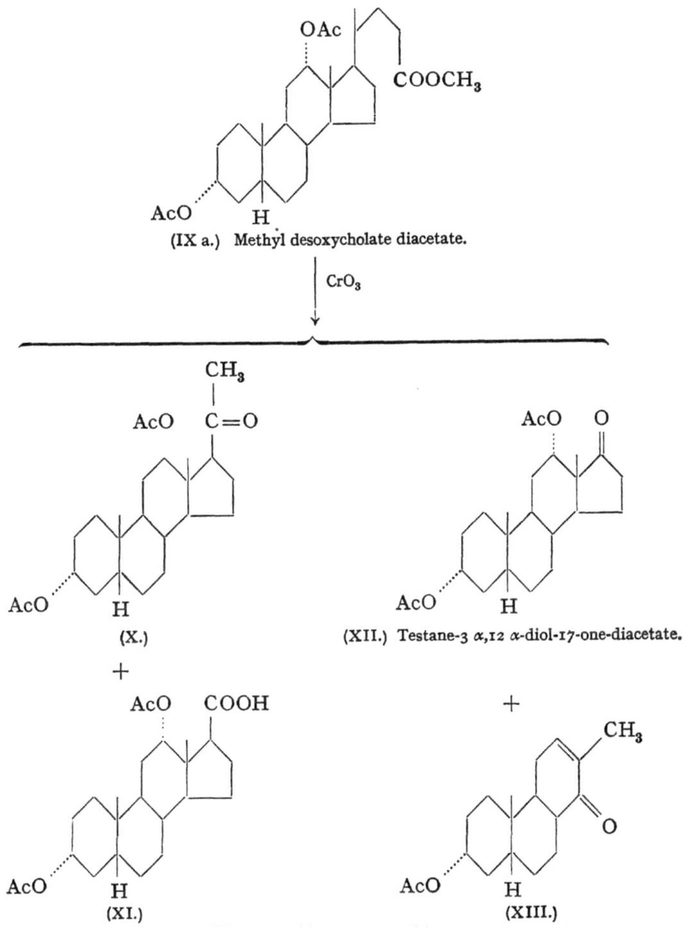

Chart 5. (Ac = acetyl.)

acetylation and dehydration of the latter to a diphenyl–ethylene, and finally oxidation with chromium trioxide to a carboxylic acid. After carrying out this sequence three times (the last oxidation being carried out by means of ozone) pregnane-3α,12α-diol-20-one diacetate (X) was obtained, which on conversion to the $C_{(21)}$ benzal derivative, followed by ozonolysis, cleavage with periodic acid and saponification, yielded 3α, 12α-dihydroxyetianic acid (XXIII). The method suffers from the disadvantage that only a single carbon atom is removed at a time, and consequently a large number of steps are required to degrade the whole side-chain. For this reason, although each of the steps in the degradation proceeds in satisfactory yield, 100 g. of desoxycholic acid gave only 7,3 g. of the pregnane derivative (X) and 4,5 g. of the etianic acid (XXIII).

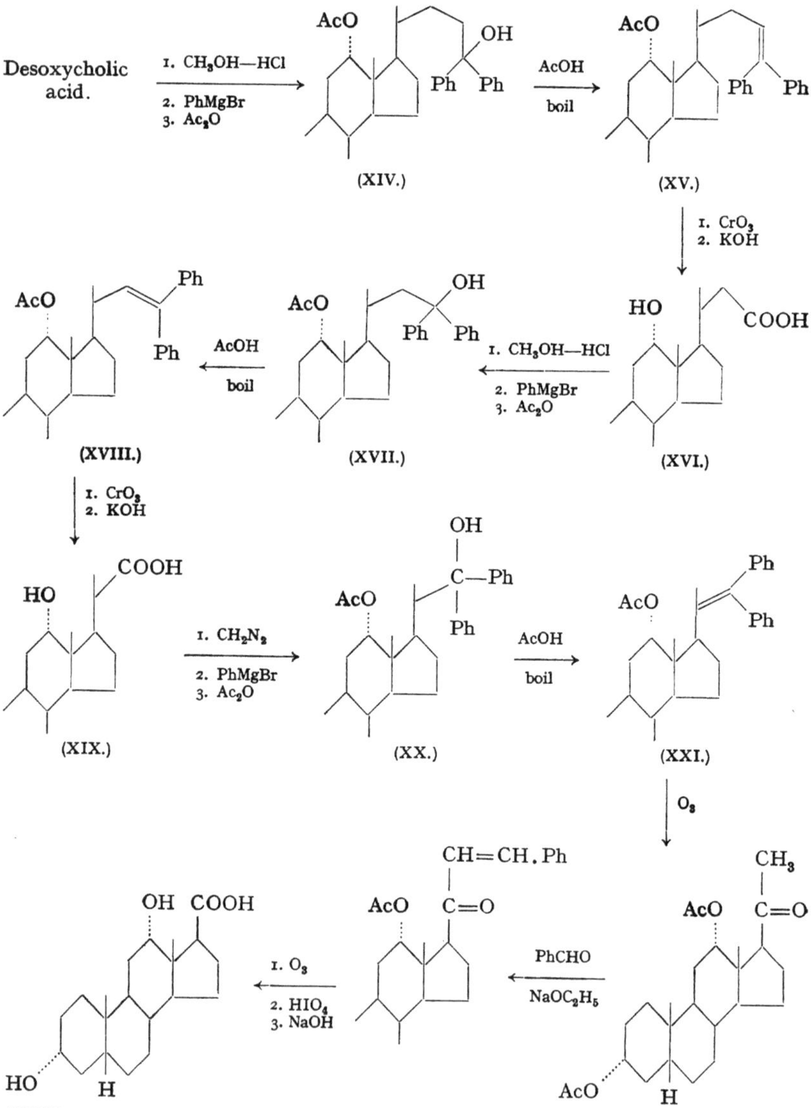

(XXIII.) 3α,12α-Dihydroxyetianic acid. (XXII.) (X.) Pregnane-3α,12α-diol-20-one diacetate.

Chart 6. (Ac = acetyl; Ph = phenyl.)

A scheme for degrading the bile acid side-chain by more than one carbon atom at a time involving the cleavage of the enol acetate of an α-diketone was suggested by JACOBSEN (*129*) but does not seem to have been investigated further. On the other hand, MEYSTRE and MIESCHER discovered in 1944 a method of side-chain degradation which is superior to

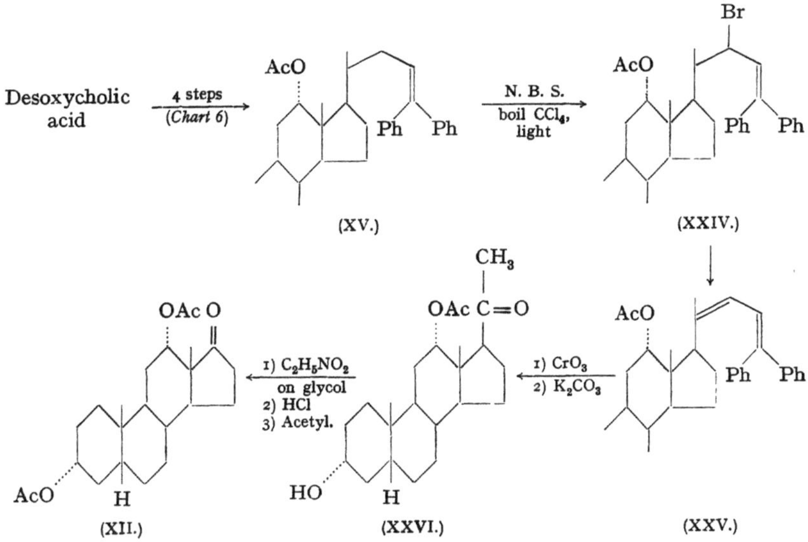

Chart 7. (N. B. S. = N-bromosuccinimide.)

the BARBIER-WIELAND procedure both as regards over-all yield and economy of steps. It was applied to the degradation of desoxycholic (*191*, *192*) and of cholic acid (*193*) and is shown schematically in *Chart 7*. To obtain a satisfactory conversion in the bromination step, it was found to be imperative that it be carried out in the presence of light (*191*). In this manner pregnane-3α,12α-diol-20-one 12-monoacetate (XXVI) could be obtained in 35% yield from desoxycholic acid by a seven-step process. A similar cleavage procedure was discovered independently by ETTLINGER and FIESER (*53*) who further degraded the ketone (XXVI) by the action of ethyl nitrite and sodium ethoxide, followed by concentrated acid, to the testan-17-one (XII), previously obtained by REICH (*210*) directly from desoxycholic acid *(Chart 5)*.

A further discovery of great utility was made in 1947 by MEYSTRE and WETTSTEIN (*194*, *195*) who showed that the diphenyl–butadiene (XXV) could be further brominated at $C_{(21)}$ by means of N-bromosuccinimide, that the bromine at $C_{(21)}$ could then be replaced by an acetoxy group, and the diphenyl-butadiene moiety subsequently removed by oxidation *(Chart 8)*. Alternatively, (XXV) was partially saponified at $C_{(3)}$, oxidized to the $C_{(3)}$ ketone (XXX), and the acetoxylation at $C_{(21)}$ effected on this compound (*194–196*). It is thus possible to convert a compound with the cholic acid side-chain in eight steps, and in comparatively high yield, to a 21-acetoxypregnan-20-one, lacking only the 17α-hydroxy group of the dihydroxyacetone side-chain characteristic of cortisone.

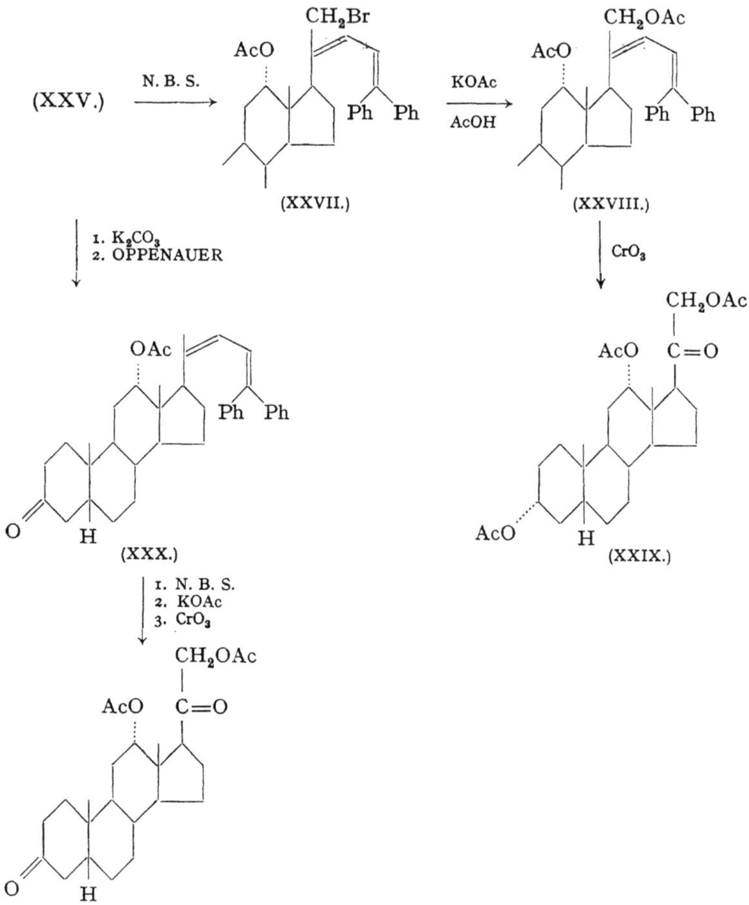

Chart 8. (Ac = acetyl; Ph = phenyl; N. B. S. = N-bromosuccinimide.)

In the present Section side-chain degradations only of cholic and desoxycholic acids have been described. Similar methods have been applied also to a number of $C_{(11)}$ oxygenated and unsaturated derivatives of these acids, and will be discussed where relevant in the following Section in connection with the introduction of oxygen at $C_{(11)}$.

3. Introduction of Oxygen at $C_{(11)}$.

a) From a Δ^{11}-Ethylene by Addition of Hypobromous Acid (REICHSTEIN).

The first successful transfer of the $C_{(12)}$ oxygen function present in the bile acids to the $C_{(11)}$ position was achieved by REICHSTEIN (*212*) by a method which proceeded *via* Δ^{11}-unsaturated compounds. The latter

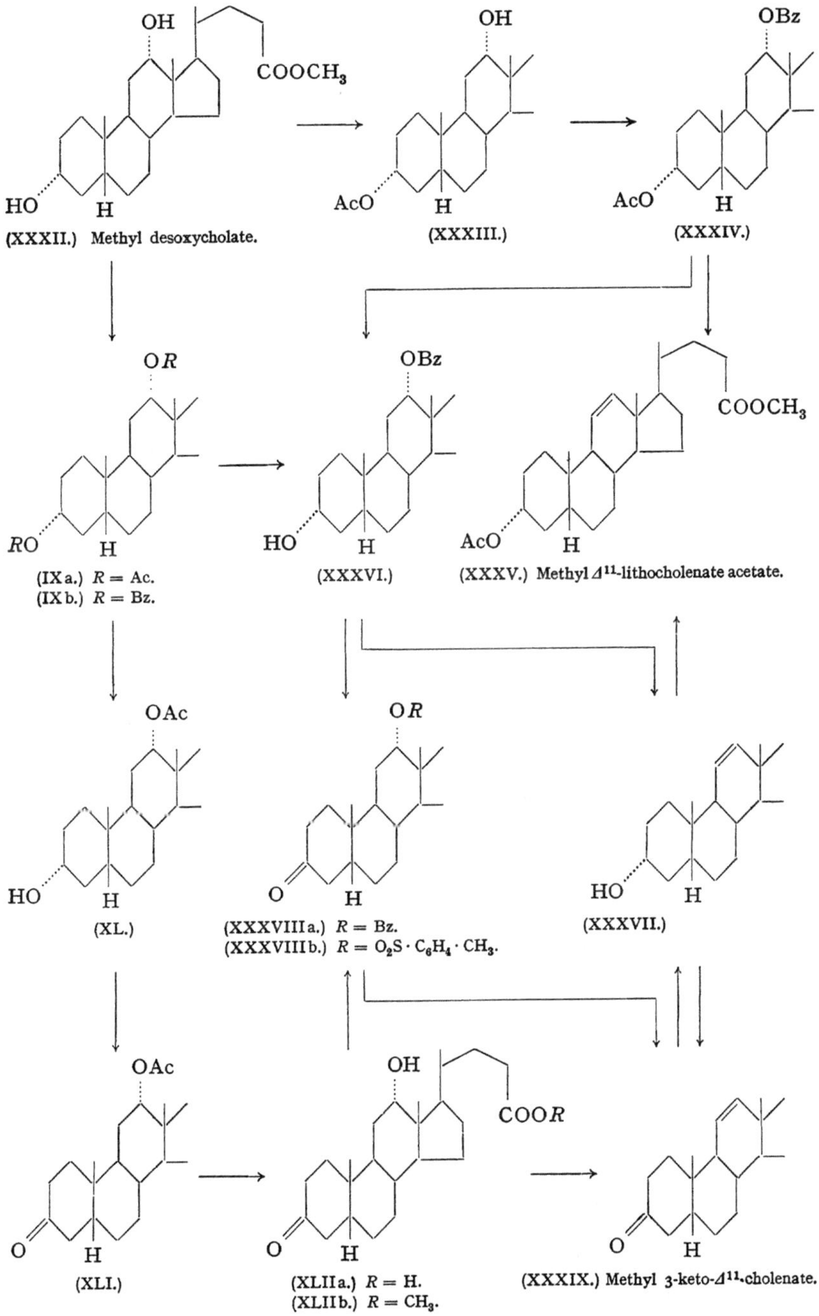

Chart 9. (Ac = acetyl; Bz = benzoyl.)

are available by methods involving pyrolysis of the 12α-benzoxy compounds or anthraquinonecarboxylates, and through heating the 12α-*p*-toluenesulfonates or methanesulfonates with organic bases. Thus, methyl Δ^{11}-lithocholenate acetate (XXXV) was prepared from methyl desoxycholate (XXXII) by means of a partial acetylation to the 3-monoacetate (XXXIII) (*221*) followed by benzoylation at $C_{(12)}$ and pyrolysis (*150*) (*Chart 9*). A better method, described by the KENDALL school (*189*), proceeded *via* the dibenzoate (IXb) of methyl desoxycholate, which on partial saponification with sodium hydroxide and re-methylation of the carboxylic acid grouping yielded the 12-monobenzoate (XXXVI), a compound which may also be obtained by the partial saponification of the 3-acetate-12-benzoate (XXXIV) (*150*). Pyrolysis of (XXXVI) (*189*) then gave the 3α-hydroxy-Δ^{11}-ester (XXXVII) which may be acetylated to (XXXV) (*208*), but is best isolated as the free 3α-hydroxy acid (*189*). The Δ^{11}-3-ketone (XXXIX) corresponding to (XXXVII) was prepared by the pyrolysis of methyl 3-keto-12α-benzoxycholanate (XXXVIIIa) (*150*) which may be obtained by chromium trioxide oxidation of (XXXVI) (*150*) or from methyl desoxycholate diacetate (IXa) by partial saponification at $C_{(3)}$ to give (XL), followed by chromium trioxide oxidation to (XLI) (*20, 221*), hydrolysis to (XLIIa) (*20*), methylation to (XLIIb) (*20*), and finally benzoylation at $C_{(12)}$ (*150*). Alternatively, (XLIIb) was converted to its 12-*p*-toluenesulfonate (XXXVIIIb) which on heating with collidine or pyridine again yielded the Δ^{11}-ethylene derivative (XXXIX) (*60*). The latter could even be obtained by direct pyrolysis of the 12α-hydroxy acid (XLIIa), followed by methylation, but only in poor yield (*20*). Reduction of the $C_{(3)}$ carbonyl function of (XXXIX) with hydrogen over RANEY nickel [preferably in alkaline solution (*202*)], with sodium amalgam, or by the PONNDORF method (*208*), yielded the 3α-ol (XXXVII) admixed with the corresponding 3β-isomer.

Methyl 3-keto-Δ^{11}-cholenate (XXXIX) was transformed into the $C_{(11)}$ ketone (XLVI) by the following method (*152*). Reaction with hypobromous acid in the form of N-bromoacetamide yielded what appears to be a mixture of the bromohydrin (XLIII), the 11,12-dibromide (XLIV), and the 9,11-dibromo-12-ol (XLV) (*Chart 10*). Oxidation of this mixture with chromium trioxide, followed by debromination with zinc, then furnished the desired methyl 3,11-diketocholanate (XLVI), together with unchanged starting material (XXXIX) derived from the dibromide (XLIV), and the $\Delta^{9(11)}$-12-ketone (XLVII) derived from the dibromohydrin (XLV).

Very similar procedures were employed to convert methyl 3α-acetoxy-Δ^{11}-cholenate (XXXV) to the $C_{(11)}$ ketone (XLIX) (*152, 202*), and methyl 3β-acetoxy-Δ^{11}-cholenate (LII) to the $C_{(11)}$ ketone (LIV) (*202, 207*) (*Chart 11*). In the former case an alternative route (*202*) consists of transforming the bromohydrin (XLVIII) by means of alkaline alumina or

(XXXIX.) Methyl 3-keto-Δ^{11}-cholenate.

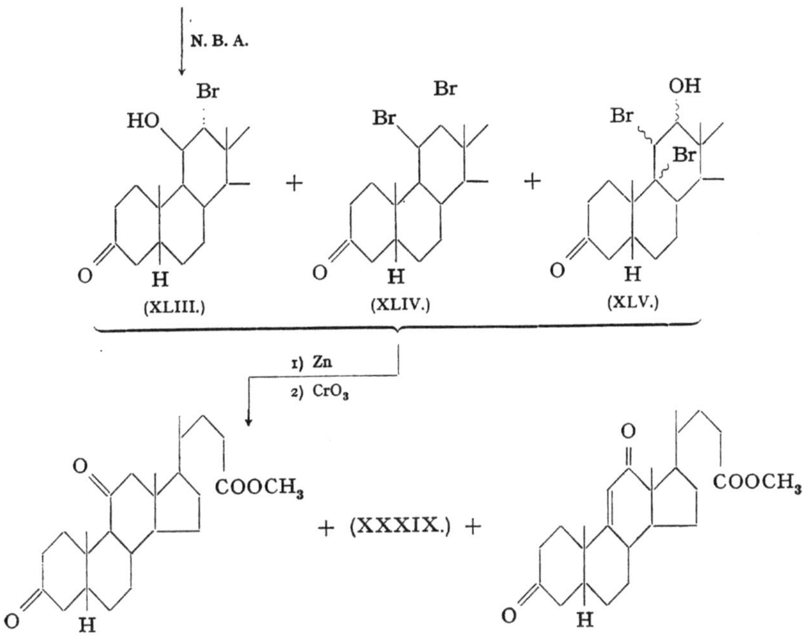

(XLVI.) Methyl 3,11-diketocholanate. (XLVII.)

Chart 10. (N. B. A. = N-bromoacetamide.)

alcoholic potassium hydroxide, followed by re-methylation and acetylation, to the 11β,12β-oxide (L), which on hydrogenation over Raney nickel under pressure (*202*), followed by chromium trioxide oxidation (*152*), again yielded methyl 3α-acetoxy-11-ketocholanate (XLIX). The three 11-ketocholanic acid derivatives (XLVI), (XLIX) and (LIV) could be interrelated, for when the 3,11-diketone (XLVI) was reduced with hydrogen over platinum in acetic acid and the carbinol mixture was acetylated, the 3β-acetoxy-11-one (LIV) together with smaller quantities of the 3α-acetoxy-11-one (XLIX) were isolated (*207*).

Methyl 3α-acetoxy-11-ketocholanate (XLIX), the preparation of which has been described in the preceding paragraph, is an important cortisone intermediate and has been obtained by a number of alternative routes to be described later. It was degraded by the Meystre-Miescher and Meystre-Wettstein methods to pregnane-3,11,20-trione (LVIII) (*277*) and to 21-acetoxypregnane-3,11,20-trione (LXI) (*277*) *(Chart 12)* in a manner similar to that described previously for the corresponding 12α-acetoxy compound (*Charts 7* and *8*). The trione (LVIII) may then be preferentially reduced at $C_{(3)}$ by means of hydrogen over platinum in acetic acid (*54*) to pregnan-3β-ol-11,20-dione, or with sodium

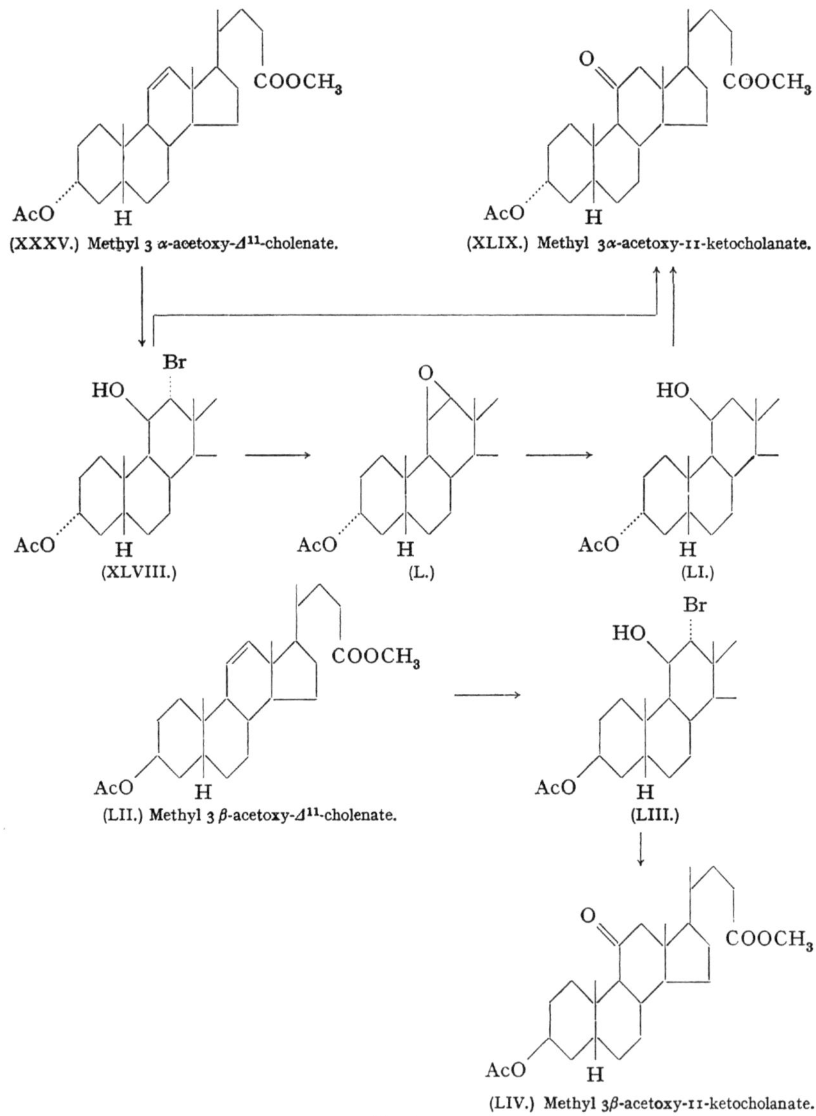

Chart 11.

borohydride (*164, 166*) to pregnan-3α-ol-11,20-dione (LIXa) and thence to the acetate (LIXb). For cortisone syntheses it would, however, appear to be simpler to carry out the MEYSTRE degradations of (LVI), without oxidizing the 3α-hydroxy group, in order to obtain pregnan-3α-ol-11,20-dione acetate (LIXb) and 21-acetoxy-pregnan-11α-ol-3,20-dione acetate (CLXXIV, *Chart 34*) directly. The 11-keto ester (XLIX) has also

(XLIX.) Methyl 3α-acetoxy-11-ketocholanate.

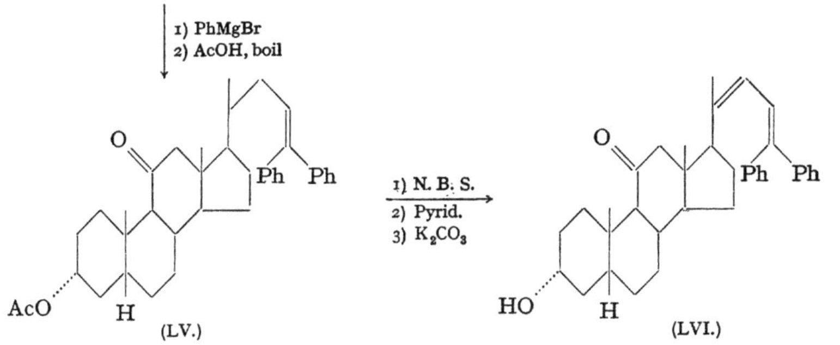

(LV.) (LVI.)

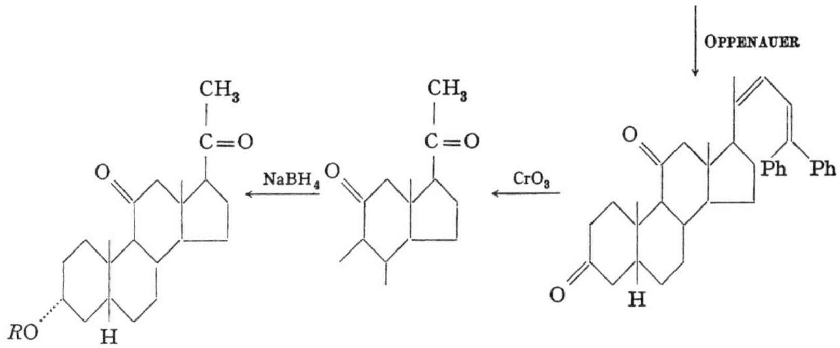

(LIXa.) *R* = H. (LIXb) *R* = Ac.
Pregnan-3 α-ol-11,20-dione.

(LVIII.)
Pregnane-3,11,20-trione.

(LVII.)

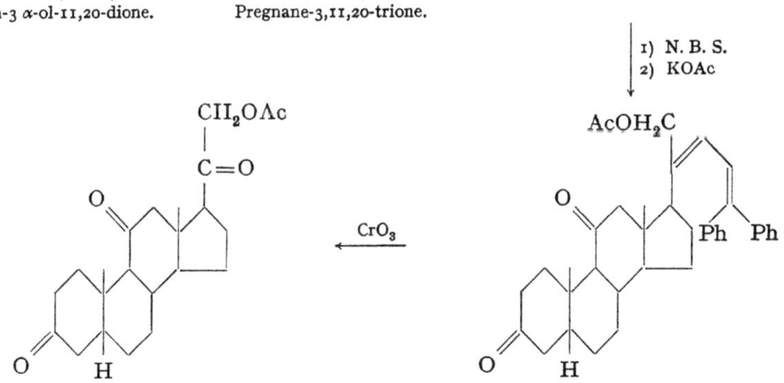

(LXI.) 21-Acetoxypregnane-3,11,20-trione.

(LX.)

Chart 12. (Ac = acetyl; Ph = phenyl; N. B. S. = N-bromosuccinimide.)

been degraded to pregnan-3α-ol-3,20-dione acetate (LIXb) by the Barbier-Wieland technique (*266*, there footnote 4; *267*), and the latter substance has been further broken down to the corresponding etianic acid (LXXVI, *Charts 14* and *24*) (*267*).

The above described method for the introduction of the 11-keto group has also been applied to a number of bile acid derivatives possessing side-chains degraded to some extent. Thus, nor-desoxycholic acid (XVI, *Chart 6*) on methylation, partial acetylation at $C_{(3)}$, formation of the anthraquinone-β-carboxylate at $C_{(12)}$ and pyrolysis yielded the Δ^{11}-nor-ester (LXIII) (*157*), which was also obtained from methyl 3α-hydroxy-Δ^{11}-cholenate (XXXVII, *Chart 9*) by the usual Barbier-Wieland degradation (*86*) (*Chart 13*). Treatment of (LXIII) with N-bromoacetamide and oxidation of the total product with chromium trioxide, followed by zinc debromination, then led to the corresponding methyl 3α-acetoxy-11-keto-norcholanate (LXIV) (*157*).

A similar series of reactions has been carried out in the bisnor series. The methyl ester of bisnor-desoxycholic acid (XIX, *Chart 6*) was esterified at $C_{(3)}$ and $C_{(12)}$ by means of anthraquinone-β-carboxyl chloride, and the product partially saponified at $C_{(3)}$ (*156*). Acetylation of the resulting

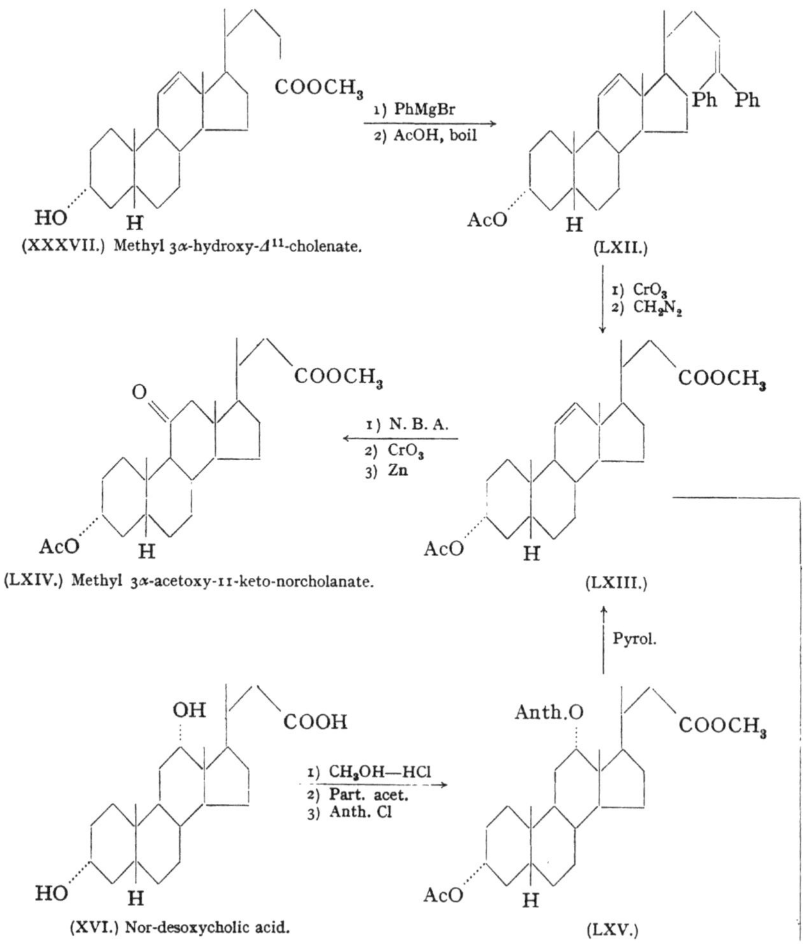

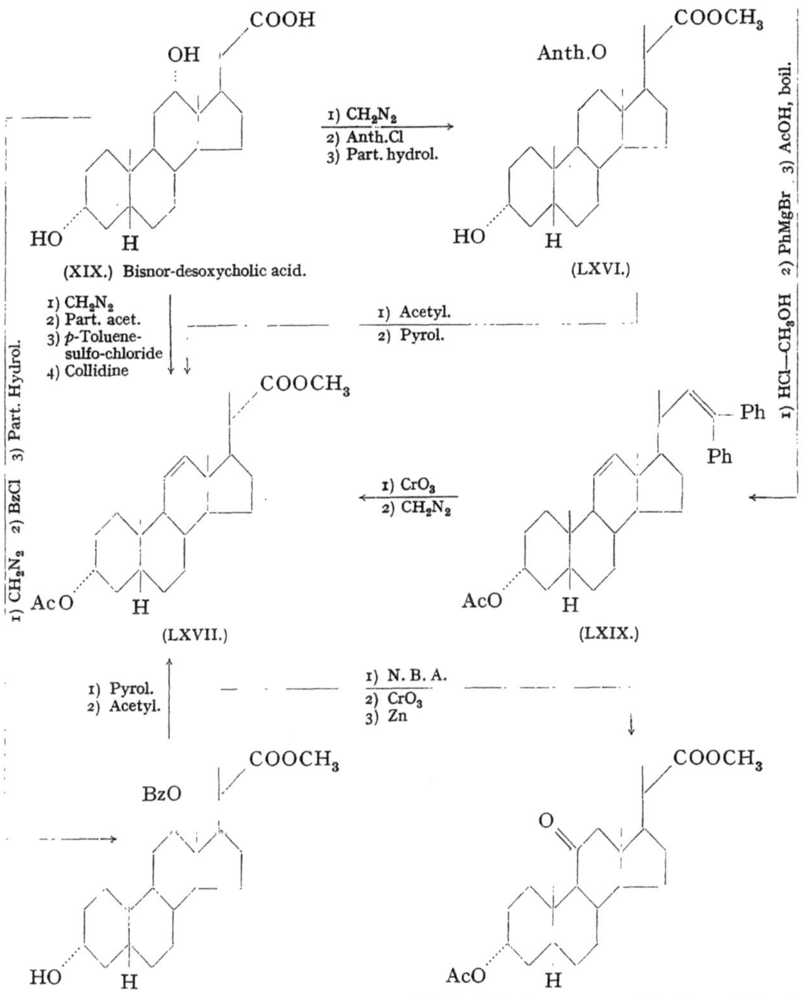

Chart 13. (Ac = acetyl; Ph = phenyl; Bz = benzoyl; Anth = Anthraquinone-β-carboxylic.)

compound (LXVI) and pyrolysis gave the Δ^{11}-bisnor ester (LXVII) (*156*), which could also be prepared by partial saponification of the dibenzoate methyl ester of (XIX) to give (LXVIII), followed by pyrolysis and acetylation (*244*), by preferential acetylation at $C_{(3)}$ of the methyl ester of bisnor-desoxycholic acid (XIX) (*156*), followed by the formation of the $C_{(12)}$ *p*-toluenesulfonate and boiling with collidine (*60*), or by a further Barbier-Wieland degradation of the Δ^{11}-nor-ester (LXIII, *Chart 13*) (*86*). The conversion of the Δ^{11}-bisnor-ester (LXVII) obtained by any of these

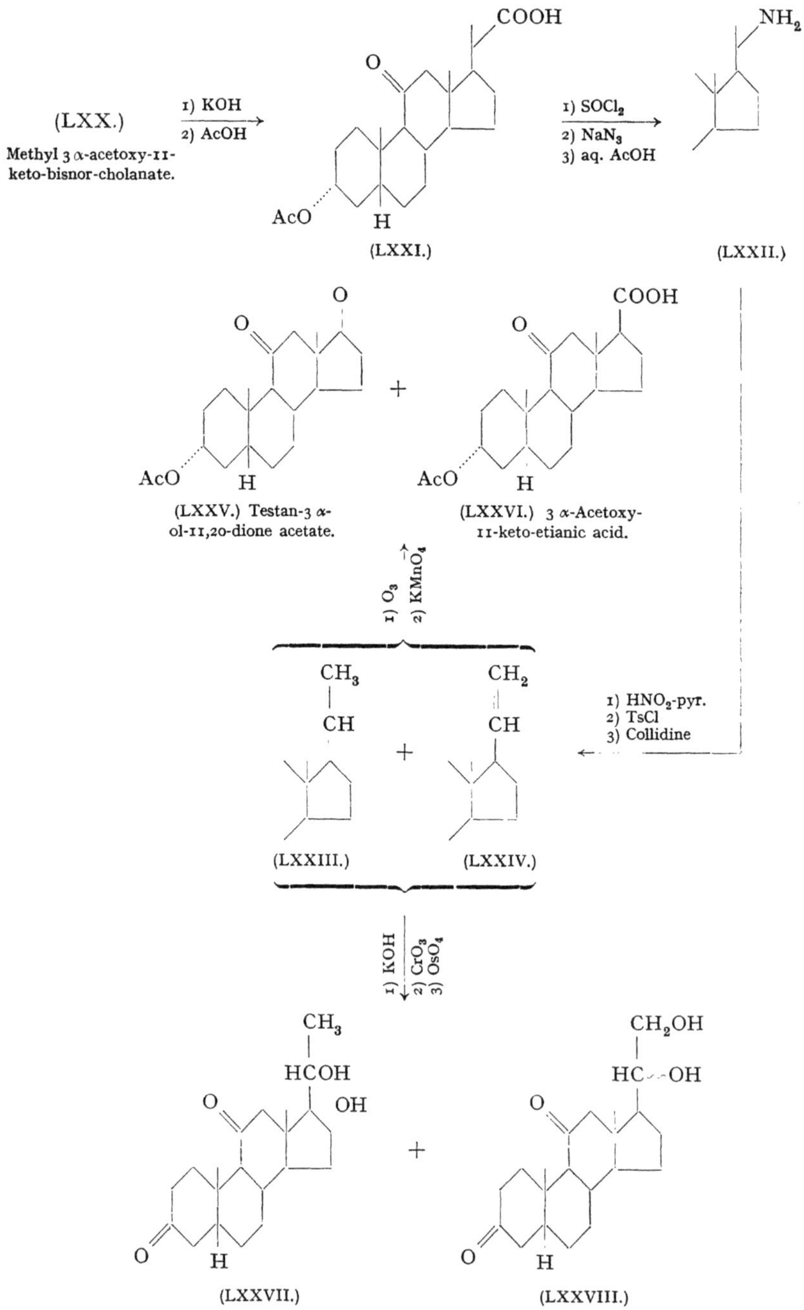

Chart 14. (Ac = acetyl, TsCl = *p*-toluenesulfochloride.)

methods to methyl 3α-acetoxy-11-keto-bisnor-cholanate (LXX) was carried out (*156, 244*) by the often described N-bromoacetamide – chromium trioxide-zinc method. In this case it was found by SARETT (*244*) that the addition of hypobromous acid to the Δ^{11}-double bond took place very rapidly if the N-bromoacetamide reaction was performed in the presence of dilute sulfuric acid. SARETT further degraded the side-chain of (LXX) by converting it to the 3-acetoxy acid (LXXI), which was transformed to the $C_{(20)}$-amine (LXXII) *via* the acid chloride and azide (*Chart 14*). Diazotization of (LXXII) in aqueous pyridine gave a mixture of alcohols and unsaturated compounds; the former were dehydrated through conversion to the *p*-toluenesulfonates and boiling with collidine. The resulting mixture of the $\Delta^{17(20)}$-ethylene (LXXIII) and Δ^{20}-ethylene (LXXIV) could be utilized in one of the following two ways: On the one hand ozonolysis, followed by potassium permanganate oxidation, yielded a mixture of testan-3α-ol-11,20-dione acetate (LXXV) and 3α-acetoxy-11-keto-etianic acid (LXXVI) (*244*). Both compounds have been converted to cortisone, the former substance serving for the first synthesis of the hormone (*cf. Chart 31*). On the other hand, the mixture of ethylenes was saponified at $C_{(3)}$, oxidized to the $C_{(3)}$ ketones with chromium

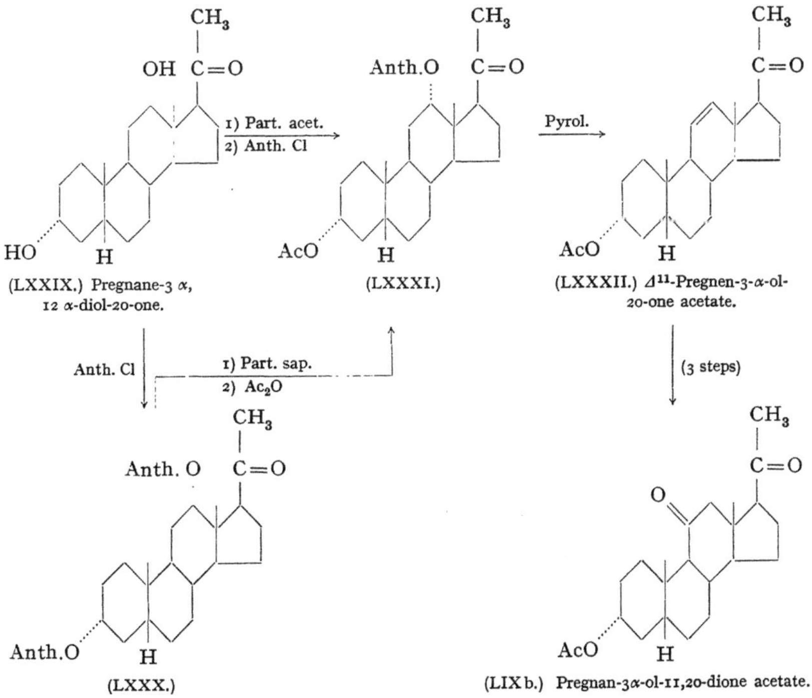

Chart. 15. (Anth. = Anthraquinone-β-carboxyl.)

trioxide, and hydroxylated with osmium tetroxide (*245*). The resulting mixture was separated into the 17,20-diol (LXXVII) and a mixture of 20,21-diols (LXXVIII) through conversion to the succinate, separation of the acidic fraction, and hydrolysis (*245*). The 20,21-diol fraction has been further transformed to cortisone (*cf. Chart 33*).

In the pregnane series, the desoxycholic acid degradation product pregnane-3α,12α-diol-20-one (LXXIX) [the free diol corresponding to the diacetate (X, *Chart 6*)] was transformed to the bis-anthraquinone-β-carboxylate (LXXX), which on partial saponification at $C_{(3)}$ and subsequent acetylation gave (LXXXI, *Chart 15*) (*54*). Alternatively, (LXXIX) was preferentially acetylated at $C_{(3)}$ and then converted to (LXXXI) (*54*). Pyrolysis of the latter led to Δ^{11}-pregnen-3α-ol-20-one acetate (LXXXII) which by the usual successive treatments with N-bromoacetamide, chromium trioxide and zinc gave pregnan-3α-ol-11,20-dione acetate (LIXb, *Chart 12*) (*54*). Similar experiments were carried out with the corresponding $C_{(3)}$ ketones (*54, 97*).

In the etianic series (*Chart 16*) 3α, 12α-dihydroxyetianic acid (XXIII, *Chart 6*) was methylated and acetylated, then preferentially saponified at $C_{(3)}$ and oxidized (*153*). The methyl 3-keto-12α-acetoxyetianate (LXXXIV) thus formed was then converted to the free 12α-ol (LXXXV) and thence to the Δ^{11}-unsaturated ester (LXXXVII) through benzoylation and pyrolysis (*153*) or through reaction of the 12α-hydroxy grouping with *p*-toluenesulfonyl chloride or methanesulfonyl chloride, followed by heating with collidine, pyridine or dimethylaniline (*60*). Methyl 3α-acetoxy-12α-hydroxyetianate, the 3α-acetoxy compound corresponding to the 3-ketone (LXXXV) could not be converted to the corresponding Δ^{11}-derivative (LXXXVIII) *via* the *p*-toluenesulfonate (*60*). This Δ^{11}-compound was, however, prepared, admixed with the corresponding 3β-acetoxy derivative, by reducing the 3-keto-Δ^{11}-ester (LXXXVII) by the PONNDORF method and acetylating the product (*153*). When (LXXXVIII) was subjected to the N-bromoacetamide – chromium trioxide – zinc procedure, methyl 3α-acetoxy-11-ketoetianate (LXXXIX) [the methyl ester of (LXXVI) *Chart 14*] was formed (*154*). The latter could also be obtained from (LXXXVII) by first carrying out the $C_{(11)}$ ketone introduction with this Δ^{11}-3-ketone and then preferentially reducing the methyl 3,11-diketoetianate (XC) by means of hydrogen and platinum in acetic acid (*154*) or, preferably, with sodium borohydride (*294, 296*) and subsequent acetylation.

In the testane series, the previously described 3,12-diacetate (XII, *Charts 5* and *7*) was saponified to testane-3α,12α-diol-17-one (*209*), which on preferential acetylation at $C_{(3)}$ (*209*) and treatment with *p*-toluenesulfonyl chloride (*151*) yielded the 3α-acetoxy-12α-toluenesulfonyl derivative (XCI) (*Chart 17*). Reaction of the latter compound with hot pyridine led to the required Δ^{11}-testen-3α-ol-17-one acetate (XCII) (*151*).

(XXIII.) 3α, 12α-Dihydroxy-etianic acid (*Chart 6*)

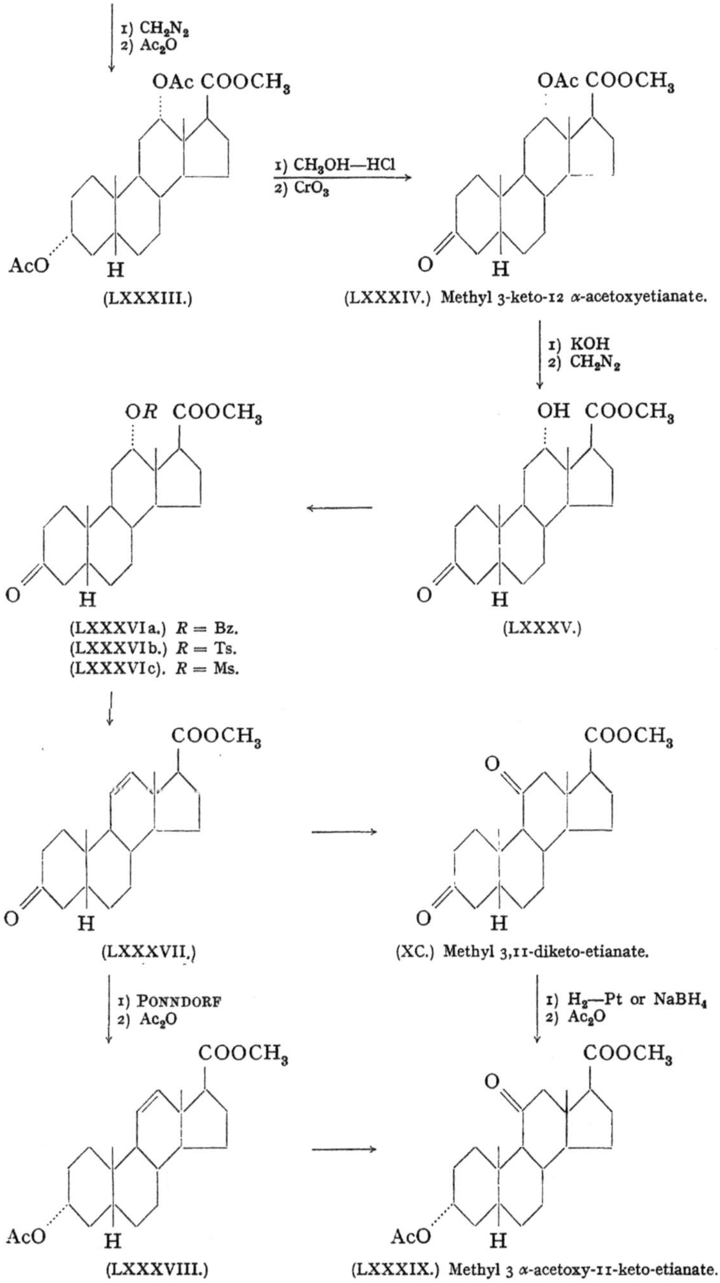

Chart 16. (Bz = benzoyl; Ts = *p*-toluenesulfonyl; Ms = methanesulfonyl.)

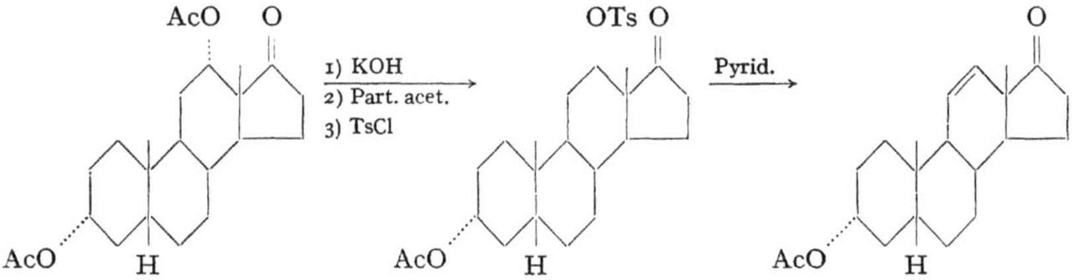

(XII.) Testane-3 α,12 α-diol-17-one diacetate. (XCI.) (XCII.) Δ^{11}-Testen-3 α-ol-17-one acetate.

Chart 17. (Ts = *p*-toluenesulfonyl.)

It is interesting that pyrolysis of testan-12α-ol-3,17-dione anthraquinone-β-carboxylate did *not* eliminate anthraquinone-carboxylic acid (*209*). It appears (*60*) that of the methods described for introducing the Δ^{11}-double bond, that involving pyrolysis of $C_{(12)}$ benzoates or anthraquinone-β-carboxylates is most suitable for compounds in which the side-chain is but little degraded, while the process involving the elimination of *p*-toluenesulfonic acid from 12α-*p*-toluenesulfonates by means of organic bases is the preferred one when the compound possesses a short side-chain.

Although the REICHSTEIN method for the introduction of oxygen at $C_{(11)}$ described above made available for the first time a wide variety of $C_{(11)}$ oxygenated steroids from bile acids, it suffered from the disadvantage that rather poor yields were obtained in the formation of the Δ^{11}-compounds and in their conversion to $C_{(11)}$ ketones.

b) From a $C_{(12)}$ *Ketone by Removal of the* $C_{(12)}$ *Oxygen Group from an Intermediate* 11,12-*Ketol* (GALLAGHER).

Another procedure for the introduction of the $C_{(11)}$ ketone group, mainly due to GALLAGHER and his colleagues, employed as starting material methyl 3α-hydroxy-12-ketocholanate acylated in the 3-position (type XCIII). This type of compound may be prepared from desoxycholic acid or ester by preferential acylation at $C_{(3)}$ followed by oxidation at $C_{(12)}$ (*cf. inter al. 168, 187, 255*), by preferential oxidation at $C_{(12)}$ followed by acylation (*10, 139*) or by selective reduction of dehydro-desoxycholic acid at $C_{(3)}$ and acylation (*149*). The bromination of the 3-acetoxy acid (XCIIIa) to an amorphous 11-bromo-12-ketone, and the interaction of the latter with hot alcoholic potassium hydroxide to the so-called "MARKER-LAWSON acid", considered at the time as 3α,11-dihydroxy-12-keto-cholanic acid (XCVI) or (XCVII) (*Chart* 18), were first studied by the workers just mentioned (*168*) as well as by LONGWELL and WINTERSTEINER (*162*). It was later shown that this series of reactions did not take such a simple course. SEEBECK and REICHSTEIN (*257*) demonstrated that actually

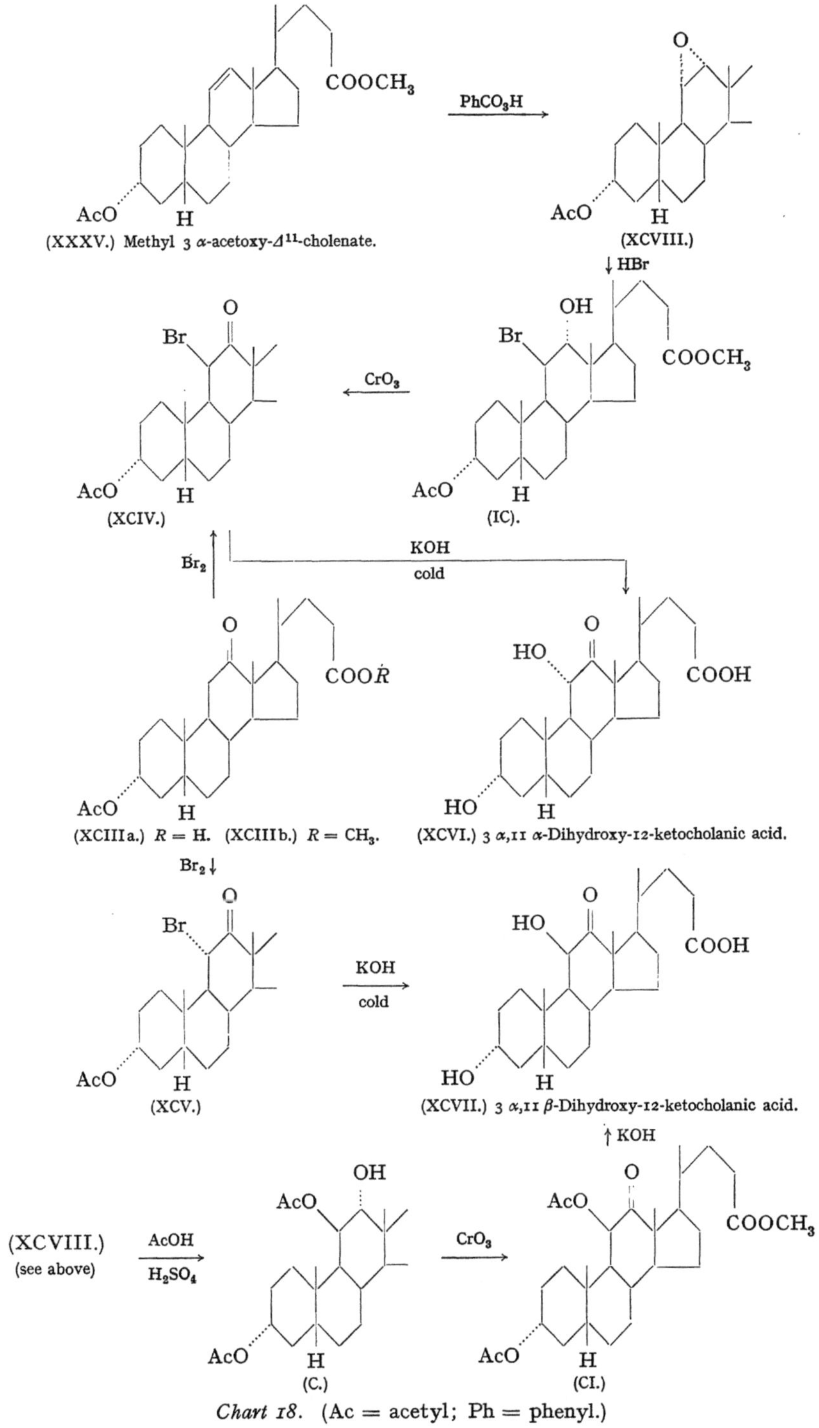

Chart 18. (Ac = acetyl; Ph = phenyl.)

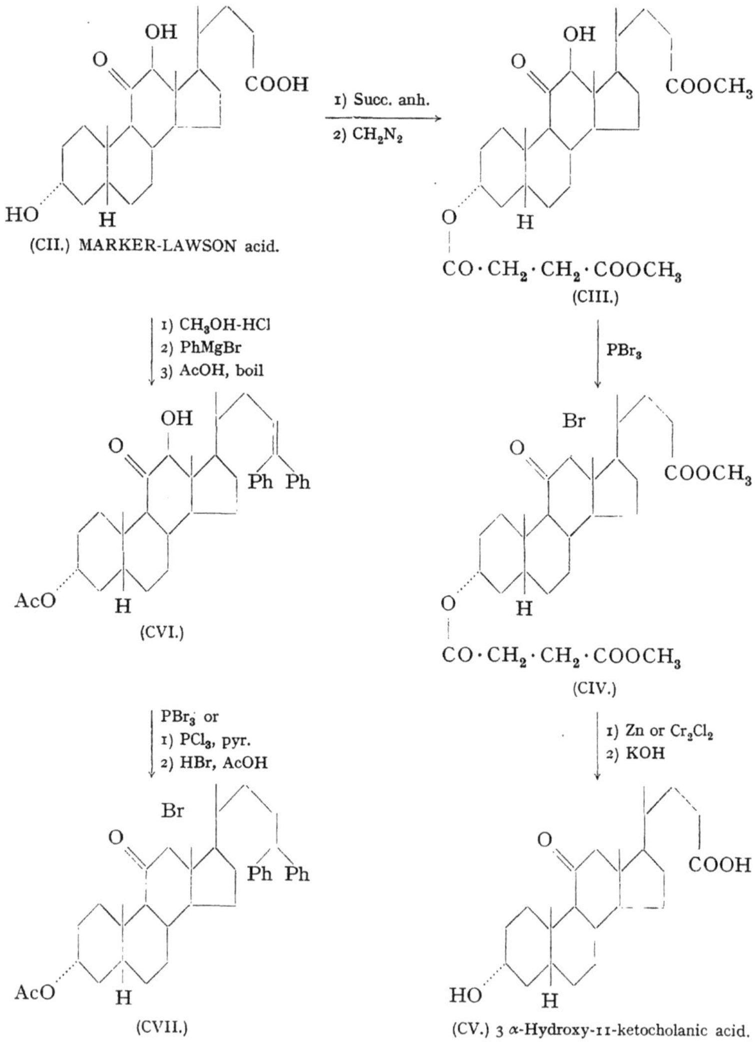

Chart 19. (Ac = acetyl; Ph = phenyl; pyr. = pyridine.)

two epimeric $C_{(11)}$ bromo compounds were produced, the one formed in greater amount being assigned the 11α-structure (XCV) on the basis of the relative rates of dehydrobromination. Similarly GALLAGHER and LONG (*85*) obtained, on bromination of the methyl ester (XCIIIb), a mixture consisting predominantly of the 11α-isomer (XCV) and to a lesser extent of the 11β-isomer (XCIV). The latter could also be prepared from methyl 3α-acetoxy-Δ^{11}-cholenate (XXXV, *Chart 9*) by conversion to the 11α,12α-epoxide (XCVIII), followed by addition of hydrogen bromide

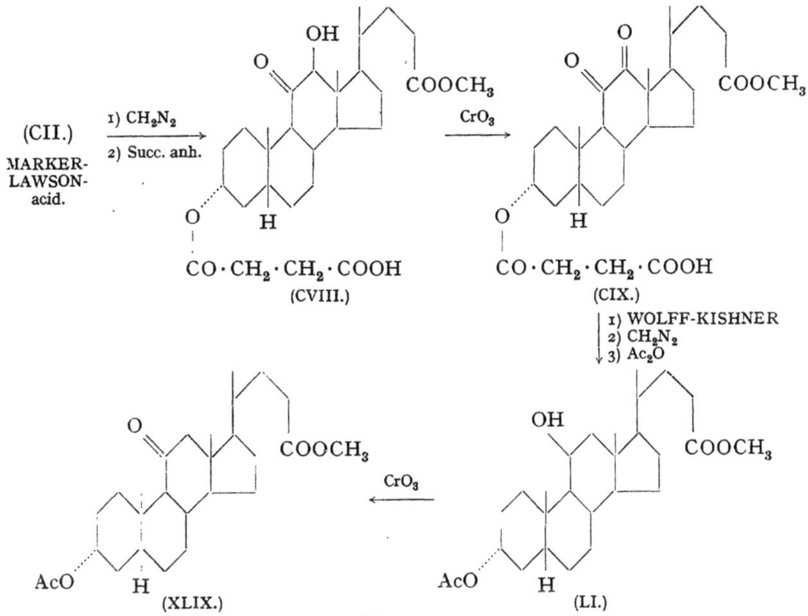

Chart 20.

and oxidation (*84*). On gentle hydrolysis with alcoholic potassium or sodium hydroxide at room temperature the epimeric 11-bromo-12-keto esters (XCIV) and (XCV) were shown to give the $3\alpha,11\alpha$-(XCVI) (*85*) and $3\alpha,11\beta$-dihydroxy-12-ketocholanic acid (XCVII) (*82*) respectively, neither of which was identical with the MARKER-LAWSON acid. The 11β-ol-12-one (XCVII) could be obtained alternatively, in rather poor yield, from the $11\alpha,12\alpha$-epoxide (XCVIII) through acetolysis to (C), followed by chromium trioxide oxidation and saponification (*84, 160*). When either of the 11-bromo-12-ketones (XCIV) and (XCV) or either of the corresponding hydroxy-ketones (XCVI) and (XCVII) were treated with *hot* alcoholic KOH, an acid was obtained as main product, identical with the MARKER-LAWSON acid, which was shown to be $3\alpha,12\beta$-dihydroxy-11-ketocholanic acid (CII) (*80, 291*) *(Chart 19)*. The conversion of (XCVI) and (XCVII) to the MARKER-LAWSON acid is a reversible process, for when the latter acid was heated with base, the 11α-ol-12-one (XCVI) was isolated in 30% yield, while 63% of the starting material could be recovered, and only very small amounts of the other two possible ketols were shown to be present (*18*). A similar series of conversions was carried out in the nor-cholanic acid (*222*), bisnor-cholanic acid (*222*) and etianic acid (*48, 81, 222*) series, and also with 3α-hydroxy-12-ketocholanic acid 3-succinate (*105*). The bromination at $C_{(11)}$ may be carried out by means of pyridine hydrobromide perbromide (*48*).

(XCVI.), (XCVII.) or (CI.).
(*Chart 18.*)

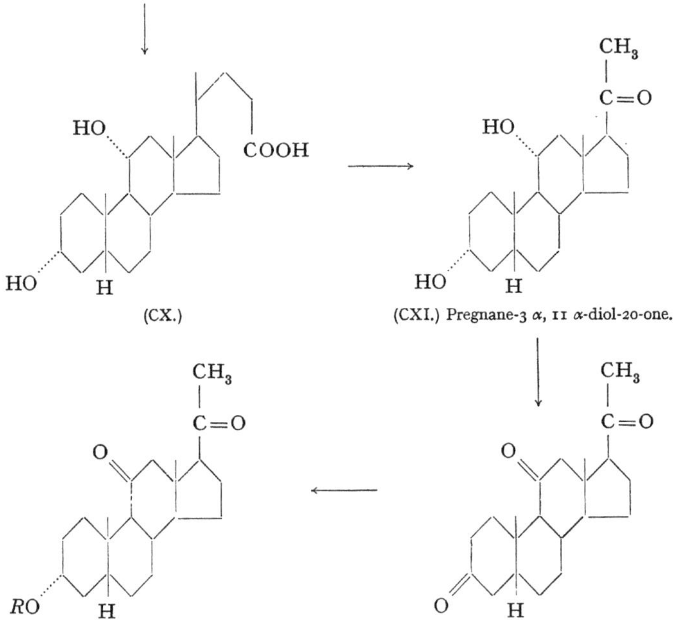

(CX.)

(CXI.) Pregnane-3 α, 11 α-diol-20-one.

(LIXa.) *R* = H. (LIXb.) *R* = Ac.
(*a*) Pregnan-3 α-ol-11,20-dione.

(LVIII.) Pregnane-3,11,20-trione.

Chart 21.

To remove the 12β-hydroxyl from the MARKER-LAWSON acid (CII), the latter was protected at $C_{(3)}$ by succinoylation and methylation (*Chart 19*). Reaction of the resulting ester (CIII) with phosphorus tribromide in chloroform effected the replacement of the $C_{(12)}$ hydroxyl group by bromine; zinc or chromous chloride reduction followed by saponification (*17, 18*) then yielded 3α-hydroxy-11-ketocholanic acid (CV). The side-chain degradation of this compound in the form of its acetate methyl ester (XLIX, *Chart 11*) has already been mentioned (*Chart 12*). Alternatively, the MARKER-LAWSON acid may be converted into the methyl ester, and thence through reaction with phenyl magnesium bromide and boiling acetic acid into the diphenyl-ethylene derivative (CVI) (*105*). Interaction with phosphorus tribromide or, preferably, conversion to the $C_{(12)}$ phosphite by means of phosphorus trichloride and pyridine, followed by reaction with hydrogen bromide in acetic acid, then furnished the 12-bromo compound (CVII) (*105*) which appears to be a cortisone intermediate (*cf. Chart 24*).

Another method for removing the 12β-hydroxy group from the MARKER-LAWSON acid (CII) was described by WINTERSTEINER but proceeds only in very poor yield. The 3-succinate (CVIII) was oxidized with chromium trioxide to the 11,12-diketone (CIX) *(Chart 20)* (*162*, *290*), the latter was reduced according to WOLFF-KISHNER, and the product was methylated, acetylated and oxidized at $C_{(12)}$ to yield the previously described methyl 3α-acetoxy-11-ketocholanate (XLIX, *Chart 11*) (*290*).

It has been mentioned earlier that the reaction leading to the MARKER-LAWSON acid involves an equilibrium, and that this acid is formed together with the 11α-ol-12-one (XCVI, *Chart 18*). The latter may of course be re-equilibrated with base, but alternatively may be utilized in a different manner. On WOLFF-KISHNER reduction of this compound (*82*) as well as of its $C_{(11)}$ epimer (XCVII) (*85*) and of the 3,11-diacetate methyl ester (CI) of the latter (*160*), 3α,11α-dihydroxycholanic acid (CX) may be obtained (isolated as the diacetate methyl ester) in about 30% yield (*Chart 21*), together with 3α-hydroxy-Δ^{11}-cholenic acid, lithocholic acid and a 3α,11,12-trihydroxycholanic acid. The stepwise BARBIER-WIELAND degradation of (CX) to pregnane-3α,11α-diol-20-one (CXI) has been carried out (*161*), the latter has been oxidized to pregnane-3,11,20-trione (LVIII) (*161*) which in turn has been selectively reduced at $C_{(3)}$ to pregnan-3α-ol-3,20-dione (LIXa) (*164*, *166*).

c) From a Δ^{11}-Ethylene or from a $C_{(12)}$ Ketone by Addition of Halogen to an Intermediate Δ^{11}-3α,9α-Oxide (KENDALL).

Probably the best method available in the bile acid series at the present time for moving the oxygen function from $C_{(12)}$ to $C_{(11)}$ is due to KENDALL and his coworkers. It was found that the dibromide (CXIII) obtained by the addition of bromine to Δ^{11}-lithocholenic acid (CXII) (*52*), [the free acid corresponding to the methyl ester (XXXVII, *Chart 9*)], on treatment with aqueous sodium hydroxide yielded 3α,12α-dihydroxy-$\Delta^{9(11)}$-cholenic acid (CXIV) *(Chart 22)* (*243*, *265*), a compound which could also be obtained (besides other substances) by the acetolysis and subsequent saponification of methyl 3α-acetoxy-11α,12α-oxidocholanate (XCVIII, *Chart 18*) (*84*, *160*). The $C_{(12)}$ hydroxyl group in the allylic alcohol (CXIV) is very labile and can readily be replaced by methoxyl or halogen (*181*, *243*, *265*). Thus, methanolic hydrogen chloride converted (CXIV) to the corresponding 12-methoxy ester which with chloroform containing hydrogen chloride gave the 12-chloro compound, *viz.* methyl 3α-hydroxy-12-chloro-$\Delta^{9(11)}$-cholenate (*181*). The latter proved to be very unstable towards water; upon shaking a chloroform solution with aqueous sodium bicarbonate a halogen-free compound was obtained which was shown to have the unusual 3α,9α-oxido structure (CXV) (*181*), formed as a result of allylic rearrangement and ring closure. Similarly, the $\Delta^{9(11)}$-12-ol (CXIV) with hydrogen bromide in chloroform gave an unstable 12-bromo compound, which when washed with water yielded the same methyl 3α,9α-oxido-

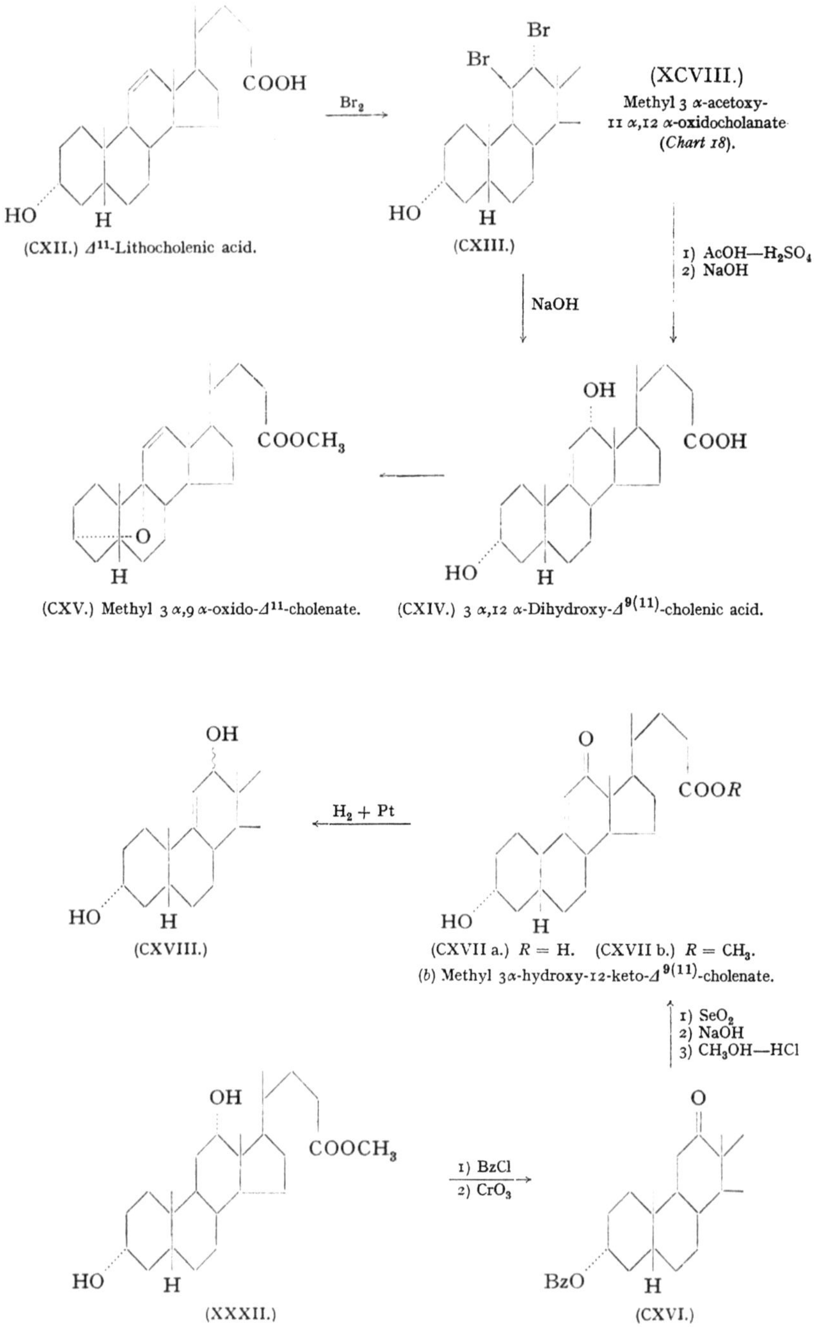

Chart 22. (Bz = benzoyl.)

Δ^{11}-cholenate (CXV). These reactions proceed in excellent yield but unfortunately the starting material, the Δ^{11}-cholenic acid derivative (CXII), is not obtainable in high yield (*cf. Chart 9*). For this reason another route to (CXV) was worked out by the KENDALL school, based on a methyl 3α-acyloxy-12-ketocholanate (*187*), and which is satisfactory throughout.

As has already been pointed out (*cf.* p. 294), this type of $C_{(12)}$ ketone may be prepared by selective acylation of methyl desoxycholate at $C_{(3)}$, and subsequent oxidation of the $C_{(12)}$ hydroxyl grouping with chromium trioxide. The 3-benzoate (CXVI) obtained in this way (*187*) yielded on dehydrogenation with selenium dioxide in chlorobenzene and acetic acid [a reagent used previously by SCHWENK (*256*) to introduce a $\Delta^{9(11)}$-double bond into the corresponding acetate (XCIIIb, *Chart 18*)] the $\Delta^{9(11)}$-12-ketone. The latter was converted by saponification and methylation to methyl 3α-hydroxy-12-keto-$\Delta^{9(11)}$-cholenate (CXVIIb) (*187*). The introduction of the $\Delta^{9(11)}$-double bond may also be carried out by bromination at $C_{(11)}$, followed by dehydrobromination with pyridine, collidine or sodium ethoxide (*28, 120, 162, 257*), but proceeds in a less satisfactory manner. Reduction of the $\Delta^{9(11)}$-12-one (CXVIIb) to a mixture of epimeric $\Delta^{9(11)}$-12-ols (CXVIII) was best effected by hydrogenation in the presence of a platinum oxide catalyst in ethanol-acetic acid solution (*187, 188*). The resulting diol mixture was converted by means of methanol and hydrochloric acid to the corresponding 12-methoxy compound, which could also be obtained directly from (CXVIIb) by hydrogenation in methanol containing hydrochloric acid. When the methyl ether was shaken in chloroform with concentrated hydrochloric acid, and the intermediate chloride washed with sodium bicarbonate, the 3α,9α-oxide (CXV) was again formed (*187*). This whole series of reactions proceeds remarkably smoothly, and an over-all yield of 60%, based on methyl desoxycholate, could be realized.

The methyl 3α-hydroxy-12-keto-$\Delta^{9(11)}$-cholenate (CXVIIb), necessary for the preparation of (CXV) by the above route, may also be obtained directly from cholic acid (*71*). Methyl cholate was preferentially acetylated at $C_{(3)}$ and $C_{(7)}$, and the resulting diacetate oxidized with chromium trioxide to methyl 3α,7α-diacetoxy-12-ketocholanate (CXIX) (*Chart 23*) (*inter al. 69*). This compound was converted by means of the SCHWENK selenium dioxide method (*256*) to the $\Delta^{9(11)}$-12-one (CXX), which being a vinylogous β-acetoxy-ketone, yielded on treatment with base the $\Delta^{7,9(11)}$-dien-12-one (CXXIa) (*71, 111*). 1,4-Reduction of the diene system with zinc in acetic acid furnished the 3α-acetoxy-$\Delta^{8(9)}$-12-one (CXXII). Reaction with methanolic hydrogen chloride then effected conjugation, methylation, and hydrolysis of the $C_{(3)}$ ester grouping, and the desired methyl 3α-hydroxy-12-keto-Δ^{11}-cholenate (CXVIIb) was produced (*71*).

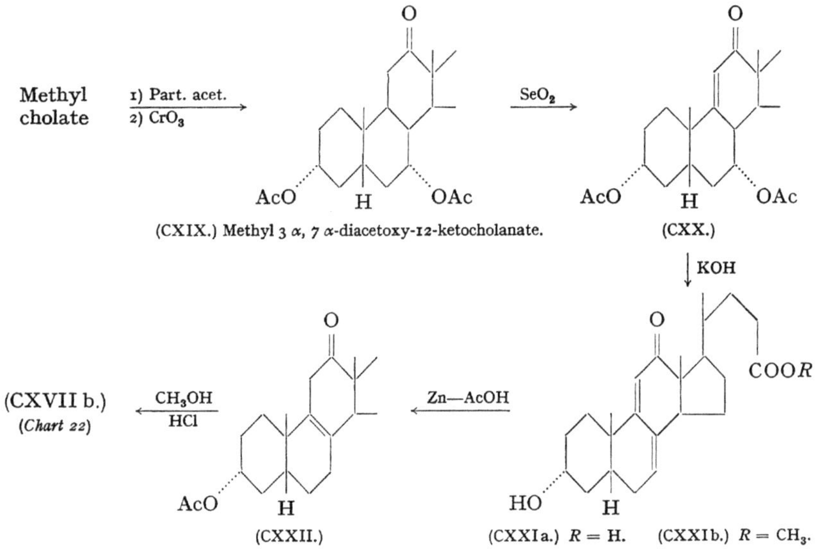

Chart 23.

Methyl 3α,9α-oxido-Δ^{11}-cholenate (CXV, *Chart 22*) was converted by the KENDALL group to 11-oxygenated derivatives smoothly and in high yield *(Chart 24)* (*266*). Addition of bromine gave the 11β,12α-dibromide (CXXIII) in about 65% yield, besides a small amount of the 11α,12β-dibromide [for assignment of configuration *cf.* (*183*)] which can be reconverted to (CXV) by means of zinc in acetic acid (*181*). The 11-bromine in the predominant isomer (CXXIII) is labile and could readily be replaced by a hydroxyl group by means of silver oxide in aqueous acetone. The resulting 11β-hydroxy-12α-bromide (CXXIV) was oxidized to methyl 3α,9α-oxido-11-keto-12α-bromocholanate (CXXV), which could also be obtained directly from the dibromide (CXXIII) with silver chromate and chromium trioxide (*266*). Debromination with zinc and cleavage of the oxide bridge by the action of hydrogen bromide in chloroform-acetic anhydride gave the bromo-ketone (CXXVI) in over 80% yield, based on the dibromide (CXXIII). Another debromination with zinc then produced methyl 3α-acetoxy-11-ketocholanate (XLIX, *Charts 11* and *20*) (*266*), the side-chain degradation of which has already been described (*Chart 12*). The degradation could also be performed while the 3α,9α-oxide bridge was still intact. Thus, reaction of the above described methyl 3α,9α-oxido-11-keto-12α-bromocholanate (CXXV) with phenyl magnesium bromide resulted in the reduction of the halogen group (*cf.* *143*), and dehydration of the resulting diphenyl-carbinol yielded the diphenyl-ethylene derivative (CXXVII) (*177*, *267*). Oxidation with chromium trioxide and esterification led to the 3α,9α-oxido-nor-ester

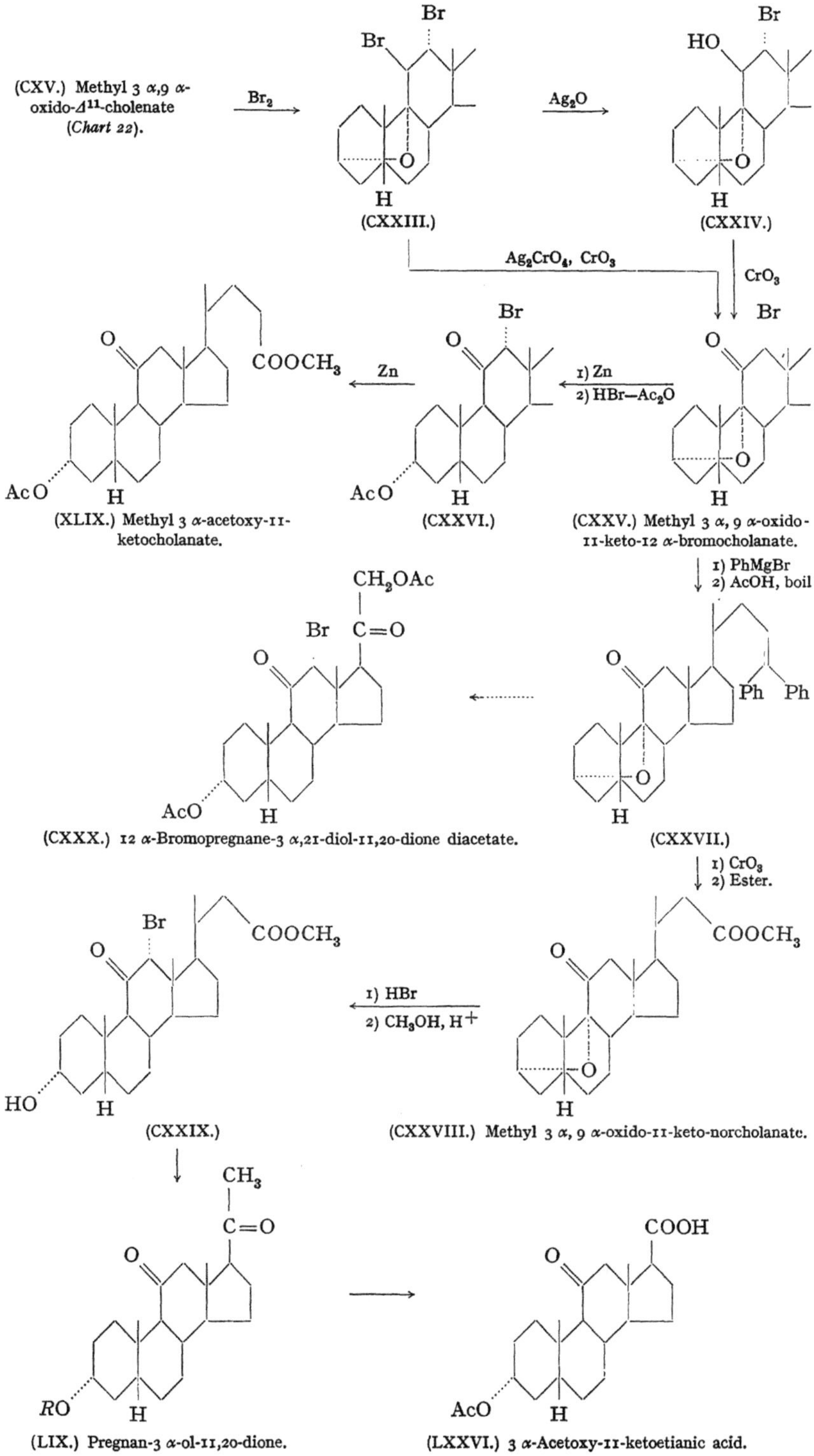

(CXV.) Methyl 3 α,9 α-oxido-Δ11-cholenate (Chart 22).
Br2
(CXXIII.)
Ag2O
(CXXIV.)
Ag2CrO4, CrO3
CrO3
(XLIX.) Methyl 3 α-acetoxy-11-ketocholanate.
Zn
(CXXVI.)
1) Zn
2) HBr—Ac2O
(CXXV.) Methyl 3 α, 9 α-oxido-11-keto-12 α-bromocholanate.
1) PhMgBr
2) AcOH, boil
(CXXX.) 12 α-Bromopregnane-3 α,21-diol-11,20-dione diacetate.
(CXXVII.)
1) CrO3
2) Ester.
1) HBr
2) CH3OH, H+
(CXXIX.)
(CXXVIII.) Methyl 3 α, 9 α-oxido-11-keto-norcholanate.
(LIX.) Pregnan-3 α-ol-11,20-dione.
(LXXVI.) 3 α-Acetoxy-11-ketoetianic acid.

Chart 24.

(CXXVIII), the oxide bridge of which was cleaved with hydrogen bromide and the product esterified (*267*). The 11-keto-12α-bromo-nor-ester (CXXIX) thus obtained was further degraded by the usual BARBIER-WIELAND technique to pregnan-3α-ol-11,20-dione (LIX, *Charts 12, 15, 21*) and thence through condensation with benzaldehyde, ozonolysis and periodic acid cleavage (*cf. Chart 6*) to 3α-acetoxy-11-ketoetianic acid (LXXVI, *Chart 14*) (*267*).

Alternatively, the diphenyl-ethylene derivative (CXXVII) appears to have been degraded by the MEYSTRE-WETTSTEIN procedure (*cf. Chart 8*), with cleavage of the oxide bridge with hydrogen bromide at some stage, to yield 12α-bromopregnane-3α,21-diol-11,20-dione diacetate (CXXX) (*32*, there footnote 2). In addition, the BARBIER-WIELAND procedure has been employed to degrade the side-chain of methyl 3α,9α-oxido-11-keto-norcholanate (CXXVIII) to produce 3α,9α-oxidopregnane-11,20-dione and the corresponding etianic acid derivative (*182*). These latter compounds are, however, of little use in cortisone synthesis, since the oxide bridge becomes progressively more difficult to cleave as the length of the side chain is decreased.

d) From a $\Delta^{9(11)}$-Ethylene by Oxidation of the 9α,11α-Oxido-3α-ol to a 3α,9α-Oxido-3β-ol-11-one (HEYMANN *and* FIESER).

Another method, reported recently by HEYMANN and FIESER (*67, 118*), for preparing 11-keto derivatives from desoxycholic acid proceeds *via* $\Delta^{9(11)}$-unsaturated compounds. These may be obtained by WOLFF-KISHNER reduction (*28, 120, 257*) of the corresponding $\Delta^{9(11)}$-12-ketones, although the Δ^{11}-ethylenes are also formed (*257*). FIESER (*70*) showed that this reduction method as modified by HUANG-MINLON (*126, 127*), may be used to advantage, and in this way he converted 3α-hydroxy-12-keto-$\Delta^{9(11)}$-cholenic acid (CXVII a, *Chart 22*) to methyl 3α-hydroxy-$\Delta^{9(11)}$-cholenate (CXXXI a) in approximately 50% yield (*Chart 25*). This compound was transformed with perphthalic or perbenzoic acid (*70, 118, cf. 257*) to the 9α,11α-oxido ester (CXXXII). Oxidation of the 3α-hydroxy group to the 3-ketone (CXXXIII) was carried out by means of N-bromoacetamide, N-bromosuccinimide, potassium chromate, sodium dichromate or chromium trioxide (*70, 118*). Further oxidation of (CXXXIII) with chromium trioxide in acetic acid, or direct oxidation of (CXXXII) with an excess of this reagent, resulted in the formation of methyl 3β-hydroxy-11-keto-3α,9α-oxidocholanate (CXXXIV) (*67, 118*). This compound, the hemiketal form of methyl 9α-hydroxy-3,11-diketo-cholanate, may be converted to the key 11-keto intermediate (XLIX) in a number of ways. Thus, saponification yielded the corresponding free acid which on reduction with sodium borohydride, followed by methylation and acetylation, yielded mainly methyl 3α-acetoxy-9α,11β-dihydroxycholanate (CXXXV),

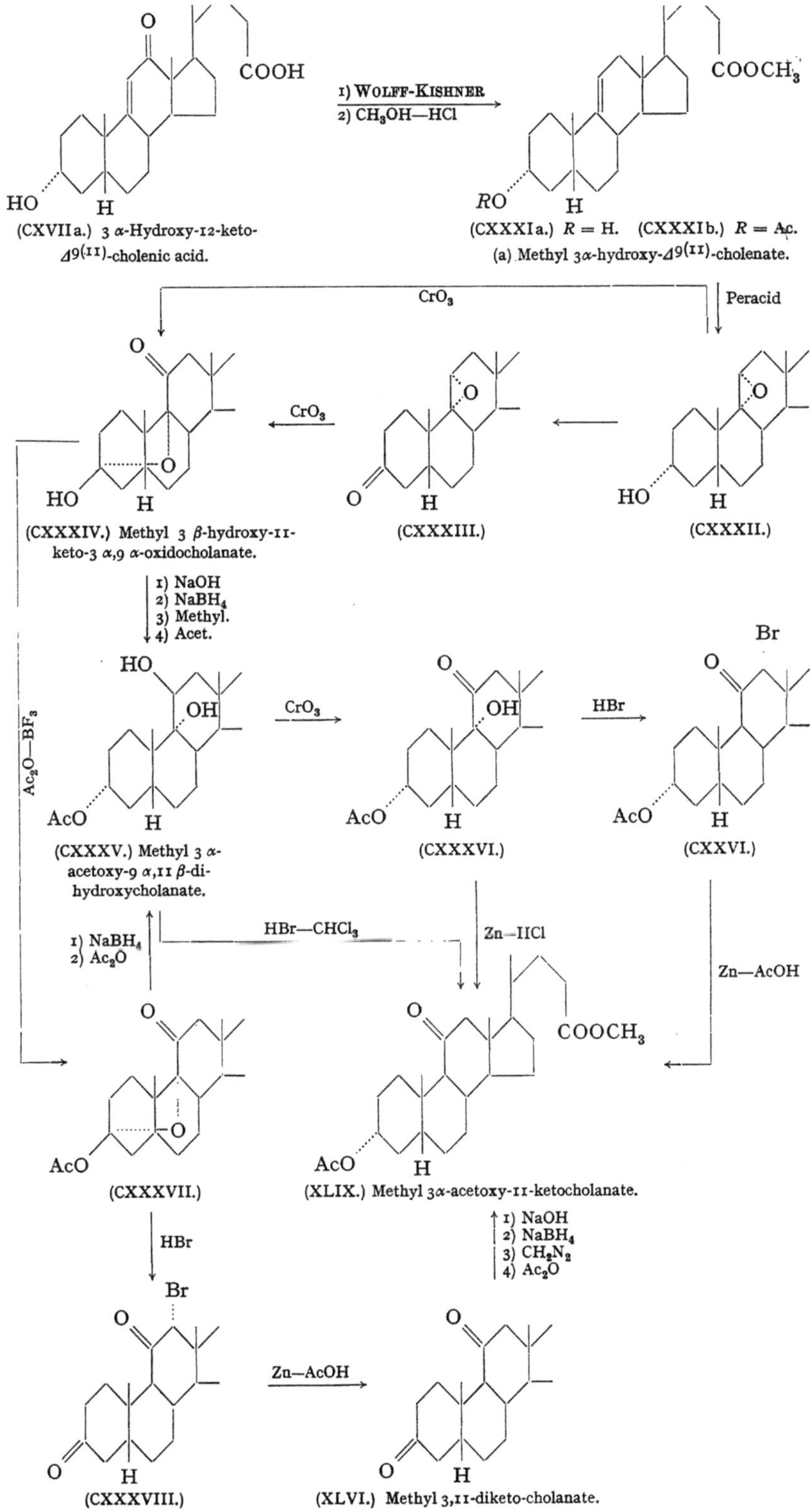

COOH
1) Wolff-Kishner
2) $CH_3OH—HCl$
$COOCH_3$
HO
H
RO
(CXVIIa.) 3 α-Hydroxy-12-keto-Δ9(11)-cholenic acid.
(CXXXIa.) R = H. (CXXXIb.) R = Ac.
(a) Methyl 3α-hydroxy-Δ9(11)-cholenate.
CrO_3
Peracid
(CXXXIV.) Methyl 3 β-hydroxy-11-keto-3 α,9 α-oxidocholanate.
(CXXXIII.)
(CXXXII.)
1) NaOH
2) $NaBH_4$
3) Methyl.
4) Acet.
$Ac_2O—BF_3$
HBr
AcO
OH
Br
(CXXXV.) Methyl 3 α-acetoxy-9 α,11 β-dihydroxycholanate.
(CXXXVI.)
(CXXVI.)
1) $NaBH_4$
2) Ac_2O
$HBr—CHCl_3$
Zn—HCl
Zn—AcOH
(CXXXVII.)
(XLIX.) Methyl 3α-acetoxy-11-ketocholanate.
1) NaOH
2) $NaBH_4$
3) CH_2N_2
4) Ac_2O
(CXXXVIII.)
(XLVI.) Methyl 3,11-diketo-cholanate.

Chart 25.

only little of the 3β-isomer being formed. Chromium trioxide oxidation of (CXXXV) led to the 11-ketone (CXXXVI) from which the 9α-hydroxyl group was eliminated by CLEMMENSEN reduction (*118*) to yield the desired methyl 3α-acetoxy-11-ketocholanate (XLIX).

This elimination could, however, be achieved in considerably better yields through reaction of compound (CXXXVI), with hydrogen bromide in acetic acid (*118*) and debromination with zinc of the bromo-ketone (CXXVI, *Chart 24*) thus formed (*266*). Even simpler is the dehydration of the triol monoacetate (CXXXV) by means of hydrogen bromide in chloroform, when (XLIX) is obtained directly in 60% yield. Yet other routes (*118*) proceed *via* the easily purified 3-acetate (CXXXVII) which on the one hand could be reduced with sodium borohydride and then acetylated to the triol monoacetate (CXXXV), and on the other, transformed by means of liquid hydrogen bromide to the 12α-bromo-3,11-diketone (CXXXVIII), reducible with zinc to methyl 3,11-diketocholanate (XLVI, *Chart 10*) which on saponification, sodium borohydride reduction, methylation and acetylation yielded (XLIX). The side-chain degradation of the latter, obtainable by any of these routes, has been reviewed previously (*Chart 12*).

e) From a $\Delta^{9(11)}$-Ethylene by Oxidation with Potassium Permanganate (SARETT; WALLIS).

A simple route leading from methyl 3α-acetoxy-$\Delta^{9(11)}$-cholenate (CXXXIb, *Chart 25*) to the corresponding 11-ketone (XLIX) which, however, proceeds in rather poor yield, has recently been reported by CON-

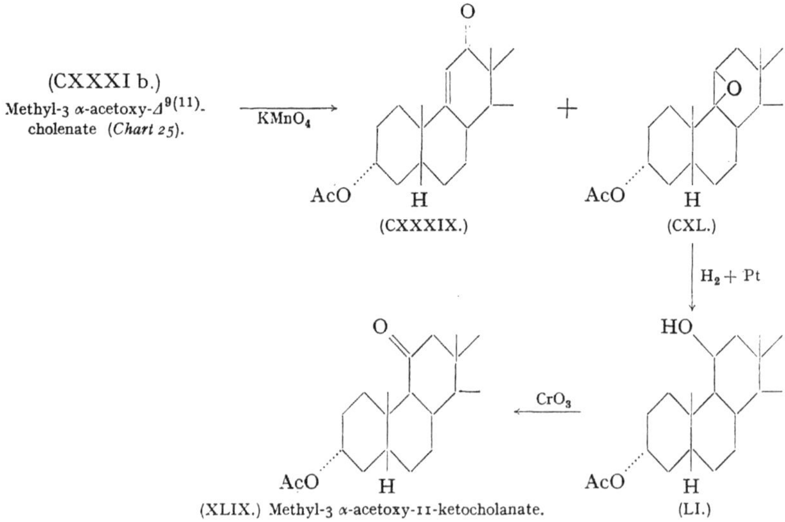

Chart 26.

STANTIN and SARETT (*33*). Oxidation of (CXXXIb) with potassium permanganate in aqueous acetic acid, a reaction previously studied by WALLIS (*121*), resulted in an about 30% yield of the 9β,11β-oxide (CXL), in addition to some of the $\Delta^{9(11)}$-12-one (CXXXIX) (*Chart 26*). In contrast to the inertness of 9α,11α-oxides, the β-oxide (CXL) could be reduced with hydrogen and platinum in acetic acid to the 11β-ol (LI, *Charts 11* and *20*) (yield 25%), which on oxidation with chromium trioxide was converted to methyl 3α-acetoxy-11-ketocholanate (XLIX). Another path leading from methyl 3α-acetoxy-$\Delta^{9(11)}$-cholenate (CXXXIb) to the corresponding 11-ketone (XLIX) proceeds by addition of hypobromous acid to the double bond, followed by chromium trioxide oxidation and zinc reduction [HICKS and WALLIS (*122*)].

f) From a $\Delta^{7,9(11)}$-Diene (FIESER; HEUSSER *and* JEGER; DJERASSI *and* ROSENKRANZ).

In the course of the last two years several syntheses of the 11-keto-lithocholic acid derivative (XLIX) have been developed which proceed *via* methyl 3α-acetoxy-$\Delta^{7,9(11)}$-choladienate (CXLI). The conversion of cholic acid to the latter has been reported by FIESER (*66*) as well as by HEUSSER and JEGER (*111*) by use of essentially identical methods. The transformations leading from methyl cholate *via* methyl 3α,7α-diacetoxy-12-keto-$\Delta^{9(11)}$-cholenate (CXX) to 3α-hydroxy-12-keto-$\Delta^{7,9(11)}$-choladienic acid (CXXI a) have been described above (*Chart 23*). When the methyl ester (CXXI b) of the latter was reduced according to WOLFF-KISHNER and the product esterified with diazomethane and acetylated, methyl 3α-acetoxy-$\Delta^{7,9(11)}$-choladienate (CXLI) was formed (*66, 111, Chart 27*). This compound could also be prepared more directly by carrying out the WOLFF-KISHNER reaction and subsequent esterification with the 3α,7α-diacetate (CXX), since the alkaline conditions of the reduction step cause the elimination of the grouping at $C_{(7)}$ (*Chart 27*).

The FIESER group (*66*) made use of compound (CXLI) by oxidizing it with sodium dichromate dihydrate in acetic acid, when a mixture of methyl 3α-acetoxy-7,11-diketo-Δ^{8}-cholenate (CXLIV) and methyl 3α-acetoxy-7-keto-$\Delta^{9(11)}$-cholenate (CXLII), easily isomerized to the conjugated Δ^{8}-7-ketone (CXLIII), was obtained. Reduction of the unsaturated diketone (CXLIV) with zinc in acetic acid afforded the saturated diketone (CXLV) with the correct stereochemical configuration, from which the 7-ketone grouping was removed by WOLFF-KISHNER reduction. Esterification and acetylation of the product then gave the frequently reported methyl 3α-acetoxy-11-ketocholanate (XLIX). Alternatively, the 7-keto group could be removed from (CXLV) by formation of the $C_{(7)}$-cycloethylene-mercaptol (CXLVI), followed by RANEY nickel desulfuration (*62*). Another method of converting the $\Delta^{7,9(11)}$-diene (CXLI) to

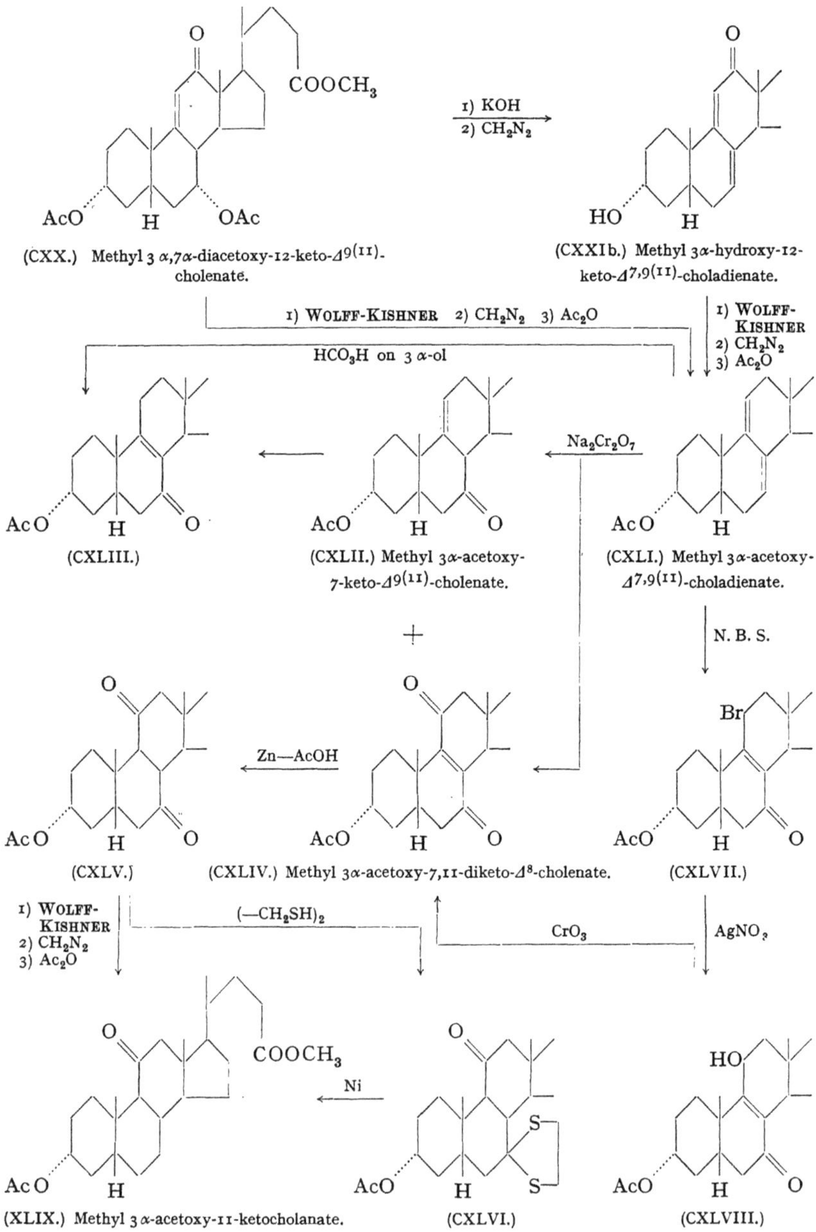

Chart 27. (N. B. S. = N-bromosuccinimide.)

the 11-ketone (XLIX) consists of reacting the former with N-bromosuccinimide in aqueous tertiary butanol. The halogen in the resulting

Δ^{8}-11-bromo-7-ketone (CXLVII) was replaced by a hydroxyl function through reaction with silver nitrate, and the hydroxy-ketone (CXLVIII) thus obtained was then oxidized to the previously described unsaturated diketone (CXLIV) in about 35% over-all yield (*62*).

The HEUSSER-JEGER group (*111*) chose a rather different method to convert the $\Delta^{7,9(11)}$-diene (CXLI) to (XLIX). They found that with perphthalic acid, a compound that appears to be the $7\xi, 8\xi$-oxide (CXLIX) was formed (*109, 111*) (*Chart 28*), besides a substance that is probably identical with FIESER's $\Delta^{9(11)}$-7-ketone (CXLII, *Chart 27*) and which latter may also be obtained from (CXLI) by oxidation with chromium trioxide in acetic acid or acetone (*111, cf. 66*). Short treatment of (CXLIX) with dilute sulfuric acid in dioxane gave the crude unsaturated $7\xi, 11\alpha$-glycol (CL) which was oxidized with chromium trioxide to the Δ^{8}-7,11-dione (CXLIV, *Chart 27*) (*111*) and converted to (XLIX) by the method employed earlier by FIESER and his collaborators (*62, 66*).

It was noted above that methyl 3α-acetoxy-7-keto-$\Delta^{9(11)}$-cholenate (CXLII, *Charts 27, 28*) has been obtained as a by-product in the conversion of (CXLI) to (XLIX), and that it may readily be isomerized to the Δ^{8}-7-ketone (CXLIII, *Chart 27*). Moreover, the latter may be obtained from the 11-bromo-Δ^{8}-7-ketone (CXLVII, *Chart 27*) by debromination (*62*) and especially readily (in 63% yield as the 3-formate) by the performic acid oxidation of methyl 3α-hydroxy-$\Delta^{7,9(11)}$-choladienate [the free 3α-ol corresponding to the acetate (CXLI, *Charts 27* and *28*)] (*62*). For this reason the discovery made by a SYNTEX group (*42*) that this Δ^{8}-7-ketone may also be converted to the 11-ketocholanic acid derivative (XLIX) is of interest. It was found (*Chart 29*) that on being heated with isopropenyl

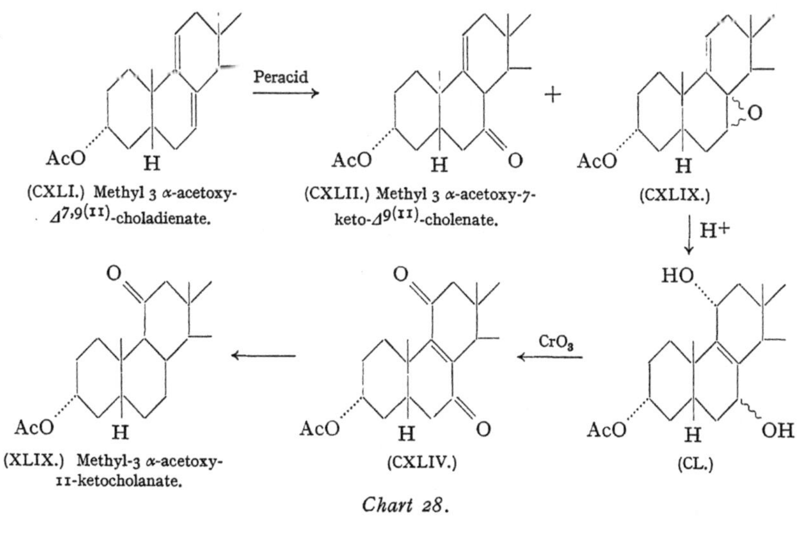

Chart 28.

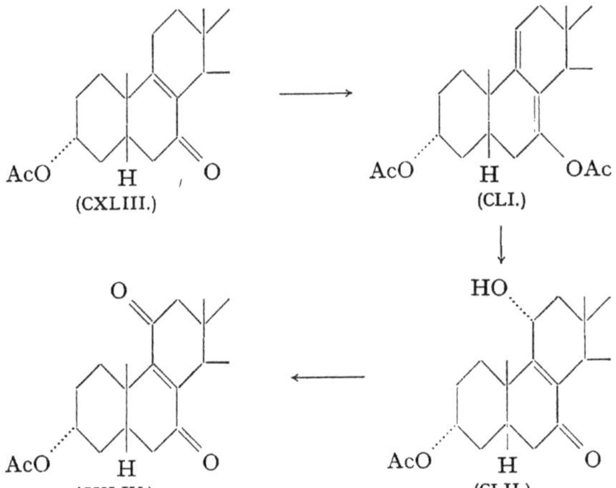

(CXLIII.) (CLI.) (CXLIV.) (CLII.)

Chart 29.

acetate and *p*-toluenesulfonic acid, compound (CXLIII) gave the oily enol acetate (CLI) which when treated with perbenzoic or perphthalic acid, furnished directly the Δ^8-11α-ol-7-one (CLII). This in turn was oxidized to the Δ^8-7,11-diketone (CXLIV, *Charts 27* and *28*), the conversion of which to (XLIX) had already been effected (*62, 66, 111*). It may be noted that these conversions of the $\Delta^{7,9(11)}$-diene (CXLI) to the corresponding 11-ketone (XLIX) are of special interest since similar methods have been employed to effect the 11-keto introduction into ring *C*-unsubstituted steroids (*cf.* p. 326).

4. Formation of the Dihydroxyacetone Side-chain and Introduction of the Δ^4-3-Ketone Function.

In the preceding Sections the conversion of cholic and desoxycholic acids to one of the three cortisone intermediates, testan-3α-ol-11,17-dione acetate (LXXV, *Chart 14*), 3α-acetoxy-11-ketoetianic acid (LXXVI, *Charts 14* and *24*) or its methyl ester (LXXXIX, *Chart 16*), and pregnan-3α-ol-11,20-dione or its acetate (LIXa, LIXb, *Charts 12, 15, 21* and *24*) has been described. In the present Section the methods will be reviewed that have been employed to complete the transformation of these substances to cortisone. These involve the elaboration of the dihydroxyacetone side-chain, the oxidation of the 3α-hydroxyl group to the 3-ketone, and the introduction of the Δ^4-double bond.

a) Method Involving FISCHER *Rearrangement of a Dihydroxy-aldehyde* (REICHSTEIN).

The first method for building up the dihydroxyacetone side-chain characteristic of cortisone was devised by REICHSTEIN in 1940 (*56, 220*) and was employed for the synthesis of 17α-hydroxy-desoxycorticosterone (REICHSTEIN's Substance *S*) (CLXIa), a compound only lacking the $C_{(11)}$ ketone function of cortisone (*Chart 30*). The starting material was the $C_{(17)}$-ketone, dehydro-epiandrosterone (CLIII); it had already been reacted with allyl magnesium bromide, the resulting glycol (CLIV) oxi-

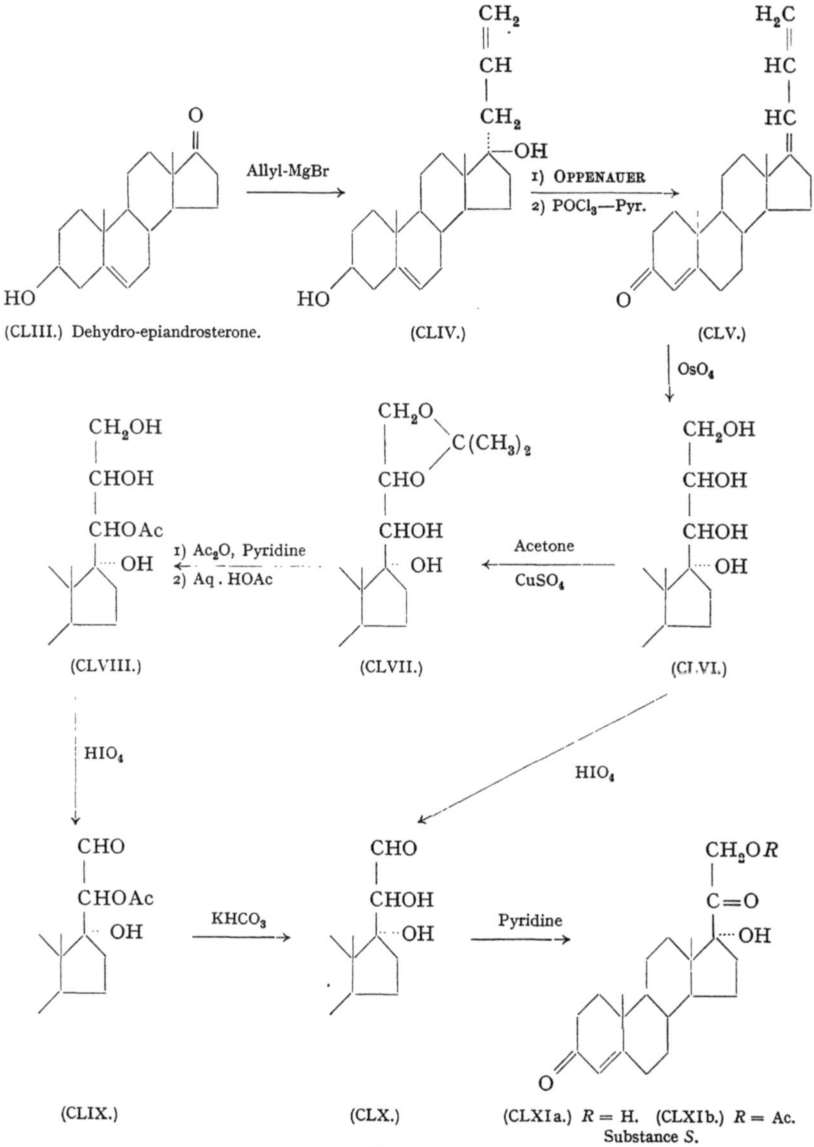

(CLIII.) Dehydro-epiandrosterone. (CLIV.) (CLV.) (CLVI.) (CLVII.) (CLVIII.) (CLIX.) (CLX.) (CLXIa.) *R* = H. (CLXIb.) *R* = Ac. Substance *S*.

Chart 30.

dized by the OPPENAUER procedure at $C_{(3)}$, dehydrated at $C_{(17)}$ with phosphorus oxychloride in pyridine, and the butadiene derivative (CLV) hydroxylated by means of osmium tetroxide (*21*). The tetrol (CLVI) thus obtained in poor yield had the correct configuration at $C_{(17)}$ and was made use of by REICHSTEIN in the following way (*56*). The two terminal hydroxyl groups were blocked by formation of the acetonide (CLVII) in order to allow selective acetylation at $C_{(20)}$. The acetonide grouping was then removed with warm aqueous acetic acid, and the tetrol monoacetate (CLVIII) cleaved by means of periodic acid (*56*). The aldehyde (CLIX) was hydrolyzed with potassium bicarbonate to the dihydroxyaldehyde (CLX) which with boiling pyridine, in analogy to the isomerization of glyceraldehyde to dihydroxyacetone (*72*), was converted to Substance *S* (CLXI a) (*220*). It was found later (*58*) that when the tetrol (CLVI) was oxidized without protection with one equivalent of periodic acid, cleavage took place mainly between $C_{(21)}$ and $C_{(22)}$ to give the dihydroxyaldehyde (CLX) directly. The yield of Substance *S* acetate from (CLVI) by this procedure was about 30%. Similar methods were employed to synthesize the corresponding saturated 3β-hydroxy-5α-compound (Substance *P*) (*57*) and the 3β-hydroxy-Δ^5-compound (Δ^5-pregnene-3β,17α,21-triol-20-one) (*77*), but have not been applied to $C_{(11)}$ oxygenated steroids.

b) Method Involving Chromium Trioxide Oxidation of a 17α,20,21-triol 21-Acetate (SARETT).

The first method of dihydroxyacetone side-chain formation actually applied to an 11-keto steroid was worked out by SARETT (*244*), and enabled him to complete the first synthesis of cortisone. This method, like that of REICHSTEIN, starts from a $C_{(17)}$-keto steroid. Testan-3α-ol-11,17-dione acetate (LXXV, *Chart 14*), after saponification, was condensed with potassium acetylide in liquid ammonia, and the resulting acetylenic glycol (CLXII) partially hydrogenated to the ethylenic glycol (CLXIII) (*Chart 31*) (*244*). Subsequent acetylation at $C_{(3)}$, allylic rearrangement with phosphorus tribromide, and interaction with potassium acetate [the general procedure of RUZICKA and MÜLLER (*239*)] yielded $\Delta^{17(20)}$-pregnene-3α,21-diol-11-one diacetate (CLXIV b). Saponification, followed by selective succinoylation at $C_{(21)}$, led to the glycol mono-ester (CLXV) in which the 3α-hydroxyl group could be oxidized with chromium trioxide. Saponification of the product gave the hydroxy-dione (CLXVI), which on acetylation, hydroxylation of the $\Delta^{17(20)}$-double bond with osmium tetroxide, followed by another acetylation step, furnished the triol diacetate (CLXVII) with the correct steric configuration at $C_{(17)}$. The Δ^4-double bond was introduced by the simple procedure of bromination at $C_{(4)}$ in acetic acid followed by dehydrobromination with

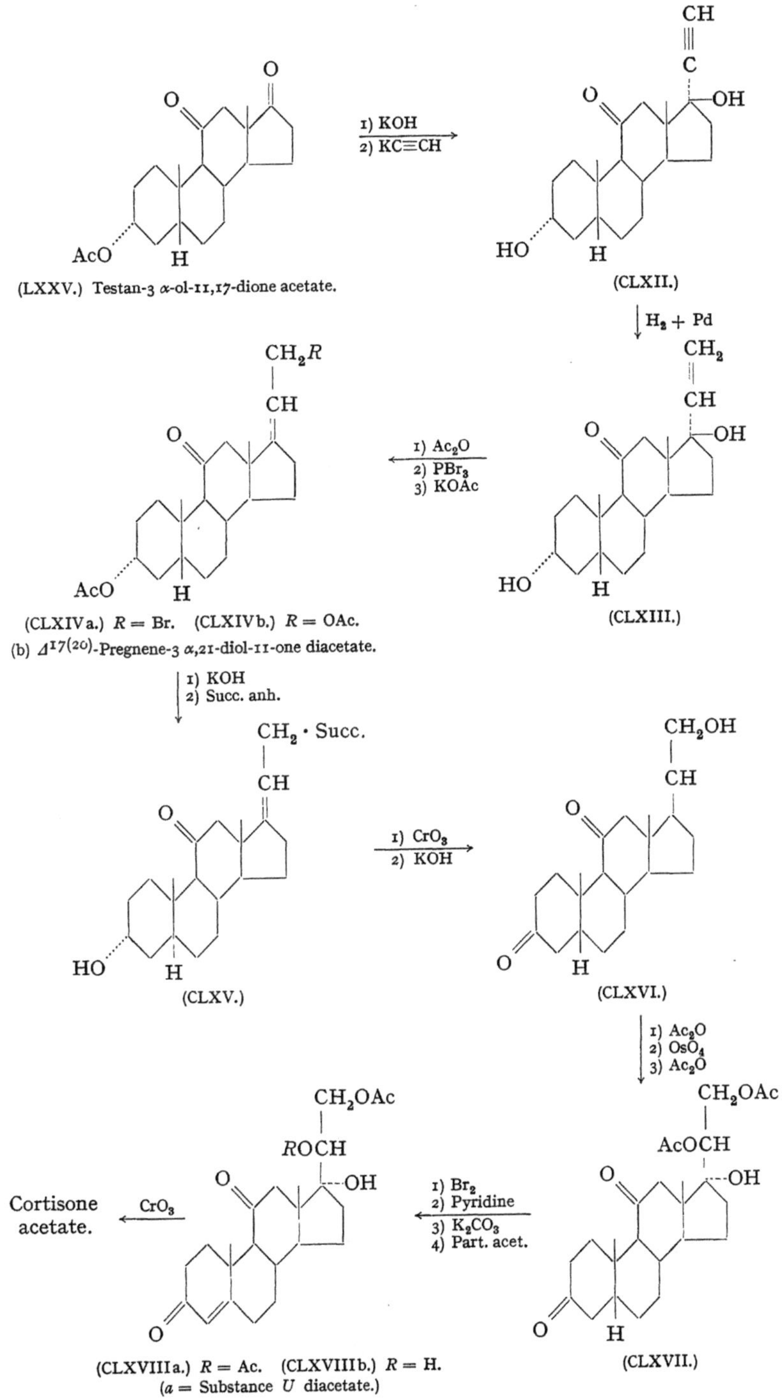

Chart 31. (Succ. = succinoyl.)

boiling pyridine [method of BUTENANDT and SCHMIDT (*22*)]. The resulting REICHSTEIN's Substance *U* diacetate (CLXVIIIa) was converted to the 21-monoacetate (CLXVIIIb) through saponification and partial acetylation. Finally, careful oxidation with chromium trioxide in acetic acid furnished cortisone 21-acetate in 18% yield together with about 28% of adrenosterone, in which the side chain had been cleaved (*244*). A similar oxidation of Δ^4-pregnene-17α,20β,21-triol-3-one 21-acetate (CLXX) [the 11-desoxy derivative of (CLXVIIIb), obtainable from 21-acetoxy-$\Delta^{4,17(20)}$-pregnadien-3-one (CLXIX) (*239*) by hydroxylation with osmium tetroxide (*240*), followed by selective acetylation at $C_{(21)}$ of the 17α, 20β,21-triol thus formed (*244*)] yielded Substance *S* acetate (CLXIb, *Chart 30*) in only 7% yield (*244*) (*Chart 32*). Cortisone acetate may be hydrolyzed to the free compound under basic (*219*) or acidic (*180*, *cf. 175*) conditions; however, usually the ester is employed in medicine.

The cortisone intermediate $\Delta^{17(20)}$-pregnen-21-ol-3,11-dione (CLXVI, *Chart 31*) may alternatively be obtained from one of the epimeric pregnane-20,21-diol-3,11-diones (LXXVIII, *Chart 14*) [separated into its two com-

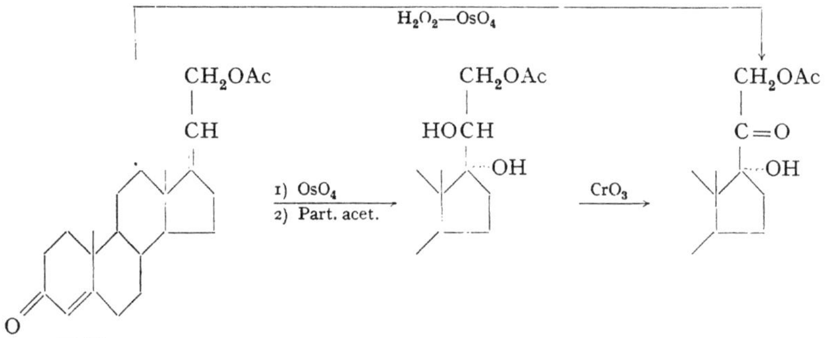

(CLXIX.) 21-Acetoxy-$\Delta^{4,17(20)}$-pregnadien-3-one.

(CLXX.) Δ^4-Pregnene-17α,20β,21-triol-3-one 21-acetate.

(CLXIb.) Substance *S* acetate.

Chart 32.

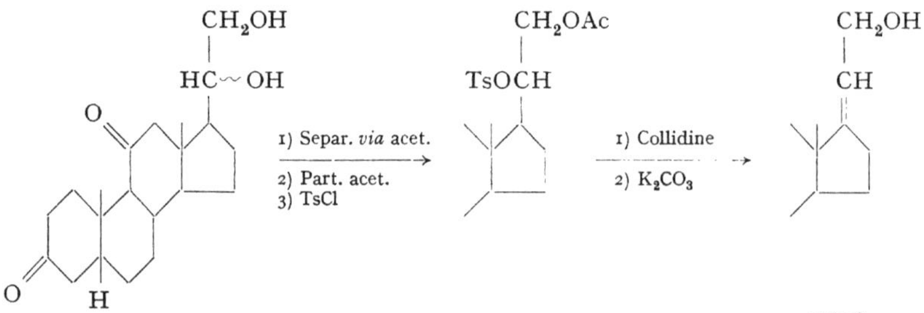

(LXXVIII.) Pregnane-20,21-diol-3,11-dione.

(CLXXI.)

(CLXVI.) $\Delta^{17(20)}$-Pregnen-21-ol-3,11-dione (*Chart 31*).

Chart 33.

(Ts = *p*-toluenesulfonyl.)

ponents by chromatography of the diacetates (*245*)] through conversion to the 21-acetate-20-*p*-toluenesulfonate (CLXXI), followed by boiling with collidine, and subsequent saponification (*247*) (*Chart 33*).

c) Method Involving Simultaneous Hydroxylation and Oxidation of a $\Delta^{17(20)}$*-21-ol Acetate* (MIESCHER).

MIESCHER and SCHMIDLIN (*197*) have re-investigated the above-mentioned hydroxylation of the $\Delta^{17(20)}$-double bond of (CLXIX) (*Chart 32*) and made the surprising observation that on reaction with anhydrous hydrogen peroxide in the presence of a catalytic amount of osmium tetroxide in *tert.*-butanol solution, Substance *S* acetate (CLXIb) was produced directly, in nearly 50% yield. Compounds containing the $\Delta^{17(20)}$-21-ol system, present in (CLXIX), may be obtained by a variety of methods, e. g. (*a*) from 17-ones by reaction with acetylene, followed by semi-hydrogenation and rearrangement (*239*); (*b*) by reaction of 17-ones with ethoxyacetylene (*112*), followed by hydration and lithium aluminum hydride reduction (*113*); and (*c*) from pregnan-20-ones, by dibromination at $C_{(17)}$ and $C_{(20)}$, followed by treatment with sodium iodide, FAVORSKII rearrangement to the $\Delta^{17(20)}$-21-carboxylic acid and reduction with lithium aluminum hydride (*131, 167, 270*). The simple MIESCHER method for converting this system in one step to the complete dihydroxyacetone side-chain is therefore of considerable importance, but has not yet been applied to 11-oxygenated derivatives.

d) Method Involving Hydroxylation of a $\Delta^{17(20)}$*-20-Cyano-21-ol Acetate* (SARETT).

The etianic acid derivatives (LXXVI, *Charts 14* and *24*) and (LXXXIX, *Chart 16*) were converted into cortisone in the following way: Firstly, the missing $C_{(21)}$ carbon atom was introduced by the so-called diazo-ketone method, developed by REICHSTEIN. This consists (*55*) of converting the 3α-acetoxy acid (LXXVI) [obtainable from the corresponding methyl ester (LXXXIX) through saponification and acetylation] with thionyl chloride into the acid chloride, which with diazomethane gave the diazo-ketone (CLXXII) (*Chart 34*). Saponification at $C_{(3)}$ and heating with acetic acid yielded pregnane-3α,21-diol-11,20-dione 21-monoacetate (CLXXIII) (*55*). The latter may be acetylated to the required diacetate (CLXXIV) (*246*). The 21-monoacetate had actually been prepared in connection with the synthesis of 11-dehydrocorticosterone and it was important that the $C_{(3)}$ position was unprotected. There is no reason, in order to obtain the diacetate (CLXXIV), why the diazo-ketone (CLXXII) should not be heated directly with acetic acid, as had been done with the corresponding 3β-acetoxy compound (*155*). The 3,21-diacetate (CLXXIV) may alternatively be prepared from the previously described bile acid

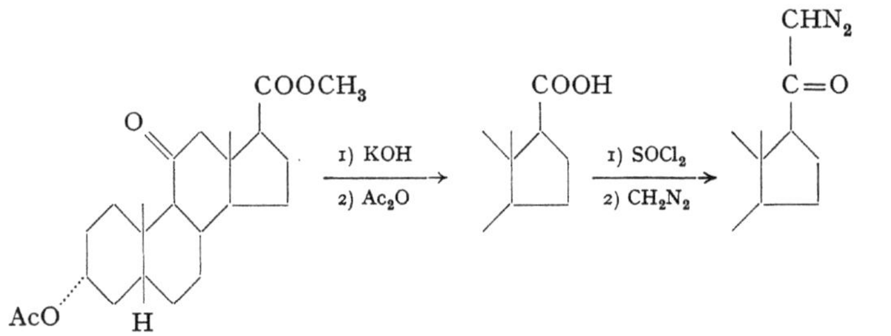

(LXXXIX.) Methyl-3 α-acetoxy-11-keto-etianate. (LXXVI.) (CLXXII.)

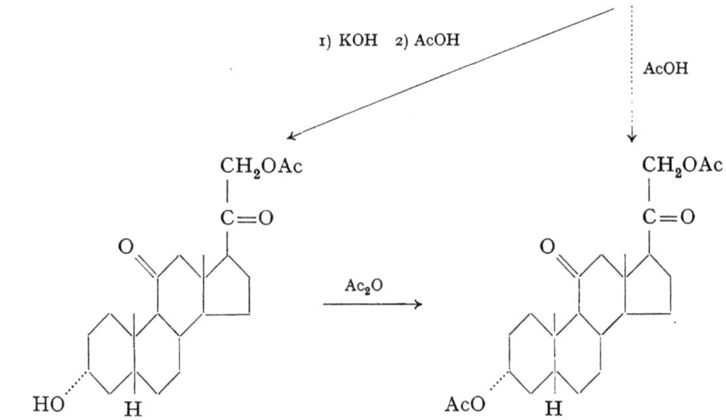

(CLXXIII.) Pregnane-3 α,21-diol-11,20-dione 21-monoacetate. (CLXXIV.)

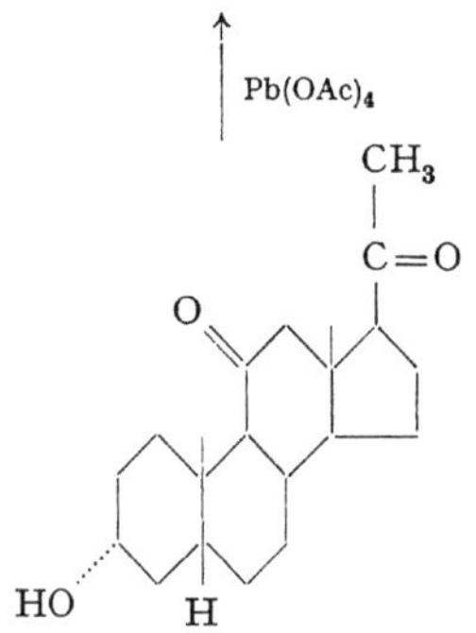

(LIXa.) Pregnan-3 α-ol-11,20-dione.

Chart 34.

transformation product, pregnan-3α-ol-11,20-dione (LIXa, *Charts 12, 21* and *24*) through acetoxylation at $C_{(21)}$ with lead tetraacetate in 98% acetic acid (*55*), followed by acetylation at $C_{(3)}$. Again, the tetraacetate reaction could presumably be carried out more simply with the 3-acetate of (LIXa) to obtain (CLXXIV) directly. The best method, however, for preparing (CLXXIV) or the corresponding 12-bromo compound (CXXX, *Chart 24*) would appear to involve the side-chain degradation of the key intermediate methyl 3α-acetoxy-11-ketocholanate (XLIX) or of an 11-keto-3α,9α-oxide such as (CXXVII, *Chart 24*) by the MEYSTRE-WETTSTEIN procedure (*cf. Chart 8*), whereby the pregnan-20-one-21-ol system is obtained directly [*cf.* (*73*), there reference 4; (*32*), there footnote 2]. The degradation of (XLIX) by this method to 21-acetoxypregnane-3,11,20-trione (LXI, *Chart 12*), the $C_{(3)}$ ketone corresponding to (CLXXIV), has already been described (*Chart 12*).

The 17α-hydroxy grouping still lacking in (CLXXIV) was first introduced by the application of SARETT's cyanohydrin method (*246*). This involves reaction with hydrogen cyanide and dehydration with phosphorus oxychloride in pyridine of the cyanohydrin (CLXXV) thus formed (*Chart 35*). The resulting amorphous unsaturated nitrile (CLXXVI a) was purified by saponification to the crystalline free diol (CLXXVI b) and re-acetylation. Hydroxylation of (CLXXVI a) by means of osmium tetroxide in the presence of pyridine gave an osmium complex, which on decomposition with sodium sulfite led to pregnane-3α,17α,21-triol-11,20-dione (CLXXVII) possessing the full cortisone side chain (*246*).

The $C_{(3)}$ ketone corresponding to this compound, necessary for the final double bond introduction, has been prepared by several methods. Thus, conversion of the monoacetate (CLXXIII) to the cyanohydrin and subsequent oxidation with chromium trioxide yielded the $C_{(3)}$ ketone (CLXXVIII), which was dehydrated with phosphorus oxychloride to the unsaturated nitrile (CLXXIX); this last step however proceeded only in 28% yield (*246*). Hydroxylation with osmium tetroxide, followed by re-acetylation, then gave (CLXXX), the 4,5β-dihydro derivative of cortisone acetate. A considerably more satisfactory process, however, proceeds from the unsaturated nitrile (CLXXVI b), which on partial acetylation furnished a $C_{(21)}$ mono-acetate, convertible by means of osmium tetroxide to the osmium complex (CLXXXI) (*248*). When this compound was oxidized at $C_{(3)}$ with chromium trioxide, the complex decomposed with sodium sulfite and the product re-acetylated, the dihydro derivative (CLXXX) was obtained in satisfactory yield (*248*). Yet another method for prepering the latter consists of the selective oxidation of the free triol (CLXXVII) at $C_{(3)}$ with N-bromoacetamide in aqueous *tert.*-butanol at 10°, followed by acetylation at $C_{(21)}$ (*147*).

The main disadvantage of the described method of 17α-hydroxylation is the high price and scarcity of osmium tetroxide. It has been shown, however, with unsaturated nitriles very closely related to (CLXXVI a) that hydroxylation may be effected more economically with potassium permanganate. Thus, the nitrile (CLXXXII) (obtained from the corresponding 20-keto-21-acetoxy compound by addition of hydrogen cyanide and dehydration) gave the 17α,21-diol-20-one acetate (CLXXXIII) in 45% yield (*96*) (*Chart 36*). It is of interest that this product can be converted into Substance *S* acetate (CLXI b, *Charts 30* and *32*) through saponification and selective acetylation at $C_{(21)}$, followed by protection of the double bond with bromine, chromium trioxide oxidation, and dehalogenation with sodium iodide (*96*). Again, the unsaturated nitrile (CLXXXV), in

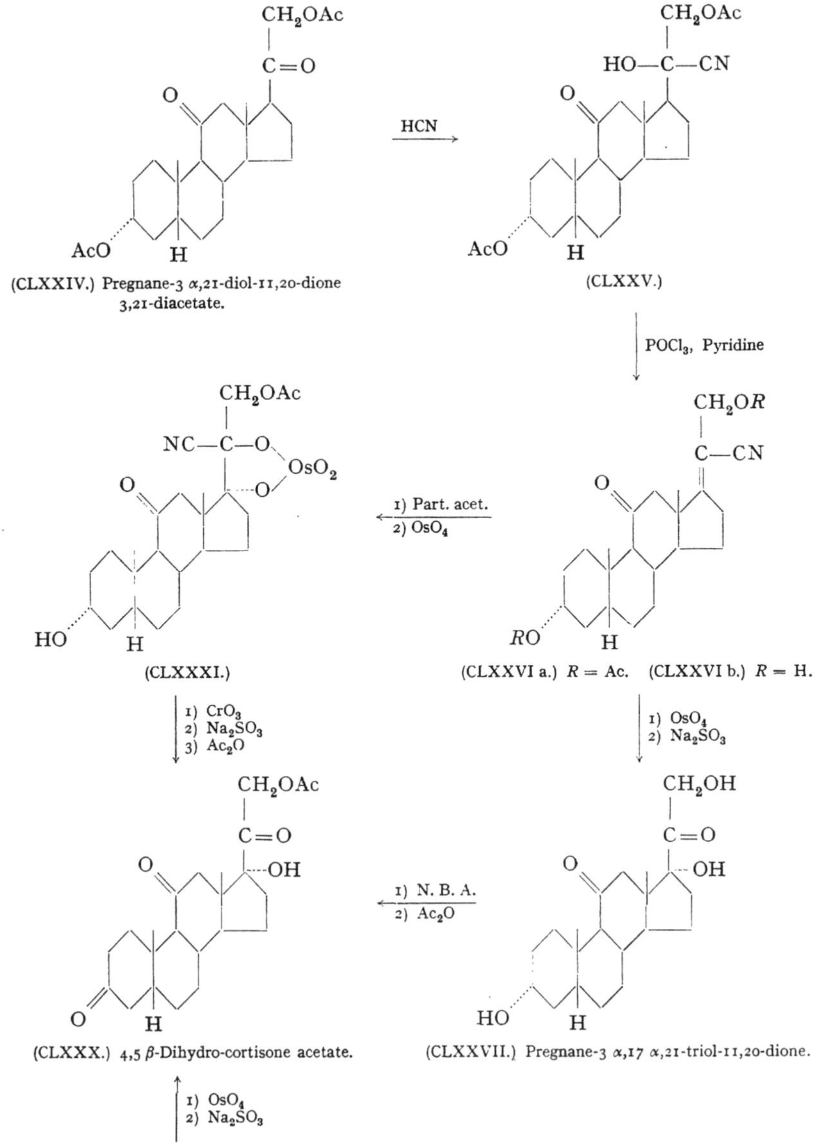

(CLXXIV.) Pregnane-3α,21-diol-11,20-dione 3,21-diacetate.

(CLXXV.)

(CLXXVI a.) *R* = Ac. (CLXXVI b.) *R* = H.

(CLXXXI.)

(CLXXVII.) Pregnane-3α,17α,21-triol-11,20-dione.

(CLXXX.) 4,5β-Dihydro-cortisone acetate.

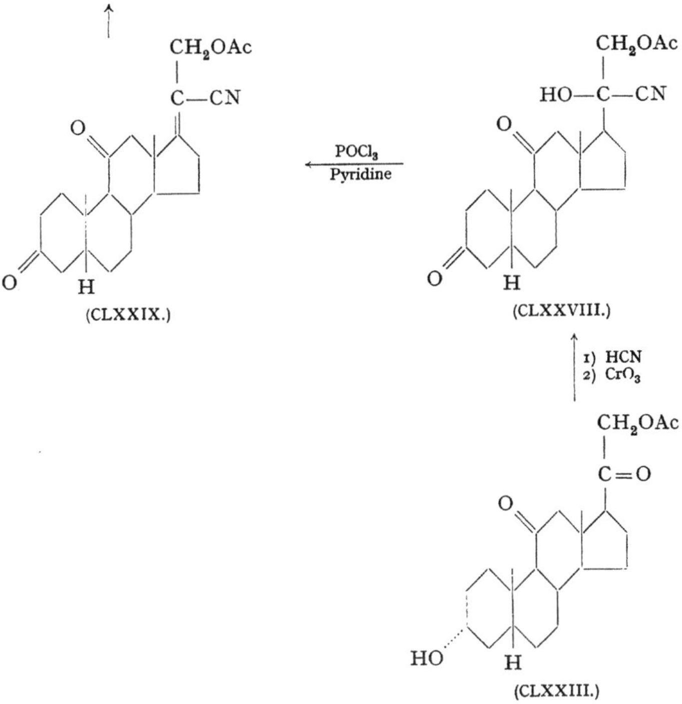

Chart 35. (N. B. A. = N-bromoacetamide.)

which the Δ^4-3-ketone grouping is protected as a ketal, on oxidation with permanganate and acid hydrolysis yielded cortisone acetate (*249*) (*cf.* Chapter V, p. 353).

e) Method Involving Hydroxylation of a $\Delta^{17(20)}$-20-Bromo-21-ol Acetate (WAGNER *and* MOORE).

Another process for building up the cortisone-type side-chain from 20-keto-pregnanes, which bears a certain similarity to the cyanohydrin method, was described by WAGNER and MOORE (*268, 269, 270*); however, it has not yet been applied to $C_{(11)}$-oxygenated steroids. Pregnan-3β-ol-20-one acetate (CLXXXVI) was brominated in acetic acid to the 17,21,21-tribromo compound (CLXXXVII), which on heating with alcoholic potassium hydroxide rearranged to the $\Delta^{17(20)}$-20-bromo-21-acid (CLXXXVIII) in nearly 60% yield (*269*) (*Chart 37*). Esterification and reduction with lithium aluminum hydride smoothly furnished the $\Delta^{17(20)}$-20-bromo-3β,21-diol (CLXXXIX), the diacetate of which on hydroxylation with osmium tetroxide gave pregnane-3β,17α,21-triol-20-one diacetate (CXC) in 60% yield. It is interesting that most of the product

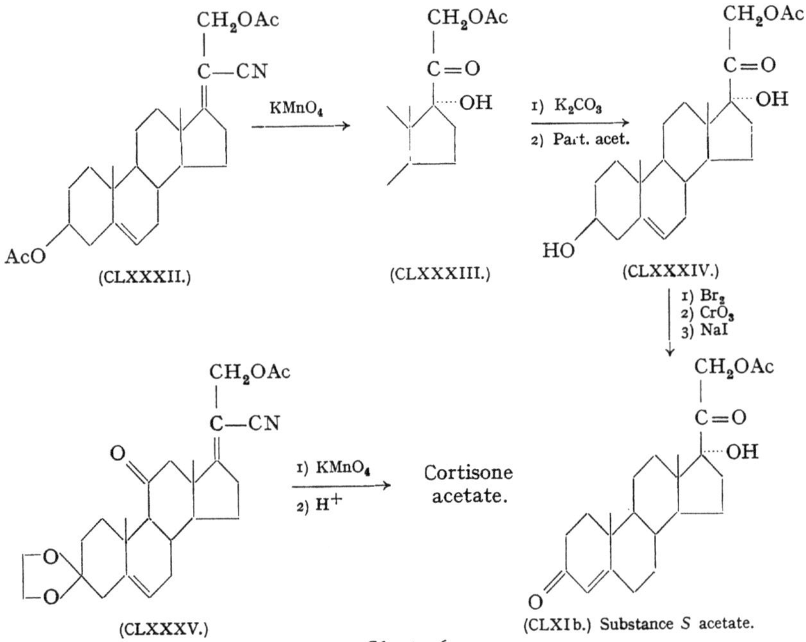

Chart 36.

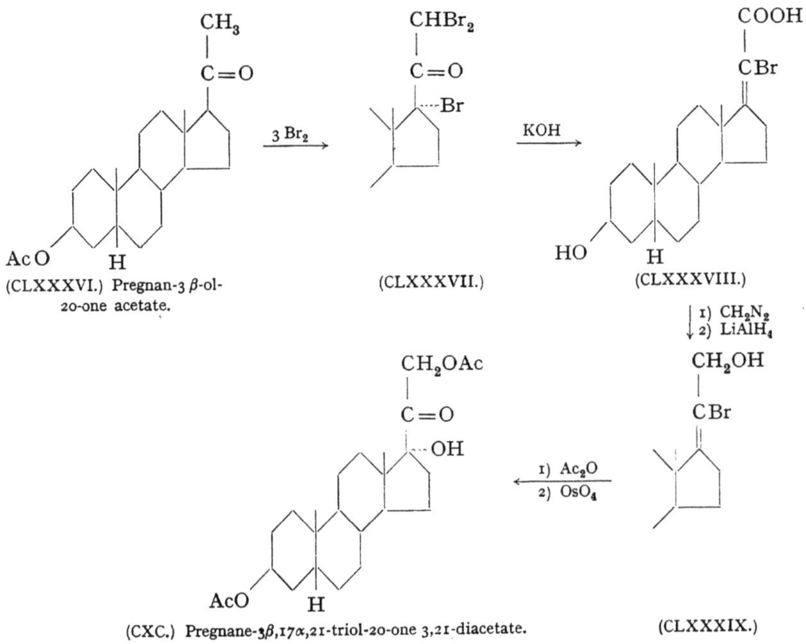

Chart 37.

was obtained directly, i. e. without decomposition of an osmium complex as a separate step.

f) Method Involving Reduction of the Oxide of a Δ^{16}-20-One-21-ol Acetate (KENDALL).

A simple and efficient method for introducing the 17α-hydroxyl grouping into a pregnan-21-ol-20-one was recently described by

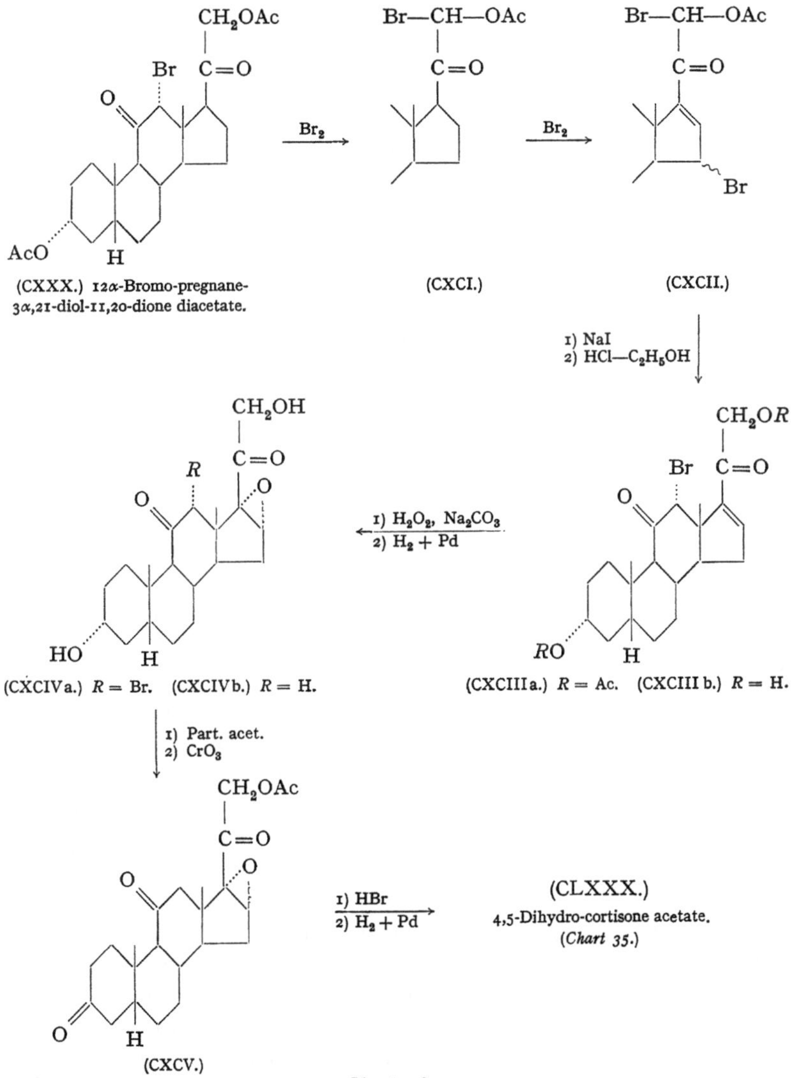

Chart 38.

KENDALL *et al.* (*32*), whereby 12α-bromo-pregnane-3α,21-diol-11,20-dione diacetate (CXXX, *Chart 24*) [the 12-bromo derivative of (CLXXIV, *Chart 34*)] served as starting material. A Δ^{16}-double bond was introduced by the following ingenious method (*Chart 38*). Treatment with three equivalents of bromine in absolute acetic acid gave in 80% yield the Δ^{16}-15,21-dibromo compound (CXCII). The first step appears to be bromination at $C_{(21)}$ (*cf.* *73*), and the 21-bromide (CXCI) could be isolated. The unsaturated dibromide, on debromination with sodium iodide in acetic acid in the presence of hydrochloric acid, yielded (CXCIIIa), the Δ^{16}-derivative of (CXXX). Acid hydrolysis led to the free glycol (CXCIIIb) which with hydrogen peroxide and sodium carbonate in alcohol gave the 16α,17α-oxide (CXCIVa) [the oxidation of Δ^{16}-pregnen-20-ones to the 16,17-oxides with alkaline hydrogen peroxide is due to JULIAN (*133*), *cf. Chart 69*]. Debromination of (CXCIVa) was effected by hydrogenolysis in the presence of a palladium catalyst. The resulting compound (CXCIVb) was selectively acetylated at $C_{(21)}$, and the hydroxyl group at $C_{(3)}$ oxidized with chromium trioxide in a two-phase system of chloroform and aqueous acetic acid. Finally, the 16,17-oxide was converted into the 17α-hydroxy grouping through addition of hydrogen bromide followed by removal of the $C_{(16)}$ bromine atom by means of hydrogenation over a palladium catalyst, a modification of the method employed by JULIAN (*132*, *133*) with 11-desoxy compounds (*cf. Chart 69*). All these transformations leading to 4,5-dihydro-cortisone acetate (CLXXX, *Chart 35*) proceeded in high yield, and an over-all conversion of 45% from (CXXX) could be realized (*32*).

g) *Methods for Introducing the Δ^4-Double Bond into 4,5β-Dihydro-cortisone Acetate* (KENDALL).

The final step in the conversion of the dihydro derivative (CLXXX, *Charts 35* and *38*) to cortisone acetate consists in the introduction of the Δ^4-double bond. This was first carried out by SARETT (*246*) who made use of the classical procedure (*22*) of bromination at $C_{(4)}$, followed by dehydrobromination with boiling pyridine (*Chart 39*); the over-all yield was however only about 25%. In order to accomplish this last step more efficiently, both the bromination and dehydrobromination steps were studied in some detail. It was found by MATTOX and KENDALL (*178*) that the 4-bromo compound (CXCVI) tends to disproportionate and rearrange on being allowed to stand in the presence of hydrogen bromide. For this reason the amount of the hydrogen halide was kept to a minimum during its formation by adding a small amount of hydrogen bromide initially, and then carrying out the bromination step in the presence of one equivalent of sodium acetate. In this way a mixture of about 70% of the 4-bromo compound (CXCVI) and 20% of the 2-isomer (CXCVII) was obtained (*178*). For the preparation

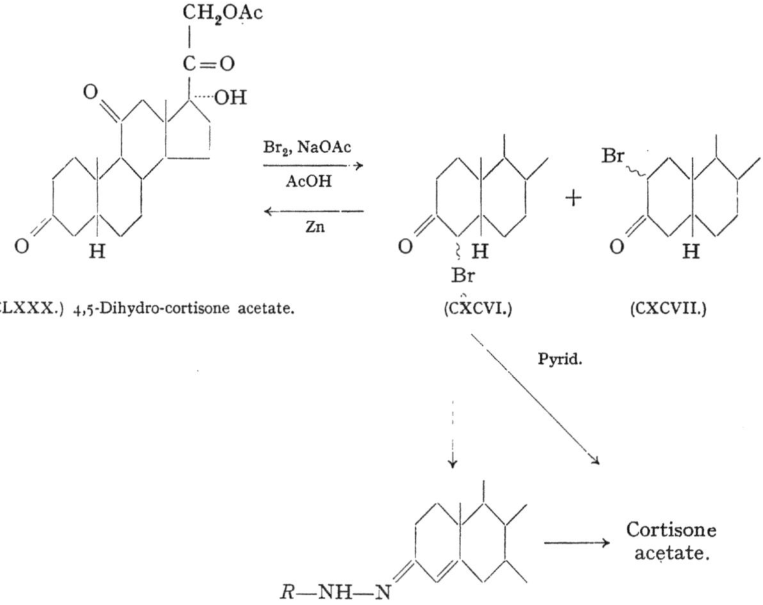

(CLXXX.) 4,5-Dihydro-cortisone acetate. (CXCVI.) (CXCVII.)

(CXCVIIIa.) $R = C_6H_3(NO_2)_2$.
(CXCVIIIb.) $R = CONH_2$.

Chart 39.

of cortisone it is advantageous to isolate the former by crystallization (*180*, there footnote 6) and to regenerate the dihydro compound (CLXXX) from the mother liquors with zinc.

Of considerable importance was the discovery by MATTOX and KENDALL (*176, 179, 180*) that the reactivity of the bromine atom at $C_{(4)}$ is greatly increased by formation of a hydrazone at $C_{(3)}$. Thus, when the 4-bromo compound (CXCVI) was reacted with 2,4-dinitrophenylhydrazine in acetic acid containing 1.5 equivalents of sodium acetate in an atmosphere of carbon dioxide, hydrogen bromide was eliminated, and the dinitrophenylhydrazone (CXCVIIIa) of the Δ^4-3-ketone was smoothly formed in over 80% yield. The conditions for the formation of this compound are rather critical, for when more sodium acetate is used the 4-acetoxy compound appears (*180*), while if the reaction is run in the presence of air a considerable amount of the $\Delta^{4,6}$-dienone derivative is obtained. Cleavage of the hydrazone (CXCVIIIa) with pyruvic acid in chloroform-acetic acid at 45° (*176, 180*), with or without the addition of hydrogen bromide, then furnished cortisone acetate in 84% yield (*180*).

Alternatively, the dehydrobromination of (CXCVI) could be carried out through conversion to the unsaturated semicarbazone (CXCVIIIb), again followed by cleavage with pyruvic acid (*147, 186, cf. 141, 142*), with *p*-hydroxybenzaldehyde (*cf. 184*), or simply by hydrolysis with aqueous acetic acid (*186*). The optimum conditions for the dehydrobromination by the semicarbazide – pyruvic acid procedure have been elucidated; when the semicarbazone was formed in a medium in which no substitution at $C_{(4)}$ occurred, an over-all yield of 92% could be realized (*186*). The cortisone acetate thus obtained may contain a small proportion of the 6-dehydro compound which can be eliminated by reduction with zinc (*184*).

h) Methods Involving the Introduction of the 17α-Hydroxyl Group Prior to that at $C_{(21)}$ (SARETT; GALLAGHER).

The routes from the important pregnane intermediate (LIX, *Charts 12, 15, 21* and *24*) to cortisone, described above, involve the introduction

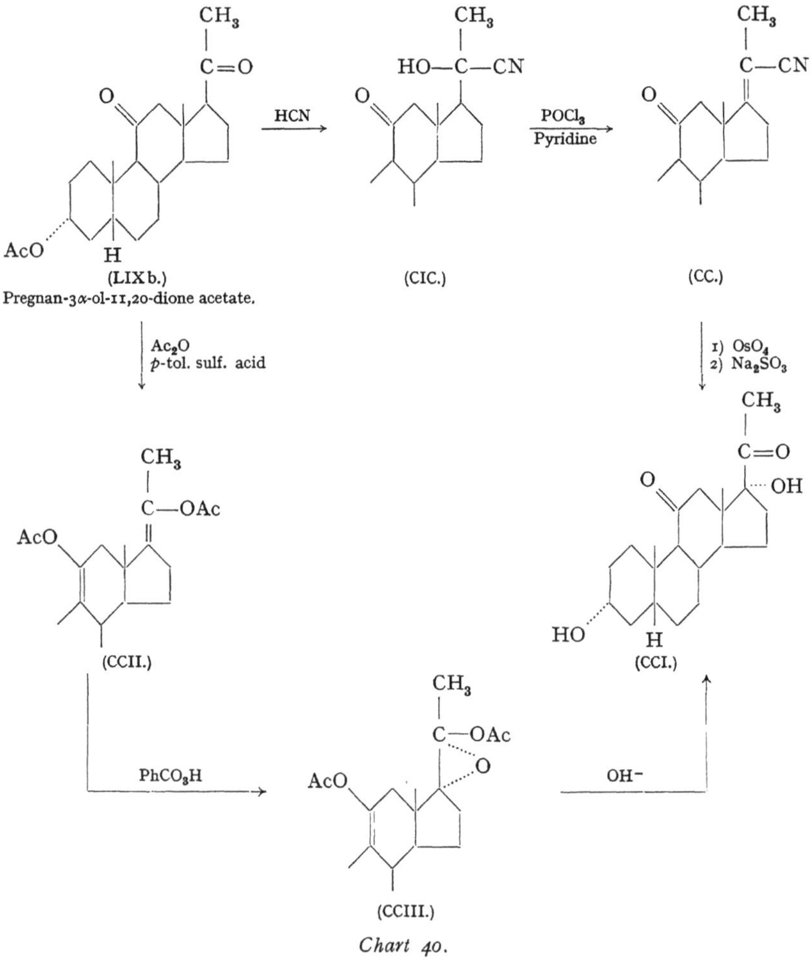

Chart 40.

of the 21-hydroxyl group followed by that of the 17α-hydroxyl function. This sequence may, however, be reversed, *viz.* (LIXb) can be converted to the 17α-hydroxy derivative (CCI) first, which is then hydroxylated at $C_{(21)}$. The first transformation of (LIXb) to (CCI) was carried out by SARETT (*246*) by the cyanohydrin method in a completely analogous manner to that used for the corresponding 21-acetoxy derivative (*cf. Chart 35*). Thus, with hydrogen cyanide the cyanohydrin (CIC) was formed, which was dehydrated with phosphorus oxychloride; hydroxylation with osmium tetroxide and subsequent cleavage with sodium sulfite then furnished pregnane-3α,17α-diol-11,20-dione (CCI) *(Chart 40)*. A more convenient and economical method was developed by GALLAGHER and co-workers (*140, 147, cf. 145*) which consists of transforming (LIXb) to the enol acetate (CCII) by means of acetic anhydride and *p*-toluenesulfonic acid, followed by oxidation with perbenzoic acid and base treatment. In practice the intermediates (CCII) and (CCIII) need not be isolated, and an over-all yield of 72% can be achieved.

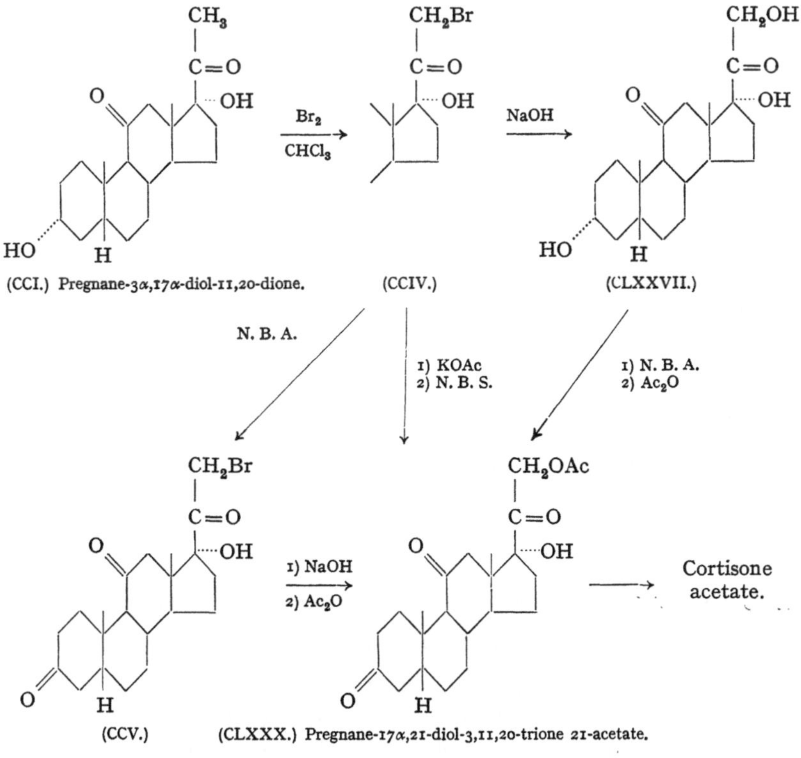

Chart 41. (N. B. A. = N-bromoacetamide; N. B. S. = N-bromosuccinimide.)

Other methods of 17α-hydroxylation of 20-keto-pregnanes are known, mainly due to JULIAN and his co-workers, proceeding from the Δ^{16}-compounds *via* the 16α, 17α-epoxides (*131, 132, 133, 134, 135, 206*). With the one exception already described (*Chart 38*), these have, however, not yet been applied to 11-oxygenated steroids of the "normal" (5β) series, and at present they are not applicable to the chemical synthesis of 11-oxygenated hormones starting from bile acids. A convenient synthesis of Substance *S* is however dependent on these methods (*132, 133*) (*cf. Chart 69*), and the latter compound may be converted into cortisone by biochemical means (*cf.* Chapter VI, p. 366).

The introduction of the $C_{(21)}$ hydroxyl group into the 17α-hydroxy-20-ketone (CCI) has been achieved by a simple method due to GALLAGHER and his colleagues. Bromination at $C_{(21)}$ was effected, without the necessity of protecting the $C_{(3)}$ hydroxyl group, with bromine in chloroform containing the usual small proportion of alcohol (*147, cf. 142*). The resulting (CCIV) was oxidized at $C_{(3)}$ with N-bromoacetamide in *tert.*-butanol at 10°, and the product (CCV) treated with dilute sodium hydroxide and then acetylated (*147*) (*Chart 41*). To obtain the pregnane-17α,21-diol-3,11,20-trione 21-acetate (CLXXX, *Charts 35* and *38*), it was more advantageous, however, to treat (CCIV) first with sodium hydroxide, then to oxidize at $C_{(3)}$ with N-bromoacetamide, and acetylate (*147*). Alternatively, (CCIV) was transformed with potassium acetate in acetone to the corresponding 21-acetoxy derivative, which on oxidation with N-bromosuccinimide in aqueous *tert.*-butanol again yielded (CLXXX) (*104*). The conversion of the latter to cortisone acetate has already been described (*Chart 39*). It is interesting to note that when the last mentioned oxidation was performed in a mixture of dry *tert.*-butanol and methylene chloride, simultaneous bromination at $C_{(4)}$ took place and yielded directly the 4-bromo-3-ketone (CXCVI, *Chart 39*) (*104*). The sequence of reactions leading from pregnan-3α-ol-11,20-dione acetate (LIXb, *Chart 40*) *via* the 17α-hydroxy compound (CCI, *Chart 40*) and pregnane-17α,21-diol-3,11,20-trione 21-acetate (CLXXX, *Chart 41*) to cortisone acetate has also been carried out with the corresponding 11-desoxy compounds to give Substance *S* acetate (CLXIb, *Charts 30, 32* and *36*) (*142, 146*); it has also been applied to the synthesis of tritium-labelled cortisone (*79*).

II. Syntheses of Cortisone from Steroids with Ring C Unsubstituted.

The majority of the abundant plant steroids, such as ergosterol (CCVI), stigmasterol (CCVII) and diosgenin (CCVIII) (*Chart 42*) are unsubstituted in ring *C*, and thus the primary problem in converting these substances to cortisone was the introduction of an oxygen function at $C_{(11)}$.

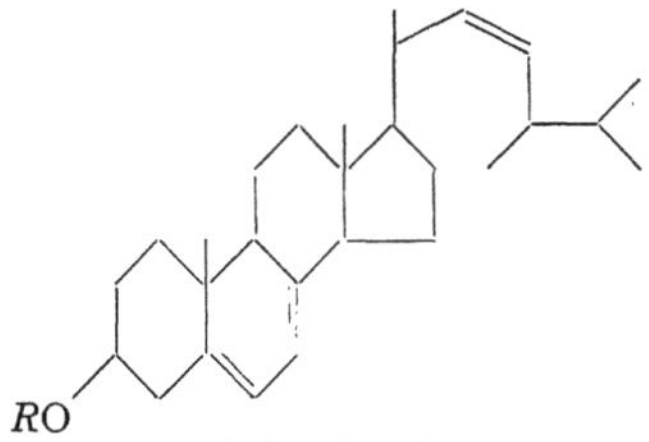

(CCVIa.) $R = H$.
(CCVIb.) $R = Ac$.
Ergosterol.

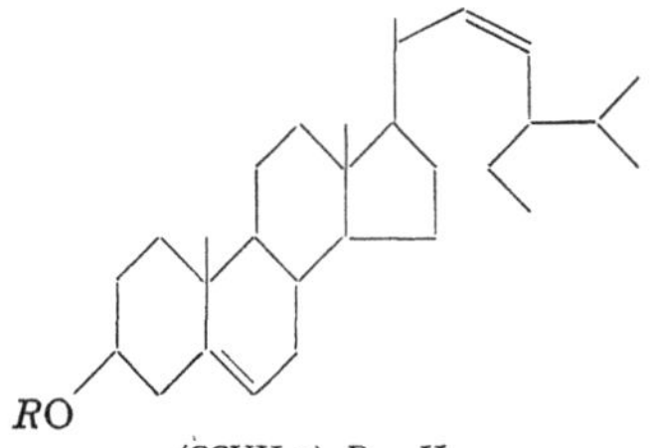

(CCVII.a) $R = H$.
(CCVIIb.) $R = Ac$.
Stigmasterol.

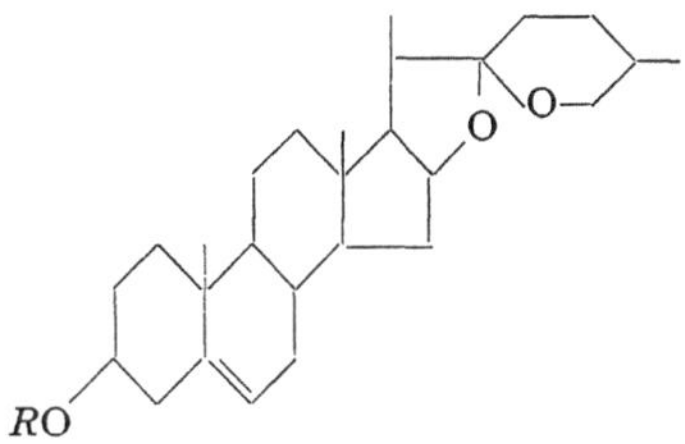

(CCVIIIa.) $R = H$.
(CCVIIIb.) $R = Ac$.
Diosgenin.

Chart 42.

Within the last three years a number of chemical and biochemical methods have been developed to achieve this goal, and cortisone may now be obtained from any of these sterols. Practically all the chemical methods for the introduction of oxygen make use of a $\Delta^{7,9(11)}$-diene as a key intermediate, the preparation of which involes the hydrogenation of a $\Delta^{5,7}$-diene, a reaction which yields the 5α ("allo") configuration. For this reason, whereas the conversion of bile acids to cortisone proceeds *via* derivatives of the 5β ("normal") series, the conversion of ring *C*-unsubstituted steroids to the hormone proceeds almost without exception *via* derivatives of the opposite configuration.

1. Introduction of Oxygen at $C_{(11)}$ and Side-Chain Degradation.

The $\Delta^{7,9(11)}$-diene (CCX) in the ergostane series, identified with the so-called ergosterol-*D* (*5*) was first prepared by WINDAUS in 1929 (*283*). Ergosterol or its acetate may be reduced to a dihydro compound (α-dihydro-ergosterol), now recognized to be the $\Delta^{7,22}$-diene (CCIX) (*4, 5*), by means of sodium in alcohol (*98, 214, 285, 286*) or through catalytic hydrogenation in a neutral medium (*6, 25, 100, 278*) (*Chart 43*). Dehydrogenation of (CCIX) to (CCX) may be effected by the action of perbenzoic acid (*289*), selenium dioxide (*25*) or, most efficiently, mercuric acetate (*2, 7, 98, 111, 283*). Both the reduction and dehydrogenation steps have been re-investigated recently. The first step was found to proceed in nearly quantitative yield through hydrogenation over RANEY

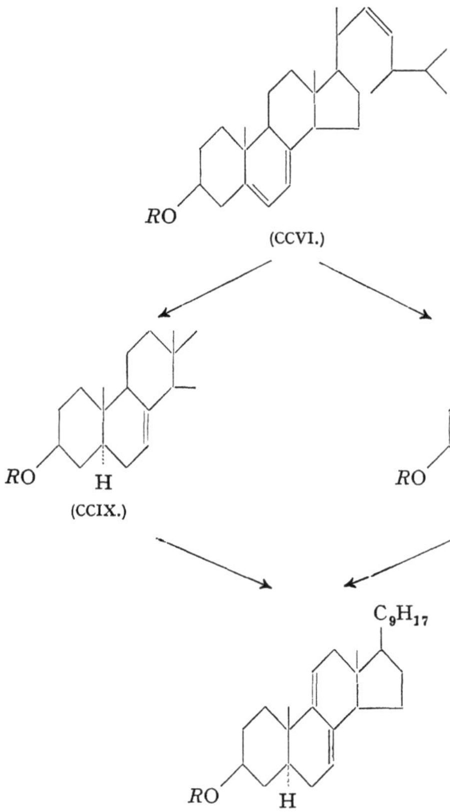

(CCXa.) R = H. (CCXb.) R = Ac.
Ergosterol D.

Chart 43.

nickel in dioxane (*159*) or benzene (*2, 238*) solution or over RUPE nickel in ether (*111*). The second step could be performed in 70% yield by bromination at — 60° to a tetrabromide, which (without being isolated) was debrominated with zinc (*2*). A less satisfactory route from ergosterol to ergosterol D (CCX) proceeds by direct dehydrogenation with mercuric acetate (*9, 288*) or selenium dioxide (*25*) to dehydro-ergosterol (CCXI), and then to compound (CCX) through reduction with sodium in alcohol (*8, 284*), or hydrogen over platinum (*7*) or RANEY nickel (*159*) in neutral solution.

a) Method Involving Hydration of a Δ^7-9α,11α-Oxide (TISHLER; HEUSSER *and* JEGER).

The introduction of an 11-keto group into the $\Delta^{7,9(11)}$-diene (CCXb) of the ergostane series was first reported by TISHLER and co-workers

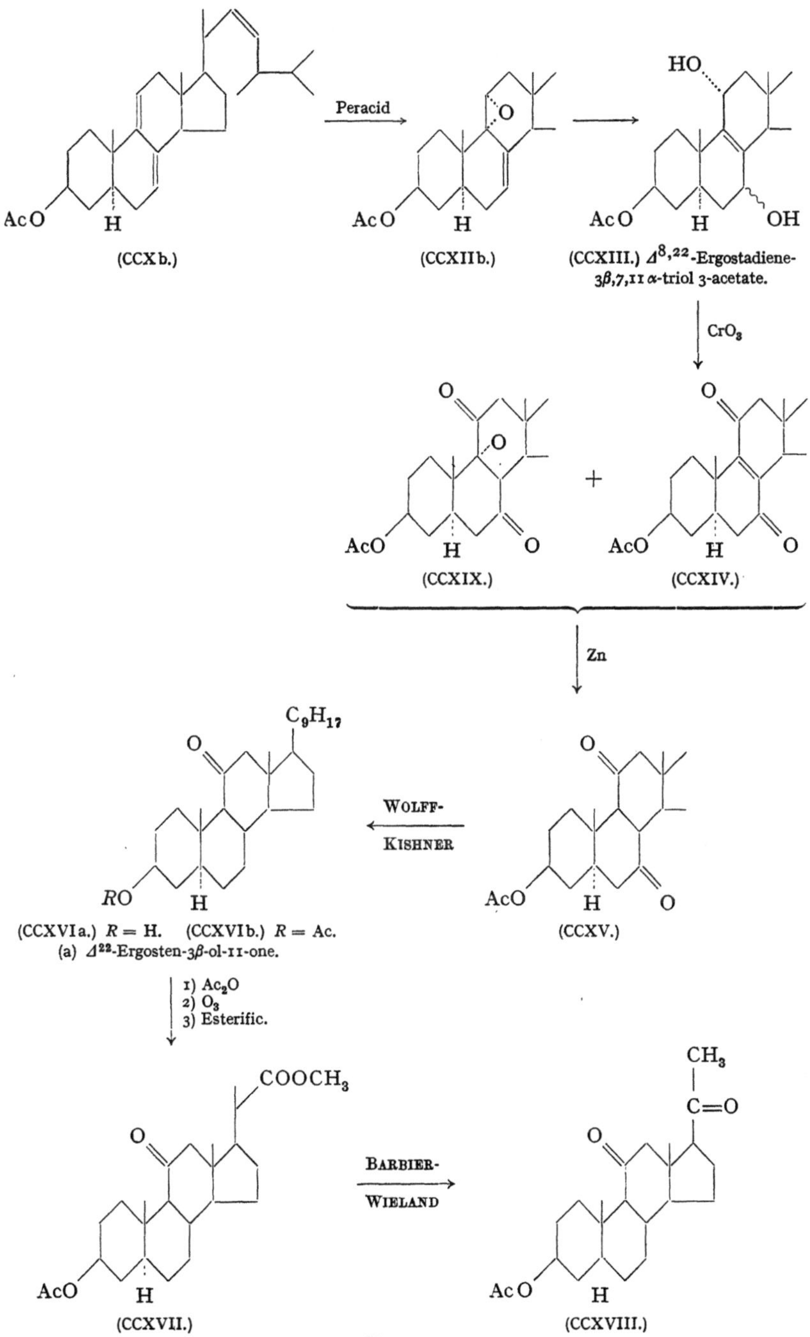
Peracid
AcO
H
(CCXb.)
(CCXIIb.)
HO
OH
(CCXIII.) $\Delta^{8,22}$-Ergostadiene-$3\beta,7,11\alpha$-triol 3-acetate.
CrO_3
(CCXIX.)
(CCXIV.)
Zn
C_9H_{17}
RO
(CCXVIa.) R = H. (CCXVIb.) R = Ac.
(a) Δ^{22}-Ergosten-3β-ol-11-one.
Wolff-
Kishner
(CCXV.)
1) Ac_2O
2) O_3
3) Esterific.
$COOCH_3$
(CCXVII.)
Barbier-
Wieland
CH_3
C=O
(CCXVIII.)

Chart 44.

from the MERCK laboratories (*29*) (*Chart 44*). Reaction with one equivalent of perbenzoic acid yielded an oxide (*19, 29*), later ascribed the $9\alpha,11\alpha$-oxido structure (CCXII b) (*111, 254*), which on "hydrolytic rearrangement" was converted into $\Delta^{8,22}$-ergostadiene-$3\beta,7,11\alpha$-triol 3-acetate (CCXIII). Oxidation with chromium trioxide led to the yellow enedione (CCXIV), the Δ^{8}-double bond of which was saturated by means of zinc in acetic acid, and the 7-keto group removed by the HUANG-MINLON modification (*126, 127*) of the WOLFF-KISHNER reduction method. The resulting 11-ketone, Δ^{22}-ergosten-3β-ol-11-one (CCXVI a), was then degraded through ozonolysis to the bisnor derivative (CCXVII) – which on further degradation according to BARBIER-WIELAND furnished the important allopregnane derivative (CCXVIII) (*29*).

Methyl Δ^{5}-3β-acetoxy-bisnorcholenate (CCXX), obtainable from stigmasterol by ozonolysis of the dibromide (*61, 116*) and from cholesterol by chromium trioxide oxidation of the dibromide (*63*), was converted into the $\Delta^{5,7}$-diene (CCXXI) by allylic bromination at $C_{(7)}$ and subsequent dehydrohalogenation with collidine (*29, 238*) (*Chart 45*). This diene, previously prepared from ergosterol through ozonolysis of the maleic anhydride adduct (*9*), was then transformed by TISHLER and co-workers into methyl 3β-acetoxy-7,11-diketo-bisnorallocholanate (CCXXII) in a manner analogous to that described in the ergostane series, and the 7-keto group was again removed by the WOLFF-KISHNER-MINLON procedure (*29*).

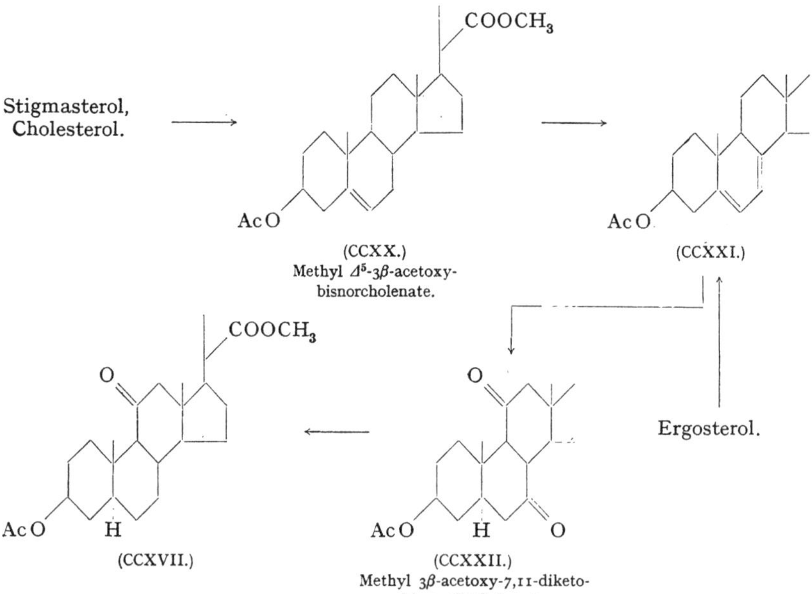

Chart 45.

The resulting 11-keto-derivative (CCXVII) was identical with that obtained by side-chain degradation of (CCXVIa) *(Chart 44)*.

An analogous series of reactions was also carried out in the spirostane series. Diosgenin acetate (CCVIIIb) has been transformed by ROSENKRANZ and co-workers to the $\Delta^{5,7}$-diene (CCXXIV) by allylic bromination to (CCXXIII), followed by dehydrobromination with collidine (*236*) or, alternatively, followed by oxidation with chromium trioxide, reduction of the 7-ketone group with lithium aluminum hydride and thermal elimination of benzoic acid from the 7-benzoate (CCXXVI) (*224*) *(Chart 46)*. Hydrogenation of the $\Delta^{5,7}$-diene (CCXXIV) has been carried out by a SYNTEX group using a platinum catalyst in ethyl acetate (*235*), and by a MERCK group using RANEY nickel in dioxane (*238*). It smoothly led to the Δ^7-compound (CCXXVII), which on mercuric acetate dehydrogenation furnished $\Delta^{7,9(11)}$-22a-5α-spirostadien-3β-ol acetate (CCXXVIII) (*235*). The oxidation of this compound with perbenzoic acid gave the Δ^7-9α,11α-oxide (*29, 259*) which was converted by TISHLER and co-workers (*29*) *via* the Δ^8-7,11-dione (CCXXIX) to the 11-ketone (CCXXX) by the same sequence of reactions as had been employed in the ergostane series. The side-chain degradation of (CCXXX) was carried out by TISHLER *et al.* (*29*) and by DJERASSI, ROSENKRANZ *et al.* (*38*) through heating with acetic anhydride, followed by oxidation and alkali treatment of the intermediate pseudogenin. Hydrogenation of the resulting Δ^{16}-allopregnen-3β-ol-11,20-dione acetate (CCXXXI) yielded the saturated derivative (CCXVIII), identical with that obtained from ergosterol *(cf. Chart 44.)*

HEUSSER, JEGER and their collaborators (*111*) have described a route leading from ergosteryl D acetate (CCXb, *Charts 43* and *44*) to the 11-keto derivative (CCXVI, *Chart 44*) which is essentially identical with that followed by the TISHLER group. The 9α,11α-epoxide (CCXIIb, *Chart 44*) was prepared with perphthalic acid, and the "hydrolytic rearrangement" to (CCXIII) was carried out with dilute sulfuric acid in dioxane solution for 3 min. at room temperature. The interesting observation was made (*111*) that under more vigorous conditions, dilute sulfuric acid yielded the Δ^8-7-ketone (CCXXXIIb), which may also be obtained in 2% yield directly from ergosteryl D acetate (CCXb, *Charts 43* and *44*) through oxidation with chromium trioxide in acetic acid (*19*), and even from α-dihydroergosteryl acetate (CCIX, *Chart 43*) with the same reagent (yield 4%) (*261*) *(Chart 47)*. In the latter oxidation the 8α,9α-oxido-7-ketone (CCXXXIII) was also formed (*261*), a compound more efficiently obtained from (CCIX) by oxidation with *tert.*-butyl chromate (*115*); it may be reduced with zinc to the Δ^8-7-ketone (CCXXXIIb). With boron trifluoride (*111*) or ferric chloride (*109*) the Δ^7-9α,11α-oxide (CCXIIb) was converted into the isomeric Δ^8-11-ketone (CCXXXIV). Similar observations were made by a MERCK group (*254*), who in addition found that

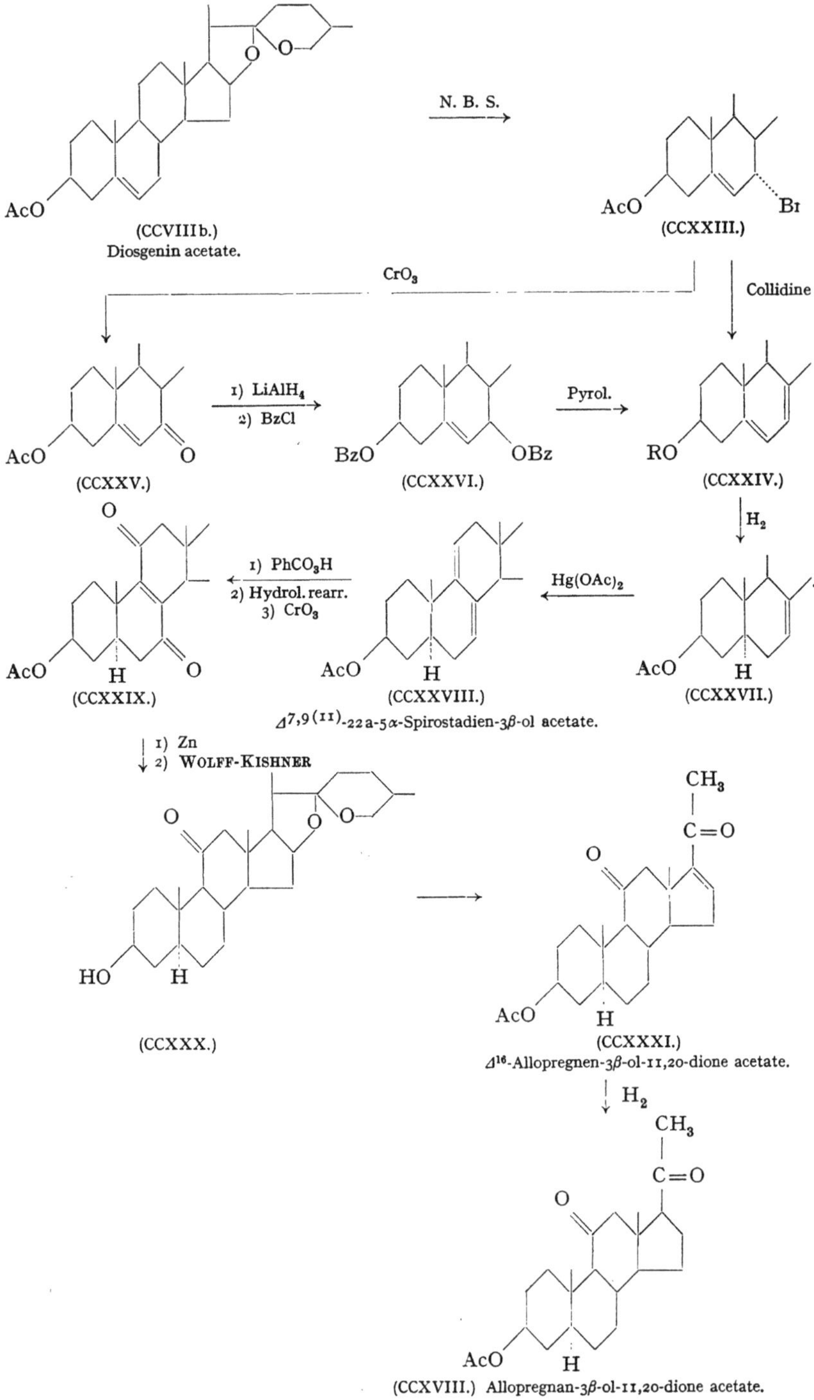

Chart 46. (Bz = benzoyl; Ph = phenyl; N. B. S. = N-bromosuccinimide.)

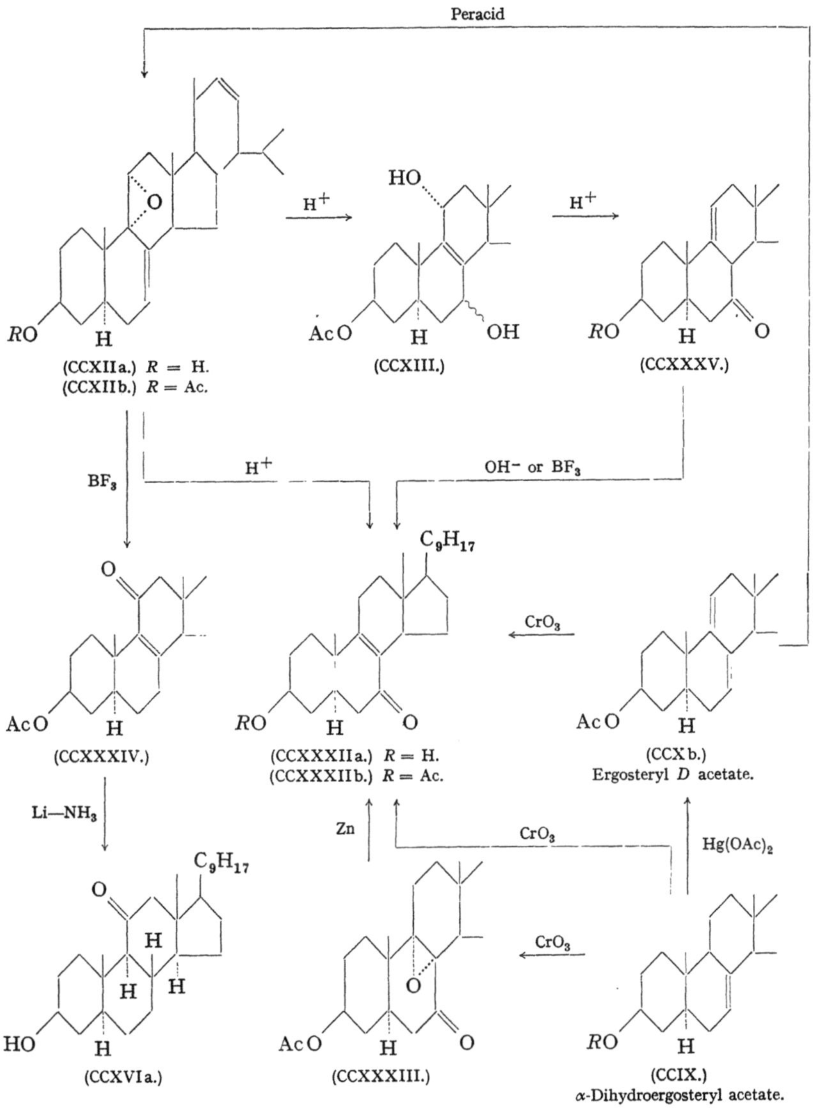

Chart 47.

with dilute sulfuric acid the Δ^7-9,11-oxide (CCXIIa) gave rise to the $\Delta^{9(11)}$-7-ketone (CCXXXV), isomerized to the Δ^8-7-ketone (CCXXXIIa) either with base (*254*) or with boron trifluoride (*109*). The β,γ-unsaturated ketone (CCXXXV) was probably formed from (CCXII) *via* the Δ^8-7,11-diol (CCXIII, *Chart 44*), since it may be obtained from the latter by the action of dilute acids (*254*) or of hydrogen peroxide in acetic acid

(*109*). Compounds of the Δ^{8}-7-ketone (CCXXXII) and Δ^{8}-11-ketone (CCXXXIV) type, the preparation of which has been described above, are of importance in the synthesis of cortisone, as will become evident later.

In converting the Δ^{8}-7,11α-diol (CCXIII, *Chart 44*) further to the 11-ketone, the Swiss investigators found (*111*) that oxidation with chromium trioxide yielded the ene-dione (CCXIV) admixed with the corresponding 8α,9α-oxide (CCXIX, *Chart 44*); these two substances did not have to be separated since both gave with zinc the same 7,11-diketone (CCXV). When the 7-keto group was removed from this compound through desulfuration with RANEY nickel of the 7-ethylenethioketal, ergostan-3β-ol-11-one acetate was obtained, the Δ^{22}-double bond having been saturated (*111*). The $\Delta^{7,9(11)}$-dienes in the androstane-3β,17β-diol series (CCXXXVII) [prepared from the Δ^{5}-compound (CCXXXVI) by an interesting route (*107*)] and in the cholestane series (CCXXXIXa) (for

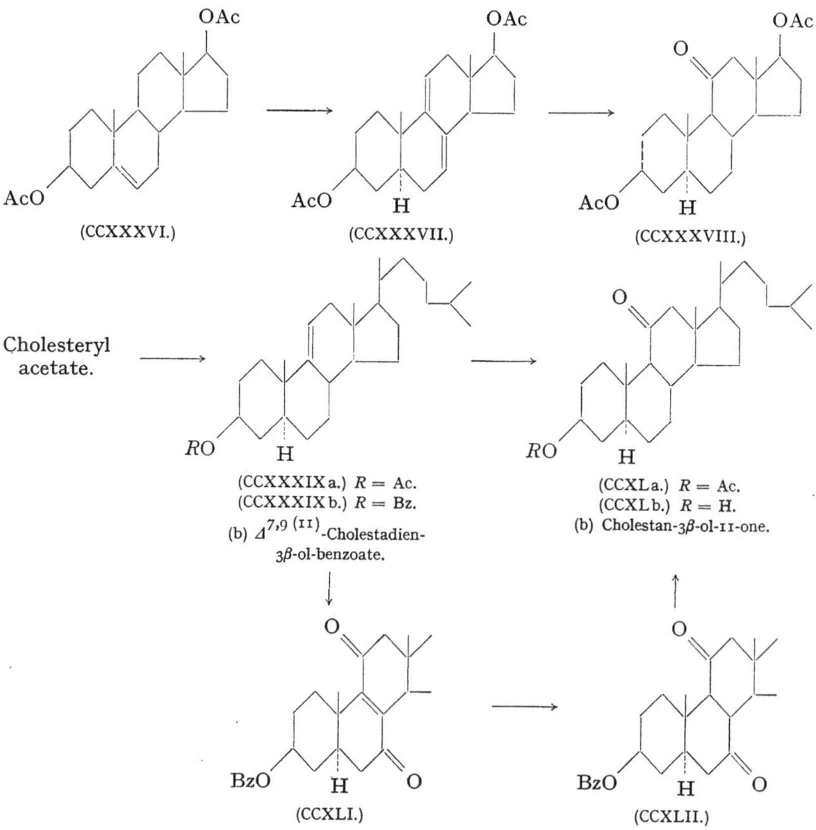

Chart 48. (Bz = benzoyl).

preparation see the following paragraph) were transformed by the HEUSSER-JEGER group to the corresponding 11-keto compounds (CCXXXVIII) and (CCXLa) *(Chart 48)* (*114*) by means of reactions analogous to those used with ergosterol D. However, neither of these substances has yet been further converted into cortisone. In addition the Swiss workers showed that the method is applicable in the 5β ("normal") series (*111*), and applied it to bile acid derivatives *(Chart 28)*.

b) Method Involving Oxidation of a $\Delta^{7,9(11)}$-Diene with Sodium Dichromate (FIESER).

At the same time as the method shown in *Charts 44–46* was first announced by TISHLER *et al.* (*29*), FIESER and his co-workers (*66*) described a different solution to the problem of 11-keto introduction. The Δ^5-double bond of 7-dehydrocholesterol, obtainable from cholesterol by several methods (*inter al. 12, 37, 64, 287*), was hydrogenated in the presence of RANEY nickel, the product dehydrogenated with mercuric acetate (*66, 114*) and then benzoylated to give $\Delta^{7,9(11)}$-cholestadien-3β-ol benzoate (CCXXXIXb) *(Chart 48)*. Oxidation with sodium dichromate in a mixture of acetic acid and benzene led to the yellow Δ^8-7,11-dione (CCXLI) which on reduction with zinc dust yielded the saturated diketone (CCXLII); the latter was converted by WOLFF-KISHNER-MINLON reduction to cholestan-3β-ol-11-one(CCXLb) *(66)*. The total crude product of the dichromate oxidation when reduced with zinc yielded also some Δ^8-cholesten-3β-ol-7-one benzoate (type CCXXXII, *Chart 47*).

Application of this method by a Syntex group to the spirostan series (*39*) led from the $\Delta^{7,9(11)}$-diene (CCXXVIII, *Chart 47*) to the corresponding Δ^8-7,11-dione (CCXXIX) and on reduction with zinc to 22a-5α-spirostan-3β-ol-7,11-dione acetate. The last two compounds are intermediates in the MERCK conversion of (CCXXVIII) to the 11-ketone (CCXXX), as indicated on *Chart 46*. The FIESER method has been shown to be applicable in the 5β-series (*66*) (*cf. Chart 27*), and in fact forms the basis for the only chemical synthesis of cortisone from ring *C*-unsubstituted steroids which proceeds *via* intermediates of the 5β ("normal") configuration. This transformation was carried out by ROSENKRANZ, DJERASSI, SONDHEIMER, and co-workers and is summarized in *Chart 49*. The $\Delta^{5,7}$-diene (CCXXIV, *Chart 46*) in the spirostane series yielded on mercuric acetate dehydrogenation the $\Delta^{5,7,9(11)}$-triene (type CCXI, *Chart 43*) (*235*), saponification and subsequent OPPENAUER oxidation of which (*297*) resulted in the shift of only the Δ^5-double bond, as had been observed previously with dehydro-ergosterol (CCXI, *Chart 43*) (*99*). The Δ^4-double bond in the $\Delta^{4,7,9(11)}$-trien-3-one (CCXLIII) thus obtained was hydrogenated to give predominantly the 5β configuration, and the $C_{(3)}$ ketone

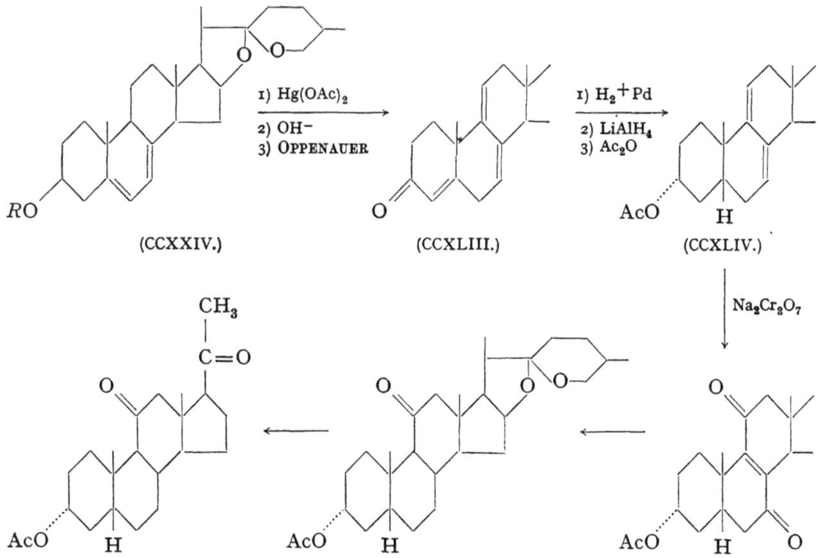

(CCXXIV.) (CCXLIII.) (CCXLIV.)

(LIXb.) Pregnan-3α-ol-11,20-dione acetate. (CCXLVI.) (CCXLV.)

Chart 49.

group was then reduced with lithium aluminum hydride and acetylated (*297*). The resulting $\Delta^{7,9(11)}$-22a-5β-spirostadien-3α-ol acetate (CCXLIV) on FIESER oxidation furnished the Δ^{8}-7,11-dione (CCXLV), and thence the 11-ketone (CCXLVI) through zinc reduction, formation of the cyclo-ethylene-mercaptol at $C_{(7)}$, and desulfuration with RANEY nickel (*237*). Side-chain degradation and hydrogenation finally led to pregnan-3α-ol-11,20-dione acetate (LIXb, *Chart 12*), a bile acid transformation product, the further conversion of which to cortisone has been reviewed previously (*Charts 34, 35, 40* and *41*).

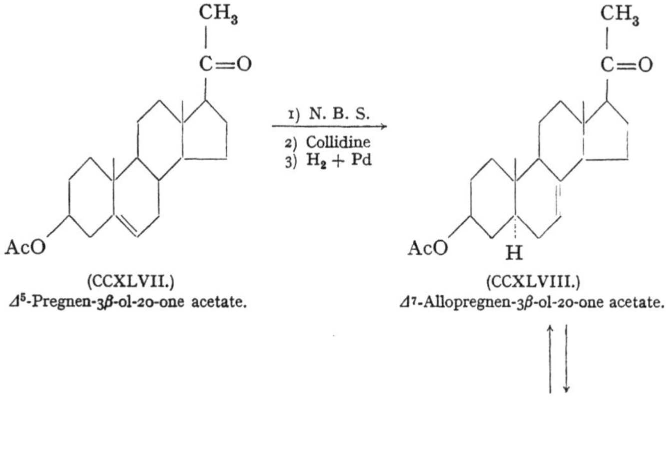

(CCXLVII.) Δ^{5}-Pregnen-3β-ol-20-one acetate.

(CCXLVIII.) Δ^{7}-Allopregnen-3β-ol-20-one acetate.

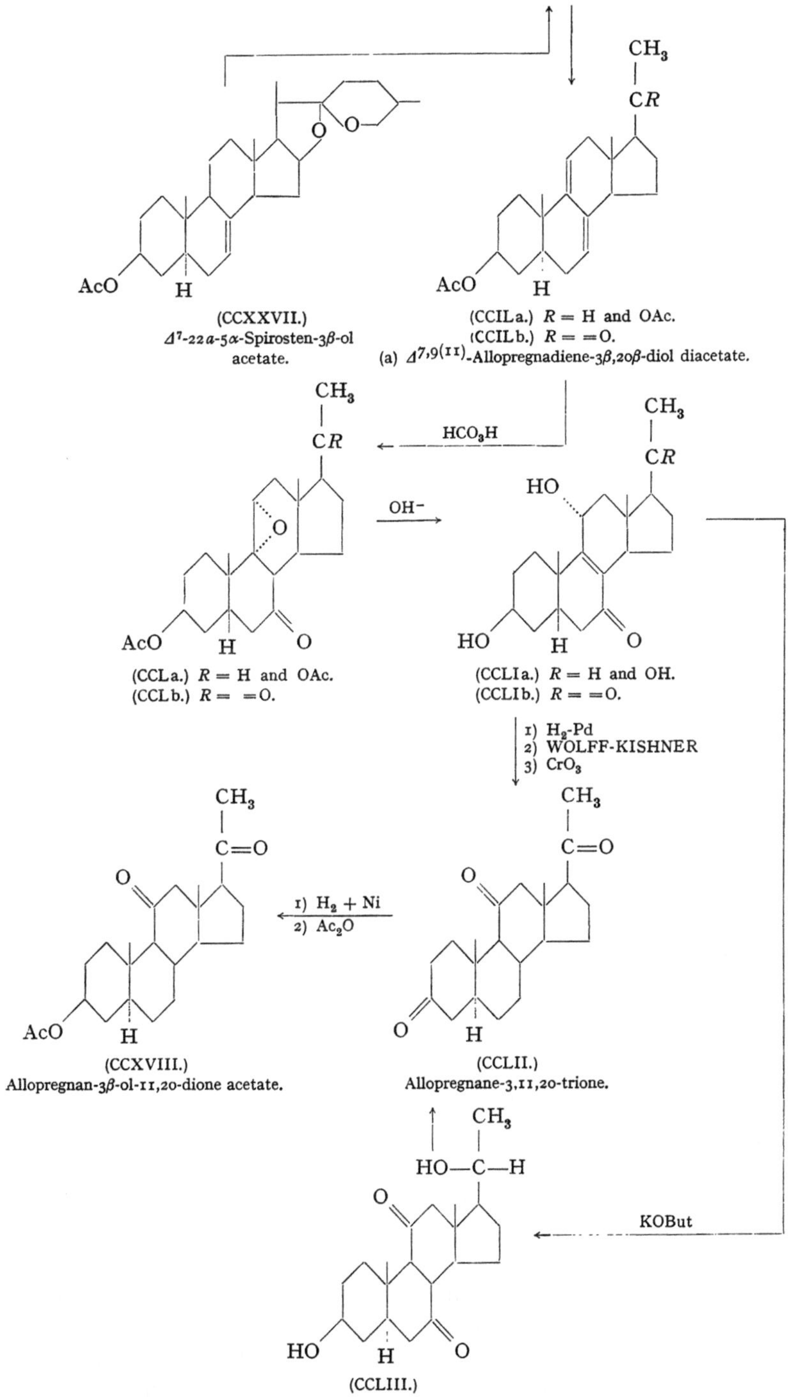

Chart 50. (N. B. S. = N-bromosuccinimide.)

c) Method Involving Interaction of a $\Delta^{7,9(11)}$-Diene with N-Bromosuccinimide (FIESER).

Another method devised by FIESER for the introduction of a keto group in position $C_{(11)}$ (*62*), involving the reaction of a $\Delta^{7,9(11)}$-diene with N-bromosuccinimide and subsequent treatment with silver nitrate and chromium trioxide, has been outlined previously in *Chart 27* for the cholanic acid series. This reaction sequence is similarly applicable in the "allo" series, and has been employed to convert the $\Delta^{7,9(11)}$-dienes (CCXb, *Chart 43*) and (CCXXXIXb, *Chart 48*), derived from ergosterol and cholesterol respectively, to the corresponding Δ^{8}-7,11-diones (CCXIV, *Chart 44*) and (CCXLI, *Chart 48*) (*62*).

d) Method Involving Oxidation of a $\Delta^{7,9(11)}$-Diene with Performic Acid (STORK, ROSENKRANZ *and* DJERASSI).

Each of the aforementioned routes for transforming $\Delta^{7,9(11)}$-dienes to 11-ketones proceeds *via* Δ^{8}-7,11-diones. A rather different method (*40, 262*) involving the oxidation of a $\Delta^{7,9(11)}$-diene with performic acid was developed by STORK, ROSENKRANZ, DJERASSI and their co-workers, and was first applied in the allopregnane series. The starting material, the well known steroid intermediate Δ^{5}-pregnen-3β-ol-20-one acetate (CCXLVII), is readily available from stigmasterol, cholesterol or diosgenin by side-chain degradation. Bromination at $C_{(7)}$ by means of N-bromosuccinimide, followed by dehydrobromination with collidine and hydrogenation of the Δ^{5}-double bond, yielded Δ^{7}-allopregnen-3β-ol-20-one acetate (CCXLVIII) (*45, 238*) that is also obtainable by side-chain degradation of Δ^{7}-22a-5α-spirosten-3β-ol acetate (CCXXVII) (*45*) *(Charts 46 and 50)*. Lithium aluminum hydride reduction, mercuric acetate dehydrogenation and subsequent acetylation (*225*) then furnished $\Delta^{7,9(11)}$-allopregnadiene-3β,20β-diol diacetate (CCILa). Oxidation of this substance with performic acid caused the introduction of two oxygen atoms: a keto group at $C_{(7)}$, and an oxide bridge in the 9α,11α-position (*40, 262*). The resulting compound (CCLa) was readily isomerized with base to Δ^{8}-allopregnene-3β,11α,20β-triol-7-one (CCLIa). The Δ^{8}-double bond was then saturated catalytically, the carbonyl grouping at $C_{(7)}$ was removed from the product by the WOLFF-KISHNER-MINLON procedure (*40, 262*) or by desulfuration with RANEY nickel of the 7-cyclo-ethylenemercaptol (*227*), and the hydroxyl groups were oxidized with chromium trioxide (*40, 262*). The allopregnane-3,11,20-trione (CCLII) thus obtained could be prepared more simply from (CCLIa) through rearrangement with potassium *tert.*-butoxide to the saturated 7,11-diketone (CCLIII) (*227*), followed by removal of the 7-carbonyl function by RANEY nickel treatment of the cyclo-ethylenemercaptol 3,20-diacetate, subsequent saponification, and chromium trioxide oxidation. Differential reduction of (CCLII) at $C_{(3)}$ with hydrogen over

RANEY nickel and acetylation of the product then led to the important cortisone intermediate, allopregnan-3β-ol-11,20-dione acetate (CCXVIII, *Charts 44* and *46*) (*40, 262*).

Similarly, $\Delta^{7,9(11)}$-allopregnadien-3β-ol-20-one acetate (CCILb, *Chart 50*), obtained from the Δ^7-compound (CCXLVIII) through mercuric acetate dehydrogenation (*45*), on oxidation with performic acid gave the 7-keto-9α,11α-oxide (CCLb) which was isomerized with alkali to the Δ^8-7-one-11α-ol (CCLIb) and then hydrogenated to the corresponding saturated compound (*40, 41*). It was found that two by-products were formed in the peracid oxidation step, presumably the $\Delta^{9(11)}$-7-ketone (CCLIVa) and the $\Delta^{9(11)}$-7ξ,8ξ-oxide (CCLIVb) *(Chart 51)*; when treated with base both were isomerized to the Δ^8-7-ketone (CCLVa) (*40, 41*).

An analogous series of reactions was carried out by a SYNTEX group in the spirostane series *(Chart 52)*. The $\Delta^{7,9(11)}$-diene (CCXXVIII, *Chart 46*) gave with performic acid the keto-oxide (CCLVI) (*40*) which was rearranged with alkali to the Δ^8-ethylene (CCLVIIa), then hydrogenated and reduced by the WOLFF-KISHNER-MINLON procedure to 22a-5α-spirostane-3β,11α-diol (CCLVIII) (*39*). The corresponding 3β-ol-11-one (CCXXX, *Chart 46*) could be obtained from this diol by chromium trioxide oxidation and subsequent hydrogenation in the presence of RANEY nickel (*39*), or preferably from the Δ^8-compound (CCLVIIa) by potassium *tert.*-butoxide isomerization to the saturated 7,11-dione, followed by RANEY nickel desulfuration of the 7-cycloethylenemercaptol 3-acetate (*227*). The side-chain degradation of (CCXXX) to allopregnan-3β-ol-11,20-dione acetate (CCXVIII) *via* the corresponding Δ^{16}-compound (CCXXXI) has been described above (*Chart 46*.) Similarly, the 3β,11α-diol (CCLVIII) was

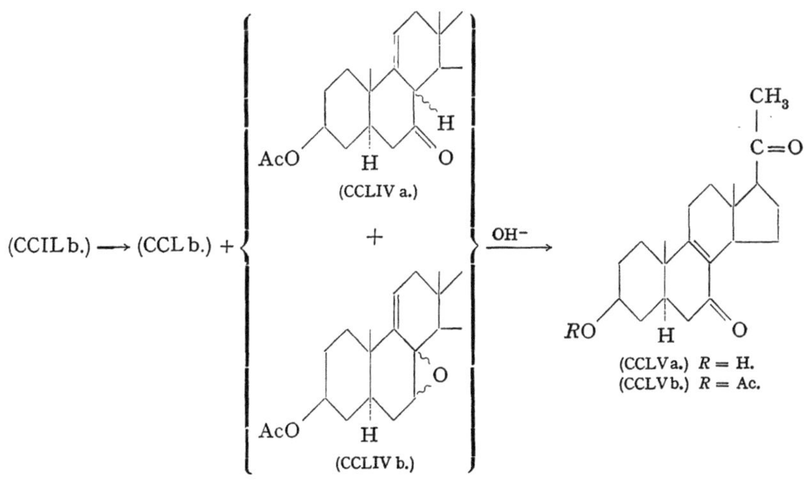

Chart 51.

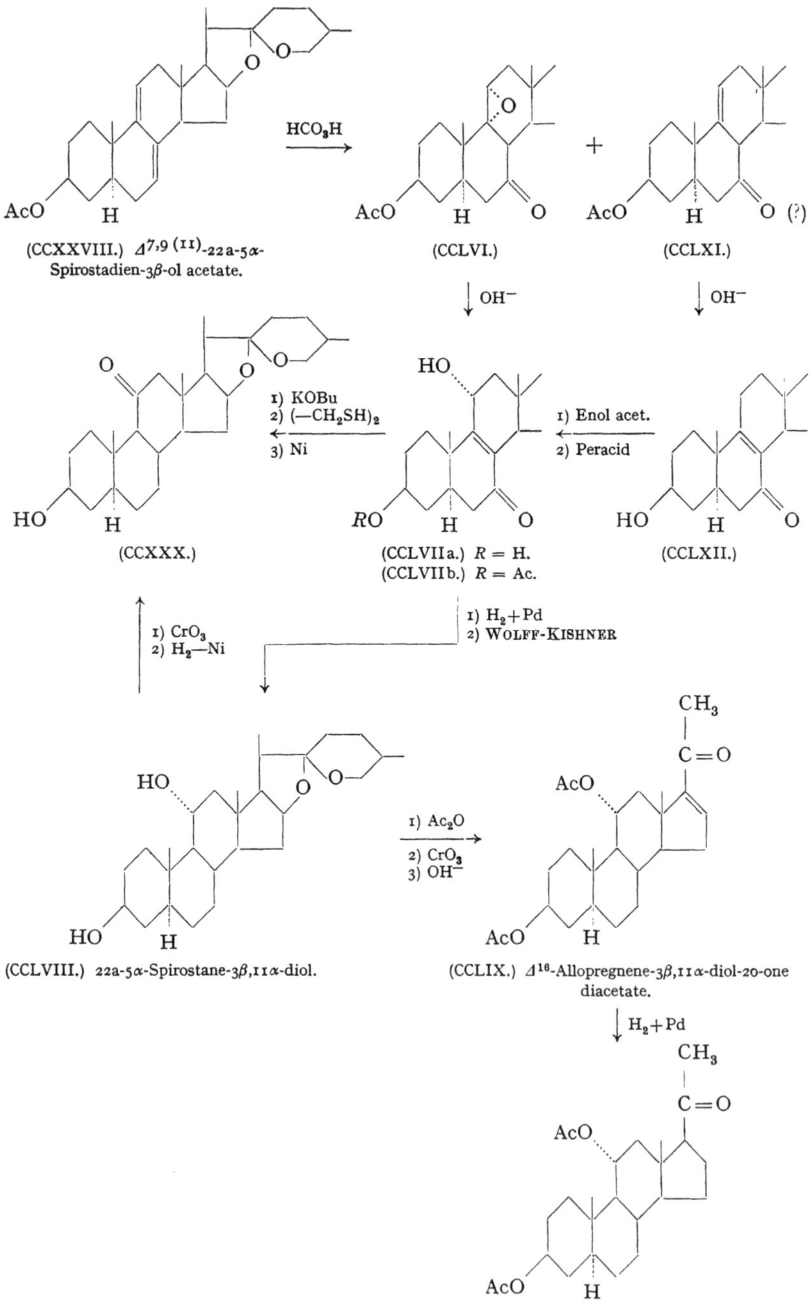

Chart 52. (Bu = *tert.* butyl.)

degraded to Δ^{16}-allopregnene-3β,11α-diol-20-one diacetate (CCLIX) through heating with acetic anhydride, oxidation with chromium trioxide and cleavage in a basic medium, and thence by hydrogenation to the saturated derivative (CCLX) (*38*). In the performic acid oxidation of the $\Delta^{7,9(11)}$-diene (CCXXVIII) a by-product [perhaps the $\Delta^{9(11)}$-7-ketone (CCLXI)] was again formed, for when the mother liquors were treated with base, the Δ^{8}-7-ketone (CCLXII) could be isolated (*232*).

The performic acid oxidation of $\Delta^{7,9(11)}$-dienes in the ergostane series was carried out by SPRING *et al.* (*1, 19*) (*Chart 53*). Ergosteryl D acetate (CCXb) when treated with two moles of the peracid yielded the 7-keto-9α,11α-oxide (CCLXIII). The same compound could be obtained (*1, 2*) from ergosterol D acetate 22,23-dibromide (CCLXIV) [prepared from α-dihydroergosteryl acetate (CCIX, *Chart 43*) by partial debromination of the previ-

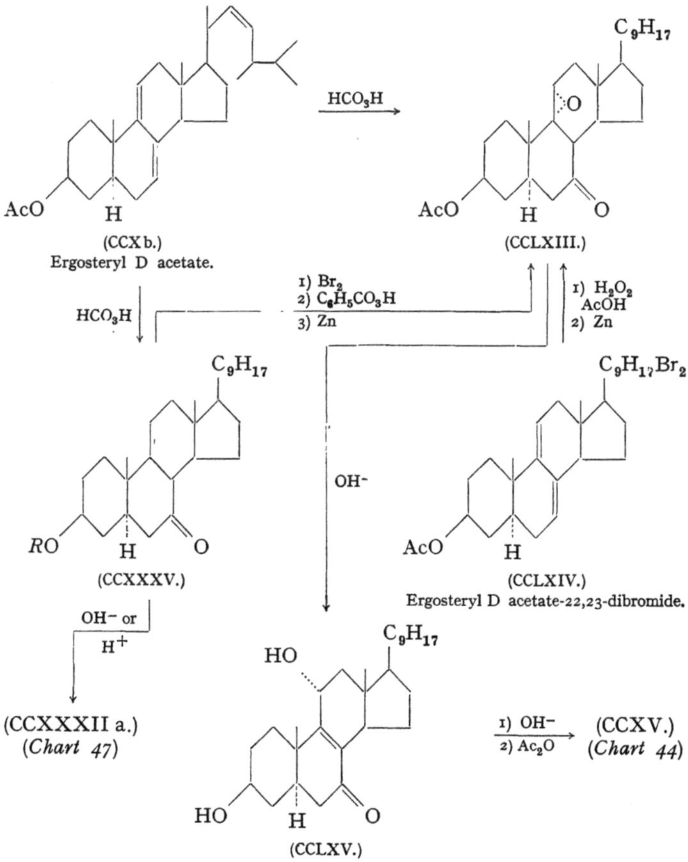

Chart 53.

ously mentioned tetrabromide with sodium iodide (*1, 2*)] by treatment with hydrogen peroxide in acetic acid, followed by debromination with zinc. Isomerization with 3% alcoholic potassium hydroxide gave the Δ^8-7-one-11α-ol (CCLXV) which in turn was rearranged with 13% alcoholic potassium hydroxide in poor yield to the 7,11-dione, isolated as the 3-acetate (CCXV, *Chart 44*) (*1, 19*). The further transformation of the latter to allopregnan-3β-ol-11,20-dione acetate (CCXVIII) has been reviewed previously (*Chart 44*). With one mole of performic acid ergosteryl D acetate produced the $\Delta^{9(11)}$-7-ketone (CCXXXV, *Chart 47*) which easily could be isomerized with acid or base to the Δ^8-7-ketone (CCXXXII, *Chart 47*), and converted to the keto-epoxide (CCLXIII) through protection of the side-chain double bond with bromine, oxidation with perbenzoic acid and debromination with zinc (*19*).

e) Utilization of Δ^8-7-Ketones (DJERASSI *and* ROSENKRANZ).

It will have been noted that, as had been the case in the 5β ("normal") series, the oxidation of $\Delta^{7,9(11)}$-dienes possessing the 5α-configuration described in this Section often lead to Δ^8-7-ketones (*Charts 47, 51, 52* and *53*). The method devised by DJERASSI, ROSENKRANZ and co-workers to convert such Δ^8-7-ketones of the 5β series to 11-oxygenated derivatives (*cf. Chart 29*) is equally applicable to compounds of the opposite configuration (*Chart 54*). Thus, Δ^8-allopregnen-3β-ol-7,20-dione acetate (CCLVb, *Chart 51*) was transformed to the mono-enol acetate (CCLXVI) by reaction with isopropenyl acetate in benzene (under these conditions the saturated carbonyl group remained unaffected), and thence by means of perphthalic acid to Δ^8-allopregnene-3β,11α-diol-7,20- dione 3-monoacetate (CCLXVII) in 70% yield (*41, 42*). This procedure is attractive since it furnishes 3-acylated Δ^8-3β,11α-diol-7-ones which may be oxidized to the 3β-acetoxy-Δ^8-7,11-diones, obtainable by other methods already described. For instance, when the enol acetate – peracid method was applied to the Δ^8-7-ketone (CCLXII, *Chart 52*) in the spirostane series, Δ^8-22a-5α-spirostene-

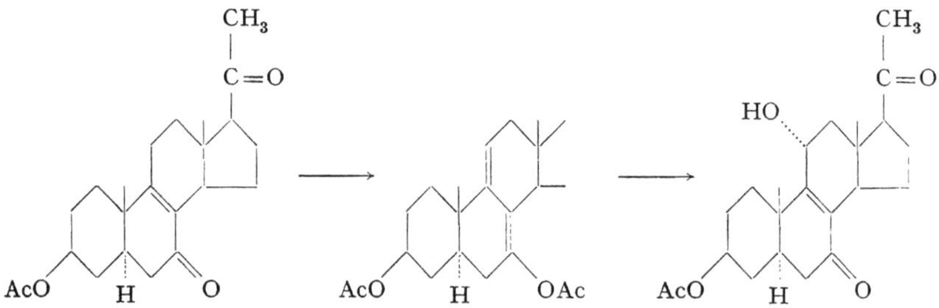

(CCLVb.) Δ^8-Allopregnen-3β-ol-7,20-dione acetate. (CCLXVI.) (CCLXVII.) Δ^8-Allopregnene-3β,11α-diol-7,20-dione 3-monoacetate.

Chart 54.

3β,11α-diol-7-one 3-monoacetate (CCLVII b, *Chart 52*) was formed, which could be oxidized to the Δ^{8}-7,11-dione (CCXXIX) (*Chart 46*) (*232*).

It has been shown both by the HEUSSER-JEGER and the SPRING groups that Δ^{8}-7-one-11α-ols, obtainable from $\Delta^{7,9(11)}$-dienes by performic acid oxidation and subsequent isomerization with base, as well as from Δ^{8}-7-ones *via* the enol acetates (see above), may also be derived from Δ^{8}-7ξ,11α-diols (type CCXIII, *Chart 44*). Thus, this compound smoothly yielded with perphthalic acid the 8α,9α-oxide (CCLXVIII), which on hydration with dilute sulfuric acid gave the 3β-acetoxy-7ξ,8ξ,9β,11α-tetrol (CCLXIX) and thence on dehydration with hydrogen bromide in acetic acid the 3β-acetoxy-7-keto-9β,11α-diol (CCLXX) (*109*). The latter was obtained more conveniently directly from (CCLXVIII) by isomerization with hydrogen bromide (*109*). It was also prepared,

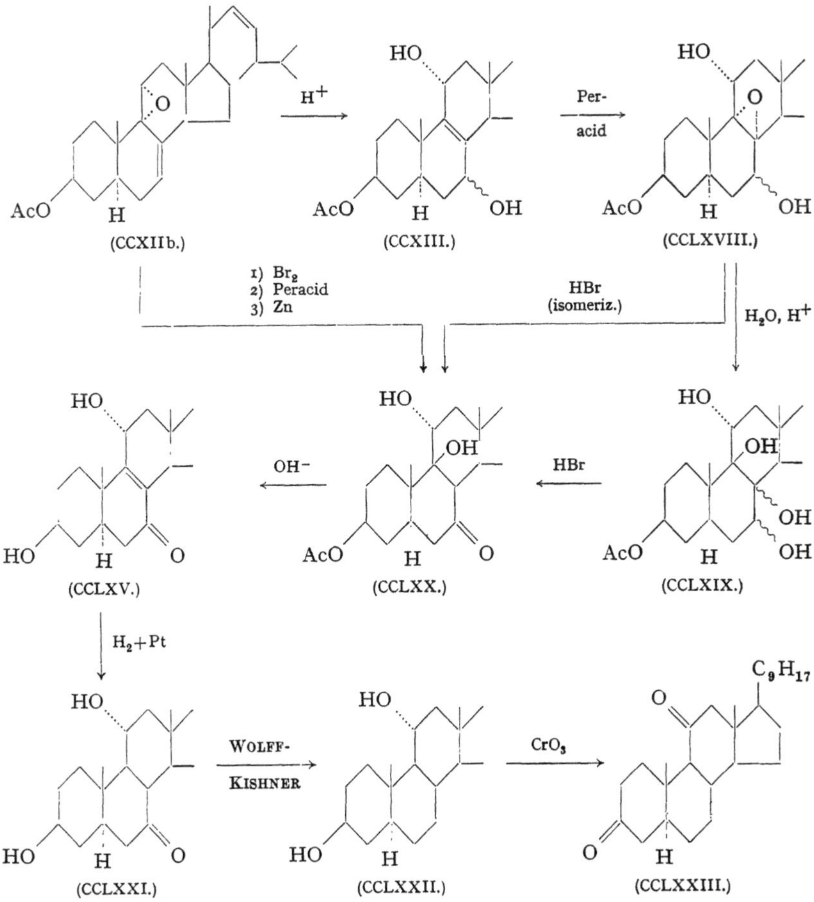

Chart 55.

together with $\Delta^{8,22}$-ergostadien-3β-ol-7-one acetate (CCXXXII b, *Chart 47*), from the Δ^{7}-9α,11α-oxide (CCXII b) through protection of the side-chain double bond with Br_2, treatment with excess of perbenzoic acid and subsequent debromination with zinc (*1, 19*). The 7-keto-9β,11α-diol (CCLXX) thus produced, being a β-hydroxy ketone, was found to dehydrate readily in alkaline solution and gave the Δ^{8}-7-one-11α-ol (CCLXV, *Chart 53*) (*1, 19, 109*). Another route to this substance from the Δ^{8}-7ξ,11α-diol (CCXIII) proceeding *via* the $\Delta^{9(11)}$-7-ketone (CCXXXV) and the 9α,11α-oxido-7-ketone (CCLXIII) has been indicated on *Charts 47* and *53*. The rearrangement of (CCLXV) to the 7,11-diketone (CCXV, *Chart 44*), a cortisone intermediate, has already been reviewed (*Chart 47*). The unsaturated ketone (CCLXV) may also be reduced to Δ^{22}-ergostene-3β,11α-diol-7-one (CCLXXI), from which the carbonyl group was removed by the WOLFF-KISHNER method (*109*). The resulting Δ^{22}-ergostene-3β,11α-diol (CCLXXII) was then oxidized to the 3,11-dione (CCLXXIII) (*110*) but has not yet been converted into the cortisone intermediate, Δ^{22}-ergosten-3β-ol-11-one (CCXVI, *Chart 44*).

f) Method Involving Chemical Reduction of a Δ^{8}-11-One (SONDHEIMER, DJERASSI *and* ROSENKRANZ; TISHLER).

All the methods so far described for introducing a $C_{(11)}$ oxygen group into steroids unsubstituted in ring *C* have proceeded *via* derivatives bearing oxygen substituents at $C_{(7)}$ as well as at $C_{(11)}$, from which that at

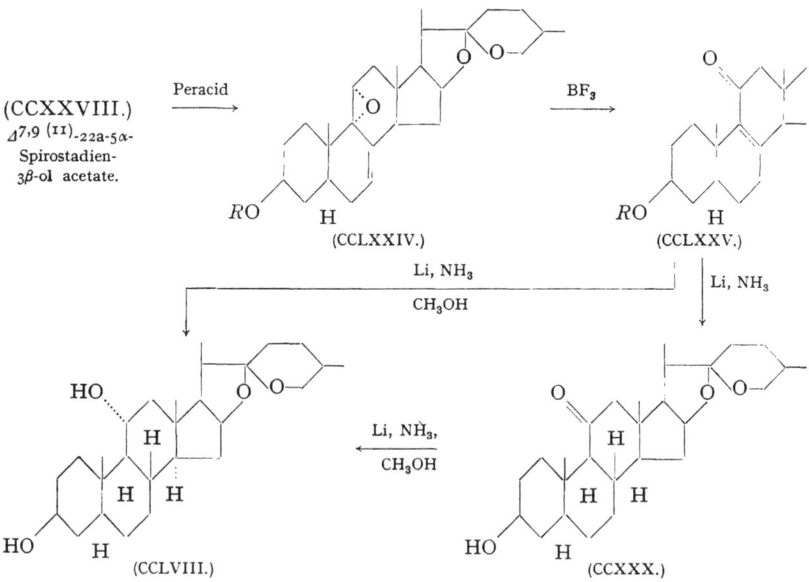

Chart 56.

$C_{(7)}$ had to be removed subsequently. Recently, however, a route from $\Delta^{7,9(11)}$-dienes to 11-oxygenated derivatives has been described simultaneously by SONDHEIMER, ROSENKRANZ and DJERASSI (*258*, *259*) and by TISHLER *et al.* (*254*) which does not involve any additional introduction of oxygen at $C_{(7)}$. The conversion of ergosteryl D acetate (CCXb) *via* the Δ^7-9α,11α-oxide (CCXIIb) to the Δ^8-11-ketone (CCXXXIV) has been reviewed previously (*Chart 47*). Similarly it was found in the spirostane series that the Δ^7-9α,11α-oxide (CCLXXIV), obtained from the $\Delta^{7,9(11)}$-diene (CCXXVIII, *Chart 46*) with perbenzoic or perphthalic acid, may be rearranged to the Δ^8-11-ketone (CCLXXV) with boron trifluoride (*254*, *259*) (*Chart 56*). When either of these Δ^8-*11*-ketones (CCXXXIV) or (CCLXXV) was reduced with lithium in liquid ammonia, the corresponding saturated 11-keto compound (CCXVIa, *Chart 47*) or (CCXXX, *Chart 56*) with the *B-C* ring junction of the "natural" configuration was formed in good yield (*254*, *258*, *259*). Moreover, it was shown by the SYNTEX group in the spirostan series (*258*, *259*) that when the reduction step was carried out in the presence of alcohol, the corresponding 3β,11α-diol (CCLVIII, *Chart 52*) was produced smoothly, a compound also obtainable from the 11-ketone (CCXXX) by reduction with lithium in ammonia containing alcohol (*258*). Not only does this method of introduction of oxygen in the 11-position provide a simple and efficient route to 11-oxygenated steroids (three steps from the $\Delta^{7,9(11)}$-diene), but confirms the Δ^8-11-ketone structure for (CCXXXIV, *Chart 47*) and (CCLXXV, *Chart 56*), and hence the Δ^7-9α,11α-oxido formulation for their precursors. The side-chain degradation of the 3β-ol-11-ones in the ergostane (CCXVIa) and in the spirostan (CCXXX) series to allopregnan-3β-ol-11,20-dione acetate (CCXVIII, *Chart 44*) and Δ^{16}-allopregnen-3β-ol-11,20-dione acetate (CCXXXI, *Chart 46*) has been described previously (*Charts 44* and *46*), as has the degradation of the 3β,11α-diol (CCLVIII) to Δ^{16}-allopregnene-3β,11α-diol-20-one diacetate (CCLIX) (*Chart 52*).

2. Formation of the Dihydroxyacetone Side-chain and Introduction of the Δ^4-3-Ketone Function.

In the foregoing Section the conversion of a number of ring *C*-unsubstituted steroids to one of the cortisone intermediates allopregnan-3β-ol-11,20-dione acetate (CCXVIII, *Charts 44*, *46* and *50*), Δ^{16}-allopregnen-3β-ol-11,20-dione acetate (CCXXXI, *Chart 46*), and Δ^{16}-allopregnene-3β,11α-diol-20-one diacetate (CCLIX, *Chart 52*) was described. The further transformation of these substances into cortisone was carried out by workers of the SYNTEX and of the MERCK laboratories, and will be outlined in the present Section.

Methods for building up the dihydroxyacetone side-chain from 20-ketopregnanes (derived from bile acids) have been reviewed in Chapter I, and the 20-ketoallopregnanes now available were transformed to allopregnane-17α,21-diol-20-ones by analogous methods. Thus, allopregnan-3β-ol-11,20-dione acetate (CCXVIII) or the corresponding free 3β-ol, was converted with acetic anhydride and *p*-toluenesulfonic acid into the enol triacetate (CCLXXVI) *(Chart 57)*, which on reaction with

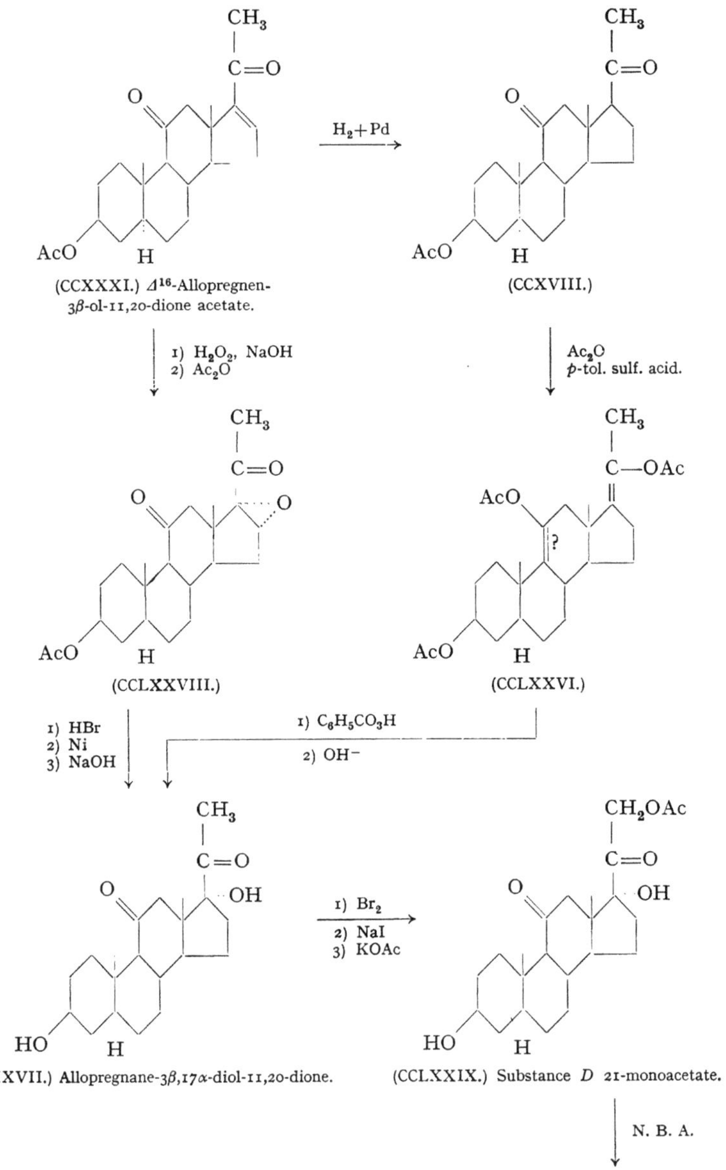

(CCXXXI.) Δ^{16}-Allopregnen-3β-ol-11,20-dione acetate.

(CCXVIII.)

(CCLXXVIII.)

(CCLXXVI.)

(CCLXXVII.) Allopregnane-3β,17α-diol-11,20-dione.

(CCLXXIX.) Substance *D* 21-monoacetate.

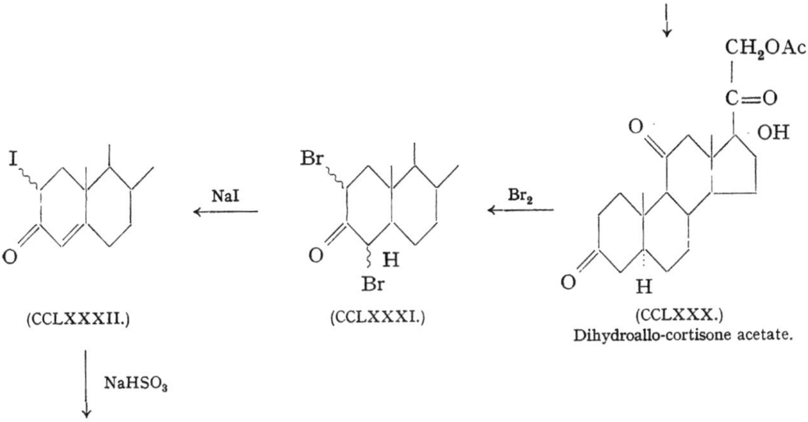

(CCLXXXII.) (CCLXXXI.) (CCLXXX.)
Dihydroallo-cortisone acetate.

Cortisone acetate.

Chart 57. (N. B. A. = N-bromoacetamide.)

perbenzoic acid, followed by base saponification, yielded allopregnane-3β,17α-diol-11,20-dione (CCLXXVII) (*30, 203, 233*) [*cf.* the GALLAGHER method on *Chart 40* for the analogous reaction sequence in the 5β series]. This compound could also be obtained from the Δ^{16}-unsaturated derivative (CCXXXI) by oxidation with alkaline hydrogen peroxide to the 16α,17α-oxide (CCLXXVIII), transformed with hydrogen bromide to the bromohydrin, which in turn was debrominated with RANEY nickel (a method first employed by JULIAN in the synthesis of REICHSTEIN'S Substance *S*, *cf. Chart 69*) (*203*). Bromination of (CCLXXVII) at $C_{(21)}$ was accomplished in chloroform solution, and the product was converted to the 21-acetoxy compound (CCLXXIX) by means of potassium acetate, with or without the intermediate formation of the $C_{(21)}$ iodide (*30, 203, 233*) (*cf. Chart 41*). The resulting allopregnane-3β,17α,21-triol-11,20-dione 21-acetate (REICHSTEIN'S Substance *D* 21-monoacetate) was oxidized with N-bromoacetamide in pyridine (*229*) or in methanol (*30*) solution to the 3,11,20-trione (CCLXXX), "dihydroallo-cortisone" acetate, which was found to be identical with a sample prepared (*46, 282*) by the hydrogenation of cortisone acetate.

A general method for transforming 3-keto-5α ("allo")-steroids to the corresponding Δ^4-3-ketones has been described by ROSENKRANZ, DJERASSI and co-workers. It involves dibromination of the saturated ketone in acetic acid, whereby the 2,2-dibromo-3-ketone first produced rearranges to the 2,4-dibromo-3-ketone (*47, 49, 234*). Prolonged refluxing of the latter with sodium iodide yields the 2-iodo-Δ^4-3-ketone, the halogen from which can be removed by a variety of reducing agents such as chromous chloride, zinc or collidine (*230, 231, 234*). This procedure was found to be applicable to compounds possessing the dihydroxyacetone side-chain, for when it was carried out with allopregnane-17α,21-diol-3,20-dione 21-acetate [the 11-desoxy derivative of (CCLXXX)] (*234*), Substance *S* acetate was obtained (*229*). In similar manner "dihydroallo-cortisone" acetate (CCLXXX) was dibrominated to (CCLXXXI), the latter treated with sodium iodide, and the resulting 2-iodo-Δ^4-3-ketone (CCLXXXII) dehalogenated with sodium bisulfite to yield cortisone acetate (*229*; *cf.* *30*). This procedure, however, is not as satisfactory with respect to yield as the corresponding double bond introduction in the 5β series (*cf. Chart 39*).

The 11α-hydroxy derivative, Δ^{16}-allopregnene-3β,11α-diol-20-one diacetate (CCLIX, *Chart 52*), was transformed to cortisone by a series of reactions very similar to those just described for the corresponding 11-ketone (CCXXXI). Thus, compound (CCLIX) with alkaline hydrogen peroxide treatment yielded the 16α,17α-oxide (CCLXXXIII), which on conversion to the bromohydrin, followed by hydrogenolysis over a palladium catalyst, gave allopregnane-3β,11α,17α-triol-20-one (CCLXXXIV) (*226*) (*Chart 58*). Acetoxylation at $C_{(21)}$ through successive treatment with bromine in chloro-

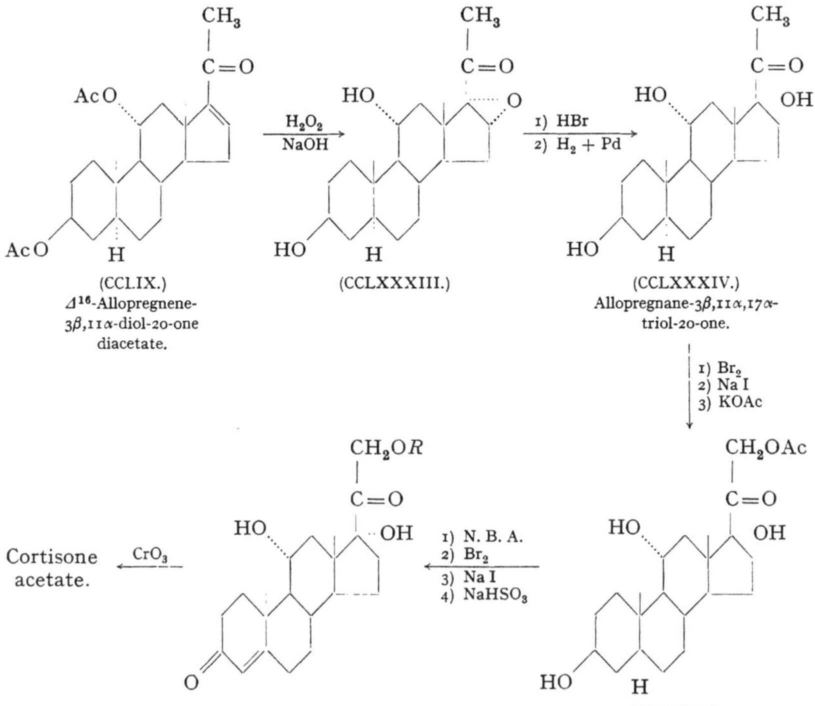

(CCLIX.) Δ^{16}-Allopregnene-3β,11α-diol-20-one diacetate.

(CCLXXXIII.)

(CCLXXXIV.) Allopregnane-3β,11α,17α-triol-20-one.

(CCLXXXVIa.) *R* = Ac.
(CCLXXXVIb.) *R* = H.
(*a*)Δ^4-Pregnene-11α,17α,21-triol-3,20-dione 21-monoacetate.

(CCLXXXV.)

Chart 58. (N. B. A. = N-bromoacetamide.)

form, sodium iodide and potassium acetate led to the 21-acetoxy derivative (CCLXXXV) which was selectively oxidized at $C_{(3)}$ by means of N-bromoacetamide in aqueous *tert.*-butanol. The resulting 3,20-dione was converted into Δ^4-pregnene-11α,17α,21-triol-3,20-dione 21-monoacetate (CCLXXXVIa) (the 11-epimer of KENDALL's Compound *F* 21-acetate) by the method described above (*Chart 57*) for the corresponding 11-ketone, with the difference that the initial dibromination was carried out in chloroform solution so as to prevent acetylation at $C_{(11)}$ (*226*) [for other syntheses of the 11,21-diacetate corresponding to (CCLXXXVI) *cf. 106, 158, 226, 228*; see also Chapter VI, p. 366, for biochemical syntheses]. Finally, oxidation at $C_{(11)}$ with chromium trioxide in acetic acid led to cortisone acetate (*74, 136, 226*).

III. Synthesis of Cortisone from Sarmentogenin.

The cardiac aglycone sarmentogenin is found in *Strophanthus* species in the form of a glycoside, such as sarmentocymarin, from which it may be readily liberated by acid hydrolysis. It is represented by formula (CCLXXXVIIa, *Chart 59)* (*inter al. 138*); it is evident that this structure is an almost ideal one for a conversion into cortisone, since it possesses the desirable 5β ("normal") configuration, carries an 11α-hydroxy group which may easily be oxidized to the required 11-ketone, and furthermore, it is known that the type of side-chain present in (CCLXXXVII) may be degraded to the useful 20-one-21-ol moiety (*inter al. 190*). Only the scarcity of sarmentogenin in nature prevents the industrial production of cortisone from this source. Sarmentocymarin was originally isolated by JACOBS and HEIDELBERGER (*128*) from the seeds of what appears to be *Strophanthus sarmentosus*, but unfortunately the botanical characterization of this species seems to be incomplete (for leading references see *24, 108*).

The transformation of sarmentogenin to cortisone has been described very recently by LARDON and REICHSTEIN (*158*) *(Chart 59)*. The diacetate (CCLXXXVIIb) was ozonized, the ozonide was decomposed with zinc dust, and the product was saponified at $C_{(21)}$ with potassium bicarbonate and then acetylated (*cf. 190*). The resulting pregnane-3β,11α,14β,21-tetrol-20-one 3,11,21-triacetate (CCLXXXVIII) was dehydrated at $C_{(14)}$ with phosphorus oxychloride in pyridine, the Δ^{14}-double bond so formed was hydrogenated, and the product was re-oxidized at $C_{(20)}$ by means of chromium trioxide (*158*). The pregnane-3β,11α,21-triol-20-one triacetate (CCXC) thus formed has also been prepared by CALLOW and TAYLOR (*26*) by a similar procedure, starting from "β"-anhydrosarmentogenin (CCXCI), a substance obtainable from sarmentogenin by dehydration with alcoholic sulfuric acid (*26*). The 17α-hydroxyl grouping was introduced into

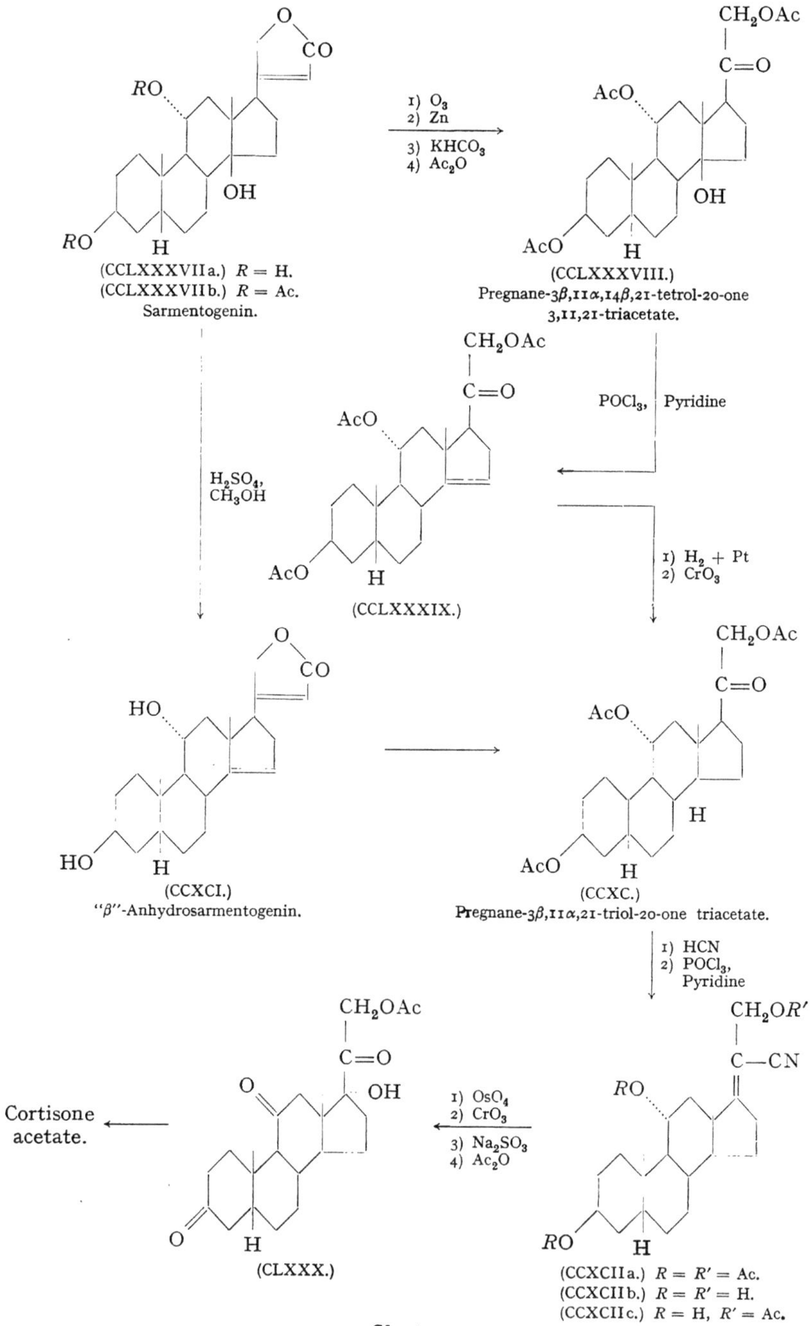
RO
RO
OH
CO
O
H
(CCLXXXVIIa.) R = H.
(CCLXXXVIIb.) R = Ac.
Sarmentogenin.
1) O3
2) Zn
3) KHCO3
4) Ac2O
CH2OAc
C=O
AcO
AcO
OH
H
(CCLXXXVIII.)
Pregnane-3β,11α,14β,21-tetrol-20-one
3,11,21-triacetate.
POCl3, Pyridine
CH2OAc
C=O
AcO
AcO
H
(CCLXXXIX.)
H2SO4,
CH3OH
1) H2 + Pt
2) CrO3
O
CO
HO
HO
H
(CCXCI.)
"β"-Anhydrosarmentogenin.
CH2OAc
C=O
AcO
AcO
H
H
(CCXC.)
Pregnane-3β,11α,21-triol-20-one triacetate.
1) HCN
2) POCl3,
Pyridine
CH2OR'
C—CN
RO
RO
H
(CCXCIIa.) R = R' = Ac.
(CCXCIIb.) R = R' = H.
(CCXCIIc.) R = H, R' = Ac.
1) OsO4
2) CrO3
3) Na2SO3
4) Ac2O
CH2OAc
C=O
O
OH
O
H
(CLXXX.)
Cortisone
acetate.

Chart 59.

(CCXC) by SARETT's cyanohydrin method (*cf. Charts 35* and *40*). Thus, on reaction with potassium cyanide in acetic acid it yielded a cyanohydrin, which (without further purification) was dehydrated with phosphorus oxychloride in pyridine to what appears to be a mixture of stereoisomeric unsaturated nitriles (CCXCII a) (*158*). Saponification led to the $3\beta,11\alpha$, 21-triol (CCXCII b) together with some 11α-monoacetate. The triol was transformed by partial acetylation to the 21-monoacetate (CCXCII c). Hydroxylation with osmium tetroxide, oxidation of the complex with chromium trioxide in acetic acid, followed by cleavage with sodium sulfite and re-acetylation, then yielded $4,5\beta$-dihydro-cortisone acetate (CLXXX, *Chart 35*), though in rather poor yield (*158*). The final introduction of the double bond to give cortisone acetate, through bromination, semicarbazone formation, and pyruvic acid cleavage had been carried out earlier (*cf. Chart 39*).

IV. Synthesis of Cortisone from Hecogenin.

The sapogenin hecogenin, shown to possess the 12-keto spirostan structure (CCXCIII a, *Chart 60*) (*170, 271*), occurs in a variety of *Agave* species indigenous to the United States, Mexico and East Africa (*170, 23, 260*). In fact this plant is widely cultivated in the latter two regions for its fibre ("henequen" or "sisal"), and since hecogenin is found in the pulp waste (*23, 260*), there exists potentially a plentiful supply of the sapogenin. Consequently, despite some reports to the contrary, the main problem in the hecogenin route to cortisone lies in the chemical transformations, unlike the sarmentogenin route where the supply problem is the more formidable one.

The conversion of hecogenin to cortisone has recently been accomplished by DJERASSI, RINGOLD and ROSENKRANZ (*44*). The problem of shifting the oxygen function from $C_{(12)}$ to $C_{(11)}$ is similar to that encountered and successfully solved by various methods in the bile acids series [Chapter I (3)]. Several of these methods, however, are not applicable to hecogenin since rings *A* and *B* in the latter are locked in the "allo" configuration and since the hecogenin molecule contains a 3β-hydroxyl group. The first step in the present synthesis (*Chart 60*) were analogous to those used by GALLAGHER with cholanic acid derivatives (*cf. Charts 18* and *19*). Bromination of hecogenin acetate (CCXCIII b) with excess bromine led to the 11,23-dibromide (CCXCIV) which on being refluxed with strong alkali, followed by zinc debromination at $C_{(23)}$, yielded the $3\beta,12\beta$-diol-11-one (CCXCV) (presumably *via* the $3\beta,11\xi$-diol-12-one) in 60% over-all yield (*43, cf. 199*). The further steps of the GALLAGHER method, viz. protection of the $C_{(3)}$ hydroxyl group followed by reaction with phosphorus tribromide and reduction with zinc (*Chart 19*) were inapplicable in the present case due to the interaction of the phosphorus halide with the spiroketal side-chain (*44*). Instead, a reaction sequence similar to that used by WINTERSTEINER in the bile acid series was employed (*cf. Chart 20*). Oxidation of the α-ketol (CCXCV) with bismuth oxide, a specific reagent for converting acyloins to α-diketones (*223*), yielded the 3β-ol-11,12-dione (CCXCVI), partially in its enolic form. This diketone on WOLFF-KISHNER-MINLON reduction gave a mixture of the required 3β-ol-11-one (CCXXX, *Chart 46*) and the corresponding 3β,11β-diol (*44*), most readily purified by chromium trioxide oxidation to the 3,11-diketone and subsequent reduction at $C_{(3)}$ with hydrogen over RANEY nickel. Alternatively, the $C_{(12)}$ carbonyl group in (CCXCVI) was removed through conversion to the $C_{(12)}$ cyclo-ethylene-mercaptol

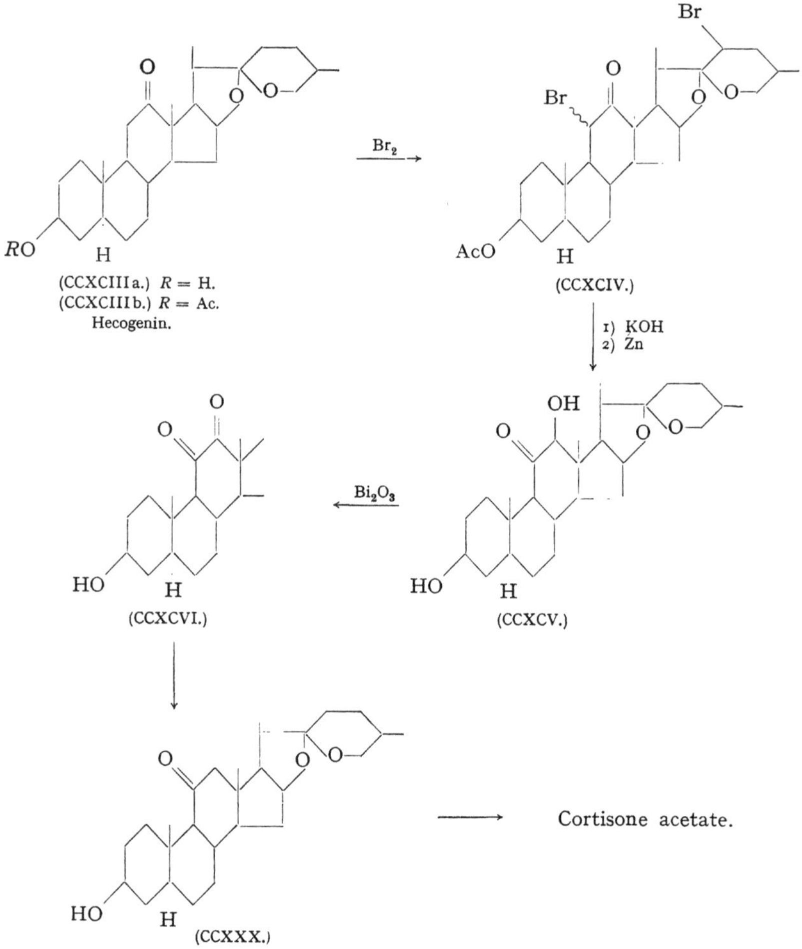

Chart 60.

and desulfuration with RANEY nickel to yield (CCXXX) directly (*44*). The side-chain degradation of this compound and the subsequent transformation to cortisone acetate have been described previously (*Chart 46* and *57*).

It may be noted that since some other $C_{(12)}$ oxygenated sapogenins, such as botogenin (*169*) manogenin (*276*) and rockogenin (*170, 276*) are convertible to hecogenin, the present transformation of the latter compound to cortisone makes the hormone available also from these other sapogenins.

V. Total Syntheses of Cortisone.

Attempts at building up the complete hydroaromatic steroid nucleus by total synthesis have been under way ever since the structure of the steroids was elucidated in 1932. The discovery of the remarkable medicinal properties of cortisone and 17α-hydroxycorticosterone has given an additional impetus to these investigations, and is in no small measure responsible for the three different total syntheses announced during the last two years.

1. Synthesis According to Robinson and Cornforth.

Total syntheses of hydroaromatic steroids were achieved almost simultaneously by WOODWARD, SONDHEIMER, TAUB and co-workers (*295, 296*) and by ROBINSON, CORNFORTH and collaborators (*27*). The latter route was based on the saturated tricyclic diketone (CCCIV) that had been synthesized by these authors in 1947 (*35, 36*) in the following way. 1,6-Dihydroxynaphthalene (CCXCVII a) on methylation gave (CCXCVII b) which was converted by means of sodium in alcohol and subsequent acid hydrolysis to 5-methoxy-2-tetralone (CCXCVIII) in 73% yield *(Chart 61)*. Methylation with methyl iodide in the presence of sodium methoxide in methanol furnished the 1-methyl compound (CCIC) and thence the tricyclic derivative (CCC a) by interaction with diethylaminobutanone methiodide (*34, 36, cf. 50*). Demethylation of compound (CCC a) with hydrogen iodide in acetic acid yielded (CCC b), and then through hydrogenation over a platinum catalyst in neutral medium the 8a-β ("normal") derivative (CCCI a). The new assymetric centers at $C_{(7)}$ and $C_{(8a)}$, which in any case were to be removed later, were introduced essentially stereospecifically. Partial acetylation of (CCCI a) led to the 7-monoacetate (CCCI b), which was hydrogenated under pressure at 200° over a palladium - strontium carbonate catalyst, then oxidized and saponified with alkali.

The carbonyl group adjacent to the $C_{(10a)}$ position enabled the potential *B* and *C* rings to assume the more stable (*trans*) α-decalone configuration, and since the hydrogenation of the aromatic ring had not proceeded stereospecifically, a mixture of the isomers (CCCII a) and (CCCII b) with the two possible *B-C trans* configurations was produced. The mixture was separated by conversion to the acid succinates and fractional crystallization. Unfortunately, seven times as much of the "unnatural" (10a-α, 4a-β) as of the "natural" (10a-β, 4a-α) isomer was formed (*36*). Resolution of the latter was effected by fractional crystallization of the brucine salt, and succesive treatment with acid and alkali then regenerated (CCCIIb) both as the *L* and *D* diastereoisomers. Methylation of the *D* form through formylation, C-alkylation with methyl iodide and potassium carbonate (*cf. 130*), and cleavage with alkali yielded the hydroxy-ketone (CCCIII), which without being characterized was oxidized with chromium trioxide to the optically active diketone (CCCIV). This totally synthetic compound proved to be identical with a substance obtained from methyl diacetyl desoxycholate (IXa, *Chart 5*) by chromium trioxide oxidation to the tricyclic derivative (XIII, *Chart 5*), followed by saponification, reduction and oxidation (*210*), and also from cholesteryl acetate dibromide by oxidation and debromination to the so-called Köster-Logemann ketone (CCCVIIb, *Chart 62*) (*144*), followed by hydrolysis, Oppenauer oxidation to (CCCV) (*144*) and hydrogenation (*13, 36*). This fact not only

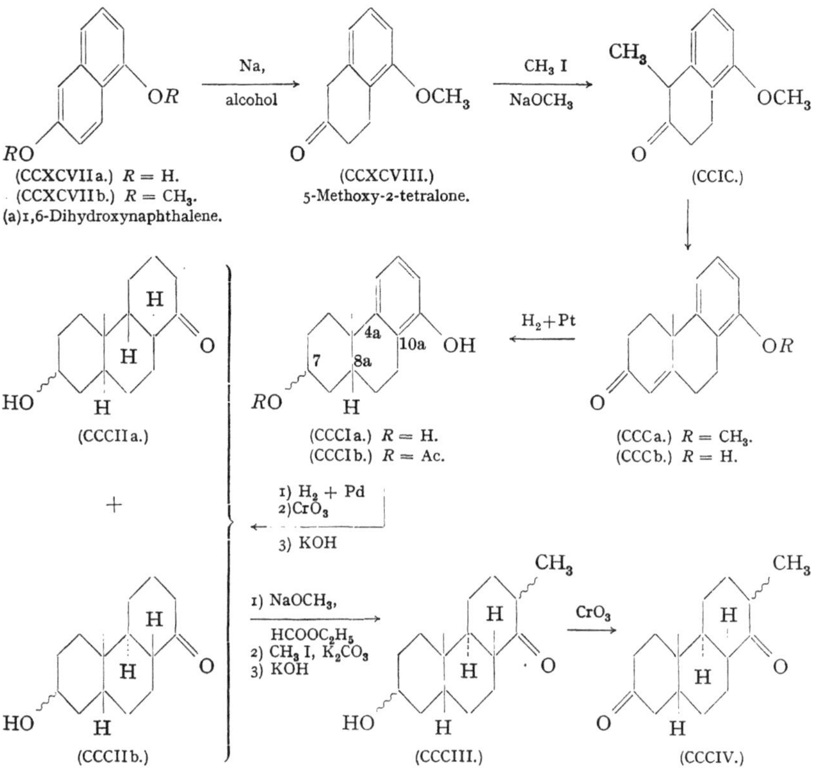

Chart 61.

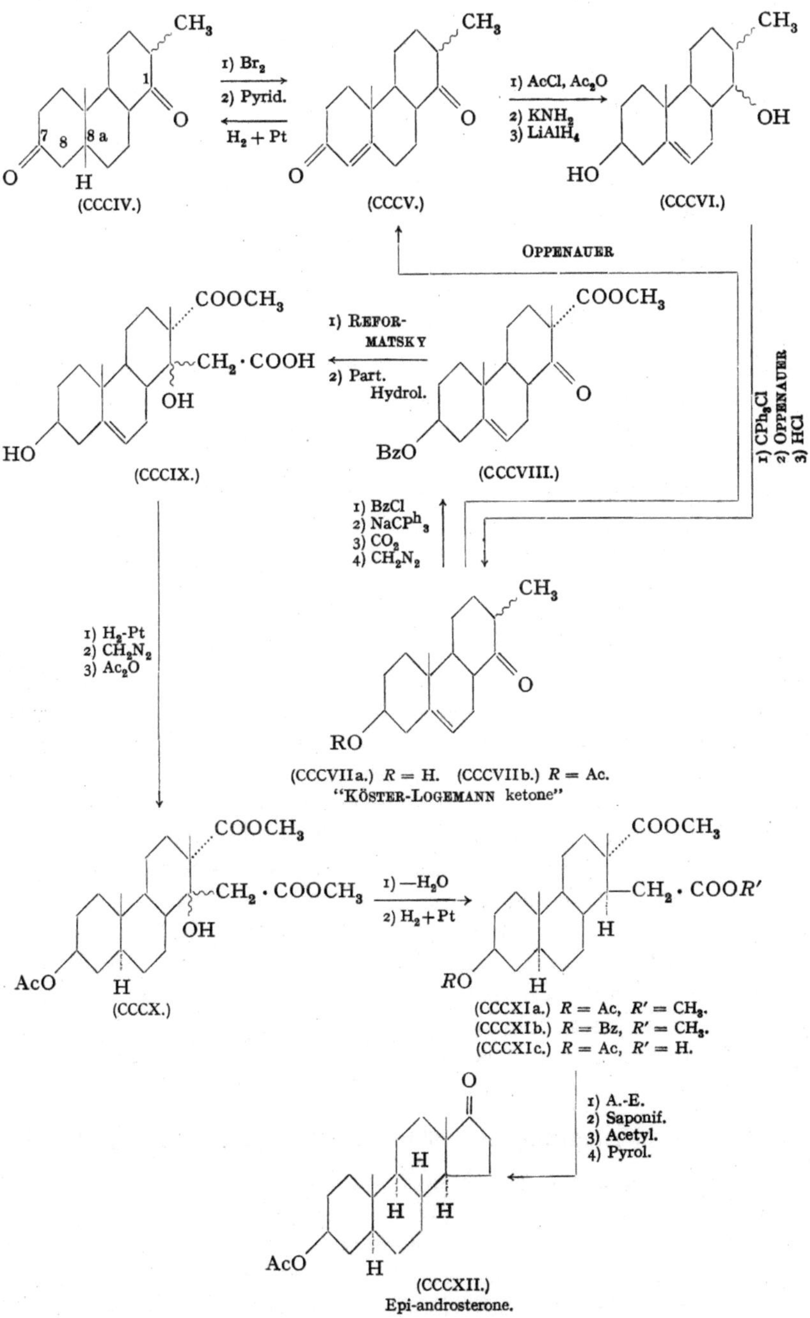

Chart 62. (Bz = benzoyl; Ph = phenyl; A.-E. = ARNDT-EISTERT).

clearly showed that the synthetic product had the correct stereochemical configuration but also provided a means of obtaining sufficient material for continuing with the synthesis.

Since the KÖSTER-LOGEMANN ketone (CCCVII) was obtainable in quantity from natural sources and could thus be employed as a convenient relay in a steroid synthesis, the conversion of (CCCIV) into this substance was next carried out (*27*). The reconversion of (CCCIV) to its Δ^8-derivative (CCCV) in about 25% yield through bromination at $C_{(4)}$ and dehydrobromination with boiling pyridine had already been described by BILLETER and MIESCHER (*13*) *(Chart 62)*. The Δ^8-double bond was shifted to the Δ^{8a}-position by formation of the enol acetate, treatment with potassium amide in liquid ammonia and then with ammonium chloride (*cf. 15*), and the Δ^{8a}-7-one was reduced with lithium aluminum hydride. It was then necessary to re-oxidize in a selective manner the $C_{(1)}$ hydroxyl group in the resulting Δ^{8a}-1ξ,7β-diol (CCCVI). This was accomplished by differential etherification at $C_{(7)}$ with triphenylmethyl ("trityl") chloride, OPPENAUER oxidation, and acid cleavage of the ether.

The KÖSTER-LOGEMANN ketone (CCCVII a) thus obtained was benzoylated at $C_{(3)}$ and carbonated by the successive action of sodium triphenylmethyl and carbon dioxide (*27*). The product was esterified and two isomeric keto-esters were isolated; the minor component proved to be the required (CCCVIII) as evidenced by further transformations. Thus, REFORMATSKY reaction with methyl bromoacetate and partial saponification of the product led to a mixture of two hydroxy acid esters of structure (CCCIX). Hydrogenation of the Δ^{8a}-double bond of one of these, followed by methylation and acetylation yielded the saturated 8a-α ("allo") derivative (CCCX), which on dehydration and hydrogenation of the resulting double bond furnished the bilianic ester (CCCXI a), most readily isolated as the 3-benzoate (CCCXI b). The latter proved to be identical with a sample obtained by the degradation of cholesterol (*148*), a fact which provided another useful relay. Partial saponification of (CCCXI b) and acetylation led to the monomethyl ester (CCCXI c), which on homologation by the ARNDT-EISTERT procedure, followed by saponification and pyrolysis of the acetate-anhydride, furnished epiandrosterone (CCCXII) (*27*), identical with the natural material.

2. Synthesis According to Woodward, Sondheimer and Taub.

The steroid synthesis carried out by the Harvard University group of chemists (*295, 296*) followed a completely different course. The starting material was 4-methoxy-2,5-toluquinone (CCCXIII) which on DIELS–ALDER condensation with butadiene gave the *cis*-fused bicyclic derivative (CCCXIV) (*201*) *(Chart 63)*. The presence in this compound of a carbonyl group adjacent to a bridge-head position bearing a hydrogen atom allowed the formation of an enolate on base treatment, from which the *trans* isomer (CCCXV) was obtained on acidification (*295, 296*). Reduction of the carbonyl functions with lithium aluminum hydride led to the glycol (CCCXVI) which with acid was transformed to the α,β-unsaturated ketol (CCCXVIIa), the intermediate β-hydroxy-

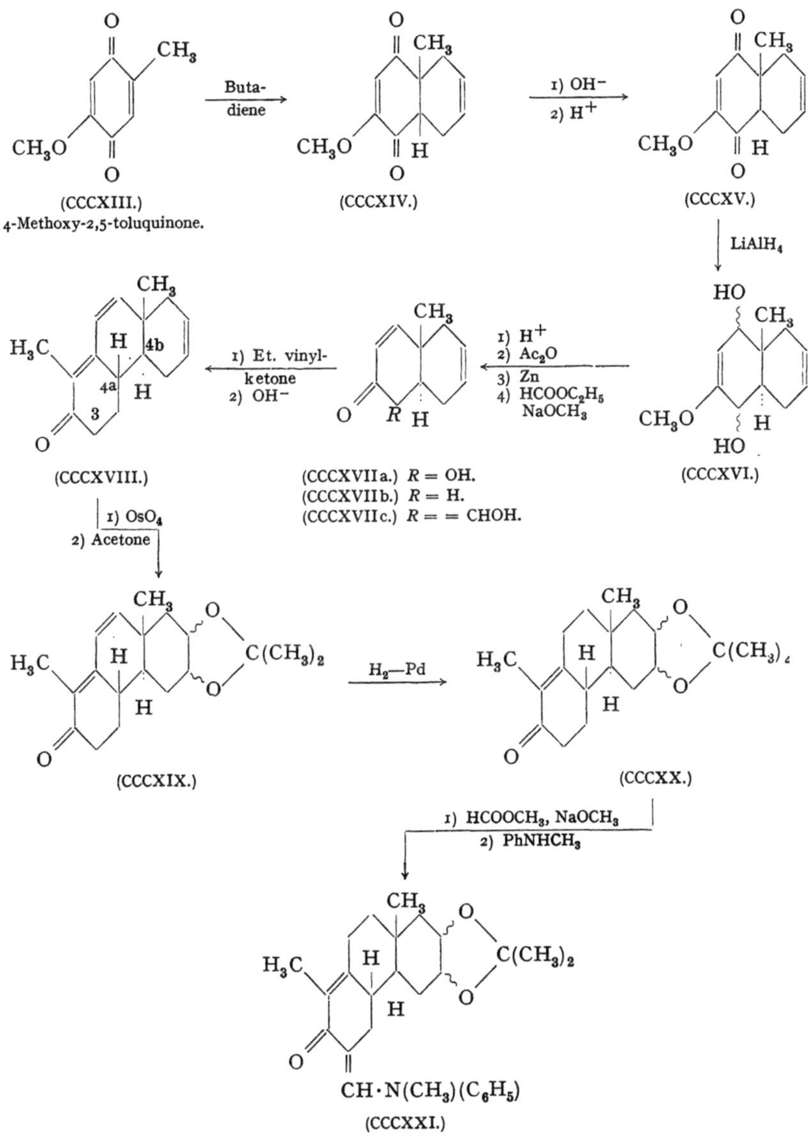

Chart 63. (Ph = phenyl.)

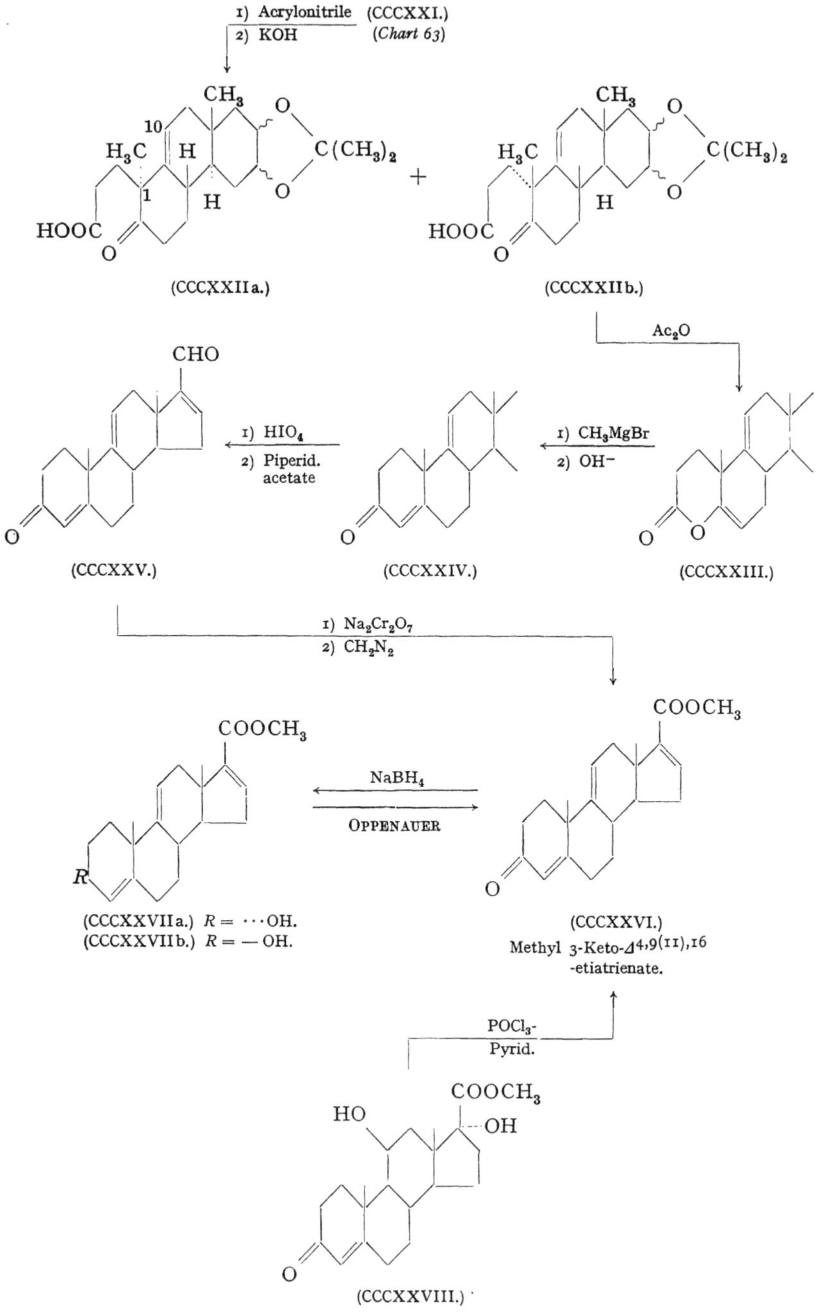
1) Acrylonitrile (CCCXXI.)
2) KOH (Chart 63)
CH3
10
H3C
H
1
H
HOOC
O
C(CH3)2
+
(CCCXXIIa.)
(CCCXXIIb.)
Ac2O
CHO
1) HIO4
2) Piperid. acetate
1) CH3MgBr
2) OH⁻
(CCCXXV.)
(CCCXXIV.)
(CCCXXIII.)
1) Na2Cr2O7
2) CH2N2
COOCH3
NaBH4
OPPENAUER
R
(CCCXXVIIa.) R = ···OH.
(CCCXXVIIb.) R = —OH.
(CCCXXVI.)
Methyl 3-Keto-Δ4,9(11),16-etiatrienate.
POCl3-
Pyrid.
HO
OH
(CCCXXVIII.)

Chart 64.

ketone having suffered dehydration. The hydroxy group was removed from the ketol by acetylation and subsequent zinc reduction. Formylation of the resulting unsaturated ketone (CCCXVIIb) gave (CCCXVIIc) which on MICHAEL condensation with ethyl vinyl ketone and subsequent cyclization and deformylation of the product with alkali furnished the tricyclic ketone (CCCXVIII).

Although a new asymmetric center at $C_{(4a)}$ had been introduced, the method of synthesis of (CCCXVIII) ensured that this compound would exist, as desired, in the more stable ($4a$–β) configuration. The isolated double bond was protected through hydroxylation with osmium tetroxide, when two different *cis*-glycols resulted. The more plentiful one was converted into the acetonide (CCCXIX) and then partially hydrogenated over palladium in benzene. The $C_{(3)}$ position in the resulting α,β-unsaturated ketone (CCCXX) was next protected by formation of the methylanilino-methylene derivative (CCCXXI), a blocking procedure first employed by BIRCH and ROBINSON (*16*). Condensation with acrylonitrile in the presence of "Triton B" and subsequent base saponification (in order to hydrolyze the nitrile function to the carboxylic acid and remove the protecting group) yielded a mixture of the keto acids (CCCXXIIa) and (CCCXXIIb), isomeric at $C_{(1)}$, in which the double bond had moved to the Δ^{10}-position *(Chart 64)*. Heating one of these, the so-called "β"-isomer (CCCXXIIb) with acetic anhydride and a trace of sodium acetate led to the enol lactone (CCCXXIII), converted by reaction with methyl magnesium bromide and subsequent base cyclization to the D-homo steroid (CCCXXIV). This method of transforming the keto acid (CCCXXIIb) to the tetracyclic derivative (CCCXXIV) is based upon procedures developed by TURNER (*264*) and FUJIMOTO (*78*) in the cholestane series. The acetonide protecting group, which had been kept intact during the last eight stages was next removed by means of periodic acid, which in addition cleaved the resulting glycol to a dialdehyde. Cyclization of this compound was effected with catalytic amounts of piperidine acetate and led to the keto aldehyde (CCCXXV) which contained the complete steroidal skeleton.

Although this synthesis was not completely stereo-specific [two isomers having been formed when the asymmetric centre at $C_{(10)}$ (steroid numbering) had been introduced], over 1 g. of this totally synthetic steroid could be obtained from 100 g. of methoxy-toluquinone (CCCXIII) (*296*). Oxidation of (CCCXXV) with sodium dichromate and esterification of the resulting acid with diazomethane gave the keto-ester (CCCXXVI). Resolution was achieved (*293, 296*) through reduction at $C_{(3)}$ with sodium borohydride to a mixture of the 3α-ol (CCCXXVIIa) and the 3β-ol (CCCXXVIIb), repeated precipitation of the latter with digitonin, whereby the dextrorotatory enantiomorph was enriched, and OPPENAUER oxidation. The resulting optically active keto-ester (CCCXXVI) was identical with the compound obtained from 17 α-hydroxycorticosterone (II, *Chart 1*) through degradation to the ester (CCCXXVIII) (*59*) and subsequent dehydration with phosphorus oxychloride in pyridine (*295, 296*).

Methyl 3-keto-$\Delta^{4,9(11),16}$-etiatrienate (CCCXXVI) was converted, by vigorous hydrogenation and re-oxidation, into methyl 3-keto-alloetianate (CCCXXIX) (*293, 296*), a compound which is also obtainable from epi-androsterone acetate (CCCXII, *Chart 62*) [cf. (*233*) for relevant references], and from which a synthetic path to cortisone may be traced *(Chart 65)*. Thus, the saturated keto-ester has been transformed to the Δ^4-compound (CCCXXX) (*47*) and thence, *via* the 3 β-hydroxy-Δ^5-ester (CCCXXXI a) (*211*) and the 3 β-acetoxy-Δ^5-acid (CCCXXXI b), to Δ^5-pregnen-3 β-ol-20-one acetate (CCXLVII, *Chart 50*) (*163*). The further conversion of the latter to allopregnan-3 β-ol-11,20-dione acetate (CCXVIII) and thence to cortisone acetate has been described previously (*Charts 50* and *57*).

It is obviously advantageous to utilize the $\Delta^{9(11)}$-double bond present in the triply unsaturated keto-ester (CCCXXVI) synthesized by the WOODWARD group instead of removing it by hydrogenation, and a considerably more direct route to cortisone (*Chart 66*) than the one described has been established by taking advantage of this reactive function in

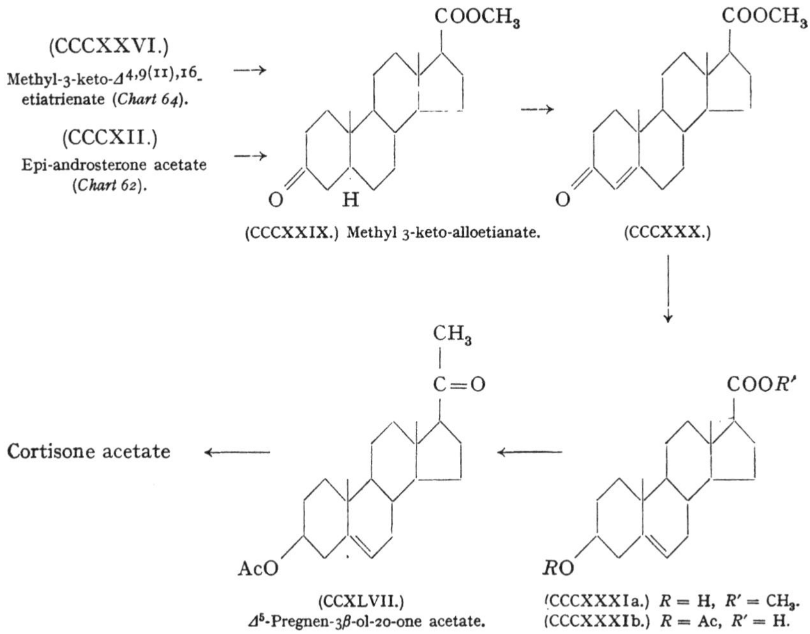

Chart 65.

ring *C*. Thus, gentle hydrogenation of (CCCXXVI) over a palladium catalyst yielded the 5β ("normal") derivative (CCCXXXII) with the $\Delta^{9(11)}$-double bond intact, admixed with the corresponding 5α ("allo") isomer (*294, 296*). Reduction of (CCCXXXII) at $C_{(3)}$ with sodium borohydride and subsequent acetylation led to methyl 3α-acetoxy-$\Delta^{9(11)}$-etienate (CCCXXXIII a), a compound which corresponds (except for the

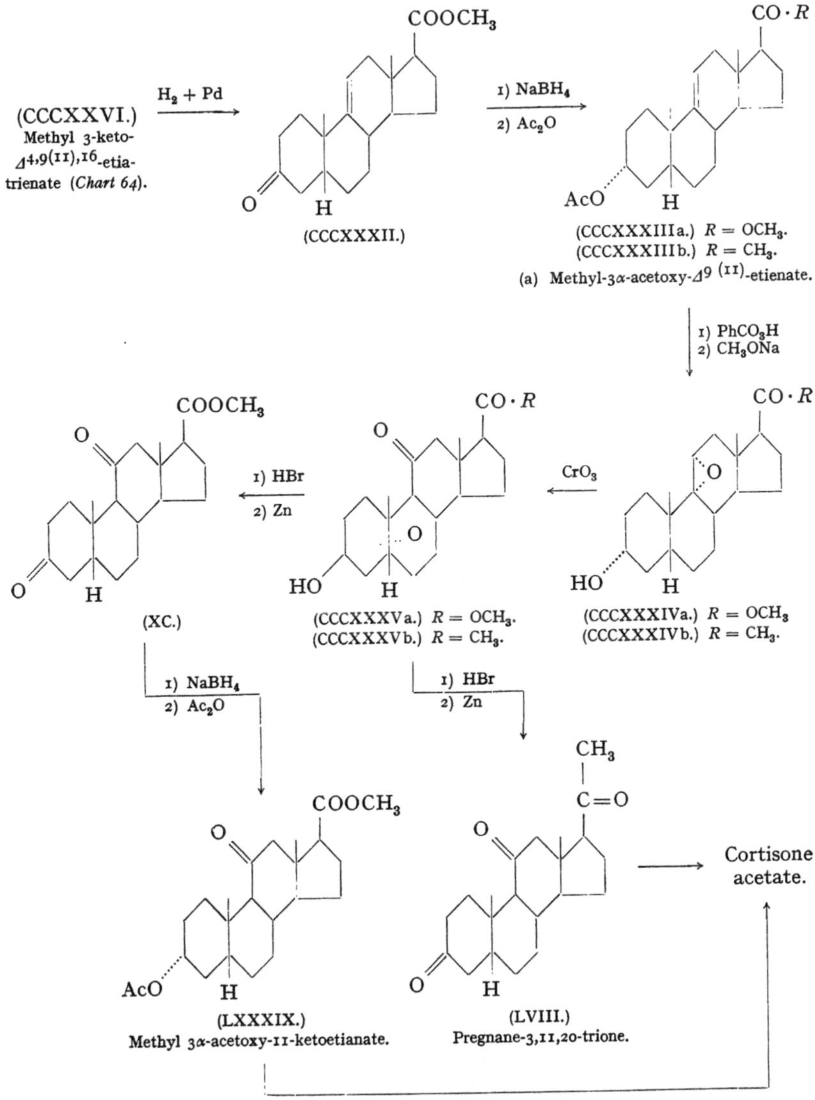

Chart 66.

shortened side chain) to methyl 3α-acetoxy-$\Delta^{9(11)}$-cholenate (CXXXIb, *Chart 25*), already converted to the 11-ketone by HEYMANN and FIESER *(Chart 25)*. In analogous fashion the etienic acid derivative (CCCXXXIII a) was transformed by reaction with perbenzoic acid and methoxide-catalyzed methanolysis to the 9α, 11α-oxide (CCCXXXIVa) which on oxidation with chromium trioxide yielded the hemiketal (CCCXXXVa) (*117, 119*). Cleavage with dry hydrogen bromide (*117, 119*) and zinc reduction (*154*) of the resulting 3,11-diketo-12-bromo ester led to methyl 3,11-diketoetianate (XC, *Chart 16*), which on selective reduction at $C_{(3)}$ with hydrogen over platinum in acetic acid (*154*), or more efficiently with sodium borohydride (*294, 296*) and subsequent acetylation, was converted to methyl 3α-acetoxy-11-ketoetianate (LXXXIX). The transformation of this substance *via* the corresponding 21-acetoxy derivative (CLXXIV, *Chart 34*) to 4,5β-dihydro-cortisone acetate (CLXXX, *Chart 35*), and thence to cortisone acetate *(Chart 39)* has been described previously in connection with partial synthetic approaches from bile acids. Alternatively 3α-acetoxy-$\Delta^{9(11)}$-etienic acid (the free acid corresponding to (CCCXXXIIIa)] was converted into the pregnan-20-one derivative (CCCXXXIIIb) by the action of dimethyl-cadmium on the acid chloride (*119*), and then by reactions analogous to those described above to pregnane-3,11,20-trione (LVIII, *Chart 12*). The latter may be reduced preferentially at $C_{(3)}$ to pregnan-3α-ol-11,20-dione (LIXa, *Chart 12*), which has been converted to cortisone (*Charts 34, 35, 39, 40* and *41*).

3. Alternative Synthesis Investigated by Robinson.

Another totally synthetic route to cortisone investigated by the ROBINSON school (*75, 76*) is worthy of mention. This approach is based upon Δ^4-8a-methyloctalin-3,8-dione (CCCXXXVII), obtainable from 1-methyl-cyclohexane-2,6-dione (CCCXXXVI) by condensation with methyl vinyl ketone (*275*), 4-diethylaminobutan-2-one (*200, cf. 75*), the methiodide of the latter (*75, 281*) or with formaldehyde and acetone-dicarboxylic acid (*281*). The action of sodium acetylide on (CCCXXXVII), followed by a RUPE rearrangement of the intermediate acetylenic carbinol, led to the doubly unsaturated diketone (CCCXXXVIII) (*75*) *(Chart 67)*. This substance yielded on MICHAEL condensation with ethyl α-acetyl-adipate (CCCXXXIX) a complex mixture. From the alkali-soluble portion two liquid fractions were obtained, while the alkali-insoluble fraction yielded five crystalline substances [believed to be of type (CCCXLa) or (CCCXLIa)] from a lower boiling fraction, and four substances (isolated as the 2,4-dinitro-phenylhydrazones) perhaps of type (CCCXLb) or (CCCXLIb) from a higher boiling one (*75*). The identification of these substances with known steroids is in progress (*cf. 76*).

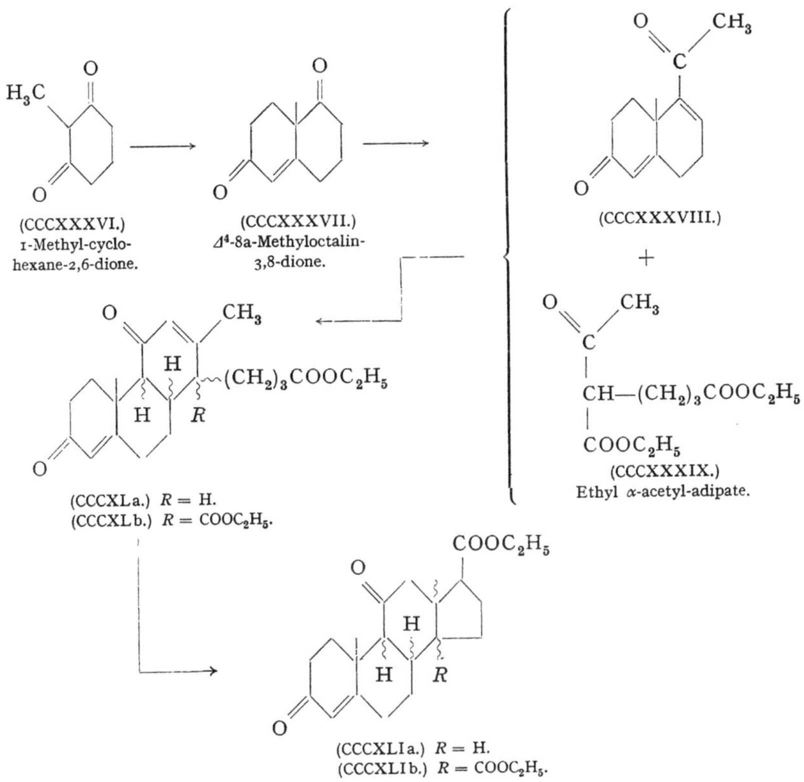

Chart 67.

4. Synthesis According to Sarett.

A third total synthesis of the steroid nucleus which leads to 11-oxygenated derivatives directly, and which proceeds by a completely different path from the two already described, has recently been announced by SARETT and co-workers (*249*) (*Chart 68*). DIELS-ALDER condensation of 3-ethoxy-1,3-pentadiene with *p*-benzoquinone yielded the *cis*-decalin derivative (CCCXLII) (*250*), which on hydrogenation of the isolated double bond over a RANEY nickel catalyst and subsequent lithium aluminum hydride reduction (*250*) and acid hydrolysis furnished the glycol (CCCXLIII) (*11*). MICHAEL condensation of this substance with methyl vinyl ketone led to the tricyclic compound (CCCXLIV). The *cis* junction in (CCCXLIII) had ensured formation of the hydrophenanthrene rather than the hydroanthracene skeleton, and the new asymmetric centre at $C_{(4b)}$ had been introduced stereo-specifically in the required manner (β-angular methyl group), since the vinyl ketone had reacted at the "under" side of (CCCXLIII). The carbonyl function of (CCCXLIV) was protected through conversion to the cycloethylene ketal. On partial oxidation the product was attacked at $C_{(1)}$, with inversion at $C_{(10a)}$, to yield the ketol (CCCXLV) with the correct junctions of the three rings destined to become rings *A*, *B* and *C* of the steroid. Alkylation with methyl iodide in the presence of potassium *tert.*-butoxide and then with methallyl iodide led to (CCCXLVI) with the angular methyl group at $C_{(2)}$ in the correct configuration, since the unsaturated iodide had again reacted from the "under" side of the molecule (*249*). Oxidation of the 11β-hydroxy grouping by means of a pyridine-chromium trioxide complex yielded the 1,4-diketone, which on condensation at $C_{(1)}$ with ethoxyacetylene magnesium bromide gave the acetylenic carbinol (CCCXLVII). Hydration of the acetylenic bond without cleavage of the ketal grouping could be brought about with dilute sulfuric acid, and the resulting α,β-unsaturated ester was saponified to the free acid (CCCXLVIII). Reduction with sodium borohydride yielded the corresponding 4α-hydroxy acid, the conjugated double bond of which was reduced with potassium in liquid ammonia containing isopropyl alcohol (*cf. 14*), to furnish (after esterification) the 4α-hydroxy ester (CCCIL) with the correct stereochemical configuration at $C_{(1)}$. All the asymmetric centres present in the ring system of the steroid molecule had been introduced at this stage. Reduction of (CCCIL) with lithium aluminum hydride, conversion of the product to the *p*-toluenesulfonate and oxidation at $C_{(11)}$ with the pyridine-chromium trioxide complex yielded the keto-tosylate (CCCLa), which on osmium tetroxide hydroxyla-

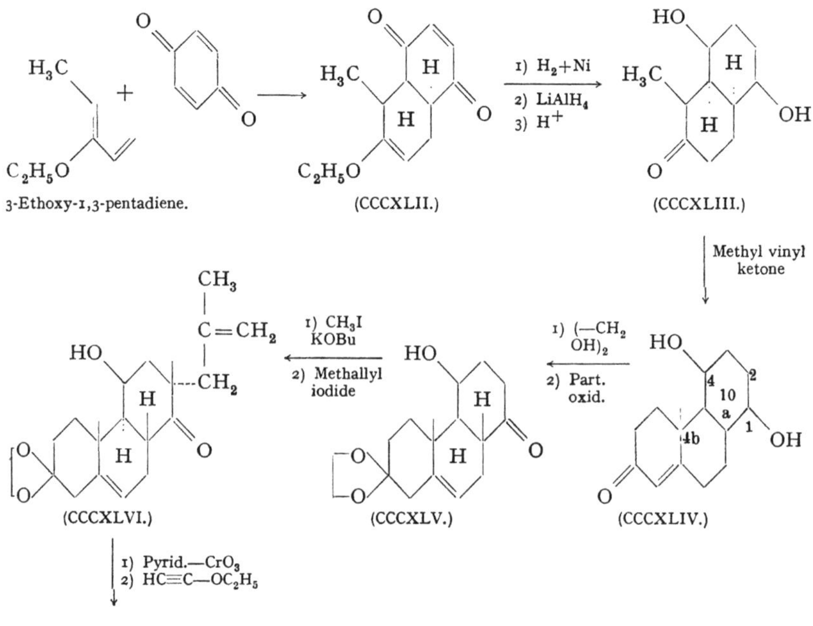

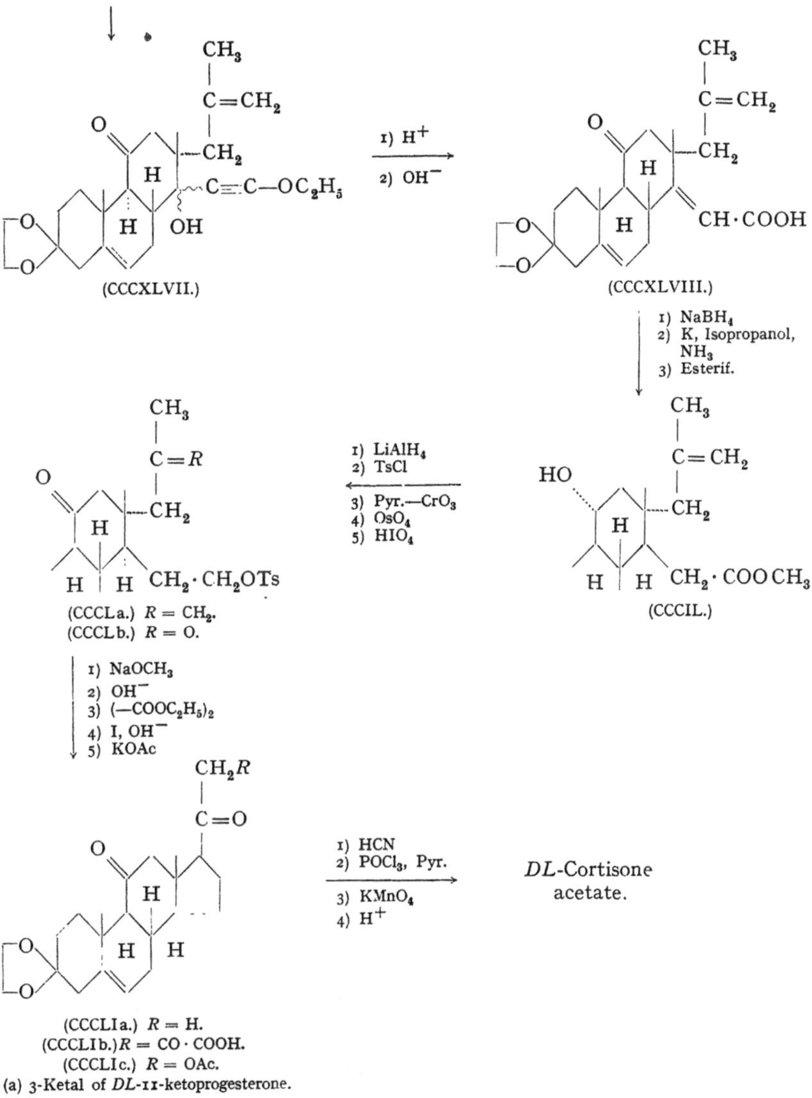

Chart 68. (Bu = tert. butyl; Ts = *p*-toluenesulfonyl.)

tion and periodic acid cleavage was transformed to the diketo-tosylate (CCCLb). Internal alkylation was brought about by means of sodium methoxide to yield a 17-*iso*-steroid, isomerizable by base to (CCCLIa), the 3-ketal of *DL*-11-ketoprogesterone. That this compound possessed the correct stereochemical configuration at all centers was demonstrated through acid hydrolysis and comparison of the product with an authentic sample of 11-ketoprogesterone. Conversion of (CCCLIa) to the 21-oxalyl acid (CCCLIb), followed by iodination and acetoxylation furnished the α-ketol acetate (CCCLIc). The 17α-hydroxy grouping was introduced into this substance by the cyanohydrin method (*cf. Charts 35* and *36*), *viz.* by conversion to the cyanohydrin, dehydration with phosphorus oxychloride in pyridine and oxidation with potassium permanganate. The ketal function, which had been kept intact for the preceding twenty-three stages, was then removed by acid hydrolysis to yield *D,L*-cortisone acetate. Natural optically active cortisone acetate was obtained by resolving the oxalyl acid (CCCLIb) *via* the strychnine salt and then applying the reaction sequence already described to the dextrorotatory form of the acid (*249*).

Although the SARETT synthesis of cortisone appears to be of the same order of complexity as the WOODWARD synthesis, it is marked by its complete stereo-specificity, whereas in the latter one center, and in the ROBINSON synthesis three centers are introduced in a non-stereospecific manner.

VI. Biochemical Syntheses of Cortisone*.

The majority of steroids occuring in nature are unsubstituted in ring *C*. For the chemical introduction of the required $C_{(11)}$ oxygen grouping into this type of substance it was necessary first to form a system such as the $\Delta^{7,9(11)}$-diene, in which the 11-position was activated, since it was considered most unlikely that reaction by purely chemical means could be brought about at that position in a molecule having ring *C* and its environments completely saturated. Biochemical processes however are known to be remarkably specific in many cases, and in fact two biochemical methods of 11-oxygen introduction into ring *C*-unactivated steroids have been discovered during the last three years, one employing adrenal glands, and the other microörganisms.

1. Oxygenation by Means of Adrenal Glands.

Bio-oxygenation at the $C_{(11)}$ position by use of adrenals was first described by HECHTER, PINCUS and co-workers of the WORCESTER FOUNDATION. Citrated blood containing desoxycorticosterone was perfused through surviving beef adrenals, a technique which resulted in the introduction of the 11β-hydroxy group into the steroid with the production of corticosterone (*93*). This type of oxygenation has been studied extensively (*94, 95*). It has been found that the gland is capable of introducing the 17α- and 21-hydroxyl groups, besides the 11β-, and of converting Δ^5-3β-ols to Δ^4-3-ones. Thus, 17α-hydroxy-corticosterone (II, *Chart 1*)

* This Chapter was written in collaboration with A. ZAFFARONI.

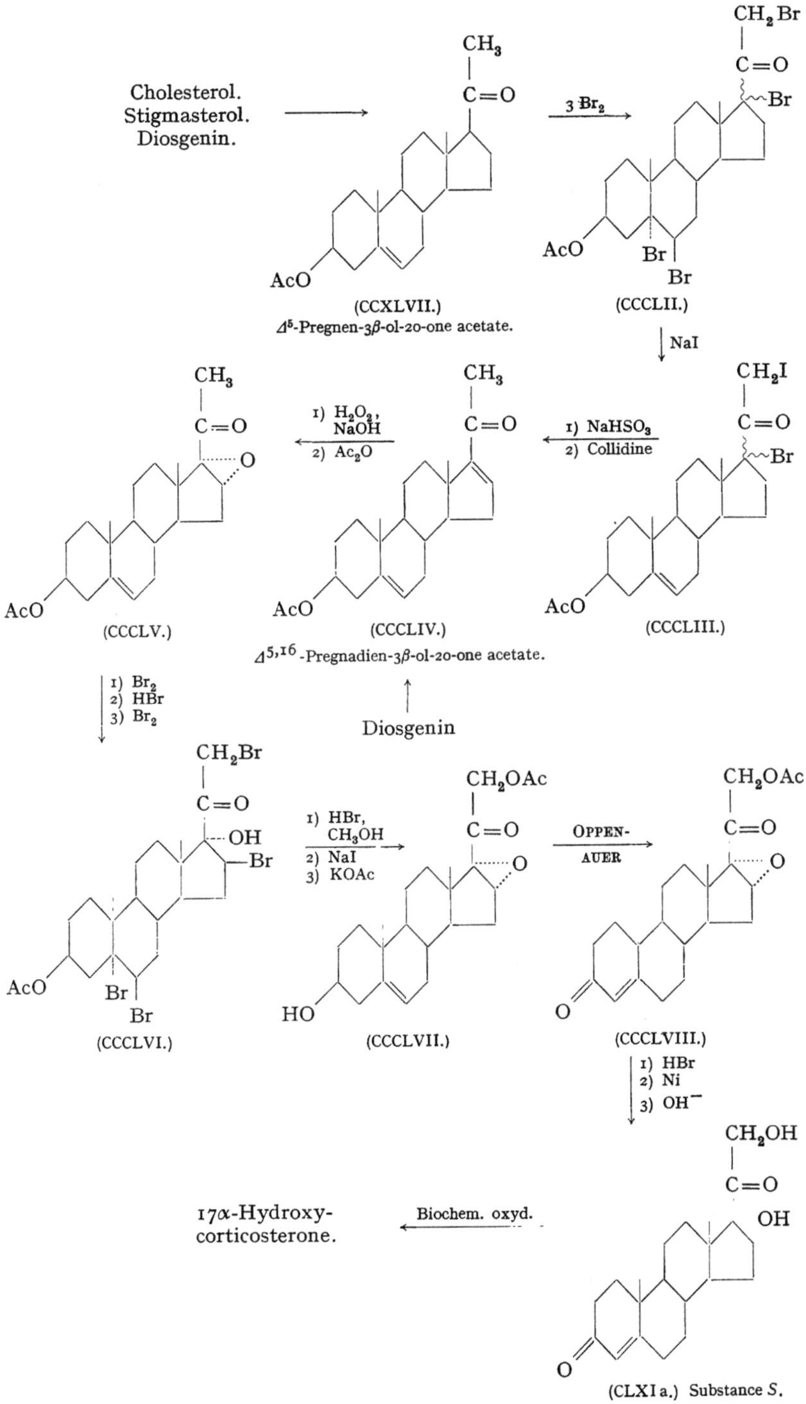
Cholesterol.
Stigmasterol.
Diosgenin.
(CCXLVII.)
Δ^5-Pregnen-3β-ol-20-one acetate.
3 Br_2
(CCCLII.)
NaI
1) $NaHSO_3$
2) Collidine
(CCCLIII.)
1) H_2O_2, NaOH
2) Ac_2O
(CCCLIV.)
$\Delta^{5,16}$-Pregnadien-3β-ol-20-one acetate.
Diosgenin
(CCCLV.)
1) Br_2
2) HBr
3) Br_2
(CCCLVI.)
1) HBr, CH_3OH
2) NaI
3) KOAc
(CCCLVII.)
OPPEN-
AUER
(CCCLVIII.)
1) HBr
2) Ni
3) OH^-
(CLXI a.) Substance S.
Biochem. oxyd.
17α-Hydroxy-
corticosterone.

Chart 69.

was obtained from 17α-hydroxy-desoxycorticosterone (REICHSTEIN's Substance *S*) (CLXI a), and also from 17α-hydroxy-progesterone, progesterone, and even from Δ^5-pregnen-3β-ol-20-one.

Another technique, first reported by HAYANO, DORFMAN and PRINS (*91*), consists of incubating the steroid with homogenates of beef or pig adrenal glands, and appeared to result in the conversion of desoxycorticosterone to corticosterone; the product, however, was not isolated. Similar procedures were used by McGINTY *et al.* (*185*), SAVARD *et al.* (*251*) and by KAHNT *et al.* (*136, 137*) to transform 17α-hydroxy-desoxycorticosterone (Subst. *S*) to 17α-hydroxy-corticosterone. The Swiss workers (*137*) also claimed to have obtained the same biochemical reaction with rabbit's liver and kidney, but work carried out elsewhere (*253, 300*) has not substantiated these latter findings. Recently HAINES (*87*) described the relatively large-scale 11β-hydroxylation of 17α-hydroxy-desoxycorticosterone by beef adrenal homogenates. Again, in addition to the 11β-hydroxy group, the 21-hydroxyl function may be introduced by this technique (*90*) [17α-hydroxyprogesterone → 17α-hydroxycorticosterone, Δ^4-pregnen-17-α-ol-3,11,20-trione (21-desoxy-cortisone) → cortisone] as well as that at $C_{(17)}$, [11α-hydroxyprogesterone → 11α,21-dihydroxyprogesterone and 11α,17α,21-trihydroxyprogesterone (*228, 299*)]. The latter conversion occurs only to a minor extent and has therefore not been observed until very recently. Adrenal homogenates are also capable of oxidizing Δ^5-3β-hydroxy compounds to Δ^4-3-ketones (*242*).

The purification of the adrenal enzyme system responsible for 11β-hydroxylation has been reported by SWEAT (*263*) and by HAYANO *et al.* (*92*).

Of the 11-desoxy steroids convertible to 17α-hydroxy-corticosterone by the above described methods, the one producing the highest yield is 17α-hydroxy-desoxycorticosterone (REICHSTEIN's Substance *S*). A number of syntheses of the latter have been indicated in Chapter I (*4*), since most of the procedures employed to build up the side-chain of cortisone have also been applied in the 11-desoxy series. Another synthesis of Substance *S* due to JULIAN and his group (*132, 133*) is summarized on *Chart 69*. It starts from Δ^5-pregnen-3β-ol-20-one acetate (CCXLVII, *Chart 50*), obtainable from cholesterol, stigmasterol or diosgenin, and proceeds *via* $\Delta^{5,16}$-pregnadien-3β-ol-20-one acetate (CCCLIV), an intermediate in the degradation of diosgenin to compound, (CCXLVII). The 17α-hydroxy-corticosterone obtained by the bio-oxygenation is important pharmacologically as such but it may be oxidized to cortisone with chromium trioxide either directly (*298*) or after conversion to the 21-acetate (*174, 217*).

Although the yields of 11-oxygenated compounds obtained through oxidation with adrenal glands are satisfactory, the method suffers from the disadvantage that the technique is difficult and tedious and is not well applicable to large-scale production. The other biochemical oxygenation method, that employing microörganisms, does not suffer from these defects.

2. Microbiological Oxygenation.

The introduction of an oxygen substituent at $C_{(11)}$ by a microbiological method was first described by workers of the UPJOHN laboratories. It was found that incubation of progesterone with a species of *Rhizopus* produced 11α-hydroxy-progesterone (CCCLIX) in 10% yield (*204*). By

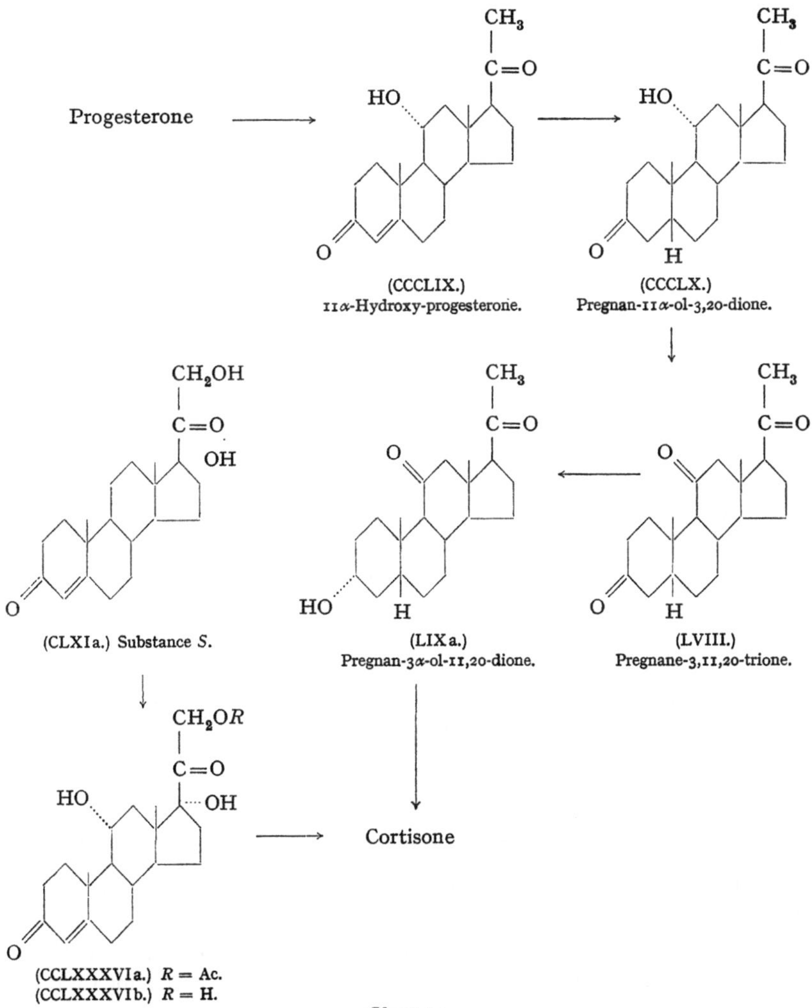

Chart 70.

use of similar molds yields of 40–45% have been reported from the SYNTEX (*166*) and CIBA (*136*) laboratories, while very recently an UPJOHN group have announced a fermentation yield of 90% (*205*). Molds of the genus *Aspergillus* have also been found to cause 11α-hydroxylation of progesterone, a 35% conversion being realized by a SQUIBB group (*74*).

The products in these microbiological oxidations are isolated simply by extraction of the culture filtrates with organic solvents. The 11α-hydroxy-progesterone (CCCLIX) thus readily obtained has also been synthesized chemically in the SYNTEX laboratories from the previously mentioned allopregnane-3β,11α-diol-20-one diacetate (CCLX, *Chart 52*). The oxygenated progesterone was then hydrogenated to pregnan-11α-ol-3,20-dione (CCCLX) (unlike the 11β-hydroxy and 11-keto compounds, 11α-hydroxy-progesterone yields predominantly the 5β-junction on hydrogenation), thence oxidized to pregnane-3,11,20-trione (LVIII, *Chart 21*) and selectively reduced at $C_{(3)}$ with sodium borohydride to give pregnan-3α-ol-11,20-dione (LIXa) (*164, 166*) (*Chart 70*). The latter is a bile acid transformation product (*cf. Charts 21* and *24*), the further conversion of which to cortisone has been described previously (*Charts 34, 35, 39, 40* and *41*). This combined microbiological-chemical route yields cortisone acetate from progesterone in ten steps, all of which proceed in satisfactory yield.

Another way whereby microbiological 11α-hydroxylation may be employed for the synthesis of cortisone involves the oxidation of Subst. *S* by molds of the *Rhizopus* (*136*) or *Aspergillus* (*74*) families, when 11α,17α,21-trihydroxy-progesterone (CCLXXXVIb, *Chart 58*) is formed in 25–30% yield. Selective acetylation of the latter at $C_{(21)}$ (*74, 136*) and oxidation of the resulting compound (CCLXXXVIa) at $C_{(11)}$ with chromium tri oxide (*74, 136, 226*) yielded cortisone acetate; more simply, (CCLXXXVIb) may be oxidized directly with chromium trioxide to free cortisone (*298*).

The microbiological 11α-hydroxylation of desoxy-corticosterone (*74, 136*) and of 17α-hydroxyprogesterone (*74*) has been described. Of considerable interest is the reported *11β*-hydroxylation of 17α-hydroxy-desoxycorticosterone to 17α-hydroxy-corticosterone by use of *Streptomyces fradiae* (*31*), although the yield of isolated product (about 1%) realized at present is unsatisfactory.

VII. Syntheses of 17α-Hydroxy-corticosterone.

As has been pointed out in the Introduction, 17α-hydroxy-corticosterone (KENDALL's Compound *F*) (II, *Chart 1*) appears to possess similar (and perhaps superior) therapeutic properties to those of cortisone. Syntheses of (II) by biochemical means have been reviewed in the preceding Chapter, and chemical syntheses of this substance are described below.

Both the chemical routes to 17α-hydroxy-corticosterone that have been reported were worked out by WENDLER, TISHLER and their collaborators at the MERCK laboratories. The first route (*272, 273*) utilizes 20-cyano-$\Delta^{17(20)}$-pregnen-21-ol-3,11-dione acetate (CLXXIX, *Chart 35*) as starting material, a compound which had been prepared by SARETT, albeit in rather poor yield, in connection with the synthesis of cortisone from bile acids (*246*). The carbonyl group at $C_{(3)}$ in compound (CLXXIX) was protected as the dimethyl (CCCLXIa) or diethyl ketal, and the product was

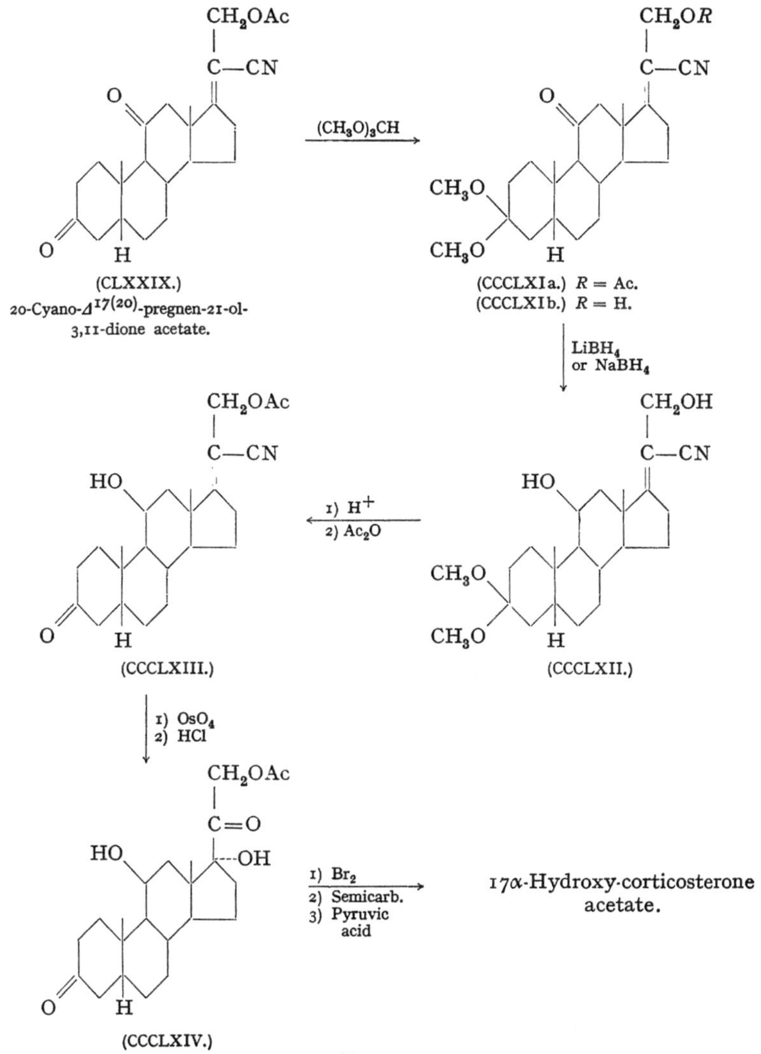

Chart 71.

saponified at $C_{(21)}$ with potassium bicarbonate *(Chart 71)*. The resulting (CCCLXIb) was reduced to the 11β-ol (CCCLXII) by means of sodium borohydride at 70° or lithium borohydride at 25°, whereby the cyano-grouping remained unaffected. Acid hydrolysis and acetylation yielded (CCCLXIII) which could also be obtained from the free 21-ol corresponding to (CLXXIX), through lithium borohydride reduction of the $C_{(3)}$ semicarbazone, followed by pyruvic acid cleavage and acetylation at $C_{(21)}$ (*273*). Hydroxylation of compound (CCCLXIII) with osmium tetroxide followed by decomposition of the complex with concentrated hydrochloric acid led to the dihydro-derivative (CCCLXIV), which on bromination at $C_{(4)}$ and dehydrobromination *via* the semicarbazone (*cf. Chart 39*) yielded 17α-hydroxy-corticosterone acetate (*272, 273*), identical with the natural product.

The mentioned observation that a semicarbazone grouping is unaffected by lithium borohydride forms the basis for the second synthesis of 17α-hydroxy-corticosterone (*274*), which proceeds from free cortisone. Conversion of the latter to the 3,20-bis-semicarbazone (which may also be prepared directly from 4-bromo-4,5β-dihydro-cortisone) and subsequent reduction with lithium borohydride (at 25°), acetylation at $C_{(21)}$, and pyruvic acid cleavage gave 17α-hydroxy-corticosterone acetate in poor yield, identical with a sample prepared by the previous method.

References.

1. ANDERSON, R. C., R. BUDZIAREK, G. T. NEWBOLD, R. STEVENSON and F. S. SPRING: Routes to Cortisone from Ergosterol. Chem. and Ind. **1951**, 1035.

2. ANDERSON, R. C., R. STEVENSON and F. S. SPRING: Steroids. II. 22 : 23-Dibromo-ergosta-7 : 9(11)-dien-3β-yl Acetate (Ergosteryl-D Acetate 22 : 23-Dibromide). J. chem. Soc. (London) **1952**, 2901.

3. BARBIER, P. et R. LOCQUIN: Dégradation méthodique de divers acides saturés mono- et bibasiques. C. R. hebd. Séances Acad. Sciences **156**, 1443 (1913).

4. BARTON, D. H. R.: The Application of the Method of Molecular Rotation Differences to Steroids. I. Naturally Occurring Sterols and their Simple Derivatives. J. chem. Soc. (London) **1945**, 813.

5. — The Application of the Method of Molecular Rotation Differences to Steroids. II. Unsaturated Sterols and their Derivatives. J. chem. Soc. (London) **1946**, 512.

6. BARTON, D. H. R. and J. D. COX: The Application of the Method of Molecular Rotation Differences to Steroids. V. Olefinic Unsaturation at the 7 : 8-Position. J. chem. Soc. (London) **1948**, 1354.

7. — — The Application of the Method of Molecular Rotation Differences to Steroids. VIII. 22(23)-Dihydroergosterol D. J. chem. Soc. (London) **1949**, 219.

8. BERGMANN, W. and J. A. KLACSMANN: Ergosterol F. J. org. Chem. **13**, 21 (1948).

9. BERGMANN, W. and P. G. STEVENS: Studies on the Conversion of Ergosterol to Adrenal Cortical Hormones. J. org. Chem. **13**, 10 (1948).

10. BERGSTRÖM, S. and G. A. D. HASLEWOOD: Substituted Ketocholanic Acids. J. chem. Soc. (London) **1939**, 540.

11. BEYLER, R. E. and L. H. SARETT: Approaches to Total Synthesis of Adrenal Steroids. IV. The Stereochemistry of 5-Methyl-1,2,3,4,4aα,5,6,7,8,8aα-decahydronaphthalene-1β,4β-diol-6-one. J. Amer. chem. Soc. **74**, 1406 (1952).

12. BIDE, A. E., H. B. HENBEST, E. R. H. JONES, R. W. PEEVERS and P. A. WILKINSON: Studies in the Sterol Group. XLVII. A New Route to 7-Dehydrocholesterol (Provitamin D_3) and its Derivatives. J. chem. Soc. (London) **1948**, 1783.
13. BILLETER, J. R. und K. MIESCHER: Über Steroide. 96. Mitt. Über einige Abkömmlinge des tricyclischen Oxyketons aus Cholesterin. Helv. chim. Acta **33**, 389, (1950).
14. BIRCH, A. J.: Reduction by Dissolving Metals. I. J. chem. Soc. (London) **1944**, 430.
15. — A Conversion of Cholest-4-en-3-one into Cholesterol. J. chem. Soc. (London) **1950**, 2325.
16. BIRCH, A. J. and R. ROBINSON: The Direct Introduction of Angular Methyl Groups. J. chem. Soc. (London) **1944**, 501.
17. BORGSTROM, E. and T. F. GALLAGHER: Partial Synthesis of Compounds Related to Adrenal Cortical Hormones. VIII. Preparation of an 11-Keto Bile Acid. J. biol. Chemistry **164**, 791 (1946).
18. — — Partial Synthesis of Compounds Related to Adrenal Cortical Hormones. XI. Reactions of Ring C Ketols in the Preparation of an 11-Keto Bile Acid. J. biol. Chemistry **177**, 951 (1949).
19. BUDZIAREK, R., G. T. NEWBOLD, R. STEVENSON and F. S. SPRING: Steroids. I. 11-Oxygenated Steroids from Ergosteryl-D Acetate. J. chem. Soc. (London) **1952**, 2892.
20. BURCKHARDT, V. und T. REICHSTEIN: Über Gallensäuren und verwandte Stoffe. 14. Mitt. 3-Keto-cholen-(11)-säure und 3-Keto-choladien-(4,11)-säure. Helv. chim. Acta **25**, 821 (1942).
21. BUTENANDT, A. und D. PETERS: Über 17-Allyl-testosteron und einige seiner Umwandlungsprodukte. Ber. dtsch. chem. Ges. **71**, 2688 (1938).
22. BUTENANDT, A. und J. SCHMIDT: Überführung des Pregnandiols in Corpusluteum Hormon. Ber. dtsch. chem. Ges. **67**, 1901 (1934).
23. CALLOW, R. K., J. W. CORNFORTH and P. C. SPENSLEY: A Source of Hecogenin. Chem. and Ind. **1951**, 699.
24. CALLOW, R. K., R. D. MEIKLE and D. A. H. TAYLOR: The Source of Sarmentogenin. Chem. and Ind. **1951**, 336.
25. CALLOW, R. K. and O. ROSENHEIM: The Action of Selenium Dioxide on Sterols and Bile Acids. I. Ergosterol and Dihydroergosterol. J. chem. Soc. (London) **1933**, 387.
26. CALLOW, R. K. and D. A. H. TAYLOR: The Cardio-active Glycosides of *Strophanthus sarmentosus* P. DC. "Sarmentoside B" and its Relation to an Original Sarmento-bioside. J. chem. Soc. (London) **1952**, 2299.
27. CARDWELL, H. M. E., J. W. CORNFORTH, S. R. DUFF, H. HOLTERMANN and R. ROBINSON: Total Synthesis of Androgenic Hormones. Chem. and Ind. **1951**, 389.
28. CHAKRAVORTY, P. N. and E. S. WALLIS: Studies on Partial Synthesis of Corticosterone. I. J. Amer. chem. Soc. **62**, 318 (1940).
29. CHAMBERLAIN, E. M., W. V. RUYLE, A. E. ERICKSON, J. M. CHEMERDA, L. M. ALIMINOSA, R. L. ERICKSON, G. E. SITA and M. TISHLER: Synthesis of 11-Keto Steroids. J. Amer. chem. Soc. **73**, 2396 (1951).
30. CHEMERDA, J. M., E. M. CHAMBERLAIN, E. H. WILSON and M. TISHLER: On the Synthesis of Cortisone Acetate. J. Amer. chem. Soc. **73**, 4052 (1951).
31. COLINGWORTH, D. R., M. P. BRUNNER and W. J. HAINES: A Partial Microbiological Synthesis of Adrenal Cortex Hormones. J. Amer. chem. Soc. **74**, 2381 (1952).

32. COLTON, F. B., W. R. NES, D. A. VAN DORP, H. L. MASON and E. C. KENDALL: Steroids Derived from Bile Acids. XIII. Introduction of the 17α-Hydroxyl Group in the Partial Synthesis of Cortisone. J. biol. Chemistry **194**, 235 (1952).
33. CONSTANTIN, J. M. and L. H. SARETT: Introduction of the 11-Keto Function in the Steroids. J. Amer. chem. Soc. **74**, 3908 (1952).
34. CORNFORTH, J. W. and R. ROBINSON: Experiments on the Synthesis of Substances Related to the Sterols. XLV. J. chem. Soc. (London) **1946**, 676.
35. — — Towards the Synthesis of Cholesterol. Nature (London) **160**, 737 (1947).
36. — — Experiments on the Synthesis of Substances Related to the Sterols. XLVIII. Synthesis of a Tricyclic Degradation Product of Cholesterol. J. chem. Soc. (London) **1949**, 1855.
37. DAUBEN, W. G., J. F. EASTHAM and R. A. MICHELI: A New Method for the Preparation of 7-Dehydrocholesterol. J. Amer. chem. Soc. **73**, 4496 (1951).
38. DJERASSI, C., E. BATRES, J. ROMO and G. ROSENKRANZ: Steroidal Sapogenins. XXII. Steroids. XXXIV. Degradation of 11-Oxygenated Sapogenins. Synthesis of Allopregnane-3β,11β-diol-20-one and Allopregnane-3β,11α-diol-20-one. J. Amer. chem. Soc. **74**, 3634 (1952).
39. DJERASSI, C., E. BATRES, M. VELASCO and G. ROSENKRANZ: Steroidal Sapogenins. XVI. Introduction of the 11-Keto and 11α-Hydroxy Groups into Ring C Unsubstituted Steroids (Part 3). 11-Oxygenated Sapogenins. J. Amer. chem. Soc. **74**, 1712 (1952).
40. DJERASSI, C., O. MANCERA, J. ROMO and G. ROSENKRANZ: Steroids. XLV. Introduction of the 11-Keto and 11α-Hydroxy Groups into Ring C Unsubstituted Steroids (Part 8). Performic Acid Oxidation of 7,9(11)-Dienes. J. Amer. chem. Soc. **75**, 3505 (1953).
41. DJERASSI, C., O. MANCERA, G. STORK and G. ROSENKRANZ: Steroids. XXVIII. Introduction of the 11-Keto and 11α-Hydroxy Groups into Ring C Unsubstituted Steroids (Part 2). J. Amer. chem. Soc. **73**, 4496 (1951).
42. DJERASSI, C., O. MANCERA, M. VELASCO, G. STORK and G. ROSENKRANZ: Steroids. XXXII. Δ^8-7-Ketones. J. Amer. chem. Soc. **74**, 3321 (1952).
43. DJERASSI, C., H. MARTINEZ and G. ROSENKRANZ: Steroidal Sapogenins. VII. Experiments in the Hecogenin Series (Part 1). J. org. Chem. **16**, 303 (1951).
44. DJERASSI, C., H. J. RINGOLD and G. ROSENKRANZ: Steroidal Sapogenins. XV. Experiments in the Hecogenin Series (Part 3). Conversion to Cortisone. J. Amer. chem. Soc. **73**, 5513 (1951).
45. DJERASSI, C., J. ROMO and G. ROSENKRANZ: Steroidal Sapogenins. VIII. Steroids XVIII. Synthesis of $\Delta^{7,9(11)}$-Allopregnadien-3β-ol-20-one from Diosgenin and from Δ^5-Pregnen-3β-ol-20-one. J. org. Chem. **16**, 754 (1951).
46. DJERASSI, C., G. ROSENKRANZ, J. PATAKI and S. KAUFMANN: Steroids. XXVII. Synthesis of Allopregnane-3β,11β,17α,20β,21-pentol from Cortisone and Diosgenin. J. biol. Chemistry **194**, 115 (1952).
47. DJERASSI, C. and C. R. SCHOLZ: The Bromination of 3-Ketosteroids in Acetic Acid and the Effect of Trace Substances in the Solvent. J. Amer. chem. Soc. **69**, 2404 (1947).
48. — — Brominations with Pyridine Hydrobromide Perbromide. J. Amer. chem. Soc. **70**, 417 (1948).
49. — — 5-Methyldoisynolic Acid and 1-Methylestrone. J. org. Chem. **13**, 697 (1948).
50. DU FEU, E. C., F. J. MCQUILLIN and R. ROBINSON: Experiments on the Synthesis of Substances Related to the Sterols. XIV. A Simple Synthesis of Certain Octalones and Ketotetrahydroindenes which may be of Angle-methyl-substituted Type. A Theory of the Biogenesis of the Sterols. J. chem. Soc. (London) **1937**, 53.

51. EHRENSTEIN, M. and T. O. STEVENS: Investigations on Steroids. IV. New Degradation Products of Cholic Acid and Studies on the Synthesis of 7,12-Dihydroxyprogesterone. J. org. Chem. 5, 660 (1940).

52. ENGEL, L. L., V. R. MATTOX, B. F. MCKENZIE, W. F. MCGUCKIN and E. C. KENDALL: Steroids Derived from Bile Acids. II. 3(α)-Hydroxy-11,12-dibromocholanic Acid and Related Compounds. J. biol. Chemistry **162**, 565 (1946).

53. ETTLINGER, M. G. and L. F. FIESER: Degradation of the Bile Acid Side Chain. J. biol. Chemistry **164**, 451 (1946).

54. EUW, J. v., A. LARDON und T. REICHSTEIN: Über Bestandteile der Nebennierenrinde und verwandte Stoffe. 68. Mitt. Pregnandiol-(3α,11α)-on-(20) und Pregnandiol-(3β,11α)-on-(20). Helv. chim. Acta **27**, 817 (1944).

55. — — — Über Bestandteile der Nebennierenrinde und verwandte Stoffe. 70. Mitt. Teilsynthese des Corticosterons. Helv. chim. Acta **27**, 1287 (1944).

56. EUW, J. v. und T. REICHSTEIN: Über Bestandteile der Nebennierenrinde und verwandte Stoffe. 41. Mitt. Pregnen-(4)-diol-(17,20)-on-(3)-al-(21)-monoacetat-(20). Helv. chim. Acta **23**, 1114 (1940).

57. — — Über Bestandteile der Nebennierenrinde und verwandte Stoffe. 47. Mitt. Teilsynthese von Allo-pregnan-triol-(3β,17β,21)-on-(20) (Substanz P). Helv. chim. Acta **24**, 401 (1941).

58. — — Über Bestandteile der Nebennierenrinde und verwandte Stoffe. 53. Mitt. Eine vereinfachte Methode zur Herstellung von 17β-Oxy-pregnan-Derivaten mit Dioxy-aldehyd- und Dioxy-aceton-Gruppierung an der Seitenkette. Helv. chim. Acta **24**, 1140 (1941).

59. — — Über Bestandteile der Nebennierenrinde und verwandte Stoffe. 56. Mitt. „Substanz V" und Konfigurationsbestimmung in der $C_{21}O_5$-Gruppe. Helv. chim. Acta **25**, 988 (1942).

60. — — Über Gallensäuren und verwandte Stoffe. 37. Mitt. Herstellung von Δ^{11}-ungesättigten Steroiden mit Hilfe von Sulfoestern. Helv. chim. Acta **29**, 654 (1946).

61. FERNHOLZ, E.: Über die Konstitution des Stigmasterins. Liebigs Ann. Chem. **507**, 128 (1933).

62. FIESER, L. F., J. C. BABCOCK, J. E. HERZ, W.-Y. HUANG and W. P. SCHNEIDER: A Further Method for Production of 11-Ketosteroids from $\Delta^{7,9(11)}$-Dienes. J. Amer. chem. Soc. **73**, 4053 (1951).

63. FIESER, L. F. and M. FIESER: The Chemistry of Natural Products Related to Phenanthrene, 3rd ed., p. 365. New York: Reinhold Publ. 1949.

64. FIESER, L. F., M. FIESER and R. N. CHAKRAVARTI: "α" Spinasterol. J. Amer. chem. Soc. **71**, 2226 (1949).

65. FIESER, L. F., J. E. HERZ, M. W. KLOHS, M. A. ROMERO and T. UTNE: Cathylation (Carbethoxylation) of Steroid Alcohols. J. Amer. chem. Soc. **74**, 3309 (1952).

66. FIESER, L. F., J. E. HERZ and W.-Y. HUANG: 11-Ketolithocholic Acid and 11-Ketocholestanol from the $\Delta^{7,9(11)}$-Dienes. J. Amer. chem. Soc. **73**, 2397 (1951).

67. FIESER, L. F., H. HEYMANN and S. RAJAGOPALAN: A New Route to 11-Ketosteroids. J. Amer. chem. Soc. **72**, 2306 (1950).

68. FIESER, L. F. and S. RAJAGOPALAN: Selective Oxidation with N-Bromosuccinimide. I. Cholic Acid. J. Amer. chem. Soc. **71**, 3935 (1949).

69. — — Oxidation of Steroids. III. Selective Oxidations and Acetylations in the Bile Acid Series. J. Amer. chem. Soc. **72**, 5530 (1950).

70. — — Oxidation of Steroids. IV. Methyl $\Delta^{9(11)}$-Lithocholenate and Methyl 9α,11α-Oxidolithocholanate. J. Amer. chem. Soc. **73**, 118 (1951).

71. FIESER, L. F., S. RAJAGOPALAN, E. WILSON and M. TISHLER: The Conversion of Cholic Acid into 3α-Hydroxy-12-keto-$\Delta^{9(11)}$-cholenic Acid. J. Amer. chem. Soc. **73**, 4133 (1951).
72. FISCHER, H. O. L., C. TAUBE und E. BAER: Über den krystallisierten Glycerinaldehyd und seine Umwandlung in Dioxy-aceton. Ber. dtsch. chem. Ges. **60**, 479 (1927).
73. FLEISHER, G. A. and E. C. KENDALL: Steroids with a Glyoxal Side Chain at C-17 and Related Compounds. J. org. Chem. **16**, 573 (1951).
74. FRIED, J., R. W. THOMA, J. R. GERKE, J. E. HERZ, M. N. DONIN and D. PERLMAN: Oxidation of Steroids by Microorganisms. II. Hydroxylation at Position 11 and Synthesis of Cortisone from Reichstein's Compound S. J. Amer. chem. Soc. **74**, 3962 (1952).
75. FRIEDMANN, C. A. and R. ROBINSON: Progress Towards the Production of Cortisone by Total Synthesis. Chem. and Ind. **1951**, 777.
76. — — Progress Towards the Production of Cortisone by Total Synthesis. Chem. and Ind. **1951**, 1117.
77. FUCHS, H. G. und T. REICHSTEIN: Über Bestandteile der Nebennierenrinde und verwandte Stoffe. 49. Mitt. Teilsynthese von Pregnen-(5)-triol (3β,17β,21)-on-(20) und Pregnen-(5)-diol (3β,17β)-on-(20). Helv. chim. Acta **24**, 804 (1941).
78. FUJIMOTO, G. I.: Labeling of Steroids in the 4-Position. J. Amer. chem. Soc. **73**, 1856 (1951).
79. FUKUSHIMA, D. K., T. H. KRITCHEVSKY, M. L. EIDINOFF and T. F. GALLAGHER: Synthesis of Radioactive Cortisone. J. Amer. chem. Soc. **74**, 487 (1952).
80. GALLAGHER, T. F.: Partial Synthesis of Compounds Related to Adrenal Cortical Hormones. VI. The Structure of the "3α,11-Dihydroxy-12-ketocholanic Acid" of Marker and Lawson and of the Products Obtained by "Wolff-Kishner Reduction". J. biol. Chemistry **162**, 539 (1946).
81. — Partial Synthesis of Compounds Related to Adrenal Cortical Hormones. X. Preparation of 3(α),11(α)-Dihydroxyetiocholanic Acid from Etiodesoxycholic Acid. J. biol. Chemistry **165**, 211 (1946).
82. GALLAGHER, T. F. and V. P. HOLLANDER: Partial Synthesis of Compounds Related to Adrenal Hormones. V. Preparation of 3(α),11(α)-Dihydroxy-12-ketocholanic Acid and the Products Obtained by Wolff-Kishner Reduction. J. biol. Chemistry **162**, 533 (1946).
83. GALLAGHER, T. F. and W. P. LONG: Partial Oxidation of Cholic Acid. J. biol. Chemistry **147**, 131 (1943).
84. — — Partial Synthesis of Compounds Related to Adrenal Cortical Hormones. II. Some Reactions of an Epoxide of Δ^{11}-Lithocholenic Acid. J. biol. Chemistry **162**, 495 (1946).
85. — — Partial Synthesis oi Compounds Related to Adrenal Cortical Hormones. IV. An Improved Method for the Preparation of 3(α),11(α)-Dihydroxycholanic Acid. J. biol. Chemistry **162**, 521 (1946).
86. GRANDJEAN, P. und T. REICHSTEIN: Über Gallensäuren und verwandte Stoffe. 19. Mitt. 3α-Oxy-nor-cholen-(11)-säure-methylester und 3α-Oxy-bisnor-cholen-(11)-säure-methylester. Helv. chim. Acta **26**, 482 (1943).
87. HAINES, W. J.: Studies on the Biosynthesis of Adrenal Cortex Hormones. Recent Progr. in Hormone Research **7**, 255 (1952).
88. HASLEWOOD, G. A. D.: Preparation of Desoxycholic Acid. Nature (London) **150**, 211 (1942).
89. — The Preparation of Desoxycholic Acid from Cholic Acid. Biochemical J. **37**, 109 (1943).

90. HAYANO, M. and R. I. DORFMAN: The Action of Adrenal Homogenates on Progesterone, 17-Hydroxyprogesterone and 21-Desoxycortisone. Arch. Biochemistry **36**, 239 (1952).

91. HAYANO, M., R. I. DORFMAN and D. A. PRINS: Metabolism of the Steroid Hormones. Conversion of Desoxycorticosterone to Glycogenic Material *in Vitro*. Proc. Soc. exp. Biol. Med. **72**, 700 (1949).

92. HAYANO, M., R. I. DORFMAN and E. Y. YAMADA: The Conversion of Desoxycorticosterone to Glycogenic Material by Adrenal Homogenates. J. biol. Chemistry **193**, 175 (1951).

93. HECHTER, O., R. P. JACOBSEN, R. JEANLOZ, H. LEVY, C. W. MARSHALL, G. PINCUS and V. SCHENKER: The Bio-oxygenation of 11-Desoxycorticosterone at C-11. J. Amer. chem. Soc. **71**, 3261 (1949).

94. — — — — — — — The Bio-oxygenation of Steroids at C-11. Arch. Biochemistry **25**, 457 (1950).

95. HECHTER, O., A. ZAFFARONI, R. P. JACOBSEN, H. LEVY, R. JEANLOZ, V. SCHENKER and G. PINCUS: The Nature and Biogenesis of the Adrenal Secretory Product. Recent Progr. in Hormone Research **6**, 215 (1951).

96. HEER, J. und K. MIESCHER: Über Steroide. 104. Mitt. Zum Aufbau der Dioxyaceton-Seitenkette in der Steroidenreihe. Helv. chim. Acta **34**, 359 (1951).

97. HEGNER, P. und T. REICHSTEIN: Über Bestandteile der Nebennierenrinde und verwandte Stoffe. 61. Mitt. 11-Keto-progesteron. Helv. chim. Acta **26**, 721 (1943).

98. HEILBRON, I. M., F. JOHNSTONE and F. S. SPRING: Studies in the Sterol Group. VI. Dihydroergosterol and the Formation of Isomerides. J. chem. Soc. (London) **1929**, 2248.

99. HEILBRON, I. M., T. KENNEDY, F. S. SPRING and G. SWAIN: Studies in the Sterol Group. XXXVII. The Structure of Lumisterol and its Stereoisomers. J. chem. Soc. (London) **1938**, 869.

100. HEILBRON, I. M. and W. A. SEXTON: Studies in the Sterol Group. III. The Acetylation and Catalytic Hydrogenation of Ergosterol. J. chem. Soc. (London) **1929**, 921.

101. HENCH, P. S., E. C. KENDALL, C. H. SLOCUMB and H. F. POLLEY: The Effect of a Hormone of the Adrenal Cortex (17-Hydroxy-11-dehydrocorticosterone: Compound E) and of Pituitary Adrenocorticotropic Hormone on Rheumatoid Arthritis. Proc. Staff Meetings Mayo Clinic **24**, 181 (1949).

102. — — — — The Effect of a Hormone of the Adrenal Cortex, Cortisone (17-Hydroxy-11-dehydrocorticosterone: Compound E) and of Pituitary Adrenocorticotropic Hormone on Rheumatoid Arthritis and Acute Rheumatic Fever. Trans. Assn. Amer. Physicians **62**, 64 (1949).

103. — — — — Effects of Cortisone Acetate and Pituitary Adrenocorticotropic Hormone on Rheumatoid Arthritis, Rheumatic Fever and Certain Other Conditions. A Study in Clinical Physiology. Arch. int. Med. **85**, 545 (1950).

104. HERSHBERG, E. B., C. GEROLD and E. P. OLIVETO: Simultaneous Oxidation and Bromination of 21-Acetoxypregnan-3α,17α-diol-11,20-dione. J. Amer. chem. Soc. **74**, 3849 (1952).

105. HERSHBERG, E. B., H. L. HERZOG, S. B. COAN, L. WEBER and M. JEVNIK: Cortisone Intermediates. I. A New Preparation of 12α-Bromo-24,24-diphenylchol-23-en-3α-ol-11-one Acetate. J. Amer. chem. Soc. **74**, 2585 (1952).

106. HERZOG, H. L., E. P. OLIVETO, M. A. JEVNIK and E. B. HERSHBERG: 11α-Hydroxysteroids. Synthesis of Δ^4-Pregnen-11α,17α,21-triol-3,20-dione 11,20-Diacetate (11-Epi-Compound F Diacetate). J. Amer. chem. Soc. **74**, 4470 (1952).

107. HEUSLER, K. und A. WETTSTEIN: Über Steroide. 110. Mitt. Herstellung von 7;9,11-Dienen der Androstan-Reihe. Helv. chim. Acta **35**, 284 (1952).

108. HEUSSER, H.: Konstitution, Konfiguration und Synthese digitaloider Aglykone und Glykoside. Fortschr. Chem. organ. Naturstoffe **7**, 87 (1950).

109. HEUSSER, H., R. ANLIKER, K. EICHENBERGER und O. JEGER: Über Steroide und Sexualhormone. 180. Mitt. Eine Neue Variante der Synthese von 11 α-Oxy-Steroiden. Helv. chim. Acta **35**, 936 (1952).

110. HEUSSER, H., R. ANLIKER und O. JEGER: Über Steroide und Sexualhormone. 183. Mitt. Zur Überführung von 11-Keto- in 11 α-Oxy-Steroide. Helv. chim. Acta **35**, 1537 (1952).

111. HEUSSER, H., K. EICHENBERGER, P. KURATH, H. R. DÄLLENBACH und O. JEGER: Über Steroide und Sexualhormone. 176. Mitt. Ein neuer Weg zur Synthese von 11-Keto-Steroiden. Helv. chim. Acta **34**, 2106 (1951).

112. HEUSSER, H., K. EICHENBERGER und P. A. PLATTNER: Über Steroide und Sexualhormone. 167. Mitt. Eine neue Synthese des $\Delta^{5,17(20)}$-3β-Oxy-pregnadien-21-ols. Helv. chim. Acta **33**, 370 (1950).

113. — — — Über Steroide und Sexualhormone. 168. Mitt. Weitere Umsetzungen mit Äthoxyacetylen-Verbindungen der Steroid-Reihe. Helv. chim. Acta **33**, 1088 (1950).

114. HEUSSER, H., K. HEUSLER, K. EICHENBERGER, C. G. HONEGGER und O. JEGER: Über Steroide und Sexualhormone. 177. Mitt. Ein neuer Weg zur Synthese von 11-Keto-Steroiden II. Versuche in der Androstan- und der Cholestan-Reihe. Helv. chim. Acta **35**, 295 (1952).

115. HEUSSER, H., G. SAUCY, R. ANLIKER und O. JEGER: Über Steroide und Sexualhormone. 185. Mitt. Oxydationsversuche mit α-Dihydro-ergosterin-acetat. Ein Beitrag zur Synthese von 11-Keto- und 11-Oxy-Steroiden. Helv. chim. Acta **35**, 2090 (1952).

116. HEYL, F. W., A. P. CENTOLELLA and M. E. HERR: Derivatives of *bisnor*-5-Cholenaldehyde. J. Amer. chem. Soc. **69**, 1957 (1947).

117. HEYMANN, H. and L. F. FIESER: Correlation of a Synthetic Steroid with an Intermediate to Cortisone. J. Amer. chem. Soc. **73**, 4054 (1951).

118. — — A New Route to 11-Ketosteroids by Fission of a $\Delta^{9(11)}$-Ethylene Oxide. J. Amer. chem. Soc. **73**, 5252 (1951).

119. — — A New Route to 11-Ketosteroids by Fission of a $\Delta^{9(11)}$-Ethylene Oxide. II. J. Amer. chem. Soc. **74**, 5938 (1952).

120. HICKS, E. M., Jr., C. J. BERG and E. S. WALLIS: Improved Methods for the Preparation of 3(α)-Hydroxy-$\Delta^{9,11}$-Cholenic Acid. J. biol. Chemistry **162**, 633 (1946).

121. — — — Studies on the Preparation and Rearrangement of Certain Steroid Oxides. J. biol. Chemistry **162**, 645 (1946).

122. HICKS, E. M., JR., and E. S. WALLIS: The Introduction of Oxygen into the Steroid Nucleus at the C_{11} Position. J. biol. Chemistry **162**, 641 (1946).

123. HIRSCHMANN, R., M. BROWN and N. L. WENDLER: A New Route to Desoxycholic Acid. J. Amer. chem. Soc. **73**, 5373 (1951).

124. HOEHN, W. M. and J. LINSK: 3,12-Dihydroxy-7-ketocholanic Acid. J. Amer. chem. Soc. **67**, 312 (1945).

125. HOEHN, W. M. and H. L. MASON: The Degradation of Desoxycholic Acid to *etio*-Desoxycholic Acid through *etio*-Desoxycholyl Methyl Ketone. J. Amer. chem. Soc. **60**, 1493 (1938).

126. HUANG-MINLON: A Simple Modification of the Wolff-Kishner Reduction. J. Amer. chem. Soc. **68**, 2487 (1946).

127. — Reduction of Steroid Ketones and Other Carbonyl Compounds by Modified Wolff-Kishner Reduction. J. Amer. chem. Soc. **71**, 3301 (1949).

128. JACOBS, W. A. and M. HEIDELBERGER: Sarmentocymarin and Sarmentogenin. J. biol. Chemistry **81**, 765 (1929).
129. JACOBSEN, R. P.: A New Method for the Degradation of Bile Acid Derivatives. J. Amer. chem. Soc. **66**, 662 (1944).
130. JOHNSON, W. S. and H. POSVIC: Introduction of the Angular Methyl Group. III. The Alkoxymethylene Blocking Group. J. Amer. chem. Soc. **69**, 1361 (1947).
131. JULIAN, P. L. and W. J. KARPEL: Sterols. IX. The Selective Halogenation and Dehalogenation of Certain Steroids (Part 1). J. Amer. chem. Soc. **72**, 362 (1950).
132. JULIAN, P. L., E. W. MEYER, W. J. KARPEL and I. RYDEN: Sterols. VIII. 17α-Hydroxyprogesterone and 17α-Hydroxy-11-desoxycorticosterone. J. Amer. chem. Soc. **71**, 3574 (1949).
133. JULIAN, P. L., E. W. MEYER, W. J. KARPEL and I. R. WALLER: Sterols. XI. 17α-Hydroxy-11-desoxycorticosterone (Reichstein's Substance S). J. Amer. chem. Soc. **72**, 5145 (1950).
134. JULIAN, P. L., E. W. MEYER and I. RYDEN: Sterols. VII. 17α-Hydroxysteroids. J. Amer. chem. Soc. **71**, 756 (1949).
135. — — — Sterols. X. 17α-Hydroxyprogesterone. J. Amer. chem. Soc. **72**, 367 (1950).
136. KAHNT, F. W., C. MEYSTRE, R. NEHER, E. VISCHER und A. WETTSTEIN: Biologische Hydroxylierung von Steroiden. Experientia **8**, 422 (1952).
137. KAHNT, F. W. und A. WETTSTEIN: Über Steroide. 105. Mitt. Die 11-Oxydation von Desoxy-corticosteron und Reichstein's Substanz S mit Hilfe tierischer Organhomogenate. Bildung von Corticosteron und 17-Oxy-corticosteron. Helv. chim. Acta **34**, 1790 (1951).
138. KATZ, A.: Konstitution des Sarmentogenins. Glykoside und Aglykone. 36. Mitt. Helv. chim. Acta **31**, 993 (1948).
139. KAZIRO, K. und T. SHIMADA: Partielle Oxydation der Cholsäure und der Desoxycholsäure durch CrO_3. Über eine Farbreaktion der Ketocholansäuren mit *m*-Dinitrobenzol. Z. physiol. Chem. **249**, 220 (1937).
140. KOECHLIN, B. A., D. L. GARMAISE, T. H. KRITCHEVSKY and T. F. GALLAGHER: Preparation of Adrenal Cortical Hormones. J. Amer. chem. Soc. **71**, 3262 (1949).
141. KOECHLIN, B. A., T. H. KRITCHEVSKY and T. F. GALLAGHER: Preparation of Deuterium Steroid Hormones from Bile Acids and the Formation of α,β-Ketocholane Derivatives. J. biol. Chemistry **184**, 393 (1950).
142. — — — Partial Synthesis of Compounds Related to Adrenal Cortical Hormones. XV. 17α,21-Dihydroxy-Δ^4-pregnene-3,20-dione (Reichstein's „Substance S"). J. Amer. chem. Soc. **73**, 189 (1951).
143. KOHLER, E. P. and M. TISHLER: The Reaction Between Organic Magnesium Halides and Alpha-Bromo Ketones. J. Amer. chem. Soc. **54**, 1594 (1932).
144. KÖSTER, H. und W. LOGEMANN: Zur Kenntnis der Cholesteroloxydation. Isolierung von 1-Oxo-2,13-dimethyl-$\Delta^{9,14}$-dodecahydrophenanthrol-(7), einem neuen Abbauprodukt des Cholesterins, und Darstellung einiger Derivate. Ber. dtsch. chem. Ges. **73**, 298 (1940).
145. KRITCHEVSKY, T. H. and T. F. GALLAGHER: Partial Synthesis of Compounds Related to Adrenal Cortical Hormones. J. biol. Chemistry **179**, 507 (1949).
146. — — Partial Synthesis of Compounds Related to Adrenal Cortical Hormones. XIV. Preparation of the Dihydroxyacetone Side Chain; 17α-Hydroxyprogesterone and "Substance L and P". J. Amer. chem. Soc. **73**, 184 (1951).
147. KRITCHEVSKY, T. H., D. L. GARMAISE and T. F. GALLAGHER: Partial Synthesis of Compounds Related to Adrenal Cortical Hormones. XVI. Preparation of Cortisone and Related Compounds. J. Amer. chem. Soc. **74**, 483 (1952).

148. KUWADA, S. und M. MIYASAKA: Untersuchungen über Sterine. IV. Mitt. Zur Kenntnis der 3-Oxy-$\Delta^{5,6}$-ätiobiliensäure. J. pharmac. Soc. (Japan) **56**, 631 (1936).
149. KYOGOKU, K.: Über die Umwandlung von Dehydro-desoxycholsäure in α- und β-3-Oxy-12-Ketocholansäure im Organismus der Kröte. Z. physiol. Chem. **246**, 99 (1937).
150. LARDON, A., P. GRANDJEAN, J. PRESS, H. REICH und T. REICHSTEIN: Über Gallensäuren und verwandte Stoffe. 18. Mitt. Vereinfachte Herstellung von Cholen-(11)-säure-methylestern durch thermische Spaltung der 12-Benzoxy-Derivate. Helv. chim. Acta **25**, 1444 (1942).
151. LARDON, A. und S. LIEBERMANN: Über Bestandteile der Nebennierenrinde und verwandte Stoffe. 77. Mitt. Ätiocholen-(11)-ol-(3α)-on-(17). Helv. chim. Acta **30**, 1373 (1947).
152. LARDON, A. und T. REICHSTEIN: Über Gallensäuren und verwandte Stoffe. 23. Mitt. Ester der 3,11-Diketo-cholansäure, 3α-Oxy-11-keto-cholansäure und 3α,11α-Dioxy-cholansäure. Helv. chim. Acta **26**, 586 (1943).
153. — — Über Gallensäuren und verwandte Stoffe. 25. Mitt. Ester der 3-Keto-ätio-cholen-(11)-säure und der 3α- und 3β-Oxy-ätio-cholen-(11)-säure. Helv. chim. Acta **26**, 607 (1943).
154. — — Über Gallensäuren und verwandte Stoffe. 26. Mitt. Derivate der Ätiocholansäure mit Sauerstoff in 3- und 11-Stellung. Helv. chim. Acta **26**, 705 (1943).
155. — — Über Bestandteile der Nebennierenrinde und verwandte Stoffe. 62. Mitt. Teilsynthese des 11-Dehydro-corticosterons. Helv. chim. Acta **26**, 747 (1943).
156. — — Über Gallensäuren und verwandte Stoffe. 29. Mitt. Derivate der Bisnor-desoxycholsäure und der 3α,11α-Dioxy-bisnor-cholansäure. Helv. chim. Acta **27**, 713 (1944).
157. — — Über Gallensäuren und verwandte Stoffe. 35. Mitt. 3α-Acetoxynor-, bisnor- und -ätio-cholen-(9)-säure-methylester. Helv. chim. Acta **28**, 1420 (1945).
158. — — Teilsynthese von Cortison und verwandten Stoffen aus Sarmentogenin. Pharm. Acta Helv. **27**, 287 (1952).
159. LAUBACH, G. D. and K. J. BRUNINGS: Corticosteroid Intermediates. A Selective Hydrogenation of Steroid Polyenes. J. Amer. chem. Soc. **74**, 705 (1952).
160. LONG, W. P. and T. F. GALLAGHER: Partial Synthesis of Compounds Related to Adrenal Cortical Hormones. III. Preparation of 3(α),11(α)-Dihydroxycholanic Acid. J. biol. Chemistry **162**, 511 (1946).
161. LONG, W. P., C. W. MARSHALL and T. F. GALLAGHER: Partial Synthesis of Compounds Related to Adrenal Cortical Hormones. IX. Stepwise Degradation of the Side Chain of 3(α),11(α)-Dihydroxycholanic Acid. J. biol. Chemistry **165**, 197 (1946).
162. LONGWELL, B. B. and O. WINTERSTEINER: The Preparation and Properties of 3α,11-Dihydroxy-12-ketocholanic Acid. J. Amer. chem. Soc. **62**, 200 (1940).
163. MACPHILLAMY, H. B. and C. R. SCHOLZ: The Synthesis of 17-(Methyl-C^{14})-Testosterone and 21-C^{14}-Progesterone. J. biol. Chemistry **178**, 37 (1949).
164. MANCERA, O., H. J. RINGOLD, C. DJERASSI, G. ROSENKRANZ and F. SONDHEIMER: Steroids. XLIII. A Ten Step Conversion of Progesterone to Cortisone. The Differential Reduction of Pregnane-3,20-diones with Sodium Borohydride. J. Amer. chem. Soc., **75**, 1286 (1953).
165. MANCERA, O., J. ROMO, F. SONDHEIMER, G. ROSENKRANZ and C. DJERASSI: Steroids. XXXV. Synthesis of 11α-Hydroxyprogesterone. J. org. Chem. **17**, 1066 (1952).
166. MANCERA, O., A. ZAFFARONI, B. A. RUBIN, F. SONDHEIMER, G. ROSENKRANZ and C. DJERASSI: Steroids. XXXVII. A Ten Step Conversion of Progesterone to Cortisone. J. Amer. chem. Soc. **74**, 3711 (1952).

167. Marker, R. E., H. M. Crooks and R. B. Wagner: Sterols. CXXXVIII. The Conversion of Pregnan-3(β)-ol-20-one into etio-Cholan-3(β)-ol-17-one. J. Amer. chem. Soc. **64**, 817 (1942).
168. Marker, R. E. and E. J. Lawson: Sterols. XXXIII. 3,11-Dihydroxy-12-ketocholanic Acid and Derivatives. J. Amer. chem. Soc. **60**, 1334 (1938).
169. Marker, R. E. and J. Lopez: Steroidal Sapogenins. No. 168. The Structural Relationship of Botogenin, a New Steroidal Sapogenin, to All Other Known Sapogenins. J. Amer. chem. Soc. **69**, 2397 (1947).
170. Marker, R. E., R. B. Wagner, P. R. Ulshafer, E. L. Wittbecker, D. P. J. Goldsmith and C. H. Ruof: Steroidal Sapogenins. J. Amer. chem. Soc. **69**, 2167 (1947).
171. Mason, H. L., W. M. Hoehn and E. C. Kendall: Chemical Studies of the Suprarenal Cortex. IV. Structures of Compounds C, D, E, F and G. J. biol. Chemistry **124**, 459 (1938).
172. Mason, H. L., C. S. Myers and E. C. Kendall: The Chemistry of Crystalline Substances Isolated from the Suprarenal Gland. J. biol. Chemistry **114**, 613 (1936).
173. — — — Chemical Studies of the Suprarenal Cortex. II. The Identification of a Substance which Possesses the Qualitative Action of Cortin; its Conversion into a Diketone Closely Related to Androstenedione. J. biol. Chemistry **116**, 267 (1936).
174. Mason, H. L. and R. G. Sprague: Isolation of 17-Hydroxycorticosterone from the Urine in a Case of Cushing's Syndrome Associated with Severe Diabetes Mellitus. J. biol. Chemistry **175**, 451 (1948).
175. Mattox, V. R.: Steroids Derived from Bile Acids. XV. The Formation of a Glyoxal Side Chain at C-17 from Steroids with Dihydroxyacetone and Δ^{16}-Ketol Side Chains. J. Amer. chem. Soc. **74**, 4340 (1952).
176. Mattox, V. R. and E. C. Kendall: The Preparation of 3-Keto-Δ^{4}-Steroids. J. Amer. chem. Soc. **70**, 882 (1948).
177. — — Steroids Derived from Bile Acids. IX. Diphenylcarbinol and Diphenylethylene Derivatives. J. biol. Chemistry **185**, 589 (1950).
178. — — Steroids Derived from Bile Acids. X. Preparation of Bromo Derivatives of Some 3-Ketosteroids. J. biol. Chemistry **185**, 593 (1950).
179. — — Steroids Derived from Bile Acids. XI. Preparation of 3-Keto-Δ^{4}-Steroids. J. biol. Chemistry **185**, 601 (1950).
180. — — Steroids Derived from Bile Acids. XII. Adrenal Cortical Hormones; Introduction of a Double Bond. J. biol. Chemistry **188**, 287 (1951).
181. Mattox, V. R., R. B. Turner, L. L. Engel, B. F. McKenzie, W. F. McGuckin and E. C. Kendall: Steroids Derived from Bile Acids. IV. 3,9-Epoxy-Δ^{11}-Cholenic Acid and Closely Related Compounds. J. biol. Chemistry **164**, 569 (1946).
182. Mattox, V. R., R. B. Turner, W. F. McGuckin, E. J. H. Chu and E. C. Kendall: Steroids Derived from Bile Acids. XX. Degradation of 3α,9α-Epoxy-11-ketonorcholanic Acid to 3α, 9α-Epoxy-11-ketoetiocholanic Acid. J. Amer. chem. Soc. **74**, 5818 (1952).
183. Mattox, V. R., R. B. Turner, B. F. McKenzie, L. L. Engel and E. C. Kendall: Steroids Derived from Bile Acids. VII. The Probable Stereochemical Configuration of Some Derivatives of the Bile Acids. J. biol. Chemistry **173**, 283 (1948).
184. Mattox, V. R., E. L. Woroch, G. A. Fleisher and E. C. Kendall: Steroids Derived from Bile Acids. XVI. Preparation of 6-Dehydrocortisone. J. biol. Chemistry **197**, 261 (1952).

185. McGINTY, D. A., G. N. SMITH, M. L. WILSON and C. S. WORREL: The Biosynthesis of 17-Hydroxycorticosterone from 11-Desoxy-17-hydroxycorticosterone. Science (New York) **112**, 506 (1950).

186. McGUCKIN, W. F. and E. C. KENDALL: Steroids Derived from Bile Acids. XVIII. Introduction of the 4,5-Double Bond of Cortisone. J. Amer. chem. Soc. **74**, 5811 (1952).

187. McKENZIE, B. F., V. R. MATTOX, L. L. ENGEL and E. C. KENDALL: Steroids Derived from Bile Acids. VI. An Improved Synthesis of Methyl 3,9-Epoxy-Δ^{11}-Cholenate from Desoxycholic Acid. J. biol. Chemistry **173**, 271 (1948).

188. McKENZIE, B. F., V. R. MATTOX and E. C. KENDALL: Steroids Derived from Bile Acids. VIII. Catalytic Hydrogenation of Methyl 3(α)-Hydroxy-12-keto-$\Delta^{9,11}$-cholenate and Related Compounds. J. biol. Chemistry **175**, 249 (1948).

189. McKENZIE, B. F., W. F. McGUCKIN and E. C. KENDALL: Steroids Derived from Bile Acids. I. The Preparation of 3(α)-Hydroxy-Δ^{11}-Cholenic Acid from Desoxycholic Acid. J. biol. Chemistry **162**, 555 (1946).

190. MEYER, K. und T. REICHSTEIN: Über Bestandteile der Nebennierenrinde und verwandte Stoffe. 78. Mitt. Überführung digitaloider Lactone in Ketole vom Typus der Corticosteroide. Helv. chim. Acta **30**, 1508 (1947).

191. MEYSTRE, C., L. EHMANN, R. NEHER und K. MIESCHER: Über Steroide. 42. Mitt. Ein einfacher Abbau der Gallensäuren-Seitenkette zur Methylketonstufe. II. Helv. chim. Acta **28**, 1252 (1945).

192. MEYSTRE, C., H. FREY, A. WETTSTEIN und K. MIESCHER: Über Steroide. 39. Mitt. Ein einfacher Abbau der Gallensäuren-Seitenkette zur Methylketonstufe. Helv. chim. Acta **27**, 1815 (1944).

193. MEYSTRE, C. und K. MIESCHER: Über Steroide. 44. Mitt. Ein einfacher Abbau der Gallensäuren-Seitenkette zur Methylketonstufe. III. Der Abbau der Cholsäure und der allo-Cholansäure. Helv. chim. Acta **28**, 1497 (1945).

194. MEYSTRE, C. und A. WETTSTEIN: Seitenkettenabbau von Gallensäuren direkt zu Ketolen vom Typus der Nebennierenrinden-Hormone. Experientia **3**, 185 (1947).

195. — — Über Steroide. 65. Mitt. Ein einfacher Abbau der Gallensäuren-Seitenkette. VIII. Überführung der Desoxy-cholsäure in 3,12-disubstituierte Ketole vom Typus der Nebennierenrinden-Hormone. Helv. chim. Acta **30**, 1037 (1947).

196. — — Über Steroide. 82. Mitt. Ein einfacher Abbau der Gallensäuren-Seitenkette. XIII. Δ^{11}-Anhydro-corticosteron-acetat. Helv. chim. Acta **31**, 1890 (1948).

197. MIESCHER, K. und J. SCHMIDLIN: Über Steroide. 99. Mitt. Ein einfacher Weg zur Bereitung von Corticosteroiden mit Dioxy-aceton-Seitenkette, ausgehend von 17-Ketonen. Neue Teilsynthese von Reichstein's Substanz S. Helv. chim. Acta **33**, 1840 (1950).

198. MORSMAN, H., M. STEIGER und T. REICHSTEIN: Abbau der Cholsäure zu 3,7,12-Trioxy-pregnan-20-on. Helv. chim. Acta **20**, 3 (1937).

199. MUELLER, G. P., R. E. STOBAUGH and R. S. WINNIFORD: Bromination of Hecogenin Acetate. J. Amer. chem. Soc. **73**, 2400 (1951).

200. NEWMAN, M. S.: unpublished data.

201. ORCHIN, M. and L. W. BUTZ: The Synthesis of Condensed Ring Compounds. XIV. 2-Methoxy-5-methyl-2,7-naphthitadiene-1,4-dione. J. org. Chem. **8**, 509 (1943).

202. OTT, G. H. und T. REICHSTEIN: Über Gallensäuren und verwandte Stoffe. 27. Mitt. α-Oxyde der beiden 3-Oxy- und der 3-Keto-cholen-(11)-säure. Helv. chim. Acta **26**, 1799 (1943).

203. PATAKI, J., G. ROSENKRANZ and C. DJERASSI: Steroids. XXXVIII. Synthesis of Allopregnane-3,11,20-trione-17α,21-diol (Dihydroallocortisone) from Allopregnan-3β-ol-11,20-dione. J. Amer. chem. Soc. **74**, 5615 (1952).

204. PETERSON, D. H. and H. C. MURRAY: Microbiological Oxygenation of Steroids at Carbon 11. J. Amer. chem. Soc. **74**, 1871 (1952).

205. PETERSON, D. H., H. C. MURRAY, S. H. EPPSTEIN, L. M. REINEKE, A. WEINTRAUB, P. D. MEISTER and H. M. LEIGH: Microbiological Transformations of Steroids. I. Introduction of Oxygen at Carbon-11 of Progesterone. J. Amer. chem. Soc. **74**, 5933 (1952).

206. PLATTNER, P. A., H. HEUSSER und M. FEURER: Über Steroide und Sexualhormone. 157. Mitt. Über die reduktive Aufspaltung von Steroid-epoxyden mit Lithium-aluminiumhydrid. II. Eine neue Synthese der Cortico-Steroide J und O. Helv. chim. Acta **31**, 2210 (1948).

207. PRESS, J., P. GRANDJEAN und T. REICHSTEIN: Über Gallensäuren und verwandte Stoffe. 24. Mitt. Ester der 3β-Oxy-11-keto-cholansäure und 3β,11α-Dioxycholansäure. Helv. chim. Acta **26**, 598 (1943).

208. PRESS, J. und T. REICHSTEIN: Über Gallensäuren und verwandte Stoffe. 15. Mitt. 3α- und 3β-Oxy-cholen-(11)-säure. Helv. chim. Acta **25**, 878 (1942).

209. REICH, H.: Über Bestandteile der Nebennierenrinde und verwandte Stoffe. 71. Mitt. Oxydation von Desoxycholsäure-methylester-diacetat mit Chromsäure. II. Einige Umwandlungsprodukte des Ätiocholandiol-(3α,12β)-ons-(17). Helv. chim. Acta **28**, 863 (1945).

210. — Über Bestandteile der Nebennierenrinde und verwandte Stoffe. 72. Mitt. Oxydation von Desoxycholsäure-methylester-diacetat mit Chromsäure. III. Untersuchung der „ketonfreien" Anteile. Helv. chim. Acta **28**, 892 (1945).

211. REICH, H. und A. LARDON: Über Gallensäuren und verwandte Stoffe. 38. Mitt. Rückverwandlung von Cholesten-(4)-on-(3) in Cholesterin und analoge Reaktionen. Helv. chim. Acta **29**, 671 (1946).

212. REICH, H. und T. REICHSTEIN: Über Gallensäuren und verwandte Stoffe. 22. Mitt. 11-Keto- und 11α-Oxy-cholansäure. Helv. chim. Acta **26**, 562 (1943).

213. — — Über Bestandteile der Nebennierenrinde und verwandte Stoffe. 65. Mitt. Ätiocholandiol-(3α,12β)-on-(17). Helv. chim. Acta **26**, 2102 (1943).

214. REICHEL, S. v.: Über die Hydrierung des Ergosterins und des 22-Dihydroergosterins. Z. physiol. Chem. **226**, 146 (1934).

215. REICHSTEIN, T.: Über Bestandteile der Nebennierenrinde. VI. Trennungsmethoden, sowie Isolierung der Substanzen F. a., H und J. Helv. chim. Acta **19**, 1107 (1936).

216. — Über Bestandteile der Nebennierenrinde. X. Zur Kenntnis des Corticosterons. Helv. chim. Acta **20**, 953 (1937).

217. — Über Bestandteile der Nebennierenrinde. XI. Zur Konstitution der $C_{21}O_5$-Gruppe. Helv. chim. Acta **20**, 978 (1937).

218. REICHSTEIN, T. und E. v. ARX: 12-Oxy- und 12-Keto-pregnan-Derivate. Helv. chim. Acta **23**, 747 (1940).

219. REICHSTEIN, T. und J. v. EUW: Über Bestandteile der Nebennierenrinde. 18. Mitt. Die Verseifung von Estern reduzierender Ketole mit schwachen Alkalien. Helv. chim. Acta **21**, 1181 (1938).

220. — — Über Bestandteile der Nebennierenrinde und verwandte Stoffe. 42. Mitt. Teilsynthese der Substanz S. Helv. chim. Acta **23**, 1258 (1940).

221. REICHSTEIN, T. und M. SORKIN: Über Gallensäuren und verwandte Stoffe. 12. Mitt. Vereinfachte präparative Herstellung reiner Desoxy-cholsäure und einiger ihrer Derivate. Helv. chim. Acta **25**, 797 (1942).

222. RIEGEL, B. and R. B. MOFFETT: The Introduction of an 11-Hydroxyl Group in 12-Ketosteroids. J. biol. Chemistry **162**, 585 (1946).

223. RIGBY, W.: A New Reagent for the Oxidation of Acyloins to Diketones. J. chem. Soc. (London) **1951**, 793.

224. RINGOLD, H. J., G. ROSENKRANZ and C. DJERASSI: Steroidal Sapogenins. XX. Synthesis and Reactions of the Epimeric Δ^{5}-22-Isospirostene-3β,7-diols. J. Amer. chem. Soc. **74**, 3318 (1952).
225. ROMO, J., G. ROSENKRANZ and C. DJERASSI: Steroids. XXIII. $\Delta^{7,9(11)}$-Allopregnadiene-3β,20β-diol and Related Compounds. J. Amer. chem. Soc. **73**, 5489 (1951).
226. ROMO, J., G. ROSENKRANZ, C. DJERASSI and F. SONDHEIMER: Steroids. XLI. Synthesis of 11α,17α-Dihydroxyprogesterone and of 11α,17α,21-Trihydroxyprogesterone, the 11-Epimer of Kendall's Compound F. J. Amer. chem. Soc. **75**, 1277 (1953).
227. ROMO, J., G. STORK, G. ROSENKRANZ and C. DJERASSI: Steroids. XXXI. Introduction of the 11-Keto and 11α-Hydroxy Groups into Ring C Unsubstituted Steroids (Part 4). Saturated 7,11-Diones. J. Amer. chem. Soc. **74**, 2918 (1952).
228. ROMO, J., A. ZAFFARONI, J. HENDRICHS, G. ROSENKRANZ, C. DJERASSI and F. SONDHEIMER: Steroids. XXXIX. Synthesis of Δ^{4}-Pregnene-11α,17α,21-triol-3,20-dione, the 11-Epimer of Kendall's Compound F. Chem. and Ind. **1952**, 783.
229. ROSENKRANZ, G., C. DJERASSI, R. YASHIN and J. PATAKI: Cortical Hormones from *allo*-Steroids: Synthesis of Cortisone from Reichstein's Compound D. Nature (London) **168**, 28 (1951).
230. ROSENKRANZ, G., S. KAUFMANN, J. PATAKI and C. DJERASSI: Steroids. II. A Method for the Conversion of Allo-Steroids into Δ^{4}-3-Ketosteroids. J. Amer. chem. Soc. **72**, 1046 (1950).
231. ROSENKRANZ, G., O. MANCERA, J. GATICA and C. DJERASSI: Steroids. IV. α-Iodoketones. A Method for the Conversion of Allosteroids into Δ^{4}-3-Ketosteroids. J. Amer. chem. Soc. **72**, 4077 (1950).
232. ROSENKRANZ, G., O. MANCERA, L. MIRAMONTES, C. DJERASSI and F. SONDHEIMER: J. Amer. chem. Soc. (in press).
233. ROSENKRANZ, G., J. PATAKI and C. DJERASSI: Steroids. XXV. Synthesis of Cortisone. J. Amer. chem. Soc. **73**, 4055 (1951).
234. ROSENKRANZ, G., J. PATAKI, S. KAUFMANN, J. BERLIN and C. DJERASSI: Steroids. V. The Synthesis of Adrenal Corticosteroids and Analogs from Allopregnan-3β-ol-20-one. J. Amer. chem. Soc. **72**, 4081 (1950).
235. ROSENKRANZ, G., J. ROMO, E. BATRES and C. DJERASSI: Steroidal Sapogenins. VI. Synthesis of Δ^{7}-22-Isoallospirosten-3β-ol and Unsaturated Analogs. J. org. Chem. **16**, 298 (1951).
236. ROSENKRANZ, G., J. ROMO and J. BERLIN: Steroidal Sapogenins. V. $\Delta^{5,7}$-22-Isospirostadien-3β-ol. J. org. Chem. **16**, 290 (1951).
237. ROSENKRANZ, G., M. VELASCO, C. DJERASSI and F. SONDHEIMER: J. Amer. chem. Soc. (in press).
238. RUYLE, W. V., E. M. CHAMBERLIN, J. M. CHEMERDA, G. E. SITA, L. M. ALIMINOSA and R. L. ERICKSON: Hydrogenation of $\Delta^{5,7}$-Sterol Derivatives. J. Amer. chem. Soc. **74**, 5929 (1952).
239. RUZICKA, L. und P. MÜLLER: Über Steroide und Sexualhormone. 50. Mitt. Die Umlagerung tertiärer Vinyl-alkohole der Androstenreihe. Helv. chim. Acta **22**, 416 (1939).
240. — — Über Steroide und Sexualhormone. 54. Mitt. Die Anlagerung von Sauerstoff an $\Delta^{4,17}$-21-Acetoxy-pregnadienon-(3). Helv. chim. Acta **22**, 755 (1939).
241. RUZICKA, L. und A. WETTSTEIN: Sexualhormone. V. Künstliche Herstellung des männlichen Sexualhormons *trans*-Dehydroandrosteron und des Androsten-3,17-dions. Helv. chim. Acta **18**, 986 (1935).

242. Samuels, L. T., M. L. Helmreich, M. B. Lasater and H. Reich: An Enzyme in Endocrine Tissues which Oxidizes Δ^5-3-Hydroxy Steroids to α,β Unsaturated Ketones. Science (New York) **113**, 490 (1951).

243. Sarett, L. H.: The Structure of Some Derivatives of 3(α)-Hydroxy-$\Delta^{9,11}$-Cholenic Acid. J. biol. Chemistry **162**, 591 (1946).

244. — Partial Synthesis of Pregnene-4-triol-17(β),20(β),21-dione-3,11 and Pregnene-4-diol-17(β),21-trione-3,11,20 Monoacetate. J. biol. Chemistry **162**, 601 (1946).

245. — The Partial Synthesis of Dehydrocorticosterone Acetate. J. Amer. chem. Soc. **68**, 2478 (1946).

246. — A New Method for the Preparation of 17(α)-Hydroxy-20-ketopregnanes. J. Amer. chem. Soc. **70**, 1454 (1948).

247. — *p*-Toluenesulfonates of 20-Hydroxypregnanes. J. Amer. chem. Soc. **70**, 1690 (1948).

248. — Preparation of Pregnane-17α,21-diol-3,11,20-trione Acetate. J. Amer. chem. Soc. **71**, 2443 (1949).

249. Sarett, L. H., G. E. Arth, R. M. Lukes, R. E. Beyler, G. I. Poos, W. F. Johns and J. M. Constantin: Stereospecific Total Synthesis of Cortisone. J. Amer. chem. Soc. **74**, 4974 (1952).

250. Sarett, L. H., R. M. Lukes, G. I. Poos, J. M. Robinson, R. E. Beyler, J. M. Vandegrift and G. E. Arth: Approaches to Total Synthesis of Adrenal Steroids. I. 3-Ethoxy-1,3-pentadiene. J. Amer. chem. Soc. **74**, 1393 (1952).

251. Savard, K., A. A. Green and L. A. Lewis: Oxidation of 11-Desoxycorticosteroids with Adrenal Tissue Homogenates. Endocrinology **47**, 418 (1950).

252. Sawlewicz, J.: Degradation of Desoxycholic Acid to Bisnor-desoxycholic Acid. Roczniki Chemji **18**, 755 (1938).

253. Schneider, J. J. and P. M. Horstmann: Effects of Incubating Compound E and Related Steroids with Various Surviving Rat Tissues. J. biol. Chemistry **196**, 629 (1952).

254. Schoenewaldt, E., L. Turnbull, E. M. Chamberlin, D. Reinhold, A. E. Erickson, W. V. Ruyle, J. M. Chemerda and M. Tishler: Synthesis of 11-Keto Steroids. J. Amer. chem. Soc. **74**, 2696 (1952).

255. Schwenk, E., B. Riegel, R. B. Moffett and E. Stahl: The Preparation of the Homologs of 3-Hydroxy-12-ketocholanic Acid. J. Amer. chem. Soc. **65**, 549 (1943).

256. Schwenk, E. and E. Stahl: Preparation of 3-Hydroxy-$\Delta^{9,11}$-12-ketocholenic Acid and its Lower Homologues. Arch. Biochemistry **14**, 125 (1947).

257. Seebeck, E. und T. Reichstein: Über Gallensäuren und verwandte Stoffe. 21. Mitt. 3α-Acetoxy-12-keto-cholen-(9)-säure und 3α-Oxy-cholen-(9)-säure. Helv. chim. Acta **26**, 536 (1943).

258. Sondheimer, F., O. Mancera, G. Rosenkranz and C. Djerassi: Steroids. XLII. Steroidal Sapogenins. XXVI. The Chemical Reduction of Δ^8-11-Keto and of Saturated 11-Keto Steroids. A New Approach to 11-Keto and 11α-Hydroxy Steroids. J. Amer. chem. Soc. **75**, 1282 (1953).

259. Sondheimer, F., R. Yashin, G. Rosenkranz and C. Djerassi: Steroidal Sapogenins. XXIII. Introduction of the 11-Keto and 11α-Hydroxy Groups into Ring C Unsubstituted Steroids (Part 6). New Approach to 11-Oxygenated Steroids. J. Amer. chem. Soc. **74**, 2696 (1952).

260. Spensley, P. C.: A Source of Hecogenin. Chem. and Ind. **1952**, 426.

261. Stavely, H. E. and G. N. Bollenback: Steroids with Double Bonds Between Quaternary Carbon Atoms. II. The Structure of α-Dihydroergosterol. J. Amer. chem. Soc. **65**, 1290 (1943).

262. STORK, G., J. ROMO, G. ROSENKRANZ and C. DJERASSI: Steroids. XXIV. Introduction of the 11-Keto and 11 α-Hydroxy Groups into Ring C Unsubstituted Steroids. J. Amer. chem. Soc. **73**, 3546 (1951).
263. SWEAT, M. L.: Enzymatic Synthesis of 17-Hydroxycorticosterone. J. Amer. chem. Soc. **73**, 4056 (1951).
264. TURNER, R. B.: Steroids Labeled with Isotopic Carbon: Cholestenone and Testosterone. J. Amer. chem. Soc. **72**, 579 (1950).
265. TURNER, R. B., V. R. MATTOX, L. L. ENGEL, B. F. MCKENZIE and E. C. KENDALL: Steroids Derived from Bile Acids. III. Derivatives of $\Delta^{9,11}$-Cholenic Acid with Substituents at C_3 and C_{12}. J. biol. Chemistry **162**, 571 (1946).
266. — — — — — Steroids Derived from Bile Acids. V. Introduction of Oxygen at C_{11}. J. biol. Chemistry **166**, 345 (1946).
267. TURNER, R. B., V. R. MATTOX, W. F. MCGUCKIN and E. C. KENDALL: Steroids Derived from Bile Acids. XIX. Barbier-Wieland Degradation in the 11-Keto Series. J. Amer. chem. Soc. **74**, 5814 (1952).
268. WAGNER, R. B. and J. A. MOORE: A New Route to the Cortical Side Chain. J. Amer. chem. Soc. **71**, 4160 (1949).
269. — — The Rearrangement of α,α,α'-Tribromoketones. J. Amer. chem. Soc. **72**, 3655 (1950).
270. — — A New Synthetic Route to the Cortical Side Chain. J. Amer. chem. Soc. **72**, 5301 (1950).
271. WAGNER, R. B., J. A. MOORE and R. F. FORKER: The C-12 Position of the Carbonyl Group in Hecogenin. J. Amer. chem. Soc. **72**, 1856 (1950).
272. WENDLER, N. L., R. P. GRABER, R. E. JONES and M. TISHLER: Synthesis of 11-Hydroxylated Cortical Steroids. 17(α)-Hydroxycorticosterone. J. Amer. chem. Soc. **72**, 5793 (1950).
273. — — — — The Synthesis of 11-Hydroxylated Cortical Steroids. 17-Hydroxycorticosterone. J. Amer. chem. Soc. **74**, 3630 (1952).
274. WENDLER, N. L., HUANG-MINLON and M. TISHLER: Synthesis of 11-Hydroxylated Cortical Steroids. The Preferential Reduction of Carbonyl Systems in the Presence of Carbon-Nitrogen Multiple Bonds. J. Amer. chem. Soc. **73**, 3818 (1951).
275. WENDLER, N. L., H. L. SLATES and M. TISHLER: Δ^4-9-Methyloctalin-3,8-dione. J. Amer. chem. Soc. **73**, 3816 (1951).
276. — — — The Transformation of Manogenin to Hecogenin. J. Amer. chem. Soc. **74**, 4894 (1952).
277. WETTSTEIN, A. und C. MEYSTRE: Über Steroide. 68. Mitt. Ein einfacher Abbau der Gallensäuren-Seitenkette. X. Neue Partialsynthesen von 11-Dehydrocorticosteron sowie 11-Keto-progesteron. Helv. chim. Acta **30**, 1262 (1947).
278. WIELAND, H. und W. BENEND: Einige Beobachtungen über die Hydrierung von Sterinen. Liebigs Ann. Chem. **554**, 1 (1943).
279. WIELAND, H., O. SCHLICHTING und R. JACOBI: Untersuchungen über die Gallensäuren. XXVI. Mitt. Über die Natur der Seitenkette und des vierten Ringes. Z. physiol. Chem. **161**, 80 (1926).
280. WIELAND, H. und P. WEYLAND: Untersuchungen über die Gallensäuren. VIII. Mitt. Zur Kenntnis der Lithocholsäure. Z. physiol. Chem. **110**, 123 (1920).
281. WIELAND, P. u. K. MIESCHER: Über die Herstellung mehrkerniger Ketone. Helv. chim. Acta **33**, 2215 (1950).
282. WILSON, E. and M. TISHLER: Synthesis of Δ^1-Allopregnene-17α, 21-diol-3,11,20-trione-21-acetate. J. Amer. chem. Soc. **74**, 1609 (1952).
283. WINDAUS, A. und E. AUHAGEN: Umlagerungsversuche am Ergosterin. Liebigs Ann. Chem. **472**, 185 (1929).

284. WINDAUS, A., E. AUHAGEN, W. BERGMANN und H. BUTTE: Über einige Umsetzungen des Dehydro-ergosterins und des Ergosterins. Liebigs Ann. Chem. **477**, 268 (1930).
285. WINDAUS, A. und J. BRUNKEN: Über die photochemische Oxydation des Ergosterins. Liebigs Ann. Chem. **460**, 225 (1928).
286. WINDAUS, A. und R. LANGER: Über das 22-Dihydro-ergosterin. Liebigs Ann. Chem. **508**, 105 (1934).
287. WINDAUS, A., H. LETTRÉ und F. SCHENCK: Über das 7-Dehydro-cholesterin. Liebigs Ann. Chem. **520**, 98 (1935).
288. WINDAUS, A. und O. LINSERT: Über die Ultraviolett-Bestrahlung des Dehydro-ergosterins. Liebigs Ann. Chem. **465**, 148 (1928).
289. WINDAUS, A. und A. LÜTTRINGHAUS: Über die Einwirkung von Benzopersäure auf Ergosterin und einige seiner Derivate. Liebigs Ann. Chem. **481**, 119 (1930).
290. WINTERSTEINER, O. and M. MOORE: The Wolff-Kishner Reduction of 3(α)-Hydroxy-11,12-Diketocholanic Acid. J. biol. Chemistry **162**, 725 (1946).
291. WINTERSTEINER, O., M. MOORE and K. REINHARDT: The Wolff-Kishner Reduction of 3(α),12-Dihydroxy-11-ketocholanic Acid. J. biol. Chemistry **162**, 707 (1946).
292. WINTERSTEINER, O. and J. J. PFIFFNER: Chemical Studies on the Adrenal Cortex. III. Isolation of Two New Physiologically Inactive Compounds. J. biol. Chemistry **116**, 291 (1936).
293. WOODWARD, R. B., F. SONDHEIMER and D. TAUB: The Total Synthesis of Some Naturally Occurring Steroids. J. Amer. chem. Soc. **73**, 3547 (1951).
294. — — — The Total Synthesis of Cortisone. J. Amer. chem. Soc. **73**, 4057 (1951).
295. WOODWARD, R. B., F. SONDHEIMER, D. TAUB, K. HEUSLER and W. M. MCLAMORE: The Total Synthesis of a Steroid. J. Amer. chem. Soc. **73**, 2403 (1951).
296. — — — — — The Total Synthesis of Steroids. J. Amer. chem. Soc. **74**, 4223 (1952).
297. YASHIN, R., G. ROSENKRANZ and C. DJERASSI: Steroidal Sapogenins. X. Unsaturated 22-Isospirosten-3-ones. J. Amer. chem. Soc. **73**, 4654 (1951).
298. ZAFFARONI, A.: unpublished data.
299. ZAFFARONI, A. and J. HENDRICHS: Biochemical Synthesis of the 11α Epimers of the Adrenal Cortical Hormones. Abstracts, Amer. chem. Soc., 122nd. Meeting (Atlantic City, Sept. 1952), p. 9 C.
300. — — unpublished data.

Addendum.

References to Articles that Appeared Too Late for Discussion in this Review.

301. ANTONUCCI, R., S. BERNSTEIN, M. HELLER, R. LENHARD, R. LITTELL and J. H. WILLIAMS: Steroidal Cyclic Ketals. III. .... J. org. Chem. **18**, 70 (1953).
302. BACHMANN, W. E., J. P. HORWITZ and R. J. WARZYNSKI: The Rearrangement of 9α,11α-Oxido-$\Delta^{7,22}$-ergostadiene-3β-ol Acetate with Magnesium Bromide. J. Amer. chem. Soc. **75**, 3268 (1953).
303. BLADON, P., R. B. CLAYTON, C. W. GREENHALGH, H. B. HENBEST, E. R. H. JONES, B. J. LOVELL, G. SILVERSTONE, G. W. WOOD and G. F. WOODS: Studies in the Steroid Group. Part LVI. .... J. chem. Soc. (London) **1952**, 4883.
304. BLADON, P., H. B. HENBEST, E. R. H. JONES, G. W. WOOD and G. F. WOODS: Studies in the Steroid Group. Part LVII. Side-chain Degradation of 3β-Acetoxy-5α:8α-epidioxyergosta-9:22-diene. J. chem. Soc. (London) **1952**, 4890.
305. BUDZIAREK, R., J. C. HAMLET and F. S. SPRING: Steroids. Part VII. Reactions of 22:23-Dibromo-7ξ:11α-dihydroxyergost-8-en-3β-yl Acetate. J. chem. Soc. (London) **1953**, 778.

306. BUDZIAREK, R., F. JOHNSON and F. S. SPRING: Steroids. Part III. 11-Oxygenated Steroids from 22:23-Dibromoergosta-7:9(11)-dien-3β-yl Acetate (Ergosteryl-D Acetate 22:23-Dibromide). J. chem. Soc. (London) **1952**, 3410.
307. BUDZIAREK, R. and F. S. SPRING: 11-Oxygenated Steroids from Ergosteryl-D Acetate. Chem. and Ind. **1952**, 1102.
308. — — Steroids. Part VIII. 22:23-Dibromo-9ξ:11α-dihydroxy-7-ketoergostan-3β-yl Acetate and Related Compounds. J. chem. Soc. (London) **1953**, 956.
309. BUDZIAREK, R., R. STEVENSON and F. S. SPRING: Steroids. Part V. Oxidation of Ergosteryl-D Acetate 22:23-Dibromide. J. chem. Soc. (London) **1952**, 4874.
310. CARDWELL, H. M. E., J. W. CORNFORTH, S. R. DUFF, H. HOLTERMANN and R. ROBINSON: Experiments on the Synthesis of Substances Related to the Sterols. Part LI. .... J. chem. Soc. (London) **1953**, 361.
311. CHAMBERLIN, E. M., W. V. RUYLE, A. E. ERICKSON, J. M. CHEMERDA, L. M. ALIMINOSA, R. L. ERICKSON, G. E. SITA and M. TISHLER: Synthesis of 11-Keto Steroids. J. Amer. chem. Soc. **75**, 3477 (1953).
312. CLAYTON, R. B., A. CRAWSHAW, H. B. HENBEST, E. R. H. JONES, B. J. LOVELL and G. W. WOOD: Studies in the Steroid Group. Part LIX. Preparation and Reactions of 5α:8α-Epoxy-$\Delta^{9(11)}$-steroids. J. chem. Soc. (London) **1953**, 2009.
313. CLAYTON, R. B., H. B. HENBEST and E. R. H. JONES: Studies in the Steroid Group. Part LX. Reduction of Ergosterol Epidioxide. J. chem. Soc. (London) **1953**, 2015.
314. DAUBEN, W. G., J. F. EASTHAM, R. A. MICHELI, K. H. TAKEMURA, L. MANDELL and J. M. CHEMERDA: The Preparation of $\Delta^{5,7}$-Steroidal Dienes. J. Amer. chem. Soc. **75**, 3255 (1953).
315. EPPSTEIN, S. H., P. D. MEISTER, D. H. PETERSON, H. C. MURRAY, H. M. LEIGH, D. A. LYTTLE, L. M. REINEKE and A. WEINTRAUB: Microbiological Transformations of Steroids. III. Preparation of 11-Epicorticosterone and of 6β-Hydroxy-11-desoxycorticosterone. J. Amer. chem. Soc. **75**, 408 (1953).
316. EPPSTEIN, S. H., D. H. PETERSON, H. M. LEIGH, H. C. MURRAY, A. WEINTRAUB, L. M. REINEKE and P. D. MEISTER: Microbiological Transformations of Steroids. VII. .... J. Amer. chem. Soc. **75**, 421 (1953).
317. FIESER, L. F. and J. E. HERZ: Synthesis of 11-Ketosteroids. II. 11-Ketocholestanol. J. Amer. chem. Soc. **75**, 121 (1953).
318. FIESER, L. F., W.-Y. HUANG and J. C. BABCOCK: Synthesis of 11-Ketosteroids. I. Dichromate Oxidation of a Bile Acid $\Delta^{7,9(11)}$-Diene. J. Amer. chem. Soc. **75**, 116 (1953).
319. FIESER, L. F., W. P. SCHNEIDER and W.-Y. HUANG: Synthesis of 11-Ketosteroids. III. Oxidation of $\Delta^{7,9(11)}$-Dienes with N-Bromosuccinimide. J. Amer. chem. Soc. **75**, 124 (1953).
320. FRIED, J. and E. F. SABO: Synthesis of 17α-Hydroxycorticosterone and its 9α-Halo Derivatives from 11-Epi-17α-hydroxycorticosterone. J. Amer. chem. Soc. **75**, 2273 (1953).
321. HAYANO, M. and R. I. DORFMAN: The Enzymatic C-11β-Hydroxylation of Steroids. J. biol. Chemistry **201**, 175 (1953).
322. HEER, J. und A. WETTSTEIN: Über Steroide. 116. Mitt. Abbau der Gallensäuren-Seitenkette. XIII. .... Helv. chim. Acta **36**, 891 (1953).
323. HENBEST, H. B., E. R. H. JONES, G. W. WOOD and G. F. WOODS: Studies in the Steroid Group. Part LVIII. Oxidation of 5α:8α-Epidioxy-$\Delta^{9(11)}$-steroids. J. chem. Soc. (London) **1952**, 4894.
324. HEUSLER, K., H. HEUSSER und R. ANLIKER: Über Steroide. 115. Mitt. Über die Herstellung und Reduktion von Δ^{8}-11-Keto-Steroiden. Helv. chim. Acta **36**, 652 (1953).

325. HEUSLER, K. und A. WETTSTEIN: Über Steroide. 113. Mitt. Zur Herstellung von 11-Keto-Derivaten aus im Ring C unsubstituierten Steroiden. Helv. chim. Acta **36**, 398 (1953).
326. HIRSCHMANN, R., C. S. SNODDY and N. L. WENDLER: The Conversion of Hecogenin to $\Delta^{7,9(11)}$-22-isoallospirostadiene-3β-ol. J. Amer. chem. Soc. **75**, 3252 (1953).
327. HIRSCHMANN, R. and N. L. WENDLER: The Structure of the Enol Acetate Derivatives of Steroid 7- and 11-Ketones. J. Amer. chem. Soc. **75**, 2361 (1953).
328. JOHNSON, W. S., B. BANNISTER, B. M. BLOOM, A. D. KEMP, R. PAPPO, E. R. ROGIER and J. SZMUSZKOVICZ: Total Synthesis of Epiandrosterone. J. Amer. chem. Soc. **75**, 2275 (1953).
329. LAUBACH, G. D., E. C. SCHREIBER, E. J. AGNELLO, E. N. LIGHTFOOT and K. J. BRUNINGS: Corticosteroid Intermediates. II. A New Route to 11-Oxygenated Steroids. J. Amer. chem. Soc. **75**, 1514 (1953).
330. LEVIN, R. H., B. J. MAGERLEIN, A. V. MCINTOSH, A. R. HANZE, G. S. FONKEN, J. L. THOMPSON, A. M. SEARCY, M. A. SCHERI and E. S. GUTSELL: Chemical Studies with 11-Oxygenated Steroids. I. 17α-Hydroxycorticosterone. J. Amer. chem. Soc. **75**, 502 (1953).
331. LUKES, R. M., G. I. POOS, R. E. BEYLER, W. F. JOHNS and L. H. SARETT: Approaches to the Total Synthesis of Adrenal Steroids. VI. .... J. Amer. chem. Soc. **75**, 1707 (1953).
332. MEISTER, P. D., D. H. PETERSON, H. C. MURRAY, S. H. EPPSTEIN, L. M. REINEKE, A. WEINTRAUB and H. M. LEIGH: Microbiological Transformations of Steroids. II. .... J. Amer. chem. Soc. **75**, 55 (1953).
333. MEISTER, P. D., D. H. PETERSON, H. C. MURRAY, G. B. SPERO, S. H. EPPSTEIN, A. WEINTRAUB, L. M. REINEKE and H. M. LEIGH: Microbiological Transformations of Steroids. V. .... J. Amer. chem. Soc. **75**, 416 (1953).
334. OLIVETO, E. P., C. GEROLD and E. B. HERSHBERG: The Acylation of 11β-Hydroxy Steroids. The Synthesis of Δ^4-Pregnene-11β,17α,21-triol-3,20-dione 11,21-diacetate (Compound F 11,21-diacetate). Arch. Biochem. and Biophysics **43**, 234 (1953).
335. PETERSON, D. H., S. H. EPPSTEIN, P. D. MEISTER, B. J. MAGERLEIN, H. C. MURRAY, H. M. LEIGH, A. WEINTRAUB and L. M. REINEKE: Microbiological Transformations of Steroids. IV. .... J. Amer. chem. Soc. **75**, 412 (1953).
336. PETERSON, D. H., A. H. NATHAN, P. D. MEISTER, S. H. EPPSTEIN, H. C. MURRAY, A. WEINTRAUB, L. M. REINEKE and H. M. LEIGH: Microbiological Transformations of Steroids. VI. .... J. Amer. chem. Soc. **75**, 419 (1953).
337. POOS, G. I., G. E. ARTH, R. E. BEYLER and L. H. SARETT: Approaches to the Total Synthesis of Adrenal Steroids. V. 4b-Methyl-7-ethylenedioxy-1,2,3,4,4aα,4b,5,6,7,8,10,10aβ-dodecahydrophenanthrene-4β-ol-1-one and Related Tricyclic Derivatives. J. Amer. chem. Soc. **75**, 422 (1953).
338. RUYLE, W. V., T. A. JACOB, J. M. CHEMERDA, E. M. CHAMBERLIN, D. W. ROSENBURG, G. E. SITA, R. L. ERICKSON, L. M. ALIMINOSA and M. TISHLER: The Preparation of $\Delta^{7,9(11)}$-*allo*-Steroids by the Action of Mercuric Acetate on Δ^7-*allo*-Steroids. J. Amer. chem. Soc. **75**, 2604 (1953).
339. SARETT, L. H., W. F. JOHNS, R. E. BEYLER, R. M. LUKES, G. I. POOS and G. E. ARTH: Approaches to the Total Synthesis of Adrenal Steroids. VII. A New Method for the Attachment of Ring D. Part A. J. Amer. chem. Soc. **75**, 2112 (1953).
340. SOLOWAY, A. H., A. S. DEUTSCH and T. F. GALLAGHER: Differential Reduction of Steroid Ketones. J. Amer. chem. Soc. **75**, 2356 (1953).

(Received, February 6, 1953.)

Rauwolfia Alkaloids.

By ASIMA CHATTERJEE (née MOOKERJEE), Calcutta.

With 8 Figures.

Contents.

I. Introduction.

Rauwolfia plants contain alkaloids and constitute one of the important series of drugs of vegetable origin. In recent years, *Rauwolfia* has been the subject of considerable scientific research, particularly for its applications in medicine. It is an important genus of the family *Apocynaceae* which is characterized by the presence of toxic alkaloids, cardiac glycosides, coumarins and other bitter principles, some of which possess therapeutic value. The most important species of this family which are used in therapy are: *Holarrhena antidysenterica* WALL (*5, 6, 7, 48, 57, 92, 93*), commonly known as "kurchi" in India, applied in cases of dysentery; *Alstonia scholaris* R. BR. (*40, 41, 62a, 50*) as an antipyretic (*73*), *Apocynum androsaemifolium* L. and *A. cannabium* L. (*1, 100*) as substitutes for digitalis and as combined tonic diuretics for the treatment of cardiac dropsy; *Strophanthus courmontii* FRANCH (*61*) and *Str. kombé* OLIV (*97*) used in cases of cardiac weakness etc.

The therapeutic application of *Rauwolfia*, particularly of *R. serpentina* BENTH, as a remedial measure in hypertension has been known in India for a long time (*68*) but the fact that its physiologically active principles are alkaloids was first pointed out by GRESHOFF (*41*), a Dutch chemist of the East Indies. Since then the chemists and pharmacologists have been interested in the investigation of various species of *Rauwolfia*, practically all of which have been found to contain pharmacologically active alkaloids. A brief survey of the subject, especially its chemical and pharmacological aspects, will be presented in this review.

A general survey (*37, 52, 53, 54, 55, 55a, 56, 72a, 77, 78, 78a, 98*) (Table 1) of *Rauwolfia* plants shows that there are practically one hundred and twenty-five different species which are distributed all over the tropical regions of the world.

Table 1. A Comprehensive List of Rauwolfia Species.

R. affinis MUELL [Brazil]
— *alphonsiana* MUELL [India]
— *amazonica* MARKGRAF [Brazil]
— *amsoniaefolia* A. DC. [Philippine Islands]
— *andina* MARKGRAF [Peru]
— *arborea* LARRANAGA [Uruguay]
— *bahiensis* A. DC. [Brazil]
— *beddomei* HOOK [India]
— *biauriculated* MUELL [India]
— *bilabiata* LARRANAGA [Uruguay]
— *blanchetii* [Brazil]
— *boliviana* MARKGRAF [Bolivia]
— *brasiliensis* SPRENG [Brazil]
— *caffra* SOND [Africa]
— *canescens* L. [India and Australia]
— *cambodiana* PIERRE [Indo-China, Siam, Cambodia]
— *cardiocarpa* K. SCHUM [Gabon]
— *celastrifolia* BAKER [Madagascar]
— *chaudocensis* PIERRE [Indo-China]
— *chinensis* HEMSL. [China]
— *clavunculus* K. SCHUM [Madagascar]
— *congolana* WILDEM [Tropical Africa]
R. cubana A. DC. [Cuba]
— *cumminsii* STAPF [Tropical Africa]
— *decurva* HOOK [India]
— *densiflora* BENTH. and HOOK [Siam, India]
— *dichotoma* K. SCHUM [St. Thomas Islands]
— *divergens* MARKGRAF [Paraguay]
— *duckei* MARKGRAF [Brazil]
— *elliptica* MALME [Brazil]
— *goetzei* STAPF [Tropical Africa]
— *gonioclada* K. SCHUM [Tropical Africa]
— *grandiflora* MART [Brazil]
— *heterophylla* WILLD. ex ROEM. and SCHULT [India, America, Australia]
— *indecora* R. E. WOODSON [Costa Rica]
— *inebrians* K. SCHUM [Tropical Africa]
— *insularis* MARKGRAF [Palau Islands]
— *ivorensis* A. CHEVAL [Guinea]
— *javanica* KOERD and VALET [Java]
— *laevigata* WILLD.
— *lamarckii* A. DC. [Tropical America]
— *lanceolata* A. DC. [Puerto Rico]
— *lauretiana* R. E. WOODSON [Peru]

R. *laxiflora* KANEHIRA [Palau Islands]
— *leucopoda* K. SCHUM [Tropical Africa]
— *liberiensis* STAPF [Tropical Africa]
— *linearifolia* BRITTON [Cuba]
— *littoralis* RUSBY [Colombia, Siam, Indo-China]
— *loheri* MERRILL [Philippine Islands]
— *longeacuminata* WILDEM [Tropical Africa]
— *longifolia* A. DC. [Mexico]
— *lycioides* GAV.
— *macrocarpa* STANDELY [Panama]
— *macrophylla* STAPF [Tropical Africa]
— *madurensis* BURCK. ex K. SCHUM [India]
— *major* NICHOLS [Java]
— *mangiferoides* KANEHIRA [Palau Islands]
— *mannii* STAPF [Tropical Africa]
— *mattfeldiana* MARKGRAF [Brazil (Bahia)]
— *mayombensis* PELLEGR. [French Equatorial Congo]
— *membranacea* MERRILL [Philippine Islands]
— *membranifolia* KERR [Siam]
— *micrantha* HOOK [India]
— *microcarpa* HOOK [Burma]
— *mollissima* MARKGRAF [Costa Rica, Colombia]
— *mombasiana* STAPF [Tropical Africa]
— *monopyrena* K. SCHUM [Tropical Africa]
— *moricandii* A. DC. [Brazil]
— *multiflora* RILEY [Panama]
— *natalensis* SOND [Africa]
— *nitida* FACQ. ENUM [India]
— *obliquinervis* STAPF [Tropical Africa]
— *obscura* K. SCHUM [Congo]
— *obtusiflora* A. DC. [Nossibe Islands]
— *ochrosioides* K. SCHUM [Tropical Africa]
— *odontophora* HEURCK and MUELL [Ecuador]
— *ophiorrhizoides* KURZ [Siam]
— *oppositiflora* SESSE [Mexico]
— *oppositifolia* SPRENG [India]
— *oreogiton* MARKGRAF [Tanganyika]
— *oxyphylla* STAPF [Tropical Africa]
— *pachyphylla* MARKGRAF [Guiana]
— *palawanensis* ELMER [Philippine (Palawan) Islands]
— *paraensis* DUCKE [Amazon region]

R. *parrifolia* BERT ex SPRENG [Tropical America]
— *paucifolia* A. DC. [Brazil]
— *peguana* HOOK [Burma]
— *pentaphylla* DUCKE [Amazon region]
— *perakensis* KING and GAMBLE [Malaya peninsula]
— *pleiosiadica* BAILL [St. Thomas Islands]
— *polyphylla* BENTH. and HOOK [Guiana]
— *praecox* K. SCHUM [Amazon region]
— *preussii* K. SCHUM [Cameroons]
— *psychotrioides* H. B. and K. nov. gen. et sp. [Australia, America]
— *pulaparia* ROXB. [Hort. Calcutta, India]
— *purpurescens* STANDELY [Panama]
— *reflexa* KOERD and VALET [Java]
— *rivularis* MERRILL [Burma (*72a*)]
— *rosea* K. SCHUM [Tropical Africa]
— *rostrata* MARKGRAF [N. Guinea]
— *salicifolia* CRISEB [Cuba]
— *samarensis* MERRILL [Philippine Islands]
— *sambeciaca* SHINZ [Tropical Africa]
— *sanctorum* R. E. WOODSON [Colombia]
— *sandwicensis* A. DC. [Sandwich Islands]
— *schueli* SPEG [Argentina]
— *sellowii* MUELL [Brazil]
— *semperflorens* SCHECHTER
— *senegambiae* A. DC. [Tropical Africa]
— *serpentina* BENTH. [India, Java]
— *sessilifolia* S. MOORE [Brazil]
— *sprucei* MUELL [Brazil]
— *stenophylla* DONN [Central America]
— *strempelioides* GRIESB. [Cuba]
— *stuhlmannii* K. SCHUM [Tropical Africa]
— *suaveolens* S. MOORE [N. Caledonia]
— *sumatrana* JACK [Sumatra]
— *tchibangensis* PELLEGR. [French Equatorial Congo]
— *ternifolia* [Tropical America]
— *tricophylla* BAKER [Madagascar]
— *verticillata* A. CHEVALIER [Sudan]
— *vomitoria* AFZEL [Tropical Africa]
— *weddeliana* MUELL [Brazil]
— *welwitschii* STAPF [Tropical Africa]
— *woodsomiane* STANDLEY [Costa Rica]

Out of these one hundred and twenty-five species, only eight have so far been investigated, viz., *Rauwolfia serpentina* BENTH., *R. canenscens* L., *R. vomitoria* AFZEL, *R. obscura* K. SCHUM, *R. caffra* SOND, *R. natalensis* SOND, *R. mombasiana* STAPF, and *R. heterophylla* WILLD (see below).

II. The Alkaloid of Rauwolfia canescens.

Rauwolscine.

This species grows wild in India and in the East Indies, near the seaside and on fallow nitrogenous soils. During a recent expedition on the survey (*99*) of plants containing alkaloids by the Commonwealth Organization of Australia, *R. canescens* L. was found growing abundantly in Melbourne forests. It contains a single alkaloid, rauwolscine (*11*), $C_{21}H_{26}O_3N_2$, m. p. 231—232° (dec.), which is distributed throughout the plant (Table 2). The seasonal variation in alkaloid content as estimated by the modified method (*11*) of SCHÖMER (*87*) is also recorded in the Table.

Table 2. Average Amounts of Total Alkaloid in *Rauwolfia canescens* (% of dry material).

Season	Leaves	Stems	Roots	Total
February-March	0,4	0.1	0.06	0.56
April-May	0.5	0.2	0.10	0.80
June-July	0.67	0.25	0.14	1.06
August-September	0.86	0.28	0.19	1.33
October-November	1.20	1.29	0.20	1.69
December-January	1.20	0.29	0.20	1.69

It is seen that the leaves contain the highest percentage of alkaloids, and that the plant attains its "alkaloid saturation point" in October to January.

Rauwolscine can be isolated from the cold alcoholic percolate of the leaves as a crude base and subsequently purified through its hydrochloride, $C_{21}H_{26}O_3N_2$, HCl. The latter yields on basification pure rauwolscine which forms thick, colorless plates, soluble in ether, ethyl acetate, chloroform, benzene and alcohol (moderately) but insoluble in petroleum ether or water. $[\alpha]_D^{30} = -40°$ (in alcohol). The base and its salts have an intensely bitter taste. They are susceptible to resinification when heated alone or with strong mineral acids. With conc. sulfuric acid and with some other alkaloidal reagents rauwolscine gives color reactions characteristic for those of 2 : 3 : 4 : 5-tetrahydro-β-carboline-4-carboxylic acid (*47*) and yohimbine (*36*, *83*), $C_{21}H_{26}O_3N_2$, with which rauwolscine is also isomeric. Potassium bismuth iodide produces an orange precipitate even in a dilution of 1 : 200000 of the hydrochloride in water.

Rauwolscine, containing two atoms of nitrogen, is a monoacid base; the basic N-atom has been proved to be tertiary.

Rauwolscine yields a monomethiodide, $C_{21}H_{26}N_2O_3 \cdot CH_3I$, a monohydrochloride, $C_{21}H_{26}O_3N_2$, HCl, and an acid oxalate, $C_{21}H_{26}O_3N_2 \cdot H_2C_2O_4$, the latter liberating iodine from a mixture of potassium iodide and iodate. Rauwolscine forms a crystalline, orange colored picrate, $C_{21}H_{26}O_3N_2$, $C_6H_2OH(NO_2)_3$, 2 C_2H_5OH; and a chloroplatinate, $(C_{21}H_{26}O_3N_2)_2$, H_2PtCl_6 which suffers hydrolysis when crystallized from acidified water.

The rauwolscine molecule does not contain the following groups: N-methyl, C-methyl, carbonyl, methylene dioxy, amino, phenolic, imino, and free carboxyl. Isolated double bonds are absent; two active hydrogens and a carbomethoxy group are present (*12*).

The *ultraviolet spectrum of rauwolscine* (Fig. 1) shows maxima at 232 mμ, 238 mμ, and 292 mμ and minima at 268 mμ and 288 mμ. The spectrum closely resembles those of indole (*2*, *46*, *66*, *67*, *84*, *104*), yohimbine (*23*) and corynantheine (*23*), thus indicating the probable presence of an indole nucleus. This assumption has received strong confirmation from other independent sources, namely, the study of the infrared spectrum and furthermore, the isolation of indole derivatives by degradation (*13*, *14*, *15*).

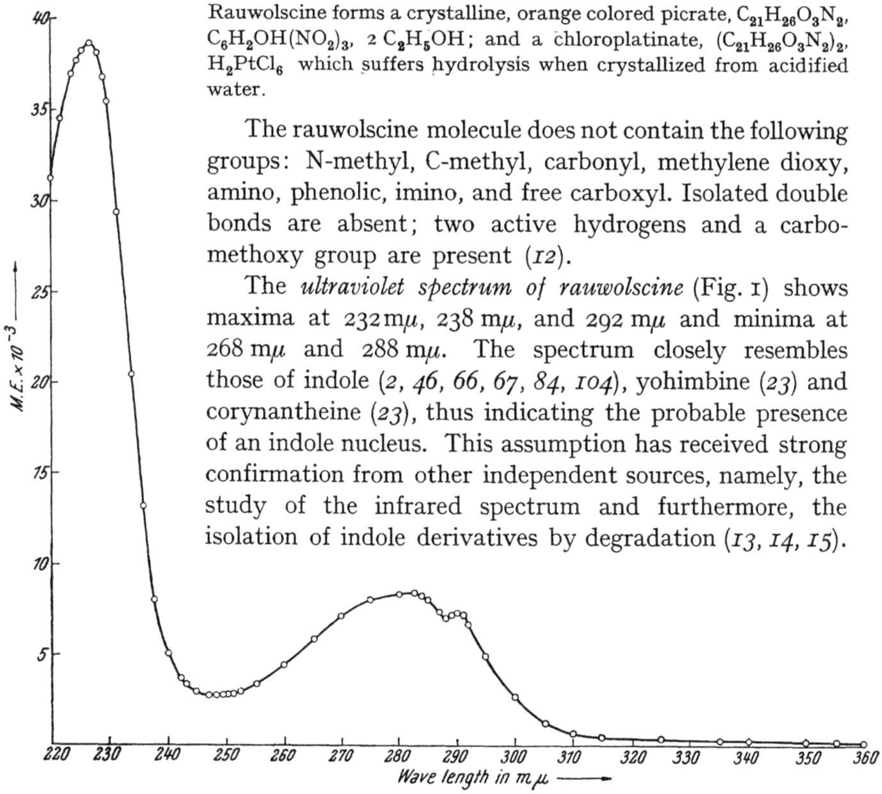

Fig. 1. Molecular extinction curve of rauwolscine in alcohol (*12*). [From: J. Indian chem. Soc. **18**, 485 (1941).]

The *infrared spectrum* was taken in chloroform or nujol solution. That of rauwolscine (Fig. 2) is very similar to that of kamassin (*39*), $C_{19}H_{26}N_2$, (the alkaloid of *Gonioma kamassi*, E. MAY) which has been proved to be an indole alkaloid. The infrared spectrum of rauwolscine shows the bands characteristic for indole at 6,0–6.6 μ, for the imino band (>NH group) at 2.87 μ, the band for carbomethoxy at 5.92 μ and that for a hydroxyl group at 2.8 μ. Thus, the functions of all nitrogen and oxygen atoms are accounted for by the infrared spectrum of rauwolscine. The infrared spectrum also points out the existence of the second nitrogen atom as >NH group in an indole nucleus which may account for the monoacidic behavior of the base. This spectrographic evidence has been corroborated by the result of some degradation experiments (*13, 14, 15*).

Chemical proof of a carbomethoxy group in rauwolscine has been secured by hydrolysis with aqueous ammonia or with aqueous potassium hydroxide, to a methoxyl-free acid, termed rauwolscinic acid (*12*). The latter, $C_{20}H_{24}O_3N_2$, m. p. 262–264° (dec.) is amphoteric in character. It forms a well crystallized hydrochloride, $C_{26}H_{24}O_3N_2$, HCl, which melts at 265–267° (dec.). On esterification with methyl alcohol it regenerates rauwolscine. The acid also furnishes well crystallized esters with ethyl, *n*-propyl and *n*-butyl alcohols (*12*).

Rauwolscine (I) yields a betaine when its methiodide is boiled with 10% aqueous alkali (*15*). This betaine has been named *iso*-rauwolscine, $C_{21}H_{26}O_3N_2$, (I a) which is isomeric with the parent alkaloid but free of methoxyl. *Iso*rauwolscine could only be isolated as its salts. Its hydrochloride, $C_{21}H_{26}O_3N_2$, HCl (prisms), m. p. 262° (dec.), turns pink when exposed to air.

$$\underset{\text{COOCH}_3}{\overset{\text{NC}_{19}\text{H}_{22}\text{(O)NH}}{|}} \xrightarrow[\text{alkali}]{\text{CH}_3\text{I}}$$

(I.) Rauwolscine.

$$\longrightarrow \underset{\text{COO}^-}{\overset{\text{CH}_3\cdot\overset{+}{\text{N}}\text{C}_{19}\text{H}_{22}\text{(O)NH}}{|}}$$

(I a.) *Iso*rauwolscine.

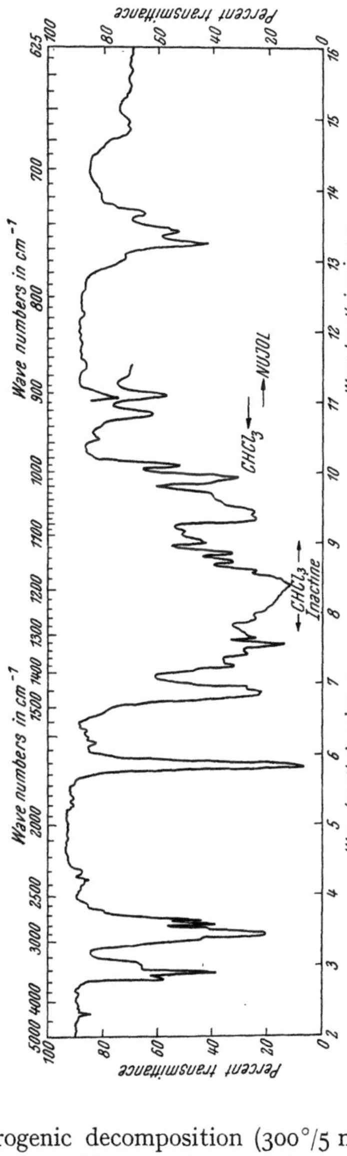

Fig. 2. Infrared spectrum of rauwolscine in chloroform and nujol (*25 a*). [From: Science and Culture (India) **18**, 443 (1953).]

Structure of rauwolscine. On pyrogenic decomposition (300°/5 mm.) rauwolscinic acid produces β-ethyl indole (II) and harman (III) (*13*). On fusion with potassium hydroxide both rauwolscinic acid (*13*) and *iso*-rauwolscine (*15*) decompose into harman and indole-2-carboxylic acid (IV)

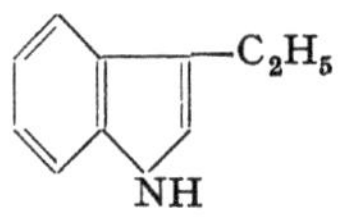

(II.) β-Ethyl indole.

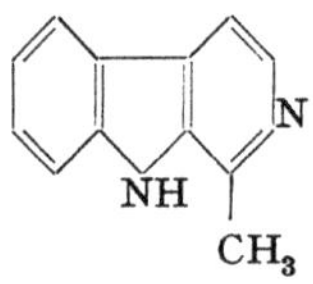

(III.) Harman.

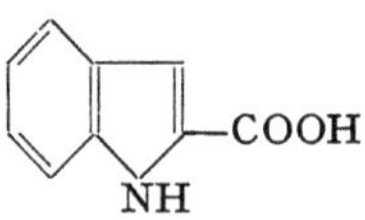

(IV.) Indole-2-carboxylic acid.

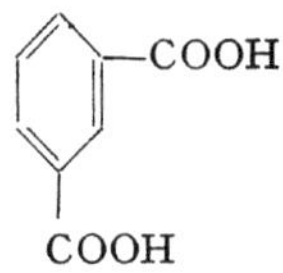

(V.) Isophthalic acid.

and isophthalic acid (V). Rauwolscine itself when distilled with zinc dust produces harman, β-methyl indole (skatole) (VI), and isoquinoline (VII) (*14*).

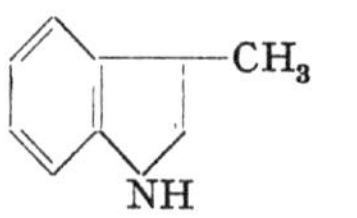

(VI.) Skatole.

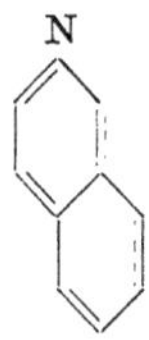

(VII.) Isoquinoline.

Considering all these degradation products of which harman, isoquinoline and isophthalic acid are the most important ones, the skeletal formula of rauwolscine appears as (VIII).

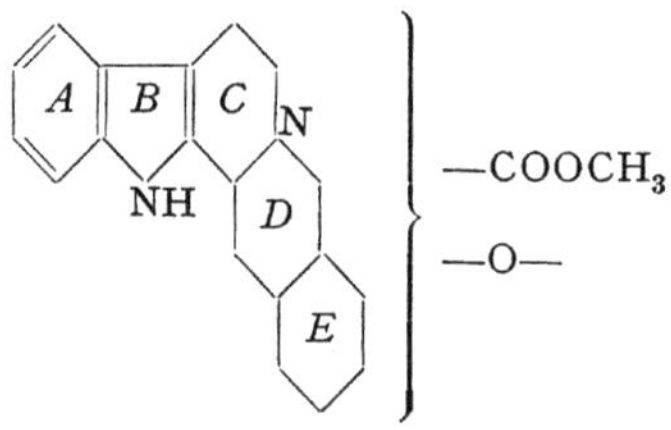

(VIII.) The ring system of rauwolscine.

It has been possible to establish directly the presence of these rings in rauwolscine by selenium dehydrogenation (*25*, *26*, *28*), when yobyrine (IX) was isolated as the major degradation product.

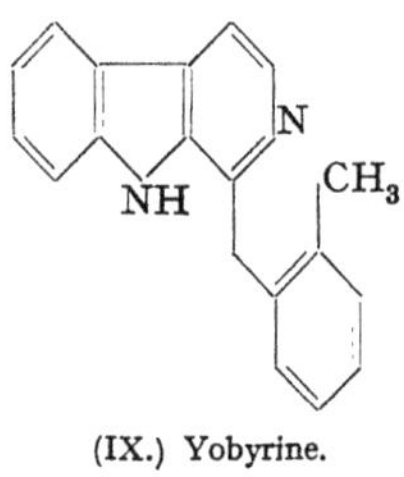

(IX.) Yobyrine.

Yobyrine had been obtained earlier from yohimbine (X), the alkaloid of *Pausinystalia yohimbé* PIERRE (Fam. *Rubiaceae*) (*71*, *100*, *101*) and from sempervirine (XI), the alkaloid of *Gelsemium sempervirens* AIT (Fam. *Loganiaceae*) by selenium dehydrogenation (*40a*, *79*).

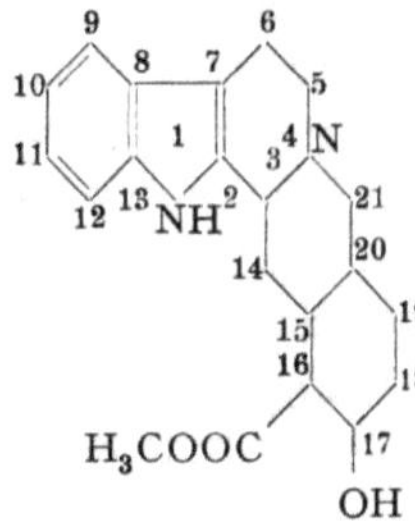

(X.) Yohimbine.

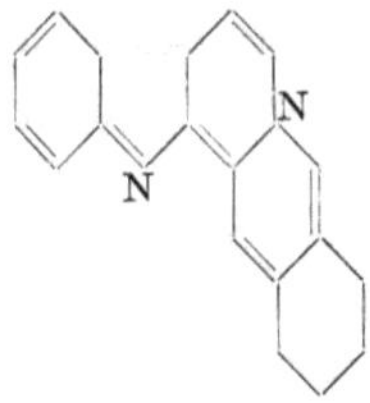

(XI.) Sempervirine.

It has been observed by the present author and her collaborators (*25*, *26*, *28*) that there are serious discrepancies in the melting points of yobyrine samples obtained from rauwolscine, yohimbine and sempervirine, respectively. Yobyrine *ex* rauwolscine melts

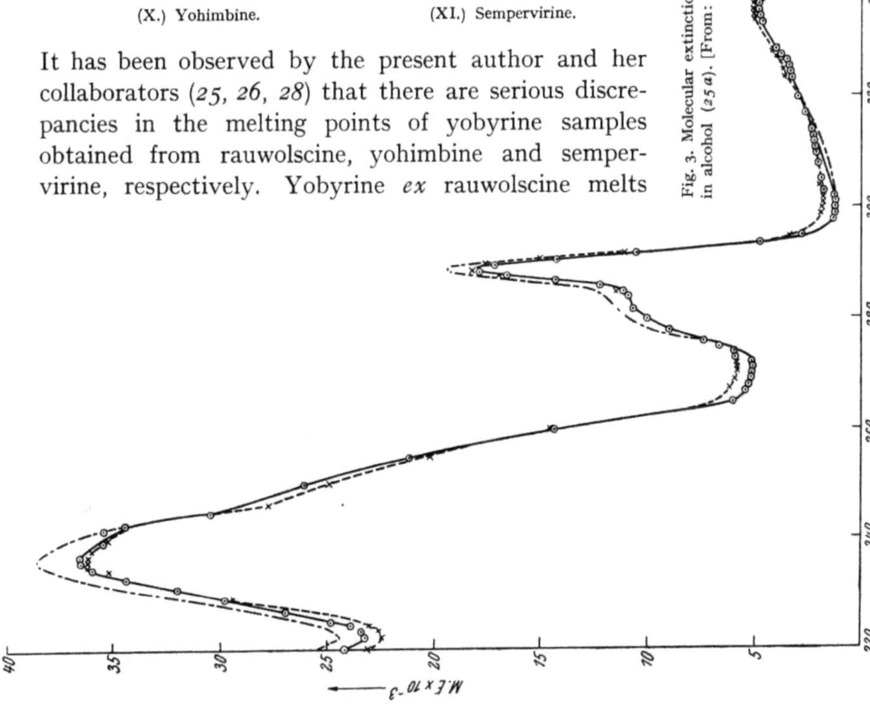

Fig. 3. Molecular extinction curves of natural and synthetic yobyrine in alcohol (*25a*). [From: Science and Culture (India) **18**, 443 (1953).]

11° lower than samples originating from yohimbine as reported by various workers (Table 3, next page).

The homogeneity and purity (*26*) of the lower melting yobyrine prepared from rauwolscine have been established by chromatography on alumina, using benzene solutions. Although yobyrine produced from rauwolscine by selenium dehydrogenation shows a lower melting point, its ultraviolet spectrum (Fig. 3) exhibits practically the same maxima, minima and the same molecular extinction values as other synthetic and natural preparations (Table 3).

It has been observed by the author that both the synthetic and natural yobyrine (prepared from yohimbine) melt at 208° and not at 214° or 219° as previously reported (*4, 34, 40a, 62, 62b, 71, 79, 101, 102*). Similar observations were also made by KARRER and his collaborators (*65*) who had prepared yobyrine from yohimbyl alcohol (XII) by dehydrogenation with selenium and also with palladized charcoal (m. p. 206–208°).

Yobyrine was the only product of yohimbyl alcohol on dehydrogenation with palladized charcoal, whereas on selenium dehydrogenation both yobyrine and methyl-yobyrine (XIII) were obtained. They were separated by chromatography (*65*).

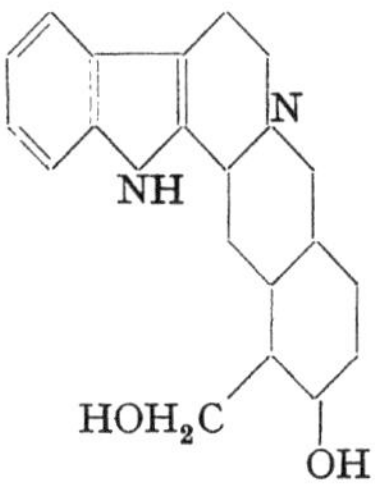

(XII.) Yohimbyl alcohol.

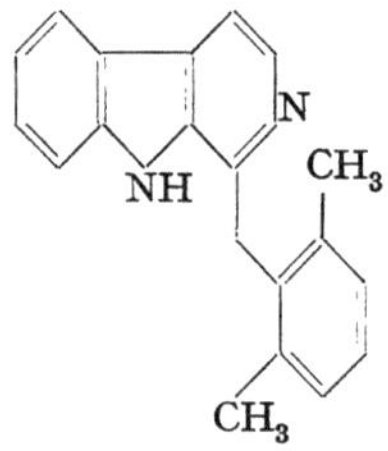

(XIII.) Methyl yobyrine.

Table 3. Melting Points and Spectral Characteristics of Yobyrine Preparations.

Source of yobyrine	M. p.	Spectra in ethyl alcohol	
		Maxima (mμ)	Minima (mμ)
Yohimbine	217–219° (WIBAUT and VAN GASTEL)	251, 290, 338, 350	250, 270, 300, 345
	216° (WITKOP)	236, 289, 337, 350	270, 301, 345
	219° (MENDLIK and WIBAUT)		
Synthetic Yobyrine	214° (CLEMO and SWAN)		
Synthetic Yobyrine	214° (JULIAN, KARPEL, MAGNANI and MEYER)	237, 289, 337, 350	270, 300, 345
Sempervirine	214.5–215.5° (JANOT, GOUTAREL and PRELOG)	237, 290, 338, 348	268, 299, 345
Yohimbyl alcohol ..	206–208° (KARRER, SCHWYZER, FLAM and SAEMANN)	237, 289, 337, 350	270, 300, 345
Rauwolscine	208° (CHATTERJEE and PAKRASHI)	237, 289, 337, 350	270, 299, 345

From the study of various degradations of rauwolscine, viz., pyrolysis, decomposition with alkali and selenium at high temperature, zinc dust distillation (see above), it has been possible to establish the skeletal structure (VIII) of the alkaloid but the position of its hydroxyl and carbomethoxy groups is still in question. It appears from the formation of isophthalic acid (V) that the carbomethoxy group in rauwolscine must occupy either the position 16 or 18 in ring *E*. One of the —COOH groups of isophthalic acid is believed to originate from the $—COOCH_3$ group in rauwolscine, while the second carboxyl group is produced from a $>CH_2$ by oxidation preceded by the fission of ring *D*.

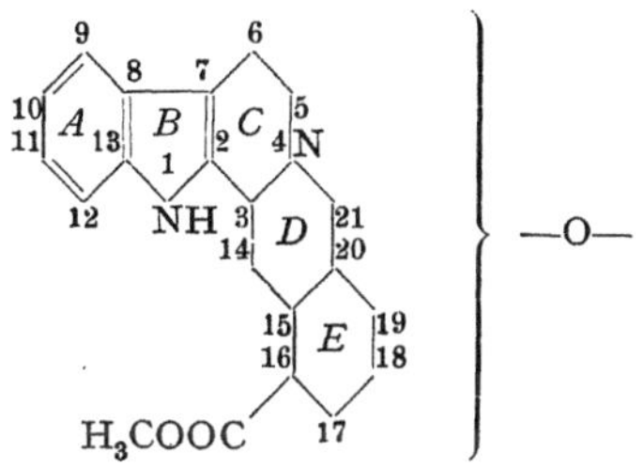

(XIV.) Rauwolscine (?).

From the comparison of properties of rauwolscine and yohimbine (*13*) the $—COOCH_3$ group in rauwolscine appears to be in position 16 (XIV) but definite proof is still lacking. The third oxygen atom is perhaps present as a hydroxyl group. This assumption is based solely on the studies of the infrared spectrum (*25a, 27*) of rauwolscine and on active hydrogen determinations by the method of ZEREWITINOFF (*11*). Direct chemical evidence of the hydroxyl group could not be secured since rauwolscine resists benzoylation, dehydration and oxidation and this fact apparently indicates a tertiary —OH (*27*). These observations could be reconciled by allocating either the position 15 or 20 to the hydroxyl group. The lack of reactivity would be understandable from steric considerations if such a group were attached to a tertiary carbon atom as in strophanthidine (XV) (*59, 60*) which shows a similar behavior.

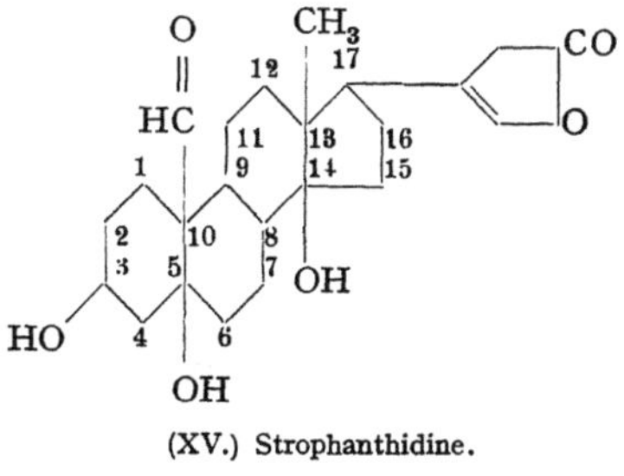

(XV.) Strophanthidine.

Rauwolscine exhibits in almost all its properties and even in the composition of some of its degradation products, a striking similarity to the isomeric yohimbine (X, p. 397) (*13*).

It would be of interest to know why on fusion with alkali rauwolscine furnishes indole-2-carboxylic acid (IV), harman (III), and *iso*phthalic acid (V) whereas yohimbine produces *m*-toluic acid (XVI), indole-2-carboxylic acid (IV, p. 396), and the so-called "tetrahydro-yobyrine" (XVII) (*4*), i. e., 2-3'-(5':6':7':8')-tetrahydroisoquinolyl-3-ethyl indole.

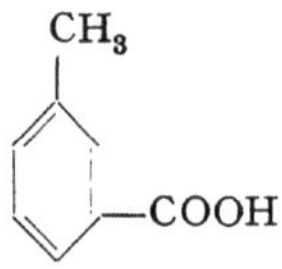

(XVI.) *m*-Toluic acid.

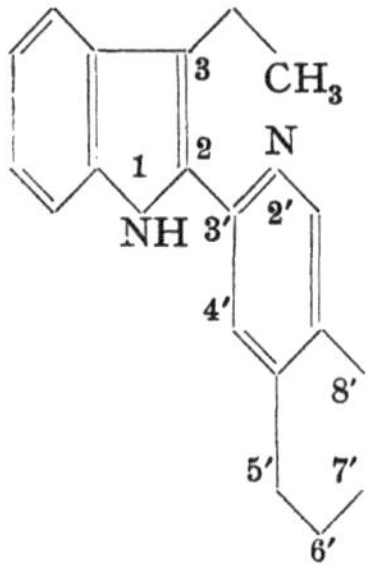

(XVII.) Tetrahydro-yobyrine.

The —OH group in yohimbine is in the position 17 (*44*, *45*) and is active whereas that in rauwolscine is practically inert. Although WITKOP (*103*) suggested that rauwolscine is perhaps a stereoisomer of yohimbine, structural isomerism cannot be excluded either.

The Pharmacology of Rauwolscine. Rauwolscine is markedly active physiologically and offers certain therapeutic possibilities (*10*, *22*, *75*, *76*). It has the property of lowering blood pressure and may prove beneficial in cases of high blood pressure. The base ranks among the rare sympatholytic agents such as ergotoxin, yohimbine (*10*), and a few others. The most important feature is that the drug exerts its hypotensive action only when the blood pressure is high, while it is not very effective in the case of normal or low blood pressure. This hypotensive effect seems to be based on the following factors:

(*a*) Depressant action on the cardiac muscle resulting in lessened cardiac output. (*b*) A direct vasodilator effect as evinced in lowering of pressure and its subsequent sustenance. (*c*) Paralysis of the sympathetic fibers and the probable stimulation of the inhibitor ones.

Some experiments have been carried out on the toxicity of rauwolscine. The human lethal dose as calculated from the data obtained from animal experiments was found to be 0.2 g. for a person of 60 kg. weight.

Rauwolscine has been found to be a respiratory stimulant, and its action on the plain muscles is highly relaxing. Hence, this drug might also be used as an intestinal and bronchial antispasmodic (*75*, *76*).

III. The Alkaloids of Rauwolfia serpentina.

R. serpentina BENTH. occurs in different regions of India. It has received much attention as a drug and its good vasodilating properties (*29, 33a, 31, 32, 30, 81*) have secured for it a prominent place in modern medicine. The root of *R. serpentina* commonly known in India as "Chottachanda" or "Sarpagandha" (since the root resembles a snake and "Sarpa" means snake in Sanskrit) has been the subject of chemical investigations for nearly two decades.

Of the five alkaloids present in Indian species of *R. serpentina*, *ajmaline*, $C_{20}H_{26}O_2N_2$, *ajmalinine*, $C_{20}H_{26}O_3N_2$, and *ajmalicine*, belong to the ajmaline group; *serpentine*, $C_{20}H_{20}O_3N_2$, and *serpentinine* are members of the serpentine group and were first reported by SIDDIQUI et al. (*94*) in 1931. Four more alkaloids, viz. *neoajmaline*, m. p. 205—207°, and *iso-ajmaline*, m. p. 264—266° (dec.), (both being isomers of ajmaline), furthermore, a new alkaloid, m. p. 220°, and a white crystalline alkaloid of amphoteric character, m. p. 234°, have been isolated by SIDDIQUI (*91*) from the Dun varieties of *R. serpentina*. Thus, according to SIDDIQUI et al. in all nine alkaloids are present in Indian species of this plant. From the same raw material collected in India, VAN ITALLIE and STEENHAUER (*58*) could isolate only three alkaloids viz., *rauwolfine A*, m. p. 160°; *B*, m. p. 262°; and *C*, m. p. 177°. Rauwolfine which resembles SIDDIQUI's ajmaline was assigned the formula $C_{21}H_{26}O_2N_2$. The alkaloids *B* and *C* are supposed to be identical with SIDDIQUI's serpentinine and ajmalinine, respectively (*58*). Recently, SCHLITTLER and SCHWARZ (*85, 72b*) have reported the presence of three alkaloids (ajmaline, serpentine, and reserpine) in some Indian species of *R. serpentina*, whereas the author and her collaborators (*9, 18*) have isolated from the same Indian species a new alkaloid, *rauwolfinine*, $C_{19}H_{26}O_2N_2$, besides ajmaline, and serpentine.

Taking advantage of the different degrees of basicity, rauwolfinine, ajmaline, ajmalinine and ajmalicine can be separated from serpentine and serpentinine. The former four alkaloids are weak bases while serpentine and serpentinine are strong.

The crude alcoholic extract of *R. serpentina* was freed from the solvent, diluted with water and alkalized with dilute ammonium hydroxide or sodium bicarbonate whereupon the weak bases separated out. The mother liquor, on subsequent basification with strong aqueous caustic soda, precipitated serpentine and serpentinine. The two mixtures of the bases (weak and strong) were separately converted into their hydrochlorides by saturating the respective dry ethereal solutions of the alkaloids with HCl gas; the pure hydrochlorides precipitated on basification all the bases. The alkaloids were subsequently separated and isolated in the pure state by repeated fractional crystallizations. SCHLITTLER and SCHWARZ (*85*) adopted the same principle for the isolation of ajmaline and serpentine but they used ethylene chloride instead of alcohol for the extraction.

Ajmaline.

Ajmaline, $C_{20}H_{26}O_2N_2$, $3\,H_2O$, m. p. 159–160°, is dextrorotatory, $[\alpha]_D^{33} = +128°$ (in chloroform).

It forms a crystalline hydrochloride, $C_{20}H_{26}O_2N_2$, HCl, $2\,H_2O$. The platinichloride melts at 217—218°.

Two isomers of ajmaline, termed *neo*- and *iso*ajmaline, respectively, are, according to SIDDIQUI (*95*, *96*), natural products occurring in some specimen collected in India. Both ajmaline and *neo*ajmaline are (partly) convertible into *iso*ajmaline by thermal methods and by the action of alcoholic potassium hydroxide. Of the three isomers *iso*ajmaline has the highest melting point, viz. 265–266°, versus 205–207° (*neo*ajmaline) and 159–160° (ajmaline).

On zinc dust distillation ajmaline decomposes. The scission products have an odor resembling carbazole but could not be separated or crystallised by SIDDIQUI et al. (*96*). Tho two oxygen atoms are believed to be present in a betaine group and the formulas, $CH_3 \cdot \overset{+}{N}R(NH)COO^-$ and $CH_3 \cdot \overset{+}{N}R(NH) \cdot COO^-$ are suggested for ajmaline and *iso*ajmaline respectively where R stands for $C_{18}H_{22}$.

The chemistry of ajmaline has recently been studied in detail by ROBINSON and his collaborators (*74*). They have shown that the rauwolfine of VAN ITALLIE and STEENHAUER (*58*) is identical with ajmaline and they have confirmed the composition $C_{20}H_{26}O_2N_2$ for ajmaline assigned by SIDDIQUI and SIDDIQUI (*94*). ROBINSON et al. have also demonstrated that ajmaline gives strychnidine-like reactions and is a monoacidic ditertiary base. Its non-basic nitrogen atom is directly attached to an aromatic nucleus with a free and reactive *para*-position. Ajmaline gives a "methylorange" on coupling with diazobenzene sulfonic acid, and the indicator behavior of this product resembles closely that of sulfobenzo-azo-strychnidine. The non-basic nitrogen in ajmaline is tertiary and carries a methyl group. Ajmaline contains an isolated double bond, a hydroxyl group, and a latent aldehyde group. Although the spectrographic evidence of this aldehyde group was negative (*74*), its presence could be detected by oxime formation and by condensation with SO_2 to a sulfonic acid betaine ($—SO_3^-$, $>NH$). Upon distillation over soda lime ajmaline produces Ind-N-methyl harman (XVIII). The neutral

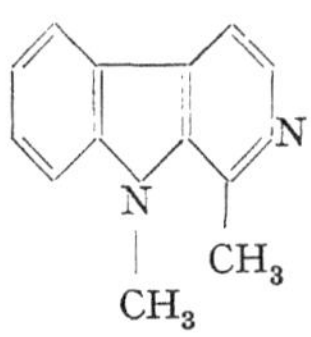

(XVIII.) Ind-N-methyl harman.

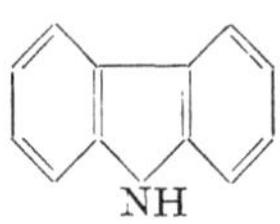

(XIX.) Carbazole.

moiety of the degradation products contained substances possessing odors similar to indole and, furthermore, carbazole itself (XIX) which could not be isolated but was identified by color reactions, fluorescence in ultraviolet light, and spectrum.

Ajmaline yields on zinc dust distillation Ind-N-methyl harman (XVIII) and carbazole (XIX) which could be isolated from the neutral fraction chromatographically.

On the basis of these results the hypothetical structures (XX) or (XXI) have been assigned to ajmaline by ROBINSON and his collaborators.

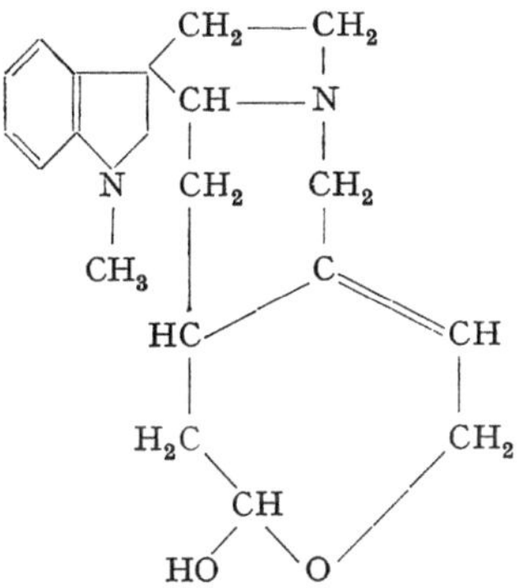

(XX.) Ajmaline.

or

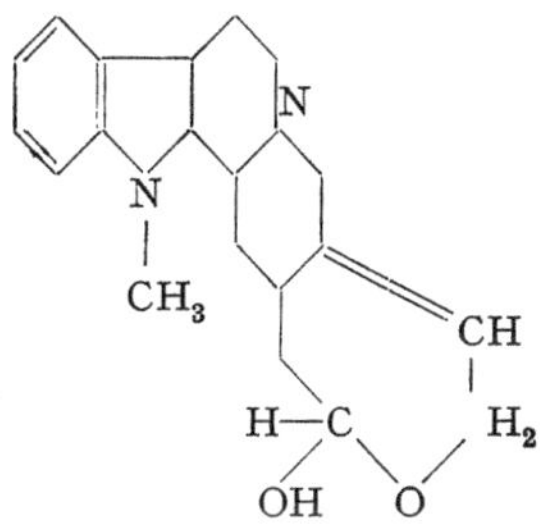

(XXI.) Ajmaline.

The formula (XX) is closely related to that of strychnine and such a compound could arise biogenetically by the methylation of a non-basic N-atom and reduction of an indolenine, thus blocking the appearance of the non-basic nitrogen of the piperidone ring of strychnine according to WOODWARD's suggestion (*105*). On this basis, Ind-N-methyl harman is formed by a migration; $—CRR_1—CH\!<\; \rightarrow —CR{=}CR_1—$ which is well known, especially when it produces an aromatic system. Carbazole from (XX) is supposed to arise by dehydrogenation and ring closure of an open hexane chain to give an aromatic nucleus. The formula (XXI) gives Ind-N-methyl harman without migration, but it does not explain the carbazole formation. Furthermore, (XX) represents a blocked hydroindole structure and hydroindoles which can theoretically be dehydrogenated to an indole derivative as in (XXI) have not yet been found in nature. For these reasons ROBINSON et al. (*74*) ascribes the probable structure (XX) to ajmaline as a working hypothesis.

The infrared spectrum of ajmaline was studied by CHATTERJEE and BOSE (*21*), who found an absorption band at 5.82 μ, indicating about 15–20% carbonyl absorption. The presence of a cyclic acetal group suggested by ROBINSON et al. (*74*) is also confirmed by the spectrographic data. The spectrum shows a band for the ether bridge at 9.0 μ and one typical for dihydroindole at 6.2–6.8 μ and for a >C·CH_3 group (determined according to Kuhn and Roth) at 7.24 μ.

According to structure (XXI), the base should produce on selenium dehydrogenation alstyrine derivatives (*63*), viz., Ind-N-methyl-alstyrine (XXII), desethyl-Ind-N-methyl-alstyrine (XXIII) or desmethyl-Ind-N-methyl-alstyrine (XXIV). However, it was observed by Chatterjee and

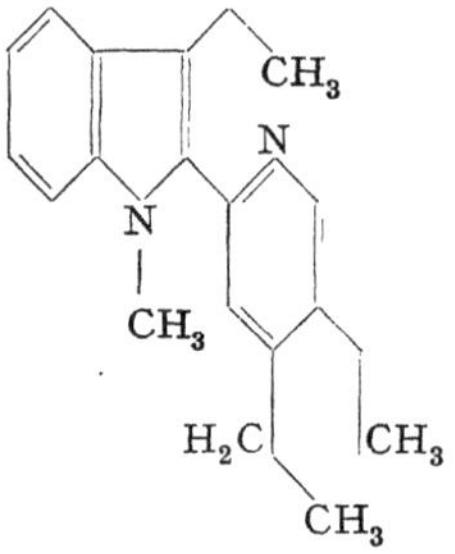

(XXII.) Ind-N-methyl-alstyrine.

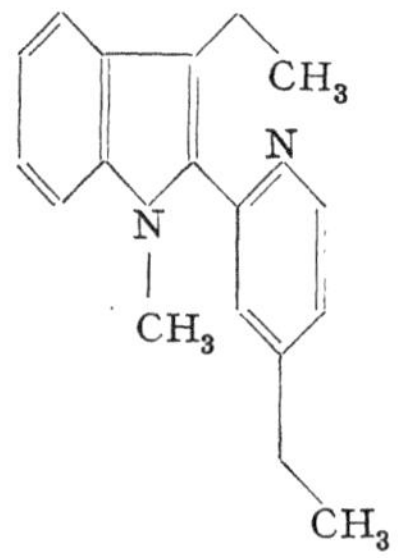

(XXIII.) Desethyl-Ind-N-methyl-alstyrine.

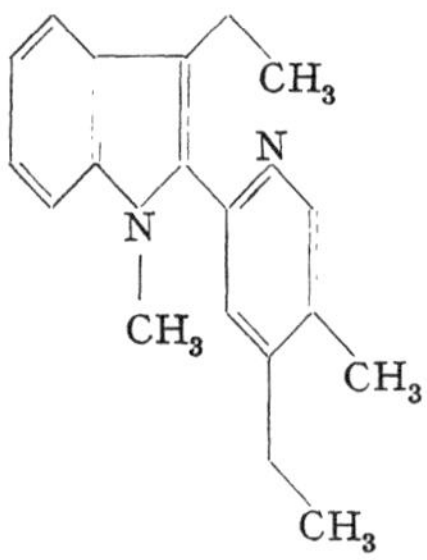

(XXIV.) Desmethyl-Ind-N-methyl-alstyrine.

her collaborators (*20, 21*) that from ajmaline none of these products is formed but only Ind-N-methyl harman (XVIII, p. 402). Ajmaline gives the color reactions for dihydroindole, and on fusion with alkali it produces indole-2-carboxylic acid (IV, p. 396). This shows that the α-position of the indole nucleus in ajmaline is substituted by a methyl or a methylene group. These observations do not seem to support the blocked dihydroindole structure (XX). Chatterjee and Bose (*20, 21*) suggest that the rings *A*, *B* and *C* in ajmaline are fused as shown in (XXV). According to them the ring *D* is involved in a weak linkage that helps the easy fission of Ind-N-methyl harman which is the common degradation product of the fused ring system *ABC* on soda lime or zinc dust distillation or selenium dehydrogenation. On the basis of these observations the partial structure (XXV) has been tentatively proposed by Chatterjee and Bose (*20, 21*). It has been suggested that the position of the >C·CH_3 group in ajmaline is the same as in physostigmine (*82 b*), calycanthidine (*70 a*), or serpentine (*3*).

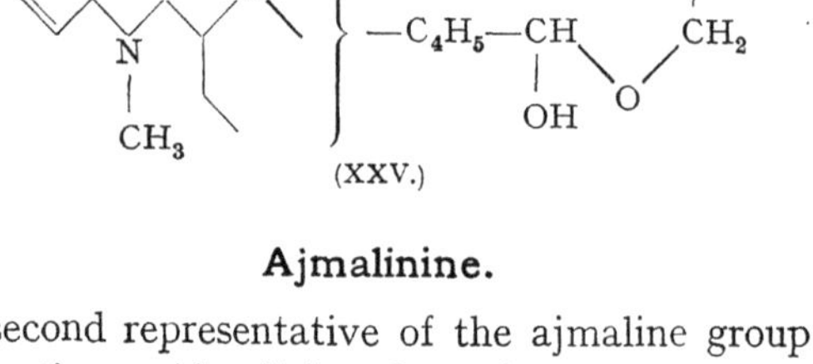

(XXV.)

Ajmalinine.

This is the second representative of the ajmaline group occurring in *Rauwolfia serpentina*. Ajmalinine has the composition $C_{20}H_{26}O_3N_2 \cdot 1.5\ H_2O$. Hexagonal prisms, m. p. 180°, $[\alpha]_D^{25} = -97°$ (in chloroform).

The crystalline hydrochloride is laevorotatory, $[\alpha]_D^{40} = -44°$ (in water). It contains a $-OCH_3$ group. Ajmalinine forms an amorphous O-benzoate and a crystalline methiodide, m. p. 233—234° (dec.).

At higher temperatures ajmalinine undergoes cleavage to yield *apo*-ajmalinine, $C_{13}H_{17}O_3N_2$ which was interpreted by SIDDIQUI (*95*, *96*) as a betaine. Optically inactive plates, m. p. 270–272°.

Ajmalicine.

No formula has been assigned so far to ajmalicine. It crystallizes in rectangular plates or needles, m. p. 250–252°. It yields a hydrochloride and a picrate, neither of them crystalline.

Serpentinine.

Not much is known about the chemistry of serpentinine, one of the stronger bases of *R. serpentina*. It has been reported by SIDDIQUI et al. (*94*) that serpentinine has the formula $C_{20}H_{20}O_5N_2 \cdot 1^1/_2\ H_2O$. It melts at 263–265°. It forms a crystalline hydrochloride. Serpentinine contains a $-OCH_3$ but no $>NCH_3$ groups. It has the character of a secondary amine and can be converted into a nitroso compound.

Serpentine.

Considerable work has been carried out on this major alkaloid of the serpentine group. Yellow plates, m. p. 158°. A preliminary investigation on serpentine was undertaken by SIDDIQUI (*94*, *95*). Later SCHLITTLER and SCHWARZ (*85*) were successful in elucidating its constitution. The formula, $C_{20}H_{20}O_3N_2 \cdot 1^1/_2\ H_2O$ was proposed by SIDDIQUI; however SCHLITTLER and SCHWARZ (*85*) have shown that the correct composition is $C_{21}H_{22}O_3N_2$. It produces a crystalline mono-hydrochloride [m. p. 133–135° (when moist) or 260–261° (when dry)]. The base contains two double bonds which can readily be hydrogenated, one active hydrogen, one methoxyl but no methylimino group. According to the Swiss chemists serpentine is an indole alkaloid and bears a close analogy with rauwolscine (*13*, *14*, *15*) and alstonine (*3*, *38*, *70*). The base contains a carbomethoxy group which was first indicated by its infrared spectrum (Fig. 4). This has been subsequently confirmed by hydrolysis under rather drastic conditions. Ordinarily the base is very resistant to hydrolysis but on saponification with 20% alcoholic KOH it produces the methoxyl-free serpentinic acid, $C_{20}H_{20}O_3N_2$, m. p. 350° (dec.). The third oxygen atom in serpentine is supposed to be involved in an ether linkage for which further evidence has been secured from the infrared spectrum showing a band characteristic for an ether bridge at 9 μ (Fig. 4, next page).

Serpentine with its two nitrogen atoms is a monoacidic base, the basic N-atom being tertiary. Considering the spectrographic evidence, SCHLITTler and Schwarz suggest the presence of an indole nucleus but the absence of the >NH group. An insight into the skeletal formula of serpentine has been made possible by the result of the selenium dehydrogenation: it decomposed into an oxygen-free base, alstyrine, $C_{19}H_{22}N_2$, (XXVI) [which had already been isolated from alstonine (*89*, *90*)] and

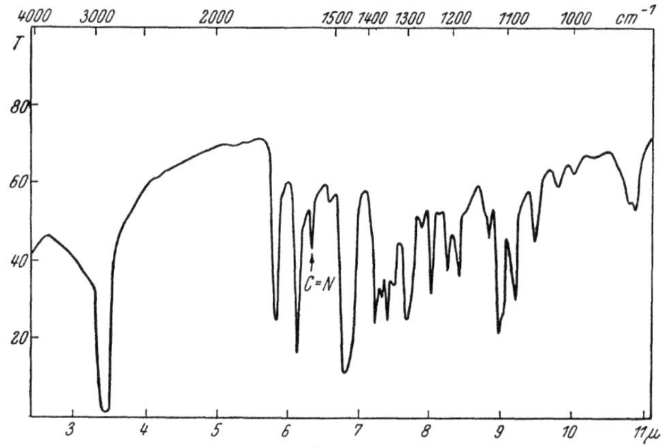

Fig. 4. Infrared spectrum of serpentine in nujol, according to Bader and Schwarz (*3*). [From: Helv. chim. Acta 35, 1594 (1952).]

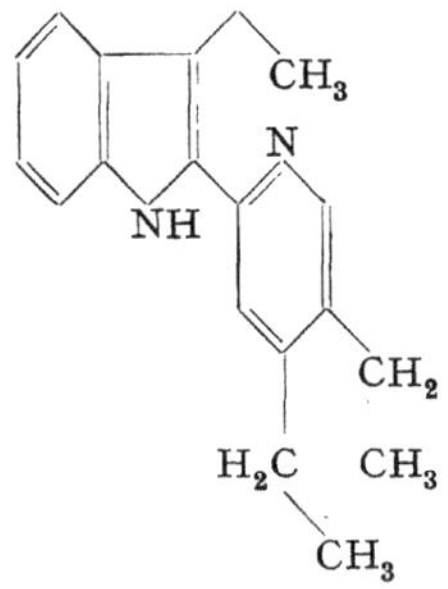

(XXVI.) Alstyrine.

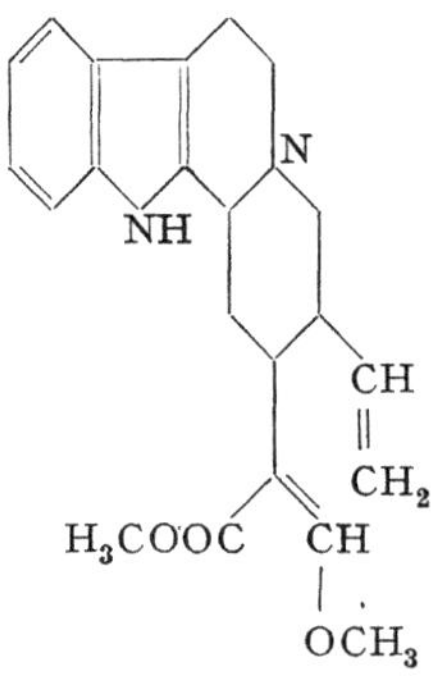

(XXVII.) Corynantheine.

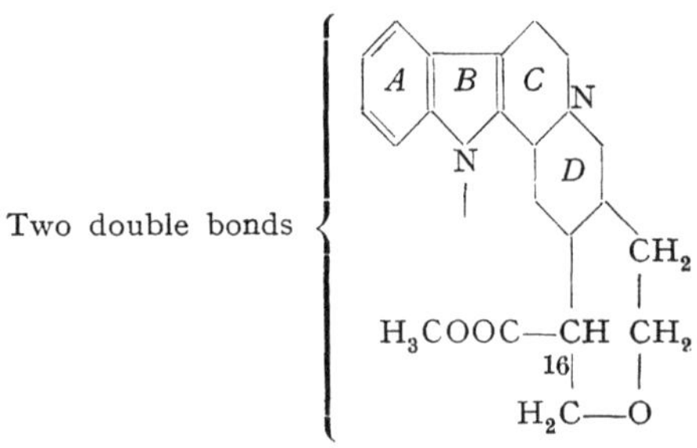

(XXVIII.)

corynantheine (XXVII) (*62*, *63*, *63a*). The skeletal structure (XXVIII) has, therefore, been proposed by SCHLITTLER and SCHWARZ (*85*). It shows the close relationship with yohimbine (X, p. 397), the only difference being that the ring *E* in yohimbine is carbocyclic whereas in serpentine it is heterocyclic (XXVIII). The position 16 has been allocated to the carbomethoxy group by analogy with yohimbine (cf. XIV). The ring *E* has been formulated as seven-membered in accordance with the structure of ajmaline (XX or XXI, p. 403) [ROBINSON et al. (*74*)].

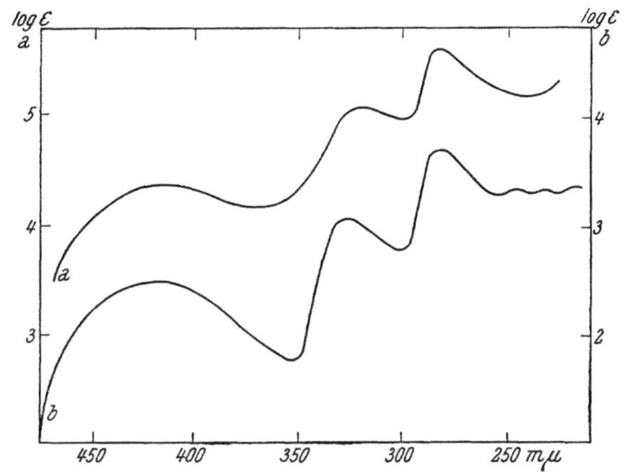

Fig. 5. Ultraviolet spectral curves of serpentine (b) and tetradehydro-yohimbine (a) in 0.01 N-alcoholic KOH according to SCHLITTLER and SCHWARZ (*85*). [From: Helv. chim. Acta **33**, 1463 (1950).]

The ultraviolet spectrum of serpentine (Fig. 5) demonstrates clearly that all of its double bonds are conjugated, the infrared spectrum (Fig. 4) shows a band at 6.37 μ pointing to the presence of a $>$C=N-group, conjugated in ring *B* or *C* (*3*); this band does not appear in the infrared spectrum of Py-tetrahydro-serpentine (Fig. 6) which indicates the presence of the conjugated system (XXIX) in serpentine hydrochloride. The ultraviolet

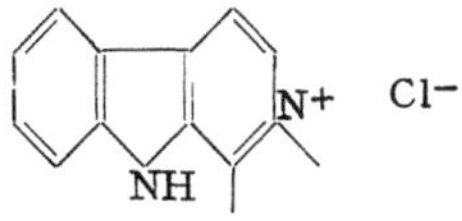

(XXIX.)

spectra (Fig. 5) of serpentine and its hydrochloride are very similar to those of quaternary β-carboline (XXX), tetradehydro-yohimbine (XXXI) and their hydrochlorides (*88*). Therefore, it is suggested that the serpentine molecule (XXXII) should be interpreted in a similar manner [SCHWARZ and SCHLITTLER (*88*)]. Since the indole $>$NH group is absent from the serpentine molecule, the chromophore (XXXII) is supposed to be present

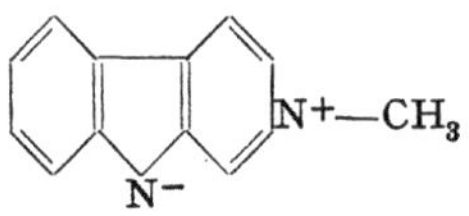

(XXX.) β-Carboline.

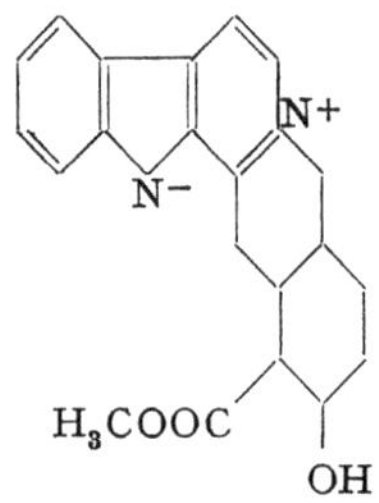

(XXXI.) Tetradehydro-yohimbine.

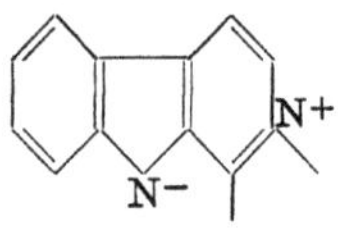

(XXXII.)

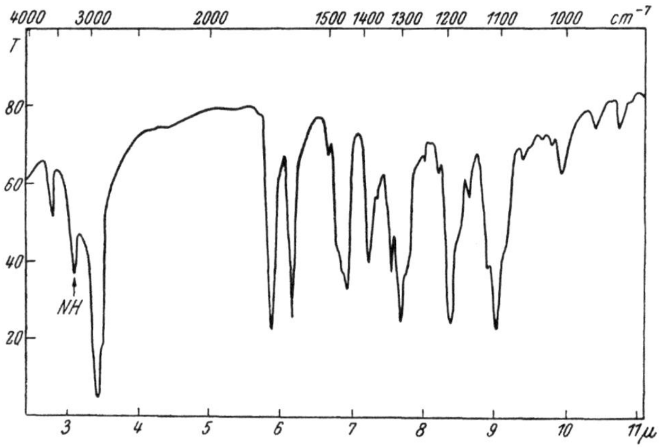

Fig. 6. Infrared spectrum of Py-tetrahydro-serpentine in nujol, according to BADER and SCHWARZ (*3*). [From: Helv. chim. Acta **35**, 1594 (1952).]

in the same form as that in sempervirine (XI, p. 397). The structure of sempervirine (XI) was proposed by WOODWARD and WITKOP (*107*) on the basis of similar observations and was confirmed by the synthesis of its Ind-N-methyl derivative (XXXIII).

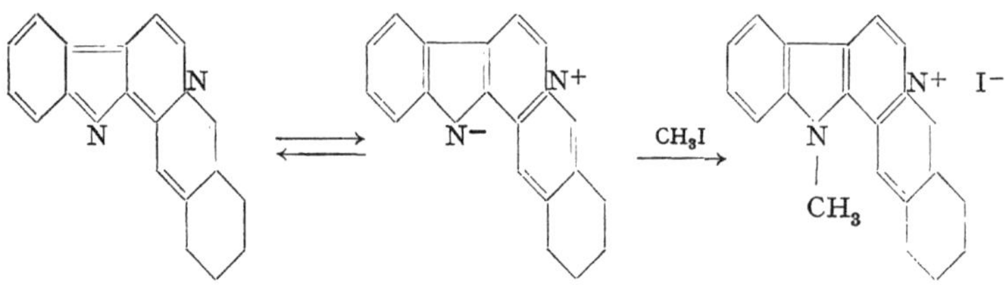

(XI.) Sempervirine. (XI a.) (XXXIII.)

From the close analogy of serpentine with sempervirine in their infrared spectra and from various physical and chemical data, SCHLITTLER and SCHWARZ suggest the constitution (XXXIVa) for serpentine.

When serpentine produces salts it is supposed to tautomerize like sempervirine (*106, 107*) into an indole-cation according to the scheme shown below:

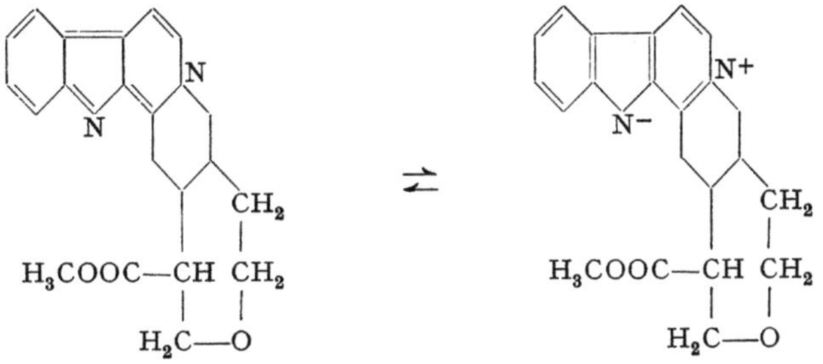

(XXXIV a.) (XXXIV b.)

The *infrared spectrum* of the base shows the absence of the indole >NH group which, however, appears in the corresponding spectrum of Py-tetrahydro-serpentine at 3.06 μ (Fig. 5). This group, missing in serpentine, which appears in its reduction product viz., Py-tetrahydro-serpentine, can also be explained from a consideration of the above tautomeric structure (XXXIVb) of serpentine:

Thus, the tautomeric structures (XXXIVa and XXXIVb) are postulated for the base serpentine, and this interpretation can be reconciled with all the physical and chemical properties studied so far.

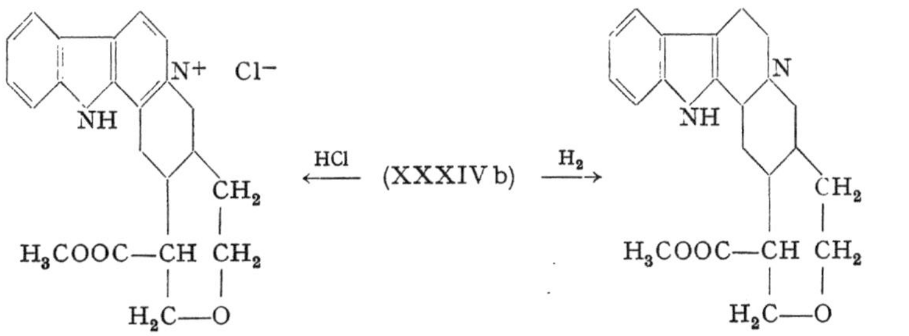

Serpentine hydrochloride. Py-tetrahydro-serpentine.

Recently, the structures (XXXIVa) and (XXXIVb) have been revised by BADER and SCHWARZ (*3*). By analogy with the formula proposed for ajmaline by ROBINSON (XX or XXI, p. 403), the ring *E* in serpentine was supposed to be seven-membered (*85*), but BADER and SCHWARZ have now proved it to be six-membered. They showed that serpentine contains a >CCH_3 group that must be located in ring *E*, since upon dehydrogenation with selenium, serpentine decomposes into alstyrine (XXVI) (*85*). In the light of these new observations the ring *E* in serpentine would be six-membered and its formula has been modified accordingly as shown below.

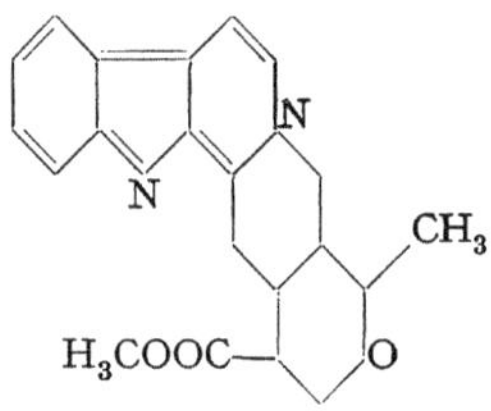

(XXXV.) Serpentine.

A comparison of the structures of serpentine and alstonine (XXXVI) (*3, 38*) shows that serpentine is either identical with or a stereoisomer of the hitherto unknown dihydro-alstonine (*38*). It has been observed

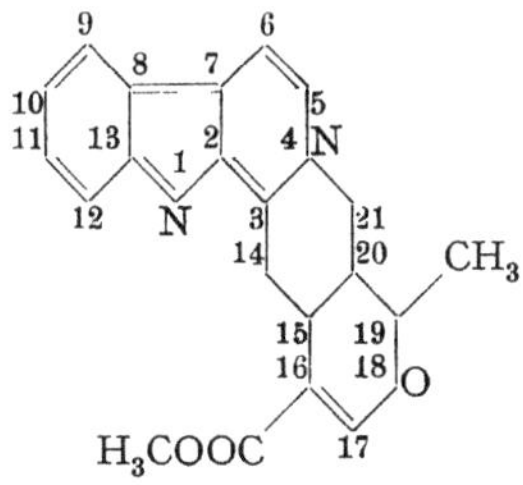

(XXXVI.) Alstonine (?).

that the two respective Py-tetrahydro-derivatives obtained by catalytic reduction in alkaline medium have identical ultraviolet spectra (*3*).

Reserpine.

From the "Oleoresin fraction" of the crude extract of *R. serpentina* BENTH., MÜLLER, SCHLITTLER and BEIN (*72b*) have isolated in pure, crystalline form a new alkaloid, reserpine, m. p. 262—263°, which has been found to be the sedative principle of the drug. It is a weak base and optically active, $[\alpha]_D^{33} = -117—118°$ (in abs. chloroform). The structural formula of reserpine has not yet been clarified. Its ultraviolet spectrum shows maxima at 215 mμ, 269 mμ, a hump near 295 mμ, and minima at 246 mμ. The infrared spectrum includes strong bands at 2.90 μ, 5.79 μ, 5.85 μ, 6.16 μ, 6.31 μ, and 6.67 μ. According to BEIN (*4a*) reserpine shows a very marked hypnotic effect and lowers the blood pressure in dogs, cats and guinea pigs; cf. also p. 413.

Rauwolfinine.

It is rather interesting to ask the question, why rauwolfinine, m. p. 235–236° (dec.), the recently isolated alkaloid from the Indian species of

Rauwolfia serpentina BENTH. had been missing so long. According to CHATTERJEE et al. (*21*), *R. serpentina* specimens growing in different parts of India vary in their alkaloid content both qualitatively and quantitatively. In several varieties ajmaline is replaced by rauwolfinine, in others they occur simultaneously and in some instances rauwolfinine is absent. A study of *R. serpentina* collected from different regions of India showed that rauwolfinine is the major alkaloid of the plant growing in Northwestern India.

Rauwolfinine, $C_{19}H_{26}O_2N_2$ (*9a*), is levorotatory, $[\alpha]_D^{32} = -34.7°$ (in alcohol). It is free from methoxy and methylene-dioxy groups but contains one $>N \cdot CH_3$ and one $>C-CH_3$ group.

The ultraviolet spectrum (Fig. 7) shows maxima at 249 mμ, 292 mμ and minima at 226 mμ and 272 mμ. The

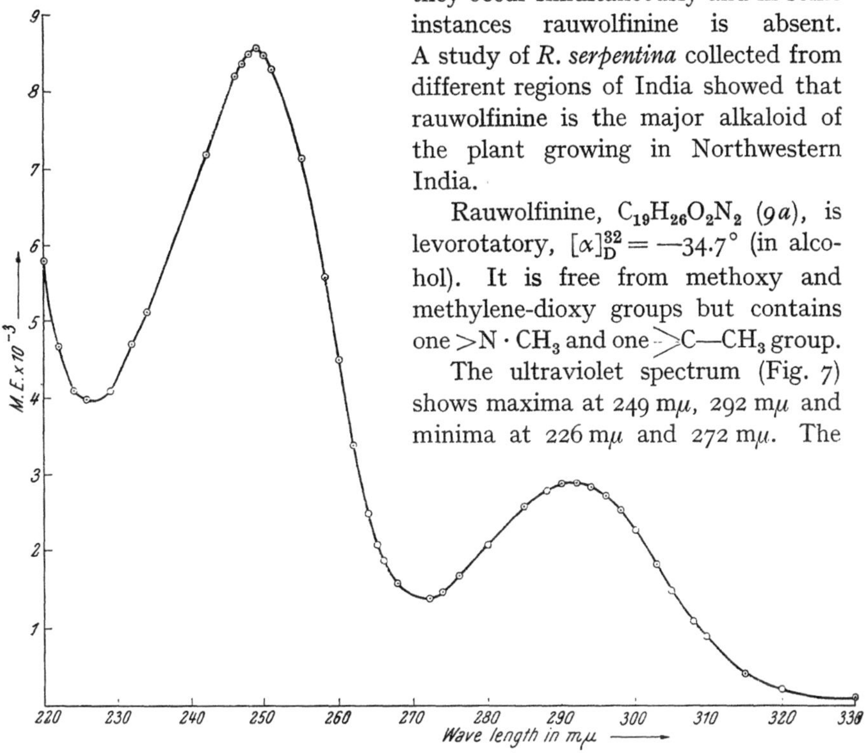

Fig. 7. Molecular extinction curve of rauwolfinine, according to BOSE (*9*, *9a*). [From: Science and Culture (India) **18**, 98 (1952).]

curve resembles that of yohimbine (*23*), serpentine (*9*) and corynantheine (*23*) in the far ultraviolet only but not in the longer wavelength region.

Rauwolfinine with its two nitrogen atoms is a monoacidic base and forms a hydrochloride, $C_{19}H_{26}O_2N_2 \cdot HCl$. A partial elucidation of its structure was made possible by a study of the infrared spectrum (Fig. 8, next page).

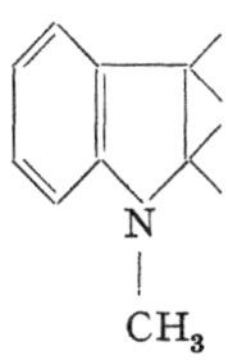

(XXXVII.)

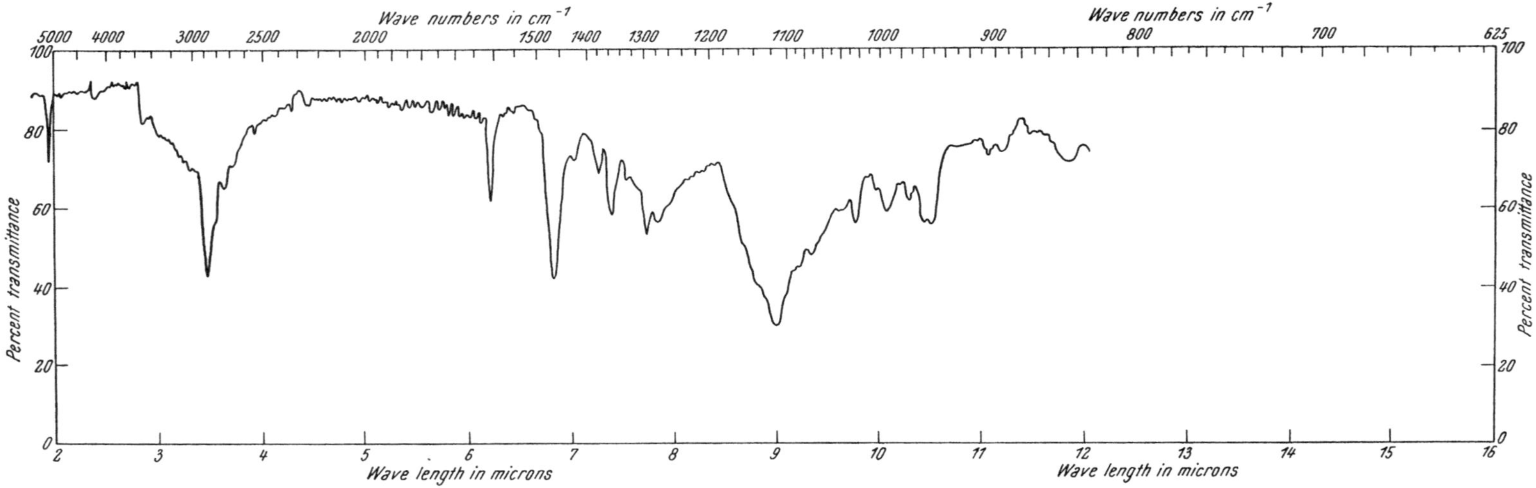

Fig. 8. Infrared spectrum of rauwolfinine in chloroform, according to BOSE (*9a*). [From: J. Indian chem. Soc. (1953).]

The spectral evidence suggests that rauwolfinine contains a dihydroindole system (XXXVII), the characteristic band of which appears at 6.2–6.8 μ. Ester, amide or carbonyl groups are absent. One of the oxygen atoms appears to be involved in an ether linkage [band at 9.0 μ, Fig. 8, similar to that observed in the serpentine spectrum (*3*, *85*)]. The presence of >NH or —OH is indicated in the spectrum mentioned. These physical interpretations, however, should be confirmed by chemical observations.

The Pharmacology of Rauwolfia serpentina. The drug *R. serpentina*, which contains two distinct alkaloid types from the standpoint of physiological actions, viz., ajmaline and serpentine groups, is gaining world wide reputation for its vasodilating properties (*8*, *29*, *30*, *31*, *32*, *33a*, *80*, *81*) and hypnotic actions (*33*, *42*, *43*). SIDDIQUI and SIDDIQUI (*94*, *95*, *96*) in a series of preliminary experiments on frogs showed that the *serpentine group* of alkaloids in *R. serpentina* has a depressant action on the central nervous system, stimulates straight muscles of intestine and uterus and lowers blood pressure, while the *ajmaline group* paralyzes respiratory mechanisms. CHOPRA, GUPTA and MUKHERJEE (*33a*) have studied the pharmacological actions of an alkaloid isolated from *Rauwolfia serpentina* with cats, dogs and guinea-pigs but it is not sufficiently characterized to give a clue as to its relation to any of the alkaloids described above. They note that it is a depressant of respiration, heart, and the general nervous system like ajmaline, and a stimulant of the plain muscles of the intestine and uterus. Later, the pharmacological action of the drug has been studied in greater detail by CHOPRA and CHAKRAVARTI (*31*) who have investigated the relative toxicities of the three principal alkaloids and also their potencies in lowering the arterial blood pressure. Recently, CHAUDHURY et al. (*29*) have observed that *R. serpentina* contains a basic resin which is strongly sedative and possesses hypotensive properties. Rauwolfinine, the new alkaloid isolated by the present author and her collaborator (*18*) has also been found to lower blood pressure, and further experiments on this drug are in progress. Concerning the therapeutic application, the drug has attained a very good reputation. Crude preparations of the drug, both alcoholic and solid, are being extensively used at present as a remedy in hypertension and also as a sedative in cases of excitability of the central nervous system. The crude preparations of *R. serpentina* are used in India in some mental cases. According to recent findings of WERNER, CHATTERJEE and their collaborators (*100a*) rauwolfinine, ajmaline and serpentine, the alkaloids of *R. serpentina* have hypotensive and sympathicolytic actions although it has been reported previously (*33a*) that ajmaline raises the blood pressure and serpentine lowers it.

Pharmacology of Reserpine. Reserpine is the hynotic principle of *R. serpentina* (*72b*). It has a strong and persistant sedative action.

When injected intravenously in small doses (0.1 mg./kg. in rabbits and 1.0 mg./kg. in dogs), reserpine produces sound sleep for several hours. The alkaloid has no narcotic action even when administered in high doses to the animals mentioned.

IV. The Alkaloids of Rauwolfia vomitoria and R. obscura.

From these two African species, SCHLITTLER, SCHWARZ and BADER (*86*) have isolated a weak base identical with *ajmaline* (*58, 74, 94*) (p. 402), and a strong base identical with alstonine, the principal alkaloid of *Alstonia constricta* (*51*).

Alstonine.

Earlier contributions to the chemistry of alstonine were made by SHARP (*89, 90*), and by LEONARD and ELDERFIELD (*70*). By alkali fusion and zinc dust distillation LEONARD and ELDERFIELD established the presence of a β-carboline nucleus in the alkaloid which contains a —$COOCH_3$ group in its molecule. On dehydrogenation with selenium, SHARP isolated an oxygen-free base, alstyrine, $C_{19}H_{22}N_2$, from the cleavage products. Later KARRER et al. (*63*) established the structure of alstyrine (XXVI) and thus a partial elucidation of the alstonine

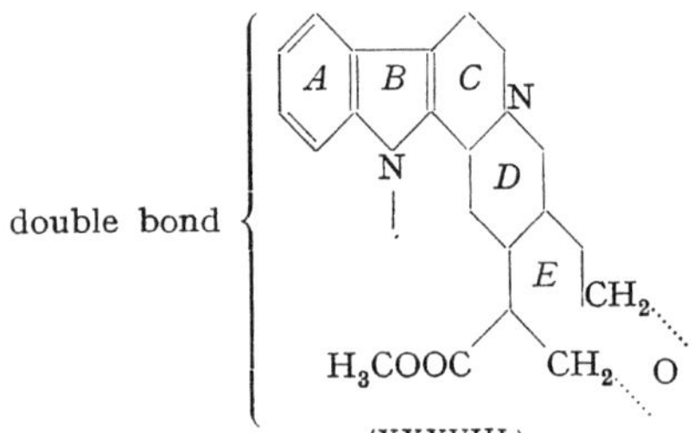

(XXXVIII.)

structure (XXXVIII) became possible. Further investigations of ELDERFIELD and GRAY (*38*) demonstrated the presence of a C—CH_3 group in alstonine by the KUHN-ROTH method. Furthermore, based on the studies of its $LiAlH_4$ reduction products, and the ultraviolet and infrared spectra

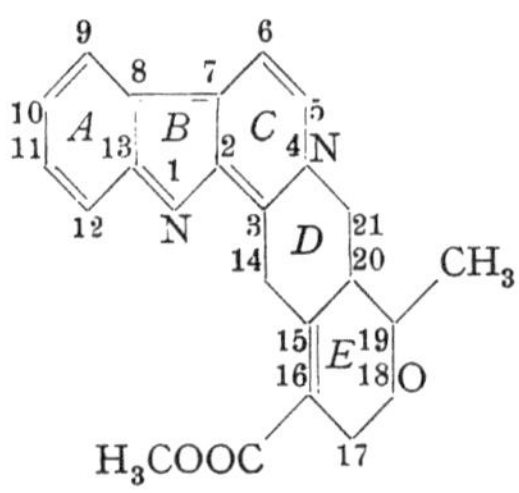

(XXXIX.) Alstonine (?).

(*38*), the alstonine formula (XXXIX) has been proposed by ELDERFIELD and GRAY. However, SCHLITTLER and his colleagues (*86*) suggest that the double bond in ring *E* is in the 16–17 position (XXXVI, p. 410), and this dihydropyran structure of ring *E* has been recently confirmed by BADER (*3a*).

The Pharmacology of Rauwolfia vomitoria and R. obscura. These two plants have been found to possess hypotensive properties (*78a*).

V. The Alkaloids of Further Rauwolfia Species.

Rauwolfia caffra.

This plant (formerly known as *Tabernaemontana ventricosa*, HOCHSH.) is a South African species (*69*). It is known as "Quinine Tree" of the Tronskei. It grows in the Gxwaleni forest in the Nyanduli district and in the Mpami forest, Elliotdale, where specimens four feet in diameter and fifty feet in height are known to occur. The bark is reputed to have the well-known quinine-like therapeutic properties, although no representative of the cinchona group has been detected in it. KOEPFLI (*69*) has isolated from this species three alkaloids, viz. (a) forming hairlike needles; (b) a crystalline but uncharacterized compound and (c) rauwolfine. The latter, the major alkaloid of *R. caffra*, decomposes at 235–238° without any definite m. p. It dissolves in sodium hydroxide but not in sodium carbonate. Rauwolfine yields a pink monohydrochloride, $C_{20}H_{25}O_2N_2Cl$, m. p. 300–303° (dec.). The base is dextrorotatory $[\alpha_D^{20}]$ +29° (in water) or +45° (in alcohol). According to KOEPFLI the rauwolfine is an alkaloid of the quaternary ammonium type.

The Pharmacology of Rauwolfine. Rauwolfine, the active principle of *Rauwolfia caffra*, is highly toxic. An intravenous or intraperitoneal injection of the drug causes restlessness and definite stimulation of the respiration. This results in convulsions, cessation of respiration and ultimately in cardiac failure which is the chief cause of death. Furthermore, rauwolfine shows a definite curare, like action when injected into the lymph sacs of frogs, as evinced by the paralysis of motor-nerve endings in the skeletal muscles. It produces a fall in blood pressure, with stimulation of respiration, when injected into anesthetized cats, dogs and rabbits (*69*).

Rauwolfia heterophylla.

Two alkaloids, chalchupin A, $C_{14}H_{21}O_{12}N_3$, m. p. 168°, and chalchupin B, $C_{15}H_{24}O_{11}N_6$, m. p. 240°, have been isolated by DEGER (*35*) from the roots of this plant, the third Indian species of *Rauwolfia*, also growing in Guatemala. Both alkaloids yield crystalline salts, According to DEGER, the color reactions of chalchupin A indicate that its molecule contains an indole group.

The Pharmacology of R. heterophylla. RAYMOND-HAMET (*82*) has studied the pharmacological action of the crude alkaloids of *Rauwolfia heterophylla* in dogs. He has reported that the aqueous extract of *R. heterophylla* possesses sympathicolytic action like ergotoxin and yohimbine (*10*). It reverses the action of adrenaline and has marked hypotensive properties.

Rauwolfia natalensis.

R. natalensis is indigenous to Africa. It contains three amorphous alkaloids and several other unidentified bases (*82a*). One of the alkaloids mentioned resembles rauwolfine in its color reactions. The amorphous alkaloids are reported to be physiologically active.

Rauwolfia mombasiana.

The available information on the chemistry and the pharmacology of this South African species is meager. The extracts show distinct physiological activities [RAYMOND-HAMET (*81*)].

VI. Conclusions.

Of all the *Rauwolfia* species, *R. serpentina* has received most attention as a drug. It is used in therapy as a remedial measure in hypertension and also as a sedative. As regards other important species, some therapeutic possibilities of *R. canescens* which grows abundantly in the Bengal plain in India, have definitely been established; however, its application as a sedative and hypotensive still awaits further clinical experiments. A comparative study of the pharmacology of *R. canescens* and *R. serpentina* suggests that practically the former seems to be a more effective drug than the latter, for the following reasons:

(a) The active principle of *R. canescens* is located in the leaves, and thus it does not require uprooting and killing the plant, which must be carried out when *R. serpentina* is used whose active principles are present mainly in the roots. (b) The yields are ten times higher than those obtained from *R. serpentina*. (c) *R. canescens* lowers high blood pressure but appears to have no effect on normal pressure (*10, 75, 76*), whereas *R. serpentina* decreases even low or normal pressure. (d) The standardization of the drug, rauwolscine, is easier since it is the only alkaloid occurring in *R. canescens*, whereas *R. serpentina* contains several alkaloids, some of which have hypertensive effects.

Summarizing the chemical literature on *Rauwolfia* alkaloids, it would appear that only four species have been more or less thoroughly investigated viz., *R. canescens, R. serpentina, R. vomitoria,* and *R. obscura*. The chemistry of other *Rauwolfia* alkaloids is an extended field which has been very little explored. Further pertinent studies seem to be highly promising both from scientific and industrial aspects.

The literature of Rauwolfia alkaloids has grown considerably during the last ten years. It should be noted that the alkaloids present in *Rauwolfia* plants have some important bearing on taxonomical problems.

Alstonine, the strong base of *R. vomitoria* and *R. obscura* and serpentine, the yellow alkaloid of *R. serpentina*, have been found to be closely related in their structures. Alstonine has also been isolated from plants belonging to a different genus, viz., *Alstonia*, of the same family *(Apocynaceae)*. The occurrence of the same alkaloid or alkaloids of similar structures in different genera of plants of the same natural order has been observed repeatedly (cf. e. g. *16, 19, 24, 49, 105, 17*). Such findings would indicate similar mechanisms of biosynthesis and analogous metabolistic features.

The study of *Rauwolfia* alkaloids has shown that the structures of rauwolscine and yohimbine, occurring in different families, are closely related. Rauwolscine, serpentine, ajmaline and alstonine are structurally very similar to yohimbine, corynantheine, mayumbine *(61 a)* and sempervirine which is of considerable biological interest.

Yohimbine, mayumbine (*61 a*) and corynantheine were isolated from some plants belonging to the *Rubiaceae*, sempervirine from some *Loganiaceae* for which plants representatives of the strychnos group seem to be characteristic, whereas *Rauwolfia* alkaloids occur in *Apocynaceae*. Thus, different families produce alkaloids of similar chemical structure — a fact which not only establishes an interrelation amongst these families but is also a remarkable feature from the viewpoint of biogenesis.

References.

1. Allport, N. L.: Chemistry and Pharmacy of Vegetable Drugs. London: Newnes, Ltd. 1943, p. 102.

2. Allport, N. L. and S. K. Crews: Spectrographic Absorption of Ergometrine in Relation to the British Pharmacopeia Color Test. Quart. J. Pharm. Pharmacol. 8, 447 (1935).

3. Bader, F. und H. Schwarz: Zur Konstitution des Serpentins. Helv. chim. Acta **35**, 1594 (1952).

3 a. Bader, F. E.: Die Lage der Doppelbindung im Ring E des Alstonins. Helv. chim. Acta **36**, 215 (1953).

4. Barger, G. und C. Scholz: Über Yohimbin. Helv. chim. Acta **16**, 1343 (1933).

4 a. Bein, H. J.: Zur Pharmakologie des Reserpins, eines neuen Alkaloides aus *Rauwolfia serpentina* Benth. Experientia **9**, 107 (1953).

5. Bertho, A.: Kurchi-Alkaloide. II. Über die Gewinnung von Conessin und dessen Nebenbasen. Arch. Pharmaz. u. Ber. dtsch. pharmaz. Ges. **277**, 237 (1939).

6. — Kurchi-Alkaloide. III. Über das wirksame Hauptalkaloid Conkurchin. Liebigs Ann. Chem. **555**, 214 (1944).

7. — Kurchi-Alkaloide. V. Über die Aminobasen Conkurchin und Holarrhimin. Ber. dtsch. chem. Ges. **80**, 316 (1947).

8. BHATIA, B. B. and R. D. KAPUR: Pharmacological Action of Alkaloids of *R. serpentina* BENTH. I. Neo-ajmaline and Iso-ajmaline. J. Indian med. Res. **32**, 177 (1944).
9. BOSE, S.: Rauwolfinine, the New Alkaloid of the Root of *Rauwolfia serpentina* BENTH. Science and Culture (India) **18**, 98 (1952).
9a. — The Constitution of Rauwolfinine, the New Alkaloid of *Rauwolfia serpentina* BENTH. J. Indian chem. Soc. (in press).
10. CHAKRAVARTI, M. D.: A Note on the Pharmacological Action of Rauwolscine. Science and Culture (India) **7**, 458 (1942).
11. CHATTERJEE (née MOOKERJEE), A. (in the original papers Nos. 11—14, and 17: MOOKERJEE): The Alkaloid of *Rauwolfia canescens* LINN. I. J. Indian chem. Soc. **18**, 33 (1941).
12. — The Alkaloid of *Rauwolfia canescens* LINN. II. J. Indian chem. Soc. **18**, 485 (1941).
13. — The Alkaloid of *Rauwolfia canescens* LINN. III. Some Degradation Products of Rauwolscine. J. Indian chem. Soc. **20**, 11 (1943).
14. — The Alkaloid of *Rauwolfia canescens* LINN. IV. On the Constitution of Rauwolscine. J. Indian chem. Soc. **23**, 6 (1946).
15. — The Alkaloid of *Rauwolfia canescens* LINN. V. J. Indian chem. Soc. **28**, 29 (1951).
16. CHATTERJEE, A. and A. BHATTACHARYA: On the Active Principles Isolated from the Leaves and Bark of *Skimmia laureola* HOOK. Current Sci. (India) **16**, 222 (1947).
17. CHATTERJEE, A. and P. K. BOSE: On the Constitution of the Alkaloid Isolated from the Bark of *Chloroxylon swietenia* D. C. J. Indian chem. Soc. **23**, 1 (1946).
18. CHATTERJEE, A. and S. BOSE: Rauwolfinine, the New Alkaloid from the Root of *Rauwolfia serpentina* BENTH. Science and Culture (India) **17**, 139 (1951).
19. — — Studies on the Active Principles Isolated from the Leaves of *Aegle marmelos* CORRÊA. J. Indian chem. Soc. **29**, 425 (1952).
20. — — The Constitution of Ajmaline. Experientia (1953) (in press).
21. — — The Constitution of Ajmaline. I. J. Indian chem. Soc. (1953) (in press).
22. CHATTERJEE, A., M. D. CHAKRAVARTI and I. N. TAYAL: Fate of Rauwolscine — an Alkaloid of *R. canescens* — in the Body (Concentration of Rauwolscine in Blood). Proc. Indian sci. Congr. (33rd) Part III, 187 (1946).
23. CHATTERJEE, A. und P. KARRER: Untersuchung über Corynanthein. II. Helv. chim. Acta **33**, 802 (1950).
24. CHATTERJEE, A. and S. GOSH MAZUMDAR: Alkaloid from *Glycosmis pentaphylla* CORRÊA. Science and Culture (India) **17**, 306 (1952).
25. CHATTERJEE, A. and S. PAKRASHI: Yobyrine, the Selenium Dehydrogenation Product of Rauwolscine. Proc. Indian Sci. Congr. (40th) Part III, p. 355 (1953).
25a. — — Yobyrine, the Selenium Dehydrogenation Product of Rauwolscine. Science and Culture (India) **18**, 443 (1953).
26. — — Yobyrine, the Selenium Dehydrogenation Product of Rauwolscine, the Alkaloid of *Rauwolfia canescens* LINN. VI. J. Indian chem. Soc. (1953) (in press).
27. — — Studies on the Infra-red Spectra of Rauwolscine and its Acetyl Derivative. VII. J. Indian chem. Soc. (1953) (in press).
28. — — Selenium Di-oxide Oxidation of Yobyrine, the Selenium Dehydrogenation Product of Rauwolscine. VIII. J. Indian chem. Soc. (1953) (in press).
29. CHAUDHURI, R. N., M. N. RAI CHAUDHURI and N. K. CHAKRAVORTY: *Rauwolfia serpentina* in Essential Hypertension. Indian med. Gaz. **86**, 348 (1951).
30. CHOPRA, R. N., B. C. BOSE, J. C. GUPTA and I. C. CHOPRA: Alkaloids of *Rauwolfia serpentina*: A Comparative Study of Their Pharmacological Action and Their Role in Experimental Hypertension. J. Indian med. Res. **30**, 319 (1942).

31. CHOPRA, R. N. and M. D. CHAKRAVARTI: A Preliminary Note on the Pharmacological Action of the Alkaloids of *Rauwolfia serpentina* BENTH. J. Indian med. Res. **29**, 763 (1941).

32. CHOPRA, R. N., N. N. DAS and S. N. MUKHERJEE: The Action of Ajmaline on Nerve Impulses. J. Indian med. Res. **24**, 1125 (1937).

33. CHOPRA, R. N., J. C. GUPTA, B. C. BOSE and I. C. CHOPRA: Hypnotic Effect of *Rauwolfia serpentina*: The Principle Underlying this Action, its Probable Nature. J. Indian med. Res. **31**, 71 (1943).

33a. CHOPRA, R. N., J. C. GUPTA and B. MUKHERJEE: The Pharmacological Action of an Alkaloid Obtained from *Rauwolfia serpentina* BENTH. J. Indian med. Res. **21**, 261 (1933).

34. CLEMO, G. R. and G. A. SWAN: The Constitution of Yohimbine. I. J. chem. Soc. (London) **1946**, 617.

35. DEGER, E. C.: Allgemeine Untersuchung einer von den Indianern gegen Schlangengift und Malaria verwandten Pflanze. Arch. Pharmaz. u. Ber. dtsch. pharmaz. Ges. **275**, 496 (1937).

36. DEWAR, M. J. S. and F. E. KING: Constitution of Yohimbine. Nature (London) **148**, 25 (1941).

37. DURAND, TH. and B. D. JACKSON: Index Kewensis. Oxford: Clarendon Press. Suppl. I, 358 (1886—1895).

38. ELDERFIELD, R. C. and A. P. GRAY: Alstonia Alkaloids. III. Further Investigation of Alstonine, Reduction, Ozonolysis, and Spectrographic Studies. The Structure of Alstonine. J. org. Chemistry **16**, 506 (1951).

39. GELLÉRT, E. und B. WITKOP: Die Identität des Alkaloids Kamassin mit Quebrachamin. Helv. chim. Acta **35**, 114 (1952).

40. GOODSON, J. A.: Echitamine in *Alstonia* Barks. J. chem. Soc. (London) **1932**, 2626.

40a. GOUTAREL, R., M.-M. JANOT und V. PRELOG: Über die Konstitution des Sempervirins. Experientia **4**, 24 (1948).

41. GRESHOFF, M.: Mittheilungen aus dem chemisch-pharmakologischen Laboratorium des Botanischen Gartens zu Buitenzorg (Java). Ber. dtsch. chem. Ges. **23**, 3537 (1890).

42. GUPTA, J. C., S. GHOSH, A. T. DUTTA and B. S. KAHALI: A Note on the Hypnotic Principle of *Rauwolfia serpentina*. J. Amer. pharmac. Assoc., Sci. Ed. **36**, 416 (1947).

43. GUPTA, J. C., B. S. KAHALI and A. DUTT: The Hypnotic Effect of a Resin Fraction Isolated from the Root of *Rauwolfia serpentina* BENTH. Obtained from Dehra Dun. J. Indian med. Res. **32**, 183 (1944).

44. HAHN, G. und A. HANSEL: Synthese von 5:6:3:14-Tetrahydro-yobyrinen. Ber. dtsch. chem. Ges. **71**, 2192 (1938).

45. HAHN, G. und H. WERNER: Synthese von Tetrahydro-harman (4-Carbolin)-Systemen unter physiologischen Bedingungen. III. Synthese des Yohimbin-Gerüstes. Liebigs Ann. Chem. **520**, 123 (1935).

46. HARMSMA, A.: Determination of the Absorption Power of Ergot Alkaloids in the Ultraviolet and its Practical Application. Pharmac. Weekbl. **65**, 1114 (1928).

47. HARVEY, D. G., E. J. MILLER and W. ROBSON: The Adamkiewicz, Hopkins and Cole, and Rosenheim Tests for Tryptophan. An Investigation of the Configuration of the Organic Molecule Responsible for the Colour Formation and its Bearing on the Constitution of Yohimbine, with a Note on the Action of Formaldehyde on Tryptophan. J. chem. Soc. (London) **1941**, 153.

48. HAWORTH, R. D.: A New Alkaloid from *Holarrhena antidysenterica* Seeds. J. chem. Soc. (London) **1932**, 631.

49. HENRY, T. A.: The Plant Alkaloids. 4th ed. Philadelphia and Toronto: Blakiston Co. 1949.

50. HESSE, O.: Über die Alkaloide der Ditarine. Liebigs Ann. Chem. **203**, 144 (1880).

51. — Beitrag zur Kenntnis der australischen Alstoniarinde. Liebigs Ann. Chem. **205**, 360 (1880).

52. HILL, A. W.: Index Kewensis. Oxford: Clarendon Press. Suppl. VI, 172 (1916—1920).

53. — Index Kewensis. Suppl. VII, 205 (1921—1925).

54. — Index Kewensis. Suppl. VIII, 202 (1926—1930).

55. — Index Kewensis. Suppl. IX, 232 (1931—1935).

55a. HILL, A. W. and E. J. SALISBURY: Index Kewensis. Suppl. X, 191 (1936—1940).

56. HOOKER, J. D. and B. D. JACKSON: Index Kewensis. **2**, 692 (1895).

57. IRANI (Miss), R. J.: Chemistry of Kurchi Seeds. IV. Isolation of Galactose From the Picric Acid Hydrolysis of the Glycoalkaloid. Current Sci. (India) **15**, 229 (1946).

58. ITALLIE, L. VAN and A. J. STEENHAUER: *Rauwolfia serpentina* BENTH. Arch. Pharmaz. u. Ber. dtsch. pharmaz. Ges. **270**, 313 (1932).

59. JACOBS, W. A. and E. L. GUSTUS: Strophanthin. XVII. Dehydration and Lactone Cleavage in Isostrophanthic Acid Derivatives. J. biol. Chemistry **84**, 183 (1929).

60. — — Strophanthin. XI. The Hydroxyl Groups of Strophanthidin. J. biol. Chemistry **74**, 795 (1927).

61. JACOBS, W. A. and A. HOFFMANN: Strophanthin. IX. On Crystalline Kombe Strophanthin. J. biol. Chemistry **67**, 609 (1926).

61a. JANOT, M.-M., R. GOUTAREL et J. MASSONNEAU: Structure de la mayumbine. C. R. hebd. Séances Acad. Sci. **234**, 850 (1952).

62. JANOT, M.-M., R. GOUTAREL und V. PRELOG: Über die Konstitution des Corynantheins. Helv. chim. Acta **34**, 1207 (1951).

62a. JOBST, J. und O. HESSE: Über die Ditarinde. Liebigs Ann. Chem. **178**, 49 (1875).

62b. JULIAN, P. L., W. J. KARPEL, A. MAGNANI and E. W. MEYER: Studies in the Indole Series. X. Yohimbine, Part 2. The Synthesis of Yobyrine, Yobyrone and "Tetrahydroyobyrine". J. Amer. chem. Soc. **70**, 180 (1948).

63. KARRER, P. und P. ENSLIN: Die Konstitution des „Alstyrins". Helv. chim. Acta **33**, 100 (1950).

63a. — — Untersuchungen über Corynanthein. Helv. chim. Acta **32**, 1390 (1949).

64. KARRER, P., R. SCHWYZER und A. FLAM: Die Konstitution des Corynantheins und Dihydro-corynantheins. Helv. chim. Acta **35**, 851 (1952).

65. KARRER, P., R. SCHWYZER, A. FLAM und R. SAEMANN: Dehydrierung von Yohimbylalkohol mit Selen und Palladium-Kohle. Helv. chim. Acta **35**, 865 (1952).

66. KARSCHULIN, M.: Spectrographic Investigation of Yohimbine. Arch. Hemiju i. Farm. (Yougosl.) **5**, 227 (1931).

67. KHARASCH, M. S., D. W. STANGER, M. A. BLOODGOOD and R. R. LEGAULT: Spectroscopic Similarity Between Ergot (Lysergic Acid) and the Yohimbine Alkaloids. Science (New York) **83**, 36 (1936).

68. KIRTIKAR, R. K. and B. D. BASU: Indian Medicinal Plants. II. Bahadurganj, Allahabad (India). 1918, p. 777 (in English).

69. KOEPFLI, J. B.: Chemical Investigation of *Rauwolfia caffra*. I. Rauwolfine. J. Amer. chem. Soc. **54**, 2412 (1932).

70. LEONARD, N. J. and R. C. ELDERFIELD: Alstonia Alkaloids. I. Degradation of Alstonine to β-Carboline Bases and the Reduction of Tetrahydroalstonine with Sodium and Butyl Alcohol. J. org. Chemistry **7**, 556 (1942).

70 a. LEVY, P. R. and R. ROBINSON: Calycanthidine. Festschrift KARRER, S. 39 (1949).
71. MENDLIK, F. und J. P. WIBAUT: Die Dehydrierung des Yohimbins. (Vorl. Mitt.). Recueil Trav. chim. Pays-Bas 48, 191 (1929).
72. — — Über Yohimbin (2. Mitt.). Recueil Trav. chim. Pays-Bas 50, 91 (1931).
72 a. MERRILL, D. E.: The Upper Burma Plants Collected by Captain F. Kingdon Ward on the Vernay-Cutting Expedition, 1938—1939. Brittonia 4, 20 (1941).
72 b. MÜLLER, J. M., E. SCHLITTLER und H. J. BEIN: Reserpin, der sedative Wirkstoff aus *Rauwolfia serpentina* BENTH. Experientia 8, 338 (1952).
73. MUKERJI, B., B. K. GHOSH and L. B. SIDDONS: Search for Antimalarial Drug in the Indigenous Materia Medica. I. *Alstonia scholaris* F. BR. Indian med. Gaz. 77, 723 (1942).
74. MUKHERJI, D., R. ROBINSON and E. SCHLITTLER: Chemistry of Ajmaline. Rauwolfine of van Itallie and Steenhauer. Experientia 5, 215 (1949).
75. MUKHERJEE, J.: Studies on the Pharmacology of Rauwolscine, the Alkaloid of *Rauwolfia canescens* LINN. Science and Culture (India) 18, 6 (1952).
76. — Studies on the Action of Rauwolscine Hydrochloride, the Alkaloid of *Rauwolfia canescens* LINN., on the Amphibian and Heart Muscles. Indian J. Physiol. and allied Sci. 6, 4 (1953).
77. PRAIN, D.: Index Kewensis. Oxford: Clarendon Press. Suppl. III, 149 (1901—1905).
78. — Index Kewensis. Suppl. IV. 198 (1906—1910).
78 a. — Index Kewensis. Suppl. V, 214 (1911—1915).
79. PRELOG, V.: Über das Sempervirin. Helv. chim. Acta 31, 588 (1948).
80. RAYMOND-HAMET: Ajmalinine, the Alkaloid from *Ophioxylum serpentinum* WILLD. of Selective Paralyzing Action on Vasoconstrictors Reactive to Adrenaline. Bull. Sci. pharmacol. 43, 364 (1936).
81. — Sur un nouveau faux Iboga pharmacologiquement actif. C. R. hébd. Séances Acad. Sci. 210, 789 (1940).
82. — Sur quelques propriétés pharmacologiques d'une drogue alexitère et antimalarique du Guatemala: le chalchupa. C. R. Séances Soc. biol. 129, 462 (1938).
82 a. RINDL, M. and P. W. G. GROENEWOUD: The Chemistry of *Rauwolfia natalensis*. Trans. Roy. Soc. South Africa 21, 55 (1932).
82 b. ROBINSON, R. and H. SUGINOME: Experiments on the Synthesis of Physostigmine (Eserine). Part II. Synthesis of a Base which is Believed to be *dl*-Noreserethole. J. chem. Soc. (London) 1932, 304.
83. ROSSI, L., A. DEL BOCA and R. LOBO: Analytical Studies of Yohimbine. IV. A New Colour Reaction for the Recognition of Yohimbine. Anal. farm. bioquím. (Buenos Aires) 3, 51 (1932).
84. SCHLEMMER, F. und H. SCHMITT: Spektrographische Untersuchungen über Mutterkorn. I. Die wirksamen Inhaltsstoffe des Mutterkorns. Arch. Pharmaz. u. Ber. dtsch. pharmaz. Ges. 270, 15 (1932).
85. SCHLITTLER, E. und H. SCHWARZ: Über das Alkaloid Serpentin aus *Rauwolfia serpentina* BENTH. Helv. chim. Acta 33, 1463 (1950).
86. SCHLITTLER, E., H. SCHWARZ und F. BADER: Isolierung von Alstonin aus afrikanischen Rauwolfia-Arten. Helv. chim. Acta 35, 271 (1952).
87. SCHÖMER, A.: Estimation of Yohimbine in *Corynanthe yohimbi*. Pharm. Zentralh. 63, 385 (1922).
88. SCHWARZ, H. und E. SCHLITTLER: Über die Konstitution natürlicher und synthetischer quaternärer β-Carboline, ihre Absorptionsspektren und die Konstitutionsermittlung ihrer Hydrierungsprodukte. Helv. chim. Acta 34, 629 (1951).

89. SHARP, T. M.: The Alkaloids of *Alstonia* Barks. I. *A. constricta* F. MUELL. J. chem. Soc. (London) **1934**, 287.
90. — The Alkaloids of *Alstonia* Barks. III. Alstonine. J. chem. Soc. (London) **1938**, 1353.
91. SIDDIQUI, S.: A Note on the Alkaloids of *Rauwolfia serpentina* BENTH. J. Indian chem. Soc. **16**, 421 (1939).
92. SIDDIQUI, S. and P. P. PILLAY: The Alkaloids of *Holarrhena antidysenterica*. I. Three New Alkaloids from the Bark of Indian Holarrhena and New Methods of Isolation and Further Purification of Conessine. J. Indian chem. Soc. **9**, 553 (1932).
93. SIDDIQUI, S. and R. H. SIDDIQUI: The Alkaloids of *Holarrhena antidysenterica*. III. Studies in the Action of BrCN on Conessine and its N-Demethylation to *iso*-Conessimine and Conimine. J. Indian chem. Soc. **11**, 787 (1934).
94. — — Chemical Examination of the Roots of *Rauwolfia serpentina* BENTH. J. Indian chem. Soc. **8**, 667 (1931).
95. — — The Alkaloids of *Rauwolfia serpentina* BENTH. I. J. Indian chem. Soc. **9**, 539 (1932).
96. — — The Alkaloids of *Rauwolfia serpentina* BENTH. II. Studies in the Ajmaline Series. J. Indian chem. Soc. **12**, 37 (1935).
97. STOLL, A., J. RENZ und W. KREIS: k-Strophanthosid, das Hauptglucosid der Samen von *Strophanthus kombé*. Helv. chim. Acta **20**, 1484 (1937).
98. THISELTON-DYER, W. T.: Index Kewensis. Oxford: Clarendon Press. Suppl. III, 156 (1901—1905).
99. WEBB, L. J.: Guide to the Medicinal and Poisonous Plants of Queensland. Council for sci. and ind. Res., Australia, Bull. No. 232, 19 (1948).
100. WEHMER, C.: Die Pflanzenstoffe. II. Jena: G. Fischer. 1931, p. 990.
100 a. WERNER, G., A. CHATTERJEE, S. BOSE, S. R. DAS-GUPTA, G. K. RAY and P. ROY: The Chemistry and Pharmacology of Ajmaline, Rauwolfinine and Serpentine. Proc. Nat. Inst. of Science (India), (in press 1953).
101. WIBAUT, J. P. und A. J. P. VAN GASTEL: Über Yohimbin (3. Mitt.). Recueil Trav. chim. Pays-Bas **54**, 85 (1935).
102. WITKOP, B.: Zur Konstitution des Yohimbins und seiner Abbauprodukte. Liebigs Ann. Chem. **654**, 83 (1943).
103. — On the Stereochemistry of Yohimbine. J. Amer. chem. Soc. **71**, 2559 (1949).
104. WOKES, F. and H. CROCKER: Biological and Spectroscopic Tests on Ergot Alkaloids with Notes on the Maurice Smith Colour Test. Quart. J. Pharmac. Pharmacol. **4**, 420 (1931).
105. WOODWARD, R. B.: Biogenesis of Strychnos Alkaloids. Nature (London) **162**, 155 (1948).
106. WOODWARD, R. B. and W. M. MCLAMORE: The Synthesis of Sempervirine Methochloride. J. Amer. chem. Soc. **71**, 379 (1949).
107. WOODWARD, R. B. and B. WITKOP: The Structure of Sempervirine. J. Amer. chem. Soc. **71**, 379 (1949).

(Received, December 13, 1952.)

Insecticides Occurring in Higher Plants.

By L. Feinstein and M. Jacobson, Beltsville, Maryland.

Contents. Page

I. Introduction.

Many plants have been found to kill insects in the course of human history. Today, research also is concerned with the proof of safety to human beings, to animals, and even to the plants upon which the insects feed. We hope to give in this short article enough of the present progress in the field to enable the reader to survey the vast quantity of research and to help him comprehend that the chemistry and biochemistry of naturally occurring insecticides touch many fields in chemistry and their allied fields of medicine and pathology.

HOLMAN (*119*) published a book on insecticides of vegetable origin in 1940. MCINDOO (*165*) collected literature reports on nearly 1200 species of possible insecticidal value. FREAR (*79*) gave a list of 1450 plant species with which insect tests have been made. HEAL, ROGERS, WALLACE and STARNES (*116*) published in 1950 a survey of plants for insecticidal activity. They present two tables, one giving the results of the primary survey tests on about 2500 plants, and the other the results of the secondary survey tests with about 700 of these plants.

BUSBEY (*27*) recently published an article, "Plants that help kill insects." In conclusion she brings out three points: (1) Plant products often can control many insect pests without leaving persistent poisonous residues, (2) these plants offer possibilities as new crops for future cultivation, and (3) the plant by-products can be used as insecticide diluents.

In the 1952 Yearbook of Agriculture (U. S. A.) FEINSTEIN (*71*) published an article, "Insecticides from plants". This short report covers many different plants showing possible usefulness either as insecticides or as source material for insecticides. He agrees with ROARK that many plants have been passed by and should be re-examined. ROARK (*212*) considers that the examination of plants for insecticidal value should be carried out as follows:

1. The plant should be identified correctly by a botanist expert in the order or family.
2. The entire plant should be tested.

3. Since many plant constituents deteriorate quickly, the testing should be done soon after the plant has been collected.

4. The plant material should be tested finely ground and in the form of various organic extractions.

5. Insects from different orders should be employed as test organisms.

6. The testing should cover the values as a contact poison, as a stomach poison, and as a fumigant by the aerosol method.

In searching for insecticidal plants the trial and error method is the only dependable procedure. Botanical classification is not reliable. The most important commercial insecticides of plant origin are found in five different families: pyrethrum, in Asteraceae; anabasine, in Chenopodiaceae; derris, cube, and timbo, in Fabaceae; hellebore, in Liliaceae; and nicotine, in Solanaceae (*165*). That a plant is poisonous to other animals or is a common weed rarely attacked by insects is not true indication of insecticidal properties. The insecticidal plant principles may be present in one or more plant organs: leaves and leaflets, flowers, petioles, seeds and seed hulls, fruits, twigs and stems, roots, bark, and wood. The plant may be insecticidal when it is ground up, but the extract of the material may not be poisonous (*71*).

More than 2000 species of plants are said to have some value as insect killers, and they belong to 170-odd families (*116*).

It has been the custom to classify insecticides into groups according to their *mode of action on insects*.

Insects obtain their food in different ways. Some bite off, chew and swallow portions of the food plant. Others rasp the surface of the plant, sucking up the resulting pulp. Many other insects lap up food or moisture or use the mouth parts to clean the body and appendages. All of these insects can be poisoned by "stomach poisons" since in all cases the poison on the surface of the food will be taken into the alimentary tract. But many other insects obtain their food by piercing the object fed upon, and sucking the juices from beneath the surface. These sucking insects are controlled by "contact poisons."

However, there are other insecticides which do not act either as stomach poisons or contact poisons and still possess very useful functions. Repellents, attractants, synergists and fumigants are important for the proper control of insects harming man, animal and plant. "Repellents" repel or drive away insects while "attractants" lure insects to their doom, which may be poisoned food or traps. "Synergists" increase greatly the activity of a potent insecticide to which a synergist has been added. Often these synergists will not poison insects when used alone. "Fumigants" are chemicals used in the gaseous state to poison insects.

Insecticides can often be placed in more than one of the above classifications, depending upon the insect used for testing purposes.

II. Nicotine and other Tobacco Alkaloids.

1. General Remarks.

Only three dependable and important plant insecticides have been discovered from the time of the early Romans to the beginning of the twentieth century, tobacco being one of these three (*165*). The only commercial source of nicotine is tobacco (*Nicotiana tabacum* L., family Solanaceae).

The chemistry of nicotine and the tobacco alkaloids has been thoroughly summarized by BUSBEY and McINDOO (*28*), HOLMAN (*119*), JACKSON (*121*), MANSKE and HOLMES (*168*). SPÄTH and KUFFNER (*235a*) published an excellent monograph on Tobacco Alkaloids in Volume II of this series. Their monograph also contains three tables giving the melting points and other precise chemical information on the tobacco alkaloid bases and salts.

Nicotine (I) as is well known is an alkaloid, viz. 3-(1-methyl-2-pyrrolidyl)-pyridine. Pure nicotine is a water-white liquid with a sharp burning taste. Light and air turn it to a dark and more viscous liquid. The naturally occurring nicotine is laevorototory. At atmospheric pressure it has a boiling point of 247° C. and the density at 20° C. is 1.010 g/cc. Below 60° C. and above 210° C. it is miscible in all proportions with water.

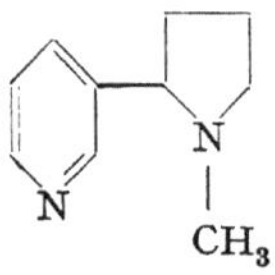

(I.) Nicotine.

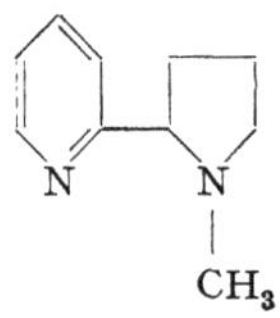

(I a.) α-Nicotine.

The dextrorotatory nicotine isomer has low toxicity to insects. Synthetic *α-nicotine* (I a) is less toxic than the naturally occurring *β*-form as an insecticide.

Nornicotine (II) is a steam-volatile liquid alkaloid closely resembling nicotine in physical properties, chemical structure, and physiological behavior. B. p. 266–270° C. Chemically, nicotine is a tertiary amine, while nornicotine contains a secondary amine nitrogen which makes it possible to prepare certain N-derivatives. Like nicotine, nornicotine is optically active and all three forms, the dextro, the laevo, and the racemic, occur in nature. It has been found to be present in commercial nicotine sulfate in as high as 12% concentration. MARKWOOD (*169*) and ROARK (*213*) have reviewed the literature on nornicotine.

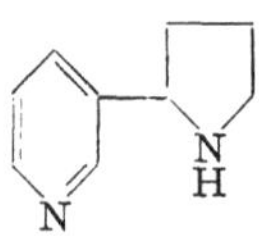

(II.) Nornicotine.

Entomological results indicate that *L*-nornicotine is more toxic than nicotine against certain insects.

Anabasine (III), 3-(2-piperidyl)-pyridine, an isomer of nicotine, closely resembles it in its physical, chemical, toxicological and insecticidal properties. Anabasine is of interest to entomologists because it is 4 to 5 times as toxic as nicotine to certain insects of economic importance. Anabasine has a boiling point of 281° C. and forms salts in typical alkaloidal fashion. ROARK (*213*, *211*) has presented reviews on anabasine.

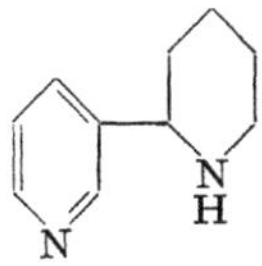

(III.) Anabasine.

The other tobacco alkaloids occurring in nature which have been investigated as insecticides have not been found to be highly toxic.

In 1942 H. H. SMITH and C. R. SMITH (*234*) gave a report on the alkaloids in certain species and interspecific hybrids of *Nicotiana*. One or more alkaloids were found in all the 29 of the wild species studied. In five species apparently only nornicotine was present while eighteen of the species contained mixtures of nicotine and nornicotine. No wild species had as much as 2% total alkaloid content. In most of the species the content was less than 0.5%. The main alkaloid in 23 of the species made up 84 to 100% of the total alkaloid content.

MARKWOOD and BARTHEL (*170*) proposed a method for classifying tobaccos into three types on the basis of the predominant alkaloid (nicotine, nornicotine or mixtures) and reported on 90 samples of tobacco, including *N. rustica*. BOWEN and BARTHEL (*21*) found five samples of *N. tabacum* and *N. rustica* and two samples of commercial nicotine sulfate solutions containing nornicotine as well as nicotine.

Analysis of some samples of *N. attenuata* and *N. trigonophylla* by BOWEN (*20*) showed the presence of both nicotine and nornicotine. Nicotine was the minor alkaloid in *N. trigonophylla*, and in this species the largest percentage of alkaloid was present in the roots. BOWEN also reported (*19*) that he found no nicotine in a sample of *Duboisia hopwoodii* received from Australia. The only alkaloid present was nornicotine, viz. in leaves 3.31%, in leaves on twigs 1.92%, in twigs without leaves 0.95%, and in larger stems 0.52%.

Anabasine was isolated by ORÉKHOFF in 1929 (*191*) from the Asiatic shrub *Anabasis aphylla*. C. R. SMITH (*231*) the year before, had synthesized a number of compounds related to nicotine in order to study their toxicity to insects. He found one compound that appeared to be equal to nicotine and he called it "neonicotine." Neonicotine is identical with anabasine. Later SMITH (*233*) detected anabasine in *Nicotiana glauca,* also called "tree tobacco."

The Russians have produced anabasine sulfate commercially as an insecticide from *Anabasis aphylla,* which is a salt-loving, perennial plant of the family Chenopodiaceae, growing in the semi-arid steppes of Transcaucasia, Russian Turkestan and neighboring sections of Central Asia. A Russian commercial product that was marketed in the United States for a few years before 1934 contained about 40% of anabasine and associated alkaloids. Anabasine has been used extensively in the Soviet Union in the form of insecticidal dusts.

The production of anabasine has not been developed commercially in the United States. Small-scale tests by entomologists of the U. S. Department of Agriculture have shown that it is of the same order of toxicity as nicotine to a number of species of aphids and other insects. SMITH and SMITH (*234*) found that anabasine was the predominant alkaloid in *N. debneyi, N. glauca,* and the hybrid *N. tabacum* × *N. glauca.* Russian workers have reported as much as 8% of anabasine in hybrids of *N. glauca* and *N. rustica.* FEINSTEIN and coworkers (*72*) began in 1947 to investigate *N. glauca* as a source of anabasine for insecticidal use and to study methods that might be practicable for extracting the alkaloid on a commercial basis. Wild plants, collected in Texas, which contained 1% or less of the alkaloid were used in these studies. RINDL and SAPIRO (*205*) published a chemical investigation of the constituents of *Nicotiana glauca* growing in South Africa. They found that the alkaloid consisted largely of optically inactive anabasine, and noted that anabasine *ex Anabasis aphylla* is strongly laevorotatory while that obtained by C. R. SMITH in the U. S. A. had a weak laevorotation.

2. Origin of Nicotine, Anabasine and Nornicotine.

DAWSON (*64, 65*) reported on a series of experiments which showed that nicotine is biosynthesized solely in the roots of *N. tabacum* and *N. glauca*; anabasine, on the other hand, is apparently formed in both root and shoot. The localization of the biosynthetic mechanism of the third of the major *Nicotiana* alkaloids, nornicotine, in *N. glutinosa* and in *N. glauca* was studied by DAWSON (*66*) with the result that nornicotine is produced in vivo from nicotine probably by a process of transmethylation.

According to DAWSON (*65, 66*) either nornicotine or nicotine is a characteristic constituent of *Nicotiana glauca,* in addition to the principal alkaloid anabasine, depending upon the particular strain or variety. The literature regarding the interesting hybrid, *Nicotiana tabacum* × *N. glauca* was surveyed by KOSTOFF (*142*) as well as by SMITH and SMITH (*234*).

DAWSON found (*66*) that such samples contain a mixture of nornicotine and anabasine.

DAWSON has shown that nornicotine is derived from nicotine by demethylation in the plant leaf. The same author (*67*) in a series of experiments testing the specificity of the bioconversion of nicotine to nornicotine proved that the formation of nornicotine in the green tobacco leaf must be considered as a specific case of a more general N-dealkylating activity of the tissue. He fed homologs and analogs of nicotine to excised leaves of *Nicotiana glutinosa*, rendered initially alkaloid free by grafting to tomato roots, and observed that *L'*-nicotine, *D,L*-nicotine, and *D,L*-N'-ethylnornicotine produced nornicotine. Anabasine was produced by *D,L*-N'-methyl- and *D,L*-N'-ethyl-anabasine.

3. Insecticidal Use.

In 1936 the Bureau of Entomology and Plant Quarantine of the U.S. Department of Agriculture issued Part II of "A Bibliography of Nicotine" under the subtitle "The Insecticidal Uses of Nicotine and Tobacco" by McINDOO, ROARK, and BUSBEY This Part is a mimeographed circular (628 pages in 3 sections covering 2497 abstracts) which includes the published information from 1690 to the fall of 1934. In 1943 McINDOO (*164*) published a condensed summary of the pertinent literature, 1690 to 1934.

Nicotine is effective and has been recommended against only those organisms having soft bodies and others of minute size, such as mites, thrips, aphids, psyllids, leaf-hoppers, crawling scale insects, capsids, lacebugs, lice on poultry, midges, mushroom flies, sawflies and grapevine moths (*164*). Most of the nicotine used as an insecticide in the United States is sold as a water solution containing 40% of the alkaloid in the form of nicotine sulfate. Some free nicotine is also used, but it evaporates too quickly and is more toxic to man than the sulfate. A diluted spray with a concentration of 0.05 to 0.1% of nicotine will control most aphids and other soft-bodied insects. Many attempts have been made to fix the alkaloids. One of the most effective forms is "nicotine bentonite", developed by C. R. SMITH in 1934 (*232*). Nicotine is added to a suspension of bentonite (a kind of clay) in water, then the mixture is dried and ground. The nicotine and the acidic constituents of the bentonite combine and, when properly made, this combination is effective for several weeks after it is sprayed. The control of the codling moth on apple trees has been satisfactory upon using this mixture.

Tobacco finely ground or nicotine sulfate diluted with clay, pyrophyllite, Fuller's earth or talc as a carrier is used often as a dust on vegetable crops. To prepare a quick-acting dust, alkaline diluents such as hydrated lime are added.

Free nicotine is ordinarily used in concentrated form for the fumigation of greenhouses. The alkaloid is volatilized by heating or is applied as a mixture with a combustible organic material and an oxidizing agent by burning.

CAMPBELL, SULLIVAN and SMITH (*38*) reported that based on a concentration required to kill 50% of a population of culicine mosquito larvae in 8 hours at 29.3° C., the relative toxicity of the four alkaloids is as follows: nicotine 100, anabasine 38, methyl anabasine 21, and lupinine 6. They also reported on the action of nicotine on house flies. At a concentration of 2 grams per liter of water, with saponin as a spreader, nicotine was sprayed on flies with little or no effect. At 10 grams per liter it had a temporary effect. Nearly all the flies were down about 15 minutes after the treatment. Some of the flies were able to walk but walked backward as well as forward and also in circles, pivoting on their hind legs. However, in less than one hour after the treatment every fly behaved normaly again and was able to feed on milk.

CAMPBELL, SULLIVAN, SMITH and HALLER (*39*) used nicotine as a standard of effectiveness to classify synthetic organic insecticides. Against the culicine mosquito larvae nicotine was only moderately effective as compared with rotenone. Compounds less effective than nicotine were not tested.

YOTHERS and GRIFFIN (*268*) made comparative tests of rotenone, anabasine, nicotine and other insecticides against the woolly apple aphid *Eriosoma lanigerum* HAUSM. and the apple aphid *Aphis pomi* DEG.

Against the woolly apple aphid nicotine sulfate 1 : 1600 plus 8 ounces soap per 100 gallons (about 56 grams per 100 liters) killed 99.8%; at 1 : 4800 nicotine sulfate plus 4 pounds wetting agent per 100 gallons (about 450 grams per 100 liters) killed 97.5%. Against the apple aphid nicotine sulfate 1 : 4800 plus 1 pound sodium oleate per 100 gallons (about 125 grams per 100 liters) killed 81.8%.

Sulfurized nicotine is non-toxic to the European corn borer (*200*).

The aerosol method of application is an interesting development (*93, 94*).

MAYER, GAHAN and SMITH (*175*) prepared and tested 25 nicotine compounds of a water-resistant type in which nicotine is combined usually with a metal to form a complex salt. They believe that a study of the toxicity of such complexes is important in determining whether the toxicity of nicotine is influenced favorably or otherwise by its presence in chemical union with various metals. The complex salts of nicotine were of two types, viz. double salts and nicotinammino compounds. MAYER obtained the former by the combination of the metal and nicotine salts of the same selected acid. The nicotinammino compounds are formed when free nicotine reacts with a metal salt of the selected acid. The metals used were copper, zinc, cobalt, nickel and manganese; and the acids used were benzoic, salicylic, picric, thiocyanic, hydrocyanic, *o*-benzoylbenzoic and *o*-phenoxybenzoic acids. Also included were some salts of acid dyes.

For comparison the insecticides used were those usually recommended for the control of the species. These were pyrethrum, derris, barium fluosilicate, nicotine sulfate, lead arsenate, sodium fluoride and dusting sulfur. Tests were made on five orders of insects and a red spider. In addition eleven kinds of plants were used in the tests for phytoxicity.

Results: In feeding tests with dusts diluted to 5% nicotine content, at least six of the compounds were as effective against 2 to 4 species as was the recommended insecticide. When tested as sprays, 12 of the compounds were effective insecticides; however, only cuprous nicotine cyanide and cuprous dinicotinammino thiocyanate caused no injury to the foliage. Cuprous nicotine cyanide killed all the large nymphs of the American cockroach in 3 days. None of the materials were effective against the cowpea weevil or against termites.

The U. S. Bureau of Entomology and Plant Quarantine and the U. S. Bureau of Agricultural and Industrial Chemistry have conducted a joint series of investigations on nicotine insecticides. Part I (*175*) reported a study of complex salts containing nicotine, usually combined with a metal, while Part II (*176*) described tests with a large number of materials in order to find activators for nicotine; Part III (*177*) is a study of the effect of various carriers on the toxicity of nicotine sulfate; finally, Part IV (*178*) includes a study of the insecticidal properties of 48 nicotinium salts and reports on preliminary toxicity tests with these salts in an attempt to correlate chemical composition with toxicity to insects and to designate, if possible, the most promising nicotinium cations and anions for further concentrated efforts.

Seven species of insects were used in the latter study; however, only the melonworm and the southern armyworm were employed throughout the tests; consequently, the discussion of relative effectiveness as a function of the structure is based mainly on the tests against these two insects.

Part IV (*178*) contains two tables of compounds tested. One table includes compounds showing higher toxicity than that shown by the nicotine or nicotine standard on the same day to either or both of the insects mentioned, while another table contains compounds that were relatively nontoxic to all the insects tested.

It appears that the dodecyl cation is more toxic than the other cations; thus, 8 of the 10 dodecyl compounds are found in the first table. The methyl group seems to be second best. Among the anions listed are the only iodide, diiodide and propionate compounds tested, whereas the dibromide and oleate ions appear once in each table (tested). Methyl nicotinium iodide, dimethyl nicotinium diiodide, and dodecyl nicotinium *p*-toluene-sulfonate were more toxic to the insects used than nicotine sulfate, or nicotine, when tested on the basis of equal amounts of nicotine.

In addition, 13 more compounds were more toxic to the melonworm than the nicotine or nicotine sulfate standard.

BOTTGER and BOWEN (*18*) carried out comparative toxicity tests of anabasine, nornicotine and nicotine as low concentration sprays (0.1% or less) against the cabbage aphid (*Brevicoryne brassicae* L.), the celery leaf tier (*Phlyctaenia rubigalia* GUEN.), the citrus red mite (*Paratetranychus citri* McG.), the large milkweed bug (*Oncopeltus fasciatus* DALL.), the nasturtium aphid (*Aphis fabae* SCOP.), the pea aphid (*Macrosiphum pisi* KLTB.), and a spider mite (*Tetranychus* sp.). The aqueous alkaloid solutions were prepared, respectively, from pure nicotine, nornicotine, or anabasine.

Anabasine at a concentration of 0.025% was more effective than nicotine at the same concentration against the cabbage aphid and pea aphid. Against the cabbage aphid the difference was not significant. At a concentration of 0.0125% anabasine was more effective than nicotine against the nasturtium aphid, although the difference was insignificant. At a concentration of 0.1% against the celery leaf tier, the citrus red mite, the milkweed bug, and the common red spider, only one marked difference in treatments appeared. Results from the anabasine treatment against citrus red mites were significantly higher than from the nicotine treatment. At the same concentrations used nornicotine was less toxic than either nicotine or anabasine to the cabbage aphid, the celery leaf tier, the large milkweed bug, and the red spider; it was slightly more toxic than nicotine, but less toxic than anabasine, to the citrus red mite, the nasturtium sphid and the pea aphid. However, none of these differences were significant.

RIPPER (*206*) suggested that chemical control of pests should be of a selective type; such an insecticide should be referred to as a *selective insecticide.* An insecticide should be used that would lead to biological control because it would kill a much greater proportion of the pests than of the predators and parasites of the pests. The article shows how nicotine is used as a selective insecticide based on the difference in toxicity of nicotine vapor to aphids and parasites or predators. It was found that short exposures of 40–60 sec. to nicotine vapor at a temperature of 16.5–27° C. and a concentration of 0.8 mgm. per liter, proved fatal to 80–90% of certain aphids, but did not seriously affect coccinellids, syrphids, or the larvae of the Braconid aphid parasite *Aphidius* which lives and pupates in the aphids. As a result the beneficial insects surviving the nicotine vapor treatment outnumber the surviving aphids and decimate the latter so that in a few weeks the infestation is further reduced after the initial high kill. RIPPER sums up, "... it has been shown that chemical control is greatly limited by the development of resistant races of pests through artificial selection caused by the insecticide, and it is proposed to overcome this limitation by a combination of chemical and biological control through use of selective insecticides." The author also believes that a search should be made for further "selective" insecticides as a promising approach to the extension of the usefulness of chemical control.

The method of *injection* of test insecticides into insects gives a different determination of toxicity and produces different results than the method of *spraying*. TURNER, WOODRUFF, SAUNDERS and EISNER (*256*) believe that on the whole, the true relationship between molecular constituents and toxicity can be defined more logically by injection than by spraying. However, a comparison of the two methods serves to distinguish lack of toxicity due to lack of penetration from low inherent toxicity. TURNER et al. confirmed by the injection method that the tertiary nitrogens and the basic structure of nicotine are responsible for the toxicity of the molecule. This result was further strengthened by the observation that some related coal tar bases and their derivatives were of low toxicity even when injected. The data mentioned show nothing to prove that nicotinium salts act in a different way than nicotine.

Dodecyl-nicotinium chloride was found to be more toxic than the bromide or iodide. Octyl, dodecyl, hexadecyl and octadecyl compounds were more toxic than the corresponding methyl, ethyl, or butyl derivatives. The benzyl compounds were not highly toxic, but the 2,4- and 3,4-dichloro-benzyl-nicotinium salts were more toxic than the corresponding *o*- or *p*-chlorobenzyl-nicotinium salts. Those compounds containing fatty acid and thiocyanate radicals were relatively toxic. The toxicity of injected nornicotine was approximately equal to that of nicotine, and dihydro-nicotyrine was much more toxic than nicotine.

The effect of *wetting agents* on the toxicity of nicotine has been investigated over many years. SMITH (*235*) worked with nicotine-soap sprays and pea aphids, spinach aphids and red spiders on strawberries. Toxicity to the insects increased as soap was added up to 4 lbs. in 50 gallons (about 900 gr. per 100 liters) of spray, but then as more soap was added declined. (The wetting power was not the only factor involved.)

MCINDOO (*163*) also studied how nicotine entered the bodies of insects. He found no evidence that sprays passed into the spiracles or penetrated the cuticle and he concluded that nicotine entered as a vapor.

TURNER, SAUNDERS and WILLAMAN (*255*) reviewed the literature up to 1951 covering wetting agents and their combination with nicotine on the effect of 30 polyethyleneglycol derivatives. Preliminary tests were made by spraying ionic and non-ionic wetting agents with nicotine and nicotine sulfate. Their results made them believe that the synergism demonstrated in spraying tests was the result of improved penetration of the insect cuticle. The tenfold increase in the toxicity of nicotine applied by spraying with the more effective of the polyethyleneglycol derivatives seems large enough to be of practical value. These derivatives were polyethyleneglycol-1000 monooleate, the 400 and 600 monolaurates, polyethyleneglycol-400 monooleate and octaethyleneglycol monododecyl ether*.

4. Analysis.

In 1951 JEFFREY (*130*) stated that the conventional methods of nicotine analysis give seriously conflicting results when applied to samples in which the predominant alkaloid is not nicotine. He believes that it is not possible to determine by the current quantitative methods, taken alone, whether the alkaloid present in a given sample is nicotine or not. His results show that some methods of "nicotine" analysis give results two and one-half times as high as other procedures. JEFFREY analyzed samples of tobacco by five different methods. On those samples which did not yield high results for nornicotine by the BOWEN and BARTHEL procedure (*22*) satisfactory agreement was found between all methods but on mixed alkaloid samples distillation with strong alkali and salt gave much higher values then weak alkali distillation. Furthermore, the use of an ultraviolet spectrophotometric method gave higher results than silicotungstic acid precipitation. The difference was due in part to the higher solubility of nornicotine silicotungstate as compared to that of nicotine silicotungstate.

In the same article JEFFREY (*130*) presented evidence for the presence in these mixed alkaloid samples of an additional substance besides nicotine and nornicotine reacting to some, but not all, of the alkaloid methods used. He concluded that, though certain commercial varieties of tobacco now contain a considerable proportion of non-nicotine alkaloids, most of them do not. The use of "nornicotine type" wild species of *Nicotiana* in disease resistance breeding may lead to the possible increase of mixed alkaloid varieties.

FEINSTEIN and MCCABE (*73, 74*) reported on two new color tests for *Nicotiana* alkaloids, one for nornicotine and anabasine, and another for nornicotine. They found that nicotine failed to give similar color reactions. A solution of quinhydrone will react at pH 7 to give a cherry-red color with nornicotine or anabasine. The second test (for nornicotine) uses as color-producing reagents 1,3-di-ketohydrindene, *p*-hydroxybenzoic acid, acetone, and di-isopropyl ketone. Nornicotine reacts with these reagents to give a violet color. This latter test is extremely sensitive.

PLEAT, HARLEY and WIBERLEY (*198*) have published a report on the use of infrared spectra in the qualitative and quantitative determination of alkaloids. They included nicotine and presented its infrared spectrum from 3.0 to 14 μ. They developed a quantitative test for nicotine in carbon disulfide solution using the wavelength of 13.966 μ.

* The numbers given represent average molecular weights of the polyethyleneglycol portion of the compounds.

5. Toxicity.

It is difficult to predict toxicity for humans from known chemical or physical data because of unknown variables present in the reaction between the physiological mechanism of man and an agent not usually present in his environment. WILSON and DEEDS (*264*) found that diets containing more than 0.006% nicotine inhibited growth of rats, the inhibition being greater as the concentration of nicotine increased. Further they found that rats were unable to survive on diets containing more than 0.05% nicotine as the sulfate, or 0.1 to 0.13% nicotine as the bentonite or tannate. Their experiments also showed that the inhibition of growth on diets containing nicotine was due principally to a lowered food intake with a small amount of the effect attributable to nicotine itself.

Chronic poisoning of rats produced by injection of nicotine differs from that caused by oral administration as determined by growth curves. In rats on diets containing nicotine sulfate WILSON and DEEDS (*265*) found at first a slight drop in blood sugar, followed later by a return to the normal concentration. They also demonstrated that acute nicotine intoxication produces fleeting hyperglycemia in rats. According to WILSON, MCNAUGHT and DEEDS (*266*), continued feeding of nicotine-containing diets to rats led to a slightly shorter body length. Histological evidence of damage to any of the organs studied was negligible but the weights of liver and spleen of the nicotinized rats were slightly, though definitely, higher than those of their controls. LONG and WOLFF (*161*) published a critical review of the literature covering the effect of tobacco on estrus, pregnancy, fetal growth, and lactation. They surveyed the attempts to demonstrate the effects of tobacco and its constituent, nicotine, on the human organism. LARSON, FINNEGAN and HAAG (*154*) made a comparison of the rate of elimination of nicotine by the dog, cat, rabbit, and mouse and showed that a considerable species variation exists in this regard. They defined the term "elimination" in a broad sense: to imply any process whereby the drug is rendered physiologically inactive.

WOLFF, HAWKINS and GILES (*267*) discussed the nicotine content of blood in relation to smoking. This is of some importance in the study of the metabolism of nicotine. Their new data show that relatively little nicotine is present in the blood even after long periods of heavy smoking. The authors conclude that the presence of nicotine in the initial blood samples, drawn at the end of a period of eight or ten hours without smoking, suggests that traces of the alkaloid are metabolized or excreted very slowly. In contrast, they found that there is a much more rapid rate of metabolism with the larger doses of nicotine absorbed during smoking. Nicotine was isolated from smoker's blood and gave the expected effect on the blood pressure of a cat.

Some symptoms of wild tobacco poisoning have been described by WALSH (*259*) as follows: "The tree is poisonous both green and in a dried state; it appears to be specially fatal to ostriches. Several authentic cases are on record, however, of cattle having died from eating it. Symptoms appear rapidly, and death has occurred within seven hours. Staggering gait with spasmodic jerkings of the head, dullness and stupor. Ostriches jerk their necks about wildly, and bend their heads over on the back. Death occurs while in a stupor."

III. Rotenone and Related Compounds.

1. General Remarks.

The plant genera in which rotenone and related compounds are most frequently found are, *Derris*, *Lonchocarpus*, *Tephrosia* and *Mundulea*, all closely related botanically and belonging to the family of *Leguminosae*. The roots of these plants have been in use for years and are still used in large quantities for the preparation of dusts and sprays for combatting many injurious insects. *Derris* is native to the Orient while *Lonchocarpus* flourishes in the American tropics. In Peru *Lonchocarpus* is called cubé or barbasco; in Brazil, it is known as timbo. *Tephrosia* is now being cultivated in the United States.

Derris has long been used as an insecticide. As early as 1848, the use of tuba root (*D. elliptica*) was reported as an insecticide in nutmeg cultivation. The insecticidal action of the roots was attributed at first to a single constituent, rotenone (*152*, *184*), which separates in crystalline form when extracts of the roots, prepared with suitable organic solvents, are concentrated. These extracts also contain a number of related compounds other than rotenone, which are obtained as an uncrystallizable residue after complete evaporation of the solvent. The percentage of total extractives, as well as the ratio, rotenone/total extractives, varies widely and depends upon several factors, such as the species, the method of cultivation, and the solvent used. In the case of *Derris*, which has been most extensively studied, the residue, when freed from rotenone as completely as possible, is known as "*derris resin.*"

At first, the insecticidal toxicity of derris resin was ascribed to its occluded rotenone content. Various comparative tests of derris and rotenone, however, indicated that toxic substances other than rotenone must be present in the extracts. For example, JONES *et al.* (*133*) found that powdered derris extractives that contained only about 25% of rotenone were as toxic to mosquito larvae as was pure rotenone; and CAMPBELL *et al.* (*37*) observed that a kerosene extract of derris from which no rotenone could be isolated was effective against houseflies. These results, as well as those of TATTERSFIELD and MARTIN (*250*, *172*), led to further intensive investigation of derris resin samples, originating from a number of species and varieties of *Derris* root. Commercial roots contain from about 0.5% to as much as 13% rotenone and 5 to 31% total ether extractives (*225*). Studies have also been made on *Tephrosia* and *Lonchocarpus*.

The isolation of rotenone by CLARK (*50*) in 1933, from the roots of *Tephrosia virginiana* L., the most abundant species of *Tephrosia* indigenous to the United States, stimulated interest in this plant as a source of insecticides. Analytical studies (*132*) of samples of the plant, commonly known as "devil's shoestring", have shown considerable variation in the amount of insecticidal constituents, but selective breeding experiments now make it possible to produce a root of uniformly high quality (*159, 160, 229*).

In 1940 ROARK (*210*) defined the term "rotenoid" as "a substance other than rotenone, but structurally related to it, naturally occurring in leguminous fish-poison plants (e. g. *Derris, Lonchocarpus, Mundulea* and *Tephrosia*). Examples of rotenoids are laevodeguelin, laevo-alpha-toxicarol, sumatrol and elliptone." JONES (*131*) listed many species of *Derris, Lonchocarpus, Millettia, Mundulea* and *Tephrosia* that have been found or reported to contain rotenone or rotenoids which have now definitely been reported in about 70 species of leguminous plants. It appears probable that these compounds are present only in plants of the family *Leguminosae*. RUSSELL and KACZKA (*220*) reported the isolation of rotenone from the roots of the Jamaica dogwood, *Piscidia erythrina* L., while NORTON and HANSBERRY (*187*) isolated it from the seeds of *Pachyrhizus erosus*.

ROARK (*207, 208*) as well as MCINDOO (*166*) have reviewed the history of rotenone and the rotenoids as insecticides, and HALLER, GOODHUE and JONES (*101*) surveyed the chemistry of rotenone and related compounds through 1941. METCALF (*180*) discussed the chemistry and mode of action of rotenone and some of its derivatives.

Although rotenone has never been completely synthesized, ROBERTSON and his co-workers (*118, 140, 192*) in England have published extensively during the last 20 years on the attempted synthesis of rotenone and related compounds. Work along these lines has also been done by SHAMSHURIN (*227*) in Russia.

2. Chemical Structure.

A. Rotenone.

The structural formula for rotenone (m. p. 163°; a dimorphic form melts at 181°), is now generally accepted to be (IV), and the fundamentals of its chemistry have been reviewed by LAFORGE, HALLER and SMITH (151), BUTENANDT and McCARTNEY (*32*), and KING (*139*).

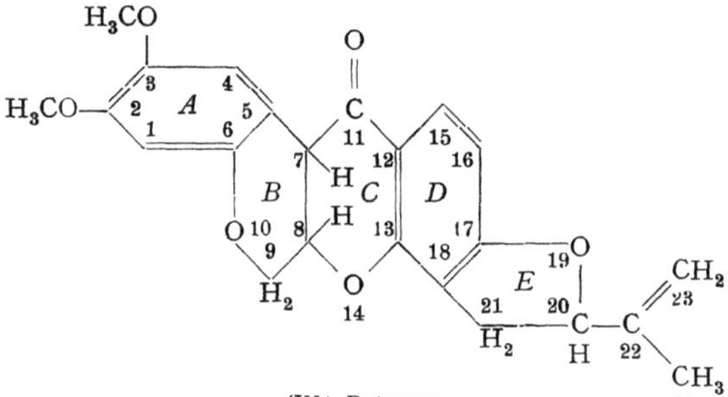

(IV.) Rotenone.

On gentle oxidation, rotenone loses two hydrogen atoms, with the formation of dehydrorotenone (V) (*31*). On hydrogenating rotenone, LAFORGE and SMITH (*152*) obtained two isomeric compounds as primary

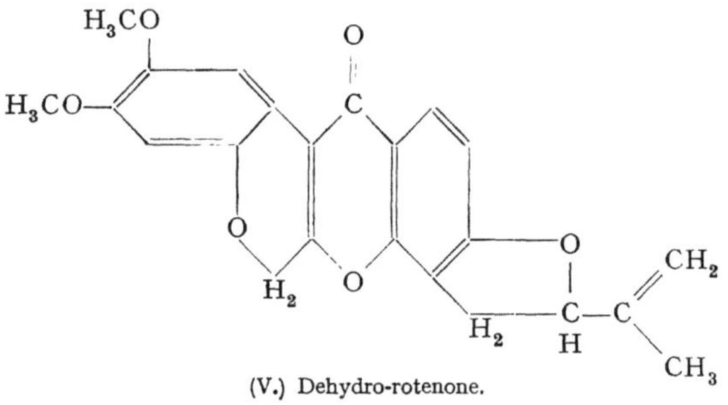

(V.) Dehydro-rotenone.

reduction products with the empirical formula $C_{23}H_{24}O_6$. One of these, dihydro-rotenone (VI), a neutral compound, was formed by the saturation

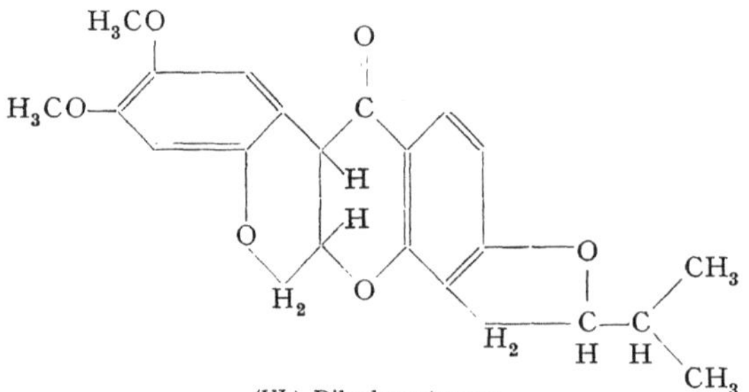

(VI.) Dihydro-rotenone.

of a double bond; the other was rotenonic acid (VII). On further catalytic reduction both compounds yielded dihydro-rotenonic acid (VIII).

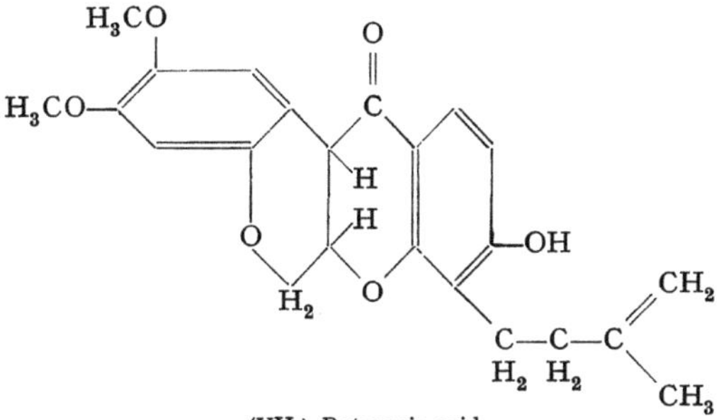

(VII.) Rotenonic acid.

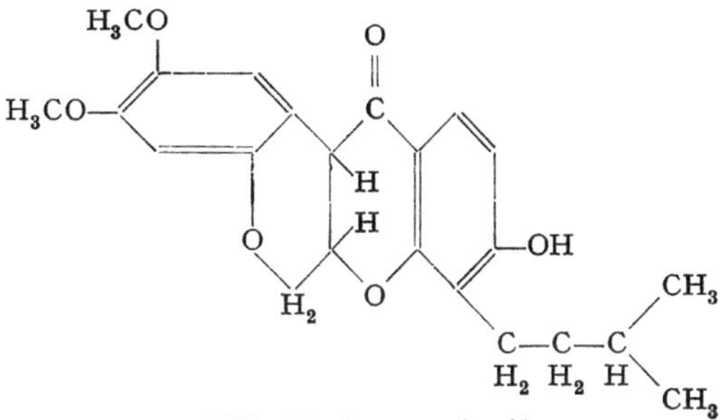

(VIII.) Dihydro-rotenonic acid.

B. Deguelin.

Deguelin (IX), m. p. 165–171°, was first described by CLARK (*46*) who obtained it in optically inactive, crystalline form on treatment of an alcoholic solution of derris resin with alkali. It has also been obtained from cubé, *Tephrosia*, etc. It is isomeric with rotenone. In a similar

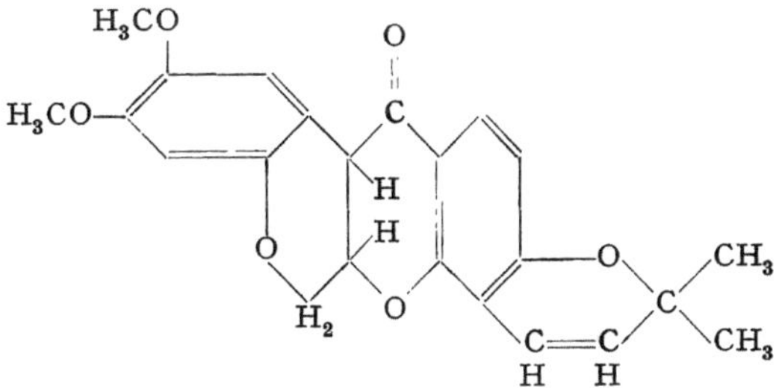

(IX.) Deguelin.

manner to rotenone, deguelin gives a dehydro compound, dehydro-deguelin (X) (*46*), on treatment with mild oxidizing agents. The deguelin structure thus differs from rotenone in that ring *E* is a substituted chromene, whereas in rotenone it is a substituted dihydrofuran. Optically inactive dihydro-deguelin (XI) is identical with the optically inactive form of β-dihydro-rotenone, which is obtained by sulfuric acid isomerization of

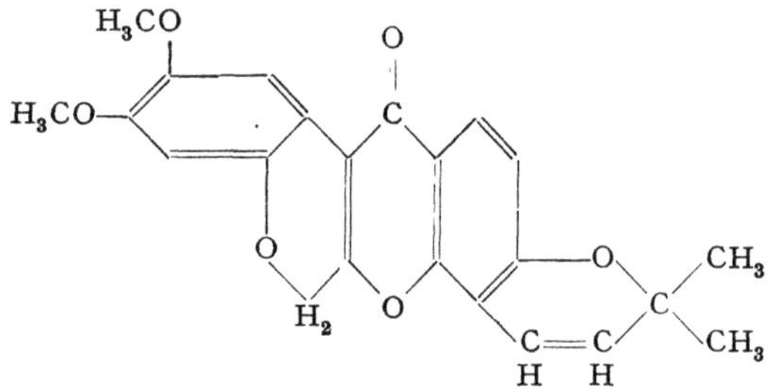

(X.) Dehydro-deguelin.

rotenonic acid (isodihydro-rotenone) (VII) (*100*). The latter compound is obtained in small amount on catalytic hydrogenation of rotenone.

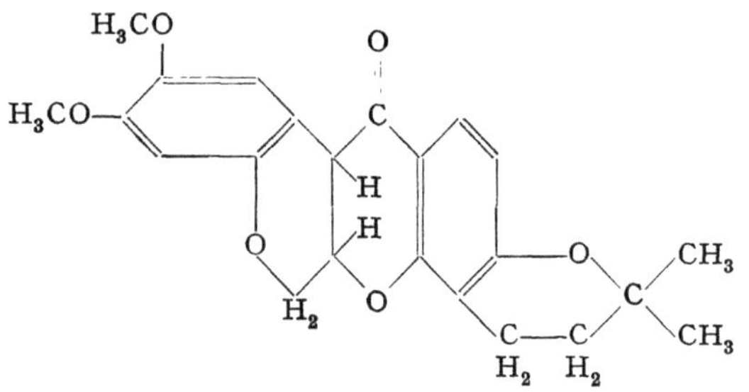

(XI.) β-Dihydro-rotenone (dihydro-deguelin).

The relatively low insecticidal action of deguelin (*63, 228*) stimulated studies on its precursor. HALLER and LAFORGE (*102*) found that, on hydrogenation of derris resin in the absence of alkali, optically active dihydro-deguelin was obtained. The type of hydrogenation procedure used made it appear probable that at least part of the deguelin had been present in the resin in an optically active form; and this has received support by the work of TATTERSFIELD and MARTIN (*251*), CAHN *et al.* (*35*), and HARPER (*107*).

C. *Tephrosin.*

Tephrosin was first isolated in impure form from the leaves of *Tephrosia vogelii* by HANRIOT (*106*). This material was later shown by CLARK (*47*) to be a mixture of deguelin and tephrosin. CLARK also isolated tephrosin (m. p. 197–198°) from the mixture of crystalline substances obtained on treatment of derris resin in alcohol with alkali. Tephrosin is optically inactive and possesses structure (XII). On treatment with acetic anhydride or acetic and sulfuric acids, tephrosin loses a molecule of water to form dehydro-deguelin (X).

It is now generally agreed that tephrosin does not occur as such in derris but is formed by oxidation of deguelin by air or alkali (*248, 150, 179, 35*).

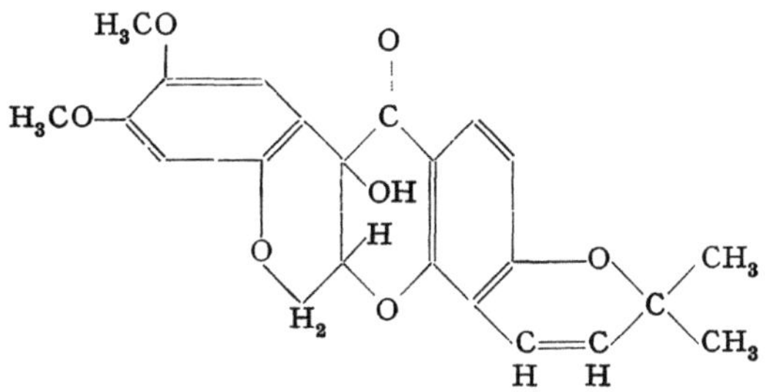

(XII.) Tephrosin.

D. Toxicarol.

CLARK (*45*) was the first to describe toxicarol. He obtained it in optically inactive form by alkali treatment of the extractives of *Tephrosia toxicaria* roots and from derris resin. Subsequently, CAHN and BOAM (*33*) showed that extracts of a certain species of derris, giving no rotenone by the usual treatment, nearly always yielded pure toxicarol on treatment

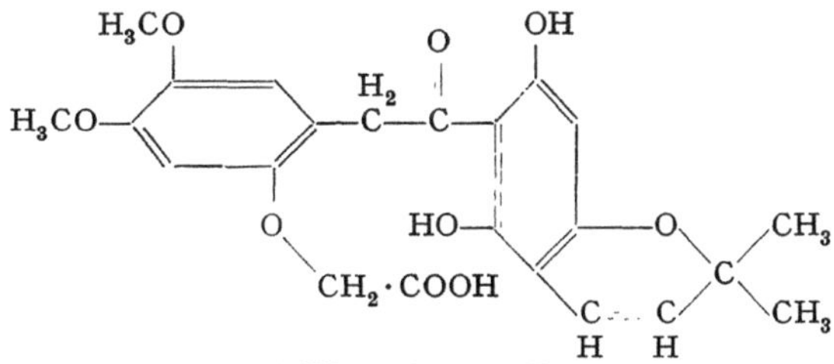

(XIII.) Toxicarolic acid.

with alkali. Toxicarol, $C_{23}H_{22}O_7$, is isomeric with tephrosin, but, unlike it, possesses a phenolic hydroxyl group. Like rotenone it yields a dehydro compound (*48*) that adds two molecules of water with the formation of toxicarolic acid (XIII), and the latter in turn can be degraded to derric

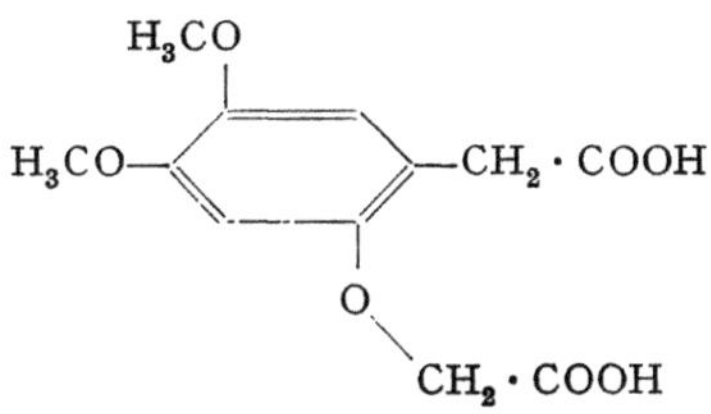

(XIV.) Derric acid.

acid (XIV) on oxidation with hydrogen peroxide. On the basis of this and other evidence (*49, 80*), toxicarol has been tentatively assigned formula (XV).

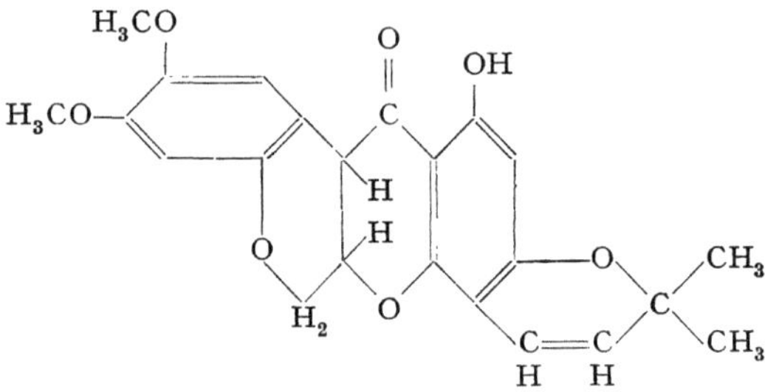

(XV.) α-Toxicarol.

When optically inactive toxicarol (α-form) in acetone solution is heated with potassium carbonate, it is partly isomerized to β-toxicarol (XVI) (*36*). Toxicarol obtained by the action of alkali on derris extractives is optically inactive. However, TATTERSFIELD and MARTIN (*252, 253*)

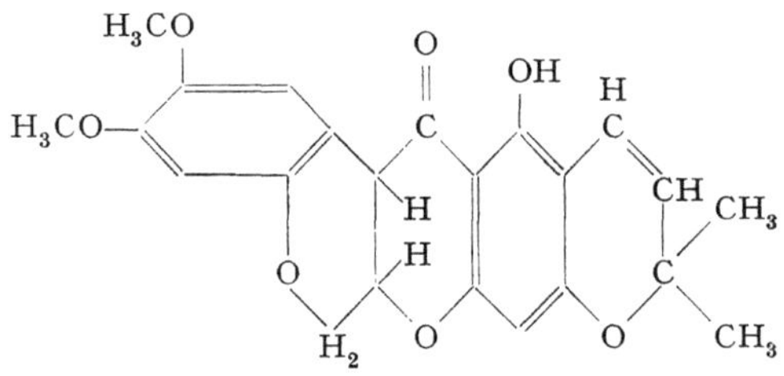

(XVI.) β-Toxicarol.

were the first to show that it does not occur in this form in the root, when they succeeded in isolating from a Sumatra-type derris resin an optically active precursor. This was shown to be *L*-α-toxicarol (m. p. 101°) by CAHN *et al.* (*36*).

E. Sumatrol.

Sumatrol, m. p. 188°, was first isolated by CAHN and BOAM (*34*) from a Sumatra-type derris resin. It is optically active and has the molecular

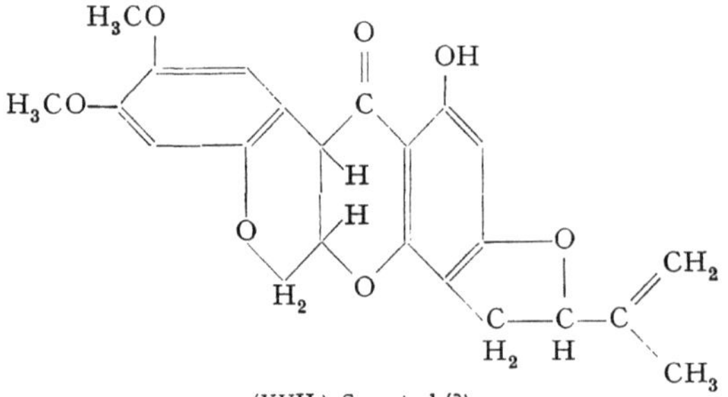

(XVII.) Sumatrol (?).

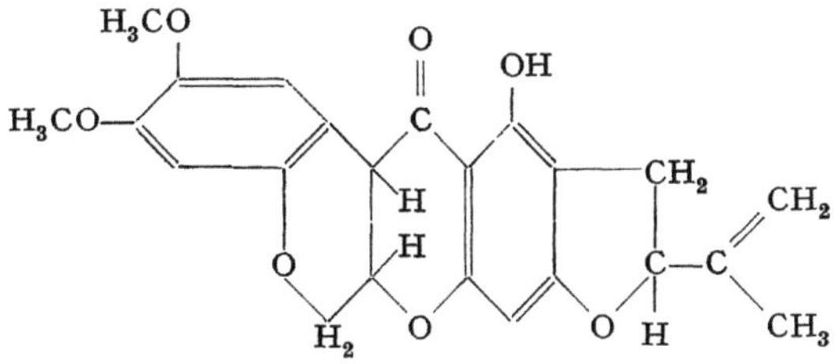

(XVIII.) Sumatrol ("linear" formula) (?).

formula, $C_{23}H_{22}O_7$, being isomeric with both tephrosin and toxicarol. Evidence now at hand (*216*, *137*) points to structure (XVII) for sumatrol but does not exclude (XVIII).

F. Malaccol.

Malaccol, $C_{20}H_{16}O_7$, m. p. 244°, has been isolated by MEYER and KOOLHAAS (*182*) and by HARPER (*109*) from Sumatra-type derris containing

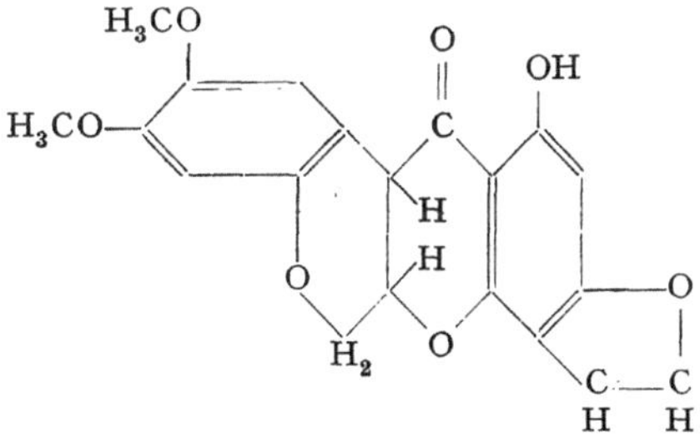

(XIX.) Malaccol (?).

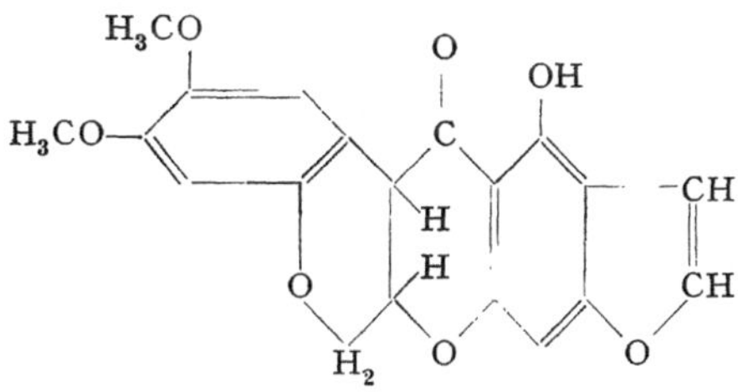

(XX.) Malaccol ("linear" formula) (?).

no rotenone. It is optically active. Evidence obtained by these investigators points to either structure (XIX) or (XX) for malaccol, with (XX) being less likely. Formula (XIX) bears the same structural relation to elliptone as do sumatrol to rotenone and toxicarol to deguelin.

G. Elliptone.

Elliptone, $C_{20}H_{16}O_6$, an optically inactive compound, m. p. 159°, was isolated by BUCKLEY (*24*) from an ethereal solution of *Derris elliptica* resin that had been repeatedly treated with 5% KOH solution. HARPER (*107, 108*) and MEYER and KOOLHAAS (*182*) later isolated an optically active isomer that could be racemized to *D,L*-elliptone, thus showing

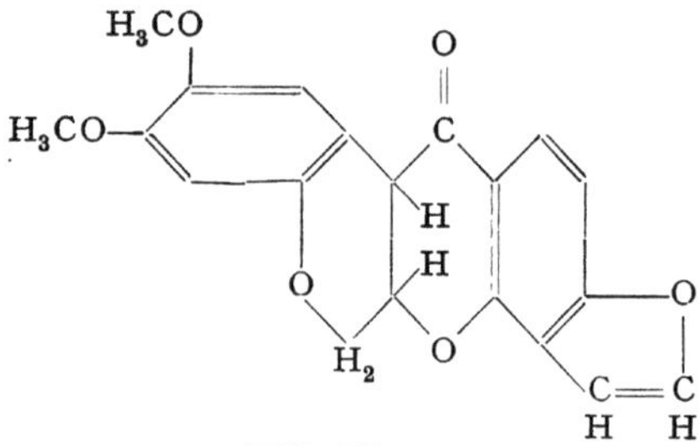

(XXI.) Elliptone.

that elliptone does not occur in the resin as such. Although the structural evidence presented by these investigators makes the proposed structural formula (XXI) probable, final proof could be afforded only by degradation to compounds of known structure or by synthesis.

3. Insecticidal Action.

Many toxicity tests have been run using rotenone and related compounds against a variety of different insect species. Literature reports on this subject are so numerous that only a few of these can be referred to here.

The relative toxicity of rotenone and rotenoids to insects varies considerably. For example, optically active dihydro-deguelin (β-dihydro-rotenone) (XI) possesses an insecticidal value to culicine mosquito larvae of the same order as dihydro-rotenone (VI, p. 438) and rotenone (IV) (*76, 242*). However, according to TATTERSFIELD and MARTIN (*253*) the toxicarol precursor, *L*-α-toxicarol, is about one-fifteenth as toxic as rotenone to *Aphis rumicis* L. The Sumatra-type derris resin from which it was isolated was approximately one-sixth as toxic as rotenone or about half as toxic as samples of *Derris elliptica* resin. According to the same investigators, sumatrol (XVII) is about as toxic as toxicarol to *Aphis rumicis* but it is present in the resin only in small amount and therefore is not regarded as an important contributor to the insecticidal effect of the resin. Insecticidal tests (*183*) indicate that elliptone (XXI) is comparable with rotenone in its toxicity to caterpillars.

SULLIVAN, GOODHUE and HALLER (*242*) reported tests of rotenone, dihydro-rotenone and optically active and inactive deguelin and dihydro-deguelin against houseflies, *Musca domestica* L. In acetone solution the two optically inactive compounds were much less toxic than the optically active ones, but when tested in highly refined kerosene containing cyclohexanone, the toxicity of the racemic compounds was approximately the same as that of the optically active forms.

ONO (*189*) reported on the relative effectiveness to insects of rotenone and several rotenoids. He gave the following figures: rotenone, 400; deguelin, 40; tephrosin, 10; *L*-α-toxicarol, 1; elliptone, 10. Some of these results are summarized in Table I (p. 446), taken from METCALF's survey of the subject (*180*). A review on the insecticidal action of the rotenoids was published by MEYER (*181*) in 1949.

LÄUGER *et al.* (*155*) have discussed the possible mode of toxic action of rotenone. They believe that the effectiveness of rotenone as an insecticide is due to the presence of the toxophoric grouping $-CO-\underset{L}{C}=\underset{L}{C}-O-L$, where *L* represents lipid-solubilizing groups to enable the compound to reach the site of action. According to the investigators mentioned, these groups in rotenone are the benzopyran and benzofuran rings *B* and *E* (p. 438) and the methoxy groups. However, such a theory does not explain the inferior activity of the other rotenoids, all of which possess the same toxophore.

Rotenone has been shown to act either as a contact or a stomach poison. TISCHLER (*254*) determined that derris extracts could enter the insect body through the alimentary canal, the spiracles and tracheal system, or directly through the integument. WEBB (*260*) found, in tests on *Melophagus ovinus*, that derris penetrated the insect body chiefly by way of the spiracles. WIGGLESWORTH (*262*, *263*) reports that removal of the outer lipid layer of the cuticle greatly accelerated the passage of rotenone through the integument of *Rhodnius prolixus* nymphs. According to TISCHLER (*254*), rotenone poisoning produced no specific effects on motor nerves and attached muscles of insects. SWEETMAN and GYRISKO (*243*) found that individual *Thermobia domestica*, recovering from sublethal doses of rotenone dust, often exhibited latent injury developing weeks after exposure.

4. Pharmacology.

GERSDORFF (*81*) reported that dihydro-rotenone was more toxic than rotenone which in turn was more toxic than isorotenone to goldfish. The concentration of rotenone just necessary to kill was determined to be 0.0125 mg. per liter. GERSDORFF also reported (*82*) on the toxicity of toxicarol, deguelin, and tephrosin to goldfish. Their toxicities were 65, 56, and 23%, respectively, of that of rotenone. The dihydro compounds of rotenone and the rotenoids were found to have 1.5 times the toxicity of the corresponding unsaturated compounds; and the hydroxy derivatives were one-tenth as toxic as the respective parent compounds (*84*). The following descending order of toxicity was found: rotenone, optically active dihydro-deguelin, deguelin, inactive dihydro-deguelin (*83*). CLARK (*45*) reported that toxicarol killed goldfish in a dilution of 1 : 20000000 in $4^1/_2$ hours, while deguelin, at the same dilution, was lethal in 3 hours.

Table 1. Relative Toxicities of Rotenone and Some Related Compounds [METCALF (*180*)].

Compound	Lethal dose 50% as stomach poison to 4th instar *B. mori* (micrograms per gram)	Median lethal conc. to houseflies (mg./ml.) in 72 hours		Relative lethal concentration as suspensions to *Aphis rumicis* (%)	Relative median lethal concentrations in 48 hours to:	
		Acetone	Kerosene cyclohexanone (9 : 1)		*Aphis rumicis*	*Macrosiphoniella sanborni*
Rotenone	3	0.30	0.30	0.0005	1	1
Dihydro-rotenone	10					
L-Dihydro-rotenone		0.43	0.38			
L-β-Dihydro-rotenone		0.71	0.52			
Deguelin	10–12	2.80	0.59	0.005		
L-Deguelin conc.		0.60	0.57			
Dihydro-deguelin		10.00	0.83			
L-Dihydro-deguelin		0.57	0.51			
Tephrosin	30–60			0.02		
Toxicarol	>1540			0.2		
L-α-Toxicarol					15	6
Sumatrol					13.1	
L-Elliptone						5

BUCKINGHAM (*23*) fed rotenone orally to dogs, cats, pigs, sheep, cows, and chickens. He found it to be much less toxic than arsenic when eaten by warm-blooded animals. HAAG (*99*) reported that rotenone administered intravenously to guinea pigs caused death as a result of respiratory failure. According to AMBROSE and HAAG (*11, 12*), derris root displayed an acute fatal oral toxicity (expressed in milligrams per kilogram of body weight) of 600 for rabbits, 100 for rats, and 150 for dogs. This toxicity does not depend solely on rotenone or the total acetone-extractive content. Derris appeared to exert its most profound effect upon respiration, which is initially stimulated and then, after fatal doses, completely depressed, with death resulting.

No effects were noted when rotenone was fed to dogs in doses of 2 grams per kilogram of body weight. The lethal dose was found to be 3 grams for rabbits, 0.6 gram for rats, and 0.06 gram for guinea pigs. Doses of deguelin, toxicarol, dehydro-rotenone, and dihydro-rotenone as high as 1.5 grams per kilogram were not fatal to rabbits and rats.

AMBROSE, DEEDS and COX (*10*) reported that albino rats could be maintained on high fat diets containing derris and rotenone for a minimum of 140 days, with no appreciable retardation of growth or evidence of tissue damage.

According to LEHMAN (*158*), the sub-acute dermal toxicity of rotenone, in solution, to rats was 100–200 mgs./kg. of body weight.

IV. Pyrethrum.

1. General Remarks.

Pyrethrum, which contains the insecticidal principles of pyrethrum flowers, is widely used in fly sprays and aerosols as household insecticide and in other forms against some agricultural pests. It is characterized by the rapidity with which it paralyzes insects (an effect for which the term "knockdown" is used), and by it being non-toxic to warm-blooded animals. Millions of pounds of pyrethrum flowers have been imported into the United States annually during the past ten years, principally from Kenya in East Africa.

2. Chemical Structure.

An excellent review of pyrethrum chemistry has been published by HARPER (*110*).

The insecticidal constituents of pyrethrum flowers were first isolated by STAUDINGER and RUZICKA and shown to consist of two esters named pyrethrins "I" and "II." Structures were assigned to these two toxic compounds on the basis of their studies (*237—240*). These structures have been revised by LAFORGE and co-workers (*146, 153*) in the years following 1935; and two additional insecticidal esters were isolated and named cinerins "I" and "II." The structures finally accepted represent pyrethrin-I (XXVI) as the pyrethrolone (XXII) ester of chrysanthemum monocarboxylic acid (XXIV), and pyrethrin-II (XXVIII) as its chrysanthemum dicarboxylic acid and monomethyl ester (XXV). The structures

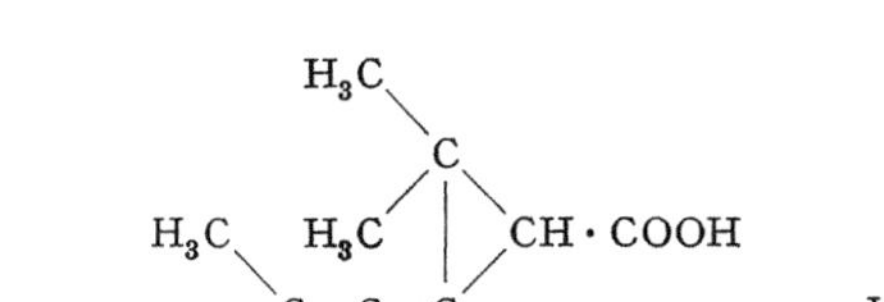

(XXII.) Pyrethrolone.

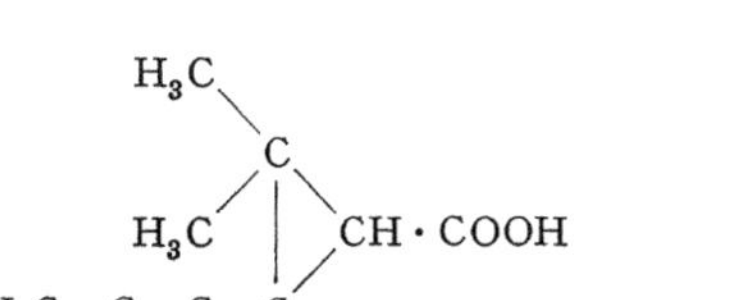

(XXIII.) Cinerolone.

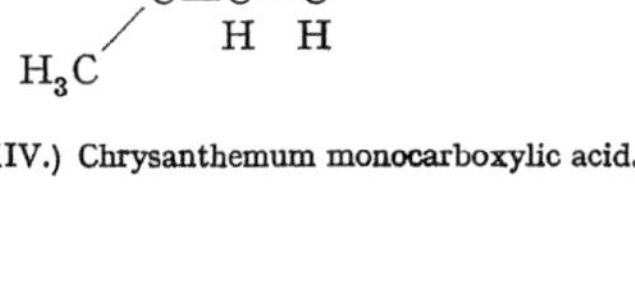

(XXIV.) Chrysanthemum monocarboxylic acid.

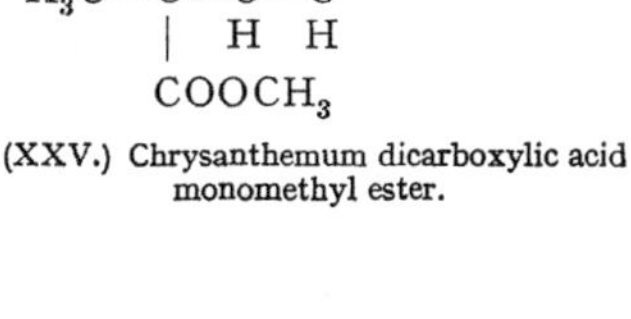

(XXV.) Chrysanthemum dicarboxylic acid monomethyl ester.

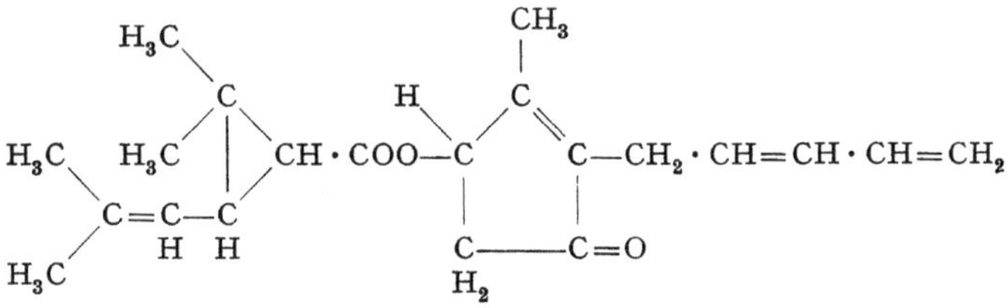

(XXVI.) Pyrethrin-I (Chrysanthemum monocarboxylic acid pyrethrolone ester).

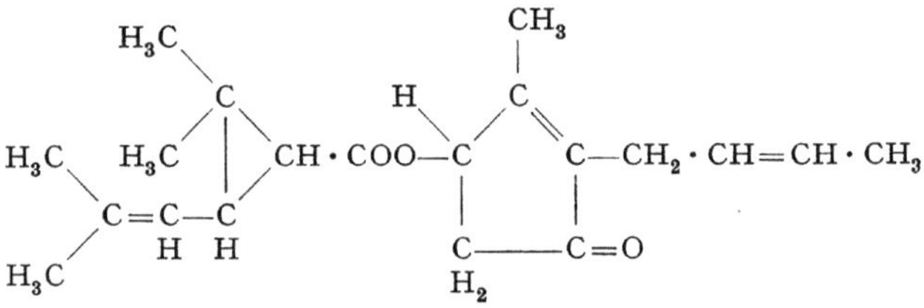

(XXVII.) Cinerin-I (Chrysanthemum monocarboxylic acid cinerolone ester).

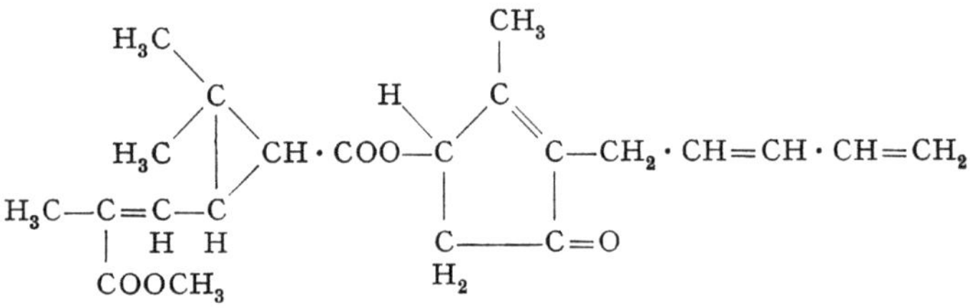

(XXVIII.) Pyrethrin-II (Pyrethrolone ester of chrysanthemum dicarboxylic acid monomethylester).

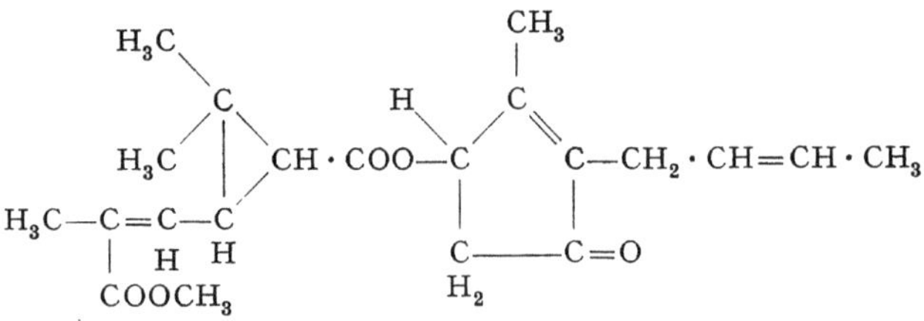

(XXIX.) Cinerin-II (Cinerolone ester of chrysanthemum dicarboxylic acid monomethylester).

of cinerins-I and -II (XXVII and XXIX) were shown to be the cinerolone (XXIII) esters of the two acids (XXIV and XXV).

Both pyrethrolone and cinerolone exist in optically active and racemic forms and each possesses an ethylenic bond capable of *cis-trans* isomerism therefore, each of these ketoalcohols may exist in four stereoisomeric forms. Naturally occurring cinerolone has been shown to have the *D-cis*-configuration by CROMBIE and HARPER (*60*), who synthesized *D,L-cis*-cinerolone and esterified it with both *D-trans*- and *D,L-trans*-chrysanthemic acid to give two forms of cinerin-I. The racemic *trans*-form of cinerolone, *D,L-trans*-cinerolone, has also been synthesized (*222, 58*). With regard to the structures of the acid components, both can exist in the *trans* and *cis* forms, the natural form being the *D-trans* isomer (*40*). All the stereoisomeric forms of chrysanthemum monocarboxylic acid have been synthesized, but chrysanthemum dicarboxylic acid has not yet been obtained synthetically. Only the *D,L-trans* form of pyrethrolone has so far been synthesized (*61*), although the naturally-derived pyrethrolone has been shown to be the *D-cis*-form.

3. Toxicity and Pharmacology.

GERSDORFF (*85*) obtained toxicity data on the natural pyrethrins-I and -II and the cinerins-I and -II by the turntable method using adult houseflies as the test insect. From these tests the following conclusions have been drawn: (*a*) Pyrethrin-I is about 1.4 times as toxic as cinerin-I, and their toxicities are independent of the presence of optical activity in the alcoholic-ketonic component. (*b*) Pyrethrin-I is about 4 times as toxic as pyrethrin-II. (*c*) Cinerin-I is about 4 times as toxic as cinerin-II. (*d*) Pyrethrin-II is about 1.3 times as toxic as cinerin-II. Hydrogenation of the double bonds in either the acid or the alcoholic components reduces the toxicity of all compounds tested. (*e*) Complete hydrogenation of the two double bonds in the pyrethrolone side chain of pyrethrin-I reduces the toxicity to less than 0.03% of the original compound. STAUDINGER and RUZICKA (*237–240*) had previously shown that, while the pyrethrin esters were highly toxic to certain insects, pyrethrolone and the chrysanthemum acids were themselves non-toxic. Hydrogenation was found to largely destroy the "knockdown" of pyrethrins-I and -II to the housefly and decidedly lowered the kill obtained (*105*).

According to GNADINGER and CORL (*90*), the 24-hour median lethal concentration for suspensions in water sprayed on the German cockroach is 10 mg. per liter for pyrethrin-I, and 12.5 mg. per liter for pyrethrin-II. When tested as kerosene sprays, pyrethrin-II was about 80% as toxic as pyrethrin-I (*91*). HARTZELL and WILCOXON (*111*) found that, when tested as dilute acetone sprays against *Aphis rumicis*, concentrates of pyrethrin-I were considerably more toxic than those of pyrethrin-II. When miscible oil was used as a solvent, the extracts were of nearly equal toxicity.

The pyrethrins are generally considered to be strictly contact insecticides and to have little stomach poison action. The most careful study of the mode of entry of the pyrethrins into the insect body is that of WIGGLESWORTH (*261*). METCALF (*180*) published an excellent review of the type of toxic action of the pyrethrins and their effect on physiological systems in various species of insects, and this was followed in 1950 by SAKAI's review (*221*).

LEHMAN (*158*) found the sub-acute dermal toxicity of pyrethrins to rats, in solution, to be 200–400 mg. per kilogram of body weight.

NAGASE and MATSUI (*185*) described a crystalline lactone, isomeric with chrysanthemum monocarboxylic acid, obtained on dry distillation of pyrethrum flowers and extract. The lactone was reported to be highly toxic to mosquitoes and to be responsible, in part, for the insecticidal effects of pyrethrum smoke. Subsequently, MATSUI (*173*) obtained this lactone, which he named "pyrocin," by heating chrysanthemum monocarboxylic acid in a sealed tube at 400° C., and found it to be toxic to houseflies. The compound was later prepared by CROMBIE *et al.* (*62*), who determined its structure to be (XXX). The latter investigators consider the compound to be an artifact formed from the small amount of free acid generally present in chrysanthemum flowers or extract, and have found it to be substantially non-toxic to houseflies.

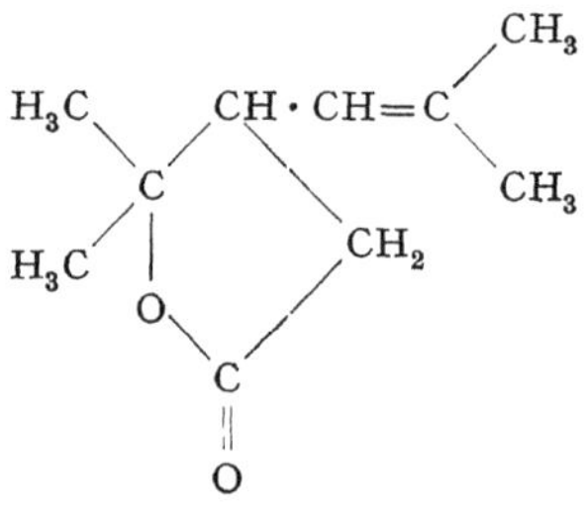

(XXX.) Pyrocin.

4. Synthetic Products.

SCHECHTER, GREEN and LAFORGE (*222, 223*) have synthesized *D,L-trans*-cinerolone and a series of related cyclopentenolones having structure (XXXI), where *R* was -*n*-C_4H_9, —$CH_2 \cdot CH{=}CH \cdot CH_3$ (cinerolone), —$CH_2 \cdot CH{=}CH_2$, —$CH_2 \cdot C(CH_3){=}CH_2$, —$CH_2 \cdot CH_2 \cdot CH{=}CH_2$, —$CH_2 \cdot CH{=}C(CH_3)_2$, or —H.

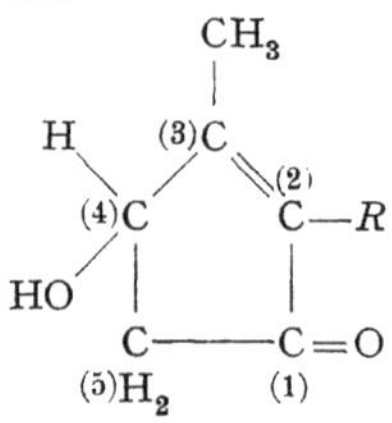

(XXXI.)

All of these cyclopentenolones were esterified with natural *D-trans*-chrysanthemum monocarboxylic acid, yielding esters analogous to cinerin-I (p. 448). In addition, the compounds in which *R* was —$CH_2 \cdot CH{=}CH \cdot CH_3$ and —$CH_2 \cdot CH{=}CH_2$ were esterified with synthetic *D,L-cis*-

and *D,L-trans*-chrysanthemum monocarboxylic acids. The products were all tested against adult houseflies (*86*). The *D,L-trans*-cinerolone esterified with the natural acid was relatively as toxic as was cinerin-I. This shows the importance of the hydroxyl group being in position 4 of the cyclopentenolone nucleus, since it had been found previously (*149*) that a compound differing from this component only in having the hydroxyl group in position 5 yielded an ester of considerably lower toxicity than cinerin-I. The results also show that a steric difference, involving the unsaturated side chain of the cyclopentenolone nucleus, is without influence on the toxicity. No difference in toxicity was found between the compounds of the *cis* and *trans* forms of the acid component for both the *D,L-trans*-cinerolone and the case in which *R* was allyl. In both of these subclasses, the ester with the natural *D*-acid component was about 3.8 times as toxic as an ester with a synthetic racemic acid component. The completely synthetic isomers of cinerin-I were about 0.39 times as toxic as the natural mixture of pyrethrin-I and -II.

The *D-trans* acid ester of the compound with *R* = allyl was found to have the highest toxicity, being about 3 times as toxic as pyrethrin-I. The same cyclopentenolone, when acylated with the synthetic *D,L*-mixture of the *cis* and *trans* acids furnished an ester which, under the name of "allethrin," is being produced commercially. The manufacturing of "allethrin" has been rapidly developed in the United States and substantial quantities have been marketed at a price comparable to that of pyrethrum. Although possessing markedly higher toxicity to houseflies than the natural pyrethrins, "allethrin" falls short when tested against cockroaches. The other compounds prepared in this series were less toxic to houseflies than was pyrethrin-I. "Knockdown" effect was of high order for all the compounds tested. In the case where *R* was allyl but the methyl group in position 3 was replaced by phenyl, the ester showed but little toxicity.

Matsui *et al.* (*174*) prepared the ester of the cyclopentenolone, *R* = furfuryl, with the synthetic *D,L*-acid mixture. This mixture of *cis* and *trans* esters, named "furethrin," proved to be about equal to pyrethrins in toxicity to houseflies. Chen and Barthel (*41*) obtained a series of cyclopentenolones in which *R* in structure (XXXI) was phenyl, benzyl, *p*-methoxybenzyl, *o*-methoxy-benzyl, and —3,4-methylenedioxybenzyl,

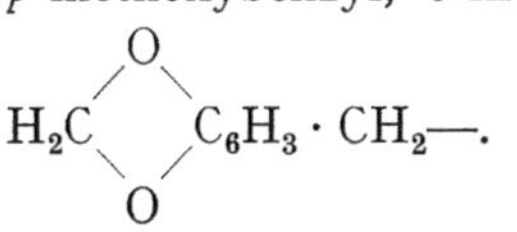

Each compound was then esterified with the *D,L*-mixture of *cis* and *trans* chrysanthemum acids. Where *R* was phenyl or benzyl, the esters were somewhat below the activity of the natural pyrethrins against houseflies. In the other cases, the esters showed insecticidal activity of a low order.

The allethrin-type esters of a number of different cyclopropane-carboxylic acids were prepared, and their relative toxicity to houseflies determined by the turntable method (*147*). All were less toxic than allethrin, however, the most toxic ester, that of *D,L*-dihydrochrysanthemum monocarboxylic acid, was as toxic as natural pyrethrins. Since the *L-trans*-acid was but 2% as toxic as the *D-trans*-acid ester, configuration in the acid component is considered to be of great importance with respect to toxicity. LAFORGE and GREEN (*148*) have very recently reported the resolution of *D,L-cis*-cinerolone into its *D*- and *L*-forms; the *D* isomer is identical with natural cinerolone. The *D*- and *L*-forms of cinerin-I were also obtained and tested for toxicity to houseflies. Table 2 gives some pertinent results.

Table 2. Toxicity to Houseflies of Some Esters Obtained From Optically Active Cinerolones and Chrysanthemum Acids (*148*).

Ester formed from		Comparative Activity
trans-Acid	*cis*-Cinerolone	
D	*D*	0.67
D	*L*	1.2
L	*D*	0.2
L	*L*	0.1

The use of supplementary substances which may themselves be non-toxic as activators or synergists for insecticides has been most successful in the field of the pyrethrins. Examples of such synergists are, sesamin, N-isobutylundecylenamide, and piperine. The results of tests with pyrethrins and synergists have been covered by METCALF (*180*).

V. Unsaturated Isobutylamides.

A number of insecticidal unsaturated isobutylamides have been isolated from natural sources. They all possess a high order of pungency, a small amount placed on the tongue causing profuse salivation and a burning, paralyzing effect on the tongue and mucous membranes of the mouth. They are very closely interrelated structurally, the acid components containing an unbranched chain of 10–18 carbon atoms and at least 2 double bonds. With the exceptions of herculin and sanshool-I and -II, isolated from members of the plant family *Rutaceae*, all have been obtained from *Compositae*.

1. Pellitorine.

This compound, m. p. 72°, was first isolated in pure form from the roots of pellitory, *Anacyclus pyrethrum* DC. by GULLAND and HOPTON (*98*) who determined it to be the N-isobutylamide of a decadienoic acid. Jacobson (*124*) located the double bonds in the 2- and 6-positions from which structure (XXXII) follows. In tests against houseflies, pellitorine showed paralyzing action equal to, and mortality somewhat greater than, one-half that of pyrethrins.

$$CH_3 \cdot CH_2 \cdot CH_2 \cdot CH{=}CH \cdot CH_2 \cdot CH_2 \cdot CH{=}CH \cdot CONH \cdot CH_2 \cdot CH(CH_3)_2$$

(XXXII.) Pellitorine.

The *cis-cis* (*201, 203*), *trans-cis* (*59*), and *trans-trans* (*125*) isomers were all insecticidally inert, although the *trans-cis* isomer possessed pungency similar to the natural isomer, which must therefore represent the *cis-trans* form. The latter has not yet been synthesized. The *trans-trans* form of *N-isobutyl-2,4-decadienamide*, an isomer of pellitorine, has recently been synthesized (*128*). It is pungent and toxic to houseflies, showing about the same toxicity as natural pellitorine.

2. Spilanthol.

This compound, b. p. 165° (1 mm.), has been isolated from the flowers of *Spilanthes oleraceae* (*13*) and *S. acmella* (*195, 92*) and shown to be the N-isobutylamide of 4,6-decadienoic acid (XXXIII); it is thus isomeric with pellitorine. Its spatial configuration has not yet been determined. Spilanthol has been reported to be an effective mosquito larvicide (*194, 195*).

$$CH_3 \cdot CH_2 \cdot CH_2 \cdot CH{=}CH \cdot CH{=}CH \cdot CH_2 \cdot CH_2 \cdot CONH \cdot CH_2 \cdot CH(CH_3)_2$$

(XXXIII.) Spilanthol.

3. Affinin.

Affinin (XXXIV), b. p. 160–165° (0,3–0,5 mm.), has been isolated from the roots of the Mexican plant, *Heliopsis longipes* (*129*), previously thought to be *Erigeron affinis* (*2, 3*). It is the N-isobutylamide of 2,6,8-decatrienoic acid. This compound is toxic to codling moth larvae adult mosquitoes, and several leaf-eating insects, and it has the same order of paralyzing action and toxicity to houseflies as the pyrethrins (*2, 129*).

$$CH_3 \cdot CH{=}CH \cdot CH{=}CH \cdot CH_2 \cdot CH_2 \cdot CH{=}CH \cdot CONH \cdot CH_2 \cdot CH(CH_3)_2$$

(XXXIV.) Affinin.

4. Herculin.

Herculin, m. p. 59–60°, was isolated from the bark of the southern prickly ash, *Zanthoxylum clava-herculis* (*123*), and reported to be the N-isobutylamide of 2,8-dodecadienoic acid (XXXV). It proved to be

$$CH_3\cdot CH_2\cdot CH_2\cdot CH{=}CH\cdot CH_2\cdot CH_2\cdot CH_2\cdot CH_2\cdot CH{=}CH\cdot CONH\cdot CH_2\cdot CH(CH_3)_2$$

(XXXV.) Herculin (?).

toxic to mosquito larvae, ticks, and several leaf-eating insects, and as a body louse ovicide. It has approximately the same order of paralyzing action and toxicity to houseflies as the pyrethrins. The synthesis of the four possible *cis-trans* isomers of N-isobutyl-2,8-dodecadienamide has recently been reported (*201, 202, 204, 57*). None of these proved to be pungent, toxic or identical with herculin whose structure must therefore remain open for the present. CROMBIE (*57*), however, has isolated from southern prickly ash bark the compound "neoherculin", m. p. 63–65°, with certain properties similar to those of herculin. It is also highly pungent and toxic to houseflies.

5. Sanshool-I and Sanshool-II.

These two pungent principles have been isolated from the fruits of *Zanthoxylum piperitum* by AIHARA (*5, 6*). Sanshool-I, b. p. 141–143° (0,007 mm.), has been identified as the N-isobutylamide of 2,4,8-dodecatrienoic acid (XXXVI) and sanshool-II, m. p. 125–126°, as the N-isobutylamide of 2,4,8,10-dodecatetraenoic acid (XXXVII). Both sanshool-I

$$CH_3\cdot CH_2\cdot CH_2\cdot CH{=}CH\cdot CH_2\cdot CH_2\cdot CH{=}CH\cdot CH{=}CH\cdot CONH\cdot CH_2\cdot CH(CH_3)_2$$

(XXXVI.) Sanshool-I.

$$CH_3\cdot CH{=}CH\cdot CH{=}CH\cdot CH_2\cdot CH_2\cdot CH{=}CH\cdot CH{=}CH\cdot CONH\cdot CH_2\cdot CH(CH_3)_2$$

(XXXVII.) Sanshool-II.

and sanshool-II, particularly the former, were found to be highly toxic to mosquito larvae (*8*). AIHARA (*7*) has also isolated, from the same source, sanshoamide (XXXVIIa), m. p. 110–111°, which he determined to be the N-2-hydroxyisobutylamide of 2,4,8,10-dodecatetraenoic acid.

$$CH_3\cdot CH{=}CH\cdot CH{=}CH\cdot CH_2\cdot CH_2\cdot CH{=}CH\cdot CH{=}CH\cdot CONH\cdot CH_2\cdot \underset{\displaystyle OH}{\underset{|}{C}}(CH_3)_2$$

(XXXVII a.) Sanshoamide.

6. Scabrin.

This compound was isolated from the roots of *Heliopsis helianthoides* var. *scabra* as a viscous oil which cannot be distilled without decomposition. It is the N-isobutylamide of an octadecapentaenoic acid, with the double bonds situated in one (or several) of the following four possible combinations: 2,4,8,10,14-, 2,4,8,12,14-, 2,6,8,10,14- and 2,6,10,12,14- [JACOBSON (*126*)].

Scabrin was found to be more toxic than pyrethrins to houseflies. It has previously been determined that extracts of three American species of *Heliopsis* were highly toxic to this insect (*87*). Scabrin also inhibits the growth of several gram-positive and gram-negative microorganisms (*215*). When fed orally, it was found to be toxic to rats, causing loss of coordination, profuse salivation, convulsions and, in some cases, death. The relative toxicity of scabrin in simple and mixed sprays with some pyrethrum synergists was determined against houseflies (*88*). Several of these synergists were found to increase the toxicity of scabrin several-fold and greatly increased its stability in solutions.

JACOBSON (*127*) has synthesized a series of isobutylamides of various unsaturated 18-carbon acids; none of these proved to be toxic to houseflies.

VI. Synergetic Effects.

The presence of one or more 3,4-methylenedioxyphenyl groups in certain compounds which perform as activators or extenders or pyrethrins has led to much interest in other compounds containing this group. The latter apparently contributes insecticidal activity to a compound only if the compound also contains one or more other structural components of suitable type (*246*). The most important naturally-occurring synergists are sesamin and related compounds as well as piperine.

1. Sesamin and Related Compounds.

In 1940 a patent was granted to EAGLESON (*70*) describing the synergistic effect produced by the addition of sesame oil (obtained from *Sesamum indicum* seed) to insecticides such as rotenone, pyrethrins, etc. Later HALLER and coworkers (*104*) isolated sesamin, m. p. 122.5°, from the oil and found it to be highly active as a synergist. However, PARKIN and GREEN (*193*) were able to show that the synergism was not due completely to the sesamin content of the oil, and SIMANTON (*230*) reported the presence, in sesame oil, of two other unidentified compounds which

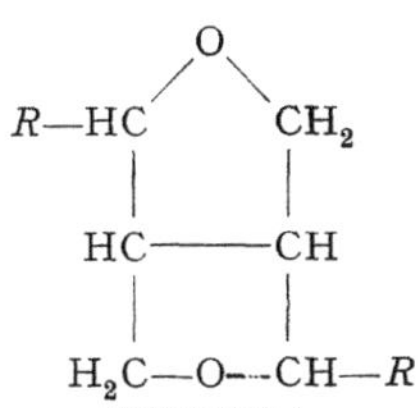

(XXXVII b.)

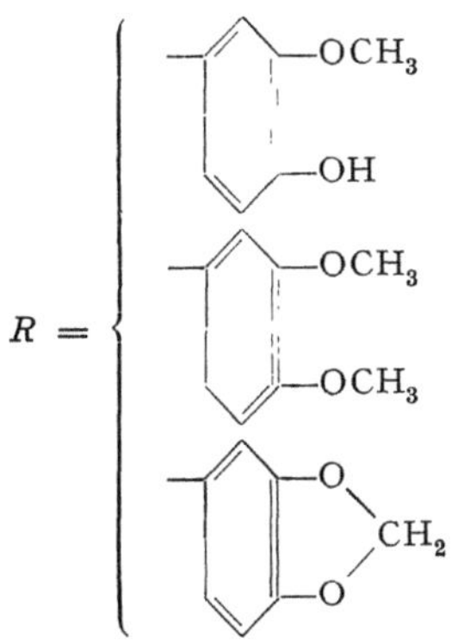

Pinoresinol.

Eudesamin.

Sesamin (Asarinin).

were also synergistically active. HALLER *et al.* (*103*) investigated several natural compounds closely related to sesamin, including asarinin and iso-sesamin. These optical isomers of sesamin were found to be as active as sesamin (XXXVII b), when tested as synergists for pyrethrins, but when the methylenedioxy group in the sesamin molecule was altered (as in pinoresinol and its dimethyl ether and diacetyl derivative), the activity was lost.

Following the establishment of the importance of the methylene-dioxyphenyl group with respect to insecticidal activity, many natural and synthetic compounds containing this group were examined, and a number of them have been found to be active, either alone or as synergists (*17, 245, 258, 138, 224*). The mode of action of these adjuvants has been discussed rather completely by KERR (*138*). An excellent review of sesame oil and its chemical, insecticidal and physiological properties has been published by BUDOWSKI and MARKLEY (*25*).

Several patents have recently been obtained describing improved procedures for the extraction of pure sesamin from sesame oil and its concentrates (*188, 75*).

2. Piperine.

As is well known, piperine, m. p. 128–129.5°, is the naturally occurring acid amide which makes up 4 to 10% of black pepper berries *(Piper nigrum)*. It possesses high toxicity of its own when used in sprays against houseflies, but its "knockdown" action is slow (*112*). Mixtures of piperine and pyrethrins in a petroleum base have been patented (U. S. Patent 2425530), and the effectiveness of this combination has also been reported

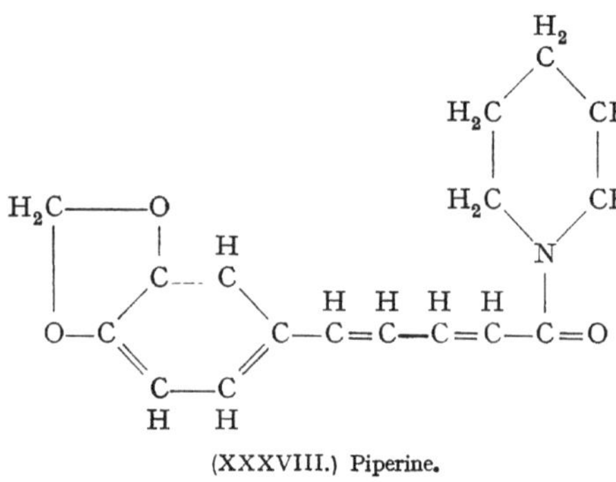

(XXXVIII.) Piperine.

elsewhere (*68, 190*). A number of compounds related to piperine have been synthesized and many have been tested for synergistic activity (*89, 113, 247*).

VII. Essential Oils, Camphor, Turpentine, Fatty Oils.

The fragrant volatile products obtained from plant sources by steam distillation are usually termed essential oils. Most of these are liquids, but some, such as camphor, are crystalline solids. A number of these essential oils are insect repellents and attractants.

Among the best repellents known in 1916 were spirits of camphor, oil of pennyroyal and oil of citronella. A 1 : 1 : 0,5 mixture of oil of citronella, spirits of camphor, and oil of cedarwood was recommended. DOVER's preparation or pomade is widely used in India (*55*). It contains oil of citronella, spirits of camphor, cedarwood oil and white petroleum base (0,5 : 0,25 : 0,25 : 2). Other substances have been recommended and used, such as bergamot oil, oil of thyme, oil of cassia, spruce oil, oil of lime, and oil of turpentine.

Traps containing a mixture of geraniol and eugenol are used to attract Japanese beetles, and thus many thousand pounds of geraniol are used annually in the United States.

It can be said that no correlation has yet been found between the chemical constitution and physical properties of the repellents mentioned.

In the United States the largest essential oil industry is the naval stores industry which produces turpentine and related products, chiefly from the long leaf pine, *Pinus palustris*. Pine oil has found an increased use as an ingredient of plant sprays, household fly sprays and cattle sprays. It has a greater solvent power for rotenone than have mineral oils. It is considered to increase the toxic effect of pyrethrins and rotenone. The oil itself, in dilute solutions, has very little killing power, but does appear to have repellent properties to flies. After the distillation of crude turpentine and also after the petroleum extraction of pine wood following the steam distillation of the lighter oils from this wood, a solid resin termed "rosin" remains. This solid makes up roughly 65% of the crude turpentine obtained from the pine tree. Rosin is a good adhesive and is employed in tree banding materials and in manufacturing sticky flypaper (made of rosin softened with castor oil).

BUSHLAND (*29*) tested thirty-seven essential oils as ovicides against screwworm eggs. He found that oils of anise, butter almond, cassia, fennel seed, mustard, parsley, pennyroyal, rue, sassafras and sweet birch killed the eggs.

GUENTHER (*95, 96*) within the last five years has published a thorough treatise on essential oils including some discussion from the viewpoints of botany, biochemistry, organic and analytical chemistry, and pharmacology. The first volume describes from a general point of view, the history, chemistry, biological origin and functions of the essential oils, as well as the method of production and analysis. The second volume deals with the chemical constituents. Succeeding volumes are to be devoted to individual oils, their botanical and geographical origin, specific methods of production, physiochemical properties, assay and use. In 1951 GUENTHER (*97*) gave a series of articles covering the recent developments in the field of essential oils. Considering the recent publications of GUENTHER representing a culmination of a life time's work and extending over more than 1200 pages, it would hardly be in order here to outline the chemistry and biochemistry of essential oils.

Recently, KIRCHNER and MILLER (*141*) have published their results covering the preparation of terpeneless essential oils using a chromatographic process. The oils are adsorbed on hexane-washed silicic acid and the hydrocarbons are washed out with hexane. The oxygenated compounds are eluted with ethyl acetate, ethyl alcohol, ethyl ether, or acetone. Low temperature (0° C.) distillation is used to remove the solvents. In many instances this chromatographic method gives a sharper separation than fractional distillation or solvent extraction and does not subject the oils to the heating needed in fractional distillation.

Recently, ZEISS (*269*) published a review of the chemistry of the resin acids in the light of the newer data (since 1937). For the earlier literature the author refers to FIESER's book (*75a*).

A highly chlorinated camphene with approximately 67–69% chlorine and known as "toxaphene" was first tested against insects in 1945. This polychloro bicyclic terpene is a pale-yellow, waxy solid with low vapor pressure and is soluble in common organic solvents including refined petroleum. Camphene is manufactured by isomerizing α-pinene, a major constituent of turpentine. ROARK (*214*) has written a digest of information on toxaphene. This 85 page digest covers the chemistry of toxaphene, formulations, compatibility, effect on plants and animals, and the use of toxaphene as an insecticide against 158 species (up to 1950). Toxaphene is principally a liver poison and is the most toxic of the chlorinated hydrocarbon insecticides (*156*, *157*).

As well known natural gum camphor is an aromatic smelling solid which is distilled from the wood, leaves, and twigs of the camphor tree, *Cinnamonum camphora* (family Lauraceae) (*69*). Camphor at one time was widely used as an insect repellent and to protect clothes from moths. Synthetic camphor with identical properties is produced from pine turpentine.

Finally, it should be mentioned that certain fatty oils such as cottonseed, groundnut, linseed, maize, olive and soybean oil are used as sprays in the same way as are mineral oils. ROARK (*209*) mentions that some of these oils are more toxic to mealy bugs. than the usually applied mineral oils.

VIII. Miscellaneous.

1. Ryania speciosa.

Extracts of the stems and roots of *Ryania* spp. (family Flacourtiaceae) show insecticidal activity (*78*). The ground plant is an effective insecticide in the control of the European corn borer and certain other insects. ROGERS, KONIUSZY, SHAVEL and FOLKERS (*219*) give the development and history of its insecticidal and chemical properties [cf. also HEAL (*114*)]. HEAL describes sources of Ryania insecticides, along with its discovery and development. Later STARR, SCHULZ and FERGUSON (*236*) presented data on the use of *ryania* for control of the corn borer. In the article by ROGERS *et al.* (*219*) and in two patents taken by ROGERS (*217*, *218*) details are given for the extraction and purification of the active alkaloid ryanodine which is highly insecticidal and which possesses approximately 700 times the potency of the stem wood of *Ryania speciosa* VAHL.

Ryanodine is neutral to litmus and is obtained as pure crystals. It is effective against the German cockroach and in mothproofing. A short summary of its extraction and purification is as follows:

The plant material is extracted by chloroform or by water followed in turn by the other solvent not first used. This extract in turn is extracted by ether or amyl acetate and the solvent is removed in vacuo from the new extract leaving an amorphous residue which is dissolved in acetone or ether. Crude ryanodine crystallizes out and is recrystallized from ether.

HEAL (*115*) received a patent on the ground parts of *ryania* plant as insecticides: Powdered dried roots, stems, and leaves of *ryania* species and an inert base are used as dust or spray and are effective against the apple aphid, potato aphid, squash bug, milkweed bug, onion thrips, Japanese beetle, elm-leaf beetle and a host of other insects.

The concentrated active principles of *ryania* are quite toxic to mammals as well as insects. KUNA and HEAL (*145*) have reported on the safety of use of *ryania* as an insecticide and concluded that a consideration of the demonstrated toxicity levels of *ryania* powder in relation to the amounts of insecticidal residues normally found on forage and food crops show that a safety factor does exist.

KELLY, WHITTINGHAM and WIESNER (*135*, *136*) have published several articles on the chemical structure of ryanodine. They showed that ryanodine, $C_{25}H_{35}NO_9$, may be hydrolyzed to ryanodol, $C_{20}H_{32}O_8$, and pyrrole-α-carboxylic acid, $(C_4H_4N)COOH$. Extraction of ryanodol in acidic solution gives amorphous anhydroryanodol, $C_{20}H_{30}O_7$, which crystallizes on sublimation. This compound consumes 1 mol. of periodic acid to yield another amorphous substance, oxoanhydroryanodol, approximating the formula $C_{20}H_{28}O_7$. The authors state that ryanodol, anhydroryanodol and oxoanhydroryanodol are analogous to compounds obtained from unhydrolyzed ryanodine. The amorphous periodic acid oxidation product gives rise to three equivalents of acid on treatment with aqueous potassium hydroxide. One acid was steam-volatile and formed isobutyric amide, the residue of the steam distillation contained two acids of a more complex nature.

2. Tripterygium wilfordii Hook.

SWINGLE, HALLER, SIEGLER and SWINGLE (*244*) reported on the history, the introduction into the United States, and the preliminary entomological tests of *Tripterygium wilfordii* HOOK (family *Celastraceae*). In China this plant is called "lei kung teng" or "thunder god vine." It is a perennial twining vine whose root bark has been used extensively in China to kill garden insects. CHEO, HWANG and HSU (*43*; cf. *44*) described among others the toxic alkaloid fraction "tripterygine," a colorless, amorphous powder precipitated in 0.08% yield (of the root bark) when petroleum ether was added to a benzene solution of the acid-soluble products separated from the ether extractive of the root bark. Tripterygine, m. p. 160–165°, was precipitated by the usual alkaloidal reagents and was assigned the formula $C_{32}H_{38}O_{11}N$.

Later, ACREE and HALLER (*1*) published information on an insecticidal alkaloid from the same plant called "wilfordine." This was crystalline and found to be an ester alkaloid consisting of a polyhydroxy nucleus esterified with 5 mol. of acetic acid, 1 mol. of benzoic acid, and 1 mol. of a nitrogen-containing dicarboxylic acid. From the same laboratory BEROZA (*14*) reported on the discrepancy between the formula given by ACREE and HALLER for the sum of the components of wilfordine and that calculated for the entire alkaloid. According to BEROZA (*15*) wilfordine is a mixture. Using partition chromatography he isolated two very similar alkaloids, designated as wilforine and wilfordine. Both are insecticidally active ester-alkaloids which, upon saponification, yield 1 mol. of benzoic acid, 5 mol. of acetic acid, and 2 mol. of steam-nonvolatile acid.

BEROZA (*16*) continued his investigation on the alkaloids from *Tripterygium wilfordii* HOOK showing that at least four pure ester-alkaloids are present which he has named wilforine, wilfordine, wilforgine and wilfortrine. He isolated all the fragments resulting from the degradation of these alkaloids, and found that the formula for the sum of the components of each alkaloid is in agreement with the molecular formula calculated from the elementary analyses of each alkaloid. His data from elementary analysis, paper chromatography, and X-ray diffraction patterns showed that the four alkaloids possess the same polyhydroxylated nucleus, $C_{15}H_{26}O_{10}$ which contains 10 OH-groups. Only 8 of them are esterified in the intact alkaloid, viz. 5 with acetic acid, 1 with either benzoic or 3-furoic acid, and 2 with a nitrogen-containing dicarboxylic acid. Wilforine and wilforgine possess the same carboxylic acid, and wilfordine and wilfortrine contain the same dicarboxylic acid, but the latter acid is the hydroxy congener of the former. Permanganate oxidation of both dicarboxylic acids give acetic, oxalic, and quinolinic acids. BEROZA assumes that the dicarboxylic acids are 2-substituted nicotinic acid derivatives.

The toxicity of the root bark of the wrinkle-fruited thunder god vine, *Tripterygium forrestii* LORD (closely related to *Tr. wilfordii* HOOK), was reported and reviewed by CHIU (*44*) when he published his research on the effectiveness of Chinese insecticidal plants with reference to the comparative toxicity of botanical and synthetic insecticides. His results indicate that the contact action of the root bark is not strong but that the repellency of the root-bark powder is of great interest and is probably the most important attribute of this plant which the Chinese farmers use so extensively as an insecticide. The chemical composition of the root bark has not been thoroughly studied. It contains a red pigment and an alkaloid called "forrestine" (*42*). The effectiveness of *Tr. forrestii* depends primarily on its quick paralytic effect and its repellency. The root-bark powder could act as a stomach poison but the insects would be paralyzed before a lethal dose is taken, and therefore considerable recovery and resumption of feeding on the crops occur.

3. Quassia.

The bark and wood of *Quassia amara* L. contain insecticidal principles. BUSBEY (*26*) mentions in a review some 120 species of insects against which quassia has been tested. At the present time the insecticidal value of quassia is limited and in the United States its insecticidal use is directed against the hop aphid almost exclusively, although it has an appreciable toxicity to the bean beetle.

CLARK (*51*, *52*) devised a convenient method of extracting the active bitter principles from Surinam quassia chips.

It consisted of steeping them in hot water, adding normal lead acetate to the separated water extract, then activated carbon, filtering, drying, extracting with chloroform and recrystallizing from methanol. The yield of crystals averaged 0,16%.

CLARK believed that the crystals consisted of a mixture of the optically active isomers, quassin and neoquassin. These compounds were first isolated and named by WINCKLER (*266a*) and were thought to have identical formulas and to contain two methoxyl groups.

CLARK (*53*) isolated from Jamaica quassia the bitter principle, picrasmin. Jamaica quassia also was found to contain a mixture of neoquassin and other unknown materials from which neoquassin was separated by chromatography on activated alumina (*54*).

MCGOVRAN, MAYER and CLARK (*162*) reported on the insecticidal value of quassin and isoquassin (obtained by action of chromic acid on either quassin or neoquassin). There was no significant difference in their toxicity to green peach aphids and houseflies.

When applied as 1 and 3% solutions in acetone respectively, neither killed more than 4% of these insects in 24 hours. However, a 5% solution of quassin in acetone killed 80% and a similar solution of isoquassin killed 93% of second-instar larvae of the Mexican bean beetle after 3 days, but was ineffective against adults and fourth-instar larvae. A 5% acetone solution of quassin caused no "knockdown" and no mortality ot adult American cockroaches.

ADAMS and WHALEY (*4*) studied the amaroids of quassia, quassin, isoquassin and neoquassin. They showed that *Aeschrion excelsa* (Jamaica quassia) contains three amaroids, quassin, isoquassin and neoquassin and that picrasmin and isoquassin are identical. Their work also showed that quassin is a molecular complex containing isoquassin and neoquassin in approximately equal amounts. Neoquassin, $C_{22}H_{30}O_6$, is a hydroxy compound and isoquassin, $C_{22}H_{28}O_6$, is the corresponding ketone.

4. Sabadilla.

That sabadilla possessed insecticidal properties was known in the sixteenth century, but it was not until 1938 that the thorough investigation of these properties began. *Schoenocaulon officinale* (family *Liliaceae*), the source of sabadilla seeds, is a perennial plant growing as a small shrub. The toxic constituents occur in the seeds only, apparently lacking in the roots, bulbs, leaves, and stems. Commercial supplies of the seed come almost entirely from Venezuela but the plant occurs northward to Mexico. The powdered seed is commonly used in the United States against cattle lice and, to some extent, against human head lice. The active constituents of sabadilla seeds are the so-called veratrin alkaloids, a complex mixture of (in part) obscure compounds totalling 2 to 2,5% of the dried ripe seeds. Most of the activity of this alkaloid mixture lies in cevadine (veratrine) and veratridine, both of which are esters of cevine, $C_{27}H_{43}O_8N$, in combination with the acids characteristic of the individual compounds (*122*). Both esters are more active than the pyrethrins. IKAWA *et al.* (*120*), in

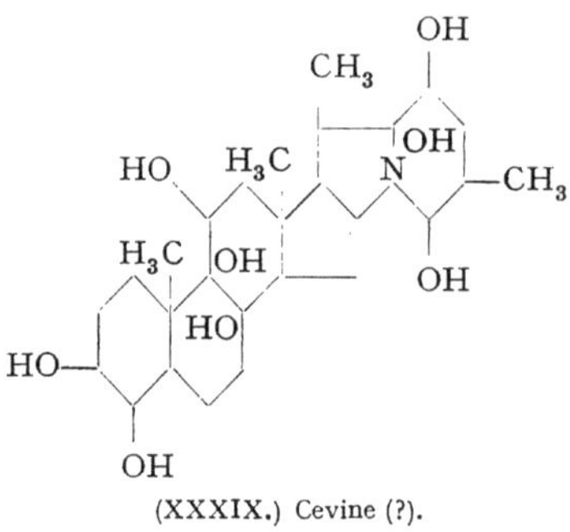

(XXXIX.) Cevine (?).

tests against houseflies, found that veratridine was highly toxic, cevadine less toxic; veratridine at 0,20 mg. per ml. of solvent and cevadine at 0,42 mg. per ml. gave practically complete "knockdown" in three minutes. The remaining alkaloid mixture also gave very quick "knockdown." The cevine base was totally inactive in "knockdown" and kill. The oil extracted from the seeds gave "knockdown" but possessed no killing properties. ALLEN *et al.* (*9*) demonstrated, however, that cevadine was decidedly more toxic than veratridine to the large milkweed bug and to the red-legged grasshopper.

The symbol (XXXIX) shows the most recent structural formula given for cevine. Work is still being done on this structure and on that of cevadine and veratridine.

Heating powdered sabadilla seeds to 150° C. for one hour or treating them with alkali was found to increase the toxicity to insects (*143*). The toxicity also increased during storage. VELBINGER (*257*) has reported results of tests with cevadine and veratrine against 49 insect species; both were found to be highly toxic.

Toxicity tests against warm-blooded animals (rats), showed that while sabadilla dusts caused temporary irritation, the growth of the rats was almost normal during the treatment and death did not ensue at the concentrations investigated (*143*). It was concluded that while sabadilla seed is irritating and toxic to warm-blooded animals, its toxicity is less than that of rotenone or DDT.

The isolation of a new alkaloid, sabatine, from sabadilla has recently been announced by HENNIG *et al.* (*117*).

5. Hellebore (Veratrum).

The term "hellebore" is applied chiefly to *Veratrum album*, a perennial liliaceous plant from southern Europe and Siberia, and to some extent to *V. viride*, the green hellebore of the eastern United States. The root was used extensively in the nineteenth century as an insecticide, but is no longer of much significance in the United States. A number of alkaloids have been identified as occuring in the powdered rhizomes of both species

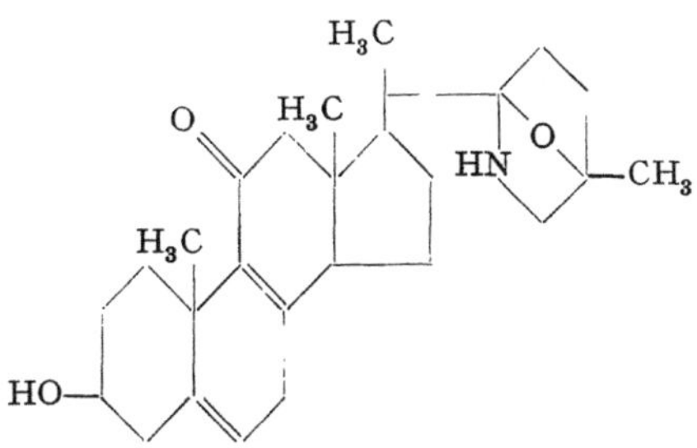

(XL.) Jervine (?).

mentioned. The two predominant compounds in both species are jervine, $C_{27}H_{39}O_3N$, m. p. 238°, and pseudojervine, $C_{33}H_{49}O_8N$, m. p. 305°. Rubijervine, $C_{27}H_{43}O_2N$, m. p. 242°, has also been isolated from both species. Protoveratrine, protoveratridine, and germerine occur in *V. album*. The structure of these alkaloids is in doubt, the formula (XL) has been tentatively proposed for jervine. A relationship to the Solanum alkaloids was shown by the formulas established by CRAIG and JACOBS (*56*).

Jervine and pseudojervine were found by SEIFERLE *et al.* (*226*) to be toxic to American cockroaches. Decoctions of the rhizomes of *V. album* are effective against warble flies (*199*) and mange mite of domestic animals (*186*). Jervine, pseudojervine and rubijervine appear to be physiologically inactive against vertebrates (*226*). Protoveratrine, protoveratridine, and germerine, which also occur in *V. album*, are toxic to vertebrates. A number of the *Veratrum* alkaloids have been found to have strong hypotensive effect (*167*).

STOLL and SEEBECK (*241*) have recently reported on the isolation of two new alkaloids, veratrobasine and geralbine, from *V. album*, and a new structural formula has just been proposed for veratramine, isolated from *V. viride* (*249*).

6. Larkspur.

Several specis of *Delphinium*, known as larkspur, are poisonous to vertebrates as well as to insects. The active principles are the aconite alkaloids. The alkaloidal content varies from about 0,2 % to 2 %, the highest concentration usually occurring in the seeds. The structural formulas have not yet been determined completely for the alkaloids. Delphinine, deltaline, staphisine, and delphisine are several of the alkaloids occurring in *Delphinium* species. BUSVINE (*30*) found that the seed oils of *D. staphisagria*, *D. ajacis*, *D. elatum* and *D. formosum* were toxic to human lice and to bedbugs, and that the alkaloids were active compounds. KUDER (*144*) has reviewed the chemistry and toxicity of larkspur.

Larkspur poisoning is common among cattle, but horses and sheep are much less susceptible. The general symptoms are the same regardless of the species causing the poisoning, viz. staggering gait, abdominal pain, and finally convulsions, resulting in death due to respiratory failure (*144*). The use of larkspur tinctures to destroy lice sometimes causes an acute dermatitis. Delphinine itself is a mild vesicant, producing burning and inflammation when applied to the skin.

7. Mamey.

In the West Indies and nearby regions of South America, one of the oldest remedies for many animal pests is the gummy resin present in various parts of the mamey tree, *Mammea americana* (family *Clusiaceae*).

Considered to be indigenous to the West Indies, this tree also grows in many other parts of the American tropic and is successfully cultivated as far north as southern Florida. Mamey has been shown to be toxic to a number of common insects that infest plants as well as those that infest animals, such as armyworms, melonworms, cockroaches, ants, mosquitoes, and flies (*196*). The seeds of the mature fruit were found to be more effective than any other part of the plant, and the powder prepared from them has been successfully used against fleas and ticks on dogs and cats (*197*). Suspended in water, the dried pulp of the seeds is highly toxic, to larvae of various mosquito species (*77*).

Chemical analysis has shown that toxicity of the seeds is due to a type of substance somewhat similar to the pyrethrins contained in pyrethrum flowers (*134*). The active material has not yet been isolated in pure form.

References.

1. ACREE, F., Jr. and H. L. HALLER: Wilfordine, an Insecticidal Alkaloid from *Tripterygium wilfordii* HOOK. J. Amer. chem. Soc. **72**, 1608 (1950).

2. ACREE, F., Jr., M. JACOBSON and H. L. HALLER: An Amide Possessing Insecticidal Properties from the Roots of *Erigeron affinis* DC. J. org. Chemistry **10**, 236 (1945).

3. — — — The Structure of Affinin, the Insecticidal Amide from *Erigeron affinis* DC. J. org. Chemistry **10**, 449 (1945).

4. ADAMS, R. and W. M. WHALEY: The Amaroids of Quassia. I. Quassin, Isoquassin and Neoquassin. J. Amer. chem. Soc. **72**, 375 (1950).

5. AIHARA, T.: On the Principles of *Xanthoxylum piperitum* DC. II. The Isolation of Sanshoöls and the Structure of Sanshoöl. I. J. pharmac. Soc. Japan **70**, 43 (1950).

6. — On the Principles of *Xanthoxylum piperitum* DC. III. The Structure of Sanshoöl. II. J. pharmac. Soc. Japan **70**, 47 (1950).

7. — On the Principles of *Xanthoxylum piperitum* DC. IV. The Structure of Sanshoamide. J. pharmac. Soc. Japan **71**, 1112 (1951).

8. AIHARA, T. and T. SUZUKI: On the Principles of *Xanthoxylum piperitum* DC. V. The Insecticidal Action of the Principles. J. pharmac. Soc. Japan **71**, 1323 (1951).

9. ALLEN, T. C., K. P. LINK, M. IKAWA and L. K. BRUNN: The Relative Effectiveness of the Principal Alkaloids of Sabadilla Seed. J. econ. Entom. **38**, 293 (1945).

10. AMBROSE, A. M., F. DEEDS and A. J. COX, Jr.: Effect of High-Fat Diet on Chronic Toxicity of Derris and Rotenone. J. Pharmacol. exp. Therapeut. **78**, 90 (1943).

11. AMBROSE, A. M. and H. B. HAAG: Toxicological Study of Derris. Ind. Engng. Chem. **28**, 815 (1936).

12. — — Toxicological Studies of Derris. Comparative Toxicity and Elimination of Some Constituents of Derris. Ind. Engng. Chem. **29**, 429 (1937).

13. ASANO, M. und T. KANEMATSU: Über die Konstitution des Spilanthols, des scharfen Prinzips der Parakresse. Ber. dtsch. chem. Ges. **65**, 1602 (1932).

14. BEROZA, M.: Alkaloids from *Triptergium wilfordii* HOOK. Wilforine and Wilfordine. J. Amer. chem. Soc. **73**, 3656 (1951).

15. — Alkaloids from *Tripterygium wilfordii* HOOK. Wilforgine and Wilfortrine. J. Amer. chem. Soc. **74**, 1585 (1952).

16. BEROZA, M.: Alkaloids from *Tripterygium wilfordii* HOOK. The Structure of Wilforine, Wilfordine, Wilforgine, and Wilfortrine. Abstr. Amer. chem. Soc. Meeting (Atlantic City) 14 M (20) (1952).
17. BISHOPP, F. C.: The Insecticide Situation. J. econ. Entom. **39**, 449 (1946).
18. BOTTGER, G. T. and C. V. BOWEN: Comparative Toxicity Tests of Anabasine, Nornicotine and Nicotine. U. S. Dept. Agric., Bur. Entomol. Plant Quarant. E-710 (1946).
19. BOWEN, C. V.: Insecticidal Possibilities of *Duboisia hopwoodii*. J. econ. Entom. **37**, 293 (1944).
20. — Alkaloids in *Nicotiana attenuata* and *Nicotiana trigonophylla*. J. Amer. pharmac. Assoc. **34**, 199 (1945).
21. BOWEN, C. V. and W. F. BARTHEL: Nornicotine in Commercial Nicotine Sulfate Solutions. J. econ. Entom. **36**, 627 (1943).
22. — — Determination of Nicotine and Nornicotine in Tobaccos. Ind. Engng. Chem., anal. ed. **15**, 740 (1943).
23. BUCKINGHAM, D. E.: Action of Rotenone upon Mammals when Taken by Mouth. A Preliminary Report. Ind. Engng. Chem. **22**, 1133 (1930).
24. BUCKLEY, T. A.: The Toxic Constituents of Derris Root. J. Soc. chem. Ind. **55**, 285T (1936).
25. BUDOWSKI, P. and K. S. MARKLEY: The Chemical and Physiological Properties of Sesame Oil. Chem. Reviews **48**, 125 (1951).
26. BUSBEY, R. L.: A Bibliography of Quassia. U. S. Dept. Agric., Bur. Entomol. Plant Quarant., E-483 (1939).
27. — Plants that Help Kill Insects. U. S. Dept. Agric. 1950–1951 Yearbook of Agriculture, pages 765–771.
28. BUSBEY, R. L. and N. E. MCINDOO: A Bibliography of Nicotine. Part I. Chemistry of Nicotine. U. S. Dept. Agric., Bur. Entomol. Plant Quarant., E-384 (1936).
29. BUSHLAND, R. C.: Volatile Oils as Ovicides for Screw-worm, *Cochliomyia americana* C. and P. J. econ. Entom. **32**, 430 (1939).
30. BUSVINE, J. R.: The Comparative Toxicity of Various Contact Insecticides to the Louse and the Bedbug. Ann. appl. Biol. **33**, 271 (1946).
31. BUTENANDT, A.: Über das Rotenon, den physiologisch wirksamen Bestandteil der *Derris elliptica*. Liebigs Ann. Chem. **464**, 253 (1928).
32. BUTENANDT, A. und W. MCCARTNEY: Untersuchungen über pflanzliche Fisch- und Insektengifte. III. Mitt. über Rotenon, den physiologisch wirksamen Bestandteil der *Derris elliptica*: Die Konstitution des Rotenons. Liebigs Ann. Chem. **494**, 17 (1932).
33. CAHN, R. S. and J. J. BOAM: Determination of Rotenone in Derris Root and Resin. J. Soc. chem. Ind. **54**, 37 T (1935).
34. — — The Constituents of Derris Resin. J. Soc. chem. Ind. **54**, 42 T (1935).
35. CAHN, R. S., R. F. PHIPERS and J. J. BOAM: The Total Composition of *Derris* Extract. J. Soc. chem. Ind. Trans. **57**, 200 (1938).
36. — — — The Action of Alkali on Rotenone and Related Substances. J. chem. Soc. (London) **1938**, 513.
37. CAMPBELL, F. L., W. N. SULLIVAN and H. A. JONES: Derris in Fly Sprays. I. Kerosene Extracts of Derris Root as House-fly Sprays. Soap **10** (3), 81 (1934).
38. CAMPBELL, F. L., W. N. SULLIVAN and C. R. SMITH: The Relative Toxicity of Nicotine, Anabasine, Methyl Anabasine, and Lupinine for Culicine Mosquito Larvae. J. econ. Entom. **26**, 500 (1933).
39. CAMPBELL, F. L., W. N. SULLIVAN, L. E. SMITH and H. L. HALLER: Insecticidal Tests of Synthetic Organic Compounds — Chiefly Tests of Sulfur Compounds Against Culcicine Mosquito Larvae. J. econ. Entom. **27**, 1176 (1934).

40. CAMPBELL, I. G. M. and S. H. HARPER: Experiments on the Synthesis of the Pyrethrins. I. Synthesis of Chrysanthemum Monocarboxylic Acid. J. chem. Soc. (London) **1945**, 283.
41. CHEN, Y. L. and W. F. BARTHEL: Some New Pyrethrin-Type Esters. Abstr. Amer. chem. Soc. Meeting (Atlantic City) 10 M (14) (1952).
42. CHEN, Y. L. and S. C. CHEN: Chemical Studies on the Insecticidal Plant "*Tripterygium forrestii* LOES." I. General Analysis and Isolations of Alkaloid from Root Bark. J. Soc. Chinese trop. Agric. **1**, 8 (1948).
43. CHEO, M. C., S. L. HWANG and Y. F. HSU: A Study on the Chinese Insecticidal Plant, "Thunder-god-vine". Agric. Quart. Nat. Univ. Chekiang **1**, 3 (1937).
44. CHIU, S. F.: Effectiveness of Chinese Insecticidal Plants with Reference to the Comparative Toxicity of Botanical and Synthetic Insecticides. J. Sci. Food Agric. **1**, 276 (1950).
45. CLARK, E. P.: Toxicarol. A Constituent of the South American Fish Poison *Cracca (Tephrosia) Toxicaria*. J. Amer. chem. Soc. **52**, 2461 (1930).
46. — Deguelin. I. The Preparation, Purification and Properties of Deguelin, a Constituent of Certain Tropical Fish-poisoning Plants. J. Amer. chem. Soc. **53**, 313 (1931).
47. — Tephrosin. I. The Composition of Tephrosin and its Relation to Deguelin. J. Amer. chem. Soc. **53**, 729 (1931).
48. — Toxicarol. II. Some Acetyl Derivatives of Toxicarol. J. Amer. chem. Soc. **53**, 2264 (1931).
49. — Toxicarol. IV. Concerning the Structure of Toxicarol. J. Amer. chem. Soc. **54**, 2537 (1932).
50. — The Occurrence of Rotenone and Related Compounds in the Roots of *Cracca virginiana*. Science (New York) **77**, 311 (1933).
51. — Quassin. I. The Preparation and Purification of Quassin and Neoquassin, with Information Concerning their Molecular Formulas. J. Amer. chem. Soc. **59**, 927 (1937).
52. — Quassin. II. Neoquassin. J. Amer. chem. Soc. **59**, 2511 (1937).
53. — Quassin. III. Picrasmin. J. Amer. chem. Soc. **60**, 1146 (1938).
54. — Quassin. IV. A Minor Constituent of Jamaica Quassia Wood. J. Amer. chem. Soc. **64**. 2883 (1942).
55. COVELL, G.: Malaria Control by Anti-Mosquito Measures. Calcutta: Thacker, Spink & Co. 1931.
56. CRAIG, L. C. and W. A. JACOBS: The Veratrine Alkaloids. XX. Further Correlations in the Veratrine Group. The Relationship Between the Veratrine Bases and Solanidine. J. biol. Chemistry **149**, 451 (1943).
57. CROMBIE, L.: Vegetable Amides. I. Stereoisomeric N-*iso*-Butylundeca-1 : 7-dien-1-carboxyamides and the Structure of Herculin. J. chem. Soc. (London) **1952**, 2997.
58. CROMBIE, L., A. J. B. EDGAR, S. H. HARPER, M. W. LOWE and D. THOMPSON: Experiments on the Synthesis of the Pyrethrins. V. Synthesis of Side-Chain Isomers and Analogues of Cinerone, Cinerolone, and Cinerin-I. J. chem. Soc. (London) **1950**, 3552.
59. CROMBIE, L. and S. H. HARPER: Synthesis of a Physiologically Active Compound of the Pellitorine Structure. Nature (London) **164**, 1053 (1949).
60. — — Experiments on the Synthesis of the Pyrethrins. IV. Synthesis of Cinerone, Cinerolone, and Cinerin-I. J. chem. Soc. (London) **1950**, 1152.
61. CROMBIE, L., S. H. HARPER and D. THOMPSON: Experiments on the Synthesis of the Pyrethrins. VII. Synthesis of *trans*-Pyrethrone, *trans*-Pyrethrolone, and a Pyrethrin-I. J. chem. Soc. (London) **1951**, 2906.

62. CROMBIE, L., S. H. HARPER and R. A. THOMPSON: The Chrysanthemumcarboxylic Acids. III. Lactonization of the Chrysanthemic Acids. J. Sci. Food Agric. **1951**, 421.
63. DAVIDSON, W. M.: The Relative Value as Contact Insecticides of Some Constituents of Derris. J. econ. Entom. **23**, 877 (1930).
64. DAWSON, R. F.: Accumulation of Nicotine in Reciprocal Grafts of Tomato and Tobacco. Amer. J. Bot. **29**, 66 (1942).
65. — Accumulation of Anabasine in Reciprocal Grafts of *Nicotiana glauca* and Tomato. Amer. J. Bot. **31**, 351 (1944).
66. — An Experimental Analysis of Alkaloid Production in Nicotiana: The Origin of Nornicotine. Amer. J. Bot. **32**, 416 (1945).
67. — Alkaloid Biogenesis. III. Specificity of Nicotine-Nornicotine Conversion. J. Amer. chem. Soc. **73**, 4218 (1951).
68. DEWEY, J. E.: Toxicity Studies of Some Activators of Pyrethrum Dusts on the German Roach. Thesis, Cornell Univ., Ithaca, New York. 1944.
69. DODGE, F. D.: Camphor and Camphor Oil. Soap sanit. Chem. **16**, 32 (1940).
70. EAGLESON, C.: Insecticides Suitable for Combating Livestock Pests, etc. U. S. Patent 2202145 (May 28, 1940).
71. FEINSTEIN, L.: Insecticides from Plants. U. S. Dept. Agric., 1952 Yearbook of Agriculture, pages 222–229.
72. FEINSTEIN, L. P. J. HANNAN and E. T. McCABE: Extraction of Alkaloids from Tree Tobacco. Ind. Engng. Chem. **43**, 1402 (1951).
73. FEINSTEIN, L. and E. T. McCABE: New Tests for the *Nicotiana* Alkaloids, Nornicotine and Anabasine. Science (New York) **112**, 534 (1950).
74. — — Quantitative Test for Nornicotine. Analyt. Chemistry **23**, 924 (1951).
75. FEINSTEIN, L. and S. J. RINGEL: Process of Extracting Sesamin from Sesame Oil. U. S. Patent 2557956 (June 26, 1951).
75a. FIESER, L. F.: The Chemistry of Natural Products Related to Phenanthrene. 2nd ed. New York: Reinhold Publ. Co. 1937.
76. FINK, D. E. and H. L. HALLER: Relative Toxicity of Some Optically Active and Inactive Rotenone Derivatives to Culicine Mosquito Larvae. J. econ. Entom. **29**, 594 (1936).
77. FLOCK, H. et P. DE LAJUDIE: Sur les propriétés insecticides de la graine de *Mammea americana* (abricotier des Antilles). C. R. Acad. agric. France **32**, 611 (1946).
78. FOLKERS, K., E. F. ROGERS and R. E. HEAL: Ryania Insecticides. U. S. Patent 2400295 (May 14, 1946).
79. FREAR, D. E. H.: Chemistry of Insecticides and Fungicides. New York: Van Nostrand Co., Inc. 1942.
80. GEORGE, S. W., A. ROBERTSON, T. S. SUBRAMANIAM and W. HILTON: Experiments on the Synthesis of Rotenone and its Derivatives. XIV. The Structure of Toxicarol. J. chem. Soc. (London) **1937**, 1535.
81. GERSDORFF, W. A.: The Toxicity of Rotenone, Isorotenone and Dihydrorotenone to Goldfish. J. Amer. chem. Soc. **52**, 5051 (1930).
82. — A Study of the Toxicity of Toxicarol, Deguelin and Tephrosin Using the Goldfish as the Test Animal. J. Amer. chem. Soc. **53**, 1897 (1931).
83. — The Toxicity of Optically Active and Inactive Dihydrodeguelins. J. agricult. Res. **51**, 355 (1935).
84. — The Quantitative Relationship Between the Constitution and Toxicity of Some Rotenone Derivatives. J. agricult. Res. **50**, 893 (1935).
85. — Toxicity to Houseflies of the Pyrethrins and Cinerins, and Derivatives, in Relation to Chemical Structure. J. econ. Entom. **40**, 878 (1947).

86. GERSDORRF, W. A.: Toxicity to Houseflies of Synthetic Compounds of the Pyrethrin Type in Relation to Chemical Structure. J. econ. Entom. **42**, 532 (1949).
87. GERSDORFF, W. A. and N. MITLIN: Insecticidal Action of American Species of *Heliopsis*. J. econ. Entom. **43**, 554 (1950).
88. — — Relative Toxicity to House Flies of Scabrin and Its Mixtures with Some Pyrethrum Synergists. J. econ. Entom. **45**, 519 (1952).
89. GERTLER, S. I., J. H. FALES and H. L. HALLER: Fly Spray Kill. A Study of the Synergistic Action of N-Substituted Piperonylamides When Incorporated in Pyrethrum Fly Sprays. Soap sanit. Chem. **19** (4), 105 (1943).
90. GNADINGER, C. B. and C. S. CORL: Pyrethrum Flowers. I. The Quantitative Determination of the Active Principles. J. Amer. chem. Soc. **51**, 3054 (1929).
91. — — Pyrethrum Flowers. IV. The Relative Toxicity of Pyrethrins I and II. J. Amer. chem. Soc. **52**, 3300 (1930).
92. GOKHALE, V. G. and B. V. BHIDE: Chemical Investigation of *Spilanthes acmella*. J. Indian chem. Soc. **22**, 250 (1945).
93. GOODHUE, L. D.: Insecticidal Aerosol Production. Spraying Solutions in Liquefied Gases. Ind. Engng. Chem. **34**, 1456 (1942).
94. — Insecticidal Aerosols. Pests **11**, 12 (1943).
95. GUENTHER, E.: The Essential Oils. Vol. 1. History, Origin in Plants, Production, Analysis. New York: Van Nostrand Co., Inc. 1948.
96. — The Essential Oils. Vol. 2. The Constituents of Essential Oils. New York: Van Nostrand Co., Inc. 1949.
97. — Recent Developments in Essential Oils. Soap Sanit. Chem. **27** (3), 39 (1951). Soap Sanit. Chem. **27** (4), 42 (1951). Soap Sanit. Chem. **27** (5), 35 (1951). Soap Sanit. Chem. **27** (6), 37 (1951).
98. GULLAND, J. M. and G. U. HOPTON: Pellitorine, the Pungent Principle of *Anacyclus pyrethrum*. J. chem. Soc. (London) **1930**, 6.
99. HAAG, H. B.: Toxicological Studies of *Derris elliptica* and its Constituents. I. Rotenone. J. Pharmacol. exp. Therapeut. **43**, 193 (1931).
100. HALLER, H. L.: Rotenone. XXI. The Structure of Isorotenone, Beta-Dihydrorotenone and Dehydrorotenol. J. Amer. chem. Soc. **54**, 2126 (1932).
101. HALLER, H. L., L. D. GOODHUE and H. A. JONES: Constituents of Derris and Other Rotenone-Bearing Plants. Chem. Reviews **30**, 33 (1942).
102. HALLER, H. L. and F. B. LAFORGE: Rotenone. XXX. The non-Crystalline Constituents of Derris Root. J. Amer. chem. Soc. **56**, 2415 (1934).
103. HALLER, H. L., F. B. LAFORGE and W. N. SULLIVAN: Some Compounds Related to Sesamin: Their Structures and Their Synergistic Effect with Pyrethrum Insecticides. J. org. Chemistry **7**, 185 (1942).
104. HALLER, H. L., E. R. McGOVRAN, L. D. GOODHUE and W. N. SULLIVAN: The Synergistic Action of Sesamin With Pyrethrum Insecticides. J. org. Chemistry **7**, 183 (1942).
105. HALLER, H. L. and W. N. SULLIVAN: Toxicity of Hydrogenated Pyrethrins I and II to the Housefly. J. econ. Entom. **31**, 276 (1938).
106. HANRIOT, M.: Sur les substances actives du *Tephrosia Vogelii*. C. R. hebd. Séances. Acad. Sci. **144**, 150 (1907).
107. HARPER, S. H.: Active Principles of Leguminous Fish-Poison Plants. II. The Isolation of 1-Elliptone from *Derris elliptica*. J. chem. Soc. (London) **1939**, 1099.
108. — The Precursor of Buckley's Compound. Chem. and Ind. **1939**, 292.
109. — Active Principles of Leguminous Fish-Poison Plants. IV. The Isolation of Malaccol from *Derris malaccensis*. J. chem. Soc. (London) **1940**, 309.
110. — Developments in Insecticide Chemistry: Synthesis of the Pyrethrins. Science Progress **1951**, 449.

111. HARTZELL, A. and F. WILCOXON: Relative Toxicities of Pyrethrins I and II to Insects. Contrib. Boyce Thompson Inst. **8**, 183 (1936).
112. HARVILL, E. K., A. HARTZELL and J. M. ARTHUR: Toxicity of Piperine Solutions to Houseflies. Contrib. Boyce Thompson Inst. **13**, 78 (1943).
113. HASSELSTROM, T., H. W. COLES and N. E. KENNEDY: Study of Irritants Related to Piperine. Science (New York) **116**, 204 (1952).
114. HEAL, R. E.: Ryania Insecticides. Agric. Chem. **4** (5), 37 (1949).
115. — Ground Parts of Ryania Plant as Insecticides. U. S. Patent 2590536 (March 25, 1952).
116. HEAL, R. E., E. F. ROGERS, R. T. WALLACE and O. STARNES: A Survey of Plants for Insecticidal Activity. Lloydia (U. S. A.) **13**, 89 (1950).
117. HENNIG, A. J., T. HIGUCHI and L. M. PARKS: Sabadilla Alkaloids. III. Chromatographic Separation of the Water-Soluble Fraction. Isolation of a New Crystalline Alkaloid, Sabatine. J. Amer. pharmac. Assoc. **40**, 168 (1951).
118. HILTON, W., R. W. H. O'DONNELL, F. P. REED, A. ROBERTSON and G. L. RUSBY: Analogs of Rotenone and Related Compounds. I. Chromeno-(3',4',4,3)-compounds. J. chem. Soc. (London) **1936**, 423.
119. HOLMAN, H. J.: A Survey of Insecticide Materials of Vegetable Origin. Imperial Institute, London (1940).
120. IKAWA, M., R. J. DICKE, T. C. ALLEN and K. P. LINK: The Principal Alkaloids of Sabadilla Seed and their Toxicity to *Musca domestica* L. J. biol. Chemistry **159**, 517 (1945).
121. JACKSON, K. E.: Alkaloids of Tobacco. Chem. Reviews **29**, 123 (1941).
122. JACOBS, W. A., L. C. CRAIG and G. I. LAVIN: The Veratrine Alkaloids. XI. The Dehydrogenation of Jervine. J. biol. Chemistry **141**, 51 (1941).
123. JACOBSON, M.: Herculin, a Pungent Insecticidal Constituent of Southern Prickly Ash Bark. J. Amer. chem. Soc. **70**, 4234 (1948).
124. — The Structure of Pellitorine. J. Amer. chem. Soc. **71**, 366 (1949).
125. — The Synthesis of a Geometrical Isomer of Pellitorine. J. Amer. chem. Soc. **72**, 1489 (1950).
126. — Constituents of *Heliopsis* Speciës. I. Scabrin, an Insecticidal Amide from the Roots of *H. scabra* DUNAL. J. Amer. chem. Soc. **73**, 100 (1951).
127. — Constituents of *Heliopsis* Species. II. The Synthesis of Compounds Related to Scabrin. J. Amer. chem. Soc. **74**, 3423 (1952).
128. — Pellitorine Isomers. II. The Synthesis of N-Isobutyl-*trans*-2-*trans*-4-Decadienamide. Abstr. Amer. chem. Soc. Meeting (Atlantic City) **57** M (97) (1952).
129. JACOBSON, M., F. ACREE, Jr. and H. L. HALLER: Correction of the Source of "Affinin" (N-Isobutyl-2,6,8-Decatrienoamide). J. org. Chemistry **12**, 731 (1947).
130. JEFFREY, R. N.: A Comparison of Various Analytical Methods on Tobacco Containing Non-nicotine Alkaloids. J. Assoc. off. agric. Chem. **34**, 843 (1951).
131. JONES, H. A.: A List of Plants Reported to Contain Rotenone or Rotenoids. U. S. Dept. Agric., Bur. Entom. Plant Quarant., E-571 (1942).
132. JONES, H. A., F. L. CAMPBELL and W. N. SULLIVAN: Cracca, A Source of Insecticides. A Preliminary Study of Domestic Species of Devil's Shoestring as Sources of Insecticidal Materials. Soap **11** (9), 99 (1935).
133. JONES, H. A., W. A. GERSDORFF, E. L. GOODEN, F. L. CAMPBELL and W. N. SULLIVAN: Loss in Toxicity of Deposits of Rotenone and Related Materials Exposed to Light. J. econ. Entom. **26**, 451 (1933).
134. JONES, M. A. and H. K. PLANK: Chemical Nature of the Insecticidal Principle in Mamey Seed. J. Amer. chem. Soc. **67**, 2266 (1945).
135. KELLY, R. B., D. J. WHITTINGHAM and K. WIESNER: The Structure of Ryanodine. I. Canad. J. Chem. **29**, 905 (1951).

136. KELLY, R. B., D. J. WHITTINGHAM and K. WIESNER: The Structure of Ryanodine. II. Evidence of an Isopropyl Side-Chain in Ryanodine. Chem. and Ind. **35**, 857 (1952).
137. KENNY, T. S., A. ROBERTSON and S. W. GEORGE: Sumatrol. II. The Synthesis of Dehydrotetrahydrosumatrol. J. chem. Soc. (London) **1939**, 1601.
138. KERR, R. W.: Adjuvants for Pyrethrins in Fly Sprays. Commonw. Sci. Indust. Res. Org. Bull. No. 261, Melbourne, Australia (1951).
139. KING, H.: Organic Chemistry. III. Oxide Rings in Natural Products. Annu. Rpts. chem. Soc. London **29**, 186 (1932).
140. KING, H. I., R. H. HOLLAND, F. P. REED and A. ROBERTSON: Analogs of Rotenone and Related Compounds. II. Coumarono [2',3',3,4]-coumarins. J. chem. Soc. (London) **1948**, 1672.
141. KIRCHNER, J. G. and J. M. MILLER: Preparation of Terpeneless Essential Oils, a Chromatographic Process. Ind. Engng. Chem. **44**, 318 (1952).
142. KOSTOFF, D.: Cytogenetics of the genus *Nicotiana*. States Printing House, Sofia. 1941–43.
143. KRIEGER, C. H.: Sabadilla. Agric. Chem. **1** (4), 19 (1946).
144. KUDER, R. C.: Larkspurs, Delphiniums, and Chemistry. J. chem. Educat. **24**, 418 (1942).
145. KUNA, S. and R. E. HEAL: Toxicological and Pharmacological Studies on the Powdered Stem of *Ryania speciosa*, a Plant Insecticide. J. Pharmacol. exp. Therapeut. **93**, 407 (1948).
146. LAFORGE, F. B. and W. F. BARTHEL: Constituents of Pyrethrum Flowers. XVII. The Isolation of Five Pyrethrolone Semi-carbazones. J. org. Chemistry **10**, 106 (1945).
147. LAFORGE, F. B., W. A. GERSDORFF, N. GREEN and M. S. SCHECHTER: Allethrin-Type Esters of Cyclopropanecarboxylic Acids and their Relative Toxicities to House Flies. J. org. Chemistry **17**, 381 (1952).
148. LAFORGE, F. B. and N. GREEN: Constituents of Pyrethrum Flowers. XXV. The Synthesis of *d*-Cinerolone, Cinerin I, and its Optical Isomers. Abstr. Amer. chem. Soc. Meeting (Atlantic City) 9 M (13) (1952).
149. LAFORGE, F. B., N. GREEN and W. A. GERSDORFF: Constituents of Pyrethrum Flowers. XXII. Synthesis and Relative Toxicity of Two Isomers of Cinerin I. J. Amer. chem. Soc. **70**, 3707 (1948).
150. LAFORGE, F. B. and H. L. HALLER: Rotenone. XXIX. The Isomerism of the Rotenolones. J. Amer. chem. Soc. **56**, 1620 (1934).
151. LaFORGE, F. B., H. L. HALLER and L. E. SMITH: The Determination of the Structure of Rotenone. Chem. Reviews **12**, 181 (1933).
152. LAFORGE, F. B. and L. E. SMITH: Rotenone. I. Reduction Products of Rotenone. J. Amer. chem. Soc. **51**, 2574 (1929).
153. LAFORGE, F. B. and S. B. SOLOWAY: Constituents of Pyrethrum Flowers. XXI. Revision of the Structure of Dihydrocinerolone. J. Amer. chem. Soc. **69**, 2932 (1947).
154. LARSON, P. S., J. K. FINNEGAN and H. B. HAAG: Studies on the Fate of Nicotine in the Body. VI. Observations on the Relative Rate of Elimination of Nicotine by the Dog, Cat, Rabbit and Mouse. J. Pharmacol. exp. Therapeut. **95**, 506 (1949).
155. LÄUGER, P., H. MARTIN und P. MÜLLER: Über Konstitution und toxische Wirkung von natürlichen und neuen synthetischen insektentötenden Stoffen. Helv. chim. Acta **27**, 892 (1944).
156. LEHMAN, A. J.: The Pharmacology of the Newer Insecticides. U. S., Food and Drug Admin. (1948).

157. Lehman, A. J.: The Toxicology of the Newer Agricultural Chemicals. Bull. Assoc. Food Drug Off. **12**, 82 (1948).

158. — Pharmacological Considerations of Insecticides. Bull. Assoc. Food Drug Off. **13**, 65 (1949).

159. Little, V. A.: A Preliminary Report on the Insecticidal Properties of Devil's Shoe-String, *Cracca virginiana* Linn. J. econ. Entom. **24**, 743 (1931).

160. — Further Studies on Devil's Shoe-String, *Cracca virginiana* Linn. J. econ. Entom. **28**, 707 (1935).

161. Long, R. V. and W. A. Wolff: The Effect of Tobacco on Estrus, Pregnancy, Fetal Growth and Lactation. North Carolina med. J. **9**, 519 (1948).

162. McGovran, E. R., E. L. Mayer and E. P. Clark: The Toxicity of the Natural Bitter Substances, Quassin, Tenulin, Helenalin, and Picrotoxin and Some of their Derivatives to Certain Insects. U. S. Dept. Agric., Bur. Entom. Plant Quarant., E-572 (1942).

163. McIndoo, N. E.: Effects of Nicotine as an Insecticide. J. agricult. Res. **7**, 89 (1916).

164. — Insecticidal Uses of Nicotine and Tobacco. U. S. Dept. Agric., Bur. Entom. Plant Quarant., E-597 (1943).

165. — Plants of Possible Insecticidal Value, a Review of the Literature up to 1941. U. S. Dept. Agric., Bur. Entom. Plant Quarant., E-661 (1945).

166. — A Review of the Insecticidal Uses of the Rotenone-Bearing Plants, 1938 to 1944. U. S. Dept. Agric., Bur. Entom. Plant Quarant., E-713 (1947).

167. Maison, G. L., E. Gotz and J. W. Stutzman: Relative Hypotensive Activity of Certain Veratrum Alkaloids. J. Pharmacol. exp. Therapeut. **103**, 74 (1951).

168. Manske, R. H. F. and H. L. Holmes: The Alkaloids, Chemistry and Physiology. Vol. 1, pages 228–256. New York: Academic Press. 1950.

169. Markwood, L. N.: A Review of Information on Nornicotine. U. S. Dept. Agric., Bur. Entom. Plant Quarant., E-561 (1942).

170. Markwood, L. N. and W. F. Barthel: Tobaccos Classified According to Nature of their Alkaloids. J. Assoc. off. agric. Chem. **26**, 280 (1943).

171. Martin, H.: Insecticides: Chemical Constitution and Toxicity. J. Soc. chem. Ind. Trans. **65**, 402 (1946).

172. Martin, J. T.: Evaluation of Rotenone-Containing Plants. V. The Relative Toxicities of Different Species of Derris. Ann. appl. Biol. **27**, 274 (1940).

173. Matsui, M.: Pyrocin. Botyu-Kagaku (Sci. Insect Control) **15**, 1 (1950).

174. Matsui, M., F. B. LaForge, N. Green and M. S. Schechter: Furethrin. J. Amer. chem. Soc. **74**, 2181 (1952).

175. Mayer, E. L., J. B. Gahan and C. R. Smith: Nicotine Insecticides. I. New Metal Nicotine Compounds. U. S. Dept. Agric., Bur. Entom. Plant Quarant., E-646 (1945).

176. Mayer, E. L., F. B. Talley and C. F. Woodward: Nicotine Insecticides. II. Search for Activator. U. S. Dept. Agric., Bur. Entom. Plant Quarant., E-709 (1946).

177. — — — Nicotine Insecticides. III. Dust Carriers for Nicotine. U. S. Dept. Agric., Bur. Entom. Plant Quarant., E-720 (1947).

178. Mayer, E. L., L. Weil, D. H. Saunders, and C. F. Woodward: Nicotine Insecticides. IV. Preliminary Toxicity Tests with Nicotinium Salts. U. S. Dept. Agric., Bur. Entom. Plant Quarant., E-725 (1947).

179. Merz, K. W. und G. Schmidt: Über die giftigen Inhaltsstoffe der Samen von *Tephrosia Vogelii*. Arch. Pharmaz. u. Ber. dtsch. pharm. Ges. **273**, 1 (1935).

180. Metcalf, R. L.: The Mode of Action of Organic Insecticides. Chem.-Biol. Coordination Center, Nat. Res. Council Rev. No. 1 (1948).

181. MEYER, T. M.: Rotenoide Verbindungen. Chem. Weekbl. **45**, 702 (1949).
182. MEYER, T. M. and D. R. KOOLHAAS: New Constituents of Derris Root. Recueil Trav. chim. Pays-Bas **58**, 207 (1939).
183. — — New Constituents of Derris Root. II. Recueil Trav. chim. Pays-Bas **58**, 875 (1939).
184. NAGAI, K.: Researches on the Poisonous Principles of *Roh-ten*. I. J. chem. Soc. Japan **23**, 740 (1902).
185. NAGASE, M. and M. MATSUI: A Dry-Distillation Product from Pyrethrin. I. Separation of a Lactone and its Structure. J. agricult. chem. Soc. Japan **20**, 249 (1944).
186. NANOBASHVILI, V. I. : The Effect of the Decoction of the Root and Rhizome of Hellebore on the Quality of the Wool of Sheep. Veterinariya (USSR) **25** (8), 39 (1948).
187. NORTON, L. B. and R. HANSBERRY: Constituents of the Insecticidal Resin of the Yam Bean *(Pachyrrhizus erosus)*. J. Amer. chem. Soc. **67**, 1609 (1945).
188. OMOHUNDRO, A. L., E. C. FANTO and I. REICH: Extraction of Sesamin. U. S. Patents 2467903 and 2467904 (April 19, 1949).
189. ONO, M.: Rotenoids. Oyo-Kontyu (J. appl. Entomol.) **3**, 34 (1941).
190. — Joint Action in Insecticides. I. Synergetic Action of Safrole with Pyrethrins. Botyu-Kagaku (Sci. Insect Control) **15**, 155 (1950).
191. ORÉKHOFF, A.: Sur les alcaloïdes de l'*Anabasis aphylla*. C. R. Séances hebd. Acad. Sci. **189**, 945 (1929).
192. PARKER, G. and A. ROBERTSON: Experiments on the Synthesis of Rotenone and its Derivatives. XVII. The Rotenone Nucleus. J. chem. Soc. (London) **1950**, 1121. (See also preceding papers in this series, 1932–1950).
193. PARKIN, E. A. and A. A. GREEN: Activation of Pyrethrins by Sesame Oil. Nature (London) **154**, 16 (1944).
194. PENDSE, G. S., V. G. GOKHALE, N. L. PHALNIKAR and B. V. BHIDE: Investigation of New Plant Larvicides with Special Reference to *Spilanthes acmella*. J. Univ. Bombay **15**A, New Ser. Pt. 3, No. 20, 26 (1946).
195. PENDSE, G. S., N. L. PHALNIKAR and B. V. BHIDE: Investigation of New Plant Larvicides with Special Reference to *Spilanthes acmella*. Current Sci. (India) **14**, 37 (1945).
196. PLANK, H. K.: Insecticidal Properties of Mamey and Other Plants in Puerto Rico. J. econ. Entom. **37**, 737 (1944).
197. — Experiments With Mamey for Pests of Man and Animals. Trop. Agric. **27**, 38 (1950).
198. PLEAT, G. B., J. H. HARLEY and S. E. WIBERLEY: Use of Infrared Spectra in the Qualitative and Quantitative Determination of Alkaloids. J. Amer. pharmac. Assoc. Sci. Ed. **40**, 107 (1951).
199. PRISELKOV, A. M., M. G. KHATIN and M. Z. GANELINA-LURÉ: Early Treatment of the Warble-Fly Disease of Cattle. Veterinariya (USSR) **25** (1), 14 (1948).
200. QUESTEL, D. D., S. I. GERTLER, L. E. SMITH and D. L. VIVIAN: Laboratory and Field Tests of Toxicity of Some Organic Compounds to the European Corn Borer. U. S. Dept. Agric., Bur. Entom. Plant Quarant., E-557 (1941).
201. RAPHAEL, R. A. and F. SONDHEIMER: Synthesis of Geometrical Isomers of Pellitorine and Herculin. Nature (London) **164**, 707 (1949).
202. — — Synthesis of Long-Chain Aliphatic Acids from Acetylenic Compounds. I. The Synthesis of a Geometrical Isomer of Herculin. J. chem. Soc. (London) **1950**, 115.
203. — — Synthesis of Long-Chain Aliphatic Acids from Acetylenic Compounds. II. The Synthesis of a Geometrical Isomer of Pellitorine. J. chem. Soc. (London) **1950**, 120.

204. RAPHAEL, R. A. and F. SONDHEIMER: Synthesis of Long-Chain Aliphatic Acids from Acetylenic Compounds. V. The Synthesis of *trans-cis*-Herculin. J. chem. Soc. (London) **1951**, 2693.
205. RINDL, M. and M. L. SAPIRO: A Chemical Investigation of the Constituents of *Nicotiana glauca* R. GRAH (Solanaceae) (Wild Tobacco). Onderstepoort J. vet. Sci. animal Ind. **22**, 301 (1949).
206. RIPPER, W. E.: Biological Control as a Supplement to Chemical Control of Insect Pests. Nature (London) **153**, 448 (1944).
207. ROARK, R. C.: A Digest of the Literature of *Derris (Deguelia)* Species Used as Insecticides, 1747–1931. U. S. Dept. Agric., Misc. Public. No. 120, 86 pp. (1932).
208. — *Tephrosia* as an Insecticide—A Review of the Literature. U. S. Dept. Agric., Bur. Entom. Plant Quarant., E-402 (1937).
209. — Agricultural Products as Insecticides. Ind. Engng. Chem. **31**, 168 (1939).
210. — Definition of the Word "Rotenoid". J. econ. Entom. **33**, 416 (1940).
211. — A Review of Information on Anabasine. U. S. Dept. Agric., Bur. Entom. Plant Quarant., E-537 (1941).
212. — The Examination of Plants for Insecticidal Constituents. J. econ. Entom. **35**, 273 (1942).
213. — A Review of Information on Anabasine and Nornicotine, 1938–44. U. S. Dept. Agric.,Bur. Entom. Plant. Quarant., E-636 (1945).
214. — A Digest of Information on Toxaphene. U. S. Dept. Agric., Bur. Entom. Plant. Quarant., E-802 (1950).
215. — Scabrin — a New Botanical Insecticide. Soap Sanit. Chem. **27** (3), 125, 137 (1951).
216. ROBERTSON, A. and G. L. RUSBY: Sumatrol. I. J. chem. Soc. (London) **1937**, 497.
217. ROGERS, E. F.: Ryanodine. U. S. Patent 2564609 (1951).
218. — Ryanodine. U. S. Patent 2564610 (1951).
219. ROGERS, E. F., F. R. KONIUSZY, J. SHAVEL, Jr. and K. FOLKERS: Plant Insecticides. I. Ryanodine, a New Alkaloid from *Ryania speciosa* VAHL. J. Amer. chem. Soc. **70**, 3086 (1948).
220. RUSSELL, A. and E. A. KACZKA: Fish Poisons from *Ichthyomethia piscipula*. I. J. Amer. chem. Soc. **66**, 548 (1944).
221. SAKAI, S.: Mechanism of Intoxication of Pyrethrum Insecticides. II. Problems of Insect Toxicology. Botyu-Kagaku (Sci. Insect Control) **15**, 230 (1950).
222. SCHECHTER, M. S., N. GREEN and F. B. LAFORGE: The Synthesis of Cyclopentenolones of the Type of Cinerolone. J. Amer. chem. Soc. **71**, 1517 (1949).
223. — — — Constituents of Pyrethrum Flowers. XXIII. Cinerolone and the Synthesis of Related Cyclopentenolones. J. Amer. chem. Soc. **71**, 3165 (1949).
224. SCHROEDER, H. O., H. A. JONES and A. W. LINDQUIST: Certain Compounds Containing the Methylenedioxyphenyl Group as Synergists for Pyrethrum to Control Flies and Mosquitoes. J. econ. Entom. **41**, 890 (1948).
225. SEIFERLE, E. J. and D. E. H. FREAR: Insecticides Derived from Plants. Ind. Engng. Chem. **40**, 683 (1948).
226. SEIFERLE, E. J., I. B. JOHNS and C. H. RICHARDSON: The Alkaloids of American Hellebore and their Toxicity to the American Cockroach. J. econ. Entom. **35**, 35 (1942).
227. SHAMSHURIN, A. A.: Syntheses of the Structural Rotenone Fragments and its Satellites. I. Syntheses in the Tubic Acid Region. J. gen. Chem. (USSR) **16**, 1877 (1946).

228. SHEPARD, H. H. and F. L. CAMPBELL: The Relative Toxicity of Rotenone and Some Related Compounds as Stomach Insecticides. J. econ. Entom. **25**, 142 (1932).

229. SIEVERS, A. F., G. A. RUSSELL, M. S. LOWMAN, E. D. FOWLER, C. O. ERLANSON and V. A. LITTLE: Studies on the Possibilities of Devil's Shoestring *(Tephrosia virginiana)* and Other Native Species of *Tephrosia* as Commercial Sources of Insecticides. U. S. Dept. Agric. Techn. Bull. 595 (1938).

230. SIMANTON, W. A.: Sesame Extract Synergized Insecticides. U. S. Patent 2463324 (March 1, 1949).

231. SMITH, C. R.: Insecticide Research Develops a Promising Substitute for Nicotine. U. S. Dept. Agric., 1928 Yearbook of Agriculture, p. 388–389.

232. — Base Exchange Reactions of Bentonite and Salts of Organic Bases. J. Amer. chem. Soc. **56**, 1561 (1934).

233. — Occurrence of Anabasine in *Nicotiana glauca* R. GRAH. J. Amer. chem. Soc. **57**, 959 (1935).

234. SMITH, H. H. and C. R. SMITH: Alkaloids in Certain Species and Interspecific Hybrids of *Nicotiana*. J. agricult. Res. **65**, 347 (1942).

235. SMITH, L. B.: Relationship Between the Wetting Power and Efficiency of Nicotine Sulfate and Fish-Oil-Soap Sprays. J. agricult. Res. **7**, 389 (1916).

235a. SPÄTH, E. und F. KUFFNER: Tabak-alkaloide. Fortschr. Chem. organ. Naturstoffe **2**, 248 (1939).

236. STARR, D. F., J. T. SCHULZ and P. FERGUSON: Ryania Insecticides vs. Corn Borer. Agric. Chem. **7** (5), 69 (1952); Agric. Chem. **7** (6), 46 (1952).

237. STAUDINGER, H. und L. RUZICKA: Insektentötende Stoffe. I. Über Isolierung und Konstitution des wirksamen Teiles des dalmatinischen Insektenpulvers. Helv. chim. Acta **7**, 177 (1924).

238. — — Insektentötende Stoffe. II. Zur Konstitution der Chrysanthemum-monocarbonsäure und -dicarbonsäure. Helv. chim. Acta **7**, 201 (1924).

239. — — Insektentötende Stoffe. III. Konstitution des Pyrethrolons. Helv. chim. Acta **7**, 212 (1924).

240. — — Insektentötende Stoffe. X. Über die Synthese von Pyrethrinen. Helv. chim. Acta **7**, 448 (1924).

241. STOLL, A. and E. SEEBECK: Veratrobasine and Geralbine, Two New Alkaloids Isolated From *Veratrum album*. J. Amer. chem. Soc. **74**, 4728 (1952).

242. SULLIVAN, W. N., L. D. GOODHUE and H. L. HALLER: Rotenone Series Compounds—A Study of Toxicity to the House-fly of Optically Active and Inactive Compounds of the Rotenone Series. Soap sanit. Chem. **15**, 107 (1939).

243. SWEETMAN, H. and G. GYRISKO: Latent Injury from Pyrethrum and Rotenone Dusts. J. econ. Entom. **37**, 746 (1944).

244. SWINGLE, W. T., H. L. HALLER, E. H. SIEGLER and M. C. SWINGLE: A Chinese Insecticidal Plant, *Tripterygium wilfordii*, Introduced Into the United States. Science (New York) **93**, 60 (1941).

245. SYNERHOLM, M. E.: Insecticidal Composition of Pyrethrum and a Methylene-dioxyphenyl Synergist. U. S. Patent 2433491 (Dec. 30, 1947).

246. SYNERHOLM, M. E. and A. HARTZELL: Some Compounds Containing the 3,4-Methylenedioxyphenyl Group and Their Toxicities Toward Houseflies. Contrib. Boyce Thompson Inst. **14**, 79 (1945).

247. SYNERHOLM, M. E., A. HARTZELL and J. M. ARTHUR: Derivatives of Piperic Acid and Their Toxicities Toward Houseflies. Contrib. Boyce Thompson Inst. **13**, 433 (1945).

248. Takei, S., S. Miyajima und M. Ono: Über Rotenon, den wirksamen Bestandteil der Derriswurzel XI. Mitteil.: Rotenonharz. Quantitative Bestimmung des Rotenons und des Deguelins im Rotenonharz. Ber. dtsch. chem. Ges. **66**, 1826 (1933).
249. Tamm, C. and O. Wintersteiner: The Structure of Veratramine. J. Amer. chem. Soc. **74**, 3842 (1952).
250. Tattersfield, F. and J. T. Martin: The Problem of the Evaluation of Rotenone-Containing Plants. I. *Derris elliptica* and *Derris malaccensis*. Ann. appl. Biol. **22**, 578 (1935).
251. — — The Problem of Evaluation of Rotenone-Containing Plants. II. *Derris elliptica, Derris malaccensis* and the "Sumatra-Type" Roots. Ann. appl. Biol. **23**, 880 (1936).
252. — — An Optically Active Constituent of Derris Resin Related to Toxicarol. J. Soc. chem. Ind. **56**, 77 T (1937).
253. — — Evaluation of Rotenone-Containing Plants. IV. Toxicity to *Aphis rumicis* of Certain Products Isolated from Derris Root. Ann. appl. Biol. **25**, 411 (1938).
254. Tischler, N.: Studies on How Derris Kills Insects. J. econ. Entom. **28**, 215 (1935).
255. Turner, N., D. H. Saunders and J. J. Willaman: The Effect of Some Polyethyleneglycol Derivatives on the Toxicity of Nicotine to Insects. Connecticut agricult. Exp. Sta., Bull. 543 (1951).
256. Turner, N., N. Woodruff, D. H. Saunders and A. Eisner: Toxicity of Nicotine, Nicotinium Salts and Related Compounds by Injection. Connecticut agricult. Exp. Sta., Bull. 521 (1948).
257. Velbinger, H. H.: Veratrin-Intoxikation bei Insekten. Süddtsch. Apothek. **87**, 220 (1947).
258. Wachs, H.: Synergistic Insecticides. Science (New York) **105**, 530 (1947).
259. Walsh, L. H.: South African Poisonous Plants. Cape Town. 1909.
260. Webb, J. E.: Penetration of Derris Through the Spiracles and Cuticle of *Melophagus ovinus* L. Bull. ent. Res. **36**, 15 (1945).
261. Wigglesworth, V. B.: The Integument of Insects in Relation to Entry of Contact Insecticides. Bull. ent. Res. **33**, 205 (1942).
262. — Action of Inert Dusts on Insects. Nature (London) **153**, 493 (1944).
263. — Transpiration Through the Cuticle of Insects. J. exp. Biology **21**, 97 (1945).
264. Wilson, R. H. and F. DeEds: Chronic Nicotine Toxicity. I. Feeding of Nicotine Sulfate, Tannate and Bentonite. J. ind. Hyg. Tox. **18**, 553 (1936).
265. — — Chronic Nicotine Toxicity. II. The Effect of Nicotine Containing Diets on the Blood Sugar Concentration of the Albino Rat. J. ind. Hyg. Tox. **18**, 565 (1936).
266. Wilson, R. H., J. B. McNaught and F. DeEds: Chronic Nicotine Toxicity. IV. Effect of Nicotine-Containing Diets on Histology and Weights of Organs of Albino Rats. J. ind. Hyg. Tox. **20**, 468 (1938).
266a. Winckler, F. L.: Repert. pharm. [2] **4**, 85 (1835); **15**, 74 (1838).
267. Wolff, W. A., M. A. Hawkins and W. E. Giles: Nicotine in Blood in Relation to Smoking. J. Pharmacol. exp. Therapeut. **95**, 145 (1949).
268. Yothers, M. A. and S. W. Griffin: Tests of Rotenone, Anabasine, Nicotine and Other Insecticides Against the Wooly Apple Aphid and the Apple Aphid. J. econ. Entom. **33**, 800 (1940).
269. Zeiss, H. H.: The Chemistry of the Resin Acids. Chem. Reviews **42**, 163 (1948).

(Received, November 17, 1952.)

Namenverzeichnis. Index of Names. Index des Auteurs.

Sachverzeichnis. Index of Subjects. Index des Matières.

Fortschritte der Chemie organischer Naturstoffe

Progress in the Chemistry of Organic Natural Products

Progrès dans la chimie des substances organiques naturelles

Herausgegeben von

L. Zechmeister

California Institute of Technology, Pasadena, U. S. A.

Erster Band. Mit 41 Abbildungen im Text. VI, 371 Seiten. 1938.

Inhalt: **Zemplén, G.** Neuere Richtungen der Glykosidsynthese. — **Hilditch, T. P.** The Component Glycerides of Vegetable Fats. — **Heilbron, I. M.** and **F. S. Spring.** Recent Advances in the Chemistry of the Sterols. — **Schlenk, F.** und **H. v. Euler.** Cozymase. — **Bredereck, H.** Nucleinsäuren. — **Stoll, A.** und **E. Wiedemann.** Chlorophyll. — **Kratky, O.** und **H. Mark.** Anwendung physikalischer Methoden zur Erforschung von Naturstoffen: Form und Größe dispergierter Moleküle. — Röntgenographie.

Zweiter Band. Mit 24 Abbildungen im Text. VII, 366 Seiten. 1939.

Inhalt: **Freudenberg, K.** Lignin. — **Asahina, Y.** Flechtenstoffe. — **Rudy, H.** Flavine. Mit besonderer Berücksichtigung des Lactoflavins. — **Harington, C. R.** Chemistry of the Iodine Compounds of the Thyroid. — **Hirst, E. L.** The Structure and Synthesis of Vitamin C (Ascorbic Acid) and its Analogues. — **Zemplén, G.** Neuere Richtungen der Oligosaccharid-Synthese. — **Zechmeister, L.** und **G. Tóth.** Chitin und seine Spaltprodukte. — **Späth, E.** und **F. Kuffner.** Tabak-Alkaloide. — **Dhéré, Ch.** La spectrochimie de fluorescence dans l'étude des produits biologiques.

Dritter Band. Mit 10 Abbildungen im Text. VI, 252 Seiten. 1939.

Inhalt: **Diels, O.** Bedeutung der Dien-Synthese für Bildung, Aufbau und Erforschung von Naturstoffen. — **Fischer, F. G.** Biochemische Hydrierungen. — **Siedel, W.** Gallenfarbstoffe. — **Anderson, R. J.** The Chemistry of the Lipoids of the Tubercle Bacillus and Certain Other Microorganisms. — **Pauling, L.** Recent Work on the Configuration and Electronic Structure of Molecules; with some Applications to Natural Products.

Vierter Band. Mit 47 Abbildungen im Text. VIII, 499 Seiten. 1945.

Inhalt: **Tschesche, R.** Die Chemie der pflanzlichen Herzgifte, Krötengifte, Saponine und Alkaloide der Steroidgruppe. — **Wieland, Th.** und **Irmentraut Löw.** Zur Biochemie der Vitamin-B-Gruppe (Pantothensäure und Vitamin B_6). — **Purrmann, R.** Pterine. — **Schramm, G.** Die Biochemie der Virusarten. — **Bernhard, K.** und **H. Lincke,** Biologische Oxydationen. — **Trurnit, H. J.** Über monomolekulare Filme an Wassergrenzflächen und über Schichtfilme.

Die seit längerer Zeit vergriffenen Bände I—IV sind jetzt als unveränderte Nachdrucke erhältlich. Preise auf Anfrage. Weitere Bände siehe nächste Seite!

Zu beziehen durch jede Buchhandlung

FSC
www.fsc.org
MIX
Papier aus verantwortungsvollen Quellen
Paper from responsible sources
FSC® C105338

If you have any concerns about our products,
you can contact us on
ProductSafety@springernature.com

In case Publisher is established outside the EU,
the EU authorized representative is:
Springer Nature Customer Service Center GmbH
Europaplatz 3, 69115 Heidelberg, Germany

Printed by Libri Plureos GmbH
in Hamburg, Germany